I0033024
URBAIN DUBOIS
NOUVELLE
CUISINE
BOURGEOISE
200 MENUS
RECETTES
FRANÇAISES ET ÉTRANGÈRES.
PATISSERIE, CONFITURES,
GLACES, CONSERVES,
CUISINE DES MALADES
ET DES ENFANTS.

NOUVELLE

CUISINE BOURGEOISE

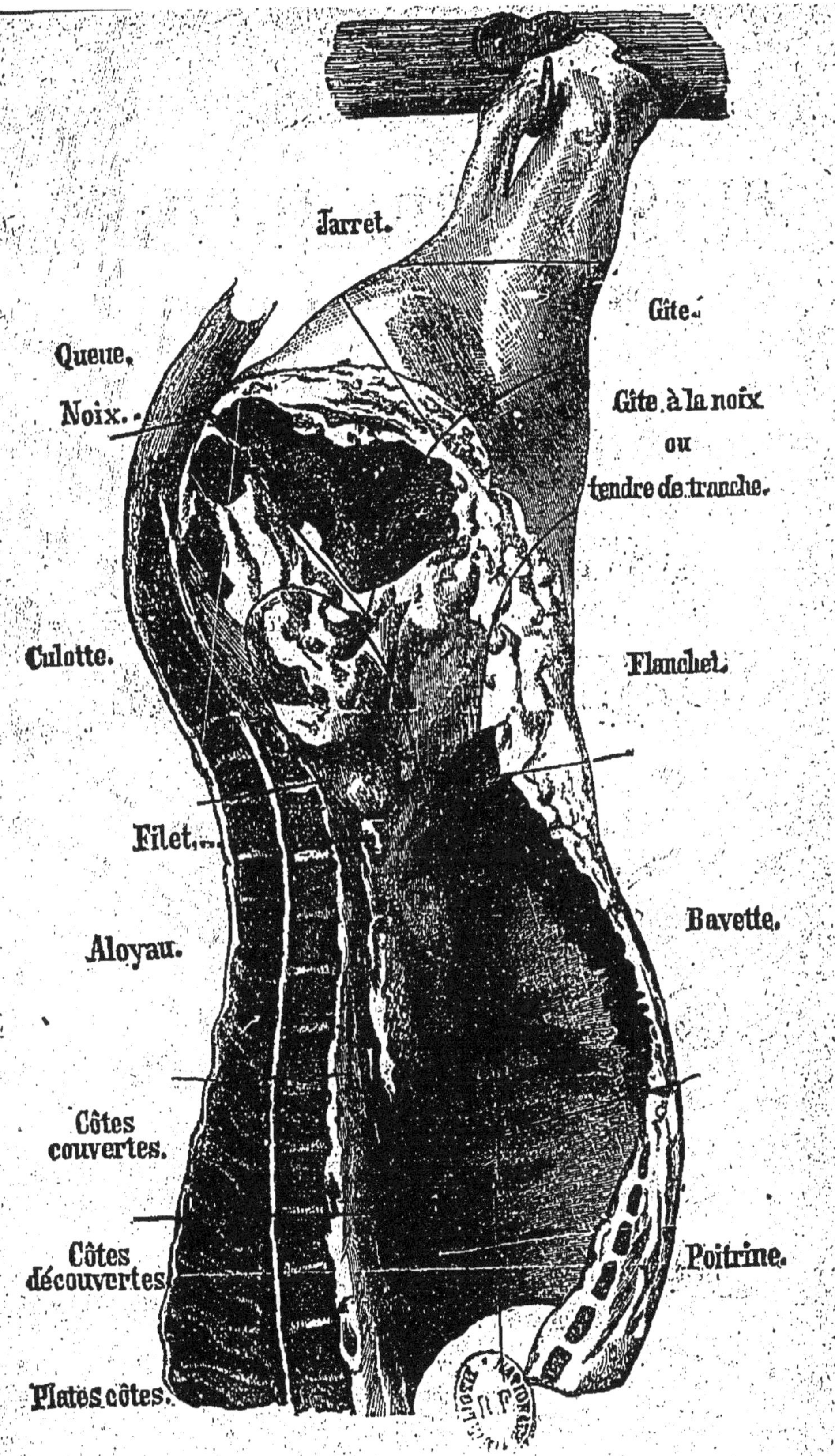

Jarret.
Gîte.
Queue.
Noix.
Gîte à la noix
ou
tendre de tranche.
Culotte.
Flanchet.
Filet.
Bavette.
Aloyau.
Côtes
couvertes.
Côtes
découvertes.
Poitrine.
Plates côtes.

NOUVELLE CUISINE BOURGEOISE

POUR LA VILLE ET POUR LA CAMPAGNE

PAR

URBAIN DUBOIS

Auteur de l'École des Cuisinières, de la Cuisine de tous les pays, de la Cuisine classique et de la Cuisine artistique.

L'ambition d'une bonne ménagère doit viser à ce résultat méritoire de faire bien avec peu.

HUITIÈME ÉDITION

PARIS

BERNARDIN-BÉCHET ET FILS, ÉDITEURS

53, QUAI DES GRANDS-AUGUSTINS, 53

Urbain-Dubois

PRÉFACE

On chercherait vainement, dans ce livre, la description des mets compliqués et dispendieux qu'on prépare dans les grandes cuisines, car ils sont incompatibles avec les ressources limitées d'une maison bourgeoise.

J'ai tenu à éviter cet écueil de produire des recettes qui ne pourraient être pratiquées ni par les ménagères ni par les cuisinières.

J'ai préféré les donner simples, mais d'une rigoureuse précision et bien détaillées, afin que les personnes qui les consulteront, puissent non-seulement les bien comprendre mais encore les exécuter sans de grands efforts, ou tout au moins, les faire exécuter sous leur direction.

En ce temps où la cherté des aliments rend l'existence matérielle si coûteuse, j'ai pensé que c'était en quelque sorte alléger les charges de la ménagère, que lui apprendre à tirer le meilleur parti possible des produits dont elle dispose, soit dans leur premier apprêt, soit en utilisant avec science la desserte de table.

L'ambition d'une bonne ménagère doit viser à ce résultat méritoire de faire bien avec peu; le but est certainement difficile à atteindre; mais elle pourra cependant y parvenir, si elle ne dédaigne pas de s'initier aux pratiques que j'enseigne, si elle sait s'attacher à cette méthode de procéder qui est la base même de toute économie, consistant à ne rien laisser perdre de ce qui peut être utilisé, si enfin elle ne veut pas oublier qu'en cuisine, les aliments les plus coûteux sont toujours ceux qui, préparés sans mesure ou en l'absence des connaissances nécessaires, ne donnent ni satisfaction ni profit.

Après les soins vigilants consacrés au travail, après avoir recherché tout ce qui pouvait intéresser les ménagères au point de vue de la cuisine et de la table, j'ai porté toute mon attention sur les ressources de l'économie domestique dans son ensemble, afin de les initier à ces mille détails d'intérieur, toujours utiles à connaître, et si profitables pour ceux qui savent en tenir compte.

En somme, ce que j'ai voulu faire ici, c'est un livre de ménage véritablement utile, tout à la fois intéressant pour ceux qui voudront s'occuper du service de leur table, et nécessaire à ceux qui auront besoin d'un guide dans le travail de la cuisine.

Si je réussis à résoudre ce double problème (1), le public répondra.

URBAIN DUBOIS.

(1) En me rapportant à l'accueil bienveillant que ce livre a rencontré, dès son début, je puis, sans trop de présomption, admettre que l'édition présente sera suivie de beaucoup d'autres.

Et pourquoi en serait-il autrement ? Pourquoi un livre sérieusement et consciencieusement rédigé, plein de détails utiles n'aurait-il pas le même succès, sinon un succès plus considérable, que tous ces manuels d'ordre secondaire qui, pour la plupart, sont rédigés par des gens tout à fait étrangers au métier ?

La cuisine est une science très-difficile à approfondir, car elle est complexe ; mais si quelqu'un est à même de la bien définir, c'est certainement celui qui a passé sa vie à l'étudier, en la pratiquant.

Les différents ouvrages que j'ai publié sur cette partie, constituent, à l'heure qu'il est, le répertoire le plus étendu et le plus complet qui ait été produit sur l'enseignement de la cuisine, aussi bien dans les sphères les plus élevées que dans les plus humbles.

Je me trouvais donc dans les meilleures conditions possibles pour entreprendre cette publication qui, malgré son allure modeste, n'en est pas moins appelée à rendre de nombreux services dans les maisons bourgeoises, aussi bien que dans les simples ménages.

NOUVELLE

CUISINE BOURGEOISE

SERVICE DE TABLE

La salle à manger, la table. — La salle à manger, le jour d'un dîner, doit être mise en ordre de bonne heure, et bien appropriée. En hiver, elle doit être chauffée longtemps avant l'heure du repas, mais la chaleur ne doit pas dépasser 15 degrés. Le soir, les fenêtres doivent être closes et les lampes ou les lustres allumés. Le sol doit être couvert d'un tapis, tout au moins à la place où s'asseyent les convives.

En été, ces précautions sont inutiles, on dîne autant que possible dans un lieu frais.

Le jour du dîner, la table doit être couverte d'avance. La nappe qui la couvre doit être très-large et d'une irréprochable blancheur ; elle est couverte, sur la partie centrale par un ou plusieurs napperons. Le couvert des convives doit être symétriquement disposé, les serviettes bien blanches, pliées sans prétentions; sous les plis de la serviette est placé un petit pain. Chaque couvert doit avoir, à droite une cuiller et un couteau, à sa gauche une fourchette. Les verres sont placés à droite mais un peu en avant du couvert et en ligne oblique, disposés par rang de hauteur.

Dans les dîners nombreux et à étiquette, on place tour à tour une carafe d'eau et une carafe de vin ordinaire entre chaque convive, de sorte que celui-ci ait le vin d'un côté et l'eau de l'autre; mais dans les dîners familiers, peu nombreux, 6 à 8 personnes par exemple, 2 carafes d'eau et 2 carafes de vin ordinaire suffisent.

Comment on doit placer les convives. — Dans un dîner d'apparat, la maîtresse de maison occupe le centre de la table d'un côté, et le maître le centre de l'autre côté, de sorte qu'ils se trouvent vis-à-vis l'un de l'autre, dans le sens du travers de la table.

Dans les dîners très-nombreux, on place le nom de chaque convive sur l'assiette marquant le couvert. Dans les dîners familiers, c'est la maîtresse de maison qui désigne la place de chacun de ses invités.

La place d'honneur, pour les hommes, est à la droite de la maîtresse de maison; pour les dames, elle est à la droite du maître du logis, la gauche de l'un et de l'autre est aussi une place d'honneur, mais moins significative.

Par ces dispositions, la dame de la maison doit se trouver entre deux hommes et le maître entre deux dames.

A la suite de ces quatre places privilégiées, viennent s'asseoir les autres convives, en observant, autant que cela se peut, que les dames soient placées entre deux hommes.

Le repas. — Pendant le repas, l'amphitryon et la maîtresse de maison doivent surtout veiller à la ponctualité du service; mais sans affectation et sans bruit. Ni l'un ni l'autre ne doivent quitter leur place sous aucun prétexte. Tout doit être ordonné de façon que leur intervention ne devienne pas nécessaire. Cette règle s'applique même aux dîners familiers : rien n'est désagréable pour les convives de manger en l'absence des maîtres du céans.

Dans les dîners familiers, où le chef de la famille découpe les viandes, il doit trouver à côté de son couvert le couteau et la fourchette à découper.

Aussitôt les convives assis, on sert la soupe dans les assiettes; mais ni la soupe ni les assiettes à soupe ne doivent figurer sur la table ; elles sont posées sur le buffet, en attendant. Elles ne sont présentées aux convives, qu'à mesure qu'elles sont remplies.

Les mets qui constituent le dîner sont où présentés aux convives, ou posés devant le chef de famille pour qu'il les distribue. Si les mets sont détaillés ou faciles à s'en servir, on les présente ; dans le cas contraire, on les pose sur la table pour être distribués ou découpés.

Dans les dîners familiers, où les vins fins ne sont pas nombreux, on ne présente pas les verres pleins ; c'est la personne qui préside au dîner qui verse à ses voisins et qui fait ensuite circuler les bouteilles ; mais les domestiques doivent être attentifs à ce que chaque sorte de vin, soit versé dans le verre qui lui est destiné.

Dans le cours du repas, les domestiques doivent avoir soin que rien ne manque sur la table; ils doivent toujours être prêts à offrir du pain, de l'eau ou du vin ou d'autres accessoires que les convives pourraient désirer.

Ils doivent changer les assiettes à chaque mets ; quant au couvert, c'est-à-dire le couteau et la fourchette, ils doivent les changer aussi à chaque mets, si c'est possible ; en tout cas, ils doivent absolument le changer après le poisson ; c'est de rigueur.

Le service doit se faire silencieusement, sans courir, sans parler haut. — Quand un domestique offre quelque chose à un convive, soit un verre, un couteau ou tout autre objet, il doit le présenter sur une assiette et non à la main. Il doit présenter le pain dans la corbeille où il est déposé.

Si c'est le domestique qui offre les vins fins aux convives, il doit nommer à chacun le nom du vin qu'il offre ou qu'il verse.

Dans les dîners servis plat à plat, le service ne subit aucune interruption, les mets se succèdent les uns aux autres jusqu'à l'entremets ; à ce point, les serviteurs enlèvent les assiettes, les couverts, les salières, le pain et toutes les bouteilles disponibles ; puis ils brossent la table pour enlever les miettes.

Ils donnent alors aux convives, assiettes, cuillers et couteaux à dessert. Ils disposent ensuite le dessert sur la table, dans un ordre symétrique étudié et prévu d'avance.

Dès qu'on commence à manger le dessert, il est convenable que les domestiques quittent la salle à manger, et laissent aux convives toute liberté ; s'ils deviennent nécessaire, la maîtresse de maison les sonne, pour les rappeler.

Après le dessert, il ne reste que le café à servir. Dans les dîners à étiquette, on ne prend jamais le café sur la même table où on a mangé, mais en famille on préfère le prendre là, à la suite du dessert.

En ce cas, la table doit encore une fois être appropriée, c'est-à-dire qu'on doit enlever assiettes et couteaux, et que la nappe doit être brossée à nouveau.

Le dessert. — Le dessert d'un dîner, doit particulièrement attirer l'attention de la maîtresse de maison, car pour bon nombre de convives, il a une grande importance.

Le dessert se compose de fromages, de fruits frais ou secs, de fruits à l'eau-de-vie, de gelées ou confitures, de petits-fours, biscuits, macarons, bonbons et enfin de glaces.

Les fruits, le fromage, les petits-fours ou biscuits sont dressés sur des assiettes ou sur des coupes à pied ; les confitures, dans les vases même dans lesquels elles ont été conservées ou dans des compotiers en cristal ; il en est de même des fruits à l'eau-de-vie Les bonbons sont dressés sur assiette ou sur des *étagères* en porcelaine ou en métal.

Assez souvent le centre de la table est occupé par une corbeille de fruits variés, coquettement dressés, qui reste tout le long du dîner. Quand le dessert arrive c'est autour de cette corbeille qu'on dispose les fruits et les *étagères*. Les glaces sont présentées.

Les vins. — Quelle que soit l'importance du dîner, il faut toujours sur table des carafes de vin ordinaire blanc et rouge.

Quant aux vins fins, ils sont plus ou moins nombreux selon l'importance du dîner. En tout cas, dans une maison bourgeoise, c'est le côté du service qui regarde spécialement le maître du logis. C'est lui qui doit indiquer les différentes sortes qu'il veut faire servir, c'est lui qui, par sa prévoyance, doit veiller à ce que ces vins soient servis non-seulement avec les mets pour lesquels ils sont désignés, mais qu'ils soient aussi servis à cette température précise qui doit faire ressortir leurs qualités.

Si les vieux vins rouges ont formé dépôt dans les bouteilles, on les décante, c'est-à-dire qu'on les transvase, sans les agiter et en laissant le dépôt au fond de la bouteille. Mais, on ne décante pas les vins blancs ; on doit ne servir que ceux qui sont clairs et limpides.

Quant au degré de température que les vins doivent avoir, elle varie selon leur nature. Tous les vins blancs, en général, doivent être servis frais, et même rafraîchis à la glace. Les vins de Bordeaux doivent être à la température de 15 degrés, mais cela ne veut pas dire qu'on doive les chauffer artificiellement ; il suffit de les monter de la cave 4 à 5 heures avant de les servir, et les tenir dans la salle à manger ou même dans la cuisine jusqu'à ce que le liquide ait atteint le degré voulu.

Les vins de Bourgogne doivent être bus plus ou moins frais; selon la saison. En été, on les tient au frais; en hiver, on les sert à température de 7 à 8 degrés, un peu moins chauds que les vins de Bordeaux.

Le vin de Champagne doit en toute saison être bien froid, c'est-à-dire *frappé;* un vin de cette sorte qui n'est pas saisi par le froid n'a rien d'agréable, et de plus, il ne peut pas être bien apprécié.

Les vins de liqueur qu'on sert avec le dessert doivent être frais.

Dans quel ordre les vins doivent être servis. Après le potage, on présente ordinairement aux convives un verre de vin de Madère ou de Marsala. Avec le poisson et les huîtres on sert des vins blancs : Chablis, Sauterne, Moselle, etc.

Avec les grosses viandes, on sert ce qu'on appelle les grands ordinaires : bourgogne ou bordeaux ; mais le bourgogne est préférable. Le bordeaux convient mieux pour les entrées et pour les rôts (1); mais avec les rôts, rien ne s'oppose à ce qu'on serve un verre de bourgogne de grand cru, et avec les légumes, de fins bordeaux. Après les légumes jusqu'au dessert, on sert du champagne.

Le café. — Si on prend le café sur la table où a eu lieu le repas, c'est ordinairement la maîtresse de maison qui le verse et le fait présenter aux convives, en même temps que des liqueurs variées mais cela ne peut être que dans les repas familiers, peu nombreux.

Si on prend le café au salon, tout doit être disposé de façon que les convives, en quittant la salle à manger, trouvent dans cette pièce le même confort, la même température, et enfin le café prêt à être servi.

Le thé. — On prend quelquefois le thé entre le déjeuner et le dîner, mais plus souvent après le dîner. Dans les deux cas, le *thé* est une sorte de petit repas, mais un repas sans cérémonie. On le sert sur une table couverte, autour de laquelle les convives sont assis.

Des assiettes et petites serviettes sont disposées à distance régulière pour marquer les couverts, si les convives ne sont pas nombreux, c'est la maîtresse de maison qui fait le thé sur la table même, à l'aide d'une bouilloire à l'esprit-de-vin, ou tout au moins, qu'elle le sert aux convives,

(1) Bien des personnes croient qu'on ne doit pas boire le bordeaux après le bourgogne. Dans la dégustation des vins, je ne dis pas non; mais à table, quand on mange différents mets, le bouquet du vin qu'on a bu ne se conserve pas dans la bouche à ce point de nuire au bouquet de celui qu'on servira après.

quand il est préparé. En ce cas, la bouilloire et les tasses sont placées devant elle, et elle fait distribuer celles-ci aux convives, à mesure qu'elles sont remplies.

Le centre de la table est garni par de petits plats de pâtisseries sèches, des tartines ou des sandwichs, dont les convives se servent eux-mêmes.

Le déjeuner. — Le déjeuner d'une famille, se compose ordinairement de peu de plats; des œufs, des viandes grillées ou rôties, des entrées froides ou légumes, fromage, fruits ou confitures. Dans ces repas, tous les plats froids, hors-d'œuvre, fruits et dessert vont sur table; les plats chauds seulement sont apportés au moment où ils doivent être servis.

En France, on sert souvent aux déjeuners du thé ou du café au lait, indépendamment du vin.

Les menus. — Avant de commencer les apprêts d'un dîner, il faut en combiner le menu, c'est-à-dire arrêter et convenir du nombre de mets que ce dîner doit comporter.

Le menu d'un dîner doit toujours être basé sur un nombre déterminé de convives, car on ne peut pas faire un dîner au hasard. Un convive de plus ou de moins ne peut pas avoir des conséquences dangereuses, j'en conviens, mais il ne serait pas convenable de vouloir faire servir à 10 convives, un dîner qui n'aurait été préparé que pour 5 ou 6 : l'écart serait trop considérable.

Quand le menu est fait, le nombre de mets déterminé, il faut, autant que possible, ne plus rien y changer. Il ne reste plus alors à la cuisinière, qu'à l'étudier dans son ensemble et ses détails, puis à se procurer les éléments nécessaires à sa confection.

Dans les grandes maisons, on fait imprimer les menus de dîners de réception, et on en met sur table, un pour chaque convive ou plutôt un pour 2 convives, ce qui en somme est suffisant.

Dans les maisons bourgeoises, on écrit les menus à la main, le plus lisiblement possible et sans faute d'orthographe ; mais, en ce cas, un seul menu peut suffire pour 8 couverts.

La série de menus que je reproduis plus bas, est non-seulement destinée à indiquer l'ordre dans lequel les mets doivent être servis, mais encore à faciliter le choix de ceux qui conviennent le mieux pour un repas auquel doivent assister des convives étrangers à la maison, des invités.

Ce n'est pas une chose si simple à faire que la composition d'un menu correct, pour que les cuisinières et les maîtresses de maison ne s'y arrêtent pas : on s'en aperçoit bien quand il s'agit de s'y mettre.

Un menu, pour être correct, doit renfermer le plus de variété possible sans se répéter dans le choix des éléments qui le composent.

Les menus que je reproduis, ont ceci de remarquable qu'ils sont composés avec les mêmes articles insérés dans ce livre. Ils sont nombreux et variés dans le choix des mets aussi bien que dans le forme de composition. Ils sont établis pour les grands et les petits repas ; les uns pour les déjeuners, les autres pour les dîners.

Les premiers sont simples, peu compliqués, car on sert peu de mets dans un déjeuner.

Les menus pour les dîners sont plus étendus, mais non pas plus compliqués ; ils sont aussi composés de mets simples, de ceux seulement qu'on peut préparer dans une cuisine bourgeoise.

Ces menus sont de deux genres bien distincts : les uns sont à service simple, les autres à service double.

Le premier service d'un dîner commence à la soupe et finit aux entrées. Le deuxième commence au rôti et finit aux entremets.

Les dîners à service simple, sont ceux dont les mets sont servis un plat après l'autre, sans interruption.

Les dîners à service double, au contraire exigent que les mets soient posés sur table en deux fois, et qu'à chaque fois, ils soient symétriquement disposés de façon à représenter un service complet.

Au point de vue du service de la table, la différence existant entre ces deux méthodes, est remarquable en ce que, les dîners à service simple sont plus ou moins complets, sans que cela aie la moindre importance ; il suffit qu'ils soient servis dans l'ordre méthodique ; tandis que pour les dîners à deux services, le nombre des mets, par rapport à chaque service, est limité et ne peut être ni dépassé ni amoindri : les mets du premier service : ne pouvant figurer sur table que dans un ordre symétrique, et ceux du second devant les remplacer, il en résulte qu'ils ne peuvent être ni plus nombreux, ni en quantité moindre.

Les plus petits menus à deux services ne peuvent pas comporter moins de 4 plats pour chaque service : 2 relevés et 2 entrées pour le premier ; un rôt, une pièce froide et 2 entremets pour le second. La soupe ne figure jamais sur table.

Mais il est bien évident que le nombre des mets peut, sans inconvénient être augmenté pour chaque service, selon l'importance du dîner, pourvu qu'ils soient en nombre égal.

Les menus à service simple ne peuvent guère

être composés de moins de 5 mets: la soupe, le relevé gras ou maigre, l'entrée, le rôt, puis un légume ou un entremets. Au-dessous de ce nombre, le dîner est tout à fait incomplet, le menu devient alors inutile.

Les premiers menus de la série, sont disposés pour des dîners d'ordinaire de 6 à 8 couverts ; les deuxièmes pour des dîners à service simple, de 10 à 12 couverts; les troisièmes, pour des dîners à service double de 15 à 20 couverts.

Mais, il faut bien se rendre compte que, ces mêmes dîners, ceux à service simple aussi bien que ceux à service double peuvent, sans qu'il soit nécessaire de leur faire subir aucun changement, être servis pour 20, 30 ou 40 couverts; il n'y a qu'à doubler ou tripler le nombre des mets.

Ainsi, un dîner à service simple qu'on voudrait servir pour 20 couverts, on servirait 2 poissons au lieu d'un, 2 relevés de boucherie, 2 entrées, 2 rôts et 2 entremets; pour 30 couverts on en servirait 3 de chaque, et 4 pour 40 couverts. Un dîner de 20 couverts, à service double, il suffirait d'en doubler les services pour pouvoir le servir à 40 couverts.

Les dîners d'étiquette, à service simple, sont servis plat à plat jusqu'à la fin du repas, et les plats sont tour à tour présentés aux convives sans les poser sur table. En ce cas, la table où a lieu le repas, doit être forcément garnie sur le centre par un bouquet de fleurs, une corbeille de fruits ou une pièce quelconque en métal ou en pâtisserie. Autour de cette pièce, viennent alors se grouper les plats du dessert, coupes ou *étagères*.

Les dîners à service double, sont dressés sur table en deux fois; on distribue d'abord le premier service dans l'ordre symétrique que reproduisent les planches gravées jointes à la série des menus.

Quand ce premier service est enlevé, on le remplace par le deuxième service, qui est lui-même remplacé par le dessert.

Dans les dîners où les plats figurent sur la table il est indispensable que ceux qui sont chauds, soient posés sur des réchauds, afin qu'ils ne soient pas exposés à perdre leur chaleur. C'est là un danger qu'il faut absolument éviter.

JANVIER

MENUS DE DÉJEUNERS

Omelette aux rognons.
Andouilles grillées.
Poulet sauté, aux olives.
Fromage. — Café.

Bouillabaisse marseillaise.
Brochettes de cervelle.
Salade de poulet.
Biftecks grillés, pommes frites.

Huitres, beurre et citron.
Pieds de mouton à la poulette.
Srazis à la polonaise.
Gelinottes rôties.

Salade harengs et p. d. terre.
Rognons de veau, sautés.
Côtelettes de porc, cornichons.
Nouilles au gratin.

Œufs au miroir.
Choucroute garnie.
Côtelettes de veau, grillées.
Fromage. — Café.

Moules a la marinière.
Ragoût de mout. aux légumes.
Pieds de porc grillés.
Choux de Bruxelles au beurre.

Omelette au thon mariné.
Saucisses plates grillées.
Émincé de dinde au riz.
Entre-côtes grillées.

Turbot gratiné.
Petits vol-au-vent maigres.
Salade de homard.
Maquereaux grillés.

JANVIER

MENUS DE DINERS DE RÉCEPTION

POUR 6 A 8 COUVERTS

Purée de pois cassés.
Grondins sauce aux câpres.
Pommes de terre.
Quasi de veau à la casserole.
Oseille au jus.
Perdreaux rôtis. — Salade.
Œufs à la neige. — Biscuits.
Dessert. — Compote.

Bouillon clair, au tapioca.
Barbue sauce hollandaise.
Pommes de terre.
Selle de mouton, braisée.
Haricots blancs.
Fricassée de poulets.
Bécasses rôties, aux croûtes.
Salade.
Gâteau de riz, aux raisins.
Dessert. — Compote.

Pot-au-feu aux légumes.
Bœuf bouilli garni, s[e] raifort.
Légumes.
Vol-au-vent de poisson.
Faisan piqué, rôti.
Salade de saison.
Cardons à la moelle.
Glaces. — Dessert.

Purée de lentilles, au riz.
Petits pâtés feuilletés.
Quartier d'agneau à la broche.
Légumes.
Salade de langouste.
Oie rôtie aux marrons.
Jus lié.
Pots de crème au chocolat.
Dessert. — Compote.

JANVIER

MENUS DE DINERS DE RÉCEPTION

POUR 6 A 8 COUVERTS

Soupe purée à la Condé.
Tranches de saumon, grillées.
Pommes de terre.
Noix de veau, braisée.
Purée de marrons.
Civet de lièvre.
Chapon rôti, au jus.
Salade.
Meringues à la crème.
Dessert.

Bouillon clair aux pâtes.
Bouchées aux huîtres.
Bœuf à la mode.
Macaroni au jus.
Poulets sautés aux truffes.
Perdreaux bardés, rôtis.
Salade de saison.
Poires au riz vanillé.
Dessert.

Huîtres, beurre, citron.
Soupe à l'orge.
Bar bouilli, sauce anchois.
Pommes de terre.
Filet de bœuf braisé.
Choux au gras.
Salmis de bécasses.
Poulets rôtis. — Salade.
Glaces et biscuits.
Dessert, fromage.

Purée de marrons au lait.
Huîtres au gratin.
Carpe à la matelote.
Pommes de terre.
Salade de homards.
Macaroni à la crème.
Sarcelles rôties.
Salade de légumes.
Glaces et biscuits.
Dessert, fromage.

FEVRIER

MENUS DE DÉJEUNERS

Saucisses et boudins grillés.
Soles au vin blanc.
Gigot rôti, aux haricots.
Fromage. — Café.

Goujons frits.
Côtelettes de porc sautées.
Gras-double à la lyonnaise.
Mauviettes rôties.

Salade, harengs et p. de terre.
Tourne-dos à la béarnaise.
Pigeons à la crapaudine.
Choux-fleurs en salade.

Friture de cervelles.
Poulet aux huîtres.
Pâté de mouton.
Salade de langouste.

Huîtres grillées.
Miroton de bœuf.
Terrine de foie-gras.
Fromage. — Café.

Omelette au petit-salé.
Foie de veau grillé.
Poulets frits.
Galantine de perdreau.

Mortadelle de Bologne.
Bœuf à la hussarde.
Côtelettes mouton, grillées.
Grives au genièvre.

Harengs saurs, confits.
Moules farcies.
Soles frites, citrons.
Macaroni au gratin.

FEVRIER

MENUS DE DINERS DE RÉCEPTION

POUR 6 A 8 COUVERTS

Soupe à l'oignon, liée.
Matelote blanche.
Pomme de terre.
Langue de bœuf, braisée.
Légumes.
Timbale de poulets.
Faisan piqué, rôti, salade.
Crème au bain-marie.
Dessert, compotes.

Soupe à l'orge et aux légumes
Bouchées aux huîtres.
Gigot de mouton bouilli,
Légumes, câpres.
Poulet au riz.
Quartier de chevreuil rôti.
Petits pains au fromage.
Pommes à la dauphine.
Dessert, compotes.

Soupe purée de navets.
Caviar et citrons.
Tranches de brochet, grillées.
Sauce tartare.
Fricandeau à l'oseille.
Chartreuse de perdrix.
Dinde rôtie. — Salade.
Gelée au marasquin.
Dessert, fromage.

Soupe au pain de gibier.
Poupeton maigre.
Foie de veau rôti.
Purée de haricots.
Ailerons de dinde, piqués.
Lièvre rôti, à la crème.
Salade et gelée groseille.
Purée de marr. à la Chantilly.
Dessert, fromage.

FEVRIER

MENUS DE DINERS DE RÉCEPTION

POUR 6 A 8 COUVERTS

Bouillon clair, aux ravioles.
Rougets grillés, maître-d'hôtel.
Pommes de terre.
Côtelettes de veau, braisées.
Chicorée au jus.
Lapereaux sautés.
Pintade piquée, rôtie.
Salade de saison.
Émincé de pommes.
Dessert. — Confitures.

Soupe aux choux-fleurs.
Huîtres et citrons.
Petites anguilles à la poulette.
Longe de porc aux p. de terre.
Sauce piquante.
Pigeons aux olives.
Lièvre rôti. — Salade.
Gelée de groseille.
Omelette soufflée.
Dessert, compotes.

Crevettes et beurre.
Soupe à la choucroute d'Alsace.
Tranches de saumon, grillées.
Pommes de terre.
Ris de veau piqués.
Oseille.
Oie rôtie, farcie aux pommes.
Salade mêlée.
Petits-pois de conserve.
Biscuits à la crème et kirsch.
Dessert, compotes.

Huître, beurre et citrons.
Tapioca au lait.
Soles au vin blanc.
Pommes de terre.
Vol-au-vent de morue.
Bar grillé, maître-d'hôtel.
Salade de légumes.
Œufs mollets, à l'oseille.
Petits pains au fromage.
Tartelettes aux pommes.
Dessert, confitures.

MARS

MENUS DE DÉJEUNERS

Poule du p.-au-f. en coquilles.
Brochettes de foie de veau.
Grives en caisses.
Fromage. — Café.

Omelette aux rognons.
Morue bouillie, au beurre.
Croquettes de poulet.
Gigot d'agneau rôti.

Salade de thon mariné.
Foie de mouton, provençale.
Grenadins de veau, glacés.
Champignons farcis.

Perches grillées, maît.-d'hôtel.
Bœuf bouilli, gratiné.
Fraissure d'agneau.
Bécassines rôties, aux croûtes.

Pieds de mouton à la poulette.
Côtelettes de veau, fines-herbes.
Galantine de perdreau.
Fromage. — Café.

Bouillabaisse provençale.
Poupeton de volaille.
Biftecks à la maître-d'hôtel.
Jambon à la gelée.

Caviar pressé, citrons.
Gibelotte de lapin.
Cervelles à la vinaigrette.
Terrine de Strasbourg.

Truites marinées.
Œufs pochés, au cary.
Salade de saumon.
Macaroni au gratin.

MARS

MENUS DE DINERS DE RÉCEPTION

POUR 6 A 8 COUVERTS

Bouillon clair, à la crème d'œuf.
Croquettes de riz, farcies.
Filet de bœuf piqué.
Jardinière.
Pluviers rôtis, au jus.
Salade de saison.
Tarte à la crème.
Dessert, compote.

Soupe aux noques.
Saint-Pierre, s. aux œufs.
Pommes de terre.
Selle de veau, brai e.
Purée de navets.
Dinde rôtie, au jus.
Cresson.
Œufs pochés, p. d'asperges.
Crème au bain-marie.
Dessert, confitures.

Soupe de marrons, au lard.
Paupiettes de veau.
Nouilles au jus.
Fricassée de poulets.
Gélinottes rôties, au jus.
Salade de saison.
Pannequets aux confitures.
Dessert, compote.

Soupe aux poireaux et p. de t.
Canapés au caviar.
Petites bouchées de homard.
Bœuf bouilli, sauce raifort.
Choux braisés.
Poularde au risot.
Bécasses rôties, aux croûtes
Salade de céleri.
Gelée au rhum, gâteaux.
Dessert, compotes.

MARS

MENUS DE DINERS DE RÉCEPTION

POUR 6 A 8 COUVERTS

Soupe à la crème d'orge.
Huîtres et citrons.
Turbotin, sauce anchois.
Pommes de terre.
Aloyau rôti, légumes.
Pâté de lièvre à la gelée.
Chapon rôti, au jus.
Cresson, salade.
Choux à la crème.
Dessert, compotes.

Soupe aux cous de mouton.
Esturgeon en fricandeau.
Pommes de terre.
Bœuf à la polonaise.
Cèpes au gratin.
Tourte de lapin.
Poulets rôtis, au jus,
alade.
Gâteau de riz.
Dessert, compotes.

Soupe purée de pois cassés.
Grondins, sauce au beurre.
Pommes de terre.
Pieds d'agneau grillés,
sauce tartare.
Jambon au madère.
Épinards au jus.
Dinde rôtie, salade.
Omelette soufflée, aux amandes.
Dessert, compotes.

Soupe aux salsifis.
Huîtres et citrons.
Paupiettes de filets de sole.
Pommes de terre.
Noques gratinées.
Bar grillé, maître-d'hôtel.
Cresson de fontaine.
Salade de légumes cuits.
Crèpes au sucre.
Dessert, compotes.

AVRIL

MENUS DE DÉJEUNERS

Cervelles de veau, au b. noir.
Émincé de dinde, au riz.
Gigot de mouton, rôti.
Fromage, café.

Œufs en cocotes.
Maquereaux aux p. oignons.
Brochettes de foies de volaille.
Jambon à la gelée.

Margot de morue.
Abatis de dinde, p. de terre.
Entre-côte grillée, béarnaise.
Macaroni au gratin.

Friture italienne.
Filets-mignons de mouton.
Blanquette d'agneau.
Poulets grillés.

Œufs mollets, à l'oseille.
Homard à la mayonnaise.
Biftecks grillés, p. de terre.
Fromage, café.

Oursins de Provence.
Fraise de veau, vinaigrette
Épaules de mouton, rôties.
Poulets froids, à la gelée.

Œufs au miroir.
Maquereaux bouillis.
Brochettes de rogn. d'agneau.
Langue écarlate, à la gelée.

Harengs confits.
Vinaigrette de saumon.
Fondue à la ménagère.
Maquereaux grillés.

AVRIL

MENUS DE DINERS DE RÉCEPTION

POUR 6 A 8 COUVERTS

Bouillon clair, aux ravioles.
Petits vol-au-vent aux moules.
Langue de bœuf, braisée.
Oseille au jus.
Pâté-froid de lièvre.
Canetons rôtis.
Tarte aux confitures.
Glace. — From. — Dessert.

Soupe sagou au bouillon.
Mulet sauce aux câpres.
Jambon au madère.
Épinards au jus.
Bécassines bardées, rôties.
Salade de saison.
Charlotte aux pommes.
Dessert, confitures.

Soupe à l'oseille, aux quenelles.
Paupiettes de filets de sole.
Pommes de terre.
Ris de veau piqués.
Chapon au gros sel.
Bécasses bardées, rôties.
Salade.
Baba aux raisins.
Dessert, compotes.

Soupe à la semoule, liée.
Filet de bœuf braisé.
Légumes.
Pigeons aux petits-pois.
Bécassines bardées, rôties.
Salade.
Oseille aux œufs au miroir.
Mousse au thé, gâteaux.
Dessert, compotes.

AVRIL

MENUS DE DINERS DE RÉCEPTION

POUR 6 A 8 COUVERTS

Soupe printanière.
Canapés aux anchois.
Pièce de bœuf, bouillie.
Légumes de marmite.
Tourte de poulet dans un plat.
Chevreuil piqué, rôti.
Gelée de groseille.
Topinambours à la crème.
Bouillie renversée.
Dessert, fromage.

Bouillon clair, aux laitues.
Éperlans frits, pommes de ter.
Épaule de veau, au four.
Purée de navets.
Poule à la daube.
Outarde piquée, rôtie.
Salade et cresson.
Petits-pois au beurre.
Pots de crème au chocolat.
Dessert, compotes.

Bouillon clair, au vermicelle.
Barbue à la normande.
Pommes de terre.
Fricandeau glacé, au jus.
Petits-pois.
Dinde piquée, rôtie.
Salade de saison.
Morilles à la provençale.
Crème glacée, aux fraises.
Dessert, confitures.

Soupe tapioca à l'eau.
Poutargue à l'huile.
Maquereaux aux petits-pois.
Vol-au-vent de morue.
Huîtres frites.
Sarcelles rôties.
Salade de saison.
Noques au parmesan.
Beignets de pommes.
Dessert, compotes.

MAI

MENUS DE DÉJEUNERS

Artichauts poivrade.
Morue au cary.
Poulets froids, à la gelée.
Fromage. — Café.

Poule du pot-au-feu, frite.
Entre-côtes à la moelle.
Pâté-froid de veau.
Tarte aux groseilles vertes.

Écrevisses à la crème.
Émincé de filet de bœuf.
Pommes de terre, gratinées.
Galantine de poulet, à la gelée.

Harengs grillés.
Tête de veau, frite.
Salade de bœuf.
Pigeons grillés.

Œufs au beurre noir.
Pieds d'agneau, grillés.
Poulet sauté à la ménagère.
Fromage. — Café.

Soupe à l'oignon.
Anguille à la tartare.
Coquilles de volaille.
Gigot de mouton aux haricots.

Petites truites, frites au beurre.
Agneau sauté, aux p.-pois.
Biftecks hachés, p. de terre.
Terrine de foie-gras.

Bouillabaisse de poisson d. mer.
Omelette au thon mariné.
Sardines farcies, aux épinards.
Macaroni au gratin.

MAI

MENUS DE DINERS DE RÉCEPTION

POUR 6 A 8 COUVERTS

Soupe aux morilles.
Alose grillée, persillade.
Pommes de terre.
Gigot de mouton braisé.
Flageolets conservés.
Poularde rôtie, au jus.
Salade de saison.
Pouding de semoule.
Dessert.

Soupe aux nouilles.
Rougets à la sauce verte.
Pommes de terre.
Rognon de veau, au four.
Purée de navets.
Cailles bardées, rôties.
Salade, cresson.
Tartelettes aux fraises.
Dessert.

Bouillon clair, aux carott. nouv.
Bœuf bouilli, garni.
Purée p. de terre.
Vol-au-vent aux quenelles.
Pintarde piquée, rôtie.
Salade, cresson.
Petits-pois à la ménagère.
Omelette au rhum.
Dessert.

Bisque aux écrevisses.
Petits pâtés au jus.
Quartier d'agneau à la broche.
Croquettes p. de terre.
Salade de poulets.
Pigeons piqués, rôtis.
Cresson.
Épinards à la crème.
Glaces. — Dessert.

MAI

MENUS DE DINERS DE RÉCEPTION

POUR 6 A 8 COUVERTS

Soupe à la paysanne.
Poulets frits, sauce tomate.
Aloyau braisé, au jus.
Légumes.
Salade de homard.
Pluviers rôtis, au jus.
Cresson de fontaine.
Flamri de semoule.
Dessert, compote.

Bouillon clair, au riz.
Bouchées à la Reine.
Fricandeau glacé.
Petits-pois.
Pigeons farcis, au jus.
Salade mêlée.
Terrine de perdreaux.
Biscuit à la crème fouettée.
Dessert.

Soupe aux morilles.
Petites carpes frites.
Pommes de terre.
Épaules d'agneau, légumes.
Tourte au godiveau.
Pigeons rôtis, au jus.
Salade de saison.
Asperges sauce au beurre.
Glace. — Dessert.

Soupe à l'oseille.
Salade d'anchois.
Perches au vin blanc.
Poupeton maigre.
Truite grillée, à l'huile.
Salade de légumes.
Asperges sauce au beurre.
Beignets de crème.
Dessert.

JUIN

MENUS DE DÉJEUNERS

Sardines à l'huile.
Rognons sautés aux champig.
Poulets grillés, s° tartare.
Fromage. — Caf

Omelette au thon mariné.
Pâté de biftecks.
Fromage d'Italie.
Fruits. — Café.

Œufs frits, aux tomates.
Paupiettes de veau, épinards.
Pigeons à la crapaudine.
Petits-pois au lard.

Salade de harengs et p. de terre.
Brochettes de foies de volaille.
Queues de veau au cary.
Tomates farcies.

Merlan au gratin.
Poitrines d'agneau, grillées.
Œufs brouillés, aux croûtons.
Terrine de lièvre.

Œufs à la coque.
Tête de veau vinaigrette.
Poulet santé aux champ.
Langue écarlate, à la gelée.

Canapés d'anchois et sandwichs.
Miroton de bœuf.
Côtelettes de veau, milanaise.
Poulet frit, garni de croquett.

Ecrevisses à la bordelaise.
Omelette aux asperges vertes.
Salade de turbot.
Côtelettes de veau, grillées.

JUIN

MENUS DE DINERS DE RÉCEPTION

POUR 6 A 8 COUVERTS

Bisque aux écrevisses.
Petites timbales de riz.
Bœuf à la hussarde.
Légumes.
Cailles bardées, rôties.
Salade de saison.
Tartelettes aux pêches.
Dessert.

Soupe julienne et œufs pochés.
Turbot sauce au beurre.
Pommes de terre.
Tranche de veau à la ménagère.
Pigeons rôtis, au jus.
Salade de saison.
Tarte au riz et abricots.
Dessert.

Pot-au-feu, pain et légumes.
Petits pâtés de poisson.
Bœuf bouilli, sauce raifort.
Macaroni au jus.
Salade de langouste.
Poulets rôtis, au jus.
Cresson et salade.
Œufs pochés, ptes d'asperges.
Glaces. — Dessert.

Soupe julienne bourgeoise.
Tronçons d'alose sauce raifort.
Filet de bœuf piqué.
Carottes nouvelles.
Poulets au blanc.
Pintade rôtie. Salade.
Pouding de cabinet.
Compotes, dessert.

JUIN

MENUS DE DINERS DE RÉCEPTION

POUR 6 A 8 COUVERTS

Soupe purée crécy.
Petites perches grillées.
Bœuf braisé, dans son jus.
Nouilles au parmesan.
Terrine de faisan.
Poulets nouveaux, rôtis.
Salade mêlée.
Meringues à la vanille.
Dessert.

Soupe brunoise.
Selle de mouton, braisée.
Purée de navets.
Vol-au-vent garni.
Salade de langouste.
Caneton rôti. Citrons.
Cresson de fontaine.
Riz au punch et aux fraises.
Dessert.

Bouil. clair aux laitues farcies.
Queues de saumon, s. anchois.
Pommes de terre.
Aloyau salé, au jus lié.
Purée de pois.
Cervelles de veau à l'oseille.
Poularde bardée, rôtie.
Salade et cresson.
Fèves à la béchamel.
Glaces. — Dessert.

Soupe aux herbes, liée.
Thon mariné à l'huile.
Rissoles aux épinards.
Salade de saumon.
Petits pains au fromage.
Tomates farcies, à l'huile.
Truite grillée, maître-d'hôtel.
Salade de légumes.
Haricots et p. de terre au beurre.
Glaces. — Dessert.

JUILLET

MENUS DE DÉJEUNERS

Œufs brouillés, aux tomates.
Soles sur le plat.
Côtelettes d'agneau, grillées.
Fromage. — Café.

Artichauts poivrade.
Miroton de bœuf.
Omelette aux oignons.
Mouton-schops, purée p. d. t.

Merlans au gratin.
Émincé de mouton.
Poulet nouveau, rôti.
Tomates farcies.

Petits pâtés aux rognons.
Biftecks étuvés.
Salade de turbot.
Poulets grillés, s[e] remoulade.

Rognons à la brochette.
Poulet au riz.
Salade de bœuf.
Fruits. — Café.

Crevettes et melon.
Œufs frits, sance tomate.
Poulets grillés.
Bœuf fumé, à la gelée.

Bouillabaisse provençale.
Cervelles frites.
Poulet à l'estragon.
Côtelettes de mouton, grillée

Matelote d'anguille.
Omelette au thon.
Rougets grillés.
Macaroni au gratin.

JUILLET

MENUS DE DINERS DE RÉCEPTION

POUR 6 A 8 COUVERTS

Soupe à l'orge et légumes.
Sardines à l'huile.
Bouchées de volaille.
Côtelettes de veau, piquées.
Haricots verts.
Dindonneau piqué, rôti.
Cresson, salade.
Flan de cerises.
Dessert, confitures.

Soupe à l'oseille et au riz.
Soles grillées, citrons.
Pommes de terre.
Noix de veau, braisée.
Légumes.
Gibelotte de lapin.
Pintade piquée, rôtie.
Salade ou cresson.
Tomates farcies.
Glaces. — Dessert.

Bouillon clair, aux pâtes.
Caviar pressé, citrons.
Épaule de veau, farcie.
Purée p. de terre.
Terrine de gibier.
Poulets rôtis, au jus.
Salade de saison.
Omelette aux confitures.
Dessert, fromage.

Purée de pois aux croûtons.
Canapés au thon.
Friture de cervelles.
Bœuf braisé, au jus lié.
Laitues farcies.
Salade de saumon.
Poulets farcis, rôtis,
Cresson de fontaine.
Artichauts sauce hollandaise
Glaces. — Dessert.

JUILLET

MENUS DE DINERS DE RÉCEPTION

POUR 6 A 8 COUVERTS

Soupe julienne.
Tranches de saumon, grillées.
Sauce tartare.
Langue de bœuf à l'écarlate.
Purée de pois.
Terrine de gibier, à la gelée.
Pigeons bardés, rôtis.
Salade de saison.
Haricots panachés.
Glace. — Compotes.

Soupe à l'orge et légumes.
Tronçon d. cabillaud, s. moules.
Pommes de terre.
Noix de veau piquée, braisée.
Petits-pois.
Petites timbales de riz.
Dindonneau piqué, rôti.
Cresson de fontaine.
Riz à l'eau et aux fruits.
Dessert, fromage.

Purée de pommes de terre.
Canapés aux anchois.
Bouchées au salpicon.
Carré de veau piqué.
Carottes nouvelles.
Salade de homards.
Poularde rôtie, cresson.
Flan d'abricots.
Dessert, confitures.

Soupe au riz et tomates.
Thon mariné, à l'huile.
Turbot bouilli, s. aux câpres.
Pommes de terre.
Chou farci au maigre.
Soles frites, citrons.
Croûtes aux champignons.
Salade de haricots verts.
Glaces. — Dessert.

AOUT

MENUS DE DÉJEUNERS

Salade d'anchois.
Omelette aux oignons nouv.
Poulets sautés, aux légumes.
Fromage. — Café.

Œufs au jambon.
Poule du pot-au-feu, frite
Gigot de mouton froid.
Tomates farcies.

Petits pâtés feuilletés.
Soles au vin blanc.
Bœuf bouilli, au gratin.
Salade de poulet.

Salade de thon mariné.
Bœuf à la provençale.
Pieds de veau, frits.
Poulets farcis, rôtis.

Moules à la marinière.
Biftecks sautés, champignons.
Pigeons grillés.
Fruits. — Café.

Omelette aux champignons.
Bœuf fumé, aux épinards.
Lapin frit, sauce tomate.
Galantine de volaille, à la gelée.

Cervelles frites.
Veau à la hussarde.
Fricassée de poulet.
Jambon à la gelée.

Harengs confits.
Omelette aux tomates.
Soles sur le plat.
Salade de langouste.

AOUT

MENUS DE DINERS DE RÉCEPTION

POUR 6 A 8 COUVERTS

Purée de tomates, au pain.
Canapés de harengs.
Rissoles de volaille.
Carré de veau piqué.
Haricots verts.
Pigeons bardés, rôtis.
Salade de saison.
Oignons farcis, au gras.
Glaces. — Dessert.

Julienne aux œufs pochés.
Barbue sauce au beurre.
Pommes de terre.
Culotte de bœuf, braisée.
Laitues farcies.
Dindonneau piqué, rôti.
Cresson de fontaine.
Haricots panachés.
Glace. — Dessert.

Soupe à la Reine
Soles au four.
Pommes de terre.
Aloyau salé, au jus.
Purée de pois.
Marinade de cervelles.
Oison farçi, rôti.
Salade de saison.
Artichauts bouillis.
Beignets de pêches.
Dessert, compotes.

Soupe purée crécy.
Paupiettes de merlan.
Pommes de terre.
Selle de mouton, rôtie.
Purée soubise.
Terrine de foie-gras.
Poulets rôtis, au jus.
Cresson de fontaine.
Carottes nouvelles, au blanc.
Flan de poires.
Dessert, confitures.

AOUT

MENUS DE DINERS DE RÉCEPTION

POUR 6 A 8 COUVERTS

Soupe aux poireaux et p. de t.
Canapés aux anchois.
Saumon salé, bouilli.
Sauce aux œufs.
Tête de veau en tortue.
Terrine de lapin.
Canards rôtis, au jus.
Cresson de fontaine.
Tarte de groseilles à maquereau.
Dessert, confitures.

Crème d'orge, asperges vertes.
Mulet à la sauce aux câpres.
Pommes de terre.
Jambon au madère.
Épinards au jus.
Dindonneau piqué.
Salade de saison.
Courgerons farcis.
Croûtes aux fruits.
Dessert, fromage.

Bouil. clair, aux laitues farcies.
Poulets frits, sauce tomate.
Côte de bœuf, braisée.
Purée de p. de terre.
Salade de saumon.
Poularde rôtie, au jus.
Salade de saison.
Quart. d'artichauts, lyonnaise.
Pouding aux marasquin.
Dessert, compotes.

Purée de pommes de terre, liée.
Pet. truites bouillies, au beurre.
Pommes de terre.
Croquettes de homard.
Œufs mollets, à l'oseille.
Soles frites, citrons.
Salade haricots verts.
Aubergines farcies.
Gâteau Saint-Honnoré.
Dessert, compotes.

SEPTEMBRE

MENUS DE DÉJEUNERS

Turbot à la vinaigrette.
Levraut sauté.
Côtelettes de mouton, grillées.
Fromage, café.

Soles au vin blanc.
Pieds de mouton à la poulette.
Brochettes de becfigues.
Fruits, café,

Poutargue à l'huile.
Omelette au lard.
Veau à la Marengo.
Cuisses de dindonneau, grillées.

Œufs au miroir.
Meurette de Bourgogne.
Lapereaux sautés, aux câpres.
Jambon et volaille, à la gelée.

Figues, jambon, mortadelle.
Sardines grillées.
Rognons sautés, champignons.
Rosbif froid, à la gelée.

Lasagnes au jus.
Soles au four.
Tourne-dos à la purée.
Pâté-froid de mauviettes.

Omelette aux cèpes.
Éperlans frits.
Quenelles de foie de veau.
Salade de poulet.

Caviar pressé, citrons.
Éperlans frits.
Terrine d'anguilles.
Nouilles au gratin.

SEPTEMBRE

MENUS DE DINERS DE RÉCEPTION

POUR 6 A 8 COUVERTS

Purée de lentilles, aux croûtons.
Salade de harengs.
Selle de mouton, braisée.
Émincé de cèpes.
Salmis de canards.
Levraut piqué, rôti.
Salade de saison.
Champignons farcis.
Glaces, dessert.

Soupe à la paysanne.
Turbot découpé, s. anchois.
Pommes de terre.
Noix de veau piquée.
Purée soubise.
Poulet sauté, à la ménagère.
Petits pains au fromage.
Quartier de chevreuil rôti.
Glaces, dessert.

Soupe au pain de gibier.
Canapés aux anchois.
Bouchées aux huîtres.
Poitrine de veau, glacée.
Pommes de terre sautées.
Salade de poulets.
Becfigues rôtis.
Cresson de fontaine.
Beignets de pommes.
Dessert, confitures.

Soupe tomates et vermicelle.
Sardines à l'huile.
Carpe à la matelote.
Pommes de terre.
Petit-salé aux choux.
Pieds d'agneau frits.
Perdreaux piqués, rôtis.
Salade de saison.
Tarte aux prunes noires.
Dessert, fromage.

SEPTEMBRE

MENUS DE DINERS DE RÉCEPTION

POUR 6 A 8 COUVERTS

Soupe au pain de gibier.
Morue frite, sauce tomate.
Pommes de terre.
Aloyau braisé.
Purée de céleris.
Timbales de nouilles, au gibier.
Poularde rôtie, au jus.
Salade de saison.
Omelette soufflée.
Dessert, compotes.

Soupe aux quenelles d. p. d. t.
Huîtres et citrons.
Bœuf à la hussarde.
Purée de navets.
Terrine de perdreaux.
Dindonneau piqué, rôti.
Cresson de fontaine.
Choux de Bruxelles, au beurre.
Biscuits à la crème fouettée.
Dessert, compotes.

Purée de lentilles, au riz.
Soles à la normande.
Pommes de terre.
Srazis à la polonaise.
Choux farcis.
Fricassée de poulets.
Mauviettes rôties aux croûtes.
Salade de saison.
Noques gratinées.
Glaces, dessert.

Soupe tomates et p. de terre.
Canapés de saumon fumé.
Œufs farcis, aux anchois.
Cabillaud sauce aux huîtres.
Pommes de terre.
Poupelin au fromage.
Petits bars grillés.
Salade de saison.
Macaroni au gratin.
Glaces, dessert.

OCTOBRE

MENUS DE DÉJEUNERS

Rognons de mouton, grillés.
Civet de lièvre.
Veau et jambon, froid.
Fromage. Café.

Salade de thon mariné.
Abatis de dinde, légumes.
Tourne-dos à la béarnaise.
Galantine de poularde. Gelée.

Caviar pressé, citrons.
Omelette au sang de lièvre.
Rognon de veau, aux p. d. t.
Mauviettes rôties, salade.

Œufs en caisses.
Brochet à la polonaise.
Mou de veau à la matelote.
Perdreau rouge aux raisins.

Escargots à l'ayoli, légumes.
Entre-côtes grillées.
Pâté-froid de mauviettes.
Fruits, café.

Œufs pochés, sauce cary.
Tête de veau à la vinaigrette.
Émincé de chevreuil.
Poulets grillés, au jus.

Rôties aux anchois, à la prov.
Mufle de bœuf en tortue.
Brochettes d'abatis.
Terrine de lièvre.

Bouillabaisse de poiss. d. douc.
Omelette aux épinards.
Haricots panachés.
Salade de saumon.

OCTOBRE

MENUS DE DINERS DE RÉCEPTION

POUR 6 A 8 COUVERTS

Soupe fausse tortue.
Harengs marinés.
Carré de veau, au persil.
Pommes de t., gratinées.
Poulets frits, sauce tomate.
Cailles bardées, rôties.
Cresson de fontaine.
Salsifis à la poulette.
Glaces, dessert.

Soupe à la purée de navets.
Morue nouvelle, au beurre.
Pommes de terre.
Gigot de mouton, à la broche.
Haricots flageolets.
Purée de gibier aux œufs pochés.
Poularde rôtie, au jus.
Cresson de fontaine.
Crème brulée.
Dessert, compotes.

Bouillon clair, aux quenelles.
Tranche de thon au gras.
Pommes de terre.
Poitrines de mouton grillées.
Nouilles gratinées.
Dinde rôtie, au jus.
Salade de saison.
Cèpes à la provençale.
Glaces, dessert.

Soupe haricots et oreill. d. porc
Petites truites bouillies.
Pommes de terre.
Rosbif à l'anglaise, légumes.
Sauce raifort à la crème.
Pain de lièvre froid.
Oie farcie de marrons.
Salade de légumes.
Pommes émincées, aux raisins.
Dessert, confitures.

OCTOBRE

MENUS DE DINERS DE RÉCEPTION

POUR 6 A 8 COUVERTS

Soupe à la Reine.
Huîtres et citrons.
Langue de bœuf, braisée.
Épinards au jus.
Salmis de bécasses.
Dinde rôtie, au jus.
Salade de saison.
Cardons à la crème.
Gelée à l'anisette, gâteaux.
Dessert, compotes.

Bouillon clair, aux nouilles.
Turbot bouilli, sauce aux huît.
Pommes de terre.
Longe de porc rôtie, à la sauge.
Macaroni au jus.
Hachis de perdr., en bordure.
Canards rôtis, au jus.
Salade de saison.
Flan de crème.
Dessert, compotes.

Pot-au-feu aux légumes.
Bar bouilli, sauce aux œufs.
Pommes de terre.
Tête de veau en tortue.
Oie à la gelée.
Mauviettes rôties, aux croûtes.
Salade de saison.
Haricots blancs au beurre.
Glaces, dessert.

Soupe aux tanches.
Caviar pressé, citrons.
Poupeton maigre.
Croquettes d'artichauts.
Salade de salsifis.
Saumon grillé, maître-d'hôtel.
Sauce remoulade.
Nouilles au gratin.
Glaces, dessert.

NOVEMBRE

MENUS DE DÉJEUNERS

Macaroni au jus.
Poulets à la matelote.
Côtelettes de porc, grillées.
Fromage, café.

Margot de morue.
Brochettes de foies de volaille.
Châteaubriand, maître-d'hôt.
Fruits, café.

Fromage d'Italie.
Émincé de dinde, au riz.
Entre-côtes grillées.
Salade de perdreaux.

Escargots à la mode de Nancy.
Boudins noirs grillés.
Poule du pot-au-feu s. tomate.
Grives au genièvre.

Omelette aux truffes.
Abatis d'oie, aux navets.
Filet de bœuf au gratin.
Langue et veau, à la gelée.

Saucisses plates, grillées.
Langue de bœuf sauce hachée.
Galantine de volaille.
Perdreaux rôtis.

Andouilles grillées.
Bœuf à la mode.
Salmis de grives.
Cuisses de dinde, à la diable.

Limaces à la provençale.
Œufs à la tripe.
Salade de saumon.
Soles frites, citron.

NOVEMBRE

MENUS DE DINERS DE RÉCEPTION

POUR 6 A 8 COUVERTS

Purée de chicorée aux quenelles.
Huîtres et citrons.
Gigot de mouton braisé.
Purée de haricots.
Perdrix à la purée de lentilles.
Oie farcie, aux pommes.
Salade de céleris.
Nouilles au gratin.
Glaces, dessert.

Soupe à la Reine.
Salade de harengs.
Cassolet de mouton.
Foie-gras à la provençale.
Coq de bruyère piqué.
Salade de saison.
Choux-fleurs sauce au beurre.
Soufflé au fromage.
Biscuits au kirsch et crème.
Dessert, compotes.

Bouillon clair, au tapioca.
Huîtres gratinées.
Culotte de bœuf, braisée.
Choux farcis.
Bouchées au salpicon.
Salade de homards.
Petits pains au fromage.
Courlis rôtis, cresson.
Glaces, dessert.

Soupe aux choux.
Filets de saumon, au beurre.
Pommes de terre.
Poitrine de veau, farcie.
Purée de navets.
Chapon à la chipolata.
Bécassines rôties, aux croûtes
Salade de saison.
Nougat à la crème.
Dessert, compotes.

NOVEMBRE

MENUS DE DINERS DE RÉCEPTION

POUR 6 A 8 COUVERTS

Bouillon clair, au riz.
Tanches aux fines-herbes.
Pommes de terre.
Filet de bœuf à la broche.
Fricassée de poulets.
Lapereaux rôtis, au jus.
Salade de saison.
Œufs au lait.
Dessert, compotes.

Soupe à la queue de bœuf.
Bouchées aux huîtres.
Fricandeau glacé.
Oseille au jus.
Salade de poulets.
Gelinottes rôties, à la casserole.
Salade de saison.
Soufflé de riz aux pommes.
Dessert, confitures.

Soupe aux haricots rouges.
Boudins de brochet.
Pommes de terre.
Poitrine de bœuf, salée.
Risot au parmesan.
Purée de vol. aux œufs pochés.
Lièvre rôti, salade.
Sauce à la crème.
Artichauts à la barigoule.
Glaces, dessert.

Soupe au lait, à la Monaco.
Huîtres et citrons.
Carpe à la choucroute.
Soles panées et frites.
Pommes de terre.
Salade de lentilles.
Bars grillés, maître-d'hôtel.
Petits pains au fromage.
Salsifis sautés, au beurre
Glaces, dessert.

DECEMBRE

MENUS DE DÉJEUNERS

Huîtres, beurre, citrons.
Ragoût de mouton aux navets.
Cuisses de chapon à la diable.
Fromage, café.

Caviar frais, beurre et citrons.
Ravioles de gibier.
Foie-gras à la provençale.
Langue écarlate et poulets.

Macaroni à la napolitaine.
Morue frite, aux oignons.
Bœuf bouilli, en salade.
Mauviettes rôties.

Mufle de bœuf en tortue.
Gayettes à la provençale.
Œufs pochés, à la chicorée.
Galantine de perdreau.

Cœur de bœuf à la daube.
Poule du pot-au-feu, en salade.
Grives aux croûtes.
Fruits, café.

Soles à la normande.
Pieds de veau à la russe.
Étuvée de filet de bœuf.
Salade de poulets.

Omelette au fromage.
Grives aux olives.
Paupiettes de veau, milanaise.
Dinde froide à la gelée.

Ravioles aux épinards.
Tranche de saumon, grillée.
Fondue à la ménagère.
Anguille à la sauce tartare.

DECEMBRE

MENUS DE DINERS DE RÉCEPTION

POUR 10 A 12 COUVERTS

Soupe à la queue de bœuf.
Huîtres et citrons.
Fricandeau de veau.
Chicorée au jus.
Dinde à la daube.
Perdreaux bardés, rôtis.
Salade de saison.
Choux de Bruxelles au beurre.
Glaces, dessert.
Café et liqueurs.

Soupe purée de p. de terre
Caviar et citrons.
Tête de veau au madère.
Croquettes de riz.
Poulets au cary.
Bécasses rôties, aux croûtes.
Salade de saison.
Chicorée aux œufs mollets.
Glaces, dessert.
Café et liqueurs.

Soupe à la choucroute d'Alsace.
Carpe à la bière.
Pommes de terre.
Carré de veau au four.
Nouilles gratiné.
Hure de sanglier, s. groseille.
Dinde farcie aux marrons.
Salade de saison.
Charlotte aux pommes.
Dessert, confitures.
Café et liqueurs.

Bouillon clair à la semoule.
Cabillaud sauce aux moules.
Pommes de terre.
Côte de bœuf, braisée.
Choux de Bruxelles.
Truffes à l'italienne.
Coq de bruyère, rôti.
Salade de saison.
Crème glacée, à la vanille.
Dessert, compotes.
Café et liqueurs.

DECEMBRE

MENUS DE DINERS DE RÉCEPTION

POUR 10 A 12 COUVERTS

Soupe de marrons au lard.
Aigrefins au beurre noir.
Pommes de terre.
Culotte de bœuf, braisée.
Chicorée au jus.
Lièvre rôti, à la crème.
Salade de saison.
Pieds de céleri, au jus.
Mousse au chocolat.
Dessert, compotes.
Café et liqueurs.

Bouillon clair, aux quenelles.
Brochet aux nouilles.
Pommes de terre.
Poitrines de mouton, farcies.
Purée de haricots.
Salade de poulets.
Gelinottes rôties.
Cresson de fontaine.
Chou farci, au jus.
Glaces, dessert.
Café et liqueurs.

Soupe purée de pois jaunes.
Meurette à la bourguignonne.
Pommes de terre.
Épaule de veau à la broche.
Flageolets de conserve.
Vol-au-vent garni.
Oie farcie, rôtie au four.
Salade de saison.
Charlotte russe.
Dessert, compotes.
Café et liqueurs.

Soupe purée de haricots roug.
Caviar et citrons.
Huîtres grillés.
Tr. de cabillaud, s. aux œufs.
Pommes de terre.
Choux-fleurs au gratin.
Filets de sole, frits au beurre.
Salade de légumes.
Salsifis à la poulette.
Glaces, dessert.
Café et liqueurs.

MENUS DE DINERS A SERVICE SIMPLE

POUR 15 JUSQU'A 50 COUVERTS

4 hors-d'œuvre froids.

Consommé à la julienne.

Alose grillée, à l'oseille.
Pommes de terre.
Quartier d'agneau, à la broche.
Nouilles au parmesan.
Poulets sautés, aux truffes.
Salade de homards.
Bécasses rôties, aux croûtes.
Cresson de fontaine.
Concombres farcis.

Savarin aux liqueurs.
Meringues à la crème.

Compotes, dessert.
Café et liqueurs.

---

4 hors-d'œuvre froids.

Consommé au tapioca.

Truite à la Chambord.
Pommes de terre.
Calotte de bœuf, braisée.
Macaroni au jus.
Chapons au riz.
Galantines de perdreau.
Chevreuil piqué, rôti.
Salade, gelée d. groseille.
Petits-pois au beurre.

Croûtes aux fruits.
Éclairs au café.

Compotes, dessert.
Café et liqueurs.

MENUS DE DINERS A SERVICE SIMPLE

POUR 15 JUSQU'A 60 COUVERTS

4 hors-d'œuvre froids.

Consommé aux quenelles.

Cabillaud sauce aux œufs.
Pommes de terre.
Selle de veau, piqué.
Légumes.
Fricassée de poulets.
Pain de levraut, à la gelée.
Dindonneau piqué, rôti.
Salade de saison.
Céleris à l'espagnole.

Plum-pudding sauce au rhum.
Mousse à la vanille.

Salade, compotes.
Dessert, café.

---

4 hors-d'œuvre froids.

Soupe à l'orge et légumes.

Croquettes de gibier.
Tranch. de saumon, s. Colbert.
Pommes de terre.
Bœuf fumé, sauce madère.
Épinards au jus.
Quenelles de poulet, petits-pois.
Terrine de lièvre, à la gelée.
Faisans piqués, rôtis.
Cresson de fontaine.
Quart. d'artichauts, lyonnaise.

Gelée à l'anisette, gâteaux.

Salade, compotes.
Dessert, café.

MENUS DE DINERS A SERVICE DOUBLE

POUR 15 A 18 COUVERTS

1er Service.

4 hors-d'œuvre froids.

Consommé au tapioca.

Bar bouilli sauce hollandaise.

Pommes de terre.

Tête de veau en tortue.

Poulets aux petits-pois.

Terrine de gibier.

2e Service.

Dindonneaux piqués.

Jambon à la gelée.

Asperges sauce au beurre.

Gelée aux fruits.

2 salades, 2 compotes.

Glaces, fruits, fromage.

Dessert, café.

1er Service.

4 hors-d'œuvre froids.

Bisque aux écrevisses.

Barbue à la normande.

Pommes de terre.

Ris de veau, piqués.

Macédoine.

Salmis de vanneaux.

Salade de langouste.

2e Service.

Poulardes rôties.

Cailles bardées.

Haricots verts au beurre.

Charlotte russe.

2 salades, 2 compotes.

Glaces, fruits, fromage.

Dessert, café.

MENUS DE DINERS A SERVICE DOUBLE

POUR 15 A 18 COUVERTS

1er Service.

4 hors-d'œuvre froids.

Consommé au pain de gibier.
Cabillaud sauce aux huîtres.
Selle de mouton, braisée.
Légumes.

Salmis de bécasses.
Fricassée de poulets.

2e Service.

Perdreaux rôtis.
Jambon à la gelée.

Petits-pois à l'anglaise.
Poudding de cabinet.

2 Salades, 2 compotes.

Glaces et fruits.
Dessert, café.

POUR 20 A 25 COUVERTS.

1er Service.

6 hors-d'œuvre froids.

Soupe tortue.
Turbot sauce aux crevettes.
Rosbif à l'anglaise.
Légumes.

Vol-au-vent aux quenelles.
Poulets à l'estragon.
Côtelettes d'agneau, aux pois.
Mayonnaise de perdreaux.

2e Service.

Canetons rôtis.
Homards en coquilles.

Macaroni au gratin.
Artichauts sauce hollandaise.
Charlotte aux pommes.
Gelée au champagne.
3 salades, 3 compotes.
Glaces et fruits.
Dessert, café.

MENU A SERVICE DOUBLE

POUR 30 COUVERTS.

1er *Service.*

---

8 HORS-D'ŒUVRE FROIDS.

Soupe à la Reine et consommé.

---

2 — Saumon sauce béarnaise.
Pommes de terre.
2 — Pièce de bœuf, braisée.
Garniture macédoine.

---

2 — Poulardes au riz.
2 — Salmis de perdreaux.
2 — Timbale de macaroni aux ris de veau.
2 — Salade de langoustes.

2e *Service.*

---

2 — Selle de chevreuil, piquée.
2 — Dinde truffée, rôtie.

---

2 — Céleris à l'espagnole.
2 — Asperges bouillies, sauce au beurre.
2 — Croûtes aux fruits.
2 — Crème bavaroise et gâteaux.

---

4 compotes. — 4 salades.

Glaces. — Fruits. desserts.

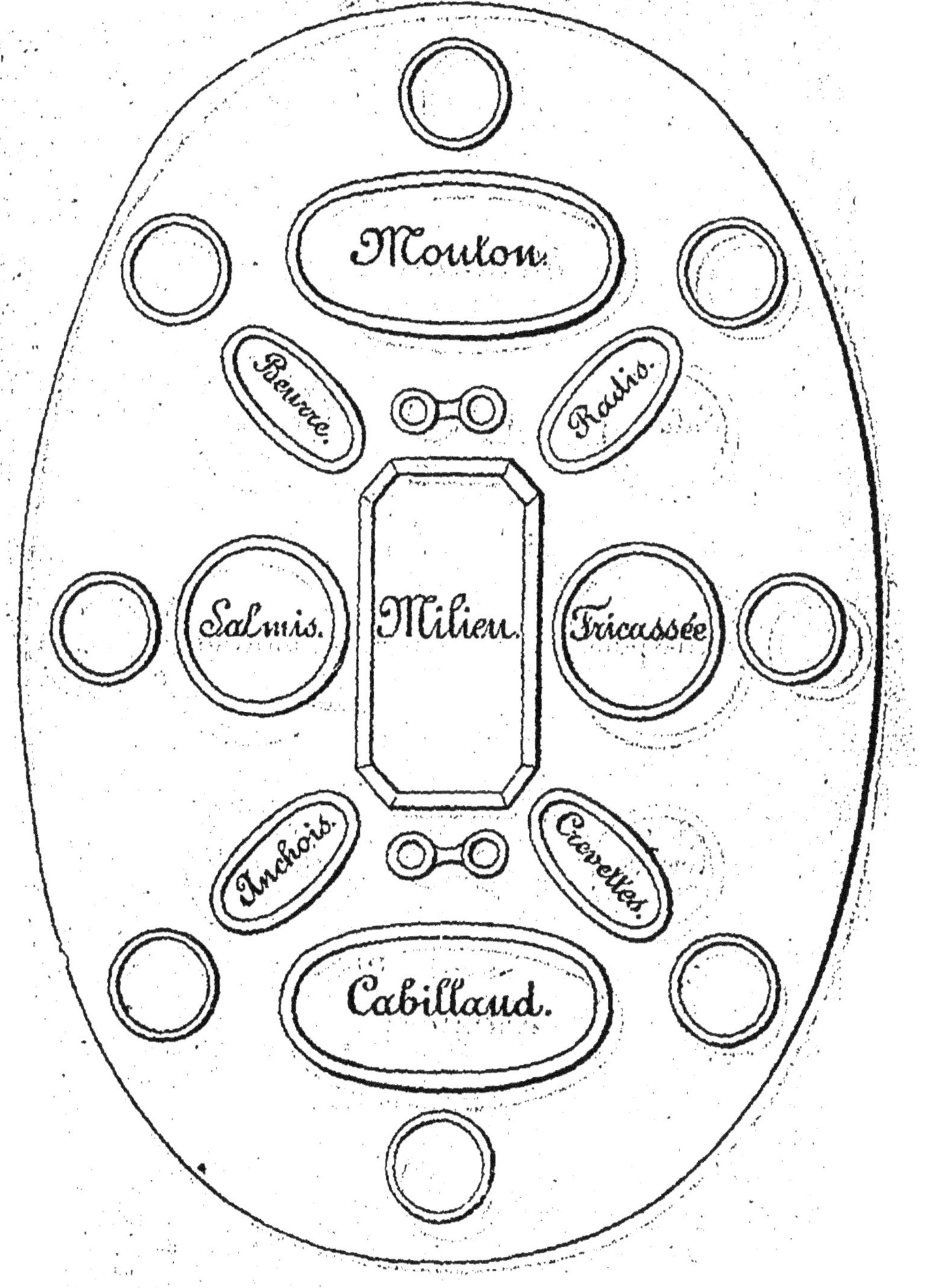
Mouton.
Beurre.
Radis.
Salmis.
Milieu.
Fricassée
Anchois.
Crevettes.
Cabillaud.

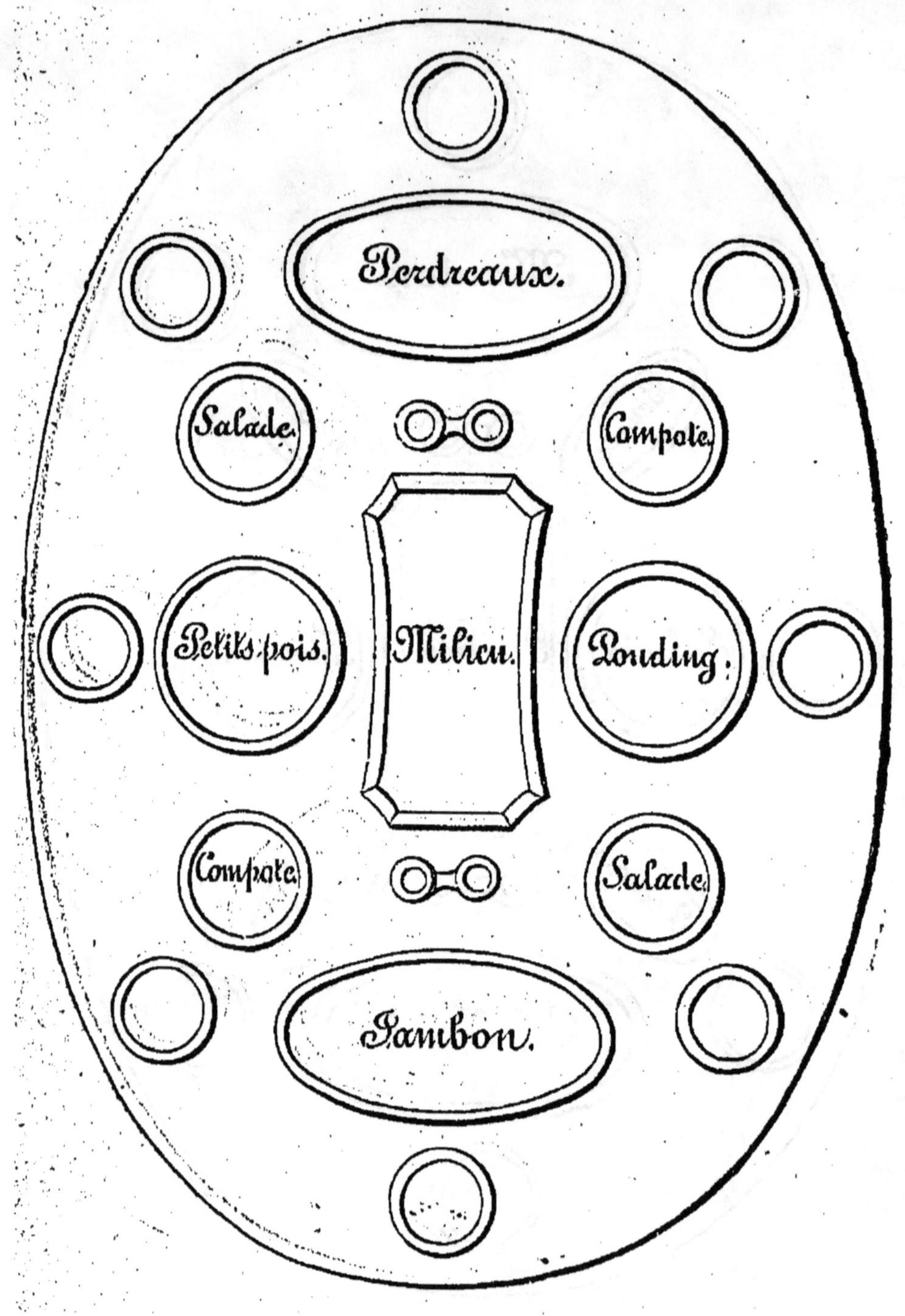
Perdreaux.
Salade.
Compote.
Petits pois.
Milieu.
Pouding.
Compote.
Salade.
Jambon.

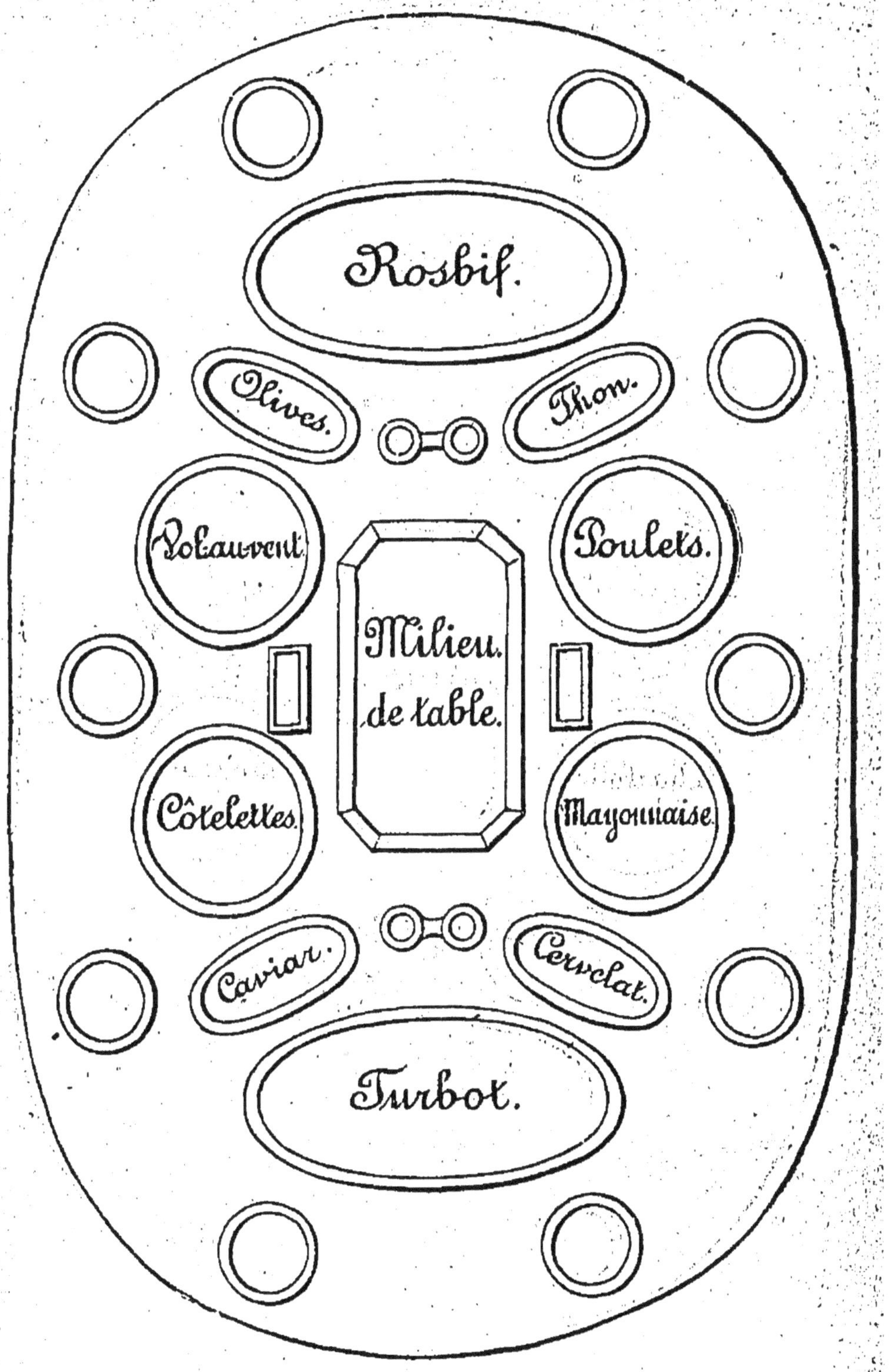

Rosbif.
Olives.
Thon.
Volauvent.
Poulets.
Milieu.
de table.
Côtelettes.
Mayonnaise.
Caviar.
Cervelat.
Turbot.

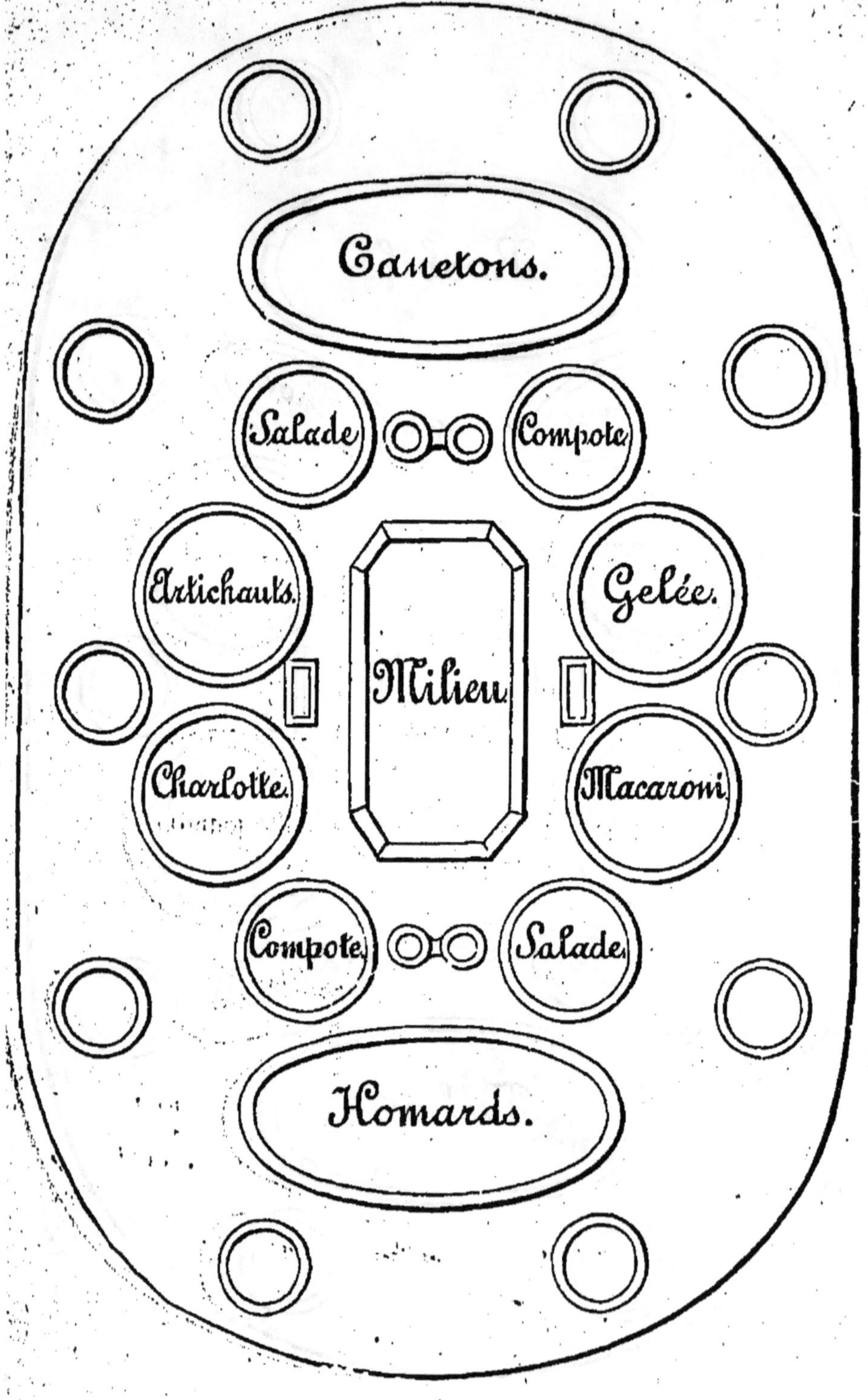
Canetons.
Salade
Compote
Artichauts.
Gelée.
Milieu
Charlotte.
Macaroni
Compote.
Salade.
Homards.

AMEUBLEMENTS ET USTENSILES

DE CUISINE ET SALLE A MANGER

Une cuisine de maison bourgeoise ne peut pas être montée comme une cuisine princière, cela s'entend; mais à défaut d'un certain luxe, il est évident qu'elle doit posséder le nécessaire; car le travail de la cuisine devient impossible à pratiquer si la personne qui en est chargée n'a pas à sa disposition les ustensiles qui lui sont indispensables.

Parmi les meubles et ustensiles indispensables, il faut comprendre les tables, le fourneau, la grillade, la broche, l'étuve, le four, le timbre à glace, le garde-manger.

Tables de cuisine. — Les tables de cuisines sur lesquelles on travaille doivent être construites en bois dur, et solidement établies; on travaille mal sur une table trop faible ou mal assurée. Ces tables doivent toujours être bien propres.

Afin de les conserver plus longtemps en bon état, on peut faire le gros ouvrage sur des tables volantes qui sont en permanance sur la grande table, mais qu'on enlève pour les laver aussitôt qu'on les a salies.

Fourneaux. — Dans le midi de la France et dans beaucoup d'autres provinces, on fait encore la cuisine sur des fourneaux à bouches, construits en maçonnerie; dans le Nord on a plus généralement adopté les fourneaux en fer. Dans les

premiers, on brûle du charbon de bois, dans les autres de la houille ou du bois. A peu de chose près, les deux systèmes donnent des résultats identiques, en ce qui concerne les apprêts culinaires.

D'ailleurs, dans un grand nombre de cuisines, à côté d'un fourneau en fer, figure une bouche à charbon, sur le fourneau même, telle qu'elle est représentée sur le dessin reproduit ici.

La différence la plus apparente existant entre les deux systèmes, c'est qu'avec un fourneau à bouches, il faut absolument établir un four, une grillade, une étuve et une broche, tandis qu'un fourneau en fer peut sans inconvénient renfermer ces trois auxiliaires du travail d'une si grande utilité.

Sous plus d'un rapport, ce dernier présente donc des avantages supérieurs dont l'économie est évidente. Le modèle que je reproduis est un des plus pratiques; il suffit qu'il soit solidement établi et bien conditionné; avec le dessin on peut le faire exécuter dans tous les grands centres.

Étuve. — Les étuves sont de la plus grande utilité dans une cuisine, soit pour tenir les mets au chaud, soit pour chauffer les plats de service, les assiettes, les soupières et saucières.

Grillade. — La grillade est aussi d'une grande utilité; à la rigueur, on peut bien faire griller les viandes sur la braise d'un foyer de cheminée ou sur l'ouverture d'un fourneau en fer; mais dans les deux cas, on s'expose à enfumer la cuisine et à ne faire griller les viandes qu'imparfaitement. Il est donc préférable de faire construire une grillade en fer, à coulisses, simple et peu coûteuse, qu'on peut installer partout où il existe un conduit de cheminée. Le tirage de ces grillades est forcé, le grillage des viandes est rapide, violent, par conséquent parfait, ne laissant pas échapper la fumée en dehors : que ce soit du poisson ou des viandes qu'on fasse griller, on peut être certain qu'aucune odeur ne s'échappera dans l'intérieur de la maison. N'est-ce pas là un perfectionnement dont les maîtresses de maison doivent tenir compte? Et d'ailleurs, l'installation de ces grillades est si simple, si facile, qu'on doit regretter de ne pas les voir figurer dans les plus modestes ménages.

Je reproduis ici le modèle d'une grillade sur laquelle on fait griller dans une caisse en métal, à l'aide d'un tube à gaz dont les parois sont percés de petits trous, absolument comme les appareils à gaz des fourneaux qu'on rencontre dans les grandes cuisines. J'ai tenu à mettre ce modèle en évidence, car j'estime qu'on ne saurait trop étudier ce qu'il y a d'utile dans les innovations de ce genre.

Le gaz étant encore fort peu appliqué en France, aux opérations culinaires, j'ai toujours saisi avec empressement l'occasion d'encourager les gens du métier à l'introduire dans leur cuisine. Cette grillade (1), bien que susceptible de certain

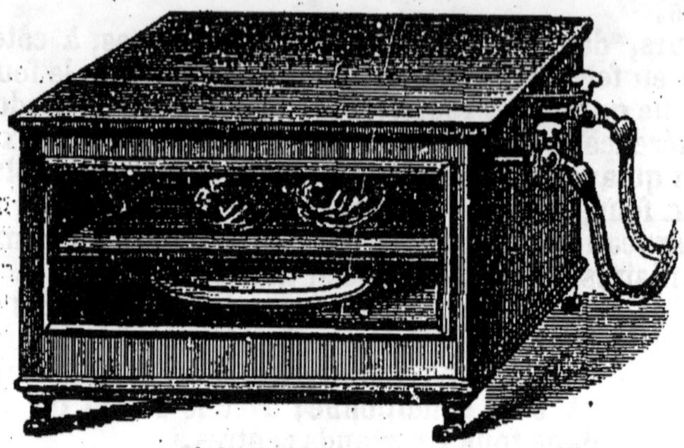

perfectionnement, mérite cependant d'être mentionnée et recommandée dans toutes les cuisines où on dispose du gaz. Elle offre non-seulement aux amateurs le mérite d'une innovation ingénieuse, mais encore des avantages particuliers dont on doit lui tenir compte. Et d'abord, disons qu'on peut indifféremment la faire fonctionner dans toutes les parties de la cuisine, et au besoin dans la salle à manger, attendu que la cuisson s'opère sans embarras, sans bruit, et sans que la cuisson des viandes puisse occasionner ni fumée ni mauvaise odeur, car la chaleur arrivant sur les viandes par le haut, la graisse qui s'en échappe, tombe dans un réservoir.

Si ces quelques lignes tombent jamais sous les yeux du fabricant, que je n'ai pas l'honneur de connaître, il verra que les innovations bien comprises trouvent toujours des encouragements; et malgré les réserves que je viens de faire, j'espère que mon appréciation ne lui sera pas préjudiciable.

Rôtissoire. — Dans une grande cuisine, la seule rôtissoire possible, c'est une broche avec son grand foyer, avec ses longues broches, ses longues chaînes pendantes et ses rouages à découvert ou enfermés sous une caisse en verre, permettant d'en suivre les mouvements. Une broche établie dans ces conditions, est tout à la fois un meuble et un ornement pour la cuisine. Mais le luxe d'un tel meuble n'étant pas possible partout, c'est sur les simples rôtissoires que je porterai mes recherches, pour en tirer les meilleurs enseignements, car l'art de faire rôtir par les procédés les plus simples, occupe depuis longtemps les mécaniciens et les gourmets, au moins autant que les cuisiniers.

(1) On la trouve chez les fabricants d'appareils à gaz.

Depuis la vieille rôtissoire à coquille, il s'est fait beaucoup d'inventions, mais des inventions incomplètes. Le seul reproche qu'on puisse faire à la rôtissoire à coquille, c'est que la

broche ne tourne pas d'elle-même; il faut la tourner sans cesse et ne point la perdre de vue, sous peine de laisser perdre le rôt : voilà l'écueil ! eh bien, jusqu'ici tous les inventeurs

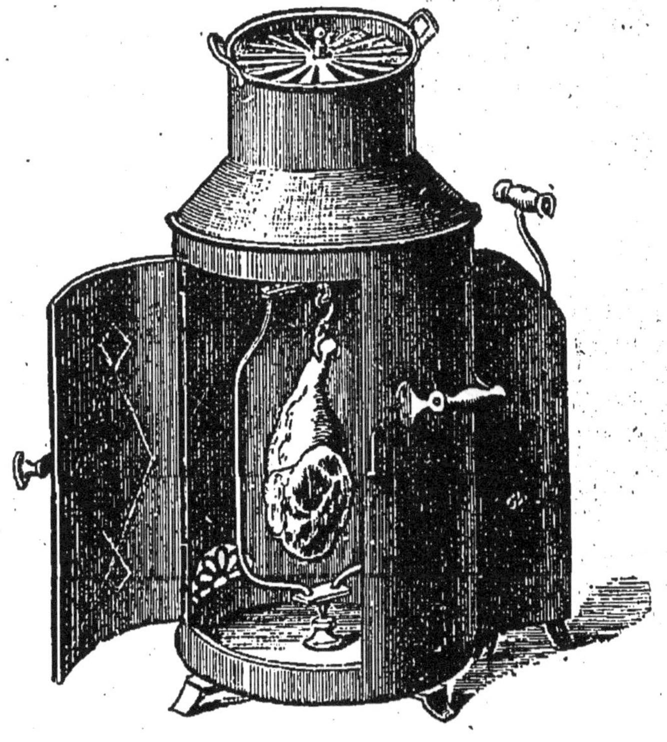

ont tourné autour de ce problème sans pouvoir le résoudre complétement ; un seul, dans ces derniers temps, s'en est rapproché le plus par l'idée, si non par la pratique. Je veux parler de la rôtissoire à volant dans laquelle le rôt perpendiculairement suspendu, tourne devant une coquille à foyer. Dans cette rôtissoire, le volant et le rôt doivent tourner par le seul fait du courant d'air ; mais l'expérience m'a démontré que l'action de l'air et du courant qu'on peut établir dans une cuisine, est insuffisant à imprimer au volant un mouvement continu et durable, dès que le poids du rôt se fait sentir et pèse sur lui ; c'est là son unique défaut, mais il est capital.

Peut-être que l'inventeur, mieux inspiré, trouvera un jour le moyen d'établir son mécanisme dans de meilleures conditions ; je désire que mes observations désintéressées stimulent son zèle, si jamais elles parviennent jusqu'à lui.

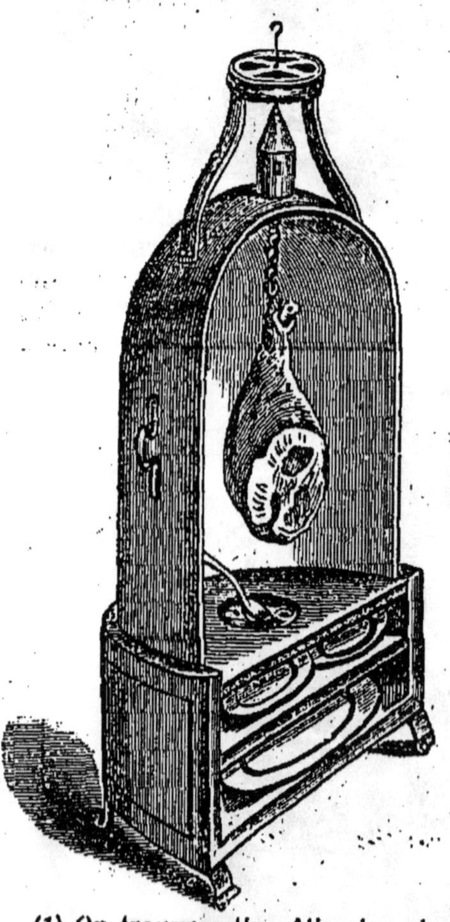

Il existe encore une rôtissoire à gaz, inventée par le même fabricant de la grillade. Cette rôtissoire, toute bien conditionnée qu'elle paraisse, n'est cependant pas exempte de défauts : elle manque de calorique, et de plus, elle présente le même inconvénient que la rôtissoire à coquille : la broche exige d'être tournée à la main.

Je reproduis le modèle d'une rôtissoire à mouvement ; elle est de provenance anglaise, mais son origine, ne me dispense pas d'en faire l'éloge qu'elle mérite ; je la trouve parfaitement comprise et très-pratique(1). Le seul défaut qu'on pourrait lui reprocher, c'est que, par sa construction elle ne s'adapte pas à tous les foyers ; mais je crois qu'il serait facile de lever l'obstacle, en lui adaptant un foyer mobile, qui s'encadrerait avec elle. Dans ces conditions,

(1) On trouve cette rôtissoire chez les marchands ou fabricants de machines anglaises.

on pourrait faire rôtir les viandes soit sur le fourneau, soit sous le manteau d'une cheminée. Je laisse aux fabricants le soin d'utiliser mon observation qui, je crois, pourrait bien devenir profitable.

En somme, il faut bien le dire, jusqu'ici, abstraction faite des grandes broches, la vieille rôtissoire à coquille, est celle qui est encore le plus près du problème recherché, si on veut l'établir dans les conditions que je la représente ici, c'est-à-dire si on veut lui adapter un mouvement qui garantisse une durée de rotation prolongée, et qu'avant de s'arrêter, avertit la cuisinière par le bruit d'une sonnerie, telle enfin qu'on les trouve dans un grand nombre de cuisines. Les 3 pièces composant cette rôtissoire sont mobiles; elle peut donc être disposée partout, cependant, pour éviter le transport de ces pièces, on pourrait facilement sceller la coquille dans le mur, à côté du fourneau ou dans une cheminée vide, afin de pouvoir établir un tirage suffisant.

Four portatif. — Dans les petites cuisines, il est bien rare d'y rencontrer des fours en maçonnerie, autrement dit, des fours à pâtisserie. Or, si on n'a pas à sa disposition un fourneau en fer ayant 1 ou 2 fours, on est forcément obligé de recourir à l'emploi d'un four portatif. On en fabrique à Paris d'après différents systèmes : j'en reproduis trois dans ce livre.

Celui qui figure ici(1) est un des plus anciens et des plus pratiques; il convient surtout pour cuire la pâtisserie; les 2 compartiments qu'il renferme ayant chacun un degré particulier de chaleur, permettent d'y cuire en même

(1) C'est encore à Paris où l'on trouve les meilleurs mouvements de broche. — Au lieu d'être rond, il peut être de forme carrée.

temps des pâtisseries qui n'exigent pas un degré de chaleur identique. N'étant pas trop volumineux, et facile à transporter, on peut le chauffer à l'endroit où il est le moins gênant.

Les 2 autres modèles qu'on trouvera plus loin, sont très-répandus dans les cuisines de Paris. Ils sont tous deux construits d'après le même système, seule la forme diffère. Ils sont en fer; ils ne sont ni embarrassants ni difficiles à transporter.

Le premier, est à 2 étages, le second n'en a qu'un, Mais, soit qu'on achète ces fours, soit qu'on les fasse construire, il est facile de les obtenir tels qu'on les désire.

Quand on veut cuire la pâtisserie dans ces fours, il ne s'agit pas de les chauffer au moment de les employer, car alors on s'exposerait à n'obtenir que de la pâtisserie médiocre et défectueuse. Les petits fours sont comme les grands, quand on ne les chauffe pas régulièrement, qu'on ne les chauffe que par intervale, ils contractent de l'humidité. En ce cas, pour les bien sécher, il faut les chauffer longtemps, sans violence; puis, quand la chaleur les a bien pénétrés, on les chauffe au degré voulu, et aussitôt que ce degré est atteint, on laisse tomber le feu; on ferme bien le foyer, et en partie seulement la soupape adhérente au tuyau, afin que le gaz de la braise ne refoule pas en dehors, ce qui pourrait occasionner des accidents aux personnes qui travaillent dans la cuisine. Tous les fours ne sont pas munis de soupape, mais celle-ci étant nécessaire, on doit l'exiger.

Dans ces différents fours on peut très-bien cuire les gros et les petits pâtés, les tourtes, les vol-au-vent; on peut aussi y cuire tous les petits gâteaux d'entremets, les soufflés, et les gratins. Pour bien réussir la cuisson de ces différents mets, il n'y a qu'un moyen, c'est d'étudier le four.

Bien que portatifs et mobiles, ces fours, les deux derniers du moins, peuvent très-bien devenir fixes; ils n'ont qu'à gagner à cette transformation; en ce cas, il convient de poser le four sur une assise en maçonnerie, à hauteur voulue, non loin d'un conduit de cheminée, afin de pouvoir lui raccorder le tuyau de dégagement. Quand la disposition de la cuisine le permet, il convient d'enclaver le four dans l'épaisseur d'un mur ou tout au moins de l'arrimer dans une encoignure, afin de le rendre moins gênant. Dans les deux cas, on l'entoure d'abord avec une épaisse couche d'argile, puis avec du plâtre et enfin avec des briques. Dans ces conditions, le four conserve plus longtemps sa chaleur et résiste davantage à l'usure.

Garde-manger de ménage. — Dans les ménages, le garde-manger est une sorte de cage de forme ronde ou carrée, construite en tissu métallique sur une charpente en fer ou en bois, et portant à l'intérieur non-seulement plusieurs étagères mais encore un suspensoir à crochets, auxquels on peut suspendre la viande crue, la volaille ou le gibier; sur les étagères on dispose les provisions qu'on veut exposer à l'air, en les garantissant du contact des insectes.

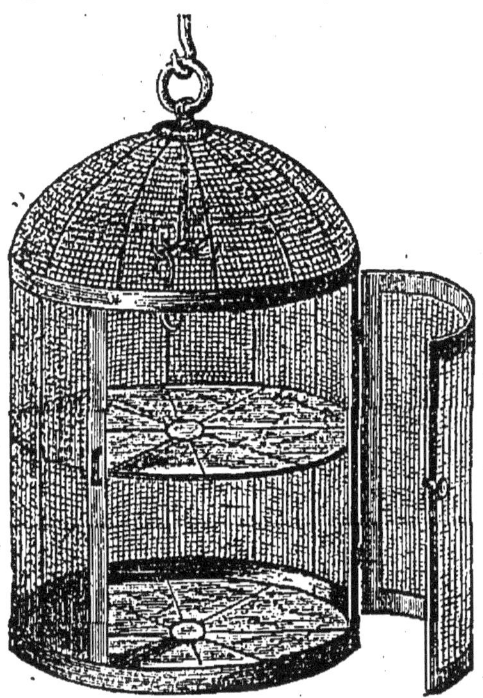

Ces garde-manger sont ou suspendus au plafond de la dépense à l'aide d'une poulie, ou fixés sur le côté ou en dehors d'une fenêtre; dans les deux cas, pour atteindre mieux le but qu'on se propose, ils doivent être exposés au courant d'air et autant que possible, au nord.

Si le garde-manger est suspendu dans une pièce, il peut être tout à fait à découvert, si au contraire, il est fixé en dehors, il faut absolument que sa partie supérieure soit munie d'une toiture en bois, établie un peu en pente, afin que la pluie ne pénètre pas à l'intérieur.

Mais, même dans les ménages, on peut remplacer avec avantage ces garde-manger, qui sont toujours un peu encombrant et ne donnent pas les résultats les plus pratiques, par une *armoire à glace* c'est-à-dire une caisse fermée, dans l'intérieur de laquelle, avec une minime quantité de glace, on entretient un degré de froid continuel, suffisant non-seulement à tenir fraîches les provisions journalières, le beurre, les œufs, la crème et le lait, mais aussi pour prolonger, en toute saison, la conservation des viandes fraîches, du poisson, de la volaille et du gibier. Et chose non moins précieuse, c'est de pouvoir en plein été, sans frais, sans dérangement, avoir toujours à sa disposition de l'eau et du vin rafraîchis.

Je me figure que tout le monde est à même d'apprécier les avantages d'une telle ressource, et qu'il suffit de la mettre en

relief, pour les faire accepter. Ces armoires ne sont pas très-coûteuses, on peut en avoir à tous prix. Mais si au bout de l'an on voulait récapituler les pertes de comestibles, aussi bien que les inconvénients qu'on a rencontrés, et les privations qu'on s'est imposées, on ne tarderait pas à s'apercevoir que la véritable économie ne consiste pas à se priver d'un auxiliaire qui doit infailliblement la produire, en apportant avec lui une amélioration notable dans le bien-être du ménage.

BATTERIE DE CUISINE

La batterie de cuisine comprend tous les vases dans lesquels les aliments sont préparés : les casseroles de toute nature, les marmites, poêlons et chaudrons. La batterie de cuisine doit toujours être en rapport avec l'importance de la maison. Dans les grandes cuisines, la batterie est toujours en cuivre, rouge en dehors et étamée en dedans.

Dans les petites cuisines la batterie se compose souvent d'un mélange de pièces en cuivre, en fer-blanc, en fonte émaillée ou en terre. Je comprends que toutes les cuisines de ménages ne peuvent pas être luxueusement montées, mais je tiens à faire remarquer que ce n'est pas en réalité une économie que d'acheter des ustensiles bon marché, en fer-blanc ou fer-battu.. Ce sont précisément les pièces en cuivre qui offrent le plus d'économie, par l'utilité d'abord, la facilité qu'ils procurent à ceux qui travaillent dans la cuisine, et ensuite par leur longue durée. D'un autre côté, ces vases se prêtent mieux à l'ornement de la cuisine ; ils sont plus faciles à nettoyer et offrent plus de garanties de propreté que les autres vases.

Les casseroles en fer-blanc ou en fer-battu s'usent vite, et ont le défaut de brûler promptement les viandes. Après les vases en cuivre, ce sont ceux en fonte et en terre qui sont préférables : les marmites en terre dans lesquelles on prépare les bouillons donnent des résultats aussi parfaits, sinon meilleurs que celles en cuivre, surtout si on a soin de ne les employer qu'à cet usage. Bien des personnes croient que les vases en terre peuvent donner de mauvais goûts aux viandes; cela n'est vrai que quand ils sont neufs, qu'ils n'ont pas encore servi; mais on évite cet écueil, en faisant dès le début, bouillir dans ces vases de l'eau mêlée avec de la cendre : tout danger disparaît alors.

Casseroles en cuivre. — En cuisine, il est un grand nombre d'apprêts qui ne peuvent être exécutés, et qui ne réussissent bien que dans les casseroles en cuivre. Il faut donc, sous peine d'obtenir de mauvais résultats ou de ne pouvoir préparer certains mets, s'arranger de façon à avoir à sa disposition sinon une batterie complète, tout au moins une douzaine de casseroles d'un calibre graduée, c'est-à-dire de grandes, de moyennes et de petites; les plus petites de la contenance d'un litre et les plus grandes de 6 à 8 litres; ce n'est certainement pas là une dépense qui peut entraîner fort loin.

Le modèle que je reproduis ici est un des mieux adaptés à l'usage d'une cuisine bourgeoise, en ce sens que le couvercle

étant creux, on peut, en le renversant, l'utiliser comme sautoir, et s'en faire un auxiliaire très-utile; je ne saurais trop attirer sur ce point l'attention des cuisinières et des maîtresses de maison.

Casseroles plates ou sautoir. — Les sautoirs sont en quelque sorte indispensables dans une cuisine. Il en faut au moins trois, un grand, un moyen, un petit ; à ses vases,

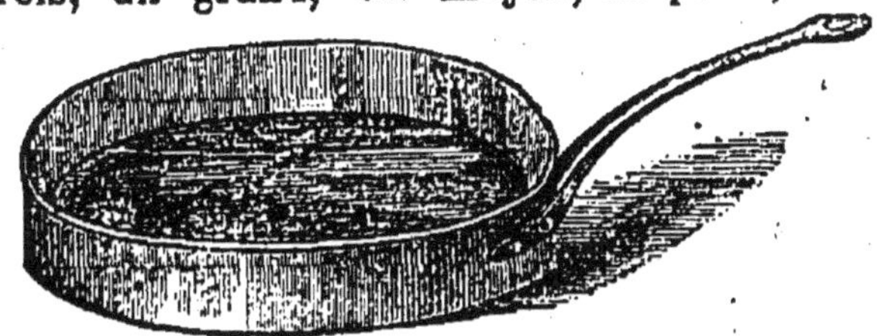

il convient de faire confectionner des couvercles en creux comme pour les casseroles : le nombre se trouve alors pour ainsi dire doublé. Ces casseroles sont ordinairement minces ; elles sont ainsi plus faciles à manier ; et d'ailleurs, on les emploie le plus souvent pour les cuissons violentes, accélérées.

Casseroles longues. — Ces casseroles sont en cuivre, étamées en dedans ; elles conviennent pour faire braiser ou

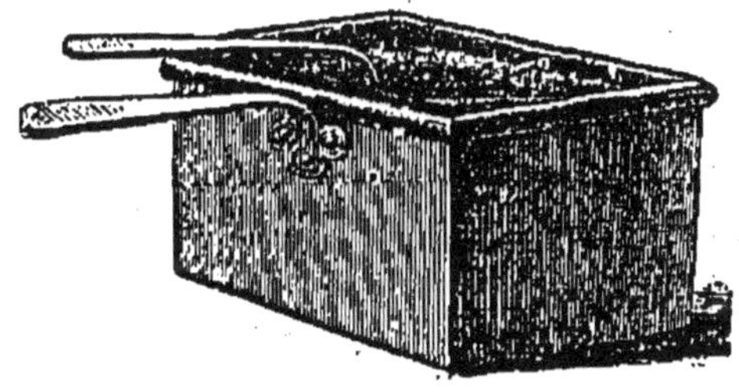

bouillir les pièces de viande de forme allongée, les filets de bœuf par exemple, les morceaux d'aloyau, les langues, et enfin les grosses volailles.

Casseroles à sauces. — Les casseroles à sauces sont de forme plus hautes que larges ; elles sont étamées en dehors et en dedans, et munies d'un couvercle sans queue, ayant simplement un bouton sur le centre. Ces casseroles sont spécialement destinées non pas à préparer les sauces, mais à leur servir de récipient quand elles sont finies, pour les conserver au chaud, dans un vase contenant de l'eau qu'on appelle *bain-marie* (*page* LXXXVII). Il faut au moins 4 de ces casseroles qui, même dans une petite cuisine sont d'un usage journalier, car elles sont peu volumineuses, et en somme peu coûteuses, par ce motif qu'elles ne vont pas directement sur le feu, on peut donc dire que leur durée est éternelle.

Casserole à glace. — Cette casserole est, comme les casseroles à sauce étamée en dehors et en dedans ; elle est munie d'un double fond dans lequel on met la glace de viande qu'on veut faire dissoudre, après avoir rempli à moitié la casserole avec de l'eau chaude. Cette casserole est représentée dans la caisse à *bain-marie* (*page* LXXXVII); elle est la plus petite des trois.

Casserole à sucre. — Ces casseroles portent le nom de *poêlons*. Elles ne sont étamées ni en dehors ni en dedans. Elles sont destinées à cuire le sucre ou des liquides sucrés; mais on les emploie souvent aussi au blanchissage des légumes verts qui, en cuisant perdraient leur nuance naturelle si on les cuisait dans une casserole étamée. — C'est dans ces casseroles qu'on prépare le nougat, les sirops, les gelées de fruits rouges. — En aucun cas on ne doit cuire, ni même entreposer dans ces casseroles, du lait ou de la crème, et même des jus ou bouillons, qui deviendraient malfaisants et dangereux. C'est là une attention qu'on ne saurait trop recommander aux cuisinières.

Casseroles et marmites en terre. — J'ai déjà dit que les vases en terre sont très-utiles dans une petite cuisine; ils doivent donc s'y trouver nombreux et variés. D'ailleurs, n'auraient-ils que l'avantage d'épargner les casseroles en cuivre, dans le courant journalier d'une cuisine, que ce serait déjà un résultat à considérer. Ces casseroles conviennent surtout pour faire roussir les viandes ou pour cuire des liquides; par exemple: les casseroles en terre ne valent rien pour cuire les sauces ni les crèmes qu'elles font facilement brûler; elles ont en échange des qualités appréciables: on peut y torréfier du café ou des amandes, et on peut y faire du caramel mieux que dans tout autre vase.

5.

Chaudron. — Les chaudrons ne sont en fait, que de grandes bassines; la différence est surtout dans les dimensions, car de même que la bassine, le chaudron n'est pas étamé. Un grand chaudron est nécessaire dans les plus petites cuisines, car son usage est pour ainsi dire journalier. Il est non-seulement nécessaire dans la cuisine mais aussi pour les besoins intérieurs du ménage ; il est donc difficile de s'en passer.

Poissonnière. — On donne le nom de poissonnière à des vases de forme longue et étroite, auxquels est adaptée une grille. C'est dans ces vases qu'on cuit les poissons entiers ou coupés en tranches. Dans les grandes cuisines ces vases sont nombreux, car il en faut de tres-grands et de petits. Ils sont en cuivre, et étamés en dedans comme les casseroles.

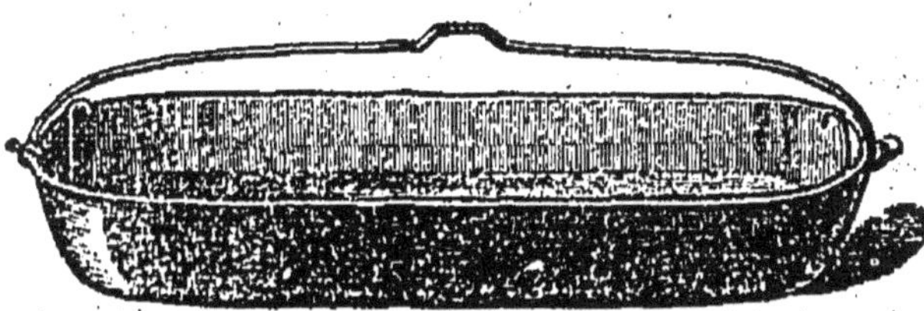

Dans une cuisine bourgeoise on peut bien avoir une petite poissonnière en cuivre, qu'on trouve toujours à utiliser mais les grandes poissonnières peuvent toutes être en fer-battu. Comme on ne cuit dans ces vases que les poissons bouillis, il n'y a aucun inconvénient à ce qu'ils ne soient pas en cuivre. J'en dirai autant des turbotières.

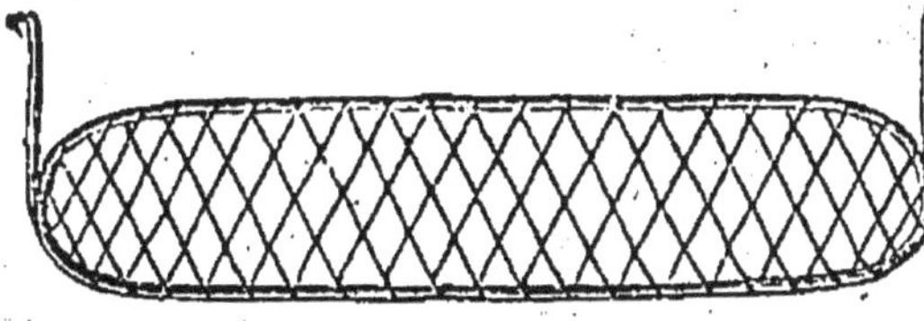

Les poissonnières de forme longue et et celles de forme ovale qu'on emploie à la cuisson des turbots doivent toujours être munies d'une grille percée sur laquelle pose le poisson, afin de pouvoir l'égoutter sans toucher à la poissonnière. Ces grilles sont en tôle ou en fil de fer montées sur une tringle.

Braisière ou daubière. — Ces vases sont en cuivre, étamés en dedans; par leurs formes et leurs dimensions, ils sont d'une très-grande utilité dans la cuisine, non-seulement pour faire braiser les viandes, mais encore pour y cuire celles exigeant une cuisson pro-

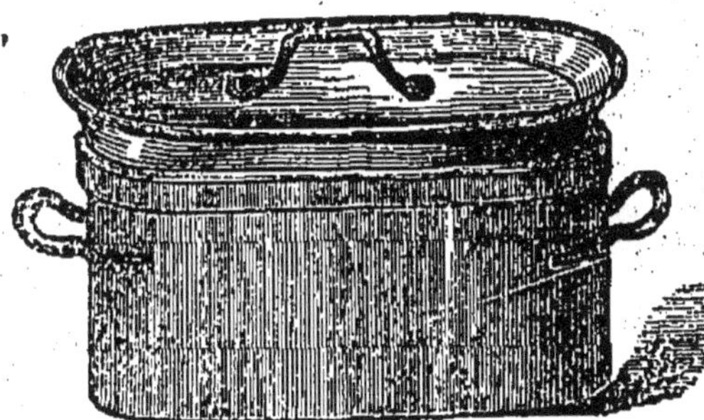

longée, régulière et hermétique telles que : les dindes, les hures, les viandes salées, jambons, langues etc.

On les emploie souvent aussi pour faire pocher les poudings au bain-marie. Le couvercle étant à rebord, on peut le charger de braise, si on a besoin de faire glacer les pièces en cuisson.

J'ai vu dans quelques villes de province des daubières en terre parfaitement bien exécutées, tenant bien leur place dans une cuisine.

Planche et pelle à poisson. — La planche à poisson peut être en bois ou en porcelaine; on la met sous les poissons bouillis, quand on les dresse sur plat, afin d'en faire égoutter toute l'eau, mais après l'avoir couverte d'une serviette.

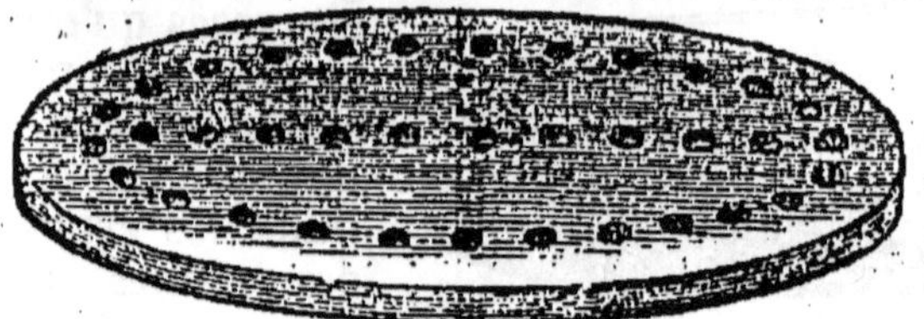

La pelle à poisson est en fer battu ou en cuivre étamé;

elle sert à retirer de leur cuisson, les poissons coupés qui n'ont pas été cuits dans une poissonnière munie d'une grille.

Moules à crème. — Ces moules, sont en fer-blanc ou en

cuivre; ils sont ouvragés et à cylindre. On moule dedans les crèmes froides, les blancs-mangers.

Moules à charlotte. — Les moules à charlotte, sont en

cuivre, étamés en dedans; ils sont de forme très-légèrement conique et pleins, c'est-à-dire sans cylindre. — Ces moules sont de la plus grande utilité dans le travail.

Moules à bordure. — Ces moules sont en cuivre ou en

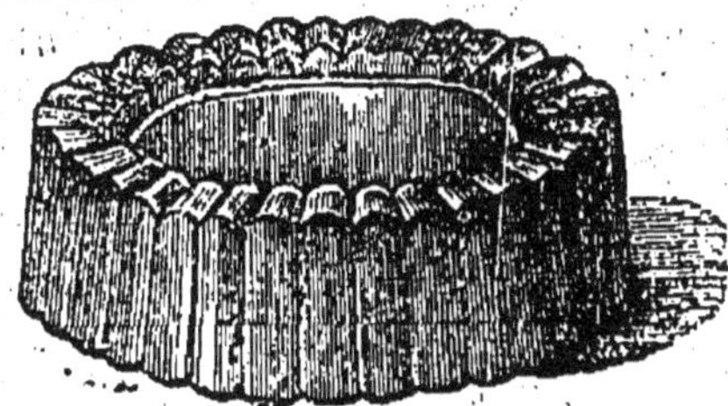

fer-blanc, lisses ou ouvragés, mais à large cylindre. Ils sont dans la cuisine d'une grande utilité.

Moules à pâtés. — Les moules à pâtés-chauds sont de forme basse et ronde; ceux à pâtés-froids, sont ronds, ovales ou en forme de carré long. Ces moules sont en fer-blanc ou en cuivre, mais ceux en fer-blanc remplissent toutes les conditions.

Les moules ronds ou ovales sont à charnières.

Moule pour pâté-froid de forme longue. — Ces caisses sont en double fer-blanc, forme de carré long; elles conviennent pour cuire les pâtés-froids destinés à être coupés en tranches. Ces moules exigent d'être tenus bien propres, sans ce soin, la rouille s'en empare et finit par les détériorer.

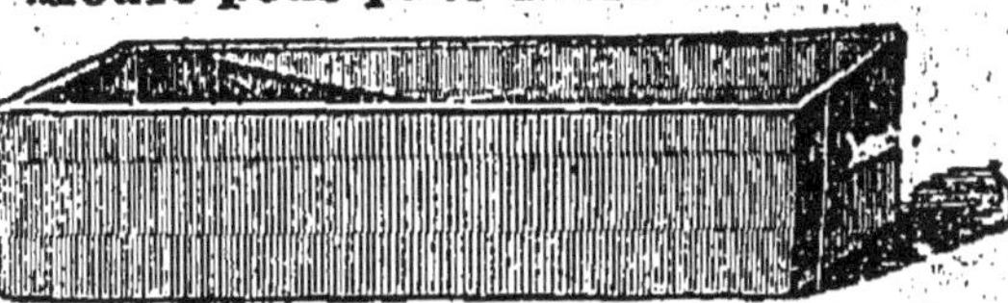

Moules à pain et à pouding, à cylindre. — Ces moules sont en cuivre, étamés en dedans et à cylindre. On cuit ordinairement dans ces moules les poudings, mais ils conviennent aussi pour y mouler les pains de riz ou de fruits.

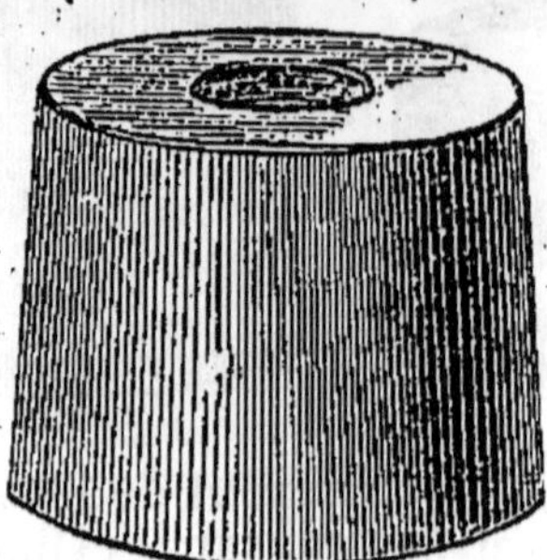

Ils sont d'ailleurs d'un grand secours dans la cuisine, soit pour les entrées chaudes, soit pour les entremets chauds ou froids.

Moules à gelée. — Les moules à gelée sont ordinairement en cuivre, étamés en dedans, façonnés et à cylindre. Ces

moules servent aussi pour mouler les crèmes froides, les blancs-mangers, flamris, etc. Il en faut au moins 2 ou 3 dans une cuisine.

Moules à baba. — Ces moules sont en cuivre, en fer-

blanc et même en terre cuite; ils sont à cylindre et généralement à gros cannelons; mais leur forme est très-variée.

Moules à tartelette. — De même que les moules à dariole, ceux-ci sont employés à chaque instant, et rendent les plus grands services. Ils sont en fer-blanc, lisses ou cannelés, plus ou moins creux et larges. Dans une cuisine, il faut en avoir de plusieurs sortes.

Moules à dariole. — Ces petits moules sont de la plus grande nécessité dans la cuisine; ils sont en cuivre, étamés à l'intérieur, pleins et légèrement coniques. Ils sont employés à toute sorte d'usage. Il est bon d'en avoir au moins 2 douzaines à sa disposition. — On trouvera le modèle plus loin.

Cocote en fer. — Ces vases sont de forme plate, avec couvercle et à métal épais; ils conviennent à l'usage journalier d'un ménage; on peut y cuire dedans toutes les viandes et ragoûts; elles sont moins exposées à brûler que les casseroles en terre et même que celles en cuivre. Elles exigent d'être tenues bien propres. A l'inverse des autres vases qui perdent en vieillissant, ceux-ci gagnent au contraire, pourvu qu'ils ne soient pas fêlés.

Bassine. — Les bassines sont en cuivre; elles ne sont généralement pas étamées; dans les grandes cuisines on en a d'étamées et d'autres qui ne le sont pas; dans une petite cuisine où on ne peut les avoir en grand nombre, mieux vaut ne pas les faire étamer.

Si la bassine n'est pas étamée, on peut non-seulement y fouetter les blancs d'œuf, y cuire des fruits et des gelées, mais encore y faire blanchir ou cuire des légumes verts : épinards, petits-pois, haricots, etc., en leur conservant la nuance naturelle, qui les rend plus appétissants. — si on a un chaudron à son service, une seule bassine peut suffire.

Fouets de cuisine. — Les fouets de cuisine sont en osier ou en fil de fer étamé ; il en faut plusieurs, car leur usage est fréquent. Les

fouets en osier sont en fait les plus convenables, surtout pour fouetter la crème et les blancs d'œuf. Pour fouetter les liquides chauds, le consommé, la gelée douce ou grasse, on emploie de préférence les fouets en fil de fer. — Quand on fouette des blancs d'œuf avec des fouets en fil de fer, il faut observer de choisir ceux qui ne sont pas étamés à neuf, car le contact de l'étain fait tourner les blancs.

Presse-jus. — Les presse-jus servent à exprimer les fruits pour en extraire les parties liquides, les sucs, avec lesquels on veut préparer les sirops et gelées de fruits : groseilles, framboises, grosses mûres, fraises et épines-vinettes, tous les fruits rouges enfin. Cet ustensile est en bois, car les fruits rouges qu'on presse dans des ustensiles en métal perdent leur couleur naturelle.

Boîte à colonne, étui à lardoires. — La boîte à colonne est en fer-blanc; elle renferme une quinzaine de tubes cylindriques, gradués ; ces tubes sont très-utiles soit dans le

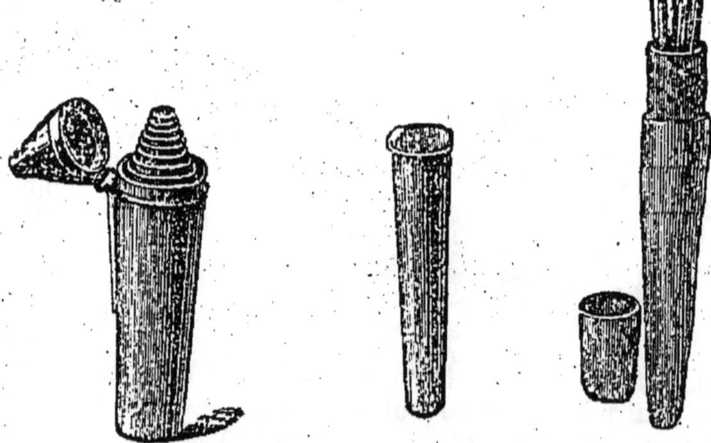

travail de la pâtisserie soit dans celui de la cuisine ; ils servent à couper les légumes et les fruits, la pâte et même les viandes cuites.

La boîte à colonne est un outil de tous les instants, on ne saurait s'en passer ni dans les grandes cuisines, ni dans les petites.

L'étui à lardoires est en fer-blanc ou en cuir; il renferme une quinzaine de lardoires grosses et fines, ainsi que 2 aiguilles à brider. Les lardoires servent à piquer les viandes de boucherie, la volaille et le gibier : on ne fait pas la cuisine sans se trouver d'un moment à l'autre obligé de piquer des viandes; c'est donc une acquisition indispensable.

Boîtes à coupe-pâte. — Les boîtes à coupe-pâte sont de deux genres : lisses ou cannelées. Chaque boîte contient de

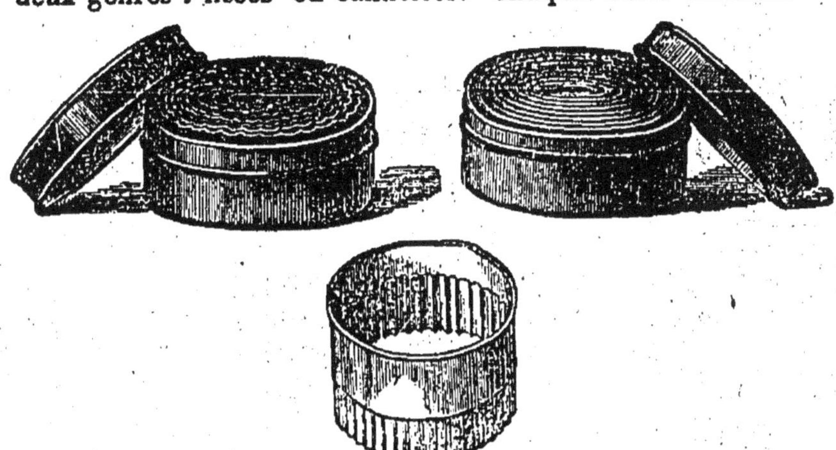

12 à 15 coupe-pâtes gradués, avec lesquels on coupe la pâte crue. Ces boîtes sont indispensables quand on travaille la pâtisserie.

Cercle à flan. — Le cercle à flan se compose tout simple-

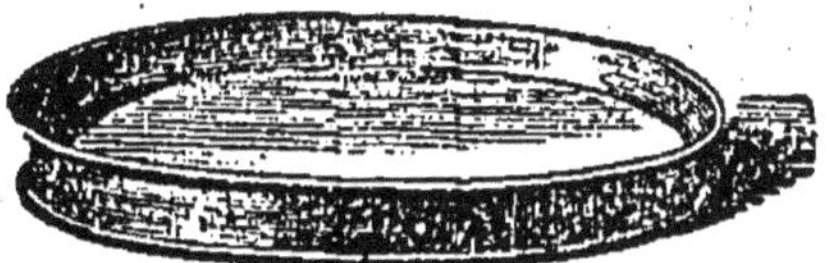

ment d'un cercle en fer-blanc lisse ou cannelé sans charnière, ayant de 2 à 4 centimètres de hauteur.

Pince-pâte et roulette. — C'est avec une petite pince qu'on façonne la crête des pâtés; il est bon d'en avoir deux; une grosse, une petite.

Les roulettes servent à couper la pâte crue, en la festonnant; on coupe ordinairement les ravioles à la roulette.

Mais avec cet ustensile on coupe aussi la pâte à *roussettes*, en petites bandes, avant de les faire frire.

Couteaux de cuisine. — Les couteaux employés au travail de la cuisine, doivent être de parfaite qualité, c'est un point essentiel. Sans de bons couteaux le travail devient difficile. Il faut non-seulement les avoir bons, mais en quantité suffisante; il faut en avoir autant que possible une collection complète depuis le plus grand jus-

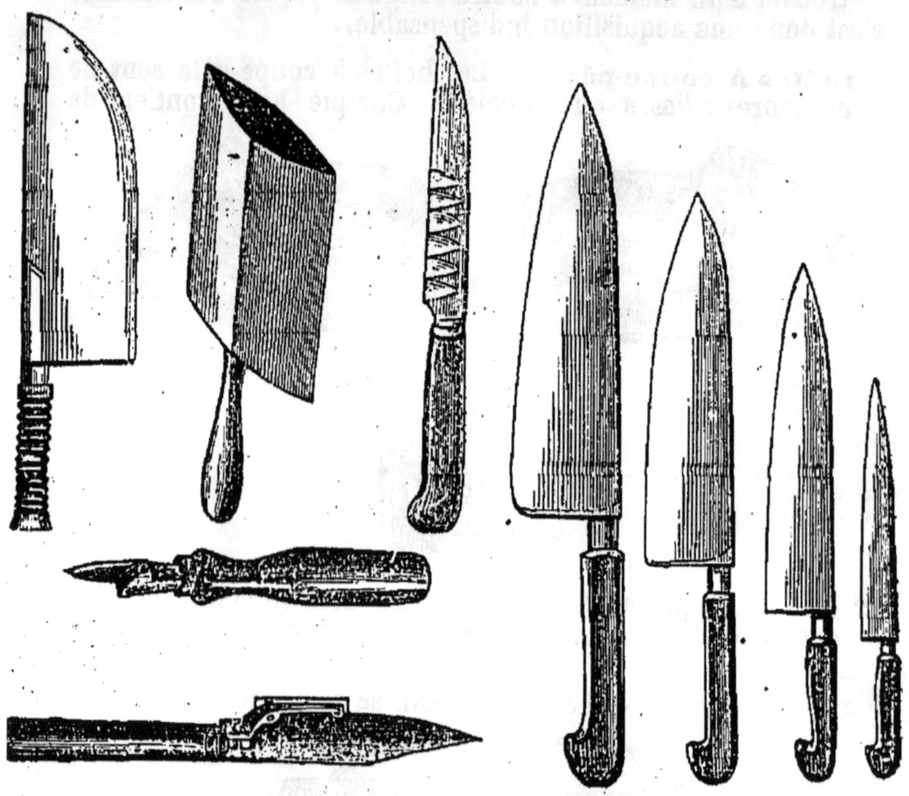

qu'au plus petit, c'est-à-dire quatre au moins; un couteau batte pour les côtelettes, 2 couteaux à trancher de différente grandeur et enfin un couteau d'office. Le modèle de ces 6 couteaux est représenté par les dessins joints à cet article. Mais il est bon d'avoir toujours quelques-uns de ces couteaux en réserve, bien aiguisés, soit pour découper, soit pour tout autre emploi imprévu.

Il faut en outre avoir un *couteau-cannelé* pour tourner les légumes et les fruits; un couteau à zester et enfin l'indispensable couteau à ouvrir les boîtes de conserve.

En outre des couteaux de cuisine, il est absolument nécessaire de posséder une *batte* et un *couperet* pour les grosses viandes, dont je reproduis aussi le modèle.

Ouvre-boîtes, crochet à champagne.— Malgré ses défauts l'*ouvre-boîte* ancien est encore le plus recherché, parce qu'on n'a pas encore trouvé mieux, mais il faut avouer que ce n'est pas la perfection non plus.—Quand on ouvre une boîte de conserve, il faut le faire avec la plus grande attention, car chaque jour il arrive des accidents, ce qui n'arriverait pas si on s'occupait sérieusement de fabriquer un *ouvre-boîte* plus parfait.

Les crochets à champagne sont très-utiles pour déboucher les bouteilles fermées au fil de fer; chercher à ouvrir ces bouteilles sans crochet, c'est perdre beaucoup de temps inutilement, s'exposer à s'abîmer les mains ou ébrécher tous les couteaux dont on se sert. — Ce modèle est reproduit plus loin.

Couteau d'office. — Le couteau d'office auquel on donne quelquefois le nom de couteau à désosser, est petit, à lame pointue; il est d'un maniement facile, et d'un usage continuel dans le travail de la cuisine..

Couteau à zester. — Ce couteau est petit à lame large à laquelle adhère un arrêt vissé; par cette adjonction le couteau se transforme en petit rabot, et avec lui, on peut zester une orange ou un citron en quelques secondes, sans effort et sans enlever aucune partie de la peau blanche du fruit. Avec ce couteau on ratisse les asperges très-régulièrement et très-vivement. C'est étonnant et regrettable que ce couteau qui se vend à bas prix ne soit pas plus répandu dans les cuisines, car il est vraiment nécessaire et utile.

Couteau à tourner. — Ce couteau est de petite forme; sa lame est pointue vers le bout, et cannelée sur le centre. C'est à l'aide de ces cannelures qu'on tourne les fruits ou les racines en les cannelant, c'est-à-dire en les creusant par bandes régulières, droites ou inclinées.

Fourchette de cuisine. — Une grosse fourchette à 2 dents est indispensable dans la cuisine, soit pour prendre les viandes cuites, dans les casseroles, soit pour les découper sur la table. Elles doivent être solides et de maniement facile.

Fourchette à manger les huîtres. — Quand on sert les huîtres sur leurs coquilles, on ne les détache jamais de la coquille : cette opération doit être faite par celui qui mange les huîtres. Pour les détacher, on met au service des convives de petites fourchettes en plaqué ou en argent, ayant 3 branches courtes et larges, légèrement tranchantes sur un côtés.

Tourne-broche portatif. — Un tourne-broche portatif, de bonne confection, est un ustensile des plus indispensables dans une petite cuisine. Peu coûteux, il rend cependant de grands services. Peu gênant quand on le fait fonctionner, on peut l'enfermer n'importe où aussitôt qu'on s'en est servi, de sorte qu'il n'embarrasse jamais. — Il y a à Paris, des maisons qui fournissent d'excellents produits.

Cercles à plats. — On emploie les cercles pour masquer les bords des plats pendant qu'on dresse les mets dessus, afin de ne pas les salir, soit avec la sauce ou le jus, soit avec les mains grasses. Ces cercles sont en fer-blanc ; ils sont surtout utiles quand on dresse sur des plats en argent ou en plaqué.

Caisse à bain-marie. — La caisse à bain-marie sert à tenir les sauces au chaud, quand elles sont finies, qu'elles ne doivent plus bouillir et qu'elles sont enfermées dans des casseroles à sauce. La *caisse à bain-marie* peut être de forme ronde ou carrée, plus ou moins grande, selon le nombre de casseroles qu'elle doit contenir. Quand les casseroles sont dedans, on emplit la caisse à moitié avec de l'eau chaude; et on la tient sur le côté du feu, afin de maintenir l'eau au même degré sans la faire bouillir.

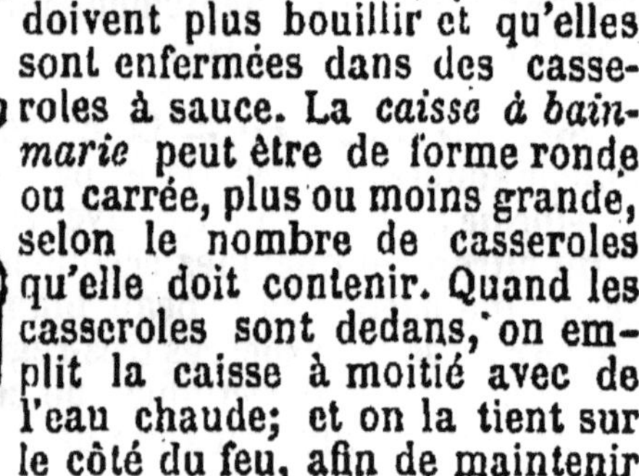

Four de campagne. — Depuis qu'on emploie dans la cuisine les fourneaux en fer, le four de campagne est beaucoup moins usité. Ces fours peuvent rendre des services dans les petites cuisines, mais il faut de grands soins pour les utiliser à la cuisson de la pâtisserie. Ils sont excellents pour faire les gratins et les petites pâtisseries simples.

Voici la méthode pour faire cuire sous le four de campagne : Chauffez d'abord le four en plein fourneau jusqu'à ce qu'il soit bien atteint sans être rouge.

Etalez dans un coin du foyer une couche épaisse de cendres chaudes; posez un trépied dessus, et sur ce trépied, posez la tourtière ou le plat; couvrez avec le four de campagne, et mettez sur le haut une couche de cendres et de la braise; si le four était très-chaud, on retire la braise du haut, tandis qu'on en ajoute s'il manquait de chaleur.

Les cuissons faites sous le four de campagne ne doivent pas être perdues de vue un seul instant.

Paillasse de cuisine. — On donne le nom de *paillasse* à une grille mobile, en fer, de forme longue, qu'on dispose dans le coin du foyer, sur une couche de cendres et de braise. Les *paillasses* sont d'un grand secours dans les petites cuisines;

elles facilitent le travail et dégagent le fourneau de toutes les marmites ou casseroles qui l'encombrent, dans le moment des grands dîners. A défaut de four, c'est sur les *paillasses* qu'on fait cuire les braises et les viandes exigeant une cuisson prolongée et douce.

Gros ciseaux de cuisine. — Une grosse paire de ciseaux est bien utile dans la cuisine, soit pour ébarber les poissons, en les nettoyant, soit pour parer les volailles et les gibiers qu'on découpe à la cuisine. L'usage des ciseaux pour le découpage des viandes est peu pratiqué, mais il devrait l'être davantage.

Filtres à gelée. — Un simple tabouret de cuisine renversé, auquel on noue une serviette par les 4 coins peut servir à filtrer les gelées grasses ou douces; il suffit de placer un vase propre au-dessous de la serviette, et verser la gelée peu à peu dans celle-ci; on remet les premiers jets dans la serviette jusqu'à ce que le liquide passe tout à fait clair.

A côté de ce modèle de filtre, j'en reproduis un autre d'origine étrangère, qu'on emploie beaucoup en Amérique en et Angleterre. Ce filtre est composé d'une boîte à double fond, dont les parties vides sont remplies avec de l'eau chaude, afin d'éviter que la gelée perde sa chaleur, car alors elle ne passe plus. Dans cet usten-

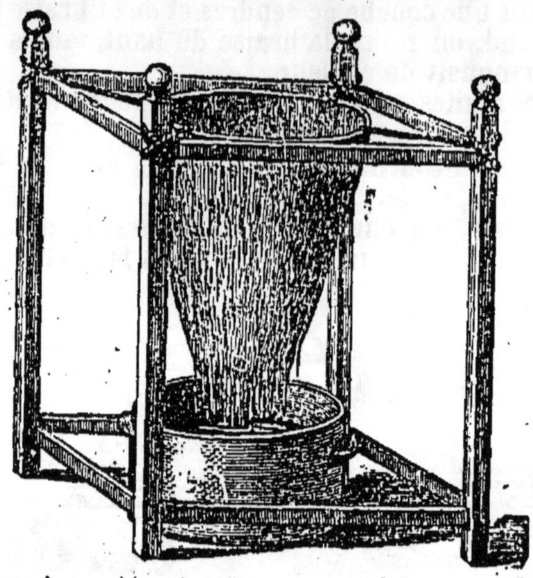

sile, on passe les gelées à travers une *chausse* en feutre qu'on dispose sur une charpente en fil de fer étamé. — Ce filtre ne sert que pour les gelées douces.

Rouleaux à pâtisserie. — Les meilleurs rouleaux sont en buis; ils doivent être bien lissses et lourds; pas trop longs ni trop épais; 40 centimètres de long et 4 d'épaisseur suffisent.

Scie à os. — Les gros couteaux et les couperets ne dispensent pas d'avoir une ou deux scies à sa disposition, car elles sont toujours utiles. Dans bien des cas, on enlève les os avec plus de facilité et aussi avec moins de danger d'abîmer les viandes. Les deux modèles que je reproduis sont les plus employés.

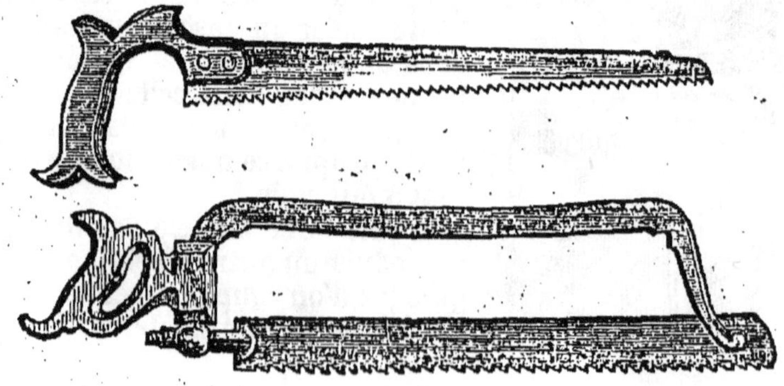

Passe-bouillon et passe-sauce. — Les passe-bouillon sont en fer-blanc, munis d'un manche; ils sont pointus ou à fond plat. Ces ustensiles sont de première nécessité dans une cuisine, pour passer les bouillons, les jus, et même les potages; il est donc nécessaire d'en avoir plusieurs, de formes et de calibres différents. — Il faut veiller à ce qu'ils soient entretenus bien propres.

Les *passe-sauce* sont établis sur une monture en fer-blanc, mais la passoire est en toile métallique, à travers laquelle une sauce passe aussi lisse qu'à travers une étamine. Cet ustensile est nouveau, par conséquent peu répandu, mais il mérite de l'être, car le résultat est parfait.

Poêles à omelette et à pannequet. — On donne le nom de poêles à omelette à celles qui sont plates, afin de les distinguer des poêles à frire, qui sont hautes, de forme creuse.

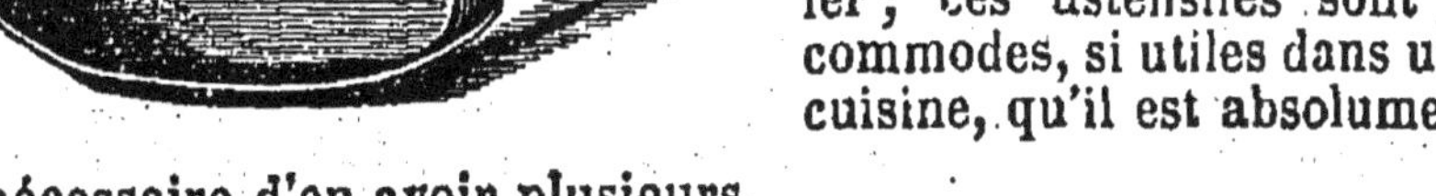

Les bonnes poêles sont en fer; ces ustensiles sont si commodes, si utiles dans une cuisine, qu'il est absolument nécessaire d'en avoir plusieurs.

En effet, 3 à 4 poêles ne sont pas de trop, si on réfléchit au service qu'on en exige. Et puis, les poêles ne s'usent pas et elles se détériorent difficilement.

Une bonne poêle est un ustensile essentiellement utile, même dans la plus petite des cuisines. Mais une bonne poêle doit être ménagée, entretenue bien propre. On ne lave pas les poêles; on les essuie simplement, à mesure qu'on s'en est servi. Quand elles sont imprégnées d'huile ou de graisse, on les épure en chauffant dedans du sel et du vinaigre. Mais la poêle dans laquelle on prépare les omelettes ne doit servir absolument qu'à cet usage.

En tout cas, il ne faut jamais s'en servir pour y faire cuire des ragoûts saucés.

Les poêles à pannequet sont petites et minces; elles ne doivent servir qu'à cuire les pannequets ou les crêpes, et enfin les petites omelettes.

Poêle à frire. — Les poêles à frire sont en fer-battu, larges et creuses, à bords relevés, portant deux anses. Quand on veut faire frire des menus objets : des pommes de terre, des

croquettes ou des petits poissons, on les place d'abord dans un panier à friture, en fil de fer, pour les plonger ensuite dans la friture chaude, de façon à pouvoir les égoutter d'un seul coup.

Plats à gratin. — Ces plats sont de forme ronde ou ovale; ils sont ordinairement étamés en dehors et en dedans; on en fait de toute grandeur. Ces plats sont de la plus grande utilité dans une cuisine bourgeoise; on peut dire même qu'ils sont indispensables dans le travail, car ils sont d'un usage continuel. On les emploie le plus ordinairement pour faire grati-

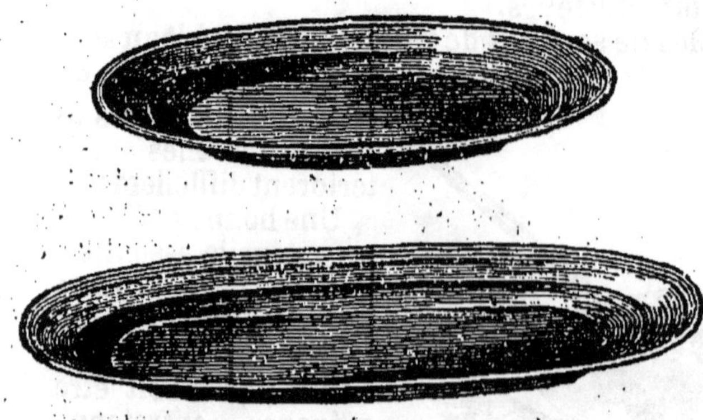

ner les poissons, légumes, farinages ou entremets; mais ils servent aussi à faire les pâtés-chauds, tourtes et tartes. Après avoir servi comme ustensiles, on les emploie comme entrepôts et aussi pour le service de la table d'office. Le point essentiel, c'est de les tenir bien propres et de les faire étamer souvent.

Tourtières à rebords et plates. — Les tourtières sont

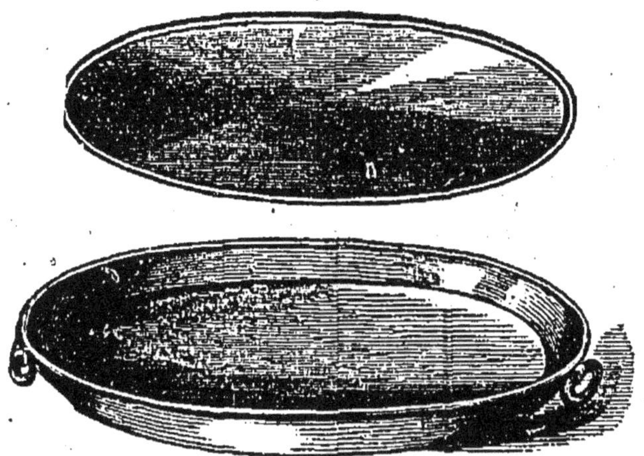

de forme ronde, entourées d'un petit rebord arrondi, avec ou sans anneau. Elles servent surtout à cuire la pâtisserie : une demi-douzaine n'est pas de trop. Dans les tourtières à rebords, on peut cuire du biscuit ou des appareils à pouding.

Plaques rondes et longues. — Les plaques de cuisine sont lisses ou à rebords, étamées en dedans. Les plaques lisses sont seulement carrées, elles servent à cuire la petite pâtisserie : bouchées, gâteaux, etc. Dans les petites cuisines, ces plaques peuvent être remplacées par les tourtières.

Les plaques à rebords sont rondes ou carrées; elles sont d'une grande utilité dans la cuisine.

Plafonds creux. — Les plafonds creux sont en cuivre, étamés en dedans; leur forme est ordinairement en carré long, mais on en

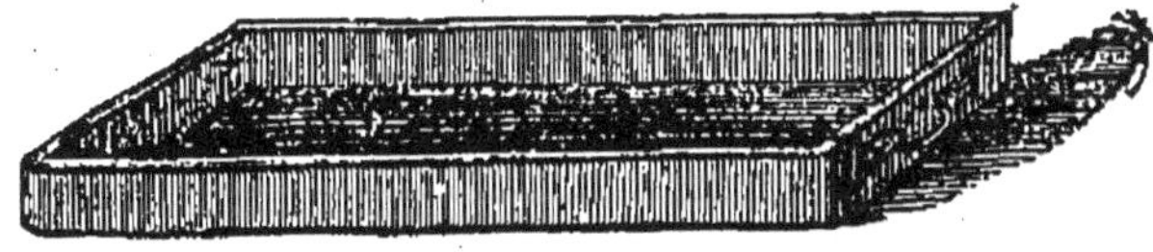

fait aussi de carrés et même de ronds. Ces plafonds servent à tout emploi : à faire rôtir ou braiser les viandes ou les poissons. Ils sont souvent employés comme caisse à bain-marie ou pour faire refroidir la gelée et les entremets froids, moulés.

Tamis de cuisine. — En cuisine, il n'est pas de travail possible sans l'auxiliaire des tamis, grands et petits. Les tamis et les passoires sont tout à fait indispensables, soit pour passer les purées, les farces, les jus et les bouillons, soit pour faire égoutter, soit enfin pour entreposer. Dans une cuisine, il est nécessaire d'avoir non-seulement des tamis de différente grandeur, mais aussi à toile plus ou moins large ou fine.

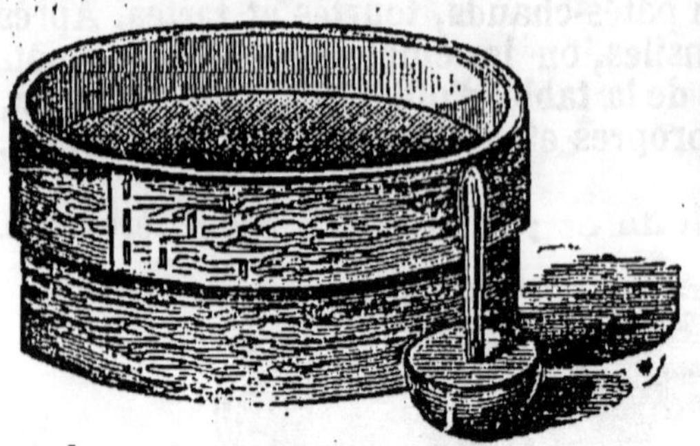

Cuillers à racine. — Les cuillers à racine sont en acier; elles servent à couper des légumes ou des fruits en boules, unies ou en ovales cannelés, selon qu'elles sont lisses ou cannelées. Dans une cuisine, on doit en avoir une série de 12, depuis les plus grosses jusqu'aux plus petites.

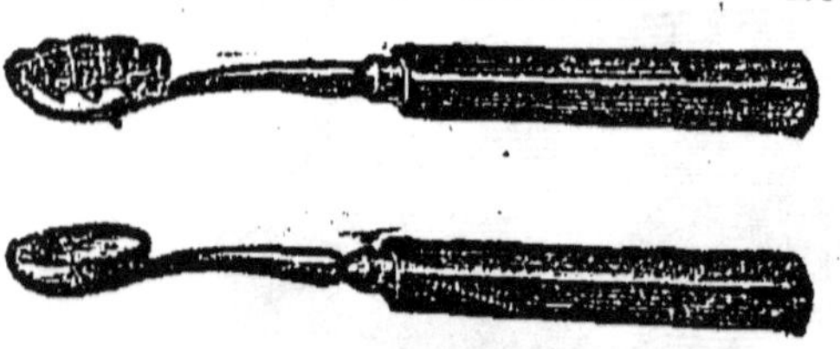

Brochettes. — Les brochettes de cuisine sont en fer; c'est avec elles qu'on soutient les grosses viandes quand elles sont couchées sur broche. C'est sur les brochettes qu'on embroche le menu gibier. Leur lame est plate, arrondie d'un bout et pointue de l'autre.

Les brochettes de table sont en métal blanc, en argent ou en ruolz; elles servent à faire griller des rognons ou autres viandes enfilées à leur lame. (*V. les Hâtelets.*)

Hâtelets en métal. — Les hâtelets de cuisine sont ordinairement appliqués à l'ornementation des grosses pièces de poisson ou de viande, et même des entrées; mais dans une cuisine bourgeoise on a rarement l'occasion de les appliquer à cet usage; on les emploie plutôt comme brochettes.

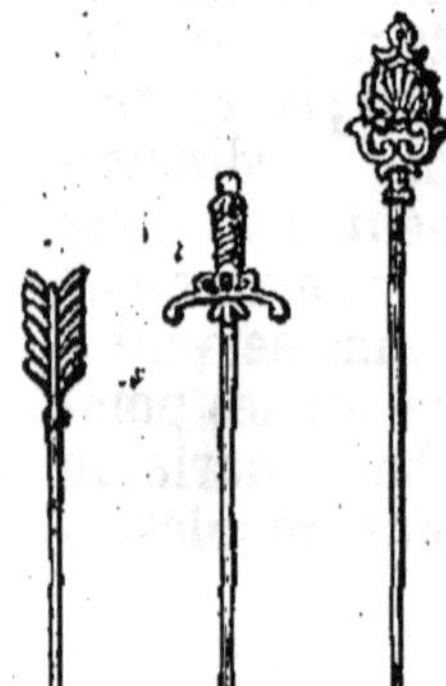

Les hâtelets d'ornement, on les garnit avec des crevettes ou des écrevisses, des légumes, des truffes, des champignons, des crêtes et même des quenelles; cela dépend de l'emploi qu'on se propose d'en faire.

Huguenote à rôtir. — Ces vases sont en terre ou en fonte émaillée. Ceux en fonte sont préférables. C'est dans ces vases que, dans les provinces du Nord, on fait les rôtis au four; ils sont bien préférables aux

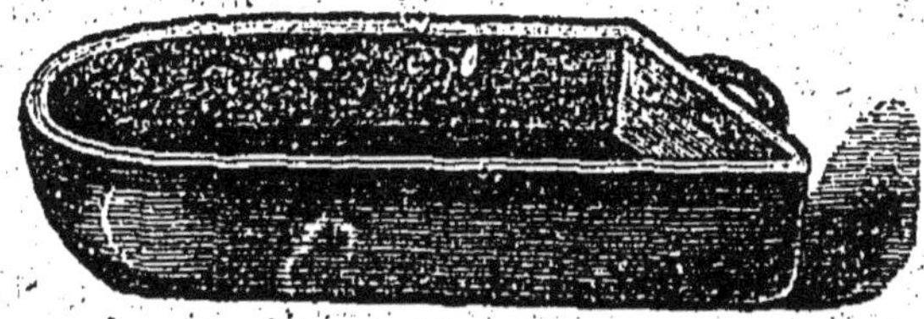

plafonds en cuivre qu'emploient les cuisiniers. Du moment que par préférence ou par nécessité on cesse de cuire les rôts à la broche pour les cuire au four, il faut du moins les cuire dans les meilleures conditions possibles; eh bien, la huguenote, par sa forme et l'épaisseur du métal, lui assure la supériorité sur tous les autree ustensiles appliqués à cet usage.

Râpe de cuisine. — Ustensile en fer blanc, dont la surface est à dos d'âne, percée de trous saillants, sur laquelle on râpe le pain, le fromage et différentes racines.

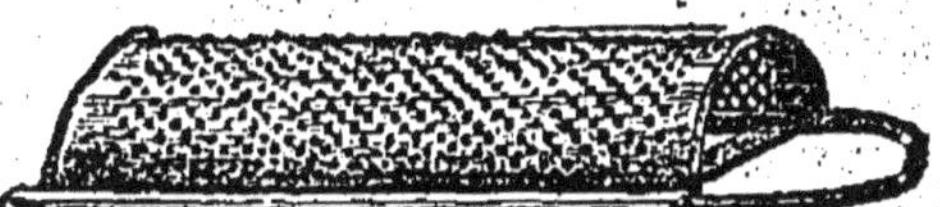

Dans la boîte à épices, doivent toujours se trouver 2 petites râpes, l'une pour râper la muscade, l'autre pour râper les zestes d'orange, de citron ou de bigarrade. Ces 2 dernières râpes doivent être enfermées dans de petites boîtes.

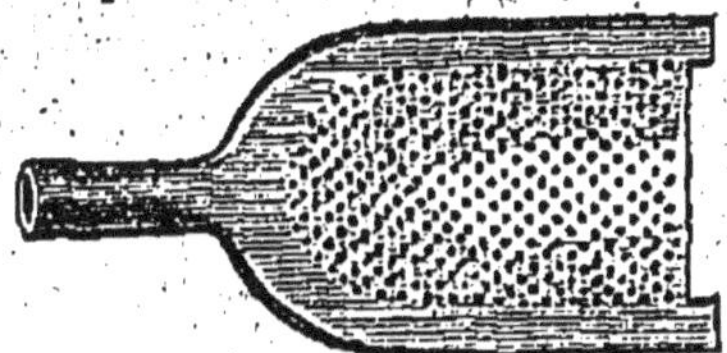

Râpe à sucre. — Cette râpe est de petite forme et plate; elle sert à râper le sucre qu'on a frotté sur le zeste d'une orange ou d'un citron pour en retirer l'arôme, et obtenir ainsi du sucre à l'orange ou au citron.

Grille à pâtisserie. — Les grilles à pâtisserie sont à jours, en fil de fer étamé; elles sont de forme ronde ou carrée, avec ou sans pieds. C'est sur ces grilles qu'on démoule les

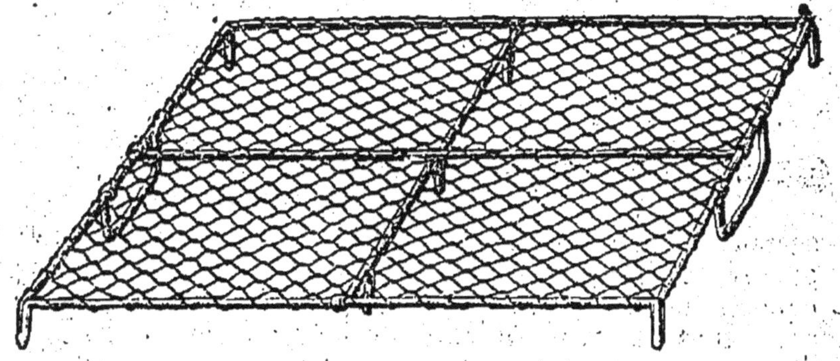

biscuits pour les faire refroidir, ou qu'on dépose les petits gâteaux glacés pour les faire sécher. Dans une cuisine, les grilles doivent être nombreuses et de différents modèles.

Machine à fouetter. — Cette machine est d'origine an-

glaise; on la trouve cependant à Paris, chez les marchands d'ustensiles de ménage. Elle est en porcelaine; le rouage est en métal et le fouet en fil de fer. Cette machine convient pour fouetter la crème double ou les blancs d'œuf. En quelques minutes on les obtient mousseux et fermes. Avec la petite machine, on peut fouetter les blancs ou la crème dans une casserole étroite et haute. Elle convient surtout pour les sabayons.

Pinceaux de cuisine. — Les pinceaux sont très-utiles dans la cuisine; il est bon d'en avoir plusieurs. On peut faire soi-même les pinceaux avec des plumes de queue de dinde. On prend les plumes une à une, on en retire les barbes des deux côtés, en laissant seulement le bout, puis on en rassemble une quinzaine à la fois; on les noue avec des anneaux de ficelle pressés les uns contre les autres, en commençant du côté des barbes et en serrant fortement; on arrête la ficelle en la nouant vers le bout opposé aux barbes; on coupe ensuite le bout inférieur pour égaliser les tuyaux.— Ces pinceaux ne sont pas de longue durée; mais on peut en acheter en poils, avec un manche en

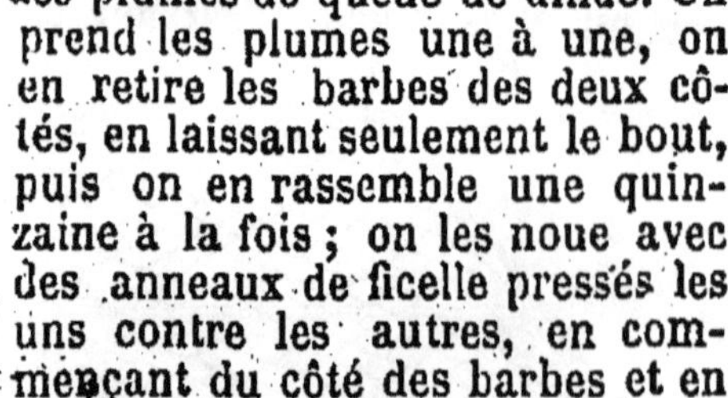

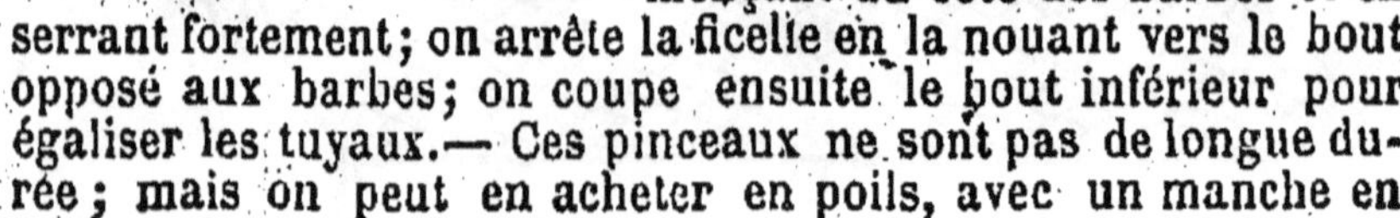

fer-blanc, plus jolis, plus durables et plus faciles à entretenir propres.

Couvercle en tôle, à glacer. — Ce couvercle est très-utile pour les cuissons devant s'opérer avec feu dessus, feu

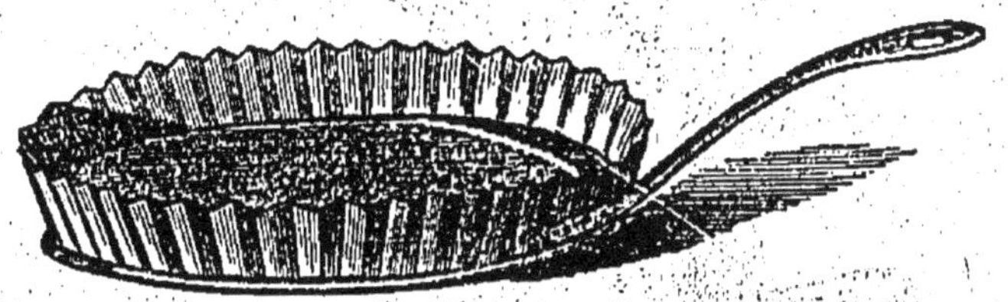

dessous; on masque le dessus avec une couche de cendres chaudes, sur laquelle on dispose de la braise ou des charbons ardents. A défaut de four bien chaud, on peut, à l'aide de ce couvercle, faire prendre couleur à des mets gratinés ou meringués.

Poche à douille. — Ces poches sont en toile écrue. C'est avec elles qu'on couche les meringues, les choux, la farce

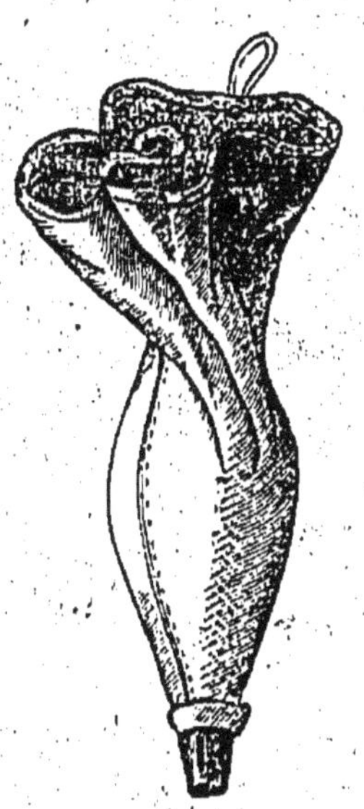

à quenelle; elles sont d'une grande utilité en cuisine; il est bon d'en avoir plusieurs de grandeurs diverses. Les douilles sont mobiles, on les ajuste à l'extrémité de la poche avant de l'emplir.

Machine à glacer. — Les machines à glacer remplacent dans un grand nombre de cas, les anciennes sorbétières;

néanmoins, celles-ci sont toujours employées avec avantage dans les maisons où l'on fabrique beaucoup de glaces, et de

différentes sortes. — Mais les machines modernes conviennent parfaitement dans les cuisines bourgeoises. Le travail des glaces s'opère par ce moyen avec une grande facilité, promptement, et avec une perfection irréprochable.

Boîte à épices. — La boîte à épices est en fer-blanc, de forme carrée, ayant 4 compartiments, un pour le sel, un pour le gros poivre, un pour le poivre fin, et l'autre pour les girofles. Dans les grandes cuisines, les cases de la boîte à épices sont doublées chacune par un fond en porcelaine mobile, dans lesquels on place le sel et les diverses épices.

Poêle à rôtir les marrons. — Ces poêles sont en fer-

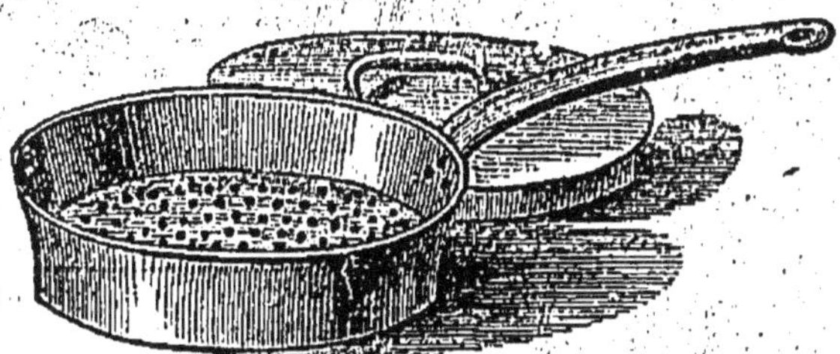

battu ou en tôle, les bords sont droits et élevés. Elles sont munies d'un couvercle ; elles ont le fond percé par de petits trous rapprochés les uns des autres.

Balances de cuisine. — Dans une cuisine, il est nécessaire d'avoir plusieurs balances, l'une pour vérifier le poids des viandes de boucherie, l'autre pour vérifier le poids des marchandises moins volumineuses, le riz, le sucre, etc. ; et en-

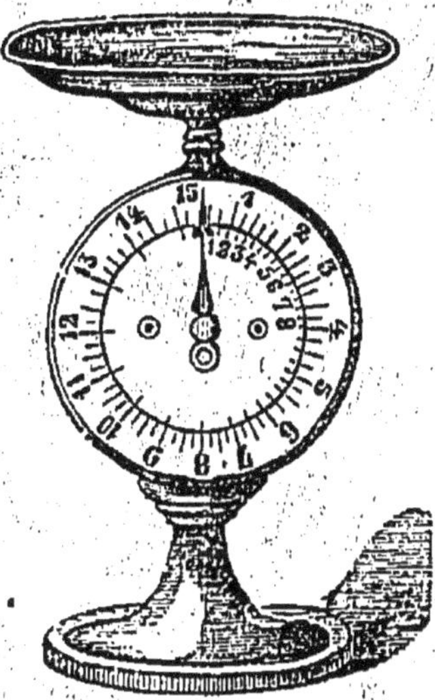

fin pour peser aussi juste que possible, les ingrédients à l'usage de la pâtisserie ou des entremets : la farine ou fécule, le beurre, le lait, le sucre, les œufs, etc. Pour ce dernier usage, la balance à bascule et à plateau mobile est celle qui remplit mieux le but recherché.

Coupe-légumes. — Cet ustensile est simple et essentiel-

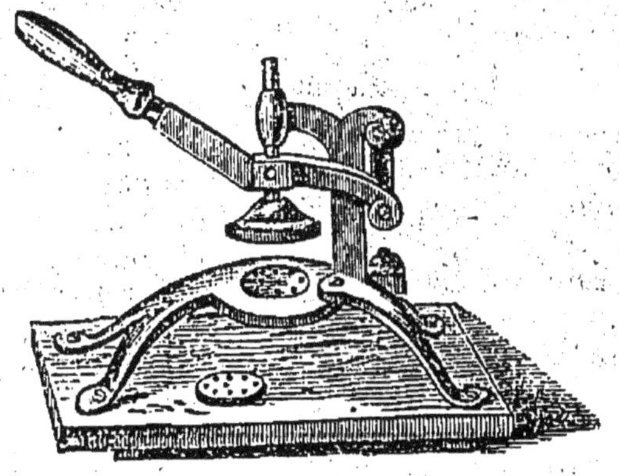

lement pratique. C'est avec lui qu'on coupe menu des légumes de formes différentes pour les soupes ou les garnitures, en les faisant passer, par la pression, dans des matrices creuses en acier et mobiles, de façon à pouvoir les changer à volonté. Pour opérer, il faut d'abord couper les légumes en tranches minces d'une égale épaisseur, en placer deux ou trois l'une sur l'autre, et les poser sur la matrice choisie, disposée sous la presse ; on appuye alors la presse fortement, et la garniture tombe au-dessous toute coupée.

Garde-lait. — Cet ustensile est destiné à prévenir l'inconvénient trop commun dans les cuisines, de laisser échapper le lait qu'on veut faire bouillir ; par sa simplicité et par les services qu'il rend, il devrait se trouver dans toutes les cuisines, grandes ou petites. Cet ustensile est en fer-blanc ; il se compose simplement d'un cercle évasé sur le haut, s'adaptant juste à l'ouverture de la casserole dans laquelle on cuit le lait ; ce cercle doit être assez élevé pour contenir à peu près la même quantité de lait que la casserole renferme. — Dans une cuisine, il est bon d'avoir plusieurs de ces cercles, de grandeur différente.

Boules à riz ou à légume. — Ces *boules* sont en fil de fer étamé ; elles sont à charnière, de façon à pouvoir les fermer après les avoir remplies avec le riz, les pâtes ou les légumes qu'on veut faire cuire. Quand ce sont des légumes, on peut sans inconvénient les remplir tout à fait ; mais si ce sont des pâtes fines ou du riz cru ou blanchi, on doit laisser un vide suffisant pour permettre au riz de gonfler. A l'aide de ces boules, on peut cuire le riz ou les pâtes en même temps que la viande du pot-au-feu, dans le même liquide ; et, pour les légumes, on peut en blanchir ou cuire en même temps plusieurs à la fois dans le même liquide.

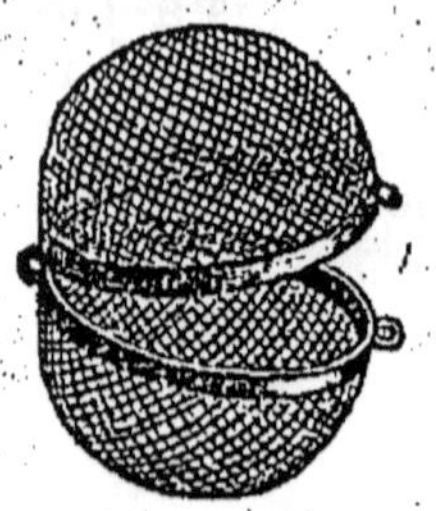

Fer à glacer. — En cuisine, on a souvent besoin d'un fer rouge pour faire prendre couleur aux gratins ou aux crèmes. L'ustensile le plus convenable, c'est une plaque en tôle de forme ronde garnie sur le haut d'un rebord suffisant pour garder la braise ou les morceaux de charbon allumé qu'on y met dessus. A cette plaque est adapté un manche en fer, garni de bois à son extrémité. On chauffe d'abord la plaque, puis on la garnit avec la braise, et on l'approche aussitôt des surfaces qu'on veut colorer. — On trouvera plus loin le modèle de ce four.

Ventilateur de cuisine. — Les ventilateurs servent à faire allumer plus promptement le charbon et la braise qu'on a mis dans le fourneau. Cet ustensile est en fer-battu, ayant à peu près la forme d'un entonnoir renversé, mais dont l'embouchure doit être un peu plus large que la bouche du fourneau ; la cheminée, bien que plus étroite, doit cependant être assez large pour établir un courant d'air vigoureux.

Terrines à cuire. — Ces terrines sont de formes différentes, rondes ou longues, plus ou moins élvées ; elles sont en faïence, supportant la chaleur du feu sans se casser. C'est dans ces terrines qu'on cuit les pâtés-froids, sans croûte, auxquels on donne le nom de *terrine*. Ces ustensiles rendent de grands services dans le travail de la cuisine ; il est donc nécessaire d'en avoir plusieurs, de grande et de petite dimension.

Grils de cuisine. — De même que pour les rôtissoires, les inventeurs ont fait de grands efforts pour perfectionner le mode de grillage et les ustensiles pour faire griller. Cependant, on n'a pas encore réussi à faire oublier le gril ordinaire, celui en fer à barreaux lisses, ronds ou carrés ; c'est celui qu'on emploie le plus ordinairement, et, en fait, c'est celui qui convient le mieux pour la grillade à la braise.

Le gril à lèchefrite, dont je reproduis le dessin, a cependant quelque chose de bon. Les barreaux de celui-ci sont creux et disposés à recevoir la graisse et le jus qui découlent des viandes en cuisson, pour les conduire dans la lèchefrite. Par

cette combinaison, on a voulu éviter que la fumée se répande dans la cuisine, et par là dans les appartements; jusqu'ici rien de mieux. Mais ce perfectionnement a l'inconvénient de retirer aux viandes une partie du calorique, en raison de la forme des barreaux, et d'annuler par là les qualités précieuses d'une viande saisie violemment par l'action du feu. A ce défaut près, l'ustensile est pratique, surtout dans les petites cuisines de ménage, qui sont souvent attenantes aux appartements de la famille.

Mais un gril très-pratique et nécessaire dans toutes les cuisines, c'est le double gril, avec lequel on enferme la viande entre deux grillages en fil de fer, en les serrant à volonté. Par cette combinaison, au lieu de retourner les viandes pour les cuire des deux côtés, c'est le gril qu'on retourne, car les deux grillages sont munis de pieds, de façon à aller sur la braise aussi bien d'un côté que de l'autre.

Panier à friture. — Cet ustensile est aussi utile, aussi indispensable dans les grandes cuisines que dans les plus petites. Il est nécessaire d'en avoir à sa disposition de diffé-

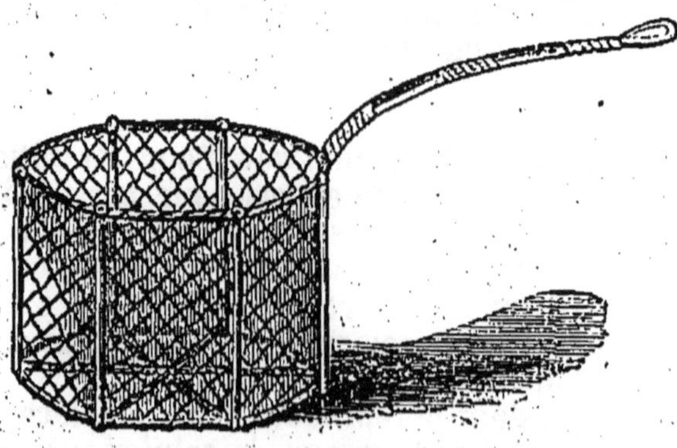

rentes dimensions. Ils sont en fil de fer étamé. On les emploie le plus ordinairement pour faire frire de menus poissons, des pommes de terre ou autres légumes détaillés, qu'on plonge dans la friture d'un seul trait, et qu'on retire de même; tandis qu'avec l'écumoire on perd souvent beaucoup de temps à les saisir; on évite ainsi l'inconvénient de ne pas obtenir une cuisson égale, car les derniers sortis sont forcément plus cuits et plus colorés que les premiers. — Ces *paniers*, moins lourds que les passoires et plus ouverts que les tamis, servent aussi à égoutter les légumes et les fruits qu'on a fait blanchir.

Double-fond pour cuire les légumes à la vapeur de l'eau. — Cet ustensile est en double fer-blanc; ses parois sont percées de trous; il convient surtout pour cuire les pommes de terre, les marrons et différents autres légumes farineux où la vapeur de l'eau suffit à les atteindre, sans les imbiber. Les pommes de terre cuites d'après cette méthode sont parfaites; elles restent plus farineuses et ne sont point aqueuses; en Angleterre on ne les cuit pas autrement.

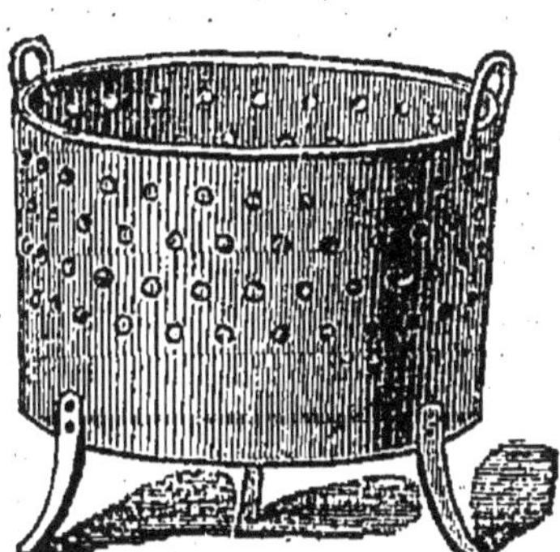

Pour cuire les légumes dans cet ustensile, on le place dans une casserole assez haute et assez large pour le contenir; on met de l'eau dans la casserole jusqu'à la hauteur des pieds du double-fond; on place les légumes dans celui-ci, on ferme la casserole avec son couvercle et on pose un poids dessus afin d'éviter l'échappement de la vapeur d'eau pendant sa cuisson. Si la cuisson se prolongeait, il faudrait avoir soin d'ajouter de temps en temps un peu d'eau bouillante. — La cuisson des légumes est plus accélérée et plus parfaite si on dispose d'une petite marmite *ottoclave;* cette marmite peu coûteuse et si utile devrait se trouver dans toutes les cuisines.

Boite à farine et boite à ficelle. — La boite à farine

est en fer-blanc; elle est destinée à rester sur la table de cuisine à côté de la boîte à épices. Son couvercle mobile empêche la poussière de pénétrer à l'intérieur.

La boîte à ficelle est aussi destinée à rester sur la table de cuisine, sur laquelle on a l'habitude de brider les volailles. L'une et l'autre de ces boîtes sont nécessaires.

Boîte à glacer. — Cette boîte est surtout utile pour la pâtisserie et les entremets qui doivent être saupoudrés ou glacés au sucre. On les emplit à moitié avec du sucre fin et on tamise celui-ci en agitant la boîte. Cet ustensile est très-utile et commode.

Palettes de cuisine. — Ces ustensiles sont en cuivre, mais entièrement étamés. Ils sont d'une grande utilité dans le

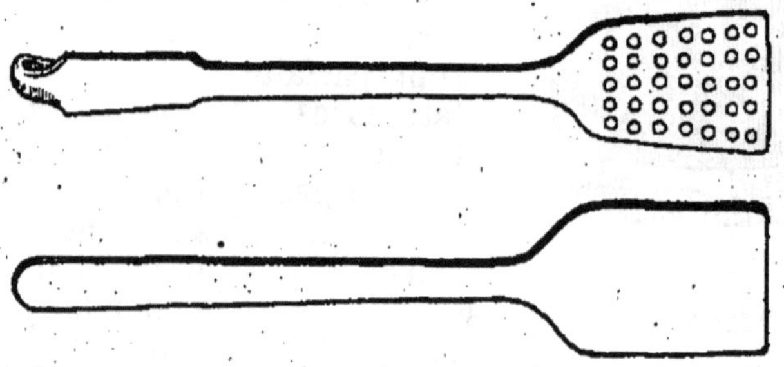

travail de la cuisine, et très-commodes pour retourner les viandes en cuisson ou les enlever de la casserole. Il est bon d'en posséder de différentes grosseurs.

Petites caisses rondes ou carrées. — On peut acheter aujourd'hui toutes sortes de petites caisses à si bon marché qu'il ne vaut pas la peine de perdre son temps à les faire soi-même; d'ailleurs, il est difficile de les obtenir aussi parfaites. Les seules qu'on peut exécuter soi-même, ce sont les carrées. L'opération est toute simple, je vais l'expliquer en quelques mots. — Prenez le quart d'une feuille de fort papier blanc; coupez-la à peu près le double plus long que sa largeur, de façon à lui donner la forme d'un carré long. Pliez le papier en trois sur la longueur, puis repliez les deux côtés sur eux-mêmes, en dehors, de façon à les doubler et former ainsi une bande longue et régulière, ouverte d'un seul côté. Repliez en dedans les doubles pointes des angles, de façon à rendre la bande pointue des deux bouts. Ployez alors les deux bouts à l'envers, simple-

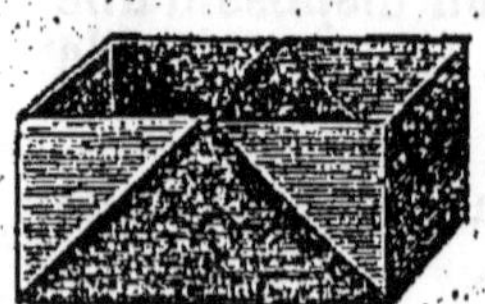

ment pour former le pli, puis ouvrez la bande, appuyez les plis, et la caisse se trouve formée. Ce sont les côtés étroits de la bande qui forment la longueur de la caisse.

Égouttoir de cuisine. — Un égouttoir est indispensable dans la cuisine, et comme mesure d'ordre, et comme mesure de propreté. Il doit être fixé le plus près possible du fourneau, à l'endroit qui offre le plus de facilité pour le maniement des ustensiles qu'il porte : cuillers rondes ou longues, écumoires et palettes. C'est là un point essentiel, car dans le travail, on a, pour ainsi dire, toute la journée ces cuillers à la main. — Les égouttoirs étant exposés à la poussière du fourneau, exigent d'être très-souvent nettoyés. On les lave ou on les éponge à l'eau chaude ; quand le fer-blanc est bien séché, on le passe au blanc d'Espagne.

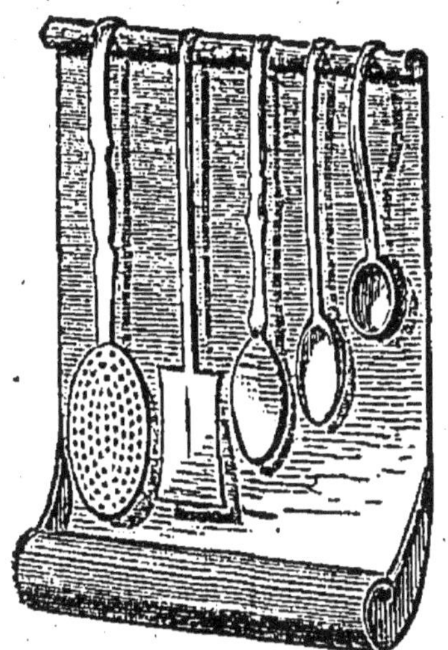

Coquetières. — Je reproduis deux modèles de cet ustensile très-commode quand on a un grand nombre d'œufs à faire

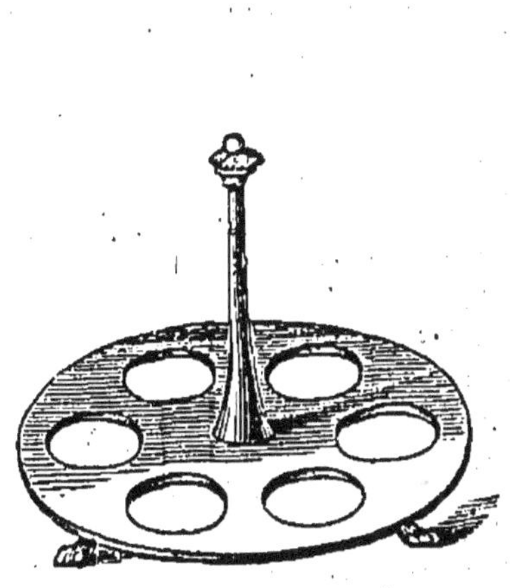

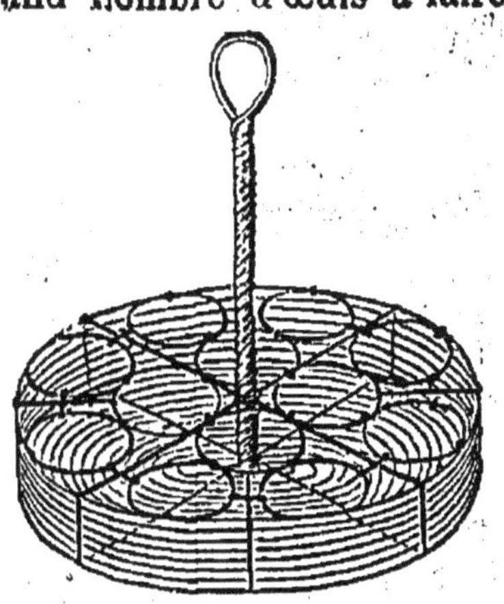

cuire à la coque ou mollets. Le premier est en fer-blanc, le deuxième en fil de fer étamé. — Pour cuire les œufs, on les range d'abord, un dans chaque cavité, et on plonge la coquetière à l'eau bouillante, le temps nécessaire pour cuire les œufs à point. — A l'aide de cet ustensile, on évite de casser les œufs et on les cuit tous exactement au même degré, puisqu'ils sont enlevés du liquide tous en même temps.

Tamis à casquette. — Ces petits tamis sont d'une grande utilité dans la cuisine; on s'en sert à tout propos, pour faire égoutter les garnitures, aussi bien que pour passer les liquides. Par leur forme, ils s'adaptent très-bien à l'embouchure des petites casseroles, et surtout à celles à *bain-marie*. Quand on veut passer une sauce, il suffit de poser le tamis sur la casserole, et verser le liquide dedans.

Il faut éviter de passer de la graisse chaude à travers la toile de ces tamis, car elle s'imorègne facilement, et devient difficile à nettoyer.

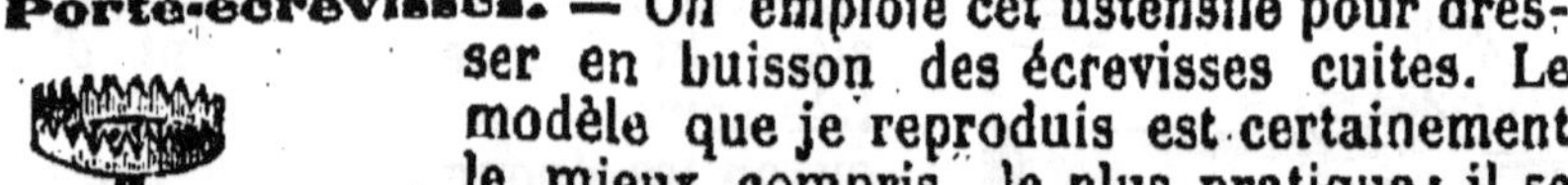

Porte-écrevisses. — On emploie cet ustensile pour dresser en buisson des écrevisses cuites. Le modèle que je reproduis est certainement le mieux compris, le plus pratique; il se compose de plusieurs étagères s'adaptant à une tige à pied; ces étagères sont mobiles; on peut donc en augmenter ou diminuer le nombre.

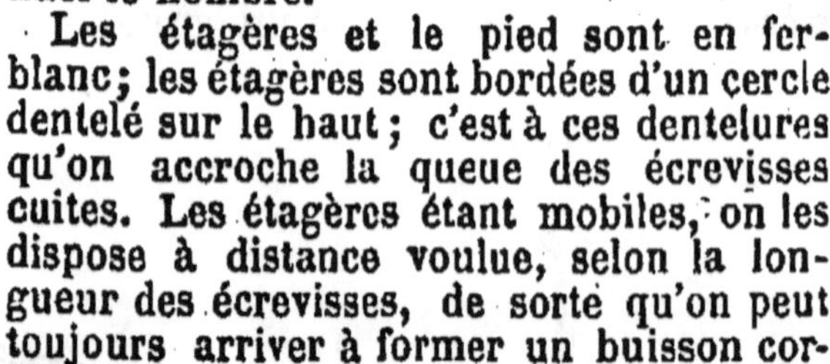

Les étagères et le pied sont en ferblanc; les étagères sont bordées d'un cercle dentelé sur le haut; c'est à ces dentelures qu'on accroche la queue des écrevisses cuites. Les étagères étant mobiles, on les dispose à distance voulue, selon la longueur des écrevisses, de sorte qu'on peut toujours arriver à former un buisson correct, sans laisser de jours. — Avant de monter le buisson, il faut garnir les étagères avec des branches de persil. — Si le buisson devait être très-élevé, il faudrait coller le *porte-écrevisses* dans un plat avec du *repère*, c'est-à-dire avec de la farine délayée au blanc d'œuf, afin que le buisson ne puisse pas se renverser.

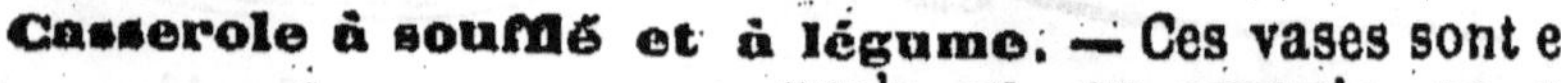

Casserole à soufflé et à légume. — Ces vases sont en ruolz ou en argent; on en trouve de différentes formes, plus ou moins grandes. Ces casseroles rendent de grands services en cuisine; elles sont principalement employées à la cuisson des soufflés gras ou

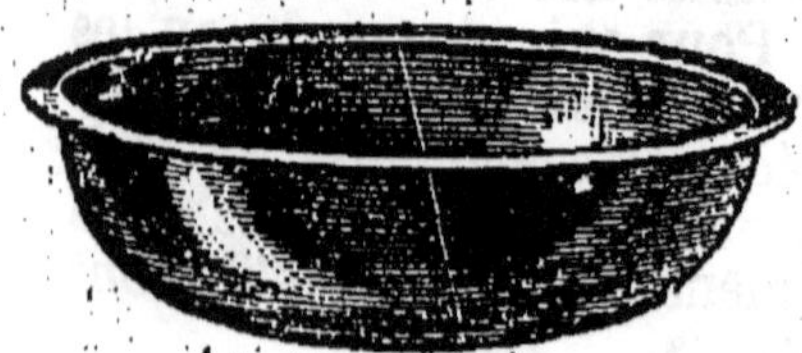

d'entremets; mais on les utilise aussi pour les gratins, pour faire pocher les crèmes au bain-marie, et enfin pour servir les légumes ou garnitures sur table.

Plat à tarte. — Ces plats sont en porcelaine ou en faïence anglaise, c'est-à-dire pouvant aller au feu sans danger. Ils sont de la plus grande utilité en cuisine. Dans ces plats on peut cuire des pâtés de viande, de volaille, de gibier ou de poisson, des tartes de fruits, des appareils à pouding ou des crèmes; on peut aussi cuire des soufflés. Les services que ces plats rendent en cuisine sont très-importants; on ne doit jamais négliger d'en avoir à sa disposition de différentes grandeurs.

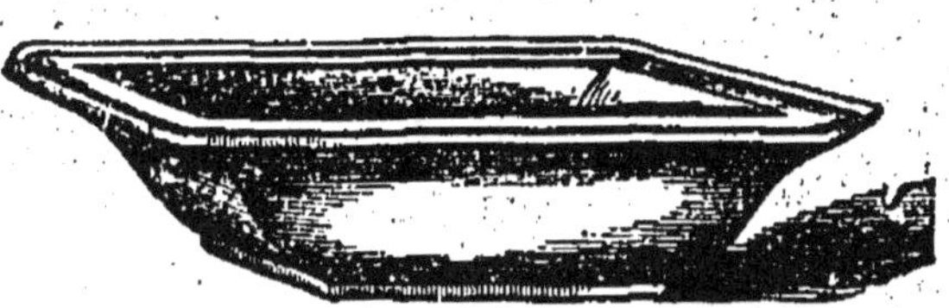

En France les plats à cuire sont peu connus; il en existe cependant, et c'est à tort qu'on néglige de s'en servir. Ils sont d'autant plus utiles et agréables qu'on peut sans inconvénient les servir sur table avec les mets qui ont cuits dedans : les gratins, les crèmes etc.

Je donnerai plus loin l'adresse des maisons où on peut acheter ces ustensiles d'un usage si avantageux et si pratique.

Pèse-sirop. — Quand on a l'habitude de travailler le sucre, on se sert rarement du pèse-sirop; on juge de son degré de cuisson simplement en l'essayant avec les doigts. Ceux qui ne sont pas à même de faire cette distinction doivent toujours peser le sirop, c'est-à-dire en mettre dans un flacon, et plonger dans le liquide l'instrument en verre qui monte ou qui descend, selon que le sirop est plus ou moins épais, et donne exactement le degré de sa cuisson par des chiffres.

Mortier de cuisine. — Le mortier est un ustensile de toute rigueur dans une cuisine; il peut être plus ou moins grand, mais il en faut un, soit pour piler les farces, soit pour piler le sucre, le pain séché et enfin un grand nombre d'autres matières employées en cuisine. Mais c'est surtout pour les farces que le mortier est indispensable, car il n'y a pas de farce possible sans mortier.

Les mortiers sont en marbre ou en pierre dure; le pilon est en bois.

Papillotes. — Je reproduis ici le modèle de 2 papillotes en papier, l'une à double bobèche, et l'autre simple. On peut acheter de jolies papillotes toutes faites, bien exécutées et peu coûteuses. Pour ceux qui voudraient les faire eux-mêmes, voici la manière d'opérer :

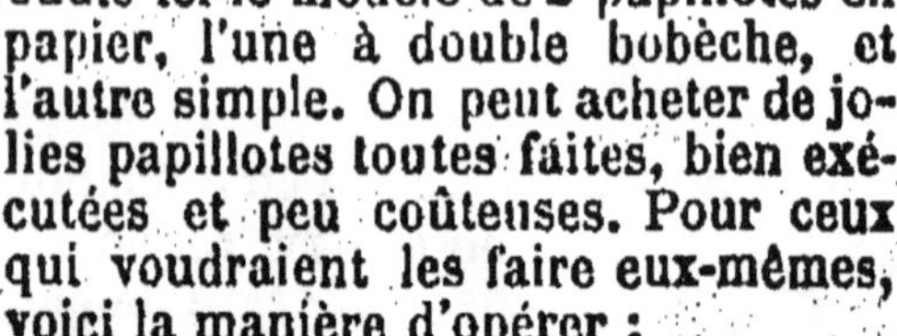

Coupez une bande de papier blanc sur la longueur de la feuille, ayant 5 doigts de large; pliez-la en deux et ciselez-la finement sur le pli. Dédoublez la bande et renversez-la, afin que la ciselure se détache mieux. Entourez cette bande en spirale autour d'un tube à colonne et fixez le bout de la bande avec de la cire; retirez le tube et adaptez-lui une bobèche droite et une autre renversée.

Pour faire une bobèche, pliez en deux une demi-feuille de papier, puis en quatre; pliez-la alors en triangle, en partant de la pointe du pli; pliez-la encore une fois; puis coupez le papier en pointe, en partant du centre vers le haut. Déployez alors le papier, qui formera une étoile. Avec la lame d'un petit couteau, pressez le pli de chaque arête, afin de les obtenir toutes pliées en creux, et former ainsi une sorte d'entonnoir à pointes. Accolez les arêtes l'une sur l'autre, en les fermant et les pressant. Mettez alors la moitié du papier sous les plis d'une serviette fine; appuyez-le de la main gauche, en pressant fortement; puis, tirez vivement la serviette de la main droite; par cet effort et la pression, on ploie et on gauffre en même temps la partie supérieure du papier; la bobèche se trouve formée. Il ne reste plus qu'à en couper le bout inférieur pour l'ajuster à la papillote. L'opération est simple par elle-même.

Machine à mélanger. — Cette machine est aussi de provenance anglaise; elle sert à opérer le mélange des pâtes légères : biscuit, génoise, madeleine, etc. Le travail s'opère avec une grande rapidité et perfection. — Cette machine convient pour les petites cuisines, mais elle est aussi employée par les pâtissiers et confiseurs.

Machine pour retirer le noyau aux cerises. — Cette petite machine est très-utile et très-agréable quand on fait les confitures ou les conserves de cerises. Avec elle, on enlève le noyau des fruits avec la plus grande célérité, et on ne perd pas le suc des fruits. Cette machine est mobile ; quand on veut l'employer, on la visse à l'angle d'une table.— On trouvera plus loin le modèle de cette machine.

Pinces de cuisine. — Ces pinces sont à ressort. Elles sont d'un maniement facile, et très-commodes pour retirer les

viandes du bouillon ou du jus, aussi bien que pour plonger un objet dans le liquide bouillant. Elles conviennent surtout pour retirer homards ou langoustes de leur cuisson.

Fourchette de cuisine à l'anglaise. — Cette four-

chette est très-commode dans le travail de la cuisine; elle est d'un maniement facile. Elle sert à enlever les pièces de viandes crues ou cuites, elle sert aussi à retourner les grillades, côtelettes ou bifteckS, sans se brûler les doigts. Cette fourchette est à coulisses, et peut être allongée ou diminuée à volonté selon les besoins : elle est représentée fermée.

Coupe-légumes à l'anglaise. — Cette nouvelle machine

coupe très-régulièrement les légumes en filets, sans les écraser. L'opération est rapide; en quelques minutes on obtient des légumes pour une soupe. On trouve cette machine à Paris, dans les magasins où se vendent les produits des fabriques anglaises.

Machine à hacher. — Cette machine est très-nécessaire dans une cuisine; elle sert à hacher les viandes crues pour hachis et même pour farce. On la fixe sur table à l'aide des vis qui y sont adaptées, puis on introduit les viandes par l'ouverture supérieure, en les appuyant; il suffit alors de tourner la manivelle pour faire passer le hachis par le tube de côté, dans un plafond.

Masticateur à l'anglaise. — Cette machine est surtout utilisée pour hacher les viandes cuites ou crues qu'on veut servir aux malades. Avant d'employer la machine, on la trempe à l'eau chaude, et on la fixe sur le bord d'une table à l'aide de vis; on broye la viande en tournant la manivelle; mais il faut avoir soin de placer une assiette à l'endroit ou le hachis doit tomber.

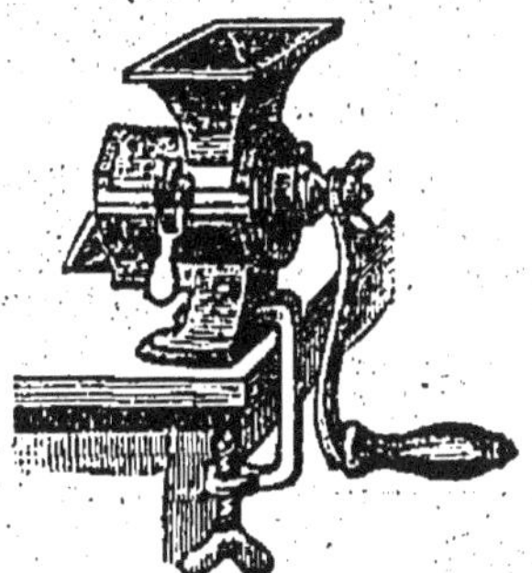

Presse-purée. — Cet ustensile est de provenance anglaise, très-commode, très-utile dans une petite cuisine où on opère par petites quantités. Il est simplement établi, et par conséquent facile à manier, toutes les purées de viande ou de légumes passent avec une grande facilité. La pression s'opère à l'aide d'une hélice en bois qu'on fait peser, en tournant, sur une toile métallique, disposée à la base du cylindre. L'opération est tout à fait simple.

Écraseur d'amandes. — Cette petite machine est d'origine anglaise; elle sert à moudre les amandes ou les noix de toute sorte, L'opération est simple et facile. On fixe la machine sur l'angle d'une table, et après avoir mis les amandes dans le creux, on tourne la manivelle, et la poudre tombe dans un vase qu'on a eu soin de placer dessous. — Cette machine est aussi utile dans les grandes cuisines que dans les plus petites.

Hachoir à l'anglaise. — Ce petit ustensile est très-facile

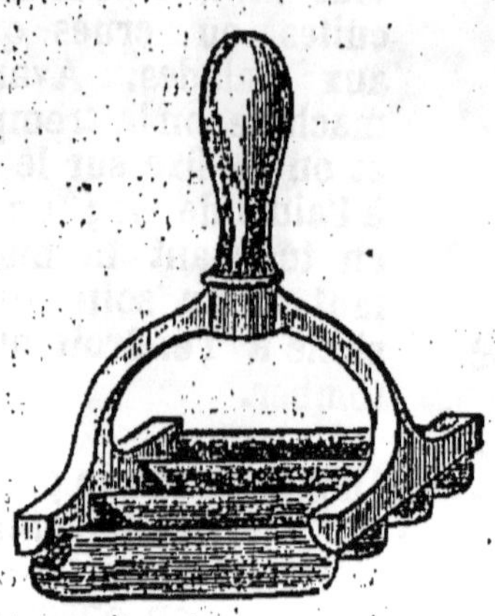

à manier, et fort pratique. On peut hacher sans fatigue et sans embarras les légumes aussi bien que les viandes; sous ce rapport il est bien préférable aux anciens hachoirs..

Pain de cuisine. — Comme il est souvent question dans ce livre du *pain de cuisine*, j'ai voulu en reproduire un modèle, afin de mieux en démontrer la forme à ceux qui ne la connaissent pas. Ce pain est cuit dans des caisses carrées ; sa croûte est mince, et sa mie blanche et serrée,

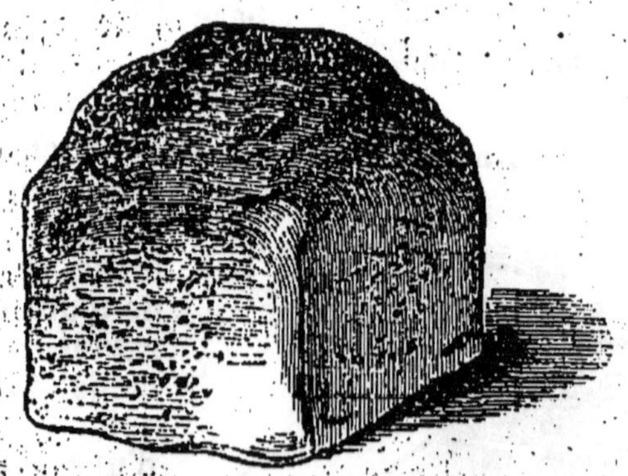

elle se coupe par ce fait en tranches très-minces. C'est sur la mie de ces pains qu'on coupe les croûtons pour frire et les tranches pour sandwichs ou canapés et aussi pour les charlottes. C'est encore avec cette mie rassie qu'on prépare la panure blanche.

Tous les boulangers peuvent fournir ces pains, il suffit de les commander.

Couteau à cisaille et à découper. — Le couteau à cisaille est tout à la fois un outil de salle à manger et de cuisine, c'est un couteau à double sens; il est muni d'une longue lame avec laquelle on peut découper les viandes cuites et d'une seconde lame adhérente à la première, avec laquelle elle forme une paire de ciseaux, à l'aide desquels on peut facilement couper les os et carcasses des volailles ou gibiers. Ce couteau devrait être dans les mains de tous les cuisiniers et de tous ceux qui aiment à découper les viandes à table; il est très commode et très-pratique.

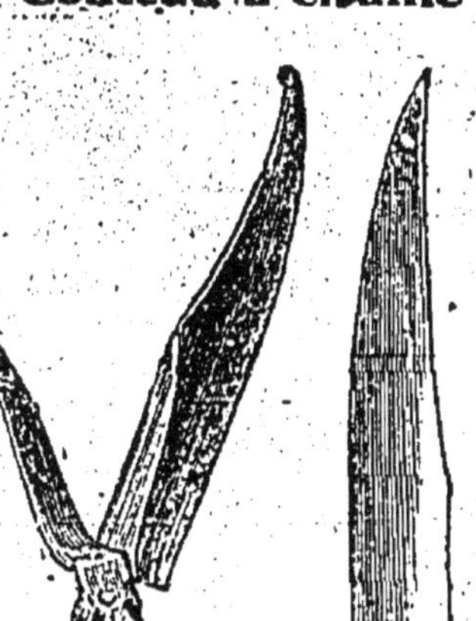

Les couteaux à découper doivent être à lame longue et pointue, mais surtout en bon acier. Il est impossible de découper convenablement les viandes cuites si on n'a pas à son service un bon couteau, spécialement destiné à cet usage. Mais quand on a un bon couteau, il faut en avoir grand soin, le tenir bien propre et l'*affiler* souvent.

Manche à gigot. — Les manches à gigot sont des ustensiles en métal s'adaptant au manche des gigots de mouton ou d'a-

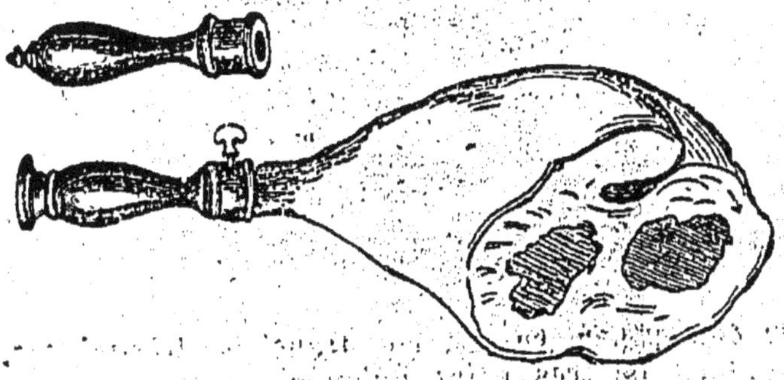

gneau, et servent de poignée pour les manier à volonté en les découpant. Les anciens manches sont en plaqué et s'adaptent au manche du gigot, à l'aide d'une vis; les nouveaux modèles sont en acier, et la pression sur le manche s'exerce par la poignée, au moyen d'une bague en caoutchouc disposée à l'intérieur, qui serre fortement l'os sans le briser.

Seringue d'office. — La seringue d'office sert à pousser des cordons unis ou cannelés, en pâte d'amande, en pâte à massepain ou en pâte à chou. Elle est cylindrique, et porte à l'intérieur un repoussoir en buis, de même diamètre que le cylindre. L'extrémité de la seringue est disposée de façon à pouvoir donner une forme variée à la pâte qu'on veut pousser, en lui adaptant une plaque ou une douille mobile de forme différente.

USTENSILES DE SALLE A MANGER

Chauffe-assiettes — Le *chauffe-assiettes* est un ustensile très-usité dans les ménages bourgeois et dans les dîners famil-

liers, peu nombreux. Il est de forme cylindrique, de la hauteur de 80 centimètres ; il porte 2 étagères, sur lesquelles on dispose les assiettes. On chauffe à l'esprit-de-vin et à l'eau chaude ou simplement avec de la braise couverte de cendre chaude. On place le *chauffe-assiettes* dans la salle à manger, et à côté de la maîtresse de maison. Sur le haut du *chauffe-assiettes,* on peut toujours placer un mets chaud, en attendant de le servir sur table.

Ravier. — On donne quelquefois le nom de ravier aux petits plats disposés pour servir les hors-d'œuvre froids : radis, olives, beurre, anchois, etc. Mais ces petits plats qui sont généralement de forme longue, sont plus connus sous le nom de *bateaux à hors-d'œuvre* ou *hors-d'œuvriers.*

Panier à verser le vin. — Dans les grandes maisons on décante les vins fins avant l'heure des repas, et on les remets dans des flacons ou dans les mêmes bouteilles. Dans les ménages il est plus simple et plus commode de coucher les bouteilles dans un petit panier en osier, en les assujettissant avec deux cordons. On doit placer la bouteille dans le panier quelques heures avant de le mettre à table afin que le peu de dépôt que le vin pourrait contenir, reste au fond de la bouteille. Il est évident que ce panier ne doit pas être remué avec violence, et que le vin doit être versé avec précaution.

Réchaud de table. — C'est sur les réchauds qu'on pose ordinairement sur table, les mets exigeant d'être maintenus chauds. Les réchauds sont de forme ronde ou ovale; ils sont en métal, le plus ordinairement en plaqué, mais creux à l'intérieur et doublés d'un autre métal, car on les chauffe soit à la bougie, soit à l'esprit-de-vin soit à l'eau bouillante.

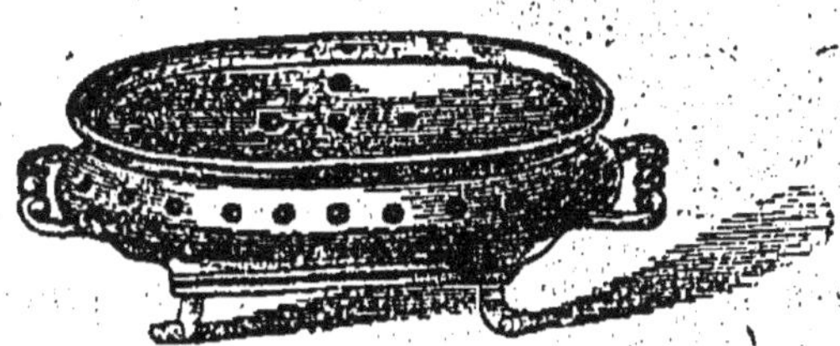

Les réchauds devraient être admis sur la table des ménages bourgeois et dans les plus simples dîners, en hiver surtout, car la plupart des mets chauds, perdent de leurs qualités dès qu'ils ont perdu le degré de chaleur nécessaire.

Cloches de plats. — Les cloches de cuisine sont en fer-blanc; elles servent à couvrir les plats quand ils sont dressés, soit pour les tenir à l'étuve, soit pour les transporter à la

salle à manger. Il faut en avoir de rondes et de longues, pour les grands et pour les petits plats. — Ces cloches exigent d'être entretenues bien proprement, on les polit au blanc d'Espagne.

Porte-confitures. — Ces ustensiles ont la forme d'un *porte-huilier* à l'anglaise, et portent plusieurs pots en cristal, munis de leurs couvercles, dans lesquels on sert des confitures d'espèces différentes : gelées, marmelade ou confiture de fruits.

Panier à salade. — Pour être parfaitement égouttée, la salade doit, après avoir été lavée, être secouée dans un petit panier

en fil de fer; les autres moyens employés ne valent jamais celui-là.

Corbeille à pain. — Malgré qu'on mette un petit pain sur la serviette de chaque convive, en dressant la table, il convient d'avoir sur une servante ou sur le buffet de la salle, une corbeille de petits pains à la disposition des convives qui en désireraient. On présente le pain dans la corbeille même;

ces corbeilles sont construites à jours, en plaqué, ou en fils métalliques vernis, étamés ou argentés.

Servante. —La servante est un petit meuble de salle à manger sur laquelle on entrepose pendant le repas des objets qui ne doivent pas rester sur table : les assiettes de rechange, couteaux, cuillers et fourchettes de service, la corbeille à pain. C'est, en somme, un diminutif du buffet que la maîtresse de maison doit toujours avoir sous la main.

Brosse de table. — Dans un dîner nombreux, quand le service de la cuisine est terminé, avant de distribuer le dessert

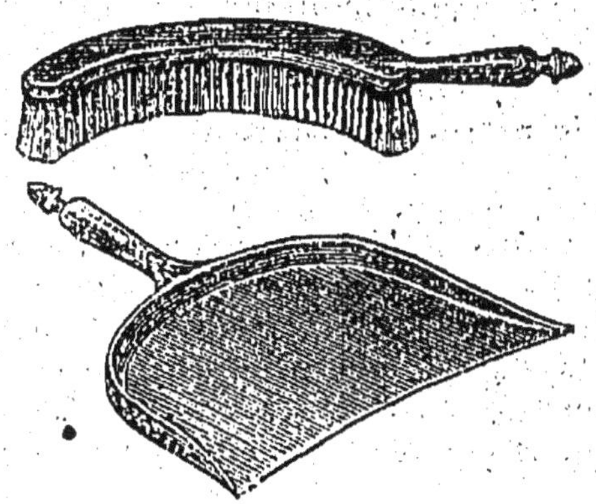

sur la table, ou plutôt avant de donner aux convives les assiettes à dessert, on enlève tous les accessoires qui ont servi au repas : salières, pain, couteaux et fourchettes. On balaye vivement la nappe avec une brosse courbée, en faisant tomber les miettes dans une assiette ou petit plateau.

Seau à rafraîchir le vin. — Soit qu'on veuille *frapper* ou simplement rafraîchir le vin, il faut disposer d'un seau en métal avec ou sans pieds. S'il est à pied, on peut le poser sur

la table, dans les dîners familiers seulement; s'il est sans pieds on le pose sur un soutien en fer, formé par 3 tiges, écartées à la base pour prendre l'aplomb nécessaire, et terminées en cercle dans le haut pour porter le seau, qui doit se trouver à peu près à la même hauteur de la table où sont assis les convives : la forme de ce soutien est très-légère, elle se rapproche de celle d'un *sablier* à l'ancienne.

Pour rafraîchir le vin, il suffit de mettre les bouteilles dans le seau avec de l'eau très-froide, ou plutôt, avec des morceaux de glace. On rafraîchit surtout les vins blancs.

Pour *frapper* les vins, ou pour mieux dire pour *frapper* le champagne, car il n'y a que cette sorte qui exige d'être refroidi à un degré extrême, on pile la glace et on la mélange avec quelques poignées de sel pulvérisé. On place la bouteille dans le seau, et on l'entoure avec la glace, en la saupoudrant encore avec quelques poignées de sel. Pour 6 livres de glace il faut une livre de sel. — Pour frapper raisonnablement, c'est-à-dire sans excès, une bouteille de champagne il faut 40 minutes.

Coquetière. — La coquetière est l'ustensile sur lequel on sert les œufs à la coque. Dans les provinces du Nord la coquetière est représentée sous la forme d'une imitation de poule qui couve dans un panier, le corps de la poule est mobile et forme le couvercle de la coquetière.

A Paris, dans les maisons où on emploie les coquetières, elles sont en plaqué ou en argent; elles ont la forme d'un porte-huilier; les petits coquetiers sont mobiles; ils sont rangés sur le plateau autour d'une tige centrale qui sert à transporter la coquetière.

Pinces à asperges. — Les pinces à asperges sont en métal argenté; c'est avec elles qu'on se sert à table pour prendre les asperges entières dans le plat. Aujourd'hui, cet ustensile est bien délaissé, car au fond il est incommode. A l'aide de 2 fourchettes piquées l'une à gauche l'autre à droite du buisson d'asperges, on s'en sert plus promptement et avec beaucoup plus de facilité.

Tourne-Salade. — Pour faire la salade, c'est-à-dire pour l'assaisonner ou la mélanger avec les ingrédients qui lui sont appliqués, on se sert d'une cuiller et d'une fourchette en buis ou en ivoire, mais jamais en métal. C'est là une dépense peu importante, devant laquelle les ménagères ne doivent pas reculer.

Porte-huilier. — Dans les dîners familiers, le *porte-huilier* peut être placé sur la table; dans les dîners d'étiquette, il n'y a pas de place pour lui. — Il existe différentes sortes de porte-huilier, les uns simples, n'ayant absolument que les burettes de l'huile et du vinaigre; d'autres portent aussi le sel et le poivre; mais les plus compliqués sont ceux à l'anglaise; ils portent non-seulement l'huile et le vinaigre, le sel et le poivre, mais aussi plusieurs sauces ou essences à l'anglaise, qu'on emploie comme assaisonnement des viandes et des poissons cuits, tels que : le *kepchop*, le *soya*, et le *anchovies-sauce*, etc. Ces *porte-huilier* sont ordinairement en métal argenté, et les flacons en cristal.

Porte-menu. — Le menu est le programme du dîner, sur lequel sont inscrits les mets dont le repas se compose. Dans les repas d'étiquette, les menus sont imprimés, ou tout au moins bien écrits, sur du papier de luxe. On les pose sur la table ou on les fixe à un *porte-menu*, dans le genre du modèle que je reproduis; ces porte-menus sont en argent ou en métal argenté. — Si les menus sont imprimés, on en place un entre le couvert de deux convives.

Porte-plats. — Les *porte-plats* sont des sortes de socles sur lesquels on pose les plats de service sur la table; ils ne remplissent pas précisément le rôle de réchaud puisqu'ils ne sont pas chauffés. Ils conviennent seulement pour les dîners familiers où les plats arrivent sur table les uns après les autres, et qu'on sert aussitôt.

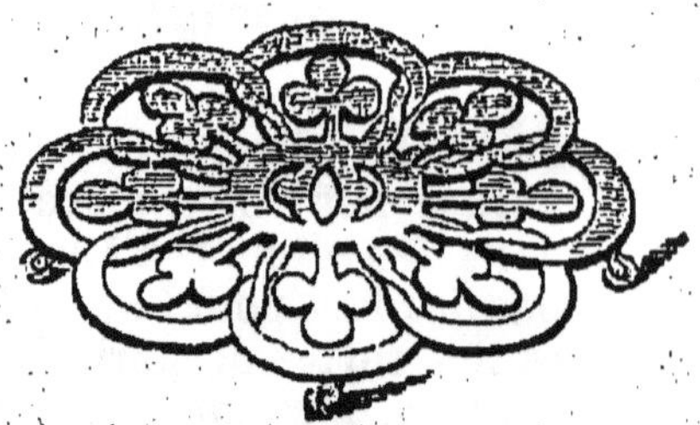

Les *porte-plats* sont longs ou ronds, selon la forme du plat qu'ils doivent porter, Mais on en fait à coulisse qui servent à deux fins, pour les plats ronds et pour les longs : on les allonge à volonté. Ces *porte-plats*, peu coûteux, sont cependant très convenables; ils sont ou en acier poli ou argentés. Ils exigent d'être bien entretenus.

Cafetière. — La cafetière la plus utilisée est celle à *filtre* dont je reproduis le modèle. On la trouve de différente dimension et plus ou moins luxueuse. Pour obtenir une infusion prompte et limpide, on place la poudre de café dans le cylindre disposé au-dessus de la cafetière; on place alors la passoire sur la poudre pour la tasser, puis on verse doucement de l'eau bouillante dessus, et l'infusion coule peu à peu dans la cafetière. Pendant que l'infusion filtre, on doit tenir la cafetière dans un vase ayant au fond 2 doigts d'eau chaude, afin de conserver le même degré de chaleur à l'infu-

sion, sans la faire bouillir.

Par économie, après avoir fait l'infusion, on peut faire donner un bouillon au marc de café, avec lequel on prépare ensuite l'infusion, en l'employant en place d'eau. Mais pour obtenir un bon résultat, il faut que le marc soit auparavant reposé, décanté passé, et chauffé jusqu'à l'ébullition. Dans ces conditions, on peut diminuer la dose de la poudre, sans préjudice pour l'infusion.

Bouilloires. — Il y a deux sortes de *bouilloires*, celles qui vont sur le feu de fourneau et celles qu'on chauffe à l'esprit-de-vin. Ce sont ces dernières qu'on emploie à la salle à manger. Ces bouilloires servent à faire le thé sur la table même où on doit le prendre. Elles sont en métal mince ou en plaqué. Dans les grandes maisons, on emploie des bouilloires à bascule, à l'aide de laquelle on les incline à volonté pour verser l'eau dans la théière ou dans les tasses.

Lampe à suspension. — Dans les dîners peu nombreux, le meilleur éclairage, celui qui convient le mieux c'est une lampe à suspension, fixée au-dessus de la table, sur le point central. La lumière de ces lampes n'est pas fatigante pour les

yeux puisqu'elle vient de haut, et la table par le fait ne s'en trouve point embarrassée.

Porte-fourchettes de table. — Les *porte-fourchettes* sont en cristal, en porcelaine ou en métal argenté. Ces ustensiles conviennent pour les repas familiers où on ne change pas de couvert à chaque plat. En ce cas, au lieu de poser sa fourchette ou son couteau sur l'assiette qui doit être changée, on les pose sur le *porte-fourchette* : on évite ainsi de salir la nappe.

Beurrière. — Les *beurrières* sont des petits vases dans lesquels on sert le beurre pour les déjeuners ou les soupers. Elles sont en verre, en faïence ou en plaqué. Elles conviennent surtout en été, alors que la température élevée rend le beurre mou. En ce cas, pour l'avoir ferme, on le sert avec un morceau de glace dessus, et on couvre la *beurrière* avec son couvercle.

Truelle à poisson. — C'est le nom qu'on donne à un ustensile avec lequel on coupe à table le poisson cuit, pour le servir dans les assiettes. Les *truelles* sont en métal ar-

genté ou en argent; la lame est plate et large, tranchante d'un côté et adhérente à un manche.

On emploie aussi à table des *truelles* plus petites pour servir dans les assiettes les gâteaux plats : les flans et les tourtes qu'on prendrait difficilement avec une cuiller ou un couteau.

Lavabots, rince-bouche. — Ce qu'on appelle *lavabots*, ce sont des vases en verre, ayant la forme de grands bols posés sur une secoupe, dans lesquels se trouve un verre plat, contenant de l'eau chaude, parfumée aux zestes, avec de l'essence de menthe ou d'anis. On présente les *lavabots* aux convives à la fin du repas, pour qu'ils puissent se laver le bout des doigts ou la bouche.

Il est certain, qu'après un long repas, les convives peuvent avoir besoin de rafraîchir leurs lèvres ou le bout des doigts; seulement, j'estime que ce n'est pas à table où cette opération devrait se faire, car elle donne lieu à des indiscrétions désagréables; c'est certainement ce motif qui a fait exclure les lavabots des grandes maisons, et l'heure n'est sans doute pas éloignée où ils disparaîtront complètement. Si l'on ne veut pas revenir à la fontaine mobile établie à côté de la salle à manger, il serait préférable d'installer dans son voisinage un cabinet où les convives trouveraient des cuvettes, de l'eau, du savon, du linge et les accessoires de toilette, où ils pourraient entrer soit avant de se mettre à table, soit en sortant de la salle à manger. Je crois que c'est là où on finira par arriver.

Grille-tartines. — Cet ustensile est en fil de fer étamé. On dispose les tranches de pain, debout, entre les supports et

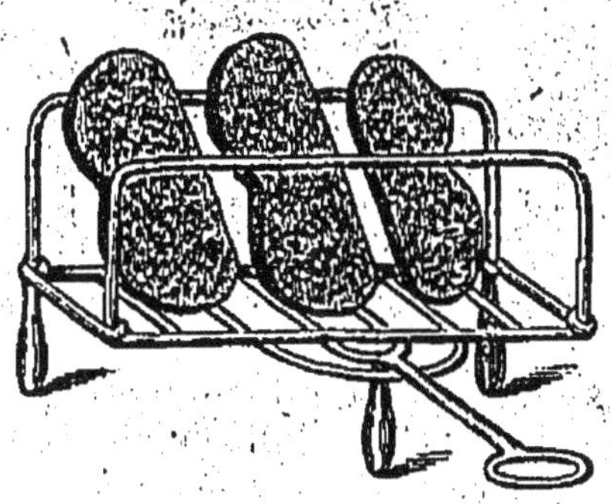

on les présente au feu ; quand elles sont colorées d'un côté, on les retourne de l'autre.

Porte-tartines. — Les *porte-tartines* sont ordinairement en plaqué. On les emploie dans les déjeuners et les soupers où il est servi du café ou du thé. Les tartines grillées sont disposées entre les divisions ménagées à cet effet.

Carafe-frappée. — La carafe dont je reproduis le modèle est une innovation récente que je crois appelée à être adoptée dans les ménages bourgeois, où on ne dispose pas toujours d'une quantité suffisante de glace pour faire frapper l'eau à boire.

Cette carafe est en deux pièces qui se vissent sur la partie centrale à l'aide d'un cercle en métal. Pour obtenir de l'eau très-froide, il suffit de dévisser la carafe et mettre un gros morceau de glace dedans, puis la visser et l'emplir avec de l'eau. — On vend cette carafe à Paris chez tous les *fontainiers*.

DECOUPAGE A TABLE

DES VIANDES, DES VOLAILLES ET DES POISSONS

L'art de découper les viandes à table consiste surtout à opérer avec aisance, sans mouvements brusques, sans impatience. Ce n'est pas là une opération facile à chacun, mais ceux qui par goût ou par obligation se trouvent à même de l'exercer, doivent cependant chercher à acquérir quelques notions sur la construction naturelle des pièces compliquées qu'ils peuvent être appelés à découper. J'entends par pièces compliquées, celles à charpente osseuse et articulée, telles que les grosses volailles et les gibiers à plume; quant aux pièces de boucherie et à celles de gros gibier, un peu d'instinct suffit.

A table, pour bien découper une pièce quelconque, de grosse viande, de volaille ou de gibier, il faut d'abord être assis à son aise et avoir les mouvements libres, c'est-à-dire ne pas être gêné et ne gêner personne. La pièce à découper doit être déposée sur le plat, sans jus, sans sauce, sans garniture, afin de pouvoir la retourner dans le sens le plus commode.

Les instruments indispensables au découpage consistent : en une solide fourchette à trois branches, un grand et bon couteau à lame bien affilée, et enfin, un ciseau à découper. Ce dernier instrument est encore peu usité, mais il est d'une utilité si manifeste qu'il est impossible qu'on ne l'adopte pas.

Dans ces conditions de facilité, l'opération du découpage à table se simplifie singulièrement. Quant à la manière d'opérer, elle est naturellement subordonnée à la nature même des pièces. Le point essentiel de l'opération consiste à se rendre un compte exact de la construction intérieure des pièces qu'on a sous la main, à les aborder dans leur sens le plus pratique, et enfin, à savoir en distinguer les parties les plus parfaites, de façon à les découper sans rien leur faire perdre de leur physionomie appétissante, ni de leurs qualités gastronomiques là est l'écueil. C'est une étude simple, mais une étude qu'on ne doit pas négliger, car ce qui embarrasse l'opérateur, ce qui le déconcerte quelquefois, c'est quand il se fourvoie dans le cours de l'opération, c'est-à-dire quand il ne trouve pas le joint des articulations, ou bien qu'il coupe les viandes dans un sens contraire.

C'est en vue de faciliter cette étude que je vais donner la description, en même temps que le dessin des pièces qui sont ordinairement découpées à table.

Pour découper les rosbifs. — Un rosbif est une pièce qui ne doit pas être découpée à la cuisine. C'est sur la table même, ou tout au moins sur le buffet de la salle à manger, que cette opération doit avoir lieu, car la viande de bœuf rôtie, sèche et perd ses sucs si elle est découpée d'avance. On découpe le rosbif par deux méthodes : les uns découpent seulement le gros filet de l'aloyau, les autres le filet-mignon. Dans le premier cas, le rosbif doit être placé devant celui qui le découpe, dans le sens représenté par le dessin. Les chairs sont alors coupées par tranches minces, de haut en bas, en laissant adhérer à chaque tranche un peu de graisse.

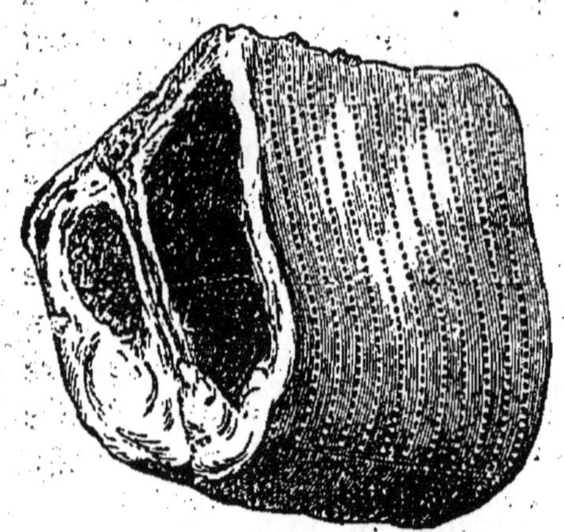

A mesure qu'on place ces tranches dans des assiettes chaudes, il faut avoir soin de les arroser avec un peu de jus qui découle des viandes dans le plat. — Si on veut découper le filet-mignon du rosbif, il faut nécessairement retourner celui-ci sur le plat et couper les chairs du filet en tranches minces, sur sa longueur, ou tout au moins très en biais, sans négliger de laisser adhérer à chaque tranche tranche une petite partie de graisse, ni d'y ajouter un peu de jus.

Pour découper un filet de bœuf. — Qu'il soit rôti

ou braisé, un filet de bœuf qu'on découpe à table, pour le distribuer aux convives, doit être bien coupé. Les tranches ne doivent être ni trop minces ni trop épaisses. On peut découper un filet soit en tranches transversales, soit en le prenant en biais: dans le premier cas, le filet est découpé en *semelle*, c'est-à-dire en arrêtant la coupe des tranches à une certaine distance de la base. Dans le second cas, si le filet est coupé en biais, les tranches passent de part en part; mais alors il convient que le filet soit préalablement paré en dessous des parties sèches ou graisseuses, qui n'ont rien d'agréable : cette opération doit être faite à la cuisine,

Que le filet ait été rôti ou braisé, on arrose chaque tranche avec un peu de jus de la viande, découlant dans le plat; ce jus est indépendant de la sauce qui accompagne le relevé, car celle-ci est généralement servie séparément.

Pour découper une longe de veau. — Par sa forme, la longe de veau ressemble beaucoup au rosbif. Avant de découper une longe, il faut d'abord en détacher le filet-mignon et le rognon; on la pose ensuite sur le plat, afin de couper les chairs du gros filet en tranches transversales, mais pas trop minces : à chaque tranche qu'on sert dans les assiettes chaudes, on ajoute une tranche de rognon ou de filet-mignon, en même temps qu'un peu de bon jus de sauce accompagnant le relevé, mais servis séparément. — Si on découpe la longe de veau dans la cuisine, on enlève d'un trait le gros filet pour le couper en tranches transversales, un peu en biais, et remettre celles-ci en place; le rognon et le filet-mignon de la longe sont également découpés et rangés autour de la pièce.

Pour découper une noix de veau. — Pour découper la noix, il suffit de la maintenir ferme avec la fourchette, du côté de la tétine, afin de couper les chairs coupées en tranches pas trop épaisses.

Pour découper un gigot de mouton. — Si le gigot est rôti, il ne peut être découpé que sur table ou dans la salle à manger. Pour le découper à table, il faut le placer dans un

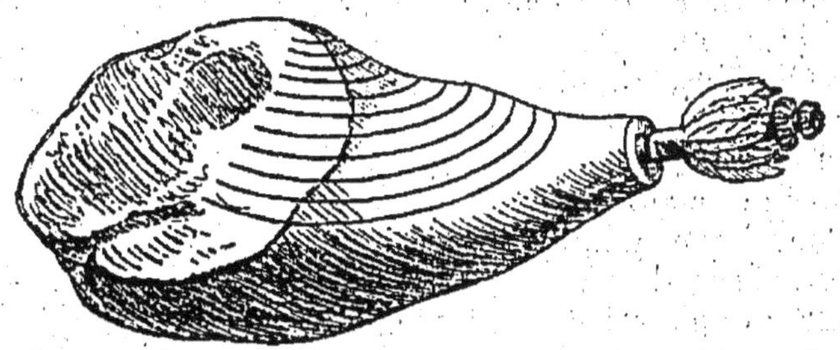

plat nu, en tournant le manche à droite ou à gauche, selon le sens du gigot, car les deux gigots d'un même mouton n'ont pas la noix placée dans le même sens : dans les deux cas, il faut que le gigot soit posé sur le plat, avec la noix tournée en dessus, car c'est la noix qui doit être découpée en premier lieu, parce que cette partie est la plus charnue, la plus abondante et la meilleure. Les tranches de gigot doivent être coupées larges et minces; elles doivent être servies sur des assiettes bien chaudes, chacune avec un peu de ce bon jus que les chairs coupées laissent échapper.

Si le gigot est accompagné d'une garniture, celle-ci doit être servie à part. — Les gigots braisés peuvent être découpés dans la cuisine, puis remis en forme sur le plat.

On découpe les quartiers d'agneau d'après la même méthode.

Bien qu'on serve ordinairement les gigots de mouton avec le manche orné d'une papillote, il faut cependant éviter de le prendre avec la main du côté papilloté. On retire la papillote pour mettre un manche postiche.

Pour découper un jambon chaud. — Le jambon servi chaud, gagne évidemment à être découpé à table même, c'est le moyen le plus sûr de lui conserver ses sucs essentiels. La partie la plus délicate du jambon est évidemment la *noix*, c'est-à-dire le côté le plus charnu, indiqué par les lignes inférieures du dessin. On coupe cette noix en tranches, pas trop épaisses, en laissant adhérer la graisse aux chairs.

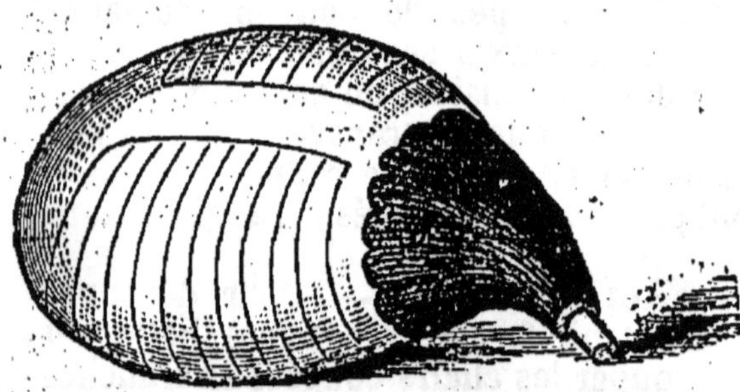

Pour découper à son aise un jambon, celui-ci doit être placé sur un plat nu. A chaque tranche distribuée dans les assiettes chaudes, on ajoute un peu de bonne sauce, servie dans une saucière, et non dans le plat du jambon.

Quand le jambon est accompagné d'une garniture, celle-ci doit être également servie séparément et présentée aux convives. Pour qu'un jambon puisse être présenté garni, il faut qu'il soit préalablement découpé et remis en forme. — De même que pour le gigot, on ne doit pas prendre avec la main le manche papilloté du jambon.

Pour découper une selle de mouton, braisée ou rôtie. — Pour découper, à table, une selle de mouton braisée,

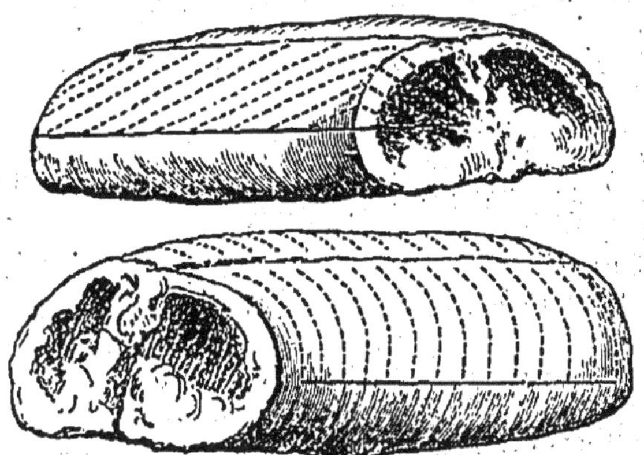

il faut absolument que la pièce soit placée dans un grand plat chaud, sans jus ni garnitures autour. — Il faut d'abord pratiquer 2 incisions sur les côtés de la selle, puis découper transversalement les gros filets en tranches un peu épaisses, en évitant de laisser trop de graisse adhérer aux tranches.

Mais une selle de mouton braisée peut très-bien être découpée à la cuisine sans perdre de ses qualités ; d'ailleurs, la viande braisée, le mouton surtout, est très-difficile à découper à table.

Si la selle est rôtie, la méthode diffère de la première : en ce cas, les chairs des filets de la selle, au lieu d'être coupées transversalement, sont coupées en tranches sur la longueur; ces tranches ne doivent être ni trop longues ni trop minces. Avec chaque tranche qu'on sert dans les assiettes bien chaudes, on mêle un peu de bon jus, celui qui découle des viandes, ou du jus servi dans uue saucière.

Pour découper une selle de daim ou de chevreuil, rôtie. — Le dessin ci-joint représente une selle de chevreuil piquée. — Le plat contenant le rôt doit être posé sur

table, en travers, devant la personne chargée de découper ; le côté des reins doit être tourné vers la gauche ; c'est de ce côté que doit être attaquée la selle. Les tranches doivent être coupées minces, en biais, et par conséquent longues : elles doivent être servies dans des assiettes bien chaudes, en les arrosant avec un peu de jus ou de sauce, accompagnant le gibier.

Pour découper un cuissot de chevreuil, rôti. — On pique ordinairement les cuissots de chevreuil qu'on veut faire rôtir à la broche ou au four.

Pour découper le cuissot, il faut l'aborder par le dessus, mais en biais, de façon à prendre en même temps les parties piquées et les parties de la noix qui se trouvent sur le côté rentrant du cuissot. Les tranches de chevreuil doivent être coupées minces et servies dans des assiettes bien chaudes.

Pour découper un lièvre rôti. — On ne sert ordinairement d'un lièvre que le râble et les cuisses, c'est-à-dire, dans l'état où il est représenté par le dessin, au chapitre du gibier. On procède par deux différentes méthodes pour découper ce rôt. La première consiste à couper transversalement le râble et les cuisses, en laissant adhérer les os aux chairs; pour cet office, l'emploi du ciseau à découper devient indispensable, mais cette méthode n'est guère appliquée qu'aux levrauts petits et tendres.— La deuxième méthode consiste à couper tour à tour les 2 filets du râble, en tranches minces et en biais, par conséquent sans toucher aux os.

Pour découper une poularde ou un chapon. — Une grosse volaille qu'on veut découper à table, exige que celui qui en est chargé mette le plus grand soin à couper de jolis morceaux, les couper nets, sans hachures et de forme convenable, c'est-à-dire, ni trop gros ni trop petits. C'est surtout dans le découpage des volailles que le ciseau à découper devient indispensable.

Pour découper la volaille avec facilité, celle-ci doit être placée dans un plat nu, en face de l'opérateur. Si les ailerons sont adhérents aux ailes, il convient de les couper net avec le ciseau à découper; on coupe ensuite sur le côté de l'estomac, une petite tranche, emportant avec elle le moignon de l'aileron: ce morceau est délicat et pas trop volumineux. On coupe ensuite, sur le restant de l'estomac, une autre jolie tranche, sur toute la longueur de celui-ci. Si l'estomac de la volaille est très-gros, on peut en couper une deuxième tranche, sans empiéter sur le *haut-de-poitrine*. Après avoir coupé d'un côté, on coupe de l'autre, sans changer la volaille de place. Aussitôt que les filets sont coupés, on détache les cuisses de la carcasse en les disloquant, mais il faut, auparavant, couper la peau sur la carcasse, juste au point de jonction de la cuisse avec celle-ci. L'action de détacher la cuisse s'opère à l'aide de la fourchette, et en s'aidant avec la lame du couteau. A mesure qu'une cuisse est détachée, on coupe la jambe à la hauteur du genou, avec le ciseau, et on divise la cuisse en deux par-

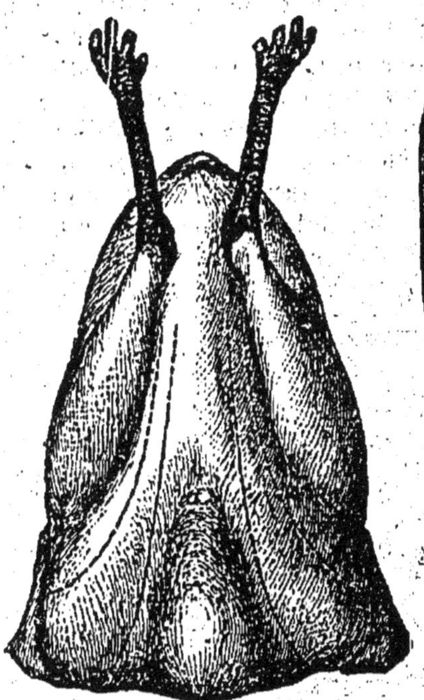

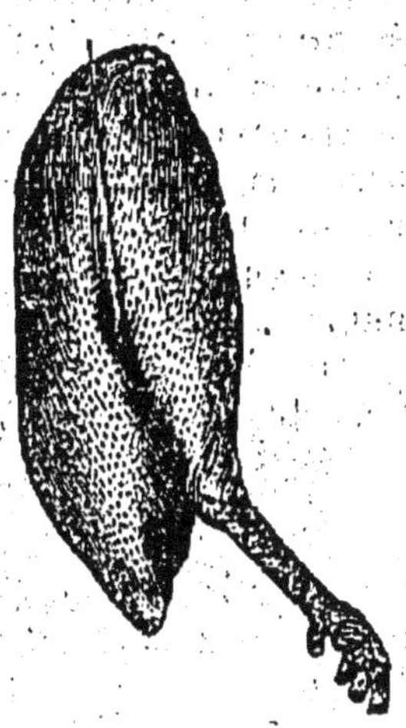

ties, soit avec le couteau, soit avec le ciseau, à l'endroit tracé sur le dessin. Aussitôt que les cuisses sont coupées, on détache le haut-de-poitrine de la carcasse, afin de le diviser également en deux parties, sur le travers. La carcasse peut aussi être transversalement divisée en deux ou trois morceaux, car bien des personnes aiment cette partie d'une volaille; mais, avant de la diviser, elle doit être coupée droite, des deux côtés, à l'aide du ciseau, car avec le couteau cela devient difficile et fait perdre beaucoup de temps.

A côté de la science de bien faire, il y a encore cette condition indispensable à celui qui découpe, d'agir vivement et promptement. Quand les convives attendent, quand tous les yeux sont braqués sur l'opérateur, il n'y a pas de demi-mesures à prendre, il faut qu'il aille droit à son but; c'est pourquoi je ne saurais trop recommander l'emploi du ciseau à découper.

Quand on découpe une volaille de moyenne grosseur, on peut tout d'abord la découper en quatre parties, en détachant les cuisses de la carcasse, puis les filets, sans faire de haut-de-poitrine. Avec ces quatre membres, on fait ensuite huit morceaux, deux de chaque cuisse et deux de chaque filet, en coupant ceux-ci sur la longueur, dans le sens de la coupure indiquée aux dessins.

Pour découper une dinde rôtie. — Le découpage d'une dinde, à table, exige de l'opérateur un certain aplomb, car les dindes sont souvent très-grosses, et par cela même moins faciles à manier qu'une simple poularde. A moins d'y être forcé, on ne doit pas détacher les cuisses d'une dinde rôtie; on distribue simplement l'estomac; cette distribution s'opère par deux méthodes : la première consiste à découper les filets de l'estomac en tranches transversales et un peu en biais, tels que le dessin le démontre; la deuxième consiste à détacher les filets l'un après l'autre sur la longueur de l'estomac pour les découper ensuite en tranches. Dans les deux cas, il est bon, avant de commencer l'opération, de détacher les ailerons des deux côtés, en leur laissant adhérer une partie du filet. Quand on se trouve dans l'obligation d'employer les

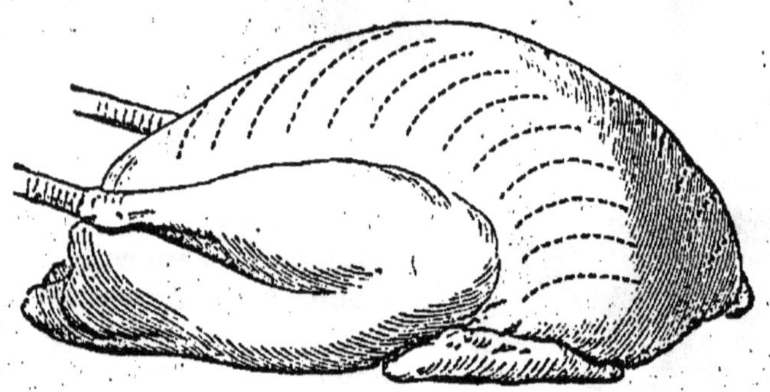

cuisses de la dinde, on les détache l'une après l'autre pour en couper les pattes à la hauteur du genou, et ensuite pour diviser les chairs en parties, mais en laissant le pilon entier.— Le jus qu'on veut servir avec la dinde rôtie, doit toujours être envoyé dans une saucière.

Pour découper les pigeons. — Les jeunes pigeons sont simplement coupés en deux parties sur la longueur; quand ils sont gros, on sépare le *train-de-derrière* d'avec l'estomac, puis on divise l'un et l'autre, chacun en deux parties.

Pour découper un faisan. — Un faisan peut être découpé d'après la méthode appliquée aux gros poulets, c'est-à-dire divisé en cinq parties. Mais si le faisan est gros, on peut couper deux filets sur chaque côté de l'estomac, en laissant un haut-de-poitrine, c'est-à-dire la partie centrale: les cuisses de faisan peuvent être divisées en deux parties. — Les grouses d'Angleterre peuvent être découpées d'après la même méthode. — Aux coqs de bruyère on découpe l'estomac en aiguillettes.

Pour découper les perdreaux. — On opère de plusieurs

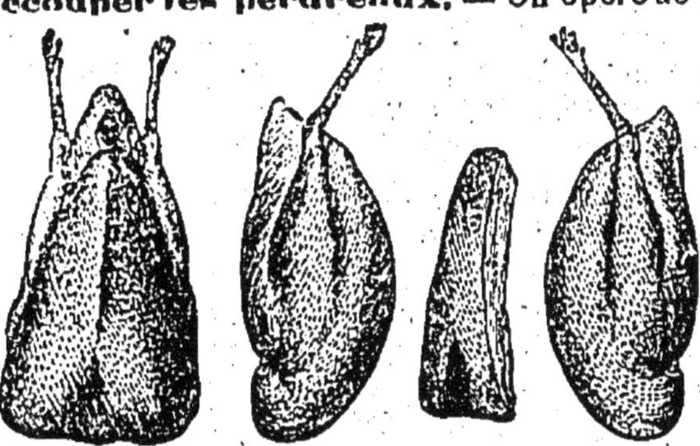

façons pour découper les perdreaux; quand ils sont jeunes et petits, on les divise simplement en deux parties sur la longueur; quand ils sont gros, on opère soit en détachant le train de derrière d'avec l'estomac, soit en les divisant chacun en trois parties sur la longueur, c'est-à-dire en coupant en même temps une partie du filet avec la cuisse, de façon à laisser le *haut-de-poitrine* adhérer à une partie de la carcasse; on détache aussitôt celle-ci à l'aide du ciseau à découper : c'est démonstration que représententles 3 derniers dessins.

Si on découpe les perdreaux à la cuisine, on peut en détacher le train de derrière d'avec l'estomac; celui-ci est alors découpé en trois parties et remis en place : les perdreaux semblent alors ne pas être découpés, parce qu'ils conservent leur forme naturelle. — Les gros perdreaux peuvent tout simplement être découpés en quatre parties.

Pour découper une oie ou un canard. — On découpe les oies et les canards d'après la même méthode. Quand les oies et les canards sont jeunes, il n'y a pas d'inconvénient à distribuer les cuisses aux convives, mais quand ils sont gros et avancés en âge, il est plus convenable de les laisser adhérer à la carcasse sans les détacher.

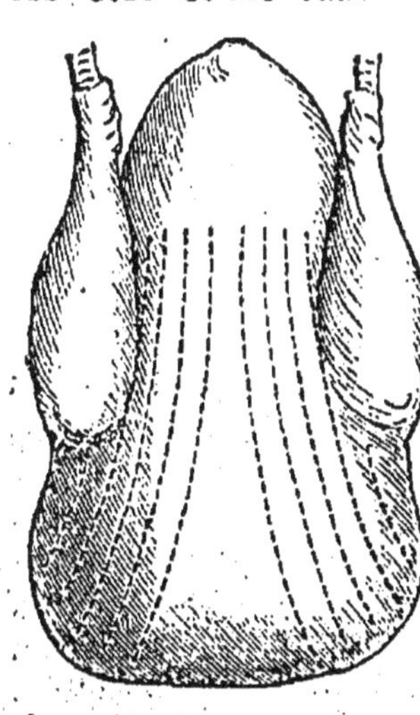

Pour découper une oie avec facilité, il faut la placer avec la poitrine tournée vers soi dans le même sens que représente le dessin.

Les chairs de chacun des deux côtés de l'estomac sont alors coupées en filets pas trop minces : c'est ce qu'on appelle des *aiguillettes*; ces filets sont à mesure placés dans les assiettes chaudes et arrosés avec un peu de bon jus : quand les oies sont farcies, on ajoute à chaque filet un peu de la farce.

Quand on se trouve dans l'obligation de servir les cuisses de l'oie, il faut, après les avoir détachées de la carcasse, les diviser en moyens morceaux à l'aide du ciseau à découper. — Les petits canards peuvent être découpés en quatre parties, et celles-ci chacune en deux.

Pour découper les poissons. — Une règle généralement adoptée relativement au découpage des poissons à table, consiste à ne les couper qu'avec un ustensile en argent; cette règle est surtout observée par rapport aux poissons bouillis ou braisés. Les poissons frits sont les seuls pour lesquels on puisse employer le couteau, et encore n'est-ce que pour les plus osseux.

Pour distribuer les poissons bouillis, on se sert donc soit d'une truelle en argent, soit d'une cuiller ou d'une fourchette.

Pour tous les gros poissons qu'on coupe à table pour les distribuer dans les assiettes, on doit toujours commencer par couper le côté opposé à celui du ventre, car c'est là où les chairs sont plus charnues et plus délicates.

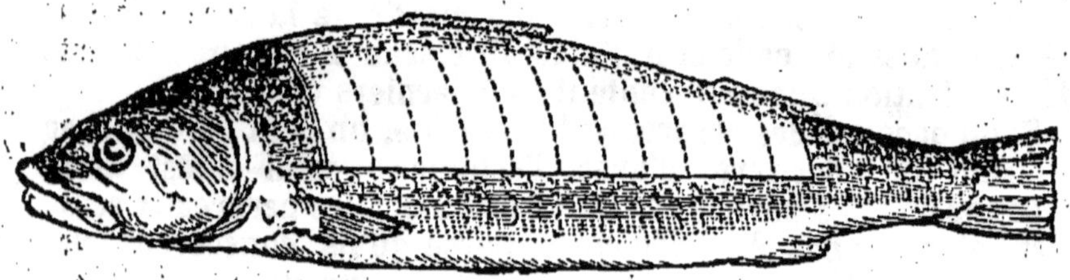

Pour découper les saumons, les truites, les carpes et tous les poissons de forme allongée, il faut d'abord tracer une ligne sur le milieu du corps, allant de la tête à la queue; puis diviser le côté du dos avec la cuiller, et distribuer les morceaux dans les assiettes.

Comment on pique les viandes. — L'art de piquer selon les règles, est tout simplement un travail de pratique, d'attention et de goût.

Pour bien piquer, il est urgent d'avoir à sa disposition du bon lard salé, mais frais, blanc, ferme et sec. Avant de couper les lardons, le lard doit être tenu sur glace, en été surtout, afin de lui donner plus de consistance; la longueur et l'épaisseur des lardons sont une affaire d'appréciation : il suffit qu'ils soient d'une égale épaisseur et d'un carré aussi exact que possible. Pour les grosses pièces, les lardons doivent être plus épais et plus longs que pour les petites, cela se comprend. L'essentiel c'est de les couper uniformes. Pour atteindre ce résultat, il faut couper un morceau de lard en forme de carré long ; quand il est bien paré, le couper sur le travers, à distance égale, dans l'ordre que représente le premier dessin ; l'égaliser ensuite avec la lame du couteau, et le couper horizontalement, de façon à former des lardons carrés d'une égale épaisseur. — La lardoire doit évidemment s'adapter à l'épaisseur des lardons.

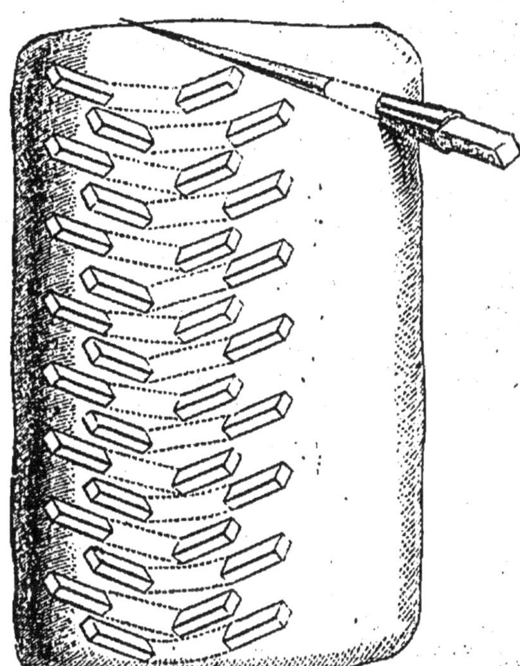

Pour piquer, il faut être commodément assis ; prendre la viande sur un linge blanc, l'appuyer sur le genou gauche. La lardoire doit être piquée dans les chairs de droite à gauche ; et non en avant ; c'est-à-dire, que les lignes de lardons doivent être disposées, par rapport au regard, de manière que l'œil puisse les embrasser dans leur ensemble ; pour être plus précis encore, j'ajoute que la viande doit être, par rapport au corps de celui qui pique, placée exactement dans le même sens où elle se trouve représentée par le deuxième dessin. La lardoire munie de son lardon doit être piquée dans les chairs à une profondeur calculée sur la longueur du lardon ; mais la lardoire doit être retirée des viandes, de façon à faire rester le lardon dans les chairs : ce lardon doit être visible des deux bouts, sans être plus long d'un côté que de l'autre. Voilà précisément ce qui est difficile à obtenir du premier coup.

Qand une première ligne est piquée, les lardons de celle qui suit, doivent être glissés entre les premiers, et sortir juste à moitié de l'épaisseur de la viande prise par la première ligne ; un coup d'œil jeté sur le dessin, démontre exactement la méthode. — Mais quand ces deux lignes sont piquées, si le piquage doit être continué, au lieu de piquer la lardoire entre les lardons du deuxième rang, il faut reprendre l'opération à son point de départ, c'est-à-dire piquer de nouveau deux lignes dans l'ordre primitif, en observant seulement que les bouts des lardons de la deuxième division viennent se perdre dans la dernière ligne de la première division. Voilà, en résumé, la théorie du piquage, rendue plus compréhensible encore par la démonstration ici reproduite.

Comment on bride la volaille. — On bride la volaille et le gibier à plume pour leur donner une forme régulière qu'ils doivent conserver à la cuisson : une pièce de volaille ou de gibier mal bridée, fait une bien triste figure sur table, et dispose les convives à augurer mal du savoir de la cuisinière. C'est donc un point important à étudier.

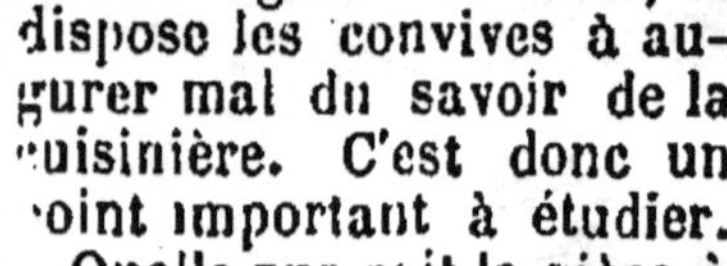

Quelle que soit la pièce à brider, dinde, chapon, poulet ou faisan, il faut d'abord la vider, la flamber à l'esprit-de-vin, ou sur le feu d'un fourneau à charbon, puis l'éplucher avec soin pour en retirer tous les vestiges de plumes; brûler la peau des pattes jusqu'au point de pouvoir la retirer en les frottant avec un linge.

Fendez ensuite la peau du cou sur sa longueur, du côté du dos ; écartez-la pour enlever la poche de l'estomac ; introduisez l'index dans le creux pour en dégager l'intérieur. Faites alors une ouverture au-dessous du croupion, et retirez de ce côté les intestins, foie et gésier. Coupez la peau du cou au-dessous de la tête, puis le cou lui-même à sa naissance, sans la peau. Coupez les pattes d'égale longueur, et croisez les ailerons sur le dos.

Prenez une grosse aiguille à brider et un long bout de ficelle. Posez la volaille sur la table, en l'appuyant sur le dos ; puis, avec la main gauche ouverte, pressez les 2 cuisses, afin de les maintenir à la même hauteur; traversez-en alors les chairs au-dessous de l'os du pilon avec l'aiguille et la ficelle ; posez la volaille sur le côté, d'abord, puis sur l'estomac afin de traverser tour à tour les 2 ailerons, en prenant en même temps la peau de l'estomac; serrez bien la ficelle, et nouez-la sur le côté. Renversez la volaille sur le dos, appuyez de nouveau les cuisses avec la main gauche, et glissez l'aiguille à l'extrémité de l'os du pilon. — Posez la volaille sur le côté, et introduisez l'aiguille à travers la carcasse, à la hauteur du *sot-l'y-laisse*, des deux côtés, pour venir rejoindre le bout pendant de la ficelle, et la nouer solidement en la serrant.

Dans ces conditions, la volaille se trouve bridée de façon que les deux nœuds sont du même côté; par ce fait, au moment de la dresser sur plat, la ficelle peut être coupée et enlevée avec plus de facilité.

Les faisans, les perdreaux, les dindes et les pigeons sont bridés de même façon, quand ils sont destinés à être rôtis. On trouvera plus loin des modèles de volaille bridées pour entrées et pour rôts.

AROMATES

Assaisonnements et aromates de cuisine. — Les produits employés en cuisine, comme assaisonnement ou condiment, se résument dans le sel, les épices, les aromates, le beurre, la graisse, l'huile, le vinaigre et la moutarde.

Le sel est sans contredit le premier et le plus indispensable assaisonnement des mets; il corrige et relève le goût fade des viandes, des légumes et en général de toutes les substances. Il excite l'appétit et favorise la digestion; il convient seulement de l'employer avec raison, car l'abus du sel peu devenir nuisible.

Le gros sel est celui qu'on emploie à la cuisson des viandes et des légumes bouillis.

Le sel blanc pulvérisé qu'on sert sur les tables, et celui qu'on emploie dans la cuisine comme assaisonnement n'est autre que le sel gris épuré, pilé et passé

Les épices sont de différente nature; elles sont dépourvues de propriétés nutritives et ne servent qu'à relever le goût des aliments.

Elles se composent du poivre noir, blanc ou rouge, du cayenne, de la muscade et fleurs de muscade, de la cannelle, des clous de girofle, du gingembre, de la coriandre.

On ne doit employer les épices qu'avec grande réserve, dans l'assaisonnement des aliments. Les mets trop épicés irritent l'estomac et lui donnent une activité factice, pouvant causer des inflammations intestinales.

Le beurre frais ou salé, le saindoux et l'huile, sont des condiments indispensables en cuisine. Le beurre doit toujours être choisi de qualité supérieure, car, médiocre il nuit à la préparation des mets. Mieux vaut encore employer de la bonne graisse ou de l'huile que du mauvais beurre.

Le saindoux, qu'on trouve dans tous les pays, est souvent substitué au beurre, et pour certains apprêts il le remplace avec avantage. Il doit être choisi frais, blanc, sans odeur désagréable. Pour les fritures le saindoux peut être mélangé avec le beurre où avec la graisse de marmite épurée par l'ébullition.

L'huile d'olives, très en usage dans le midi de la France, et souvent employée au lieu de beurre ou de graisse, possède des qualités particulières auxquelles on s'habitue facilement. On emploie l'huile non-seulement comme condiment des mets, mais aussi comme friture : la bonne huile donne une excellente friture ; à mon avis, le poisson devrait toujours être frit à l'huile.

L'huile est et restera toujours l'élément indispensable à l'assaisonnement des salades.

Le vinaigre de vin est le seul qu'on devrait employer en cuisine et sur table, mais la falsification qui s'attache à tous les produits, s'est naturellement occupée de celui-là, et aujourd'hui on trouve avec peine du vinaigre de vin, dans son état de pureté indispensable, car le mauvais vinaigre, nuit, certainement à tous les apprêts où on le fait entrer, et devient aussi nuisible à la santé. Ce qui reste de mieux à faire, c'est de préparer soi-même son vinaigre, quand cela est possible, où alors de le tirer directement des pays vignobles.

La moutarde est un condiment qui s'allie agréablement à différents mets, les mets froids surtout, les grillades, les grosses viandes rôties : porc, bœuf ou veau, excepté avec le mouton et l'agneau. La moutarde s'allie très-bien avec les sauces chaudes ou froides servies avec certains poissons, tels que : la morue fraîche ou salée, les aigrefins, les harengs, les langoustes, les homards, et enfin aussi avec tous les poissons froids servis à la vinaigrette où à la mayonnaise.

La bonne moutarde est apéritive et stimulante, elle ne peut nuire que dans le cas où on en ferait abus. En France, la plus renommée et la meilleure est celle de Dijon. La moutarde anglaise est beaucoup plus forte, mais cependant très-estimée.

Aromates. — Parmi les plantes aromatiques les plus employées en cuisine sont : le laurier, la marjolaine, la civette, la sauge, le thym, le serpolet, la sarriette, l'estragon, la pimprenelle, le cerfeuil, le cresson alénois, le persil, l'oignon, l'échalote, l'ail et la racine de raifort.

Quelques-uns de ces aromates sont employés à l'état sec, le plus grand nombre à l'état frais. On les emploie dans un nombre infini d'apprêts; ils trouvent leur place dans les ragoûts, les sauces et même les potages.

L'action des aromates ne deviendrait nuisible qu'au cas où ils seraient employés sans discernement et en trop grande quantité. Employés avec réserve, ils sont stimulants et agréables.

Poids et mesures. — En France, on pesait autrefois à la livre; la livre se divisait en onces.

Aujourd'hui, nos balances ne pèsent qu'au kilogramme et aux grammes.

La livre ancienne (16 onces), vaut aujourd'hui 500 grammes; il faut donc 2 livres pour faire un kilogramme. — L'once ancienne vaut un peu plus de 30 grammes.

Le kilogramme vaut 1000 grammes, l'hectogramme vaut 100 grammes.

Le litre se divise en 10 décilitres.

1 litre de farine pèse un peu moins de 1 kilogramme. — 1 litre d'eau ou 1 litre de jus de fruit pèsent 1 kilogramme.

3 cuillerées (1) de sucre en poudre pèsent 100 grammes.

4 cuillerées de farine ou de semoule pèsent 100 grammes.

6 cuillerées d'eau ou de lait font un décilitre.

(1) Toutes les fois que j'indique une *cuillerée* comme mesure, j'entends le contenu d'une cuiller de table.

VOCABULAIRE

DES TERMES DE CUISINE

Abaisse. — En pâtisserie on donne le nom d'*abaisse* à de la pâte aplanie, à l'aide d'un rouleau à pâtisserie, d'une épaisseur variable, mais égale.

Aspic. — En cuisine on donne ce nom à la gelée grasse pour la distinguer de celle qui est sucrée. — On donne aussi le nom d'*aspic* à des entrées froides moulées dont les garnitures sont entremêlées avec la gelée.

Appareil. — En cuisine le mot *appareil* est applicable à toutes les préparations dans lesquelles il entre des produits de nature différente pour composer un tout. On dit : *appareil* à croquette, *appareil* à biscuit, *appareil* à pouding, etc.

Bande. — On donne ce nom à un morceau de pâte coupé plus long que large, avec lequel on entoure le dôme des tourtes. Mais on dit aussi une *bande* de lard ou de papier.

Barde de lard. — Ce terme, quoique très-vieux, s'est conservé dans la pratique. On dit une *barde* de lard, même quand le lard n'est pas destiné à barder les volailles ou le gibier. On dit donc *barde* pour *tranche* ou pour bande.

Blanchir, faire blanchir. — *Faire blanchir* signifie plonger les aliments à l'eau bouillante pour les laisser légèrement attendrir. On fait *blanchir* les légumes, les fruits et les viandes ; on les met ensuite en cuisson.

Cerner. — *Cerner* la pâte, c'est faire une incision légère avec la pointe d'un couteau ou un coupe-pâte sur une abaisse en pâte crue, pour bouchée ou pour vol-au-vent. — On *cerne* aussi les petites timbales qu'on veut faire frire, de même que les tranches épaisses de mie de pain, destinées à être vidées après avoir été frites.

Chausse. — La *chausse* sert à filtrer les gelées grasses ou douces, ainsi que les sucs de fruits et les sirops; elle est en laine ou en feutre, coupée en pointe et formant entonnoir; elle est attachée aux 4 pieds d'un tabouret à filtrer. — Dans une cuisine où le travail est suivi, le moins qu'on puisse faire c'est d'avoir une *chausse* pour les gelées grasses et une *chausse* pour les gelées sucrées.

Clarification. — Opération ayant pour but d'épurer les liquides et les rendre transparents. — On *clarifie* les bouillons les gelées d'aspic et les gelées douces ayant la gélatine pour base. — Pour les bouillons et les gelées grasses, on emploie de la viande crue, hachée, délayée avec des œufs et de l'eau; pour les gelées douces, on emploie simplement du blanc d'œuf et de l'acide citrique ou suc de citrons.

Quant au sirop, pour l'obtenir limpide, il suffit de le faire bouillir sur le côté du feu avec les chairs d'un citron sans peau ni pépins.

Coucher. — Ce terme est tout à fait technique; il exprime l'action de ranger, avec une certaine symétrie, des parties de pâte molle et crue, de farce ou enfin des appareils de meringue ou de biscuit. On dit : *coucher* des quenelles, *coucher* des choux, des meringues ou des biscuits à la cuiller.

On *couche* la pâte molle soit à la main, soit avec une cuiller, soit enfin à l'aide d'une poche en toile ou d'un cornet en papier. — On *couche* aussi la farce avec une poche à douille ou une cuiller.

Cuisson — On donne le nom de *cuisson* au liquide dans lequel les aliments ont cuit.

Dégorger, faire dégorger. — On fait dégorger la viande, les poissons et les légumes; c'est-à-dire qu'on les fait séjourner dans l'eau plus ou moins longtemps, soit pour les obtenir blancs, soit pour en retirer l'âcreté.

Dégraisser. — Enlever la graisse d'un jus, d'un bouillon ou d'une sauce. On *dégraisse* aussi les viandes en retirant le surplus de leur graisse.

Débrider, c'est-à-dire retirer d'une pièce bridée le fil, la ficelle ou les brochettes qui ont servi à la brider.

Dés. — On dit : couper en *dés* des viandes des légumes ou des fruits, c'est-à-dire les couper de forme carrée plus ou moins volumimineuse.

Desserte. — On donne ce nom aux mets qui ont été servis sur table.

Dorer. — Humecter avec de la dorure, à l'aide d'un pinceau, les surfaces en pâte crue d'une tourte, d'un pâté ou d'un gâteau.

Dorure. — La dorure qu'on emploie en pâtisserie pour dorer les pâtes crues se compose simplement avec des œufs bien battus ; cependant, on emploie quelquefois des jaunes délayés avec une peu d'eau froide.

Détrempe. — L'action de mélanger à la farine soit du beurre, soit des œufs, soit un liquide quelconque, souvent avec tous les éléments ensemble. On dit : *détremper* de la pâte brisée, *détremper* de la brioche ou du baba, c'est-à-dire préparer la pâte à brioche ou à baba.

Étamine. — Etoffe en poil de chèvre servant à passer les sauces, les potages liés, les purées grasses et les purées de fruits. Elles doivent avoir la longueur de 90 centimètres, car à l'usage elles se raccourcissent ; elles doivent être tenues bien propres. On les lave à l'eau de son, tiède, jamais à l'eau bouillante ni grasse.

Étuver. — Cuire les viandes à court mouillement avec feu dessus, feu dessous, ou à four très-doux.

Foncer. — Le plus ordinairement ce terme s'applique à l'action de masquer l'intérieur d'un moule avec une abaisse en pâte crue. On dit : *foncer* un moule à pâté, à timbale où à tartelette.

Mais on *fonce* aussi un moule, soit avec une couche de farce crue, soit avec une couche d'appareil, soit enfin avec du papier blanc ou des tranches de pain.

Fontaine, faire la fontaine. — Faire la *fontaine*, c'est étaler de la farine en cercle, sur la table, en faisant un creux sur le centre, de façon que l'eau qu'on y verse ne puisse s'échapper.

Faire tomber à glace. — Signifie faire réduire du bouillon ou du jus jusqu'à ce qu'il soit épais comme de la glace de viande, et légèrement coloré.

Fraiser. — C'est faire passer tour à tour, et peu à peu, la pâte sous la paume des deux mains, en la poussant devant soi, afin de la rendre plus lisse et plus compacte. La pâte brisée, la pâte à dresser et la pâte à foncer doivent être *fraisées* deux fois en été, trois fois en hiver.

Frémir, frissonner. — Se dit d'un liquide qu'on maintien à l'état d'ébullition non développée.

Glacer, faire glacer. — On *glace* les viandes cuites, en passant sur leur surface un pinceau trempé dans de la glace liquide.

On fait *glacer* les viandes cuites, c'est-à-dire, on leur fait prendre une belle couleur, en les arrosant avec leur cuisson concentrée, et les tenant à la bouche du four ou dans une casserole avec feu dessus, feu dessous.

On dit aussi : *glacer* des gâteaux, c'est-à-dire en masquer les surfaces avec une glace au sucre, crue ou cuite. On glace aussi la pâtisserie au four, après l'avoir saupoudrée de sucre fin.

Larder. — *Larder* ne veut pas dire *piquer*. On pique extérieurement les viandes avec des lardons, pour leur donner belle apparence. On les *larde* en leur glissant à l'intérieur, à l'aide de petites incisions, des filets de jambon, de langue écarlate, de truffes et même de lard, afin de les marbrer et les nourrir en même temps.

Manier. — Se dit du beurre où de la graisse destinés à préparer du feuilletage ou toute autre pâte, auquel on veut donner de la souplesse, en le pressant en tous les sens dans un linge propre jusqu'à ce qu'il soit ramolli à point.

On donne aussi le nom de *beurre manié* à une pâte molle formée avec du beurre et de la farine. Le beurre manié sert à lier certains légumes, les jus courts, et parfois même les sauces.

Marinade. — Si la marinade est cuite, elle est préparée avec du vinaigre, de l'eau, des légumes, des aromates ; si elle est crue, elle consiste seulement en oignons émincés, feuilles de persil, aromates, huile et suc de citrons ou vinaigre.

Mijoter. — Faire *mijoter* la viande dans son jus, laisser mijoter le ragoût ; c'est-à-dire, poser la casserole sur un feu très-doux, de facon que l'ébullition du liquide ne soit pas prononcée.

Mouiller. — Verser dans un vase le liquide nécessaire à la cuisson des viandes ou tout autre aliment. On dit *mouiller* le jus, *mouiller* le ragoût, etc.

Paner. — Envelopper un aliment cru ou cuit avec une couche de panure c'est-à-dire de la mie de pain râpée ou pilée. On trempe les objets dans des œufs battus, dans du beurre dissout ou de l'huile pour les rouler ensuite dans la panure.

Plonger. — C'est-à-dire immerger un aliment quelconque dans un liquide pour le cuire; on dit par exemple : plongez le poisson dans la friture, au lieu de dire faites-le frire c'est pour mieux préciser le caractère de l'opération, car on peut tout aussi bien le faire frire dans un plafond avec du beurre que dans la poêle; or, puisque l'opération n'est pas la même, il faut pouvoir la distinguer.

On dit aussi : *plonger* des légumes dans l'eau ou des viandes dans la marmite.

Rafraîchir. — On rafraîchit les viandes, les poissons, les légumes et les fruits, c'est-à-dire qu'on les passe à l'eau froide après les avoir égouttés de leur cuisson ou du liquide dans lequel ils ont été échaudés où blanchis.

Revenir, faire revenir. — L'action de faire prendre couleur aux viandes, aux poissons ou aux légumes, avec du beurre, du saindoux ou de l'huile, en les tournant avec une cuiller ou en les faisant sauter. — La locution est toute moderne; autrefois on disait *faire roussir*.

Rissoler, faire rissoler. — Exposer des viandes à un feu vif pour que les surfaces extérieures prennent couleur et sèchent au point de rester légèrement croquantes.

Salpicon. — Les salpicons sont de différente nature, gras ou maigres, composés soit avec des ris de veau, soit avec de la volaille ou du gibier, soit enfin avec du poisson des truffes, de la langue, etc. Les salpicons sont la base de la garniture de bouchées, des petites timbales ou croustades; ils sont l'élément principal des croquettes et des rissoles.

Sautoir, casserole plate. — Les deux appellations sont synonymes, elles sont également usitées. C'est une casserole à fond large dont les bords n'ont que quelques centimètres de hauteur et dont le fond est plutôt mince qu'épais.

C'est dans ces casseroles qu'on cuit ordinairement les *sautés* de volaille ou de gibier.

Tomber à glace. — Faire tomber à glace, signifie réduire un liquide : vin, jus, bouillon avec lequel on a mouillé les viandes, jusqu'au point où il a pris une belle couleur en même temps que la consistance d'un sirop.

Tourer. — Terme de pâtisserie. On dit : *Tourer* le feuilletage, tourer la pâte, c'est-à-dire lui donner un ou plusieurs *tours*, en la ployant sur elle-même, après l'avoir abaissée à l'aide du rouleau.

Tourner. — On dit souvent *tourner* pour *remuer*. Mais *tourner* signifie aussi donner une forme régulière à des légumes, des racines ou des fruits. On *tourne* des navets, des carottes et des pommes de terre en leur donnant, à l'aide d'un petit couteau, la forme d'une boule, d'une olive, d'un bouchon ou d'une poire. — On *tourne* les têtes de champignons, les petites poires et les pommes en retirant la peau en minces rubans de façon à ne point les déformer.

Trousser. — Trousser est synonyme de brider, c'est-à-dire assujettir les membres d'une volaille ou d'un gibier, à l'aide d'une aiguille à brider et de la ficelle. On bride aussi la tête des poissons.

Truffer. — Emplir l'intérieur ou l'estomac d'une volaille vidée ou d'un gibier, avec des truffes pelées, assaisonnées. On truffe surtout les chapons, les dindes, les faisans.

Travailler. — En cuisine on dit : *travailler* l'appareil, travailler la pâte, travailler les sauces. On *travaille* un appareil ou une pâte, soit pour mêler les différentes substances qui les composent, soit pour leur faire prendre du corps, soit enfin pour les rendre légères. On *travaille* les sauces, en les faisant réduire à grand bouillon, sans cesser de les tourner, afin d'en diminuer la quantité et les rendre tout à la fois onctueuses et lisses.

Vanner. — Remuer une sauce passée, jusqu'à ce qu'elle soit à peu près refroidie, afin qu'elle ne gerce pas en-dessus et qu'elle reste lisse.

Zeste. — C'est la pellicule extérieure de l'écorce de certains fruits. En cuisine, on n'emploie comme arome que le zeste des oranges, des citrons, des bigarades, des mandarines.

PUBLICATIONS CULINAIRES

DU MÊME AUTEUR

ÉCOLE DES CUISINIÈRES

MÉTHODES ÉLÉMENTAIRES

CUISINE, PATISSERIE, OFFICE, MENUS

CUISINE DES MALADES ET DES ENFANTS

700 pages, 500 dessins

—

Cinquième édition

—

7 francs, broché

CUISINE DE TOUS LES PAYS

ÉTUDES COSMOPOLITES

—

Quatrième édition

CUISINE CLASSIQUE

ÉTUDES PRATIQUES, RAISONNÉES ET DÉMONSTRATIVES

—

Dixième édit. 2 vol.

—

20 francs le volume

CUISINE ARTISTIQUE

ÉTUDES DE L'ÉCOLE MODERNE

—

Deuxième édit., 2 vol.

GRAND LIVRE DES PATISSIERS ET DES CONFISEURS

Deux volumes, 139 planches gravées

LA CUISINE... DANS TOUS LES PAYS

Un personnage qui peut avoir, à l'heure voulue, son influence diplomatique, M. Urbain Dubois vient de publier un gros livre.

Il est question du Danemark et du Rhin, de la Saxe et du Hanovre, mais au point de vue de la bonne chère seulement.

Ce qui occupe le plus l'érudit écrivain dans ce fleuve que

Nous avons eu dans notre verre,

ce sont les *carpes*, — et dans les affaires d'Italie, il médite principalement sur le *macaroni à la livournaise* et les *glaces à la palermitaine*.

En un mot, M. Urbain Dubois vient de publier chez Dentu : *la Cuisine de tous les pays*, avec cette épigraphe significative : *Si la langue universelle est encore un grand rêve, on n'en saurait dire autant de la cuisine universelle.*

L'étiquette du sac m'a séduit. J'ai été entraîné par la déclaration de l'éditeur qui dit, parlant comme un régisseur au public :

« *La Cuisine de tous les pays* est un ouvrage d'une incomparable originalité : simple, précis, et à la fois très-étendu ; il renferme des éléments si divers, qu'on peut dire sans exagération, qu'il est un résumé scientifique de la cuisine universelle. A côté de l'école parisienne, celle des provinces françaises y est largement représentée ; les cuisines, *allemande*, *anglaise*, *américaine*, *hollandaise*, *italienne*, *russe*, *espagnole*, *turque*, *moldave*, *polonaise*, fournissent leur contingent de mets populaires et nationaux. La cuisine des *Persans*, des *Indiens* et des *Arabes* n'a pas même été omise.

« L'auteur de ce livre, n'a pas hésité à faire le tour de l'Europe afin de recueillir par lui-même des matières indispensables à une œuvre qui, avant tout, devait être neuve et vraie. »

J'ai voulu savoir si la cuisine des peuples étrangers exciterait mon appétit... et ouvrant le livre aux bons endroits... j'ai été me mettre à table devant les cuisines les plus excentriques.

Tout d'abord, je suis en opposition avec l'honorable M. Urbain Dubois. — Il enseigne avant de citer les plats, la manière de manger.

Il nous apprend, dans les termes suivants, la façon de manœuvrer son couvert ; il dit :

« Pour manger avec aisance et sans roideur automatique, » il faut d'abord être assis commodément et d'aplomb, ni » trop haut, ni trop bas ; tenir le buste droit, à une égale dis- » tance du dossier de la chaise et de la table. Il faut avoir, à » gauche de son assiette, une fourchette solide, lourde, plu- » tôt que légère ; à droite, la cuiller et le couteau, celui-ci à » large lame arrondie à son extrémité.

» Quand les mains ne sont pas occupées à découper ou a » porter les aliments à la bouche, on peut les appuyer contre » les parties angulaires de la table, mais à la hauteur du poi- » gnet seulement.

» Dès qu'on se dispose à manger (si ce n'est le potage qui » s'absorbe toujours en tenant la cuiller de la main droite), » où à couper les aliments déposés dans son assiette, on doit » prendre sa fourchette de la main gauche, en renverser les » pointes, en appuyant dessus avec l'index allongé, pour la » maintenir dans une position presque horizontale. On prend » alors le couteau avec la main droite, et, à l'aide de sa lame » arrondie, on enveloppe le morceau coupé, soit avec la sauce, » soit avec les garnitures qui se trouvent associées à la viande » pour les porter à la bouche, mais uniquement avec le con- » cours de la fourchette et par conséquent de la main gauche : » le couteau ne doit jamais être porté à la bouche.

» A mesure qu'on cesse de couper ou de manger, soit pour » prendre part à la conversation, soit qu'on attende un autre » mets, le couteau et la fourchette doivent être posés sur l'as- » siette, le manche de l'un tourné vers la droite, et la poignée » de l'autre tournée vers la gauche, c'est-à-dire les deux extré- » mités en dedans, de façon à pouvoir les enlever d'un trait » lorsqu'on a besoin de s'en servir de nouveau.

» Comme on le voit, la méthode que je préconise repose en » quelque sorte tout entière sur ce principe que la fourchette » reste invariablement au service de la main gauche, tandis » que la cuiller et le couteau appartiennent à la main droite ; » dans tous les cas, il ne faut pas les déplacer en les passant » de gauche à droite ou de droite à gauche. Ce déplacement » est quelquefois le résultat d'une distraction qu'on ne saurait » trop éviter, car dès que les instruments sont dérangés de » l'emploi qui leur est naturellement assigné, la confusion » arrive et l'embarras se manifeste. La gaucherie apparente » ou réelle tient donc tout simplement à l'observation plus ou » moins attentive de quelques règles qu'on croirait insigni-

» fiantes, mais dont un convive expérimenté ne se départ ja-
» mais. »

Je ne suis pas de l'avis du préopinant, et je me servirai toujours de la main droite pour manier ma fourchette, dût-on me renvoyer avec les enfants à la petite table...

M. Urbain Dubois paye un juste tribut d'hommages à la soupe, et il nous apprend que les soupes russes sont les plus chères, car le plus souvent la soupe à Pétersbourg coûte autant que le dîner lui-même.

J'aurai à citer dans les soupes étrangères, deux ou trois potages fort singuliers.

On n'y croirait peut-être pas... si je ne donnais ici les vraies recettes fournies par mon auteur :

« *Soupe aux cerises à l'allemande.* — Cette soupe, sans être
» très-distinguée, jouit cependant en Allemagne, d'une cer-
» taine popularité. — Retirer les noyaux et les queues à trois
» quarts de litre de cerises aigres, fraîchement cueillies ; en
» mettre les deux tiers dans une mrrmite en terre ou dans
» une casserole non étamée, car l'étain ternirait la couleur du
» fruit ; les mouiller avec un litre d'eau chaude ; adjoindre un
» morceau de cannelle et un peu de zeste de citron ; poser la
» casserole sur feu vif, cuire les cerises 10 minutes ; lier alors
» le liquide avec 2 cuillerées de fécule, délayée à l'eau froide ;
» 10 minutes après, passer les cerises et le liquide au tamis ;
» verser la soupe dans la même casserole, ajouter les cerises
» réservées, ainsi qu'un peu de sucre, la faire bouillir, la re-
» tirer sur le côté du feu.

» D'autre part, piler 2 poignées de noyaux de cerises ; les
» déposer dans un poêlon rouge, ajouter 2 ou 3 verres de vin
» de Bordeaux ; donner quelques bouillons au liquide, le re-
» tirer du feu ; le passer à travers une serviette, le mêler à la
» soupe ; verser celle-ci dans la soupière. Envoyer séparé-
» ment une assiette de biscuits à la cuiller coupés en petits
» dés.

» *Soupe à la bière, à la Berlinoise.* — Faire fondre 150 gr.
» de beurre dans une casserole, le mêler à 150 gram. de fa-
» rine pour former une pâte légère ; cuire celle-ci quelques
» secondes, en la tournant, sans lui faire prendre couleur ; la
» délayer ensuite avec la valeur de 3 litres de bière blanche (1),
» tourner le liquide sur feu jusqu'à l'ébullition, le retirer sur
» le côté, le faire dépouiller 25 minutes.

» Verser dans une petite casserole la valeur d'un demi-
» verre de rhum autant de vin blanc du Rhin ; ajouter un

(1) La bière blanche mousseuse (*weissembier*) est la plus employée en Allemagne, mais on peut employer toutes les bières légères.

» morceau de gingembre coupé, un morceau de cannelle, » 100 gram. de sucre, le zeste d'un citron; couvrir la casse- » role, la tenir au bain-marie.

» Quand la soupe est bien dégraissée, la lier avec une quin- » zaine de jaunes d'œuf délayés; la vanner sans la faire bouil- » lir, ni même la chauffer trop; la passer au tamis dans une » autre casserole, lui mêler 150 grammes de beurre divisé en » petites parties; aussitôt après, ajouter l'infusion au rhum, » en la passant, et servir la soupe; envoyer séparément les » tranches de pain, grillées. »

Il faut lire, dans la *Cuisine de tous les pays*, les potages singuliers, dont la description n'exclut pas les recettes de nos soupes françaises les mieux famées; il faut apprendre comment se font le *Cucido à la Portugaise*, — le *Puchero à l'Espagnole*, — le *Consommé des Epicuriens*, — le *Consommé des Jacobins*, — la *Julienne à la Russe*, — la *soupe aux queues de veau à l'Indienne*, — le *couscous des Arabes*, — la *soupe du Pacha*, — le *cooki-leeki des Ecossais*, — le *riz aux choux des Milanais*, — la *soupe du Grand-Duc*, — la *soupe Mille-Fanti*, la *purée de mauviettes à la Persane*, — et cela sans préjudice de la *bouillabaisse* provençale et de la *garbure* des Gascons.

Celui de tous les écrivains de ce siècle qui sut avoir le plus de gaieté communicative, le chansonnier Désaugiers, a dit :

Un cuisinier, quand je dîne,
Me semble un être divin
Qui, du fond de sa cuisine,
Gouverne le genre humain;
Qu'ici-bas on le contemple
Comme un ministre du ciel,
Car la cuisine est un temple
Dont les fourneaux sont l'autel...

Je ne suis pas aussi enthousiaste, en fait de bonne chère, que le prédécesseur de Béranger.

Et si je fouille aujourd'hui dans la *Cuisine de tous les peuples* c'est bien plus pour prendre des notes... que des reconfortants...

Quand nous abordons le poisson, nous trouvons les :

« *Petites anguilles du Tibre aux petits-pois*. — Prendre 5 à 6 » petites anguilles vivantes, de l'épaisseur du petit doigt; les » tuer, en supprimer la peau et les têtes, distribuer les corps » en tronçons. — Hacher un oignon, le faire revenir avec un » peu de beurre ou de l'huile, ajouter les tronçons d'anguilles, » les assaisonner et les sauter à feu vif pour en réduire l'humi- » dité; les mêler alors avec la valeur d'un demi-litre de petits- » pois tendres, écossés; ajouter un bouquet de persil, un peu de

» sel et poivre; couvrir la casserole, cuire le ragoût avec du feu » sur le couvercle. Quand les pois sont cuits, lier le ragoût avec » un morceau de beurre manié, en supprimer le bouquet, le » dresser sur un plat chaud. — Ce mets est très-estimé à Rome, » où les anguilles sont si bonnes : on peut le préparer partout » ailleurs, mais il faut absolument que les anguilles soient » jeunes et minces. »

Vous rirez de moi si vous voulez, mais si jamais je vais à Rome... où mènent tous les chemins... je demanderai qu'on me serve les petits-pois... à part...

J'ai remarqué dans la viande de boucherie :

« *L'Ousoun Kebap, rôti à la Turque.* — Couper un morceau » de filet de bœuf en gros carrés, les assaisonner avec sel et » poivre, les enfiler à une petite broche mince, en les alter- » nant avec des tranches de graisse de queue de mouton et » quelques feuilles de laurier, les serrer étroitement, les faire » cuire au feu de broche ou à la Napolitaine; quand les vian- » des sont atteintes à point, les saler, les débrocher, les dres- » ser sur un plat.

« *N. B.* — La queue de mouton en Turquie, tient lieu du » lard, prohibé par les lois du prophète. J'ai vu, à Constanti- » nople, des queues de mouton qui, sans exagération, pe- » saient bien 10 kilogrammes.

» C'est à ce point, qu'on est obligé de soutenir la queue des » moutons vivants, par une espèce de petit chariot sur lequel » on la fait porter : les Turcs estiment beaucoup la graisse de » queue de mouton. »

Il y a aussi :

« *Le Pain de foie de veau à l'allemande.* — Choisir un bon » foie de veau (600 gram.), le gratter avec un couteau afin de » retirer les fibres ou *grappes* des chairs, passer celles-ci au » tamis, les assaisonner avec sel et poivre, les mêler avec une » petite pincée d'oignon haché, ainsi qu'un peu de persil.

« Mettre 300 gram. de beurre dans une terrine tiède, le tra- » vailler à la cuiller pour le lier en crème; ajouter 7 à 8 jaunes » d'œuf, l'un après l'autre.

« Quand l'appareil est mousseux, lui mêler une pincée de » farine, 3 poignées de panure blanche, et enfin le foie de » veau; l'assaisonner, en essayer une petite partie dans un » moule à tartelette, en le faisant pocher au four. — Beurrer un » grand moule uni, à cylindre, le paner à la panure, l'emplir » avec l'appareil, le poser sur un petit plafond avec un peu » d'eau, le masquer en dessus avec du papier beurré, le pous- » ser au four modéré, et le faire cuire trois quarts d'heure. » Sortir alors le moule du four, égoutter la graisse, renverser

« le pain sur un plat chaud, et le masquer avec une sauce pi-
« quante. »

Je n'ai que l'embarras du choix dans la nomenclature des mets inconnus à nos ménages français, et que M. Urbain Dubois nous enseigne, avec la manière de les servir.

Ici c'est un *cimier de cerf à l'allemande*, c'est-à-dire, une venaison que l'on absorbe... avec une sauce aux cerises. Plus loin, ce sont des *noques viennois* ou bien encore l'*ombre écaillé de Lausanne*. Mais il est un mets que je ne saurais passer sous silence : ce sont les :

« **Pattes d'ours, à la russe.** — C'est un mets peu connu
« de l'Europe centrale, et peu appétissant pour les Occiden-
« taux. En Russie, on vend les pattes d'ours écorchées.
« Laver les pattes d'ours ; les essuyer, les saler, les déposer
« dans une terrine, les couvrir avec une marinade cuite, au
« vinaigre ; les faire macérer 2 ou 3 jours. — Foncer une cas-
« serole avec des débris de lard et de jambons, des légumes
« émincés ; ranger les pattes d'ours sur les légumes, les mouil-
« ler à couvert avec la moitié de leur marinade et du bouillon,
« les couvrir avec des bardes de lard, les faire cuire 7 ou 8
« heures, à feu très-doux, en allongeant le mouillement à me-
« sure qu'il réduit.
« Quand les pattes sont cuites, les laisser à peu près refroi-
« dir dans leur cuisson. Les égoutter, les éponger, les diviser
« chacune en quatre parties sur leur longueur : les saupou-
« drer avec du cayenne, les rouler dans du saindoux fondu,
« les paner, et les faire griller une demi-heure à feu très-doux.
« Les dresser sur un plat ; verser au fond de celui-ci, une
« sauce piquante, réduite, finie avec 2 cuillerées... de gelée de
« groseille. »

Je vous fais grâce du *gâteau de maïs américain*, — du *kalalou à l'orientale*, et même des *œufs de vanneau dans un nid en beurre*.

J'ai voulu uniquement vous prouver que la communion de peuples s'effectue... puisqu'ils laissent, les uns et les autres, pénétrer le secret de leurs casseroles respectives.

Le siècle dernier était fort enclin à plaisanter les bons moines, et j'ai répété en son temps les vers célèbres que voici :

Un vendredi le frère Polycarpe,
Au prieur vint se présenter :
« Ne mangez pas, dit-il de cette carpe
Hier, avec du lard, je la vis préparer... »
L'ardent prieur que ce discours chagrine
Lui jetant un sombre regard :

Parlez ! dit-il, maudit bavard;
« Qu'alliez-vous faire à la cuisine?... »

Si le livre de M. Urbain Dubois avait fait partie de la bibliothèque de son monastère, le bon prieur eût vu qu'on pouvait faire des carpes à la marinière, — à la polonaise, — à la Narbonne, — à la Russe, — à la bière et à la matelote, — et qu'il existait plus d'une manière... de ne les pas manger au gras.

Je n'ai cité ici que les mets *singuliers;* il y a douze cent trente-huit recettes dans ce livre qui sort du prosaïsme de la *Petite Cuisinière bourgeoise.*

Le cuisinier s'y fait chimiste, hygiéniste, historien.

Il va regarder dans tous les plats, et découvre, au profit de la science culinaire, les marmites les plus imposantes.

Il vous initie aux menus les plus affriolants : un menu servi à Constantinople dans un dîner à l'ambassade de France, — un menu servi au roi de Grèce, au Kursall de Nauheim, — un menu servi chez M. Baroche, ministre de la justice. — un autre chez M. de Metternich, ambassadeur d'Autriche à Paris...

Le nom des artistes culinaires qui ont servi ces menus est mentionné en toutes lettres.

C'est M. Jules Tarette chez M. Walewski.

C'est M. Carlier chez M. Thiers.

C'est M. Alexandre chez le maréchal Niel.

C'est M. Piscart chez le baron James de Rothschild.

Je ne dois point omettre M. Ripé, cuisinier du comte de Bismark, qui a rendu hommage à la France, en servant, l'an dernier, à la table du président du conseil à Berlin, des salmis de bécasses *à la Périgord,* une casserole de riz *à la Toulouse,* et le potage *à la Reine Hortense.*

Je ne sais si M. Urbain Dubois est jeune ou vieux; mais il a le courage de la jeunesse : il ose !... Ce n'est pas peu de chose, en gastronomie comme en affaires!...

Et, bien que, contrairement à ses avis, je manie la fourchette comme je manie la plume, de la main droite, je n'en suis pas moins prêt à lui appliquer la maxime de Lucain : *Audaces fortuna juvat !*

Ce qui n'est pas du latin de cuisine...

TIMOTHÉE TRIMM.

(*Le Petit Journal.*)

NOUVELLE

CUISINE BOURGEOISE

POUR LA VILLE ET POUR LA CAMPAGNE

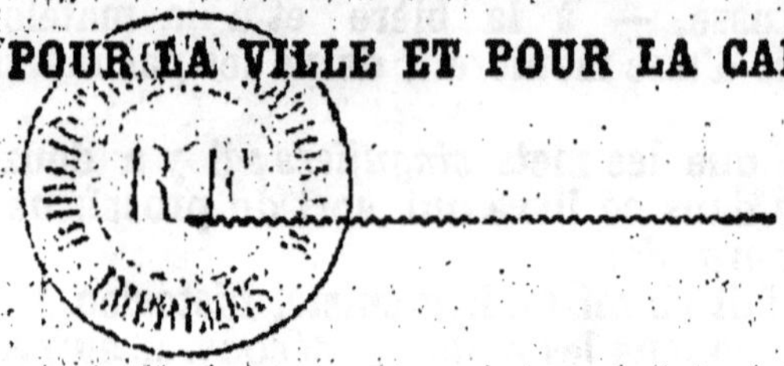

SOUPES

En France, dans les maisons bourgeoises, de même que dans les simples ménages, la soupe est considérée comme la base d'un bon repas : elles sont rares les maisons où on n'en sert pas tous les jours.

Au point de vue de l'alimentation, la soupe est restaurante et nutritive ; prise dès le début du repas, elle prépare l'estomac à l'absorption des mets qu'elle précède.

Les soupes sont de deux genres ; les claires et liquides, puis celles qui sont liées. Les premières sont préparées au bouillon, à l'eau ou au lait. Les soupes liées sont préparées avec des purées de légumes, d'orge, de riz ou avec des produits à base féculente.

Les soupes claires, ayant le bouillon pour base,

sont naturellement plus restaurantes que celles préparées à l'eau ou au lait.

Le bouillon préparé avec des viandes de boucherie peut, dans certains cas, tenir lieu de toute nourriture ; l'estomac le digère sans effort, et par la substance animale qu'il renferme, il devient bienfaisant et salutaire. — On prépare le bouillon ordinaire avec du bœuf, mais les légumes et racines avec lesquels les viandes cuisent, le rendent sapide, en augmentant ses qualités nutritives et rafraîchissantes.

Quand on veut obtenir un bouillon plus substantiel, plus nourrissant, on adjoint au bœuf un jarret de veau ou une bonne poule, mais surtout de bons légumes frais; dans ces conditions, qu'il soit pris dans son état naturel ou qu'il soit allié à des légumes, à des pâtes ou simplement à des tranches de pain, le bouillon constitue un aliment léger sur l'estomac, pouvant le nourrir sans le surcharger.

Les soupes liées, préparées avec des purées végétales ou animales, peuvent néanmoins avoir le bouillon pour base, elles n'en sont que plus substantielles ; et si elles sont de digestion moins facile, elles sont du moins sans inconvénient pour les estomacs en bon état.

Quelle que soit la nature des soupes, elles doivent être absorbées bien chaudes, surtout celles qui sont liées : chaudes, leur arome est plus perceptible, et leurs qualités plus distinctes.

POT-AU-FEU DE MÉNAGE

Si l'on veut obtenir un bon bouillon, en même temps qu'un bon bouilli, il faut non-seulement prendre de la viande de bonne qualité, mais encore en prendre un morceau suffisant : une livre de plus ou de moins, n'augmente pas précisément le prix du revient, attendu que le surplus de la viande et du bouillon peut être utilisé sans beaucoup de frais, pour le repas du lendemain.

La viande pour le pot-au-feu, peut être prise sur l'épaule du bœuf ou sur le quartier de derrière. Les morceaux les plus usités dans les ménages sont: Le gîte-à-la-noix, la tranche grasse, les plates-côtes, le paleron et la poitrine. Si la viande est bien choisie, tous ces morceaux fournissent un bon bouillon et un bon bouilli: le paleron et les plates-côtes sont les meilleurs.

Quelle que soit la partie choisie, la viande doit être fraîche, plutôt que mortifiée, le morceau doit être coupé en forme de carré long, désossé et ficelé

Mettez la viande dans une marmite en terre, en fonte ou en métal émaillé; en tout cas, elle doit avoir déjà servi à la cuisson: une marmite neuve donne mauvais goût au bouillon. Ajoutez un abatis de volaille et les os coupés de la viande, de l'eau froide et gros sel. Posez la marmite sur feu; écumez. Au premier frémissement, ajoutez un verre d'eau froide, et continuez à écumer.

Aussitôt que le bouillonnement est bien développé, retirez la marmite sur le côté du feu; fermez-la aux trois quarts, avec son couvercle; cuisez tout doucement pendant 5 à 6 heures.

Après 2 à 3 heures d'ébullition, introduisez les

légumes dans la marmite : 2 heures suffisent pour les cuire. Ces légumes se composent de carottes, céleri, navets, poireaux, oignons colorés au four, panais, choux blancs ou frisés, et enfin cerfeuil. Tous ces légumes doivent être frais et propres ; la quantité n'est limitée que par rapport à la quantité de viande et de liquide. On les met ordinairement en abondance, car une partie est employée avec la soupe, et l'autre constitue la garniture de la viande qu'on sert après la soupe.

Mais pour un pot-au-feu devant servir à 4 ou 5 personnes 1 oignon coloré, 2 poireaux, 1 panais, 1 ou 2 navets, 2 carottes, le quart d'un chou, 1 morceau de céleri, et une pincée de cerfeuil suffisent ; en dernier lieu, on ajoute quelques grains de poivre et girofle, une feuille de laurier quelquefois une gousse d'ail.

Aussitôt que la viande est cuite, retirez la marmite du feu. Au moment de servir, enlevez d'abord la viande, pour la tenir au chaud ; enlevez ensuite les légumes, sans troubler le bouillon ; coupez-en une partie, et mettez-les dans la soupière, en même temps que de minces tranches de pain, légèrement grillées, une pincée de poivre. Rangez le surplus autour du bœuf.

Dégraissez le bouillon ; passez-le à travers un linge ou à la passoire fine (1) ; prenez-en la quantité nécessaire, mêlez-lui quelques gouttes de caramel (2) pour lui donner une belle couleur ;

(1) Le bouillon du pot-au-feu, de même que tous les autres bouillons pour soupe, doivent être passés en les versant dans la soupière : Un bouillon qui n'est pas passé, est répugnant.

(2) A défaut d'oignon brûlé, on doit colorer le bouillon avec du simple caramel, plutôt qu'avec tout autre ingrédient dont l'origine peut être suspecte.

versez-le dans la soupière. Mettez le surplus de côté, pour le conserver. (1)

Avec 2 kilogrammes de viandes, 3 litres d'eau, un abatis de dinde, légumes, 12 grammes de sel, gros poivre et clous de girofle, on obtient 2 litres et demi de bouillon.

BOUILLON CLAIR, IMPROVISÉ

Prenez 500 grammes de maigre de bœuf, sans graisse ni peau; hachez-la, mettez-la dans une casserole; ajoutez une demi-poule crue, hachée avec un gros couteau, le blanc d'un demi-poireau émincé, une carotte, un brin de céleri et une pincée de cerfeuil.

Remuez avec une cuiller, et mouillez avec 2 à 3 litres d'eau froide; chauffez et faites bouillir le liquide sans cesser de remuer. Au premier bouillon, retirez sur le côté; ajoutez sel et 4 clous de girofle; cuisez 25 minutes. Passez ensuite le bouillon à la serviette; dégraissez-le, chauffez-le à point, mêlez-lui quelques gouttes de caramel pour lui donner belle couleur, et servez.

BOUILLON CLAIR DE VOLAILLE ET DE GIBIER

Mettez dans une casserole 2 litres de bouillon de veau ou de volaille, froid, dégraissé, passé. — Hachez 2 abatis de volaille : cou, ailerons et gésier; ajoutez 200 gram. de viande maigre de bœuf, hachée, un œuf entier et quelques légumes émincés. — Clarifiez le bouillon, en opérant

(1) Pour conserver le bouillon d'un jour à l'autre, il faut le verser dans une grande terrine vernie ou en fer étamé, en le décantant, c'est-à-dire sans verser le fond; on l'expose ensuite au courant d'air. Pour le conserver 2 ou 3 jours il faut le faire bouillir soir et matin. Si on voulait le conserver plusieurs jours, il faudrait tout simplement l'enfermer dans des bouteilles et le cuire au bain-marie. (Voir aux *Conserves*.)

comme pour le bouillon improvisé. — On peut toujours ajouter au bouillon, quelques carcasses de volaille cuite.

On opère d'après la même méthode pour le bouillon de gibier. On clarifie avec les chairs crues d'une cuisse de lièvre ou quelques cuisses de perdreau, un peu de maigre de bœuf, légumes et un brin d'aromate.

BOUILLON CLAIR, AUX PATES

Quand le bouillon est clarifié, il prend le nom de consommé. — Mettez dans une casserole 2 à 3 litres de bouillon froid, bien dégraissé. Prenez 5 à 600 gram. de viande maigre de bœuf, crue, sans os ni graisse ; hachez-la ; mettez-la dans une terrine, mêlez-lui un œuf ou deux et un décilitre d'eau froide ; versez le tout dans la casserole où est le bouillon ; ajoutez quelques tranches de céleri et une pincée de cerfeuil. Remuez le liquide avec une cuiller, sur feu modéré. Au premier bouillon, retirez-le sur le côté, de façon qu'il ne fasse que frémir ; 25 minutes après, passez-le à la serviette ; faites bouillir et mêlez-lui 150 grammes de pâtes d'Italie, blanchies 2 minutes à l'eau salée ; cuisez 8 à 10 minutes et servez. — Si le bouillon était pâle, mêlez-lui quelques gouttes de caramel.

BOUILLON CLAIR, AUX QUENELLES

Préparez 2 à 3 litres de bouillon clair ; tenez-le au chaud. — Prenez les chairs crues d'un petit poulet retirez-en la peau et les nerfs ; pilez-les ; ajoutez moitié de leur volume de panade, et 5 minutes après, moitié de leur volume de beurre ; puis 2 jaunes d'œuf, sel et muscade. Passez cette farce au tamis. Mettez-la dans une terrine, travaillez-la 2 minutes avec une cuiller en bois; puis, à l'aide de 2 cuillers à café, formez de petites quenelles, bien lisses et d'égale grosseur; laissez-les tomber sur le fond d'un plafond ou sautoir beurré, l'une à côté de l'autre. Versez ensuite de l'eau chaude dans le plafond, ajoutez du sel, donnez un bouillon et retirez sur le coté, jusqu'à ce que les quenelles soient raffermies. Égouttez-les, mettez-les dans la soupière, et versez le bouillon dessus.

BOUILLON CLAIR, A LA CRÈME D'ŒUF

Tenez au chaud 2 litres de bouillon clair. Cassez 6 œufs dans une terrine; ajoutez 2 jaunes; délayez avec un demi-litre de lait; ajoutez sel, muscade, une pincée de sucre; passez deux fois à la passoire fine. Versez le liquide dans un bol ou une petite casserole à légumes, légèrement beurrée; placez-celle-ci dans un plafond avec un peu d'eau chaude au fond; faites bouillir l'eau; couvrez et retirez sur feu très-doux; faites pocher la crème avec des cendres chaudes sur le couvercle. Servez-la telle et quelle, en même temps que le bouillon.

SOUPE JULIENNE

Prenez 3 à 4 carottes propres, 2 ou 3 navets, 2 petits pieds de céleri, 2 oignons, 2 poireaux, quelques feuilles de cœur de chou frisé, 2 ou 3 cœurs de laitues.

Coupez en tranches le rouge des carottes; puis ciselez-les en filets minces de 2 doigts de long; ciselez aussi les navets, les pieds de céleri, les feuilles de chou, laitues, oignons et poireaux.

Mettez oignons et poireaux dans une casserole, avec beurre; faites-les revenir; ajoutez les racines, et laissez-les revenir jusqu'à ce que leur humidité soit évaporée; ajoutez un peu de sel et une pincée de sucre. Mouillez avec 2 litres de bouillon chaud et frais. Au premier bouillon, retirez sur le côté. Une heure après, ajoutez le chou, et une heure plus tard, les laitues. Au moment de servir, ajoutez une pincée de feuilles de cerfeuil. — On peut aussi mêler quelques poignées de petits-pois.

SOUPE JULIENNE AUX ŒUFS POCHÉS

Préparez une soupe julienne comme il est dit précédemment. Faites pocher autant d'œufs frais qu'il y a de convives à table; tenez-les à l'eau froide jusqu'au moment de servir; mettez-les alors dans un plat creux, et arrosez-les avec du bouillon chaud; envoyez-les dans le plat en même temps que la soupière.

JULIENNE BOURGEOISE

Émincez légumes et racines, comme il est dit précédemment; faites-les revenir; puis mouillez avec 2 décilitres de bouillon, et cuisez tout doucement sur le côté du feu.

Prenez tous les débris des légumes et racines; mettez-les dans une casserole avec quelques pommes de terre crues, pelées. Mouillez avec 1 litre de bouillon et 1 litre d'eau; faites bouillir, et retirez sur le côté du feu. Ajoutez un peu de sel, et cuisez-les. Passez-les ensuite au tamis; remettez alors cette purée dans la casserole, et mêlez-lui la julienne, qui doit être cuite. Ajoutez une pincée de sucre, et quelques feuilles d'oseille émincées, donnez 2 bouillons, et versez dans la soupière.

SOUPE RIZ-JULIENNE

Le *riz-julienne* est un mélange de riz en semoule et de légumes secs, fabriqués par la maison *Groult*. Ce produit convient pour être employé par les ménagères, en l'absence de légumes frais ou dans les cas pressés. L'apprêt est facile et bref : en une demi-heure on peut obtenir cette soupe, soit au bouillon, soit au lait, soit simplement à l'eau. Il faut 5 cuillerées de semoule pour chaque litre de liquide. Si on prépare la soupe au bouillon, on délaye la semoule à froid ; on fait bouillir, en remuant, on cuit de 20 à 30 minutes, sur le côté du feu ; on assaisonne de bon goût et on sert. Si on la prépare au lait ou à l'eau, on peut la lier.

SOUPE PRINTANIÈRE

Avec une petite cuiller à légumes, coupez des boules de carottes et de navets ; faites-les blanchir 10 minutes ; puis finissez de les cuire avec du bouillon et un peu de sucre.

Cuisez séparément quelques cuillerées de petits-pois frais, autant de haricots verts, coupés en losange, autant de pointes d'asperges vertes, coupées de 2 doigts de long, et autant de choux-fleurs divisés en très-petits bouquets.

Mêlez ces légumes à 2 litres de bouillon chaud, ajoutez une pincée de sucre, donnez 2 minutes d'ébullition sur le côté du feu, et servez.

SOUPE BRUNOISE

Coupez en petits carrés réguliers, le rouge de quelques carottes, une égale quantité de navets et quelques cuillerées de pieds de céleri ; faites-

e pieds de céleri ; faites-les blanchir séparément à l'eau salée, pendant 8 ou 10 minutes; égouttez-les.

Coupez également en petits dés le blanc de 2 poireaux et 1 oignon. Faites d'abord revenir au beurre oignon et poireaux, sans prendre couleur; ajoutez les racines, puis une pincée de sucre. Aussitôt que ces légumes ont réduit leur humidité, mouillez avec quelques cuillerées de bouillon, et faites-le réduire aussi; mouillez alors avec 2 litres de bouillon clair, bien chaud.

Faites bouillir et retirez la casserole sur le côté; cuisez trois quarts d'heure. Ajoutez alors quelques cuillerées de riz cuit versez etdans la soupière.

SOUPE A LA PAYSANNE

Coupez en tranches quelques carottes et navets propres, un morceau de racine de céleri: il en faut à peu près un litre. Prenez le cœur d'un petit chou frisé, coupez-en les feuilles en carrés de même grandeur que les légumes. Émincez 2 oignons et le blanc de 2 poireaux; mettez-les dans une casserole avec du beurre, faites-les revenir sur feu doux; ajoutez les carottes, navets et céleris, assaisonnez, et faites revenir jusqu'à ce que leur humidité soit évaporée. Mouillez alors avec 2 litres de bouillon chaud; faites bouillir, et retirez sur le côté du feu. Une demi-heure après, ajoutez le chou; cuisez encore 40 minutes. Mettez des tranches de pain dans la soupière, saupoudrez avec une pincée de cerfeuil et un peu de poivre; versez dans la soupière.

SOUPE AUX HERBES, LIÉE

Mettez dans une casserole un morceau de beurre et 2 cuillerées d'oignon haché.

Épluchez et lavez une forte poignée de feuilles d'oseille de jardin, une égale quantité de feuilles tendres de laitue et autant de feuilles de poirée; émincez-les. Émincez aussi quelques feuilles tendres de céleri et quelques feuilles de chou frisé, prises sur le cœur. Mettez-les sur un tamis pour les faire égoutter : réservez l'oseille.

Faites fondre le beurre et laissez revenir l'oignon ; ajoutez alors les herbes émincées; tournez-les jusqu'à ce que toute leur humidité soit évaporée; saupoudrez-les avec 2 petites cuillerées de farine, et mouillez peu à peu, avec 2 litres d'eau bouillante ou de bouillon léger; salez, et cuisez 15 minutes ; ajoutez l'oseille et une pincée de feuilles de cerfeuil, une pointe de sucre et muscade ; retirez-la du feu, mêlez-lui une liaison de 3 ou 4 jaunes d'œuf, à la crème ; ajoutez un petit morceau de beurre fin; versez sur des tranches minces de pain blanc, déposées dans la soupière.

SOUPE DE POTIRON AU RIZ

Prenez 1 litre de bon potiron coupé en gros dés. Hachez un petit oignon, faites-le revenir avec du beurre; ajoutez le potiron, faites le revenir 10 minutes, en le sautant; mouillez avec 2 litres d'eau chaude; faites bouillir, et retirez sur le côté; quand il est aux trois quarts cuit, ajoutez 150 gr. de riz blanchi, sel et muscade. Aussitôt que le riz est à point, versez la soupe dans la soupière.

Si on voulait servir le potiron en purée, il faudrait le passer au tamis, le remettre dans la casserole, lui mêler le riz cuit, et lui donner un seul bouillon, en tournant.

SOUPE A L'OSEILLE

Hachez 2 poignées de bonne oseille de jardin, propre et triée; hachez un oignon, mettez-le dans une casserole avec du beurre; faites-le revenir de couleur blonde; ajoutez l'oseille, faites-la revenir sans la quitter; puis saupoudrez avec une cuillerée de farine, et mouillez avec 2 litres d'eau bouillante ou du bouillon de légumes secs: pois, lentilles, haricots; cuisez pendant un quart d'heure; assaisonnez avec sel et une pincée de sucre. Liez la soupe avec 4 ou 5 jaunes d'œuf mêlés avec 75 grammes de beurre divisé par petites parties et délayés avec quelques cuillerées de soupe; mettez des tranches de pain dans la soupière et versez la soupe dessus.

SOUPE A LA BONNE FEMME

Prenez 2 oignons, un poireau, un petit chou frisé, une poignée de feuilles d'oseille, propres; Emincez oignon et poireau; faites-les revenir avec du beurre, jusqu'à ce qu'ils soient dorés. Ajoutez le chou émincé; faites-en réduire l'humidité, et mouillez avec 2 litres d'eau chaude ou avec de la cuisson de légumes secs : haricots ou lentilles; ajoutez 2 pommes de terre crues pelées, émincées. Au premier bouillon, retirez sur le côté; cuisez 20 minutes, ajoutez sel, une pincée de sucre et les feuilles d'oseille émincées. Cinq minutes après, liez simplement la soupe avec un morceau de beurre divisé. Finissez-la avec une pincée de poivre et une pointe de muscade. Servez ainsi ou avec du pain coupé.

SOUPE AUX NAVETS AU PETIT-SALÉ.

Choisissez de bons navets; pelez-les, coupez-les en dés; faites-les légèrement blanchir; égouttez-les et faites-les revenir avec du beurre, sur feu très-doux, en les retournant de temps en temps; assaisonnez; quand ils sont légèrement colorés, mouillez avec du bouillon de la marmite passé, ajoutez un morceau de petit-salé blanchi; assaisonnez et finissez de les cuire tout doucement; coupez le petit-salé, mettez-le dans la soupière; versez la soupe dessus.

SOUPE AUX CHOUX-FLEURS

Préparez une soupe liée, comme pour la soupe aux nouilles, liée (*page* 23). Cuisez à l'eau un petit chou-fleur, en le tenant un peu ferme : retirez-en le quart, distribuez-le en petits bouquets, et finissez de le cuire dans la soupe; hachez le restant. Faites revenir au beurre, un oignon haché; mêlez-lui le chou-fleur haché, assaisonnez avec sel et muscade; finissez de le cuire, et passez-le au tamis. Mêlez cette purée à la soupe, et versez dans la soupière.

SOUPE AUX POIREAUX ET AU PAIN

Coupez en tronçons 7 à 8 poireaux propres; faites-les blanchir 10 minutes à l'eau salée. Égouttez-les, rangez-les dans une casserole foncée avec des débris de lard; salez-les, mouillez-les à hauteur avec du bouillon; couvrez avec du papier beurré, et faites-les braiser tout doucement. Égouttez-les, rangez-les par couches dans la soupière, en alternant chaque couche avec des tranches minces de pain grillé; versez du bouillon bien chaud dessus, passé et dégraissé.

SOUPE AUX POIREAUX ET [illegible]RMICELLE

Prenez le blanc de 4 à 5 poireaux frais, propres, fendez-les sur la longueur, et émincez-les. Mettez-les dans une casserole avec du beurre, faites-les revenir à feu modéré; ajoutez un peu de sel et une pincée de sucre. Quand ils sont de couleur blonde, saupoudrez avec une cuillerée à café de farine; 2 minutes après, mouillez avec 2 litres d'eau bouillante ou de bouillon chaud; faites bouillir et retirez sur le côté du feu; cuisez 20 minutes; ajoutez sel et poivre, puis 150 grammes de vermicelle fin, brisé; cuisez encore 10 à 12 minutes, et versez dans la soupière.

SOUPE AUX POIREAUX ET POMMES DE TERRE

Faites revenir le blanc de 4 ou 5 poireaux fendus par le milieu et émincés; ajoutez pincée de sel et sucre. Quand ils sont de belle couleur, mouillez avec 2 litres d'eau chaude; au premier bouillon, retirez sur le côté; salez; 20 minutes après, ajoutez un litre de pommes de terre crues, pelées, coupées en tranches ou en grosse julienne. Quand les pommes de terre sont cuites, finissez la soupe avec une pincée de poivre et versez dans la soupière.

Au lieu de pommes de terre crues, on peut mêlez à la soupe, quand elle est cuite, une purée de pommes de terre légère.

SOUPE AUX POIREAUX ET HARICOTS

Cuisez un demi-litre de haricots blancs avec 2 litres d'eau et sel. Égouttez-les, en réservant la cuisson.

Passez la moitié des haricots au tamis; puis délayez cette purée avec la cuisson des haricots. — Fendez en deux le blanc de 3 poireaux; émincez-les, et faites-les revenir sur feu modéré. Quand ils sont de belle couleur, mouillez avec la cuisson des haricots; faites bouillir et retirez sur le côté; cuisez 20 minutes; ajoutez une pincée de poivre, puis le restant des haricots; 5 minutes après, versez dans la soupière.

SOUPE A L'OIGNON

Émincez finement 6 moyens oignons propres; mettez-les dans une casserole avec du beurre, une pincée de sel et une pincée de sucre; faites-les revenir de belle couleur, en remuant; saupoudrez avec une cuillerée de farine, et 2 minutes après, mouillez avec 2 litres d'eau bouillante; salez, faites bouillir et retirez sur le côté du feu; cuisez pendant 15 minutes. Au dernier moment, ajoutez une pincée de poivre. — Coupez de minces tranches de pain; faites-les sécher un peu, et rangez-les dans la soupière; saupoudrez avec du poivre, et versez la soupe dessus.

SOUPE A L'OIGNON, AUX ŒUFS ET A LA CRÈME

Préparez une soupe à l'oignon comme il est dit plus haut. Mettez dans un bol, 4 jaunes d'œuf; broyez-les avec une cuiller et délayez avec un décilitre de crème crue; ajoutez une pointe de muscade et 100 grammes de beurre divisé. Quand la soupe est cuite, mêlez-en quelques cuillerées à la liaison; puis, versez celle-ci dans la casserole; cuisez la liaison sans faire bouillir, et versez sur les tranches de pain, dans la soupière.

SOUPE A L'OIGNON AU FROMAGE

Préparez la soupe comme il vient d'être dit. Faites griller les tranches de pain, et rangez-les dans la soupière, par couches, en saupoudrant chaque couche avec du parmesan râpé et du fromage de Gruyères coupé mince; ajoutez un peu de poivre, et versez la soupe dessus.

SOUPE AUX TOMATES ET POMMES DE TERRE

Émincez un oignon, faites-le revenir au beurre dans une casserole; ajoutez 5 ou 6 tomates crues, coupées, sans pépins; sautez-les pendant 10 minutes, puis mouillez avec 2 litres de bouillon, ajoutez 7 ou 8 pommes de terre crues, coupées minces; couvrez et cuisez sur feu doux; une heure après passez au tamis; remettez la purée dans la casserole; assaisonnez; faites bouillir et versez dans la soupière.

SOUPE DE HARICOTS AU POTIRON

Cuisez des haricots blancs; égouttez-les. Hachez un oignon et un poireau; faites-les revenir, dans une casserole, avec du beurre; mouillez avec moitié eau et moitié cuisson des haricots; faites bouillir, et mêlez au liquide la valeur d'un demi-litre de haricots cuits et un litre de potiron émincé. Cuisez pendant trois quarts d'heure. Assaisonnez avec sel et poivre; versez dans la soupière.

SOUPE AUX CHOUX, EN GARBURE

Préparez un petit pot-au-feu, avec un morceau de poitrine de bœuf, sel et racines. Coupez un chou en quartiers; faites-les blanchir, égouttez-les, retirez-en les parties dures, exprimez-en toute l'humidité. Faites les braiser avec 400 grammes de petit-salé blanchi. Égouttez-les ensuite, coupez-les en travers, et faites-en une couche au fond d'un plat creux; saupoudrez avec un peu de poivre et une poignée de parmesan râpé; sur les choux, mettez une couche de tranches minces de pain, arrosez avec un peu de dégraissis, puis recommencez avec une couche de choux, de parmesan et de pain ; arrosez encore celui-ci avec du dégraissis, et recommencez de nouveau, en laissant les choux à découvert ; saupoudrez de fromage et faites mijoter le tout un quart d'heure à la bouche du four.

Versez le bouillon dans la soupière, en le passant, et servez en même temps que les choux. Dressez sur un plat le petit-salé et le bœuf.

SOUPE A LA CHOUCROUTE D'ALSACE

Lavez 4 à 500 grammes de choucroute ; exprimez-en l'eau, hachez-la. Hachez un oignon, mettez-le dans une casserole avec du beurre, faites-le revenir blond ; ajoutez 2 cuillerées (1) de farine ; cuisez 2 minutes, en tournant, et mouillez peu à peu avec 2 litres et demi de bouillon chaud ; tournez jusqu'à l'ébullition ; ajoutez la choucroute, et retirez sur le côté du feu ; une heure et demie après, dégraissez la soupe et mêlez-lui 6 petites saucisses préalablement revenues à la poêle. Un quart d'heure après, retirez les saucisses, et versez, la soupe dans la soupière ; ajoutez les saucisses coupées et une garniture de quenelles à la farine ainsi préparées :

Quenelles à la farine : Mettez dans une terrine 150 grammes de farine, un grain de sel, 5 ou 6 cuillerées de beurre fondu, 2 ou 3 œufs entiers ; formez une pâte ferme, en travaillant avec la cuiller ; ajoutez un peu de lait, puis une poignée de croûtons de mie de pain, en petits dés, frits au beurre.

Prenez la pâte par petites parties, avec une

(1) Quand je dis une cuillerée, c'est le contenu d'une cuiller à bouche que j'entends.

cuiller à café, et laissez-les tomber sur la table farinée ; roulez-les avec la main, puis plongez-les à l'eau bouillante ; cuisez 7 à 8 minutes à casserole couverte ; égouttez-les ensuite.

SOUPE AUX LAITUES FARCIES

Prenez une douzaine de laitues épluchées ; faites-les blanchir à l'eau salée, pendant un quart d'heure ; égouttez et rafraîchissez-les, exprimez-en toute l'eau, et faites-les braiser avec du bouillon pendant une heure.

Égouttez-les, laissez-les refroidir ; fendez-les par le milieu et garnissez-les avec un peu de farce à quenelle de veau ; enfermez bien la farce, en ployant le bout des laitues, et rangez-les l'une à côté de l'autre dans la casserole ; arrosez-les avec un peu de jus, et cuisez-les au four 20 minutes. Egouttez-les, divisez-les en deux, dressez-les sur un plat avec un peu de bouillon ; envoyez les-en même temps qu'une soupière de bouillon clarifié.

SOUPE AUX MORILLES

Hachez 400 grammes de morilles fraîches, bien propres ; exprimez-en l'humidité. — Hachez un oignon, mettez-le dans une casserole avec du beurre, faites-le revenir ; mêlez-lui les morilles ; cuisez jusqu'à ce que l'humidité soit évaporée ; saupoudrez alors avec une cuillerée de farine, et mouillez avec de l'eau chaude ou du bouillon léger ; ajoutez du sel, une pincée de poivre et un bouquet garni d'aromates ; cuisez 25 minutes.

Enlevez le bouquet et liez avec une liaison de 3 jaunes d'œuf avec crème et beurre ; cuisez la liaison sans bouillir. Mettez dans la soupière deux poignées de tranches de pain grillé; versez-la soupe dessus.

SOUPE AUX SALSIFIS

Prenez les trois quarts d'un kilogramme de salsifis ratissés et propres; retirez-en une dizaine, nouez-les avec du fil, faites-les blanchir et cuisez séparément à l'eau salée : émincez le reste.

Hachez un oignon, mettez-le dans une casserole avec du beurre, faites-le revenir, puis mêlez-lui les salsifis émincés; faites-les revenir ensemble, jusqu'à ce que leur humidité soit évaporée; saupoudrez alors avec 2 cuillerées de farine, et mouillez avec 2 litres de bouillon; tournez le liquide jusqu'à l'ébullition et retirez sur le côté du feu. Ajoutez sel, bouquet garni, grains de poivre et une pincée de sucre. Quand les légumes sont cuits, passez-les au tamis.

Remettez la soupe dans la casserole, et mêlez-lui les salsifis cuits séparément, coupés en tranches minces; au premier bouillon, retirez-la, liez-la avec une liaison de 4 jaunes, mêlés avec une poignée de parmesan râpé, muscade, crème crue et beurre. Cuisez la liaison sans faire bouillir; versez dans la soupière.

SOUPE AUX NOQUES

Tenez au chaud 2 décilitres de bon bouillon clair. — Prenez 150 gram. de mie de pain de cuisine; imbibez-la dans de l'eau tiède; exprimez-en bien l'humidité; broyez-la dans une casserole, avec la cuiller; mêlez-lui un peu de lait et un morceau de beurre; cuisez-la quelques minutes, sans la quitter, de façon à obtenir une sorte de panade consistante; laissez-la à peu près refroidir, puis mêlez-lui une pincée de farine, une poignée de parmesan râpé, muscade, 5 ou 6 jaunes d'œuf, un œuf entier et un petit morceau de beurre. Prenez la pâte avec la pointe d'une cuiller à bouche ; poussez-la de la main gauche, avec le doigt, et avec la cuiller, détachez-la de celui-ci, pour la faire tomber dans le bouillon bouillant : la quenelle en tombant doit rester telle quelle, c'est-à-dire, conserver la forme d'un rognon de coq. Faites-les pocher 8 à 10 minutes, en tenant le bouillon frémissant ; versez dans la soupière.

SOUPE AUX BOULETTES DE PATE

Tenez sur le côté du feu, 2 litres de bon bouillon. Faites bouillir 2 décilitres de lait avec un grain de sel et 100 grammes de beurre ; retirez, et mêlez-lui une cuillerée de farine, de façon à former une pâte légère ; cuisez 3 minutes, en tournant ; retirez et mêlez-lui 4 à 5 jaunes d'œuf, muscade et une poignée de parmesan. Prenez la pâte par petites parties, avec une cuiller à café ; faites-la tomber dans le bouillon ; donnez 2 bouillons au liquide, retirez, couvrez, et 5 minutes après, versez dans la soupière. — On peut remplacer cette pâte par de la farce de veau, qu'on fait pocher à l'eau salée, et qu'on mêle au bouillon.

SOUPE AUX BOULETTES DE PAIN

Prenez 125 grammes de mie de pain de cuisine, imbibez-la à l'eau chaude, exprimez-en aussitôt l'humidité ; mettez-la dans une petite casserole avec un peu de bouillon ; broyez-la et cuisez quelques minutes en tournant, de façon à obtenir une pâte consistante ; retirez du feu, assaisonnez avec sel, poivre, muscade, ajoutez un œuf entier et

3 jaunes, une pincée de farine et 2 cuillerées de croûtons frits, en dés. Prenez la pâte par petites parties ; roulez-les sur la table farinée, et faites-les pocher à l'eau salée, en donnant un seul bouillon au liquide; tenez 12 minutes sur le côté du feu. Égouttez-les ensuite; mittez-les dans la soupière et versez dessus 2 litres de bouillon chaud.

SOUPE AUX BOULETTES DE POMMES DE TERRE

Cuisez 7 ou 8 pommes de terre à l'eau, avec leur peau. Pelez-les et passez-les au tamis. Mêlez à cette purée 100 grammes de beurre, sel, poivre, muscade, 4 jaunes d'œuf, une poignée de parmesan. Mettez-la sur la table, et incorporez-lui assez de farine pour lui donner de la consistance ; coupez-la en petites parties, roulez-les de forme longue. Plongez-les à l'eau bouillante, salée ; donnez un seul bouillon, et retirez sur le côté. Quand elles sont raffermies ; égouttez-les, mettez-les dans la soupière et versez le bouillon chaud dessus.

SOUPE TAPIOCA A L'EAU

Faites bouillir un litre d'eau, avec sel et un petit morceau de beurre. Au premier bouillon, retirez la casserole sur le côté du feu, et laissez tomber en pluie, dans le liquide, 4 cuillerées de tapioca en semoule (100 grammes), en remuant avec une cuiller à l'endroit ou tombe la semoule. Cuisez 12 minutes. — Mettez dans une petite terrine une liaison composée de 4 jaunes d'œuf, 60 grammes de beurre divisé, une poignée de parmesan râpé et une pointe de muscade ; broyez le tout avec une cuiller, et délayez avec 2 décilitres de crème crue : quand le tapioca est cuit, versez-en peu à peu le tiers sur la liaison ; puis versez celle-ci dans la soupe; chauffez 5 minutes, sans faire bouillir; versez dans la soupière.

SOUPE TAPIOCA AU BOUILLON

Faites bouillir 2 litres de bouillon passé, et laissez tomber en pluie, dans le liquide, 200 gram. de tapioca en semoule, sans cesser de remuer avec une cuiller à l'endroit où tombe la semoule; retirez sur le côté du feu, et cuisez 15 minutes.

SOUPE TAPIOCA-JULIENNE

On prépare cette soupe avec de la semoule produite par la maison *Groult.* L'opération est la même que pour soupe riz-julienne. — On vend à Paris cette semoule par paquets de 250 grammes.

SOUPE SAGOU AU VIN

Lavez à l'eau froide 200 grammes de bon sagou; égouttez-le, et mêlez-le peu à peu à un litre d'eau en ébullition; ajoutez un peu de sel, et cuisez une demi-heure sur le côté du feu.

Mettez dans un poêlon rouge une bouteille et demie de vin de Bordeaux, 100 grammes de sucre en pain préablement imbibé à l'eau froide, un petit morceau de cannelle. Faites bouillir et retirez la cannelle. Avec ce vin, délayez le sagou, cuisez encore 2 à 3 minutes et versez dans la soupière.

SOUPE SAGOU AU BOUILLON

Lavez à l'eau froide 150 grammes de sagou. Faites bouillir 2 litres de bouillon, et mêlez-lui peu à peu le sagou, en remuant avec une cuiller. Cuisez pendant trois quarts d'heure, à feu très-doux, en ajoutant de temps en temps un peu de bouillon chaud. — Cette soupe est très-stomachique. On peut la préparer au lait.

SOUPE DE NOUILLES AU BOUILLON

Préparez une pâte à nouille, avec 200 grammes de farine, 3 œufs entiers, une pincée de sel. (Voir à la *Pâtisserie*.) Divisez la pâte en deux parties; abaissez-la mince, à l'aide du rouleau. Coupez-la en bandes de 3 à 4 doigts de large; mettez-les l'une sur l'autre, et émincez-les. Plongez-les à l'eau bouillante; cuisez-les quelques minutes; égouttez et mêlez-les à 2 litres de bouillon en ébullition; quelques minutes après, versez dans la soupière.

SOUPE DE NOUILLES, LIÉE.

Avec 60 grammes de beurre et autant de farine, préparez un petit roux sans lui faire prendre couleur; mouillez peu à peu avec du bouillon frais, en tournant; au premier bouillon, retirez sur le côté du feu, et cuisez 25 minutes. Passez au tamis, remettez la soupe dans la casserole; faites bouillir et mêlez-lui 250 grammes de nouilles émincées en filets de 3 doigts de long, et blanchies 3 minutes à l'eau salée. Cuisez 10 minutes, puis liez avec une liaison de 3 jaunes avec crème crue et beurre.

SOUPE AUX RAVIOLES.

Prenez 250 grammes de farce de volaille ou de veau; mêlez-lui une poignée de parmesan râpé. — Prenez 3 à 400 grammes de pâte à nouille; divisez-la en deux parties, abaissez-les très-minces, sur la table farinée, en leur donnant la forme carrée. Sur une de ces abaisses, rangez en lignes droites, de petites boules de farce, à 2 doigts de distance l'une de l'autre, humectez la pâte, entre les lignes, à l'aide d'un pinceau; puis couvrez avec la deuxième abaisse. Appuyez la pâte entre les lignes, et coupez les ravioles avec la roulette ou le couteau. Plongez-les à l'eau bouillante et salée; laissez-les 7 à 8 minutes; égouttez-les, mettez-les dans la soupière, et versez dessus 2 litres de bouillon clair. Servez à part du parmesan râpé.

BOUILLIE AU LAIT

Mettez dans une terrine 100 grammes de farine; délayez-la peu à peu avec 1 litre de lait cuit, mais refroidi; passez le liquide à travers la passoire fine, en la faisant tomber dans une casserole; ajoutez une pincée de sel, une pincée de sucre et un morceau de beurre; tournez la soupe sur feu jusqu'à l'ébullition afin de ne pas faire de grumeaux; retirez-la sur le côté du feu, et cuisez pendant une demi-heure, en la remuant souvent. Si elle était trop épaisse, ajoutez quelques cuillerées de lait bouillant : pour être à point, elle doit légèrement napper la cuiller.

SOUPE AU LAIT D'AMANDES

Mettez dans une mortier 200 grammes d'amandes mondées; pilez-les, en ajoutant peu à peu, quelques cuillerées d'eau; délayez avec un litre et demi d'eau froide. Passez le tout à travers une serviette, en la tordant à deux personnes. — Mettez ce lait dans une casserole bien propre, chauffez-le sans ébullition; ajoutez une pincée de sel et du sucre à volonté, un brin de cannelle ou de zeste.— Coupez minces des tranches de pain de table; saupoudrez-les légèrement avec du sucre, rangez-les sur une tourtière et faites-leur prendre belle couleur à four doux; servez-les en même temps que le lait d'amandes.

SOUPE AU LAIT A LA MONACO

Faites bouillir 2 litres de bon lait; liez-le avec 4 cuillerées d'arow-root ou de fécule délayée à l'eau froide; ajoutez sel et muscade; retirez sur le côté du feu; cuisez 15 minutes. — Sur la mie d'un pain de cuisine, coupez des tranches minces; sur ces tranches, coupez des ronds de 3 doigts de large, à l'aide d'un tube à colonne; saupoudrez-les de sucre fin, rangez-les sur une plaque et faites-les colorer à four doux; mettez-les dans la soupière et versez la soupe dessus. On peut parfumer le lait avec un brin de canelle.

SOUPE AU LAIT, LIÉE

Coupez d'abord de minces tranches de pain; rangez-les sur un gril et faites-les colorer au four.— Faites bouillir un litre et demi de bon lait, salez-le, ajoutez une pincée de sucre; retirez-le sur le côté du feu, et mêlez-lui une liaison de 8 ou 10 jaunes d'œuf, broyés et délayés avec un peu d'eau froide. Cuisez la liaison, en tournant, sans faire bouillir; mettez le pain dans la soupière et versez la soupe dessus.

SOUPE DE SEMOULE AU BOUILLON

Faites bouillir 2 litres de bouillon simple ou clarifié, et mêlez-lui 100 grammes de semoule, en la laissant tomber en pluie; cuisez 10 minutes sur le côté du feu. — Si le bouillon était faible, on pourrait lier la soupe avec une liaison de quelques jaunes, avec crème crue, beurre et parmesan râpé.

SOUPE DE SEMOULE AU LAIT

Il faut 5 ou 6 cuillerées de semoule pour chaque litre de lait. — On fait bouillir le liquide, et on laisse tomber dedans la semoule, en pluie, c'est-à-dire peu à peu, en tournant avec une cuiller. On cuit 10 minutes.

SOUPE DE RIZ AU BOUILLON

Il faut 125 grammes de riz pour chaque litre de bouillon. On cuit le riz à l'eau pendant 10 à 12 minutes; on l'égoutte et on le mêle au liquide bouillant, on cuit encore 10 à 12 minutes, et on sert.

SOUPE DE RIZ AUX TOMATES

Faites bouillir 2 décilitres de bouillon; mêlez-lui 250 grammes de riz trié. — Plongez 6 tomates à l'eau bouillante; enlevez-les aussitôt pour en retirer la peau; coupez-les en deux, retirez les semences; hachez-les légèrement, mêlez-les à la soupe, et finissez de cuire le riz sur feu doux; assaisonnez avec une pincée de poivre et une pointe de muscade.

SOUPE A L'ORGE PERLÉ

Mettez dans une casserole 200 grammes d'orge perlé d'Allemagne; mouillez avec un litre d'eau tiède, ajoutez un grain de sel; faites bouillir et retirez sur le côté du feu. Quand le liquide est absorbé, ajoutez 2 litres de bouillon blanc, de veau. Cuisez une heure; ajoutez une pincée de sucre et pointe de muscade; puis liez la soupe avec une liaison de 3 jaunes d'œuf étendus avec de la crème, et mêlés avec 100 grammes de beurre; cuisez la liaison sans faire bouillir, versez dans la soupière. — On peut ajouter des petits-pois ou des pointes d'asperges.

SOUPE A LA CRÈME D'ORGE

Faites fondre dans une casserole 40 grammes de beurre; ajoutez une cuillerée de farine; cuisez 2 minutes; ajoutez 200 grammes d'orge perlé; 2 minutes après, mouillez avec un litre d'eau chaude. Faites bouillir et retirez sur le côté du feu; à mesure que le liquide est absorbé, ajoutez un peu d'eau chaude : l'orge doit cuire à court mouillement. Passez-le au tamis; délayez la purée avec du bouillon blanc, et passez encore à travers la passoire fine, dans une casserole; assaisonnez avec sel et une pincée de sucre. Donnez quelques bouillons et liez-la avec une liaison de 3 à 4 jaunes, avec crème crue et beurre; cuisez la liaison sans faire bouillir. Versez dans la soupière.

SOUPE DE MACARONI AU BOUILLON

Tenez-en ébullition, sur le côté du feu, 2 litres de bouillon simple ou clarifié. — Coupez 200 grammes de gros macaroni, en morceaux de 2 doigts de long; cuisez à l'eau salée, jusqu'à ce qu'il soit tendre ; égouttez-le, mêlez-le au bouillon; 5 minutes après, versez la soupe dans la soupière, et servez avec une assiette de parmesan.

SOUPE AU PAIN, A LA PROVENÇALE

Mettez dans un poêlon en terre 2 gousses

d'ail, un brin de laurier et de l'huile; chauffez bien et mouillez avec 1 litre d'eau bouillante; salez, cuisez 10 minutes, et retirez du feu; ajoutez des tranches minces de pain, une pincée de poivre. Couvrez, laissez mitonner 10 minutes et servez dans le poêlon.

SOUPE DE MARRONS AU LARD

Faites blanchir 300 grammes de petit-salé, mettez-le cuire à l'eau, dans une casserole. — Retirez l'écorce et la peau rouge à un kilogramme de marrons; cuisez-les dans une casserole, à court mouillement, avec un peu d'eau et du sel; passez au tamis. Mettez cette purée dans une casserole, délayez-la avec la cuisson du petit-salé. Faites bouillir la soupe, en tournant, retirez-la sur le côté du feu, pour qu'elle ne bouille que d'un côté; ajoutez alors le petit-salé coupé en gros dés, une pincée de sucre et muscade; cuisez encore une demi-heure; assaisonnez, écumez et versez dans la soupière. Servez séparément des tranches de pain minces, séchées au four.

SOUPE AU LARD, A LA MÉNAGÈRE

Faites bouillir à l'eau pendant un quart d'heure 750 grammes (une livre et demie) de petit-salé; égouttez-le, divisez-le sur le travers en trois parties; placez-le dans une marmite en terre, avec de l'eau tiède; mettez le liquide en ébullition, retirez sur le côté du feu. Une heure après, ajoutez le cœur d'un chou propre, coupé en quartiers, 4 carottes, 2 navets, un panais, un morceau de céleri, 4 petits oignons, 3 poireaux; continuez l'ébullition modérée. Une heure après, passez le bouillon dans la soupière, ajoutez des tranches de pain et un peu de chaque légume coupé, dressez le restant des légumes autour du petit-salé.

SOUPE A LA JOUE DE BŒUF

Prenez la moitié d'une tête de bœuf écorchée; supprimez-en le museau, et coupez-la en deux parties; faites dégorger pendant une heure. Mettez les morceaux dans une marmite avec de l'eau et du sel, faites écumer; au premier bouillon, retirez sur le côté; ajoutez les mêmes légumes qu'à un pot-au-feu, et continuez l'ébullition jusqu'à ce que les parties charnues soient cuites, en ayant soin de retirer les légumes à temps. Retirez les os et les viandes; faites refroidir celles-ci sous presse légère. — Passez et dégraissez le bouillon, clarifiez-le avec 200 gram. de viande maigre de bœuf, hachée, mêlée avec 2 œufs (comme pour le bouillon clair). Servez ce bouillon avec les viandes de joue, coupées en morceaux et chauffées; ajoutez les légumes du bouillon, coupés en dés.

SOUPE AUX COUS DE MOUTON

Coupez transversalement 2 cous de mouton, sans séparer les parties coupées; faites-les dégorger une heure; puis mettez-les dans une marmite avec eau et sel; faites écumer, et retirez sur le côté du feu; ajoutez de gros légumes entiers et une poignée d'orge perlé; cuisez comme un pot-au-feu, en retirant les légumes à mesure qu'ils sont cuits. Passez le bouillon et mêlez-lui quelques cuillerées d'orge perlé cuit séparément, ainsi que les légumes de la marmite : carottes et navets coupés en dés, puis la viande de cous de mouton, aussi coupée en dés; finissez avec une pincée de persil haché.

SOUPE DE TÊTE DE PORC A LA MÉNAGÈRE

Prenez le quart d'une tête de porc, du côté de l'oreille, ratissée et bien propre; saupoudrez-la de sel fin, et faites-la macérer un jour ou deux dans une terrine. Lavez-la, mettez-la dans une marmite, et mouillez avec 5 à 6 litres d'eau froide; faites bouillir et retirez sur le côté du feu. Une heure après, ajoutez quelques carottes et navets, un demi-chou, oignons et poireaux; cuisez comme un pot-au-feu; 3 heures après, ajoutez quelques grains de poivre et du sel si c'est nécessaire; puis quelques pommes de terre crues, pelées et coupées; la viande et les pommes de terre doivent se trouver cuites en même temps.

Égouttez la viande sur un plat; entourez-la avec une partie des légumes. Coupez le reste des légumes, mettez-les dans une soupière; ajoutez des tranches minces de pain et une pincée de poivre; passez le bouillon dessus; servez la soupe d'abord et la viande ensuite.

SOUPE FAUSSE TORTUE

Prenez le quart d'une tête de veau cuite avec du bouillon blanc, aromates et un peu de vin blanc. Égouttez-la, laissez-la à moitié refroidir sous presse. Retirez-en la graisse, et coupez les parties gélatineuses en filets; mettez-les dans une casserole avec un peu de leur cuisson et un verre de marsala. — Avec 75 grammes de beurre et autant de farine, préparez un roux peu coloré; mouillez peu à peu avec 2 litres : moitié bouillon et moitié cuisson de la tête; tournez sur feu;

au premier bouillon, retirez sur le côté; cuisez 35 minutes; dégraissez, passez et remettez dans la casserole; ajoutez un bouquet d'aromates composé de sariette, marjolaine et thym, puis les morceaux de tête et leur mouillement; cuisez 12 à 15 minutes; retirez le bouquet, et finissez la soupe avec une pointe de cayenne.

SOUPE DE HARICOTS ET OREILLES DE PORC

Lavez bien 2 oreilles de porc salées; mettez-les dans une marmite avec de l'eau, et cuisez-les sur feu modéré. Une heure après, ajoutez un demi-litre de haricots rouges: les haricots et les oreilles doivent se trouver cuits ensemble. Égouttez les oreilles, et passez les haricots au tamis; délayez la purée avec la cuisson passée, et remettez le tout dans la casserole; faites bouillir; ajoutez les oreilles ciselées en gros filets; 5 minutes après, versez dans la soupière.

Cette soupe est excellente. On peut aussi la préparer avec des lentilles.

SOUPE DE LÉGUMES AU LARD

Hachez un gros oignon et un poireau; faites-les revenir avec du lard fondu; mouillez avec 2 litres de bouillon léger ou de l'eau chaude; ajoutez un demi-cœur de chou frisé, 2 choux-raves et un gros navet, émincés, puis 2 poignées de haricots verts coupés et 2 poignées de haricots frais. Cuisez ces légumes aux trois quarts; ajoutez alors 250 grammes de riz trié, et 2 poignées de petits-pois. Assaisonnez avec sel et poivre.

Quand le riz et les légumes sont cuits, liez la soupe avec une liaison de 4 jaunes mêlés avec une poignée de parmesan râpé et un morceau de beurre. Cuisez la liaison sans faire bouillir, et servez.

SOUPE DE QUEUE DE BŒUF A L'ORGE

Coupez une queue de bœuf, en tronçons; faites-les dégorger et blanchir; mettez-les dans une marmite; mouillez avec 4 litres d'eau, et faites partir comme un pot-au-feu, en écumant; salez et retirez sur le côté du feu. Une heure après, ajoutez 3 carottes, un gros navet, un poireau, et 125 grammes d'orge perlé. Surveillez les carottes et les navets pour les retirer aussitôt atteints à point, en même temps que le poireau. Coupez carottes et navets en petits dés; tenez-les au chaud. — Quand les viandes sont cuites, égouttez-les, dressez-les sur un plat. Mêlez les légumes à la soupe, et 5 minutes après, versez dans la soupière; envoyez celle-ci en même temps que les morceaux de queue.

SOUPE DE MOUTON AUX LÉGUMES

Prenez une demi-selle de mouton ou une tranche de gigot; mettez la viande dans une marmite avec 200 grammes de petit-salé; mouillez avec 4 ou litres d'eau; ajoutez un peu de sel; faites bouillir, écumez et retirez sur le côté.

Préparez une garniture de légumes composée de 3 grosses carottes propres, coupées, un gros navet, 2 poireaux coupés en deux et noués, un petit chou frisé coupé en quatre, une douzaine de petits oignons, 2 poignées de haricots flageolets, autant de gros haricots verts, autant de gros pois frais, et enfin 4 à 5 pommes de terre pelées et coupées.

Une heure après que la viande est en ébullition, commencez à mettre dans la casserole les légumes qui sont plus longs à cuire; ajoutez ensuite les autres : les viandes et légumes doivent se trouver cuits en même temps. Passez alors le bouillon; coupez une partie des légumes et rangez-les par couches dans la soupière, en alternant chaque couche avec des tranches minces de pain. Versez le bouillon dessus. Dressez les viandes sur un plat, entourez-les avec le restant des légumes, et servez-les comme relevé.

SOUPE AUX CHASSEURS

Avec 75 grammes de beurre et autant de farine, faites un roux; cuisez sans faire prendre couleur; mouillez avec 2 litres de bouillon de gibier préparé avec râble ou cuisses de lièvre, carcasses de gibier cuit ou cru, et même des carcasses de volaille; tournez sur feu jusqu'à l'ébullition et retirez sur le côté; ajoutez un bouquet d'aromates et un verre de vin blanc, cuisez 35 minutes. — Émincez en julienne, 2 filets de perdreau cuits et froids; puis un demi-filet de lièvre également cuit; hachez les parures, pilez et passez-les, mêlez-les à la soupe, et liez celle-ci avec une liaison de 3 jaunes étendus avec du bouillon; ajoutez une pincée de poivre et versez dans la soupière, en la passant à la passoire fine; mêlez-lui le gibier coupé.

SOUPE AU PAIN DE GIBIER

Prenez les reliefs d'un rôt de perdreau, de faisan ou de lièvre; retirez-en la peau et les parties dures : il faut 200 grammes de chairs cuites. Pilez-les; ajoutez ensuite un morceau de beurre, 7 ou 8 jaunes dœuf crus, un peu de crème crue ou de sauce blonde. Assaisonnez et passez au tamis. Mettez l'appareil dans de petits moules à dariole beurrés, faites pocher au bain-marie, sans ébullition; laissez-refroidir. — Démoulez les petits pains, coupez-les en tranches transversales et mettez dans la soupière. Versez dessus 2 litres de bouillon clair (*page* 3).

SOUPE PURÉE DE POIS SECS

Cuisez dans une petite marmite 2 oreilles de porc, salées, avec 4 litres d'eau et 1 oignon. Une heure après, ajoutez trois quarts de litre de pois secs jaunes; cuisez pendant une heure. Egouttez les pois, passez-les au tamis; délayez la purée avec la cuisson des pois; assaisonnez, cuisez un quart d'heure sur le côté du feu, et mêlez-lui les oreilles de porc émincées. Versez dans la soupière.

SOUPE PURÉE DE POIS SECS, AUX ÉPINARDS

Cuisez un litre de pois secs, jaunes, avec de l'eau et un morceau de petit-salé. Égouttez-les, écrasez-les et passez-les au tamis. Mettez la purée dans une casserole; délayez-la avec un litre et demi de leur cuisson; faites bouillir en tournant, et retirez sur le côté. — Hachez 2 ou 3 poignées d'épinards; exprimez-en l'eau, et faites-les revenir dans une poêle, avec du beurre, jusqu'à ce que leur humidité soit évaporée ; mêlez-les alors à la soupe; cuisez 10 minutes et versez dans la soupière.

SOUPE PURÉE DE POMMES DE TERRE AUX CHOUX

Prenez la valeur d'un litre et demi de pommes terre pelées, coupées en morceaux. — Mettez un oignon haché dans une casserole, faites-le revenir au beurre, ajoutez les pommes de terre; sautez-les pendant 10 minutes; assaisonnez, puis mouillez avez 3 décilitres de bouillon; retirez sur feu modéré et finissez de les cuire ainsi. Passez-les au tamis; remettez la purée dans la casserole; délayez-la avec 2 litres de bouillon; faites bouillir en tournant, et retirez sur le côté.

Emincez le cœur d'un chou frisé; plongez-le à l'eau bouillante et salée; cuisez pendant 25 minutes; égouttez et mêlez-le à la soupe. Un quart d'heure après, liez celle-ci avec une liaison de 3 jaunes, un peu de crème et un morceau de beurre. Versez-la dans la soupière.

SOUPE PURÉE DE POMMES DE TERRE, LIÉE

Cuisez à l'eau salée, la valeur d'un litre et demi de pommes de terre pelées et coupées. Quand elle sont à peu près à point, égouttez-en l'eau, et faites-les ressuyer à la bouche du four; passez-les alors au tamis, peu à la fois. Remettez cette purée dans la casserole, délayez avec du lait cuit ou du bouillon; faites bouillir, en tournant, et retirez sur le côté; assaisonnez avec sel et muscade, une pincée de sucre; liez avec une liaison de 3 jaunes, et finissez, en lui incorporant 60 gr. de beurre; versez-la dans la soupière.

SOUPE PURÉE, A LA CRÉCY

Émincez les parties rouges des carottes : il en faut à peu près un kilogramme; mettez-les dans une casserole avec du beurre, sel et une pincée de sucre, faites revenir sur feu modéré; 20 minutes après, ajoutez 4 grosses pommes de terre farineuses; ajoutez un peu de bouillon et finissez de cuire, tout doucement. Passez ensuite au tamis; remettez la purée dans la casserole, et délayez avec 2 litres de bouillon chaud. Tournez jusqu'à l'ébullition, et retirez sur le côté du feu. Un quart d'heure après, assaisonnez, et servez la purée telle quelle ou avec du riz cuit, des croûtons frits ou des pâtes blanchies à l'eau salée.

SOUPE PURÉE DE CHICORÉE AUX QUENELLES DE PAIN

Faites blanchir le cœur de quelques chicorées; exprimez-en bien l'eau; hachez-les. Faites revenir la chicorée au beurre, saupoudrez avec une cuillerée de farine, et mouillez peu à peu avec un litre de lait cuit; assaisonnez, cuisez sur feu doux pendant une demi-heure, puis passez au tamis. Etendez la purée avec du bouillon, et remettez-la dans la casserole; tournez jusqu'à l'ébullition, ajoutez une pincée de sucre, une pointe de muscade, cuisez 10 minutes sur le côté du feu, et liez avec une liaison de 3 jaunes; versez dans la soupière et mêlez-lui une garniture de quenelles au pain (*page* 20).

SOUPE A LA PURÉE DE NAVETS

Émincez 1 kilogramme de bon navets propres; mettez-les dans une casserole avec un morceau de beurre, et faites-les revenir à feu vif, en remuant souvent. Ajoutez sel et une cuillerée de farine; mouillez avec du bouillon, et cuisez sur le côté du feu, très-doucement; passez ensuite au tamis; remettez la purée dans la casserole; faites bouillir, sans cesser de remuer avec une cuiller; assaisonnez de bon goût et versez dans la soupière. — On peut finir cette soupe avec une liaison à la crème.

PURÉE DE LENTILLES, AU RIZ ET LAITUES

Cuisez à l'eau salée un litre de lentilles; égouttez-les, pilez-les, passez-les au tamis. Mettez la purée dans une casserole; délayez-la peu à peu avec 2 litres moitié bouillon chaud et moitié cuisson des lentilles; tournez-la jusqu'à l'ébullition; retirez-la sur le côté.

Un quart d'heure après, mêlez-lui le cœur de 2 laitues émincées et cuites à l'eau, ainsi que 125 grammes de riz cuit; assaisonnez, écumez et versez dans la soupière.

SOUPE PURÉE DE LENTILLES, A LA FAUBONNE

Prenez la valeur d'un demi-litre de purée de lentilles; délayez-la avec un litre et demi de bouillon chaud. Versez le liquide dans une casserole, en le passant. Faites bouillir, en tournant, et retirez sur le côté du feu; assaisonnez. Cuisez 15 minutes, et mêlez-lui une julienne composée de carottes, navets, céleris, oignons et poireaux, blanchis, revenus au beurre et tombés à glace avec du bouillon, en les cuisant; faites bouillir encore 10 minutes et servez.

Toutes les purées de légumes frais ou secs, peuvent être servies ainsi.

SOUPE PURÉE DE POIS VERTS

A défaut de pois frais, on prend des pois cassés, verts, qui sont excellents; on les cuit à l'eau salée; on les passe au tamis, et on délaye la purée avec du bouillon ou moitié bouillon et moitié de leur cuisson. — Si les pois sont frais, ils doivent être gros plutôt que fins. Cuisez-les à l'eau bouillante et salée, avec une poignée d'épinards; pilez et passez au tamis; délayez avec du bouillon, et passez encore. Faites bouillir sur le côté du feu pendant 20 minutes; assaisonnez, ajoutez une pincée de sucre et un morceau de beurre; servez avec des petits croûtons ou du riz.

Ne colorez la purée qu'avec des épinards ou vert-d'épinards, jamais avec aucune autre couleur, ni pâte colorante.

SOUPE PURÉE DE TOMATES, AU VERMICELLE

Avec 75 grammes de beurre et autant de farine, faites un roux; cuisez sans prendre couleur; mouillez peu à peu avec du simple bouillon, retirez sur le côté, cuisez pendant une demi-heure.

Coupez 10 à 12 tomates, chacune en deux parties, exprimez-les pour en retirer les semences. Emincez un gros oignon; faites le revenir au beurre, ajoutez les tomates, un gros bouquet de persil, sel, grains de poivre, girofle, un brin de laurier; cuisez jusqu'à ce que l'humidité soit à peu près réduite; passez au tamis. Mêlez cette purée à la soupe; ajoutez une pincée de poivre; 5 minutes après, ajoutez 150 grammes de vermicelle blanchi à l'eau salée, bien égoutté; versez dans la soupière.

SOUPE PURÉE DE TOMATES, AU PAIN

Cuisez 10 à 12 tomates comme il vient d'être dit; quand le liquide en est à peu près réduit, ajoutez 150 grammes de mie de pain de cuisine, imbibée à l'eau chaude, et bien exprimée; broyez-la avec une cuiller, et mouillez avec 2 décilitres de bouillon; faites mijoter pendant 20 minutes, sur feu très-doux; passez ensuite au tamis. Délayez cette purée avec un litre et demi de bouillon, et remettez-la dans la casserole, en la passant à la passoire fine. Faites bouillir en tournant; assaisonnez, et 5 minutes après, versez dans la soupière.

SOUPE PURÉE DE POTIRON

Prenez un kilogramme de bon potiron; supprimez-en l'écorce et les parties filandreuses; émincez-le en petites tranches, faites-les revenir au beurre, finissez-la, en opérant comme pour la purée crécy. — Les deux méthodes décrites pour la crécy sont également applicables à la purée de potiron. — On sert cette purée avec du riz, des croûtons, des pâtes, nouilles ou vermicelle.

SOUPE PURÉE DE MARRONS

Fendez l'écorce à un litre de marrons; échaudez-les jusqu'au point de pouvoir en retirer l'écorce et la peau rouge; cuisez-les dans une casserole, mouillez à hauteur avec du bouillon, à court mouillement et à feu doux; passez-les ensuite au tamis. Mettez cette purée dans une terrine; délayez-la avec 2 litres de bouillon, et passez à la passoire dans une casserole; faites la bouillir, en la tournant; retirez-la sur le côté, cuisez 25 minutes; assaisonnez avec sel et une pincée de sucre, écumez; mêlez-lui un morceau de beurre et versez dans la soupière.

SOUPE PURÉE DE RACINES DE CÉLERI

Prenez la valeur d'un litre de racines de céleri émincées; faites-les blanchir à l'eau salée, pendant 10 minutes; égouttez; mettez-les dans une casserole avec du beurre, et faites revenir jusqu'à ce que leur humidité soit évaporée; assaisonnez; saupoudrez avec une pincée de farine; mouillez peu à peu avec 2 litres de bouillon chaud; tournez jusqu'à l'ébullition et retirez sur le côté. Quand les légumes sont cuits, passez-les au tamis; remettez la purée dans la casserole; chauffez et liez-la avec une liaison de 3 jaunes, à la crème crue; finissez-la avec un morceau de beurre, et versez dans la soupière. — On peut servir cette soupe avec de petites quenelles, des pâtes fines, blanchies, des croûtons ou du riz cuit.

SOUPE A LA PURÉE DE HARICOTS ROUGES

Cuisez un litre de haricots rouges avec un morceau de petit-salé; égouttez-les, passez-les au tamis; délayez cette purée avec une partie de leur cuisson et du bouillon; tournez sur feu jusqu'à l'ébullition et retirez sur le côté; un quart d'heure après, versez la soupe dans la soupière. — On peut servir cette purée avec des petits croûtons de pain, des pâtes d'Italie ou du riz cuit.

SOUPE A LA REINE, A LA VOLAILLE

Mettez une poule propre dans une petite marmite, avec 3 litres d'eau, un peu de sel, un oignon, un morceau de racine de céleri et un morceau de navet. Cuisez sur feu très-doux. Quand la poule est aux trois quarts cuite, mêlez-lui 250 grammes de riz. Quand le riz est bien cuit, retirez la poule et les légumes, passez le reste au tamis. Prenez les chairs blanches de l'estomac de la poule; pilez-les, et délayez-les avec la soupe;

passez encore au tamis; versez le tout dans une casserole chauffée jusqu'au moment de l'ébullition, et liez avec une liaison de 4 jaunes d'œuf avec crème crue; assaisonnez et versez dans la soupière.

SOUPE A LA REINE, AU PAIN

Imbibez à l'eau tiède, 200 grammes de mie de pain de cuisine; exprimez-en l'humidité, et mettez-la dans une casserole pour la broyer; délayez-la avec 2 litres de bouillon; faites bouillir en tournant, et passez au tamis. Remettez la soupe dans la casserole; cuisez-la 25 à 30 minutes, sur le côté du feu. Prenez l'estomac d'une poule cuite: pilez-en les chairs, délayez-les avec un décilitre et demi de lait d'amandes et 3 jaunes d'œuf; passez au tamis. Au moment de servir, versez cette liaison dans la soupe, cuisez-la sans ébullition; ajoutez une pincée de sucre et un morceau de beurre; versez dans la soupière.

SOUPE A LA REINE, A LA MÉNAGÈRE

Mettez dans une marmite, un jarret de veau et un abatis de volaille : le cou, les pattes, le gésier et les ailerons; couvrez avec 3 litres d'eau froide; ajoutez un peu de sel, et mettez la marmite sur feu; écumez; au premier bouillon, retirez sur le côté. Ajoutez un poireau, une laitue, un morceau de navet et une carotte. Une demi-heure après, ajoutez 125 grammes de riz lavé. — Quand le jarret est cuit, retirez-le. Passez simplement le bouillon au tamis; remettez-le dans la marmite : il doit se trouver légèrement lié, car le riz doit être à peu près fondu. Faites-le bouillir et liez-le avec une liaison de 3 à 4 jaunes d'œuf avec crème crue; cuisez la liaison sans faire bouillir. Versez dans la soupière et mêlez-lui les viandes du jarret de veau, coupées en petits morceaux, ainsi que quelques cuillerées de riz cuit à part.

SOUPE PURÉE DE GIBIER

Retirez les chairs cuites d'un faisan ou de 2 perdreaux de desserte : supprimez-en la peau; pilez-les; ajoutez 150 grammes de mie de pain, imbibée au bouillon et exprimée; passez au tamis. Délayez la purée avec du bouillon chaud; passez-la encore, et remettez-la dans la casserole; assaisonnez, chauffez sans ébullition, et versez dans la soupière.— On peut remplacer la mie de pain par du riz.

SOUPE AU BROCHET

Prenez un brochet de 5 à 600 grammes; retirez-en les filets, coupez-les chacun en deux parties; assaisonnez, et cuisez-les dans un sautoir avec du beurre; laissez refroidir.

Avec la tête et les arêtes du brochet, de l'eau et du vin blanc, quelques racines émincées, oignon, poireaux et sel, préparez un litre et demi de bouillon.

Pilez les chairs cuites du brochet, avec 100 gr. de mie de pain, imbibée et exprimée; passez au tamis; délayez cette purée avec le bouillon, passez à la passoire fine, et chauffez en tournant. Au premier bouillon, liez la soupe avec une liaison de 3 à 4 jaunes d'œuf, mêlés avec un peu de crème crue; assaisonnez et servez avec de petits croûtons frits ou du riz cuit.

SOUPE AUX MOULES (1)

Mettez dans une casserole 4 douzaines de moules propres; faites-les ouvrir, en les sautant; égouttez-les sur une passoire, en conservant la cuisson; supprimez-en les coquilles. Emincez un oignon et le blanc d'un poireau; faites revenir avec de l'huile, dans une casserole, puis mouillez avec 2 litres d'eau chaude et la cuisson des moules. Faites bouillir; ajoutez un bouquet de persil noué avec une feuille de laurier; et ensuite 400 grammes de riz, une pointe de safran, une pincée de poivre et 3 clous de girofle. Cuisez tout doucement le riz; quand il est tendre, retirez le bouquet; ajoutez les moules et servez. — Cette soupe doit être un peu épaisse.

SOUPE AUX TANCHES

Cuisez dans une casserole 250 grammes d'orge perlé, avec un grain de sel et un peu d'eau, à court mouillement. Coupez en tronçons 2 tanches propres; cuisez-les avec de l'eau, sel et légumes émincés; passez le bouillon. Quand l'orge est cuit, broyez-le avec une cuiller jusqu'à ce qu'il soit bien blanc; délayez-le alors avec le bouillon des tanches. Faites bouillir la soupe, liez-la avec une liaison de 3 à 4 jaunes d'œuf, à la crème crue; cuisez-la sans faire bouillir, et versez dans la soupière. Ajoutez les filets de tanches, sans arêtes, et servez.

(1) Si on craignait d'être incommodé par les moules, il faudrait les laver à plusieurs eaux, puis les faire macérer 25 à 30 minutes dans un vase avec sel et vinaigre· les laver ensuite et les faire cuire.

BISQUE AUX ÉCREVISSES

Cuisez 20 à 30 petites écrevisses avec une demi-bouteille de vin blanc et légumes émincés, détachez-en les queues. Avec les coquilles des queues faites un peu de beurre d'écrevisse. Pilez les carcasses et les pattes; ajoutez 120 grammes de mie de pain de cuisine, imbibée au bouillon et exprimée, ou bien l'équivalent de riz cuit à l'eau ou au bouillon. Délayez avec la cuisson des écrevisses et un litre et demi de bouillon de poisson, si c'est possible ; ajoutez quelques cuillerées de purée tomate ; faites bouillir et retirez sur le côté du feu; cuisez pendant 25 minutes ; passez au tamis fin ou à l'étamine. Assaisonnez, ajoutez une pointe de cayenne, le beurre d'écrevisse et les queues coupées ; versez dans la soupière. — On sert les bisques avec des croûtons frits ou avec de petites quenelles. — Ne mettez jamais de carmin dans la soupe pour la rougir; le beurre d'écrevisse et la tomate suffisent.

BOURRIDE PROVENÇALE

Prenez une tranche de congre, un grondin coupé et 4 à 5 tranches de gros merlan ; mettez-les dans une casserole avec racines, oignons et poireaux émincés, une feuille de laurier, un bouquet de persil; mouillez avec un peu de vin blanc et de l'eau chaude; cuisez 10 minutes, et retirez les meilleurs morceaux de poisson; tenez-les au chaud. Cuisez encore 7 à 8 minutes, et passez le bouillon dans une casserolle; faites-le bouillir à nouveau, et retirez sur le côté.

Mettez 6 à 8 jaunes d'œuf dans une terrine; broyez-les et mêlez-leur 5 à 6 cuillerées *d'ayoli* (*page* 63); délayez ensuite avec un décilitre d'eau froide. Avec cette liaison, liez le bouillon préparé ; tournez-le 5 à 6 minutes sur feu sans faire bouillir; retirez-le et versez-le sur des tranches de pain coupées d'un demi-doigt d'épaisseur, et disposées dans un plat creux; servez cette soupe, en même temps que le poisson cuit, dressé sur un autre plat.

Dans le nord de la France, on peut remplacer le gros merlan par du turbotin coupé, de la barbue ou du mulet de l'Océan.

BOUILLABAISSE A LA PROVENÇALE

Voici comme on procède dans les ports de la Méditerranée, pour préparer une bouillabaisse devant servir à cinq ou six personnes : prenez un petit saint-pierre, un chapon rouge, quatre tranches de gros merlan du Midi, deux petites langoustes, trois ou quatre racasses, quelques cigales de mer ou petits poissons de roche.

Tous ces poissons doivent être vivants de fraîcheur. Divisez les gros en tronçons, coupez les langoustes en deux parties, sur la longueur : les cigales ou petits poissons restent entiers.

Émincez un oignon et le blanc d'un poireau, faites-les revenir à l'huile, dans une casserole mince ; ajoutez les morceaux de poisson, saupoudrez avec sel et une cuillerée à café de farine ; sautez-les; mouillez-les à hauteur avec de l'eau chaude et quatre cuillerées vin blanc sec; ajoutez deux tomates hachées, gousse d'ail, pointe de safran, bouquet de persil et laurier, les chairs d'un citron sans écorce ni pépins; cuisez à feu vif douze à quinze minutes. Le poisson doit alors se trouver cuit, et le mouillement court, légèrement lié; ajoutez une pincée de persil haché avec une pointe d'ail; donnez deux bouillons, retirez du feu.

Versez le bouillon sur une douzaine de tranches de pain blanc, de un centimètre d'épaisseur, rangées dans un plat creux. Dressez le poisson sur un autre plat; servez en même temps le pain et le poisson.

Dans les contrées du Nord, voici les poissons qu'on peut employer: grondins bien frais, petit saint-pierre, petite barbue ou turbotin, tranches de colin, petites soles, vives, rougets, petit homard : l'opération est la même que précédemment.

Loin des ports de mer, on peut fort bien préparer une bouillabaisse avec du poisson d'eau douce, c'est-à-dire, perches vivantes, carpes, tanches, barbots, petites truites.

En ce cas, il faut couper la tête des poissons et diviser les corps en tronçons. Avec les têtes préparez un bouillon qui servira à mouiller le poisson en tronçons, après lui avoir mêlé un ou deux décilitres de vin blanc. L'opération est la même que pour les poissons de mer.

ROUX, LIAISONS, FARCES

Bouquet garni. — On donne le nom de bouquet à une pincée de branches de persil, mêlées avec une demi-feuille de laurier et quelques brins de thym, noués ensemble avec du fil.

Pâte à frire. — Mettez dans une terrine 150 grammes de farine, un grain de sel, 2 cuillerées d'huile ou beurre fondu, un jaune d'œuf. Délayez la farine avec les trois quarts d'un verre d'eau tiède, en remuant la pâte avec une cuiller, de façon à ne pas faire de grumeaux; incorporez-lui alors 3 blancs d'œuf fouettés, bien fermes. — Il est bon de préparer la pâte quelques heures d'avance, mais il ne faut lui mêler les blancs qu'au moment de l'employer.

Panure. — Le pain qu'on emploie pour paner est ou râpé ou pilé; dans le premier cas, c'est de la mie fraîche d'un pain de cuisine, dans le second ce sont des morceaux de pain de table séchés à l'étuve, pilés et passés à la passoire. Pour préparer la panure, il suffit de battre des œufs entiers, auxquels on peut toujours ajouter quelques blancs en plus.

Chapelure. — On appelle chapelure la croûte d'un pain, râpée et passée à la passoire fine. On l'emploie pour saupoudrer les mets qui doivent être gratinés.

Persil haché. — Triez le persil, en ne prenant que les feuilles; lavez-les, puis hachez-les; mettez ce persil dans le coin d'une serviette, trempez à l'eau froide, et exprimez-en toute l'humidité; mettez-le dans une assiette.

Champignons frais, hachés. — Quand on a besoin de champignons hachés, on prend les queues des champignons ou simplement des parures bien propres; on les éponge et on les hache au moment même de les employer. A défaut de champignons frais, on prend des secs, ramollis à l'eau tiède.

Vert-d'épinards. — Le vert d'épinards est souvent employé pour nuancer les soupes et les sauces qui manquent de couleur. — Lavez et pilez les épinards; mettez-les dans un linge et tordez ce linge à deux personnes, pour exprimer tout le suc des épinards, en le faisant tomber dans un plat; versez-le dans un poêlon d'office; chauffez-le jusqu'à ce que la partie colorante se coagule; versez alors sur un tamis fin, sur lequel se fixe le vert; enlevez-le ensuite.

Fines-herbes cuites. — Mettez dans une casserole, un morceau de beurre, quelques cuillerées d'oignons et échalotes, hachés; faites revenir à feu doux, en remuant; ajoutez 2 ou 3 fois leur volume de champignons hachés (1), cuisez-les jusqu'à ce que leur humidité soit évaporée; ajoutez alors du persil haché, sel et épices; retirez du feu. Aux fines herbes on peut toujours ajouter des truffes hachées.

(1) A défaut de champignons frais, il est toujours facile de se procurer de champignons secs, peu coûteux et excellents. On les fait ramollir à l'eau froide avant de les cuire. Mais les champignons conservés sont si faciles à se procurer, et on peut les acheter en si petite quantité à la fois, qu'il serait puéril de s'en priver, surtout dans les cas où ils deviennent en quelques sorte indispensables.

Friture. — On fait frire au beurre, à la graisse clarifiée, au saindoux et à l'huile. Pour préparer de la graisse pour friture, prenez de la graisse de marmite, froide, bien égouttée ; mettez-la dans une casserole ; mêlez-lui toutes les graisses crues de bœuf ou de veau, mises de côté pour cet usage et hachées ; faites fondre et cuisez cette graisse, à feu très-doux. On reconnait qu'elle est clarifiée, quand elle ne crie plus en bouillant et qu'elle commence à fumer ; on la passe alors à une passoire fine. — Pour faire frire au saindoux ou à l'huile, il suffit de les mettre dans la poêle à frire, et les faire chauffer à point. Quand la friture commence à fumer, il faut la retirer sur le côté du feu, car elle brûlerait.

Croûtons frits. — Les croûtons sont pris sur de la mie de pain de cuisine ; on les coupe de forme ronde, ovale, en crête, en triangle, en croissant, selon l'emploi auquel on les destine : les croûtons pour soupe sont coupés en petits dés. — Pour faire frire les gros croûtons on les range l'un à côté de l'autre, dans une casserole plate ou un plafond avec du beurre, à feu très-doux ; on les retourne avec une fourchette, à mesure qu'ils sont colorés d'un côté. — Les petits croûtons en dés, on les jette dans du beurre chaud et on les saute jusqu'à ce qu'ils soient secs et de belle couleur.

Beurre épuré.—Faites fondre le beurre ; laissez-le déposer, puis décantez-le, en laissant au fond les parties crémeuses.

Beurre à la maître-d'hôtel.— Maniez dans une terrine, avec une cuiller, 50 à 60 grammes de beurre, pour le ramollir ; ajoutez sel, poivre, muscade, persil haché et jus de citron.

Beurre d'anchois.— Retirez les filets de 8 à 10 anchois propres ; pilez-les avec 50 grammes de beurre, passez au tamis. — On supplée au beurre d'anchois avec de l'essence d'anchois anglaise.

Beurre d'écrevisse.— Faites sécher au four les coquilles les plus rouges des écrevisses, c'est-à-dire celles des coffres et celles des queues ; pilez-les et mêlez-leur une égale quantité de beurre ; pilez encore, puis, mettez le tout dans une casserole ; placez celle-ci sur feu doux, remuez souvent ; cuisez jusqu'à ce que le beurre soit clarifié et rouge ; mettez le tout dans une serviette, et exprimez-en le liquide, en la tordant, à deux personnes ; faites tomber le beurre dans une terrine d'eau froide. Quand le beurre est figé, égouttez-le. On opère de même pour le beurre de homard ou de crevette.

Beurre d'ail.— Épluchez quelques têtes d'ail ; cuisez-les à couvert, à l'eau salée. Egouttez-les ; quand elles sont froides, pilez-les avec une égale quantité de beurre, sel et poivre; passez au tamis.

Beurre Montpellier.— Prenez par portions égales: ciboulette, cerfeuil, estragon, persil, pimprenelle et cresson alénois. Faites-les blanchir à l'eau salée. Exprimez-en l'humidité, et pilez-les; ajoutez quelques filets d'anchois et deux fois leur volume de beurre. Passez au tamis; mêlez-bien, et laissez refroidir.

Liaison aux jaunes d'œuf — Mettez quelques jaunes d'œuf dans une petite terrine; broyez-les avec une cuiller, et délayez-les avec quelques cuillerées de crème crue ou du lait, de l'eau froide ou du bouillon; ajoutez une pointe de muscade et quelques petits morceaux de beurre. On verse la liaison dans la sauce ou le liquide qu'on veut lier, quand celui-ci est bouillant, mais hors du feu; on cuit ensuite la liaison, en tournant et sans faire bouillir: si les œufs ne cuisaient pas, la sauce serait exposée à tourner.

Liaison au beurre manié. — Avec le beurre manié, on lie les petites sauces, les jus, les bouillons et les cuissons des viandes ou des poissons. Ce beurre employé avec discernement est expéditif et simplifie le travail. — Mettez dans une terrine un morceau de beurre pas trop ferme; mêlez-lui peu à peu une égale quantité de farine, à l'aide d'une cuiller, de façon à obtenir une pâte ferme et lisse, sans grumeaux.

Liaison à la farine.— Mettez quelques cuillerées de farine dans une terrine: délayez-la peu à peu avec de l'eau froide, de façon à obtenir une pâte liquide, sans grumeaux; si on aperçoit des grumeaux, il faut la passer à la passoire fine ou au tamis.—Avec cette liaison, on lie les jus et on augmente la consistance des sauces trop légères. On mêle la liaison aux liquides en ébullition, mais peu à peu et en remuant avec une cuiller. On cuit la liaison sur le côté du feu pendant un quart d'heure.

Liaison à la fécule et à l'arrow-root.— La fécule et l'arrow-root, délayés à l'eau froide, conviennent pour lier les jus ou les bouillons; on les incorpore peu à peu aux liquides en ébullition, et on les cuit 10 à 12 minutes sur le côté du feu.

Liaison au sang. — On fait cette liaison avec du sang de volaille ou de gibier liquide; pour le conserver ainsi, il faut avoir soin de lui mêler du jus de citron ou du vinaigre, si non il se coagulerait. Pour lier une sauce au sang, on mêle à celui-ci quelques petits morceaux de beurre, et on le laisse tomber dans la sauce chaude, en remuant à l'endroit où il tombe.

Roux conservé pour lier les jus. — Faites fondre du beurre dans une casserole; mêlez-lui un peu plus que son poids de farine; remuez et cuisez sur feu doux pendant 30 minutes afin de faire roussir la farine de nuance claire. Versez ce roux dans une terrine, laissez refroidir. — *Quand on veut lier un jus*, on coupe un morceau de ce roux, pour le mêler au jus chaud et faire bouillir.

Marinade au vinaigre.— Emincez 2 oignons, 2 carottes; mettez-les dans une casserole avec du beurre, faites-les revenir sur feu modéré; ajoutez ail, thym, laurier, gros poivre et girofles. Mouillez avec 2 ou 3 litres de vinaigre et un litre d'eau salée.

Salpicons. — Les salpicons sont composés avec de la volaille ou du gibier, cuits et froids, coupés en petits dés, mêlés avec un tiers de leur volume de truffes, champignons ou langue écarlate, cuits, coupés comme la viande, et liés ensuite avec une sauce *blonde ou brune plus ou moins réduite*, selon que le salpicon est destiné pour garniture ou pour former des croquettes.

Fumet de perdreau — Prenez les carcasses crues de quelques perdreaux, les cous, les os et les cuisses qu'on ne peut utiliser; brisez les carcasses et les os; mettez-les dans une casserole avec carottes et oignons émincés, thym, laurier, gros poivre, girofles. Mouillez avec une demi-bouteille de vin blanc sec, et faites réduire le liquide sur feu vif, Mouillez alors à hauteur avec du bouillon, juste à hauteur. Cuisez 20 minutes; passez et dégraissez. — D'après la même méthode, on prépare des fumets de toute sorte de gibier.

Panade pour les farces. — Pour préparer une farce, il faut de la panade au pain ou à la farine. On prépare la panade au pain, avec de la mie de pain blanc. Imbibez-la avec de l'eau chaude, puis pressez-la entre les mains, pour en extraire toute l'humidité. Mettez-la alors dans une casserole; broyez-la avec une cuiller, en lui mêlant peu à peu, du lait cuit ou du bouillon chaud, de façon à obtenir une pâte épaisse; cuisez-la 2 minutes, et retirez-la sur une assiette pour la laisser refroidir.—Pour préparer la panade à la farine, faites bouillir 2 décilitres d'eau dans une casserole; retirez-la du feu, mêlez-lui un grain de sel et un morceau de beurre, puis incorporez-lui, peu à peu de la farine autant que le liquide peut en absorber, de façon à obtenir une bouillie sans grumeaux : il faut remuer le liquide avec une cuiller à mesure que la farine tombe; cuisez la panade pendant 2 minutes et mettez-la sur une assiette pour la laisser refroidir.

Farce à la mie de pain — Prenez un morceau de mie de pain blanc, de 2 à 300 grammes; imbibez-la à l'eau bouillante, puis pressez-la pour en extraire l'humidité. Mettez-la dans une casserole, broyez-la avec une cuiller, et mêlez-lui quelques cuillerées de bouillon chaud ou du lait cuit; cuisez la sur feu, en la tournant; quand elle est bien liée, retirez-la; quand elle est froide, mêlez-lui une poignée de graisse de rognon de veau ou de bœuf, hachée, un petit oignon haché, une pincée de persil, 2 œufs entiers, sel et muscade.

Godiveau — Prenez 300 grammes de viande maigre de veau, bien fraîche; retirez-en la peau et les nerfs, coupez-la en petits morceaux, hachez-la; hachez également 200 grammes de graisse de rognon de bœuf, épluchée; mêlez la graisse et la viande; assaisonnez avec sel, épices; mettez le tout dans un mortier et pilez; quand le mélange est opéré, ajoutez un œuf entier; quand cet œuf est incorporé; ajoutez-en un autre; pilez jusqu'à ce que la graisse et la viande soient confondues; retirez-la dans un plat, tenez-la sur glace. Quand la farce est bien refroidie, remettez-la dans le mortier; pilez encore, en lui mêlant 2 œufs et 4 cuillerées de béchamel très-épaisse; ajoutez de temps en temps quelques cuillerées d'eau glacée. Prenez une petite partie de la farce, roulez-la sur la table farinée, et essayez-la à l'eau bouillante: si elle était trop ferme, ajoutez quelques cuillerées d'eau. Retirez-la, tenez-la au froid.

Farce de veau — Pour 300 grammes de viande maigre de veau, sans peau ni nerfs, prenez 200 grammes de panade et 200 grammes de beurre.

Hachez la viande, pilez-la ensuite; ajoutez la panade, peu à peu, en pilant; 10 minutes après, ajoutez le beurre par parties; assaisonnez avec sel et muscade; ajoutez 2 jaunes d'œuf; passez ensuite la farce au tamis; mettez-la dans une terrine; travaillez-la 2 minutes avec une cuiller, et tenez au frais. — Essayez la farce avant de l'employer, c'est-à-dire faites-en pocher une petite partie.

Farce de volaille. — Prenez les filets d'une ou de 2 poules crues. Pour 250 grammes de chairs, mettez 200 grammes de panade et autant de beurre; 2 jaunes d'œuf, sel et muscade.

Farce de perdreau. — Prenez 250 grammes de chairs crues de perdreau, 200 grammes de panade, et 200 grammes de beurre, 5 jaunes d'œuf, sel et muscade. — Pour la farce de faisan même quantité.

Farce de lapereau. — Prenez 250 grammes de chairs crues de lapereau; 250 grammes de panade et autant de beurre, 2 jaunes d'œuf, sel et muscade.

Farce de brochet. — Prenez 280 grammes de chairs crues de brochet, retirez-en la peau et les arêtes; pilez-les; ajoutez peu à peu 250 grammes de panade au pain; quand le mélange est opéré, ajoutez 200 grammes de beurre, puis 1 œuf entier et 2 jaunes, sel et muscade; passez au tamis, mettez dans une terrine; mêlez-la bien avec une cuiller, et tenez au frais. On opère de même pour les farces de carpe et de merlan.

JUS, SAUCES

Jus clair. — Coupez en gros carrés 2 kilogrammes de veau; mettez-les dans une casserole avec un morceau de beurre, 2 ognons, 2 carottes coupées; posez la casserole sur le feu, et faites revenir les viandes, en les remuant, jusqu'à ce qu'elles soient de belle couleur. Mouillez avec un quart de litre de bouillon, et faites tomber le liquide à glace. Mouillez alors les viandes à hauteur, avec du bouillon ou de l'eau et une demi-bouteille de vin blanc; salez légèrement; faites bouillir, en écumant. Retirez sur le côté; ajoutez un bouquet garni, un os de jambon cru, quelques os de viandes rôties, des os de veau surtout coupés menu. Cuisez pendant 2 heures; dégraissez et passez à travers un linge ou au tamis, dans une terrine.

Jus lié. — Préparez un jus comme le précédent; une heure après qu'il est mouillé, liez-le avec quelques cuillerées de farine délayée à l'eau froide, en observant de ne pas le rendre trop épais. Cuisez encore une heure; puis dégraissez et passez-le au tamis, dans une terrine. — Dans un grand nombre de cas, ce jus peut tenir lieu de sauce brune.

Glace de viande. — Pour obtenir de la bonne glace, il faut de bons fonds de volaille, de veau ou de gibier. Quand on n'a pas ces ressources, mieux vaut acheter la glace, ou alors se résigner à faire réduire chaque jour les bouillons et fonds superflus. En tous cas, dégraissez bien le liquide; versez-le dans un grand vase et faites-le bouillir à grand feu; cuisez-le jusqu'à ce qu'il commence à se nuancer; versez-le alors dans une petite casserole; placez celle-ci sur le côté du feu. Écumez la glace jusqu'à ce qu'elle ait atteint la consistance d'un sirop, et qu'elle nappe la cuiller; alors retirez-la.

Gelée grasse (*aspic*). — On prépare cette gelée avec du bon bouillon de volaille ou de veau, bien clair, mêlé avec de la colle de pied de veau ou simplement avec de la gélatine (1); si c'est de la gélatine, faites-la ramollir à l'eau froide, puis mêlez-la au bouillon, et chauffez en remuant jusqu'à ce qu'elle soit dissoute; alors essayez sur glace, dans un petit moule, une petite partie du liquide, afin de juger de sa consistance. Dégraissez le liquide avec le plus grand soin; mettez-le dans une casserole.

Pour 2 litres de gelée, prenez 250 grammes de viande maigre de bœuf, mêlée avec un œuf entier, un demi-verre de vin blanc et autant de madère, quelques brins d'aromate, poivre en grains, 2 clous de girofle, une pincée de cerfeuil et feuilles d'estragon; mêlez le tout au liquide; mettez-le sur feu modéré, et remuez avec une cuiller jusqu'au moment où il va entrer en ébullition; à ce point, mêlez-lui un filet de vinaigre, et retirez sur le côté du feu; tenez-le ainsi sans ébullition, jusqu'à ce qu'il soit bien clair. Versez-le alors sur une serviette tendue sur les quatre pieds d'un tabouret renversé, ayant une terrine vernie en dessus.

Si après cette opération, la gelée n'était pas suffisamment claire, il faudrait la clarifier une deuxième fois avec du blanc d'œuf seulement, et la passer ensuite.

Sauce blonde (*velouté*). — Masquez le fond d'une casserole avec des légumes émincés; sur cette couche, placez 2 kilog. d'épaule de veau coupée en gros carrés, ainsi qu'une poule entière. Mouillez avec 2 décilitres de bouillon, et faites suer les viandes jusqu'à ce que le liquide soit réduit; mouillez alors avec 5 à 6 litres de bouillon; ajoutez un os de jambon, quelques bonnes parures de côtelettes de veau, quelques cous et pattes de volailles. Faites bouillir, écumez et retirez sur le côté du feu. Deux heures après, dégraissez et passez le liquide au tamis. — Avec 125 gr. de beurre et autant de farine, préparez un roux; cuisez-le sans le colorer; délayez-le peu à peu avec le fonds préparé (4 litres). Faites bouillir, en tournant,

(1) Il faut 50 grammes de gélatine pour 2 litres de bouillon.

et retirez sur le côté du feu. Cuisez la sauce pendant trois quarts d'heure. Dégraissez et passez dans une terrine.

Sauce brune (*espagnole*). — Cette sauce sert à confectionner les petites sauces brunes. — Préparez 3 à 4 litres de jus ; dégraissez-le et passez-le dans une terrine. — Faites fondre dans une casserole, 125 gr. de beurre ; mêlez-lui, 125 grammes de farine, de façon à former une pâte légère chauffez bien et retirez sur feu doux ; remuez souvent, et faites colorer de belle couleur brune. Délayez ensuite avec le jus préparé, mais peu à peu ; mettez sur feu, et faites bouillir, en tournant. Retirez aussitôt sur le côté du feu ; ajoutez un bouquet, un oignon et une carotte ; cuisez trois quarts d'heure. Dégraissez et passez dans une terrine

Sauce béchamel. — Faites chauffer 125 grammes de beurre, dans une casserole ; mêlez-lui 140 grammes de farine, de façon à obtenir une pâte consistante ; cuisez 7 à 8 minutes, sans la quitter ; retirez-la, et délayez-la avec 2 litres de lait cuit ; faites bouillir, en tournant. Retirez aussitôt sur le côté ; ajoutez 100 grammes de jambon cru, un bouquet garni, le sel nécessaire. Cuisez 25 minutes, et passez dans une terrine.

Sauce allemande. — Mettez dans une casserole 5 décilitres de sauce blonde (*velouté*) ; ajoutez quelques parures crues de champignons ou 6 cuillerées de cuisson de champignons et autant de cuisson de veau ou de volaille. Faites réduire la sauce pendant 8 à 10 minutes, sans la quitter ; puis liez-la avec une liaison de 2 jaunes, à la crème crue. Passez-la.

Sauce au beurre. — Mettez dans une petite casserole 50 grammes de beurre ; ajoutez 40 à 45 grammes de farine (2 cuillerées) ; mêlez bien à l'aide d'une cuiller en bois ; ajoutez une pincée de sel et 3 décilitres d'eau froide. Tournez sur feu modéré, jusqu'au moment où la sauce va bouillir ; retirez-la aussitôt sur le côté du feu ; elle doit être bien liée et lisse, c'est-à-dire sans grumeaux. Incorporez-lui alors, peu à peu 50 à 60 grammes de beurre divisé. Finissez-la avec une pointe de muscade et le jus d'un citron ou un filet de vinaigre. — Si au moment de l'ébullitin la sauce n'était pas lisse, il faudrait la passer et lui mêler ensuite le beurre, sur le côté du feu.

Sauce beurre noir. — Mettez 4 cuillerées de bon vinaigre dans une casserole, faites-le réduire de moitié. — Mettez dans une poêle 200 gram. de bon beurre, divisé ; faites-le fondre et chauffez jusqu'à ce qu'il prenne une nuance foncée, brun; alors retirez-le du feu; laissez-le bien tomber, et mêlez-lui le vinaigre; ajoutez une pincée de poivre et versez dans une saucière chaude. — Pour le beurre fondu, il suffit de le faire dissoudre et l'épurer, en le décantant.

Sauce hollandaise commune. — Mettez 3 jaunes d'œuf dans une casserole; ajoutez une bonne cuillerée de farine et 60 grammes de beurre, un peu de sel et muscade; mêlez le beurre, les œufs et la farine; délayez avec 2 décilitres d'eau froide; tournez sur feu jusqu'au moment où *l'ébullition* va se prononcer; la sauce doit alors se trouver lisse; retirez-la sur le côté, et incorporez-lui peu à peu, 100 grammes de beurrre, sans cesser de tourner; finissez-la avec le jus d'un citron.

Sauce hollandaise fine. — Mettez dans une petite casserole 4 à 5 cuillerées de bon vinaigre : faites-le réduire de moitié; retirez, et 2 minutes après, mêlez-lui 3 jaunes d'œuf crus, une pincée de sel et poivre. Chauffez 2 minutes sur feu doux, en tournant; ajoutez alors, peu à peu, 70 grammes de beurre divisé; liez la sauce sur feu très-doux, sans cesser de tourner; retirez-la sur feu plus doux ou au bain-marie, et mêlez-lui encore 60 à 80 grammes de beurre, toujours peu à peu, sans cesser de tourner; au bout de 10 minutes, elle doit se trouver consistante et crémeuse; servez-la aussitôt.

Sauce au fenouil. — Préparez une sauce au beurre (*page* 54), avec un petit bouquet de fenouil vert; quand elle est liée, retirez le bouquet; finissez-la avec un morceau de beurre, une pincée de fenouil haché et une pincée de poivre.

Sauce ravigote chaude. — Avec du beurre et de la farine faites un petit roux sans couleur; mouillez avec du bouillon; faites bouillir; mêlez-lui alors 2 cuillerées d'échalotes hachées, un bouquet de persil et gros poivre; cuisez un quart d'heure. Dégraissez et passez dans une autre casserole; cuisez-la 5 à 6 minutes pour lui faire prendre consistance; retirez-la, incorporez-lui quelques cuillerées de bonne huile et une cuillerée de moutarde délayée; finissez-la avec 2 ou 3 cuillerées de pimprenelle, estragon et persil, finement hachés.

Coulis d'écrevisse. — Mettez quelques décilitres de sauce blonde dans une casserole; faites-la bouillir; retirez-la sur le côté du feu. Pilez une douzaine d'écrevisses cuites et entières : chairs et coquilles; mêlez-les à la sauce, avec leur cuisson et un bouquet garni; cuisez 20 minutes tout doucement. Passez ensuite au passe-sauce.

Sauce raifort chaude. — Mettez dans une casserole 40 grammes de beurre et autant de farine; cuisez sans prendre couleur; mouillez avec 2 décilitres de bouillon et autant de lait cuit; tournez jusqu'à l'ébullition; assaisonnez; cuisez pendant 10 minutes : elle doit être peu épaisse; mêlez-lui alors une poignée de racines de raifort hachées, ajoutez une pincée de sucre; chauffez sans faire bouillir.

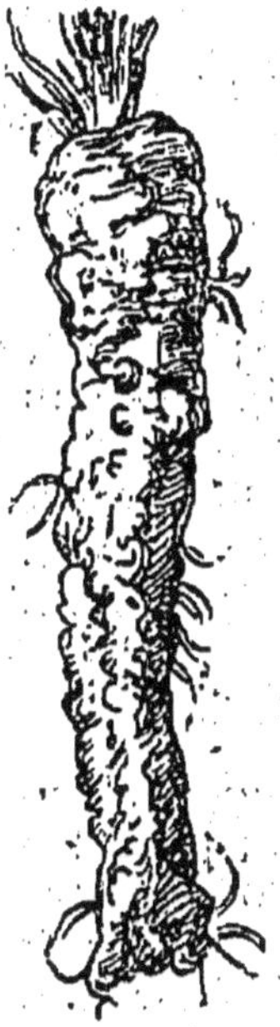

Sauce raifort à la mie de pain. — Faites bouillir 5 à 6 décilitres de lait. — Imbibez à l'eau chaude, 100 gram. de mie de pain de cuisine exprimez-en l'humidité, mettez-la dans une casserole et broyez-la avec la cuiller; puis, délayez-la avec du lait cuit; faites bouillir et cuisez 10 minutes sur le côté du feu, assaisonnez avec sel, poivre et muscade; retirez du feu, et mêlez-lui quelques cuillerées de racine de raifort, râpée et hachée : finissez la sauce avec un morceau de beurre, et servez sans faire bouillir. — Le dessin joint à cet article, représente une racine de raifort.

Sauce tomate. — Coupez en deux 7 à 8 tomates; exprimez-en les semences. Emincez un oignon; mettez-le dans une casserole avec du beurre, faites-le revenir; ajoutez une gousse d'ail non pelée, un brin de laurier, quelques branches de persil, gros poivre, un morceau de jambon cru et les tomates; salez, cuisez sur feu vif, jusqu'à ce que les tomates aient réduit leur humidité; passez-les alors au tamis. Remettez-la purée dans une casserole avec un peu de bouillon, et liez avec quelques cuillerées de farine délayée. Faites bouillir; cuisez 8 à 10 minutes sur le côté du feu, et servez.

Sauce tomate à la ménagère. — Echaudez 3 tomates pour en retirer la peau; coupez-les par le milieu, exprimez-en les graines; coupez-les alors en petits morceaux. — Coupez en dés 100 gram. de petit-salé, mettez-le dans une poêle avec de l'huile ou du beurre; chauffez-le, ajoutez les tomates et une gousse d'ail; faites-les sauter à feu vif; assaisonnez avec sel et poivre. Quand les tomates sont fondues, ajoutez quelques cuillerées de vinaigre et autant de bouillon; 2 minutes après, saupoudrez de persil et servez.

Sauce à la hussarde. — Emincez un oignon; faites-le revenir avec du beurre, gousse d'ail, feuille de laurier et 50 grammes de jambon coupé. Mouillez avec 3 décilitres de bouillon et autant de vin blanc. Ajoutez un bouquet de persil et estragon, 2 ou 3 échalotes, un morceau de racine de céleri et quelques grains de poivre. Faites bouillir, et retirez sur le côté du feu. Un quart d'heure après, liez avec un morceau de beurre manié à la farine; 5 minutes après, passez au tamis, et servez.

Sauce aux pommes. — Pelez 2 ou 3 pommes aigres, émincez-les, cuisez-les avec un peu d'eau; passez au tamis; ajoutez une pincée de sucre, quelques cuillerées de vin blanc, et un brin de cannelle; donnez quelques bouillons, et servez.

Sauce aux échalotes. — Mettez dans une casserole 2 cuillerées d'échalotes hachées; mouillez avec 5 à 6 cuillerées de vinaigre; posez la casserole sur feu, et faites réduire tout à fait le liquide. Mouillez avec du bouillon ou du jus lié; ajoutez un petit bouquet avec laurier, persil et aromates; cuisez 12 minutes sur le côté du feu. Si la sauce est mouillée au bouillon, ajoutez du caramel et liez-la avec de la fécule délayée ou du beurre manié; dans les deux cas, finissez-la avec une pincée de poivre; dégraissez et servez sans la passer après avoir retiré le bouquet.

Sauce à l'oseille. — Prenez 2 poignées de feuilles tendres d'oseille; retirez-en les côtes, et mettez-les dans une casserole avec un peu d'eau; cuisez 5 minutes, et retirez du feu; faites-la égoutter sur un tamis. — Versez dans une casserole 125 gram. de beurre épuré; cuisez-le à la noisette, et mêlez-lui l'oseille; assaisonnez avec sel, poivre et muscade; remuez 2 minutes et versez dans la saucière.

Sauce poulette. — Mettez 30 grammes de beurre dans une casserole; faites-le fondre, et mêlez-lui 2 cuillerées de farine (40 grammes); cuisez sans faire colorer; mouillez peu à peu, avec 4 décilitres de bouillon; tournez sur feu jusqu'à l'ébullition et retirez sur le côté. Ajoutez un bouquet, quelques parures de champignons, sel et muscade. Un quart d'heure après, dégraissez et liez-la avec une liaison de 2 jaunes d'œuf; finissez avec un petit morceau de beurre, le jus d'un citron, persil haché et muscade; passez et servez.

Sauce au pain frit. — Faites fondre 75 grammes de beurre dans une petite casserole; quand il est bien chaud, mêlez-lui 4 à 5 cuillerées de panure blanche; cuisez-la 5 à 6 minutes sans la quitter; salez et servez.

Sauce au pauvre homme. — Mettez dans une casserole 4 cuillerées d'échalotes et oignons finement hachés; ajoutez une feuille de laurier et une gousse d'ail; faites légèrement revenir avec beurre ou huile; ajoutez une pincée de panure blanche, cuisez quelques secondes et mouillez avec du bouillon ou du jus; cuisez 12 à 15 minutes sur le côté du feu; retirez ail et laurier; finissez avec une pincée de poivre et persil haché.

Sauce ménagère pour rôts. — Mettez dans une petite casserole 3 cuillerées d'oignon et échalote hachés; faites-les revenir avec beurre ou huile; saupoudrez d'une pincée de farine, et mouillez avec un peu de bouillon; ajoutez gros poivre, aromates, feuilles de persil et 2 ou 3 anchois hachés. Tournez jusqu'à l'ébullition et cuisez 12 à 15 minutes sur le côté du feu. Ajoutez le jus de la lèchefrite, dégraissé et passé. Mêlez à la sauce quelques tranches de citron sans écorce ni pépins. — Cette sauce est excellente avec les canards et sarcelles.

Sauce maître-d'hôtel. — Préparez une petite sauce au beurre (*page* 54); aussitôt qu'elle est liée, retirez-la du feu, et incorporez-lui peu à peu, 100 grammes de beurre à la maître d'hôtel (*page* 48.)

Sauce aux huîtres et aux moules.— Mettez 18 à 20 huîtres dans une casserole avec un peu de vin blanc; au premier bouillon, égouttez-les; passez la cuisson au tamis; parez les huîtres, coupez-les chacune en deux parties, tenez-les de côté. —Mettez dans une casserole 30 gram. de beurre et autant de farine; cuisez sans prendre couleur; mouillez avec 3 décilitres de bouillon et la cuisson des huîtres; faites bouillir et retirez sur le côté; cuisez 12 à 15 minutes; dégraissez, et liez-la, avec une liaison de 2 jaunes d'œuf; passez-la, incorporez-lui un petit morceau de beurre et les huîtres, servez; — — On prépare la sauce aux moules d'après la même méthode.

Sauce aux écrevisses et aux crevettes.— Cuisez une vingtaine d'écrevisses avec un peu de vin blanc, persil, oignon émincé; laissez les refroidir et retirez les coquilles des queues; coupez celles-ci, tenez-les à couvert. Avec les coquilles, préparez un peu de beurre rouge. (*page* 48)

Préparez une sauce comme celle aux huîtres, avec bouillon et cuisson des écrevisses; passez-la sans la lier; remettez-la dans la casserole, et incorporez-lui le beurre rouge préparé; versez dans la saucière; ajoutez les queues d'écrevisse. — On prépare la sauce aux crevettes d'après la même méthode, avec cette différence qu'on laisse les queues entières, sans les couper, après en avoir retiré la coquille. On finit la sauce avec du beurre rouge, préparé avec les coquilles de crevettes.

Sauce homard. — Cuisez un petit homard, laissez-le refroidir. Préparez une sauce comme celle aux huîtres (*page* 58), avec du bouillon et un peu de la cuisson du homard; quand elle est passée, sans être liée, mêlez-lui un morceau de beurre de homard, préparé avec les coquilles (*page* 48); versez dans la saucière et ajoutez quelques cuillerées de chairs de homard, coupées en dés.

Sauce bigarade. — Émincez le zeste d'une ou de 2 bigarades; ciselez-les finement en julienne; cuisez à l'eau, égouttez. — Mettez dans une casserole 4 décilitres de sauce blonde (*velouté*); faites-la réduire avec quelques cuillerées de bonne cuisson de veau; passez-la et mêlez-lui les zestes blanchis.

Sauce indienne. — Émincez un oignon; mettez-le dans une casserole avec du beurre, un bouquet d'aromates, quelques petits piments; faites revenir l'oignon; ajoutez 2 cuillerées de poudre de cary; mouillez avec 3 décilitres de sauce blonde; cuisez pendant un quart d'heure; passez-la, remettez la dans la casserole, et liez-la avec une liaison à la crème crue.

Sauce ravigote chaude — Faites blanchir à l'eau salée, une poignée d'herbes telles que: cerfeuil, persil, estragon, pimprenelle, ciboulette; rafraîchissez-les, exprimez-en toute l'eau; pilez-les avec un morceau de beurre, et passez au tamis. Mettez dans une petite casserole une cuillerée d'échalotes hachées, grains de poivre et 5 à 6 cuillerées de vinaigre; cuisez et faites réduire de moitié; mouillez alors avec de 2 à 3 décilitres de sauce blonde; cuisez pendant 10 minutes, passez-la à la passoire fine, dans une autre casserole; finissez-la alors, en lui incorporant les herbes et aussi une petite pointe de vert-d'épinards (*page* 47.)

Sauce estragon. — Mettez dans une petite casserole, une pincée de feuilles fraîches d'estragon, 5 a 6 cuillerées de vinaigre et gros poivre; couvrez et faites réduire le liquide aux trois quarts; mouillez alors avec 2 à 3 décilitres de sauce blonde; cuisez 5 à 6 minutes et mêlez-lui 2 cuillerées de feuilles d'estragon coupez en losanges, plongées a l'eau bouillante et égouttées aussitôt; finissez-la avec un morceau de beurre.

Jus aigre. — Mettez dans une casserole 2 cuillerées d'échalotes hachées et 4 à 5 cuillerées de vinaigre; faites réduire de moitié; mouillez avec jus ou bouillon; si c'est du bouillon, ajoutez quelques gouttes de caramel, un bouquet de persil et feuilles d'estragon, sel et gros poivre; faites bouillir et liez avec de le fécule délayée; cuisez 8 à 10 minutes; passez.

Sauce poivrade. — Mettez dans une casserole un décilitre de vinaigre, 2 échalotes et un oignon émincés, branches de persil, une feuille de laurier, thym, quelques grains de poivre et girofle; mettez sur feu et faites réduire de moitié. Mouillez avec 4 à 5 décilitres de jus lié; cuisez 10 minutes sur le côté du feu; passez à la passoire fine et servez.

Sauce chevreuil. — Mettez dans une casserole 3 décilitres de jus lié ou espagnole, ajoutez un peu de bon jus et 2 cuillerées de vinaigre; faites réduire 7 à 8 minutes; retirez du feu, et mêlez-lui 4 à 5 cuillerées de gelée de groseilles; donnez 2 bouillons et servez.

Sauce piquante. —Mettez dans une casserole 2 ou 3 cuillerées d'oignon haché et beurre; faites revenir sans colorer; ajoutez 2 petites cuillerées de farine; cuisez 2 minutes, en tournant; mouillez avec 4 décilitres de bouillon chaud; tournez jusqu'à l'ébullition; retirez sur le côté; ajoutez une pincée de poivre et 2 cuillerées de vinaigre réduit, quelques gouttes de caramel. Un quart d'heure après, dégraissez, mêlez-lui 2 ou 3 cuillerées de cornichons hachés et une pincée de persil; servez.

Sauce aigre douce, aux raisins. — Mettez dans un poêlon rouge ou un poêlon en terre 2 cuillerées de sucre en poudre, tournez-le sur feu jusqu'à ce qu'il soit fondu et qu'il prenne une belle couleur foncée; mouillez alors avec un décilitre de vinaigre; cuisez jusqu'à ce que le sucre soit dissous, et versez le tout dans une casserole; mêlez-lui 3 décilitres de jus lié, et cuisez 10 minutes; ajoutez une petite poignée de raisins sultans, triés et lavés à l'eau chaude, puis une égale quantité de raisins de Corinthe également ramollis. Cuisez 5 minutes et servez.— On peut aussi additionner à cette sauce, des *pignoli* d'Italie, ou bien des amandes ciselées et séchées au four.

Sauce genevoise. — Mettez dans un poêlon un grand verre de vin de Bourgogne rouge; faites-le réduire de moitié. — Mettez dans une casserole oignons et carottes émincés, un morceau de beurre, aromates; faites-les revenir. Saupoudrez avec une cuillerée de farine, cuisez 2 minutes et délayez avec du court-bouillon de poisson; faites bouillir, en tournant. Cuisez 10 minutes, sur le côté du feu; passez et dégraissez; remettez la sauce dans la casserole avec le vin rouge, et faites réduire 7 à 8 minutes, sans la quitter; finissez-la avec un morceau de beurre d'anchois.

Sauce matelote. — Émincez un gros oignon; mettez-le dans une casserole avec 3 échalotes, une gousse d'ail, un bouquet garni: mouillez avec 3 décilitres de vin rouge; faites réduire de moitié, sur feu modéré; ajoutez 3 décilitres de jus lié; faites encore réduire quelques minutes et passez à la passoire fine.

Sauce Robert. — Coupez en dés 2 gros oignons; mettez-les dans une casserole avec du beurre, et faites revenir de couleur blonde; mouillez avec un décilitre de vin blanc, et faites réduire sur feu modéré; mouillez alors avec 3 décilitres de jus lié; cuisez 12 minutes sur le côté du feu, dégraissez et mêlez-lui, hors du feu; 2 cuillerées de moutarde délayée

Sauce italienne ou sauce hachée. — Hachez 2 oignons; faites-les revenir de couleur blonde, avec du beurre; ajoutez le double de champignons hachés; quand ceux-ci ont réduit leur humidité, mouillez avec 3 décilitres de jus lié et un décilitre de vin blanc; ajoutez une feuille de laurier; faites réduire 10 minutes à feu vif; ajoutez 3 cuillerées de truffes hachées, une cuillerée de persil haché et une pincée de poivre ou une pointe de cayenne. Retirez le laurier et servez.

Sauce béarnaise. — Mettez dans une casserole, une cuillerée d'échalotes hachées, 4 cuillerées de vinaigre, quelques grains de poivre, demi-feuille de laurier, 4 à 5 cuillerées de vinaigre, un petit bouquet de feuilles d'estragon. Faites réduire le liquide de moitié et retirez la casserole du feu; enlevez alors le bouquet, poivre et laurier; ajoutez 3 à 4 jaunes d'œuf; broyez-les avec la cuiller et liez-les sur feu, en tournant; retirez aussitôt, et mêlez au liquide 50 grammes de beurre en petits morceaux; tournez la sauce sur feu très-doux, sans la quitter, jusqu'à ce qu'elle soit bien liée; éloignez-la un peu du feu; et travaillez-la vivement avec la cuiller en lui incorporant encore 100 grammes de beurre, peu à la fois; finissez-la avec 2 cuillerées de feuilles d'estragon hachées, et servez. — Cette sauce doit être consistante.

Sauce tortue. — Mettez dans une casserole, un morceau de beurre, un oignon émincé, un morceau de carotte, un bouquet d'aromates et 50 grammes de jambon cru, coupé; faites revenir sur feu doux; mouillez avec 3 à 4 décilitres de jus lié ou d'espagnol, un décilitre de sauterne, madère ou marsala; ajoutez 2 ou 3 cuillerées de sauce tomate, quelques grains de poivre, parures de champignons. Cuisez 12 à 15 minutes, sur feu modéré ; passez ensuite, et remettez-la dans la casserole ; faites la réduire à feu vif pendant 10 minutes ; finissez avec une pointe de cayenne.

Sauce madère. — Mettez dans une casserole, 4 décilitres de jus lié ou d'espagnole ; ajoutez parures de truffes ou de champignons ; faites réduire, en incorporant peu à peu à la sauce, un décilitre et demi de madère ; passez à la passoire fine et servez

Sauce à la périgueux. — Préparez 3 à 4 décilitres de sauce madère ; quand elle est passée, remettez-la dans la casserole ; mêlez-lui 4 cuillerées de truffes crues ou cuites, hachées ; si les truffes sont crues, cuisez encore la sauce 5 à 6 minutes ; si elles sont cuites, donnez un seul bouillon, et servez

Sauce financière. — Mettez dans une casserole 3 décilitres de sauce espagnole et un décilitre de cuisson de volaille ; mêlez-lui quelques parures de truffes et champignons crus ; faites réduire vivement, en ajoutant peu à peu un décilitre de bon sauterne sec et quelques cuillerées de cuisson de truffes et de champignons ; passez.

Vinaigrette ou persillade. — Mettez dans une terrine une ou 2 cuillerées de bonne moutarde ; délayez-la peu à peu avec huile et vinaigre ; ajoutez sel et poivre, et oignons échalotes hachés, câpres, cornichons, persil, feuilles d'estragon et 3 jaunes d'œuf dur également hachés.

Sauce menthe, froide, pour l'agneau. — Ciselez ou hachez une forte pincée de feuilles de menthe ; mettez-les dans une terrine ; ajoutez une pincée de sucre, quelques cuillerées de vinaigre et de l'eau froide ; mêlez et servez.

Sauce raifort froide. — Râpez un morceau de racine de raifort ; mettez-la dans une terrine ; ajoutez sel, pincée de sucre, filet de vinaigre, une égale quantité de panure blanche. Incorporez-lui alors 2 décilitres de crème fouettée, sans sucre ; servez en saucière.

Sauce au persil, froide. — Pilez une poignée de feuilles de persil ajoutez un morceau de mie de pain, imbibée et exprimée ; pilez encore et passez au tamis ; ajoutez sel, poivre, vinaigre et un peu de bouillon froid ; servez avec le bœuf.

Sauce à l'alose, froide. — Mélangez dans une terrine des échalotes hachées, du persil et de la ciboulette ; ajoutez de la moutarde, et délayez avec huile et vinaigre, servez dans une saucière.

Sauce verte, froide. — Pilez dans un mortier une pincée de feuilles de persil, autant de cerfeuil, autant d'estragon, autant de marjolaine, et enfin de bourrache; celles-ci en quantité double. Quand ces herbes sont converties en pâte, ajoutez 7 à 8 jaunes d'œuf dur. Passez le tout au tamis; mettez la purée dans une terrine, mêlez-lui peu à peu, huile, vinaigre et moutarde, sel et poivre. — On sert cette sauce froide, avec le bœuf bouilli. La bourrache donne un goût tout particulier à cette sauce.

Sauce mayonnaise. — Mettez 2 jaunes d'œuf cru dans une terrine; broyez-les avec une cuiller, ajoutez une pincée de sel et une pincée de poudre de moutarde, puis incorporez peu à peu, et sans cesser de remuer avec la cuiller, 2 à 3 décilitres de bonne huile; ajoutez de temps en temps quelques gouttes de jus de citron; quand l'huile est absorbée, la sauce doit être consistante, ferme et bien liée; finissez-la avec un filet de vinaigre à l'estragon, et servez. — On peut toujours mêler à la mayonnaise, du persil et de l'estragon, de la ciboulette et pimprenelle, finement hachés.

Sauce remoulade. — Mettez dans un petit mortier, 6 filets d'anchois, une cuillerée d'oignon haché ou ciboulette, autant de câpres, autant de cornichons, autant de persil également haché; ajoutez 4 jaunes d'œuf cuit. Pilez le tout, ensemble, de façon à former une pâte; ajoutez alors 2 jaunes d'œuf cru, une pincée de sel et une pincée de poudre de moutarde, puis incorporez peu à peu 4 décilitres d'huile, en opérant comme pour la mayonnaise.

Sauce tartare. — Passez au tamis 3 jaunes d'œuf dur; mettez-les dans une terrine avec 2 jaunes crus; ajoutez une cuillerée à café de poudre de moutarde, sel et poivre, liez la sauce, en tournant avec une cuiller et en incorporant peu à peu huile et vinaigre à l'estragon, comme pour une mayonnaise. Quand la sauce est liée, ajoutez quelques cuillerées de cornichons hachés.

Sauce ravigote froide. — Préparez une sauce mayonnaise, avec moutarde, huile et vinaigre à l'estragon; quand elle est bien liée, mêlez-lui du persil haché, ciboulette ou échalote, pimprenelle et feuilles d'estragon finement hachées.

Sauce ayoli à la provençale. — Pour un demi-litre d'huile, prenez 3 gousses d'ail, bien fermes, pelées; mettez-les dans un petit mortier à main, en marbre ou en bois; pilez-les jusqu'à ce qu'elles soient en pâte : ajoutez alors un morceau de mie de pain blanc, gros comme œuf, imbibée à l'eau tiède, et bien exprimée; pilez encore. Quand le pain est bien broyé et mêlé avec l'ail, ajoutez 2 jaunes d'œuf mollet, et une pincée de sel; incorporez alors l'huile à la pâte, à petite jetée, en opérant comme quand on fait une mayonnaise; ajoutez de temps en temps quelques gouttes de vinaigre ou jus de citron; cette addition lui donne de la consistance, si elle n'est pas trop abondante; mieux vaut en mettre moins, et recommencer souvent. Quand l'huile est absorbée, la sauce doit être lisse et compacte; finissez-la avec quelques gouttes d'eau froide. — Un point à observer, c'est que l'huile ne doit être ni chaude ni froide.

GARNITURES

Garniture purée de faisan. — Prenez les chairs d'un faisan cuit; retirez-en la peau; pilez-les, mêlez-leur un peu de sauce froide; passez au tamis. Mettez cette purée dans une casserole; assaisonnez, ajoutez un peu de glace fondue et un morceau de beurre; chauffez sans faire bouillir, en remuant avec une cuiller. — On prépare toutes les purées de gibier d'après cette méthode.

Garnitue purée de volaille. — Prenez les chairs d'un poulet cuit; pilez-les avec un morceau de beurre; passez au tamis; mettez la purée dans une casserole; assaisonnez, mêlez-lui un peu de sauce blonde, et chauffez sans ébullition en remuant.

Garniture de puré de champignons comestibles. — Prenez un demi-litre de champignons comestibles, bien frais; hachez-les; mettez-les dans une casserole mince, avec beurre et sel, cuisez-les pendant 7 à 8 minutes, en les sautant; quand ils ont réduit leur humidité, pilez-les; ajoutez un morceau de mie de pain ramollie au bouillon et bien exprimée; pilez-les encore, et passez-les au tamis. — Mettez la purée dans une casserole, mêlez-lui quelques cuillerées de béchamel bien serrée; ajoutez un morceau de beurre, sel et muscade; chauffez sans ébullition.

Garniture de purée de pommes de terre. — Pelez des pommes de terre crues; coupez-les, cuisez les à l'eau salée; égouttez-en l'eau, étuvez-les, puis passez-les au tamis. Mettez cette purée dans une casserole avec un gros morceau de beurre quelques cuillerées de crème crue, une pincée de sucre et muscade, chauffez sans ébullition.

Garniture de purée d'artichauts. — Emincez quelques fonds d'artichauts cuits. Faites-les revenir au beurre; assaisonnez, saupoudrez avec une pincée de farine, et mouillez avec un peu de lait cuit. Faites réduire, en tournant. Assaisonnez et passez au tamis. Mettez la purée dans une casserole avec une pincée de sucre et 2 cuillerées de glace; chauffez sans faire bouillir.

Garniture de purée de céleri. — Emincez 2 à 3 pieds de céleris-raves ou l'équivalent de pieds de céleris cuits; mettez-les dans une casserole avec un morceau de beurre, étuvez-les jusqu'à ce que toute leur humidité soit évaporée. Arrosez avec quelques cuillerées de béchamel, et faites réduire, en tournant. Assaisonnez et passez au tamis. Mettez la purée dans une casserole; ajoutez une pincée de sucre, un morceau de beurre; chauffez sans faire bouillir.

Garniture de purée de marrons. — Mettez dans une casserole, la valeur d'un litre de marrons sans écorce et sans peau; mouillez à peu près à hauteur, avec du bouillon, et cuisez à couvert, sur feu modéré. Quand ils sont à point, le mouillement doit être évaporé. Passez les marrons au tamis; remettez la purée dans la casserole, avec un morceau de beurre, sel, une pincée de sucre et quelques cuillerées de glace fondue; chauffez et servez.

Garniture de purée de cardons. — Hachez des cardons cuits, bien égouttés. Mettez dans une casserole quelques cuillerées de béchamel, faites la réduire, sans la quitter; quand elle est serrée, mêlez-lui les cardons; cuisez 5 minutes; assaisonnez et passez au tamis; chauffez la purée sans faire bouillir

Garniture de légumes secs. — On sert pour garniture des purée de lentilles, de haricots et de pois. — Cuisez ces légumes à l'eau salée; égouttez et passez-les au tamis. Mettez la purée dans une casserole, avec un morceau de beurre, une pincée de sucre, muscade, un peu de sauce, de glace fondue ou de crème crue; chauffez sans faire bouillir.

Garniture purée d'oignons — Coupez en quartiers 5 à 6 gros oignons blancs, plongez-les à l'eau bouillante et salée; 20 minutes après, égouttez-les, exprimez-en l'eau, mettez-les dans une casserole avec un morceau de beurre; assaisonnez et finissez de cuire ainsi sans mouillement; quand ils sont à point, ils doivent être à sec. Saupoudrez-les alors avec une pincée de farine, et mouillez peu à peu avec du lait cuit, de façon à obtenir un apparel consistant. Cuisez-le 10 minutes sans le quitter. Assaisonnez ensuite, et passez au tamis; chauffez la purée, sans faire bouillir.

Garniture de carottes. — Choisissez de petites carottes égales; tournez-les en forme de poire; faites-les blanchir à l'eau salée; cuisez-les avec un peu de bouillon, sel et sucre; faites-les tomber à glace. — On fait aussi glacer des carottes en gousses ou coupées en petites boules, avec une cuiller à légume; l'opération est la même.

Garniture de navets. — Choisissez de bons navets, coupez-les en gousses, en poires ou en boules; faites-les blanchir à l'eau salée; égouttez-les, mettez-les dans une casserole avec beurre, sel et sucre; mouillez à couvert avec du bouillon, et faites tomber le liquide à glace; les navets doivent alors se trouver cuits.—Si les navets doivent être bien colorés, il faudrait, aussitôt blanchis, les mettre dans une poêle avec du beurre et du sucre, pour leur faire prendre couleur, en les sautant sur un feu vif, faites-les ensuite tomber à glace avec du bouillon.

Garniture de petits oignons. — Mettez dans une poêle 2 douzaines de petits oignons, ajoutez beurre, sel, une pincée de sucre; faites-les bien colorer sur feu modéré, en les retournant un à un sans les sauter; placez-les ensuite dans une casserole plate; l'un à côté de l'autre, et faites-les tomber à glace avec du bouillon.

Garniture de pointes d'asperges. — On sert des asperges vertes et des asperges blanches ou violettes; on coupe ces dernières de 2 doigts de long; on les fait blanchir à l'eau salée et on les saute ensuite avec du beurre. — On coupe les tiges des asperges vertes, d'un doigt de long, après en avoir retiré les têtes; on les fait blanchir et on les saute au beurre.

Garniture de petits-pois — On les sert le plus souvent à l'anglaise; cuits à l'eau salée, égouttés et sautés, hors du feu avec du beurre. Pour les petits-pois sautés. (Voir au chapitre des *Légumes.*)

Garniture de tomates. — On sert ordinairement les

tomates farcies, dans les conditions prescrites au chapitre des *Légumes*.

Garniture de fonds d'artichauts. — On sert les fonds d'artichauts au naturel, c'est-à-dire cuits dans un blanc; on les sert garnis de petits légumes, et quelquefois farcie. (Voir aux *Légumes*.)

Garniture de concombres. — On sert les concombres sautés au beurre, glacés ou farcis. (Voir aux *Légumes*.)

Garniture de chicorée. — On sert pour garniture la chicorée au jus ou à la crème. (Voir aux *Légumes*.)

Garniture d'oseille — On ne sert guère l'oseille qu'au jus; telle qu'elle est décrite au chapitre des légumes.

Garniture de truffes. — Les truffes pour garniture sont employées entières ou coupées; dans les deux cas, elles doivent être pelées et cuites simplement avec du vin blanc et un peu de sel. Entières, elles exigent 15 minutes d'ébullition; si elles sont coupées, 7 à 8 minutes suffisent.

Garnitures de cèpes. — On emploie des cèpes frais ou conservés, en boîte.—Coupez-les en morceaux; s'ils sont crus, faites-leur donner un bouillon dans de l'eau acidulée, égouttez-les bien. Mettez dans une casserole une cuillerée d'échalote et autant d'oignon, hachés; faites-les revenir avec moitié beurre et moitié huile; ajoutez les cèpes, sel et poivre; quand il ont réduit l'humidité, arrosez-les avec quelques cuillerées de jus lié, ajoutez un petit bouquet de fenouil et une gousse d'ail. Finissez de les cuire avec feu dessus feu dessous.

Garniture de morilles. — Parez-en les tiges, lavez-les promptement et faites-les blanchir. Egouttez et épongez-les, puis cuisez-les au beurre ou à l'huile, sel et jus de citron; quand leur humidité est évaporée, ajoutez un peu de bouillon; cuisez-les une heure. Liez leur cuisson avec un peu de sauce ou du beurre manié. — On peut farcir les morilles; mais alors elles doivent être grosses; on les vide avec une cuiller à légumes et on les emplit avec une farce ou un hachis aux fines-herbes, pour les cuire à l'étuvée avec beurre ou huile.

Garniture à la jardinière pour relevé. — Cette garniture se compose de petites carottes nouvelles tournées, de haricots verts coupés en losanges, de pointes d'asperges vertes ou blanches, de concombres et fonds d'artichauts coupés en gousses. Ces légumes sont blanchis ou cuits séparément, assaisonnés et tombés à glace avec un peu de bouillon; on les dresse en bouquet.

Garniture à la macédoine, pour entrées. — Cette garniture se compose de carottes et navets coupés en dés ou en petites boules, de haricots verts coupés et de petits-pois verts. Ces légumes sont blanchis séparément ou cuits ; ils sont aussitôt mêlés, sautés au beurre, assaisonnés et liés avec quelques cuillerées de sauce blonde.

Garniture de laitues. — On sert les laitues simplement braisées ou farcies. Dans les deux cas on les fait blanchir ; on les braise ensuite, en procédant comme pour les choux braisés.

Garniture de choux de Bruxelles. — Choisissez-les bien fermes ; supprimez-en les feuilles dures; lavez-les, plongez-les à l'eau bouillante et salée. Cuisez-les pendant 15 à 18 minutes. Egouttez-les, mettez-les dans une casserole avec du beurre; assaisonnez et chauffez-les vivement, en les sautant.

Garniture de choux braisés. — Coupez en quatre parties le cœur d'un chou; faites-les blanchir à l'eau salée 25 minutes. — Egouttez-les, pressez-les bien pour en exprimer l'eau; divisez-les en petits quartiers, rangez les sur le fond beurré d'une casserole plate, en les serrant les uns contre les autres ; ajoutez un morceau de petit-salé, un oignon piqué de girofles ; arrosez avec du bon dégraissis, et mouillez avec du bouillon ; couvrez avec du papier beurré, et faites-les braiser à four modéré, 2 à 3 heures ; égouttez-les et glacez-les au pinceau.

Garniture de choucroute. — La choucroute d'Alsace est celle qu'on doit préférer. — Mettez-en un kilogram. dans une casserole, avec quelques cuillerées de bonne graisse d'oie ou de porc rôti; ajoutez un morceau de petit-salé ou un os de jambon, puis un demi-litre de bouillon ; couvrez la casserole, cuisez à bon feu 20 minutes ; poussez-la alors au four modéré, et laissez-la ainsi 2 à 3 heures : tenez-la un peu ferme, elle est plus agréable à manger. Quand elle est cuite ; le mouillement doit se trouver réduit; finissez-la avec un morceau de beurre naturel ou beurre manié.

Garniture de légumes farcis. — Pour tous les légumes ou racines qu'on veut servir farcis, tels que : laitues, choux, concombres, courgerons, tomates, etc. Voyez au chapitre des *Légumes*.

Garniture de pommes de terre à l'eau. — Choisissez des pommes de terre longues; parez-les à vif en forme de grosses olives ; lavez-les, mettez-les dans une casserole avec du sel : couvrez-les avec de l'eau, et cuisez à feu vif ; quand elles sont à peu près à point, égouttez-en l'eau ; couvrez la casserole et étuvez-les un quart d'heure à la bouche du four ; dressez-les dans un plat couvert.

Garniture de croquettes de pommes de terre. — Coupez en morceaux des pommes de terre crues ; cuisez-les à l'eau salée ; quand elles sont à peu près à point, égouttez-en toute l'eau, en les laissant dans la casserole ; couvrez et faites-les ressuyer à la bouche du four, pendant un quart d'heure, passez-les ensuite au tamis. Remettez la purée dans la casserole : pour 300 grammes de purée, ajoutez 5 à 6 jaunes d'œuf, un morceau de beurre, sel et muscade. Saupoudrez la table avec de la farine, divisez la pâte par petites parties égales ; roulez-les avec la main, en boule, en bouchon ou en poire ; trempez-les dans des œufs battus, panez-les et faites-les frire.

Garniture de pommes de terre duchesse. — Préparez une purée comme pour les croquettes de pommes de terre ; ajoutez quelques jaunes de plus, un peu de crème et une poignée de parmesan râpé. Saupoudrez la table avec de la farine ; prenez la pâte par parties égales ; roulez-les avec la main ; aplatissez-les avec la lame du couteau, en leur donnant la forme ronde ou ovale. Rangez-les à mesure dans un plafond beurré, avec du beurre épuré ; cuisez à feu très-doux. Quand elles sont colorées d'un côté, faites-les colorer de l'autre

Garniture de pommes de terre au beurre. — Tournez 30 pommes de terre crues, en grosses olives, d'égale grosseur ; lavez-les, essuyez-les bien. Faites fondre 150 grammes de bon saindoux dans une casserole ; quand il est bien chaud, ajoutez les pommes de terre ; sautez-les souvent ; quand elles sont aux trois quarts cuites, égouttez-en la graisse ; mêlez-leur un gros morceau de beurre, et finissez de les cuire de belle couleur, salez et servez.

Persil frais et persil frit. — Le persil frais en feuilles, bien propres, est une garniture en quelque sorte obligatoire pour les poissons bouillis, et quelquefois même pour les viandes bouillies, mais c'est plutôt un accessoire qu'une garniture, car on ne mange pas ce persil.—On sert aussi le persil frit avec les poissons frits, et avec un grand nombre d'autres fritures, car s'il ne constitue pas une garniture dans le vrai sens du mot, il peut cependant être mangé sans inconvénient, et j'ai vu des convives en manger volontiers. Pour bien frire les feuilles de persil, il faut d'abord les laver et les faire égoutter un quart d'heure ; on les met ensuite dans un panier à friture, et on les plonge à grande friture, bien chaude ; on retire la poêle sur le coté du feu, et on laisse frire les feuilles jusqu'à ce qu'elles soient bien sèches : 2 minutes suffisent. On les égoutte et on les sale.

Garniture d'olives. — Tournez les olives pour en retirer le noyau; mettez-les dans une casserole avec de l'eau, donnez un seul bouillon; égouttez et mettez-les dans la sauce, sans faire bouillir. On peut aussi servir les olives farcies; on remplace alors le noyau par de la farce à quenelle qu'on introduit à l'intérieur à l'aide d'un cornet; on les fait blanchir ensuite.

Garniture de macaroni, nouilles, risot. — Ces différents apprêts se trouvent décrits au chapitre des *Farinages*.

Garniture de riz à l'eau. — Faites tremper du bon riz caroline, à l'eau froide, pendant une heure; égouttez et plongez-le à l'eau bouillante, abondante; cuisez-le, à couvert, jusqu'à ce qu'il ne croque plus. Égouttez-le, remettez-le dans la casserole avec un morceau de beurre; couvrez et faites étuver à la bouche du four 12 minutes. Dressez-le dans une légumière, pour qu'il reste bien chaud.

Garniture de saucisses à la chipolata. — On prépare le hachis de ces saucisses avec une égale quantité de lard et de porc frais on ajoute un sixième de mie de pain imbibée à l'eau chaude ou au lait, bien exprimée et broyée; on assaisonne de haut goût et on l'enferme dans de petits boyaux. Mais on trouve à acheter ces saucisses chez tous les charcutiers. Cuisez-les au bouillon pendant 10 minutes; égouttez-les ensuite; divisez-les et dressez-les telles et quelles ou après en avoir retiré le boyau.

Garniture de crêtes. — Mettez les crêtes dans une écumoire, et plongez-les à l'eau chaude, peu à la fois; retirez-les aussitôt que la peau s'en détache, en les frottant; retirez bien cette peau: puis coupez-en les pointes et la base; jetez-les à mesure dans de l'eau à peine tiède, et faites-les dégorger pendant 5 à 6 heures, jusqu'à ce qu'ils soient blanches. Cuisez-les alors avec de l'eau, du sel et jus de citron, en les trnant fermes.

Garniture de rognons de coqs. — Choisissez les rognons bien frais et blancs; mettez-les dans une casserole avec eau, sel et jus de citron; mettez la casserole sur feu et chauffez les rognons jusqu'à ce qu'ils soient raffermis; mettez-les alors à l'eau froide; égouttez-les ensuite, et mêlez-les à la sauce, sans faire bouillir.

Garniture à la chipolata. — Cette garniture se compose

de petites carottes tournées, de navets, de marrons, de champignons, de petits oignons et de petites saucisses. Les carottes et navets sont blanchis et glacés au bouillon; les petits oignons sont glacés, les marrons cuits au bouillon, à court mouillement; les champignons sont cuits au beurre et jus de citron. — Mêlez ces garnitures et liez avec de la sauce brune réduite au vin.

Garniture tortue. — Mettez dans une casserole des quenelles de farce, pochées, des escalopes de ris de veau cuites, des carrés de cervelles cuites, des têtes de champignons, des truffes coupées en épaisse lames, enfin des olives blanchies, des boules de cornichons et des jaunes d'œuf dur. Liez ces garnitures avec une sauce brune réduite avec du madère ou du marsala, et avec des parures de truffes, passée et finie avec une pointe de cayenne. Chauffez sans ébullition.

Garniture à la financière. — Cette garniture se compose de truffes cuites, coupées en lames épaisses, d'escalopes de foie-gras cuit, de crêtes, champignons et quenelles de volaille. Mêlez ces garnitures, et mouillez avec une sauce financière.

Garniture de queues d'écrevisse et de crevette. — On cuit les écrevisses dans un court-bouillon simple, et les crevettes à l'eau salée. On détache les queues du coffre pour en retirer la coquille et les parer. On les laisse entières si elles doivent être servies seules; en les coupe en long ou en travers, si elles doivent être mêlées aux sauces.

Garniture de laitances de carpe. — Retirez les fibres sanguins des laitances; faites-les dégorger quelques heures, en changeant l'eau; égouttez-les et faites-les blanchir à l'eau acidulée et salée : un bouillon suffit.

Garniture d'huîtres et moules. — Les huîtres qu'on veut servir pour garniture doivent être d'abord ouvertes; on détache ensuite les chairs des coquilles; on les met dans une casserole avec leur eau et un peu de vin blanc; on donne seulement un bouillon et on égoutte. On pare les huîtres, en retirant les barbes; on les lie avec un peu de sauce blonde. — Les moules, bien propres, doivent être ouvertes sur le feu, dans une casserole, en les sautant; on les égoutte aussitôt dans une passoire, en réservant leur cuisson. On les sert comme les huîtres. — La cuisson des huîtres et des moules doit toujours être réservée; on lamèle à la sauce qu'on doit servir ensemble On doit simplement observer que cette cuisson étant toujours très-salée, elle ne doit être mêlée qu'à des sauces qui le sont peu.

HORS-D'ŒUVRE

Les hors-d'œuvre sont de deux sortes : les froids et les chauds. Les premiers se composent de produits crus, salés, marinés ou cuits, mais dans ce dernier cas refroidis.

Les hors-d'œuvre froids sont considérés comme des accessoires du repas. On les mange indifféremment avant ou après la soupe, et ils peuvent rester sur table jusqu'au milieu du repas. Ces hors-d'œuvre, bien que très-agréables, bien qu'ils soient généralement considérés comme appéritifs, ne conviennent pourtant pas à tous les estomacs, et les personnes qui ont la digestion difficile, doivent s'en abstenir, surtout si le repas a lieu le soir.

Les hors-d'œuvre chauds sont toujours bien accueillis dans un dîner où les convives sont nombreux ; on les présente ordinairement aussitôt après la soupe et avant le poisson. Ces mets exigent d'être simples, légers, c'est-à-dire peu chargés, peu volumineux. Ils sont pour la plupart ou frits ou cuits au four, quelquefois grillés. Ils sont servis secs, c'est-à-dire sans sauce, et par ce fait, presque toujours dressés sur serviette. Les petits-patés, les bouchées et petits vols-au-vent, les rissoles, les croquettes, les timbales, les coquilles et les croûtes garnies, sont les hors-d'œuvre les plus servis; mais le nombre est très-étendu des mets pouvant être servis comme hors-d'œuvre.

En somme, tous les mets détaillés, grillés, frits ou cuits au four et dressés à sec, sans sauce, peuvent être servis comme tels. D'un autre côté, dans les dîners familiers, la majeure partie des hors-d'œuvre chauds peuvent être servis en lieu et place d'entrées. Dans d'autres cas, les hors-d'œuvre peuvent encore être servis comme garniture de relevés.

Beurre pour hors-d'œuvre. — Le beurre doit être frais et fin. On le dresse en rondelles moulées ou en coquilles, dans un bateau à hors-d'œuvre ou dans une petite assiette. Pour obtenir les coquilles, il suffit de gratter la surface du beurre avec un couteau de table, à lame arrondie; la coquille se forme d'elle-même plus ou moins correcte; mais avec un peu de pratique, on est vite expert. Il faut un gros morceau de beurre pressé et raffermi.

Radis roses et radis noirs. — On retire aux radis roses les feuilles les plus dures pour ne laisser que les tendres; on coupe le bout en pointe, et on gratte légèrement la peau. Les radis noirs, il faut les peler, en couper les chairs en tranches minces; les saupoudrer de sel, et les faire macérer 2 ou 3 heures; on les égoutte ensuite; on range symétriquement ces tranches dans une petite assiette, on arrose avec huile et vinaigre, ou bien on les sert au naturel.

Artichauts poivrade. — Les vrais artichauts poivrade viennent du Midi, au printemps et en automne. Ils sont très-petits, mais tendres. On coupe simplement la tige des artichauts on les trempe à l'eau froide et on les dresse sur une assiette; on sert à part la vinaigrette.

Olives, cornichons, concombres salés, pikels pour hors-d'œuvre. — On les égoutte simplement de leur saumure pour les ranger dans des bateaux avec un peu d'eau froide.

Concombres frais. — On les choisit tendres; quand ils sont pelés, on les coupe en tranches minces, sur le travers. On les sale et on les fait macérer au sel pendant un quart d'heure. On dresse alors les tranches en couronne, dans une assiette, avec leur eau; on assaisonne avec poivre, huile, vinaigre et persil haché. — Les concombres mangés avec leur eau sont moins lourds sur l'estomac.

Cerneaux. — On appelle cerneaux, les noix encore vertes, c'est-à-dire dont l'amande quoique formée n'est pas encore mûre. Fendez-les chacun en deux parties sur la longueur, puis retirez-en l'intérieur à l'aide d'un couteau, en ayant soin de les plonger dans de l'eau fraîche acidulée avec du vinaigre, afin de les empêcher de noircir. Égouttez-les, assaisonnez-les avec sel, poivre, du verjus ou du vinaigre.

Figues fraîches. — On les choisit belles et mûres à point; on doit toujours les servir, en même temps que des tranches de saucisson ou de jambon cru ou cuit.

Melons pour hors-d'œuvre. — On sert différentes espèces de melons comme hors-d'œuvre, mais à Paris, on ne sert que le cantalou. — On divise le melon en tranches; on coupe légèrement le haut des chairs et le bout des tranches. Dans les dîners nombreux, il est préférable de présenter une tranche à chaque convive, plutôt que de servir les melons dans un plat.

Pikels ou achards. — Ce produit d'origine anglaise, est aujourd'hui fabriqué en France. Il y en a de deux sortes : l'une aux vinaigre, l'autre à la moutarde. — On sert les pikels dans un bateau à hors-d'œuvre; on les mange ordinairement avec les viandes rôties.

Salade de piments rouges, aux anchois. — Les piments rouges et verts d'Espagne ou d'Algérie, sont aujourd'hui très-communs à Paris; du reste on peut toujours acheter des piments rouges conservés en boîte; ils sont très-bons. — Si les piments sont frais, prenez en 3; faites-les griller jusqu'au point de pouvoir en retirer la peau. — Émincez-les alors; assaisonnez avec sel, poivre, huile et vinaigre; ajoutez les filets de 7 à 8 anchois, également coupés.

Salade de piments verts frais ou confits. — Les piments verts sont excellents à manger crus, quand ils sont tendres. On en retire la queue et les semences, on les émince et on les assaisonne avec sel, poivre, huile et vinaigre. — On mange aussi comme hors-d'œuvre ces piments confits au vinaigre. Ceux-ci, on les égoutte, on les lave et on en exprime toute l'humidité. On les émince pour les assaisonner avec sel, poivre et huile.

Salade de harengs salés. — Faites dégorger les harengs dans du lait. Retirez-en la peau et les filets; parez-les, coupez-les et dressez-les dans un bateau à hors-d'œuvre. Arrosez-les avec une sauce préparée avec moutarde, huile et vinaigre. Entourez-les avec des quartiers d'œuf dur.

Salade d'anchois salés. — Lavez-les anchois, retirez-en les filets, parez-les; rangez-les dans un bateau à hors-d'œuvre; arrosez avec huile et vinaigre; entourez-les avec de petits bouquets de jaune et de blanc d'œuf durs, hachés séparément, ainsi qu'avec de petits bouquets de persil haché et câpres entières.

Oursins. — En Provence, les amateurs ne mangent les oursins qu'à l'époque de la pleine lune; c'est en effet le moment où ils sont bien pleins. — On glisse la pointe d'un ciseau sur le centre afin d'enlever un rond de la coquille, on enlève ensuite tout ce qui se trouve autour du corail, et on les dresse en pyramide.

Crevettes. — A Paris, les crevettes qu'on sert, on les achète cuites. On les dresse tout simplement en bouquets, ornés avec des feuilles de persil.

Sardines à l'huile et anchois salés. — Les sardines sont en boîte; on les égoutte, on en coupe la queue et on les éponge avec un linge. On les dresse et on les arrose avec de l'huile fraîche.

Aux anchois salés, on retire la grosse arête; on coupe régulièrement les filets, on les dresse dans un bateau à hors-d'œuvre; on les arrose avec huile et vinaigre.

Rôties aux anchois de Provence. — Sur un morceau de mie de pain de cuisine, coupez 12 tranches d'un demi-doigt d'épaisseur, en leur donnant la forme d'un carré long. — Prenez les filets de 24 anchois de Provence; pilez-les, mettez-les dans une petite terrine; mêlez-leur une pincée de persil haché, et délayez peu à peu avec quelques cuillerées de bonne huile. — Faites légèrement griller les tranches de pain, des deux côtés, et pendant qu'elles sont encore chaudes, frottez-les très-légèrement avec une gousse d'ail du Midi; puis humectez-en la surface avec de l'huile tiède, et masquez-les avec une couche d'anchois; rangez-les à mesure sur un gril et tenez-les au four chaud pendant 7 à 8 minutes; servez-les bien chaudes.

Ce mets peut ne pas être du goût de tout le monde, mais il est estimé de ceux qui ne redoutent ni l'huile, ni l'ail.

Poissons marinés. — Les petites truites les et harengs qu'on sert pour hors-d'œuvre sont marinés entiers. Les brochets, les lamproies, les anguilles, et enfin tous les gros poissons sont coupés en tronçons. On les dresse simplement dans le hors-d'œuvrier, et on sert en même temps une saucière de vinaigrette.

Thon mariné pour hors-d'œuvre. — Le thon mariné à l'huile, constitue un excellent hors-d'œuvre, s'il n'est pas vieux. On égoutte les morceaux, on les éponge, on les distribue en tranches minces qu'on dresse dans le hors-d'œuvrier; on les entoure ensuite avec de petits bouquets d'œuf dur et de persil, l'un et l'autre hachés. On peut ajouter des câpres entières. On arrose le tout avec de l'huile crue.

Saumon fumé. — On sert beaucoup du saumon fumé dans le nord de l'Europe. Le meilleur est celui récemment fumé, et de belle teinte rosée. On le coupe en tranches minces, qu'on range dans le hors-d'œuvrier, en les entourant avec du persil frais.

Huîtres fraîches et marinées. — Les huîtres fraîches constituent un excellent hors-d'œuvre de déjeuner. Les huîtres d'Ostende, les huîtres vertes, de Marennes ou de Cancale sont les plus estimées. — On sert les huîtres ouvertes, mais non détachées. La méthode préférable pour les présenter aux convives, c'est de les dresser dans des assiettes par 8 ou par 10 avec un demi-citron, et présenter une assiette à chaque convive. — On sert les huîtres marinées, dans un hors-d'œuvrier, après les avoir égouttées et simplement arrosées avec un peu de vinaigrette.

Harengs fumés et sprots. — Aux harengs on retire la peau; on enlève les filets, on les range dans un bateau à hors-d'œuvre, et on les arrose avec huile et vinaigre. — On sert les sprots tells et quels, après en avoir retiré la tête.

Harengs marinés au vinaigre. — On égoutte les harengs, on en supprime la tête, on les dresse et on les arrose avec de l'huile.

Filets de harengs salés. — Quand on veut manger de bons harengs, il faut les égoutter de la saumure, en retirer la peau et la tête, les faire dégorger dans du lait pendant quelques heures. On les égoutte alors, on les éponge bien, on les fait macérer 24 heures dans du vinaigre coupé avec de l'eau; on ajoute tranches d'oignons crus, laurier, gros poivre. On détache ensuite les filets, on en retire avec soin les arêtes, et on les dresse dans un bateau ; on les arrose avec de l'huile et vinaigre mêlés avec de la moutarde.

Harengs marinés.—Choisissez 2 ou 3 douzaines de harengs très-frais ; écaillez-les, retirez-en la tête et les ouïes ; lavez-les, égouttez-les, faites les macérer au sel pendant 6 heures. Egouttez-les sur un linge. — Masquez le fond d'une casserole plate, en terre, avec une couche d'oignon finement émincé ; sur l'oignon, rangez les harengs ; ajoutez quelques branches de persil, gros poivre, clous de girofle. Mouillez à hauteur avec du vinaigre léger : s'il était fort, mêlez-lui un peu d'eau. Faites bouillir 2 minutes le liquide, et retirez du feu. Laissez refroidir les harengs dans leur cuisson. Dressez-les ensuite sur un plat ; entourez-les avec des tranches de citron, et servez-les

Harengs confits. — Coupez le bout de la queue et la tête à des harengs fumés, nouveaux, car vieux, ils sont sans valeur. Mettez-les dans une casserole plate, mouillez largement avec de l'eau froide ; couvrez et tenez la casserole sur le côté du feu, jusqu'à ce que l'eau soit bien chaude, sans bouillir. — Egouttez-les alors; retirez-en la peau, et rangez-les dans un vase ; couvrez-les avec de la bonne huile crue; couvrez le vase et faites macérer les harengs 2 ou 3 jours avant de les servir.

Caviar salé et poutargue. — Le bon caviar vient d'Astracan; c'est un excellent hors-d'œuvre qu'on commence à manger beaucoup en France. — On ne mange le caviar frais qu'en hiver, car dans les autres saisons, on ne le fait pas voyager ; mais on peut toujours manger du caviar pressé et conservé en boîte, qui est excellent, ou bien de la poutargue. — On sert le caviar frais ou salé, tout à fait naturel ; on l'accompagne seulement avec des citrons coupés et quelquefois de la ciboulette ou oignon haché. On le mange à l'aide de couteaux en cristal.

On coupe la poutargue en tranches minces, auxquelles on retire la peau; on les dresse et on les assaisonne avec huile, jus de citron et poivre.

Estomac d'oie fumé, pour hors-d'œuvre. — On coupe un peu en biais des tranches sur les filets, sans retirer la peau ; on les dresse avec des feuilles de persil.

Canapés au saumon fumé. — Coupez des tranches de pain de cuisine, sans croûte; étalez sur une surface une mince couche de beurre, manié avec de l'essence d'anchois; sur cette couche, posez une tranche de saumon fumé, naturelle, car on ne cuit pas le saumon fumé. Coupez le saumon à niveau du pain, et dressez les canapés sur serviette.

Canapés au jambon râpé. — Râpez un morceau de jambon cuit, froid, maigre; étalez-en une couche sur des tranches de pain de cuisine, coupées en forme de carré-long et masquées sur un côté, d'une couche de beurre mêlé avec de la moutarde anglaise. — On prépare de la même façon des canapés avec de la langue à l'écarlate.

Canapés au caviar.— On prépare les canapés au caviar, soit avec des tranches de pain de cuisine à l'état naturel, soit grillées: ceci est une affaire de goût. Si le pain est frais, on peut en masquer la surface avec une mince couche de beurre, mais s'il est grillé, cela n'est pas nécessaire. Le caviar employé pour les canapés doit être aussi frais que possible, et tout à fait naturel, sans aucun mélange.

Saucissons, cervelas, jambon et langue pour hors-d'œuvre. — On coupe en tranches minces toutes les espèces de saucissons crus ou cuits; on les dresse en couronne avec des feuilles de persil au centre. — Le jambon cru ou cuit, est aussi servi coupé en tranches minces et étroites. — La langue salée doit être coupée plus épaisse que le jambon et le saucisson; on les dresse aussi avec des feuilles de persil.

Sandwichs de langue à l'écarlate. — Les sandwichs sont de deux genres; les uns couverts, les autres découverts.

Prenez un pain de cuisine rassi, de la veille; supprimez-en la croûte; coupez-le en forme de carré long ayant 7 à 8 centimètres de longueur sur 4 de largeur. Mettez dans une terrine (chaude en hiver) un morceau de beurre; travaillez-le avec une cuiller jusqu'à ce qu'il soit en pommade et lisse; alors mêlez-lui de la moutarde anglaise. Etendez une couche de ce beurre sur le pain, et sur celui-ci, coupez une tranche d'un tiers de centimètre. Recommencez l'opération, c'est-à-dire, beurrez de nouveau le pain et coupez une autre tranche; continuez ainsi jusqu'au nombre voulu. Coupez des tranche de langue de bœuf à l'écarlate, bien rouge et froide, de même dimension que les tranches de pain; posez une tranche de langue sur une tranche beurrée, et couvrez avec une autre tranche de pain; pressez légèrement. Egalisez alors les sandwichs, coupez-en les angles, dressez-les sur une serviette

D'après la même méthode on prépare des sandwichs avec du

pâté, de la galantine, des filets de volaille ou de gibier, et enfin avec du veau froid, du jambon. Les sandwichs sont beaucoup servis avec le thé, mais ils conviennent aussi pour emporter dans les voyages ou dans les longues promenades à la campagne

Canapés aux anchois. — Coupez des tranches minces de pain de cuisine, de forme ovale ; masquez-en une surface avec une couche de beurre manié ; couvrez le beurre avec une couche de jaunes d'œuf dur, broyés, assaisonnés et passés au tamis. Sur cette couche, rangez des filets d'anchois, soit en rosace soit en grillage ; garnissez les vides avec des cornichons hachés, des œufs durs, du persil, ou enfin avec des câpres entières, selon l'ordre du décor.

Canapés au thon mariné. — Prenez des tranches de pain de cuisine de forme carrée ou ovale, légèrement grillées ; masquez-les sur une surface avec une couche de beurre mêlé avec de l'essence d'anchois. Bordez symétriquement le pain avec des filets minces de thon, et rangez-en d'autres transversalement à petite distance ; entre chaque filet, placez alors une rangée de câpres entières ou de cornichons hachés, puis une rangée d'œufs durs et une autre de persil également hachés.

Canapés au thon haché. — Coupez des tranches de pain de forme carrée ; masquez-les d'un côté, avec une couche de beurre à l'essence d'anchois. Egouttez bien le thon ; hachez-le, étalez-en une couche sur chaque tartine, en l'appuvant avec la lame du couteau.

Tartines beurrées. — Prenez un petit pain de cuisine de la veille ; divisez-le en 2 parties de haut en bas. Retirez-en toute la croûte, et donnez à chaque partie une forme carrée. Mettez un morceau de beurre fin dans une terrine : en hiver elle doit être tiède ; remuez-le avec une cuiller pour le lisser, saupoudrez-le, avec une pincée de sel. Prenez le pain de la main gauche, et à l'aide d'un couteau de table, masquez-le avec une couche de ce beurre légèrement ramolli ; puis, à l'aide d'un couteau bien tranchant, coupez une tranche très-mince de pain ; coupez-en une autre semblable, et rajustez-la avec la première, en la posant dessus. Continuez ainsi à beurrer, couper et assembler les tranches de pain, jusqu'à concurrence du nombre voulu. Dressez-les sur une assiette et tenez-les au frais, à couvert, jusqu'au moment de les servir.

POISSONS

L'espèce poisson est très-répandue; elle existe à toutes les latitudes dans toutes les mers, les lacs et les fleuves, et souvent même dans les moindres cours d'eau. Les variétés sont infinies; elles diffèrent autant sous le rapport des formes que sous celui des qualités.

La chair des poissons, bien que moins nourrissante que la plupart des animaux terrestres destinés à la nourriture de l'homme, entre cependant pour une grande part dans notre alimentation, car elle est non-seulement agréable à manger, mais en général facile à digérer et salutaire.

Au point de vue de la cuisine, il est une distinction dans l'espèce dont on est forcé de tenir compte. C'est celle du poisson de mer et celle du poisson d'eau douce. Le poisson de mer est plus nourrissant et plus sain que le poisson d'eau douce, surtout celui vivant dans une eau peu abondante ou marécageuse; il n'en est pas tout à fait de même pour ceux qui vivent dans les grands lacs, profonds et étendus ou dans les eaux courantes et salubres. Ceux-là remplissent toutes les conditions de bonté et de sanité. Parmi ceux-ci la truite et le saumon sont des poissons d'une grande valeur, excellents au goût, et très-nourrissants. Le saumon ayant la chair plus grasse et plus serrée que celle de la truite est naturellement plus difficile à digérer. Mais la chair de la truite est légère et bienfaisante.

La perche, l'alose, la lotte, la carpe, le barbeau et le brochet fournissent un aliment très-agréable et de facile digestion.

L'anguille et la lamproie sont de difficile digestion et ne conviennent pas à tous les estomacs.

Parmi les poissons de mer, la chair du turbot est une des meilleures, des plus nourrissantes, en même temps que de bonne digestion : c'est surtout bouilli qu'on doit le manger. La barbue qui se rapproche beaucoup du turbot par sa forme, est aussi un poisson très-estimable; il est certainement moins distingué que ce dernier, mais comme légèreté, sa chair ne laisse rien à désirer.

Le cabillaud choisi bien frais, et cuit à point, peut-être classé parmi les meilleures espèces. Sa chair est excellente de goût, nourrissante et de facile digestion : les estomacs les plus délicats peuvent digérer sans efforts le turbot, le cabillaud et la barbue. On peut en dire autant du merlan, du bar et du saint-pierre, dont les chairs sont au moins aussi légères, aussi délicates, que celle du cabillaud. Le saint-pierre surtout, bien que peu charnu par sa nature, peut être classé parmi les poissons à chairs délicates.

Bien que la chair cuite de la sole soit plus ferme

que celle du cabillaud, elle est cependant de facile digestion et très-estimée. Les grondins et les rougets sont aussi des poissons excellents, le rouget particulièrement dont la chair est d'une tendreté et d'un arome remarquables, se digérant facilement. La chair des mulets est moins distinguée que celle des rougets, mais elle est bonne au goût et se digère bien.

Les maquereaux, les sardines, les harengs, le thon, l'esturgeon et le congre appartiennent à cette catégorie de poissons dont les chairs huileuses ou trop grasses, sont de digestion difficile, et dont les estomacs malades ou affaiblis doivent se priver.

On peut en dire autant des homards, langoustes et écrevisses, dont la chair ferme et sèche ne convient pas à tous les tempéraments.

Quant aux escargots, qu'on mange aujourd'hui beaucoup en France, ils ne conviennent qu'aux estomacs solides.

Les huîtres crues se digèrent facilement, mais cuites elles sont plus lourdes. Les moules cuites sont aussi de difficile digestion. Les cuisses de grenouilles, bien cuites, fournissent un aliment léger pouvant convenir aux estomacs délicats.

Les laitances de poisson, très-agréables à manger, sont cependant lourdes sur l'estomac et ne conviennent pas à tous les tempéraments.

Des foies de poisson, on ne mange que ceux du rouget et de la raie ; les premiers sont savoureux et légers, les derniers sont lourds.

Reste maintenant à traiter la question des œufs de poisson, qui n'est pas sans intérêt, puisque la plupart sont malsains et dangereux. Seuls les œufs d'esturgeon, de sterlet, de mulet et de homards peuvent être mangés sans inconvénients ; ceux de homards ne sont guère employés que dans les sauces ; les œufs d'esturgeon, de sterlet et de mulet on les mange salés ; c'est avec eux qu'en Russie et en Orient on prépare le caviar et la poutargue.

On donne aux poissons différents apprêts, selon leur forme et la nature de la chair. On les mange bouillis, grillés, frits, cuits au four ou en ragoût. Les poissons de grosse forme tels que : les truites, les saumons, les turbots, carpes, carrelets, barbues et cabillauds sont ordinairement bouillis ou cuits au four. Les poissons de moyenne grosseur, les aloses, pagels, rougets, bars, maquereaux, sont généralement grillés. Les poissons plats et minces, de même que ceux de petite forme sont plutôt frits ; tels sont : les soles, éperlans, sardines et anchois, goujons, petites anguilles ou lamproies.

Les poissons bouillis et grillés sont toujours plus faciles à digérer que ceux qui sont frits ; ils conviennent mieux aux estomacs délicats.

TURBOT BOUILLI, SAUCE AUX HUITRES (*relevé*)

Videz le turbot ; bridez-en la tête, fendez-le tout le long de l'arête centrale du côté noir ; mettez-le

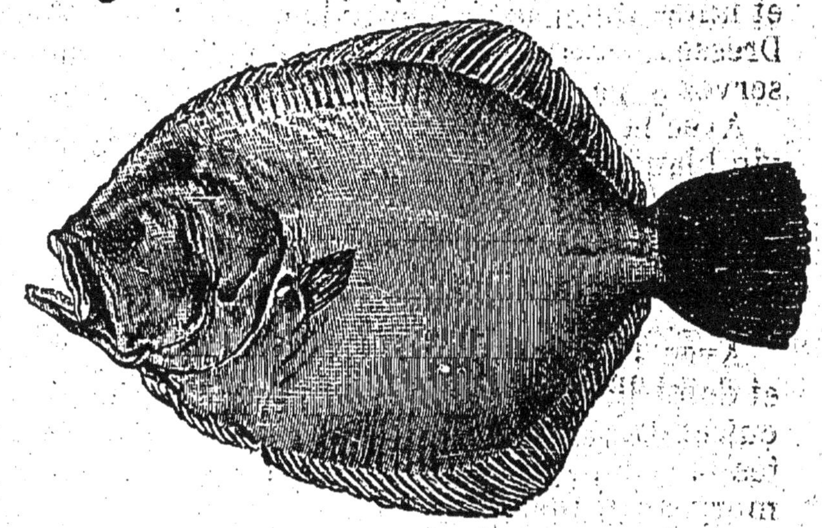

Turbot.

dans un vase avec du lait et de l'eau froide, faites-le dégorger pendant une heure ; égouttez-le ensuite. Posez-le sur une grille en fil de fer, et placez la grille dans une turbotière ou tout autre vase plat ; ajoutez sel, un filet de vinaigre et un bouquet de persil. Faites bouillir et retirez sur le côté du feu. Si le poisson pèse de 5 à 6 livres tenez-le à couvert pendant 40 à 50 minutes, sans faire bouillir.

Au moment de servir, égouttez-le, en enlevant la grille ; débridez-le et glissez-le sur un large plat, sur lequel est disposé une planche percée couverte d'une serviette ; entourez-le avec des branches de persil, et servez en même temps une sauce aux huîtres (*page* 58).

TURBOT GRILLÉ, A LA BÉARNAISE (*relevé*)

Levez les 4 filets d'un petit turbot propre ; faites

les mariner une heure avec sel, huile, oignon émincé, branches de persil. Égouttez-les; trempez-les dans des œufs battus, et panez-les; humectez-les des deux côtés avec du beurre fondu, et faites-les griller 25 minutes, en les retournant. Dressez-les sur un plat avec des citrons coupés; servez à part une sauce béarnaise (*page* 61).

Avec la tête et les arêtes du poisson, un peu de vin blanc, et quelques légumes, on peut préparer un bon bouillon.

TURBOT A LA CRÈME (*relevé*).

Avec 40 grammes de beurre, autant de farine et demi-litre de lait, préparez une petite sauce; cuisez-la pendant un quart d'heure, passez-la, faites-la réduire avec un peu de crème. — Prenez un morceau de turbot cuit et froid, de desserte; chauffez-le dans sa cuisson, sans faire bouillir, égouttez-le, retirez-en les arêtes, divisez-le et dressez-le sur un plat à gratin, par couches, en les alternant avec une couche de sauce béchamel serrée; formez un dôme; quand il est masqué saupoudrez avec de la chapelure, arrosez avec du beurre fondu, et faites gratiner au four.

TURBOT AU RIZ (*mets de déjeuner*).

Prenez un demi-turbot; retirez-en les chairs, coupez-les en gros dés. Mettez dans une casserole 2 ou 3 cuillerées d'oignon haché; faites-le revenir avec du beurre; ajoutez le turbot, assaisonnez, et 2 minutes après, mouillez avec un litre et demi d'eau chaude; faites bouillir 2 minutes; assaisonnez. Ajoutez alors un demi-litre de riz trié, cuisez-le jusqu'à ce que le liquide soit absorbé; arrosez-le avec 100 grammes de beurre cuit à la noisette; couvrez la casserole, tenez-la à la bouche du four pendant 10 minutes. En le sortant, mêlez au riz 3 œufs durs, haché et un morceau de beurre manié avec une pincée de poudre de cary ou de cayenne. Servez dans un plat creux.

TURBOT GRATINÉ, A LA BOURGEOISE *(relevé)*.

Cuisez à l'eau salée 600 grammes de pommes de terre pelées et coupées; égouttez-en toute l'eau et faites-les ressuyer à la bouche du four. Passez-les au tamis. Mêlez à cette purée 100 grammes de beurre, 5 à 6 jaunes d'œuf, sel et muscade, une poignée de parmesan râpé; mettez-la dans un moule à bordure beurré et pané; faites pocher la bordure au four, avec un peu d'eau. — Coupez-en carrés le quart d'un petit turbot; cuisez-les à l'eau salée. Égouttez-les, retirez-en la peau et les arêtes; brisez légèrement les chairs, mettez-les dans une casserole plate; liez-les avec à peu près 2 décilitres de bonne béchamel (*page* 53); assaisonnez avec sel et muscade. Renversez la bordure sur un plat; emplissez le vide avec le turbot; saupoudrez avec du parmesan, arrosez avec du beurre et faites prendre couleur à feu vif.

PETIT TURBOT AU VIN *(relevé)*.

Retirez la tête à un petit turbot propre; divisez le corps en deux, sur la longueur. Coupez transversalement les deux moitiés en moyens morceaux. Beurrez le fond d'une casserole plate, et rangez les morceaux dedans, sans la tête. Assaisonnez, mouillez à hauteur avec du vin blanc; ajoutez quelques parures fraîches de champignons ou des champignons secs, ramollis; couvrez et cuisez le poisson à feu vif.

Quand le liquide est à moitié réduit, le turbot doit

être cuit; égouttez alors les morceaux; dressez-les sur un plat. Liez la cuisson avec du beurre manié; 5 minutes après, liez-la avec 3 à 4 jaunes d'œuf; finissez-la avec le jus d'un citron, un mor-de beurre divisé et une pincée de persil haché. Versez la sauce sur le poisson bien égoutté.

TURBOTIN AUX LÉGUMES *(relevé).*

Supprimez la tête d'un petit turbot frais; fendez-le en deux sur la longueur et divisez chaque moitié en moyens carrés. Préparez une julienne de carottes et racines de céleri; faites-les blanchir séparément à l'eau salée, égouttez-les. — Coupez aussi en julienne le blanc d'un poireau; étalez ces légumes sur le fond d'une casserole plate; ajoutez un morceau de beurre manié avec 2 cuillerées à café de farine, et distribué en petites parties. Sur les légumes, placez les carrés de poisson; mouillez un peu plus qu'à hauteur avec de l'eau et du vin blanc; ajoutez sel et un bouquet de persil. Cuisez à couvert et sur feu vif, jusqu'à ce que le liquide soit réduit de moitié : 15 à 20 minutes suffisent. — Dressez le poisson sur un plat et les légumes autour; enlevez le bouquet et masquez avec la sauce.

TURBOT EN COQUILLES *(hors d'œuvre).*

Prenez un morceau de turbot froid, de desserte; coupez-le en petits dés; mettez-le dans une casserole avec quelques cuillerées de béchamel chaude, réduite; ajoutez un tiers de leur volume de champignons cuits coupés comme le turbot, une pointe de muscade, chauffez. Avec cet appareil, garnissez de grosses coquilles de tables; saupoudrez de panure, arrosez avec du beurre fondu ; rangez les sur un plafond, et faites les colorer au four.

PETIT TURBOT DÉCOUPÉ (*relevé*).

Quand on ne dispose pas d'un grand vase pour cuire le turbot entier, voici comment il faut remédier à cet obstacle. Coupez ronde la tête du turbot, mettez-la dans une casserole et cuisez-la à part. Divisez le corps par le milieu, en deux parties ; divisez chaque moitié en moyens morceaux, sur le travers. Faites bouillir de l'eau dans une casserole ; ajoutez sel et un bouquet de persil. Placez le poisson sur une grille en fil de fer et plongez-le dans le liquide : cuisez ainsi 7 à 8 minutes, puis retirez sur le côté du feu, et tenez le liquide frémissant pendant 15 à 20 minutes. Égouttez la tête du turbot, dressez-la sur le bout d'un grand plat couvert d'une serviette ; puis, dressez les morceaux à la suite, de façon à reformer le poisson. Entremêlez les coupures avec des branches de persil, et servez en même temps une sauce au beurre, une hollandaise ou au beurre d'écrevisse.

TURBOT EN VINAIGRETTE (*mets de déjeuner*).

Prenez un morceau de turbot cuit et froid ; retirez-en les arêtes et la peau ; coupez-le en tranches ; assaisonnez avec sel, huile et vinaigre ; faites-les mariner une heure. Dressez-les sur un plat ; entourez-les avec des moitiés d'œufs durs ; arrosez-les avec une sauce vinaigrette (*page* 62).

BAR BOUILLI, SAUCE HOMARD (*relevé*).

Dans le midi de la France, on donne à ce poisson le nom de *loup*. Dans le nord comme dans le

midi, c'est un des meilleurs poissons de mer.
Choisissez un bar bien frais ; écaillez et videz-le ;

Bar.

coupez-en les nageoires, bridez-en la tête. Mettez-le dans une poissonnière ; couvrez-le avec de l'eau froide ; ajoutez du sel, un filet de vinaigre et un bouquet de persil ; couvrez la poissonnière et mettez-la sur feu pour maintenir le liquide frémissant, mais sans faire bouillir. Pour un bar de 3 livres, 20 à 25 minutes suffisent ; s'il est plus gros il faut augmenter la durée de sa cuisson. Égouttez-le sur la grille de la poissonnière ; débridez-le, glissez-le sur un plat couvert d'une serviette. Aux deux bouts, dressez un petit bouquet de persil ; sur les côtés dressez une garniture de pommes de terre parées à cru rondes ou longues, mais d'égale grosseur, cuites à l'eau salée. Envoyez en même temps une saucière de sauce homard (*page* 59).

BAR, SAUCE HOLLANDAISE (*relevé*).

Prenez un bar de 2 à 3 livres, écaillé, vidé et propre ; nouez-en la tête ; mettez-le dans une petit poissonnière ayant sa grille, mouillez à hauteur avec moitié vin blanc et moitié eau froide ; ajoutez sel, oignon et céleri émincés, un gros bouquet de persil. Faites bouillir et retirez sur le côté ; cuisez 25 minutes, sans ébullition. Egouttez-le, entourez-le avec du persil, et servez avec une sauce hollandaise (*page* 55)

PETITS BARS FRITS AU BEURRE (*relevé*).

Ciselez quelques petits bars propres, salez-les, roulez-les dans la farine, trempez-les dans des œufs battus pour les paner; rangez-les dans un plafond mince avec du beurre, et faites-les frire de belle couleur en les retournant. Servez avec des citrons coupés.

PETITS BARS GRILLÉS (*relevé*).

Choisissez quelques bars d'un quart de livre chaque, écaillez, videz et ciselez-les des deux côtés; mettez-les dans un plat, marinez-les avec sel, huile, branches de persil. Faites-les griller un quart d'heure à feu modéré, en les retournant et les arrosant avec de l'huile. Dressez-les sur plat bien chaud; servez-les avec du beurre à la maître-d'hôtel (*page* 47).

BARBUE EN MATELOTE.

Écaillez et videz une barbue; divisez-la en deux sur sa longueur et coupez les deux moitiées en tronçons, mettez dans une casserole, mouillez à hauteur avec du court-bouillon au vin rouge;

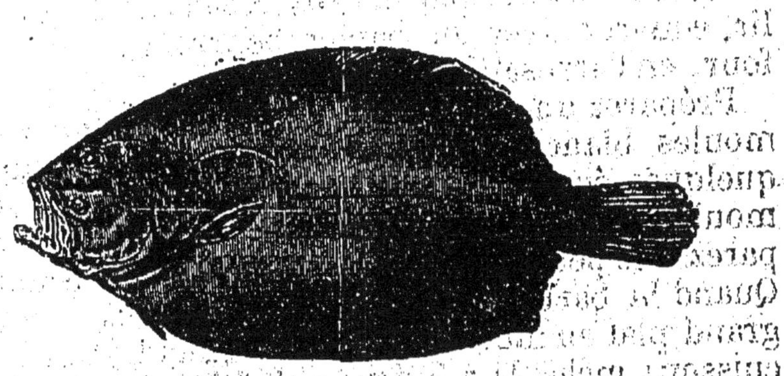

Barbue.

cuisez-le 15 ou 18 minutes. Égouttez le liquide, en laissant le poisson dans la casserole et, avec lui, préparez une petite sauce. Cuisez 20 minutes, dégraissez et passez. Faites-la réduire d'un tiers, mêlez-lui le poisson et 2 ou 3 douzaines de petits oignons glacés. Faites mijoter 10 minutes et servez.

BARBUE GRILLÉE

Choisissez une petite barbue fraîche; quand elle est propre, ciselez-en les chairs des deux côtés; assaisonnez et roulez-la dans l'huile; saupoudrez avec de la panure et faites griller à feu modéré, en la retournant à l'aide d'un plat long. Servez avec une persillade ou sauce ravigote froide (*page* 63).

BARBUE A LA NORMANDE *(relevé)*.

Prenez une barbue de moyenne grosseur, mais grasse, blanche et fraîche; fendez-la sur le dos. Beurrez un grand plat à gratin, saupoudrez-le avec oignons hachés et parures de champignons; ajoutez un verre et demi de vin blanc. Mettez la barbue dans le plat, le côté noir en dessous; arrosez le dessus avec du beurre, salez, faites bouillir, couvrez avec un papier beurré, et cuisez au four, en l'arrosant souvent.

Préparez une garniture, composée d'huîtres et moules blanchies, têtes de champignons cuits, quelques écrevisses cuites. Avec la cuisson des moules et des huîtres, un peu de bouillon, préparez une petite sauce blonde; un peu consistante. Quand la barbue est cuite, dégraissez-la sur un grand plat en métal, tenez-la au chaud. Passez sa cuisson; mêlez-la à la sauce et faites-la réduire; liez-la avec 3 ou 4 jaunes d'œuf. Entourez la barbue avec les huîtres, moules et champignons, masquez-la avec la sauce; glacez-en la surface à l'aide d'une pelle rougie au feu, mais sans l'appuyer sur le poisson; ajoutez les écrevisses et servez.

MULET A LA SAUCE AUX CAPRES

Nettoyez un mulet de 2 à 3 livres; coupez-en les nageoires; mettez-le dans une poissonnière longue en fer battu ou en cuivre; couvrez-le avec de

Mulet.

l'eau froide; ajoutez du sel, un peu de vinaigre et légumes émincés; couvrez et posez sur feu. Au premier bouillon, retirez sur le côté du feu; 25 minutes après, égouttez-le; dressez-le sur un plat, entourez-le avec des pommes de terre bouillies, et des branches de persil; servez à part une sauce au beurre, mêlée avec des câpres (*page* 54).

PETITS MULETS A LA MATELOTE (*relevé*).

Prenez 2 mulets propres, de moyenne grosseur; coupez-les en morceaux. Mettez-les dans une casserole longue avec oignons et légumes émincés revenus au beurre; mouillez à couvert avec du vin rouge; ajoutez des parures de champignons; faites bouillir et retirez sur le côté du feu; 15 minutes après, égouttez le poisson; passez la cuisson, remettez-la dans la casserole, liez-la avec du beurre manié, cuisez 10 minutes; ajoutez les poissons, moins les têtes; ajoutez aussi des champignons cuits et des oignons glacés. Cuisez 7 ou 8 minutes; et dressez les morceaux sur une couche de croûtons de pain, frits; entourez avec les garniturs, masquez avec las auce.

PETITS MULETS FRITS (*relevé*).

Ciselez de chaque côté des mulets propres; salez-les; farinez-les légèrement, trempez-les dans des œufs battus, puis rouler-les dans la panure. Faites les frire au beurre, dans un plafond, en les retournant. Servez-les avec des citrons coupés.

TRANCHES DE CABILLAUD AU BEURRE FONDU (*relevé*).

Sur le centre d'un gros cabillaud, faites couper 2 ou 3 tranches de 3 à 4 doigts d'épaisseur; faites-les macérer au sel pendant une heure. Plongez-les à l'eau bouillante et salée; donnez 2 bouillons et retirez sur le côté du feu, à couvert, sans faire bouillir. 20 minutes après,

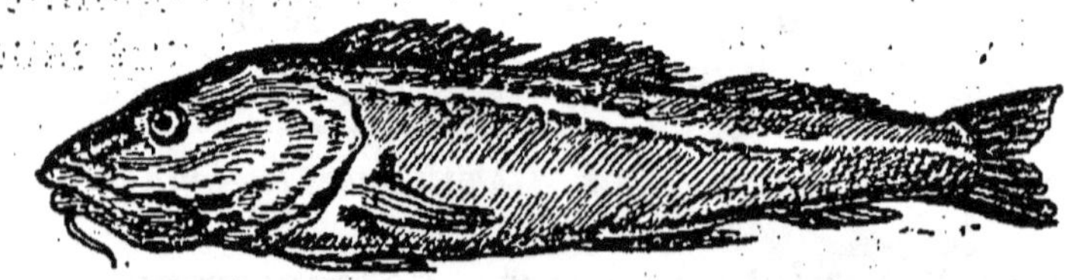

Cabillaud.

égouttez-les; dressez sur serviette avec du persil autour; servez en même temps une saucière de beurre fondu (*page* 55).

On peut servir ces tranches avec une sauce homard, sauce aux crevettes, aux écrevisses ou aux huîtres, de même qu'avec une sauce hollandaise. — Avec le cabillaud, et généralement avec tous les poissons bouillis, on sert des pommes de terre pelées cuites à l'eau salée.

TRANCHES DE CABILLAUD, SAUCE AUX ŒUFS *(relevé)*.

Cuisez à l'eau salée 2 à 3 tranches de cabillaud (*page* 93); égouttez-les. — Chauffez dans une casserole 150 grammes de beurre, jusqu'au moment où il va changer de nuance; mêlez-lui alors 4 œufs durs, hachés; chauffez sans ébullition, assaisonnez avec sel, poivre, persil haché; arrosez avec 2 cuillerées de moutarde délayée avec un peu de beurre tiède. — Dressez le poisson sur plat, masquez avec les œufs.

CABILLAUD AU GRATIN *(mets de déjeuner)*.

renez du cabillaud cuit, de desserte; chauffez-le légèrement; retirez-en toutes les arêtes; mettez-le dans une casserole, ajoutez 4 cuillerées de béchamel, sel, muscade, champignons hachés; broyez-les avec une cuiller; chauffez-les sans faire bouillir et mêlez-leur une égale quantité de purée de pommes de terre, un morceau de beurre, 2 ou 3 jaunes d'œuf; versez dans un plat à tarte ou à gratin, saupoudrez de chapelure, arrosez avec du beurre fondu, et faites gratiner au four.

TRONÇON DE CABILLAUD, SAUCE AUX MOULES

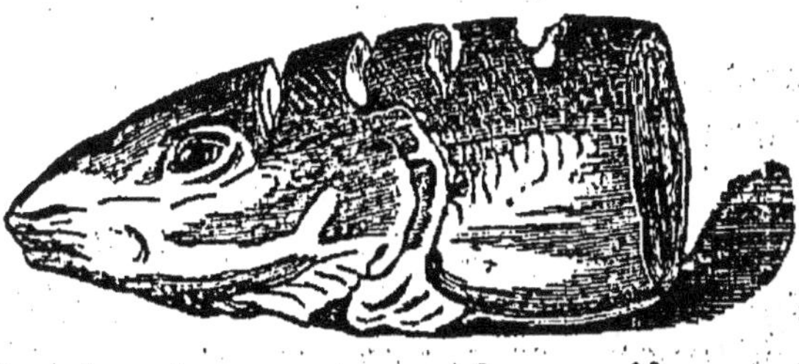

Faites couper un morceau de cabillaud du côté de la tête; ciselez-le transversalement sur le dos. Mettez-le dans un plat, saupoudrez-le avec du sel et faites-le macérer pendant une heure. Egouttez-le, nouez-en la tête avec de la ficelle, et mettez-le dans une poissonnière ou une casserole longue; couvrez avec de l'eau froide; salez et faites bouillir le liquide; au premier bouillon, retirez sur le côté; couvrez le vase et tenez-le ainsi pendant 35 minutes. Egouttez-le, dressez-le sur serviette; entourez-le avec des pommes de terre pelées cuites à l'eau salée. Servez séparément une sauce aux moules, aux câpres ou à la maître-d'hôtel.

TRANCHE DE THON AU GRAS *(relevé)*.

Prenez une tranche de thon d'un doigt et demi d'épaisseur; lardez-la, en traversant les chairs de part en part avec de gros lardons de lard. — Mettez-la dans une casserole plate, avec de l'eau froide, faites bouillir et retirez du feu; rafraîchissez et épongez-la sur un linge. — Foncez la casserole avec des débris de lard, oignons et carottes émincés, posez la tranche de thon dessus; ajoutez un bouquet garni, mouillez à hauteur avec du vin blanc et du bouillon; couvrez avec du lard, et cuisez tout doucement. Quand le thon est cuit, égouttez-le; retirez-en la peau, et dressez-le sur un plat; passez et dégraissez la cuisson, liez-la avec du beurre manié; mêlez-lui quelques cuillerées de câpres et de cornichons hachés; versez sur le poisson.

TRANCHE DE THON GRILLÉE *(relevé)*.

Prenez une tranche de thon ayant un doigt et demi d'épaisseur; faites-la mariner une heure dans un plat avec sel, huile, oignon émincé, branches de persil; saupoudrez avec de la mie de pain et faites-la griller à feu doux pendant une demi-heure. Retirez-en la peau, et servez-la avec une persillade ou une sauce remoulade(*pages* 62 et 63).

AIGREFINS AU BEURRE FONDU (*relevé*).

Nettoyez 2 aigrefins; faites-les mariner au sel pendant une heure. Cuisez-les ensuite à l'eau salée, en tiers ou coupés en tronçons. Dressez-les

Aigrefin.

sur serviette; entourez-les avec du persil, servez séparément une saucière de beurre fondu et des pommes de terre cuites à l'eau salée.

AIGREFINS AUX FINES-HERBES (*relevé*).

Supprimez la tête aux poissons; ciselez-les. Beurrez un plat à gratin, saupoudrez-le avec des oignons et champignons hachés; rangez les poissons dans le plat, salez-les, saupoudrez-les avec des champignons et du persil hachés, puis avec de la chapelure; arrosez avec du beurre; versez un peu de vin blanc dans le plat, cuisez 5 minutes et faites gratiner au four ou avec du feu sur un couvercle en tôle.

SAINT-PIERRE, SAUCE AUX ŒUFS

Videz le poisson sans couper les nageoires; bridez-en la tête; mettez-le dans une casserole, mouillez avec de l'eau froide, un filet de vinaigre; ajoutez un bouquet de persil et une poignée de sel.

Faites bouillir et retirez sur le côté du feu, en maintenant l'eau frémissante. A un poisson de

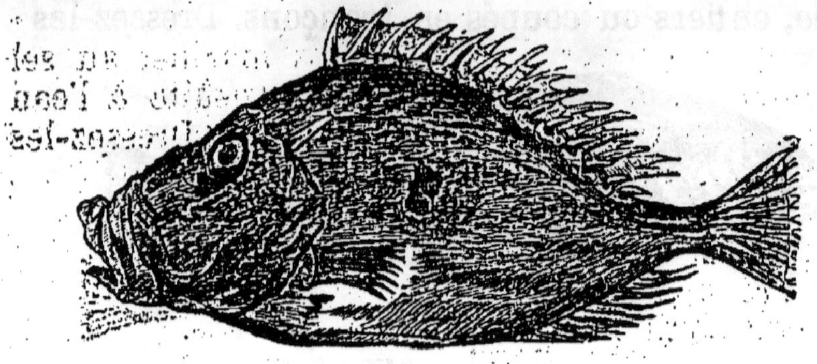

Saint-Pierre.

2 kilogrammes, donnez 40 minutes de cuisson. Dressez sur serviette, et la sauce à part (*page* 94).

Les petits saint-pierre sont excellents pour la bouillabaisse.

ESTURGEON AU VIN (*relevé*).

Si l'esturgeon est gros, faites couper non pas une tranche, mais un petit tronçon pris sur une moitié de poisson. Bridez-le, mettez-le dans une casserole foncée avec débris de lard et légumes émincés; salez-le, mouillez avec un peu de bouillon et faites réduire le liquide. Mouillez alors à moitié de hauteur avec du vin blanc et du bouillon; faites bouillir 10 minutes et retirez sur le côté du feu: si le poisson est jeune, trois quarts d'heure suffisent pour le cuire; sinon il faut le double. Egouttez le tronçon; retirez-en la peau, tenez-le au chaud. Passez la cuisson, dégraissez et faites-la réduire de moitié; liez avec du beurre manié; cuisez 10 minutes. Mettez alors le poisson dans la sauce, faites-le mijoter pendant un quart d'heure; dressez-le sur un plat, et masquez avec la sauce, en la passant; saupoudrez avec des câpres entières et du persil haché.

ESTURGEON EN FRICANDEAU (*relevé*).

Faites couper un petit tronçon sur une moitié du poisson. Retirez-en la peau, et piquez-le comme un fricandeau avec du lard. Mettez-le dans un plafond, foncé avec débris de lard et légumes émincés; salez, mouillez avec un peu de bouillon et faites réduire à feu vif, mouillez alors à hauteur avec du bouillon et du vin blanc; faites bouillir, retirez sur le côté, et finissez de cuire avec feu dessus feu dessous. Passez la cuisson, dégraissez et liez-la avec de la fécule délayée. Dressez le poisson sur un plat, arrosez avec la sauce; servez de l'oseille à part (*page* 57).

HOMARDS ET LANGOUSTES

On cuit de la même façon la langouste ou le homard; s'ils sont vivants, nouez-en les pattes. Faites bouillir de l'eau salée avec vinaigre, oignons et carottes émincés, un bouquet de persil; plongez homards ou langoustes dans le liquide, et cuisez de 15 à 20 minutes selon leur grosseur. Laissez refroidir dans leur cuisson. — On sert ordinairement les langoustes et homards froids, à la vinaigrette ou avec une sauce mayonnaise ou tartare (*page* 63).

HOMARDS A L'AMÉRICAINE

Coupez en trois morceaux, deux homards vivants, en conservant l'eau qui s'échappe des chairs; laissez les grosses pattes entières. — Faites revenir à l'huile un oignon et quelques échalotes émincées; ajoutez les morceaux de homards et les pattes, un bouquet garni d'aromates, gousse d'ail, deux ou trois petits piments, sel, grains de poivre; sautez-les cinq à six minutes sur feu, mouillez aux trois quarts de hauteur avec vin blanc, un petit verre de cognac, l'eau des homards; couvrez la casserole, cuisez les homards quinze minutes; retirez-les, supprimez la moitié des coquilles aux pattes, dressez-les sur plat. — Passez la cuisson, faites-la réduire d'un tiers, liez-la avec deux ou trois cuillerées de sauce tomate, deux cuillerées de glace de viande, donnez seulement deux bouillons. Retirez la casserole, incorporez peu à peu à la sauce cent grammes de beurre divisé en petites parties; finissez-la avec une pointe de cayenne, persil haché, suc de citron.

Avec ce mets, on peut servir du riz cuit à grande eau, égoutté, rafraîchi à l'eau chaude, remis dans la casserole avec un morceau de beurre, et étuvé dix ou douze minutes à la bouche du four, à casserole fermée.

COQUILLES DE HOMARD (*hors-d'œuvre froid*).

Coupez en petits dés des chairs de homard de desserte; mêlez-leur des cornichons et des œufs durs, également coupés, et aussi des câpres entières. Assaisonnez et liez avec de la mayonnaise. Emplissez des coquilles de table; lissez le dessus et décorez avec des filets d'anchois.

BOUCHÉES DE HOMARD (*hors-d'œuvre chaud*).

Préparez un salpicon de homard cuit et de champignons; tenez-le au bain-marie dans une petite casserole.— Préparez une quinzaine de bouchées.

Chauffez-les bien, garnissez-les avec le salpicon, couvrez et dressez.

SALADE DE LANGOUSTE OU DE HOMARD (*entrée froide*).

Prenez les chairs de desserte d'une langouste ou d'un homard ; coupez-les en gros dés ; mettez-les dans une terrine, ajoutez des pommes de terre cuites coupées en petits dés, des cornichons ; des filets d'anchois et des œufs durs aussi coupés, et des câpres entières ; assaisonnez et liez cette salade avec un peu de mayonnaise. Emincez le cœur de 2 laitues, assaisonnez ; formez-en une couche sur le centre du plat, et sur cette couche, dressez la salade de homard en dôme ; masquez celui-ci avec une sauce mayonnaise, saupoudrez avec des câpres, et entourez avec des moitiés d'œufs durs posées debout.

RAIE AU BEURRE NOIR

Coupez les 2 ailes de la raie ; fendez-en le coffre

Raie.

pour le vider et retirer le foie; tenez celui-ci de côté. Plongez les morceaux de raie dans un court-bouillon au vinaigre, avec aromates et un bouquet de persil; faites bouillir, et retirez sur le côté du feu. Cuisez une demi-heure; au dernier moment ajoutez le foie; faites-le pocher 2 minutes. Égouttez les morceaux de raie; retirez-en la peau, et coupez les nageoires; lavez-les à mesure dans leur cuisson; épongez-les sur un linge; puis dressez-les sur plat, ainsi que le foie. Arrosez-les avec du beurre noir (*page* 54). — On peut remplacer le beurre par une sauce piquante ou une sauce aux câpres : sauce au beurre mêlée avec des câpres entières.

RAIE GRILLÉE A LA REMOULADE (*met de déjeuner*).

Prenez une aile de raie cuite et froide; divisez-la sur le travers en morceaux réguliers; assaisonnez avec sel et poivre, persil haché; trempez-les dans des œufs battus, et panez-les; trempez alors chaque morceau dans du beurre fondu, et posez-les à mesure sur le gril; cuisez à feu modéré servez avec une sauce remoulade froide (*page* 63).

RAIE AU FROMAGE (*relevé*).

Cuisez une raie, en opérant comme il est dit pour la raie au beurre noir. Egouttez-la; retirez-en toutes les arêtes, et rangez les chairs, par couches dans un plat beurré, en arrosant chaque couche avec un peu de sauce béchamel, et saupoudrant avec du parmesan râpé, faites mijoter quelques minutes à la bouche du four, et servez,

COQUILLES DE FOIE DE RAIE (*hors d'œuvre chaud*).

Coupez en dés un foie de raie cuit et refroidi; mettez-le dans une casserole; mêlez-lui quelques filets d'anchois et quelques champignons cuits coupés en dés. Assaisonnez et liez avec quelques cuillerées de sauce, réduite et serrée; ajoutez une pincée de persil haché, et emplissez-les. Lissez-en le dessus, saupoudrez avec de la panure, arrosez avec du beurre, et faites gratiner 10 à 12 minutes à four chaud.

ROUGETS GRILLÉS, A L'HUILE (*relevé*).

Retirez simplement les ouïes des rougets; faites-les mariner une heure avec sel, huile, oignon émincé et persil. Faites-les griller un quart d'heure, en les retournant; dressez-les. Prenez leurs foies, broyez-les avec une cuiller, délayez-les avec huile et jus de citron; ajoutez du persil haché, et versez sur les rougets.

PETITS ROUGETS FRITS (*relevé*).

Retirez seulement les ouïes aux poissons, sans les vider; écaillez-les, essuyez-les, assaisonnez et trempez-les dans des œufs battus pour les paner et les plonger à friture chaude. Quand ils sont cuits et de belle couleur, égouttez, salez et servez-les avec des citrons coupés.

ROUGETS A LA SAUCE VERTE

Retirez les ouïes aux rougets, sans les écailler, faites une petite entaille de chaque côté, sur le dos et sur le ventre; roulez-les dans l'huile; assaisonnez, faites-les griller. — Hachez de la ciboulette, des feuilles d'estragon, du cerfeuil et persil, câpres et cornichons. — Pilez 8 filets d'anchois, délayez-les avec un décilitre d'huile, vinaigre et moutarde; ajoutez les fines-herbes. Dressez les rougets et versez la sauce autour.

ROUGETS EN PAPILLOTES *(relevé)*.

Prenez quelques moyens rougets, écaillés et propres : épongez-les sur un linge; mettez-les dans un plat, arrosez avec de l'huile, saupoudrez avec du sel et de la panure mêlée avec du fenouil haché. — Coupez des demi-feuilles de papier en deux, ployez-les et coupez-les en forme de demi-cœur; ouvrez-les, huilez-les et placez un rouget sur chaque quart de feuille; plissez le papier tout autour; rangez les papillotes sur un gril, à feu très-doux; cuisez 20 minutes les rougets, en les retournant ou cuisez-les à four doux.

ROUGETS SUR LE PLAT *(relevé)*.

Prenez 5 à 6 rougets propres, écaillés; salez-les. Saupoudrez le fond d'un plat à gratin avec de l'oignon haché; placez les rougets dessus, arrosez avec de l'huile; saupoudrez avec persil haché et de la panure; cuisez à four modéré, pendant un quart d'heure. Dressez-les, arrosez-les avec le jus de 2 citrons, et servez.

PETITS MERLANS AU GRATIN *(relevé)*.

Videz 4 petits merlans, grattez, lavez, essuyez-les; ciselez légèrement les chairs, salez. — Beurrez un plat à gratin, saupoudrez avec oi-

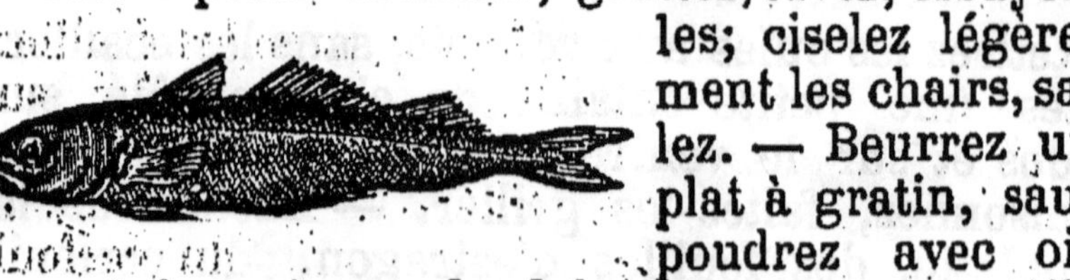

gnon et champignons hachés; arrosez avec 4 cuillerées de jus lié, froid; rangez les merlans dessus, saupoudrez aussi avec oignon, champignons et persil hachés, puis avec de la chapelure; salez, arrosez avec du beurre; versez un peu de vin blanc au fond du plat; faites bouillir et cuisez 15 minutes au four ou avec du feu sur un couvercle en tôle; faites prendre belle couleur et servez.

PETITS MERLANS FRITS *(relevé)*.

Prenez 5 à 6 merlans propres, ciselés, assaisonnés; trempez-les dans du lait, puis égouttez-les; farinez-les et plongez-les à grande friture, 2 ou 3 seulement à la fois. Egouttez, salez et dressez-les avec des citrons coupés.

PAUPIETTES DE MERLAN, FRITES *(entrée)*.

Levez les filets de 3 ou 4 petits merlans propres; assaisonnez, saupoudrez-les avec champignons oignons et persil hachés. Prenez chaque filet par un bout, roulez-le sur lui-même en forme de petit baril; traversez son épaisseur avec une petite brochette en bois, pour le soutenir. Panez-les aux œufs, et faites-les frire; retirez les brochettes, salez et dressez.

PAUPIETTES DE MERLAN, GRILLÉES *(entrée)*.

Préparez les paupiettes comme il vient d'être dit; enfilez-les de 2 en 2 à de petites brochettes, trempez-les dans du beurre, panez-les et faites les griller, en les retournant; dressez-les en retirant les brochettes.

SOLES GRILLÉES *(relevé)*.

Prenez 2 bonnes soles fraîches; retirez-en la peau noire, fendez-les de ce côté sur la longueur; assaisonnez; trempez-les dans des œufs battus et panez-les; trempez-les dans du beurre fondu, et faites-les griller 18 minutes à feu modéré, en les retournant et les humectant à l'aide d'un pinceau. — Servez avec des citrons coupés ou avec une sauce pour poisson.

SOLES AU FOUR *(relevé)*.

Panez à l'œuf 2 soles crues propres, sans peau noire; trempez-les dans du beurre fondu, et rangez-les, l'une à côté de l'autre dans un plat à gratin; cuisez-les au four un quart d'heure, en les arrosant avec leur beurre; servez avec des citrons coupés.

SOLES SUR LE PLAT *(relevé)*.

Prenez 2 soles propres, sans peau noire, fendez-les de ce côté. Beurrez un plat à gratin, saupoudez-le avec oignons et champignons hachés; posez les soles dessus, l'une à côté de l'autre; versez au fond du plat un demi-verre de vin blanc. Salez les soles, mettez une cuillerée de sauce froide sur chacune d'elles; saupoudrez avec des champignons hachés et de la chapelure; arrosez avec du beurre fondu, et cuisez 18 à 20 minutes, à four modéré; servez dans le plat même.

SOLES FRITES *(relevé)*.

Faites dégorger dans du lait 2 soles propres; égouttez-les, divisez-les chacune en 3 morceaux sur le travers; farinez-les et plongez-les à friture chaude; cuisez 12 minutes; égouttez, salez et dressez avec des citrons coupés. — On peut simplement tremper les soles dans des œufs battus les paner et les faire frire.

SOLES BOUILLIES, A LA JULIENNE *(relevé)*.

Émincez en julienne, un oignon, un morceau

de blanc de poireau, 2 bonnes carottes, un morceau de racine de céleri, quelques champignons frais ou secs. Faites blanchir pendant 7 à 8 minutes ces racines ; égouttez-les. — Faites revenir au beurre oignons et poireau, ajoutez les racines ; faites-les revenir aussi ; salez et retirez du feu.

Prenez 2 grosses soles propres ; retirez-en la peau noire ; coupez-les transversalement en 3 morceaux. Placez-les dans une casserole plate, salez-les ; étalez sur elles la julienne de légume, mouillez juste à hauteur avec du vin blanc ; cuisez 10 minutes, à bon feu ; liez alors le liquide, en lui incorporant peu à peu des petits morceaux de beurre manié à la farine. Cuisez encore 5 à 6 minutes sur feu doux. — Dressez les soles sur le plat, en les reformant, entourez-les avec les légumes et la sauce ; saupoudrez avec du persil frit.

PAUPIETTES DE SOLE, AUX MOULES *(entrée)*.

Faites ouvrir sur feu 2 à 3 douzaines de moules ; égouttez-les sur une passoire, en réservant la cuisson. — Prenez 2 soles propres, sans peau ; retirez-en les filets ; étalez-les sur la table ; salez-les, masquez-les avec une mince couche de farce de poisson ; saupoudrez avec oignon haché, champignons crus et persil. — Roulez les filets sur eux-mêmes pour former les paupiettes ; nouez-les avec du fil, et rangez-les sur le fond d'une casserole plate, l'une à côté de l'autre. Salez et mouillez avec du vin blanc et la cuisson des moules, cuisez tout doucement, 12 à 14 minutes. Égouttez-les, débridez-les, et dressez-les sur un plat.

Allongez leur cuisson, et liez-la, d'abord avec un petit morceau de beurre manié à la farine, puis avec 2 jaunes d'œuf ; passez-la, ajoutez les moules ;

chauffez-les, sans faire bouillir; dressez-les autour des paupiettes.

BOUCHÉES DE FILETS DE SOLE

Préparez (1) des bouchées; tenez-les au chaud. — Coupez en dés fins quelques filets de sole, cuits et refroidis; ajoutez moitié du volume de champignons cuits, coupés comme les soles. — Mettez dans une casserole plate, quelques cuillerées de sauce blonde; faites-la réduire, en lui mêlant la cuisson des champignons; liez-la avec une liaison de 2 jaunes; retirez-la et mêlez-lui le salpicon. Emplissez les bouchées, et dressez-les.

MAQUEREAUX GRILLÉS *(relevé)*.

Videz les poissons, essuyez-les bien; fendez-les sur le dos, assaisonnez et arrosez-les avec de l'huile. — Faites chauffer le gril, frottez-le avec un morceau de couenne fraîche, et placez les maquereaux l'un à côté de l'autre; faites-les griller de 15 à 20 minutes, en les retournant et les arrosant. — Dressez-les sur un plat, et arrosez-les avec une persillade à l'huile et jus de citron, ou bien, emplissez la fente avec du beurre à la maître-d'hôtel (*page* 48).

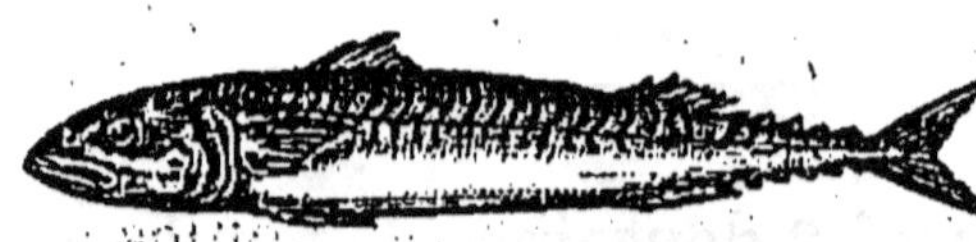

MAQUEREAUX AUX PETITS OIGNONS *(mets de déjeuner)*.

Prenez 3 à 4 douzaines de petits oignons; mettez-les dans une poêle avec du beurre et un peu de sucre, faites-les colorer à feu vif; mettez-les dans une casserole plate, mouillez avec un peu de bouillon; cuisez-les aux trois quarts, en

(1) Pour la préparation des bouchées, voir au chapitre de la *Pâtisserie*.

les faisant tomber à glace. — Supprimez la tête à 4 petits maquereaux propres; coupez-les chacun en deux morceaux et faites-les revenir à feu vif avec du beurre; assaisonnez, mouillez avec un verre de vin blanc, et faites réduire de moitié. Liez alors la sauce avec un petit morceau de beurre manié. Ajoutez les petits oignons, et finissez de les cuire à feu doux.

MAQUEREAUX AUX PETITS-POIS *(mets de déjeuner).*

Prenez 3 à 4 petits maquereaux; supprimez-en la tête et la pointe de la queue; puis coupez les corps chacun en deux parties. — Mettez une cuillerée d'oignon haché dans une casserole; faites-le revenir au beurre; ajoutez les morceaux de poisson, et faites-les revenir aussi, en les sautant; assaisonnez, mêlez-leur un demi-litre de petits-pois, et un bouquet de persil; faites-les revenir ensemble pendant quelques minutes; saupoudrez ensuite avec une pincée de farine, et mouillez à hauteur avec de l'eau chaude; couvrez, cuisez 5 minutes à feu vif et finissez de cuire sur feu modéré; quand les petits-pois sont à point, enlevez le bouquet, et liez le ragoût avec une liaison de 2 ou 3 jaunes; finissez-le, en lui incorporant un morceau de beurre.

MAQUEREAUX BOUILLIS *(mets de déjeuner).*

Coupez en tronçons 2 ou 3 maquereaux; mettez-les dans une casserole avec de l'eau, du sel et un filet de vinaigre; faites bouillir et retirez sur le côté du feu. — Un quart d'heure après, égouttez bien le poisson, dressez-le sur un plat, masquez-le avec une sauce au persil, et au fenouil, c'est-à-dire une sauce au beurre, finie avec du fenouil vert haché.

MAQUEREAUX A LA MARINADE

Coupez des maquereaux en tronçons; nettoyez-les, faites-les macérer au sel pendant 6 heures. Egouttez-les, rangez-les dans un sautoir, et couvez-les avec une marinade cuite, préparée comme pour les harengs (*page* 49). Cuisez les maquereaux sur feu très-doux; laissez-les refroidir dans leur cuisson; dressez-les ensuite avec huile, câpres et cornichons ou bien des *pikels*.

FILETS DE MAQUEREAU A LA PROVENÇALE *(entrée)*.

Levez les filets de 2 gros maquereaux, sans retirer la peau. Chauffez de l'huile ou du beurre dans un plat à gratin et rangez les filets dessus, l'un à côté de l'autre; cuisez-les aux trois quarts au four, en les arrosant; retirez-les, égouttez-en le beurre et masquez-les avec une sauce tomate pas trop claire; saupoudrez de panure, et finissez de les cuire en mijotant; servez-les dans le plat même.

FILETS DE MAQUEREAU AUX MOULES

Faites ouvrir sur le feu 4 ou 5 douzaines de moules propres. Égouttez-les, en réservant le'au. Retirez-en les coquilles, et tenez-les au chaud. — Levez les filets de 2 ou 3 maquereaux; assaisonnez et cuisez-les dans un sautoir avec beurre et un peu de vin blanc. Aussitôt à point, égouttez-les, dressez-les sur un plat et tenez-les au chaud. Ajoutez à leur cuisson un peu de vin et l'eau des moules; faites bouillir et liez avec du beurre manié avec de la farine et une pincée de poudre de cary. Donnez quelques bouillons à la sauce, puis liez-la avec une liaison de 2 jaunes, à la crème crue. Ajoutez les moules, chauffez sans faire bouillir; dressez-les autour des filets, et masquez avec la sauce.

FILETS DE MAQUEREAU A LA CRÈME D'ANCHOIS *(relevé)*.

Levez les filets de 2 ou 3 maquereaux; assaisonnez et rangez-les dans un plat à gratin beurré. Cuisez-les à four chaud, en les arrosant. Quand ils sont à point, égouttez-en le beurre, et masquez-les avec une sauce béchamel finie avec un morceau de beurre d'anchois; laissez-les mijoter 5 ou 6 minutes, sans faire bouillir; servez-les aussitôt.

BOULLABAISSE DE MAQUEREAUX *(mets de déjeuner)*.

Supprimez la tête de 3 ou 4 petits maquereaux; coupez-les en tronçons. — Émincez le blanc de 2 poireaux; faites-les revenir de belle couleur avec de l'huile d'olive; saupoudrez avec une cuillerée à café de farine; ajoutez les tronçons, et mouillez à couvert avec moitié vin blanc, moitié eau chaude; ajoutez 2 gousses d'ail, un brin de laurier, une pointe de safran et sel; cuisez à bon feu, en faisant réduire le liquide d'un tiers. Finissez avec persil haché et jus de citron. Versez le bouillon sur de simples tranches de pain, non grillées; servez le poisson dans un autre plat.

TRONÇONS DE MAQUEREAUX, AUX POIREAUX.

Prenez 2 maquereaux propres; coupez-en la tête et le bout mince de la queue; divisez-les chacun en trois tronçons. — Fendez par le milieu le blanc de 2 gros poireaux; émincez-les et faites-les revenir au beurre, sur feu modéré; salez légèrement; quand ils sont de belle couleur, mouillez simplement avec un verre de vin blanc; 5 minutes après, ajoutez les tronçons de poisson et le sel nécessaire; cuisez un quart d'heure tout doucement avec feu dessus, feu dessous.

CARRELET AU VIN (*relevé*).

On peut cuire le carrelet entier dans les mêmes conditions que la barbue et le turbot, mais la recette que je vais décrire convient à ce poisson.

Prenez un carrelet propre, supprimez-en la tête;

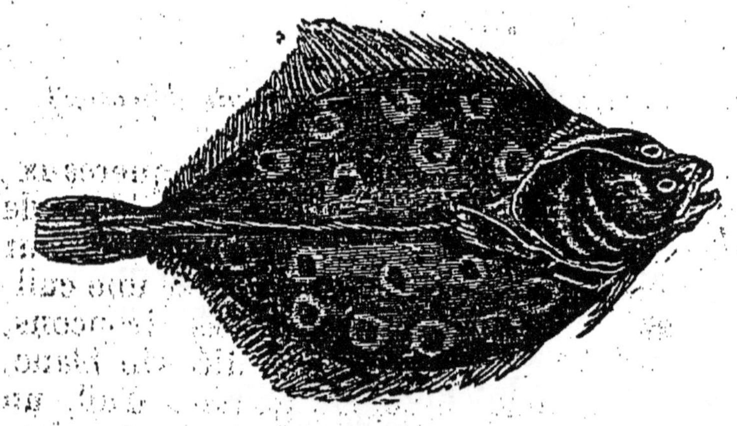

Carrelet.

divisez-le en deux parties et coupez celles-ci en travers, par morceaux. — Beurrez le fond d'une casserole plate, saupoudrez avec de l'oignon haché, et placez les morceaux de poisson dessus; salez et mouillez à mi-hauteur avec vin blanc; cuisez à feu vif [illegible] minutes, retirez sur feu modéré, et finissez de cuire avec du feu sur le couvercle de tôle. Liez la sauce avec un petit morceau de beurre manié; 5 minutes après, dressez le poisson sur un plat. Liez la sauce avec 2 jaunes et un morceau de beurre fin, passez-la sur le poisson, saupoudrez avec du persil haché.

CARRELET FRIT AU BEURRE

Supprimez la tête à un carrelet de petite forme; coupez-le en deux sur la longueur et divisez chaque moitié en carrés. Retirez les arêtes aussi bien que possible; assaisonnez, farinez et faites-les frire dans un plafond ou sautoir avec du beurre. Dressez et servez avec une salade chaude de pommes de terre.

CARRELET SAUCE A L'OSEILLE (*relevé*).

Coupez un carrelet en morceaux; mettez-les dans une terrine, saupoudrez-les avec une poignée de sel, et faites-les mariner pendant une heure. Egouttez-les ensuite; rangez-les dans une casserole plate, et cuisez-les à l'eau salée acidulée. Egouttez les morceaux, dressez-les sur un plat, entourez-les avec des feuilles de persil, et servez en même temps une purée d'oseille.

GRONDIN SAUCE AUX MOULES (*relevé*).

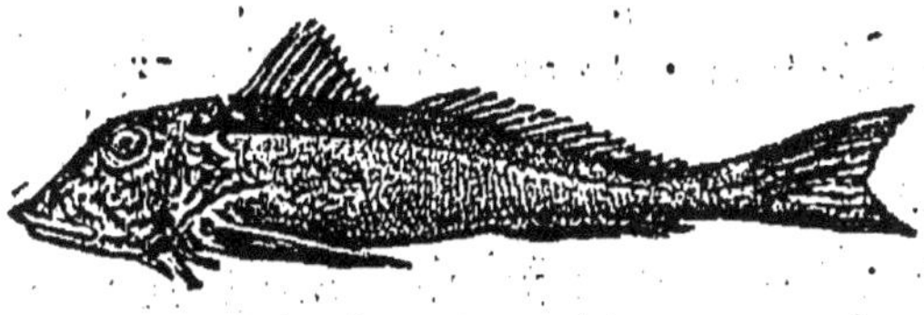

Prenez un gros grondin propre ou 2 de moyenne grandeur; nouez-en la tête; ciselez-les légèrement sur les côtés. Placez-les sur une grille en fil de fer, ficelez-les. — Faites bouillir de l'eau avec sel, vinaigre, oignons et racines émincés, un bouquet de persil. Plongez les poissons dans le liquide; donnez quelques bouillons et retirez sur le côté; cuisez de 20 à 30 minutes. Egouttez-les, dressez-les avec des pommes de terre autour, et un bouquet de persil; envoyez à part la sauce aux moules (*page* 58).

VIVES GRILLÉS (*relevé*).

Choisissez des vives de moyenne grosseur; nettoyez-les avec attention en évitant de se piquer aux arêtes, car la piqûre est dangereuse. Ciselez, assaisonnez avec sel, et huile; faites les griller à feu modéré. Servez avec du beurre maître-d'hôtel (*page* 47).

HARENGS FRAIS, GRILLÉS (*mets de déjeuner*).

Prenez des harengs frais, bien pleins; videz-les par les ouïes, sans retirer la laite; essuyez-les; saupoudrez avec du sel, arrosez avec de l'huile, et faites-les griller à feu vif, en les retournant: 7 à 8 minutes suffisent. Servez-les avec une sauce moutarde ou à la maître-d'hôtel.

HARENGS FRITS (*mets de déjeuner*).

Quand ils sont propres, salez-les; trempez-les dans du lait, farinez-les et plongez-les à friture chaude; égouttez, salez et servez simplement avec des citrons coupés.

HARENGS FRAIS, FARCIS (*relevé*).

Prenez une douzaine de gros harengs, propres; fendez-les sur le dos, de la tête à la queue, sans diviser les parties; mettez les laitances de côté. Faites revenir au beurre oignons et échalotes, ajoutez des champignons crus, et faites-en réduire l'humidité; puis ajoutez un morceau de mie de pain imbibée et exprimée; broyez et mêlez bien avec les fines-herbes; ajoutez encore du persil haché, un morceau de beurre, 2 jaunes d'œuf, un peu de muscade. Enveloppez les laitances avec une petite partie de la farce, et glissez-en une dans chaque hareng. Fermez l'ouverture, rangez-les sur un plat à gratin, beurré, les uns à côté des autres; arrosez avec du beurre, salez-les; saupoudrez avec du persil et chapelure; cuisez 12 minutes, en les arrosant avec le beurre; servez dans le plat.

PAUPIETTES DE HARENGS *(mets de déjeuner)*.

Supprimez la peau et la tête à 10 harengs salés; faites-les dégorger dans du lait pendant 6 heures; égouttez-les, ouvrez-les pour en retirer l'arête principale. Parez carrément les filets. Mettez dans un mortier les parures des filets, 6 filets et 8 à 10 anchois salés, propres; pilez-les avec 60 grammes de beurre; passez-les au tamis, et mêlez à la farce un jaune d'œuf, une pointe de cayenne et 4 cuillerées de fines-herbes, crues. Masquez chaque filet de hareng avec une couche mince de farce, et roulez-les en forme de paupiette. Rangez-les dans un plat à gratin, beurré; arrosez-les avec du beurre, saupoudrez de panure et chauffez 5 à 6 minutes à four chaud; servez dans le plat même.

HARENGS EN CARTOUCHE

Prenez des harengs propres, bien essuyés; salez-les. — Beurrez des feuilles de papier; saupoudrez-les avec champignons hachés, oignon, et persil. Sur chaque feuille, placez 2 harengs, à côté l'un de l'autre. Ployez le papier, rangez-les sur une tourtière beurrée, et cuisez-les à four modéré, 25 minutes.

HARENGS SAURS AUX FINES-HERBES *(mets de déjeuner).*

Retirez les filets de 12 harengs fumés, nouveaux, en mettant les laitances de côté; faites-les macérer 2 heures dans du lait froid. Egouttez-les ensuite sur un linge. — Mettez dans une terrine, 3 ou 4 cuillerées de champignons crus, hachés, une cuillerée de persil, une de ciboulette; ajoutez 150 grammes de beurre frais, une poignée de panure blanche et fraîche; mélangez le tout avec une cuiller. — Etalez une couche de ce beurre sur un plat à gratin; sur cette couche, rangez la moitié des filets de harengs et des laitances; masquez-les aussi avec une couche de beurre; recommencez avec les filets de harengs et les laitances; masquez avec le restant du beurre. Arrosez avec le jus de 3 ou 4 citrons, et tenez un quart d'heure le plat à four doux, en arrosant souvent avec le beurre.

ÉPERLANS FRITS *(relevé).*

Choisissez les éperlans fermes et bien frais; ratissez-les, videz-les, par les ouïes, en laissant seulement les foies. Salez-les; trempez-les dans du lait, farinez-les vivement et enfilez-les par la tête à l'aide d'une brochette en bois; s'ils sont gros, mettez-en 3 ou 4 à chaque, s'ils sont petits mettez-en 6. Faites-les frire de belle couleur, peu à la fois. Egouttez, salez et servez avec persil frit.

ÉPERLANS BOUILLIS *(relevé)*.

Prenez 2 douzaines de gros éperlans propres; salez-les, rangez-les l'un à côté de l'autre sur la grille d'une petite poissonnière. — Faites bouillir de l'eau dans la poissonnière avec sel et un bouquet de persil; plongez la grille dans l'eau avec les éperlans; donnez un bouillon et retirez le vase sur le côté du feu; tenez-les à couvert 10 minutes, égouttez, dressez sur serviette avec du persil frais; servez avec une sauce au beurre.

SARDINES FRITES ET GRILLÉES

Pour faire griller les sardines, il n'est pas nécessaire de les écailler; il suffit de les bien essuyer, après en avoir arraché la tête et les intestins; on les assaisonne avec sel et huile; on les fait griller à bon feu 12 à 14 minutes.

Pour faire frire les sardines, il faut les vider et les écailler; les saler, les fariner vivement et les plonger à friture chaude (friture à l'huile), peu à la fois; égouttez-les, salez et servez-les. — On opère de la même façon pour faire frire les anchois frais.

SARDINES FARCIES A LA PROVENÇALE *(entrée)*.

Hachez des épinards crus, bien exprimés, faites-les revenir dans une casserole avec de l'huile, jusqu'à ce qu'ils aient réduit leur humidité; assaisonnez avec sel et muscade, une pointe d'ail; saupoudrez avec de la mie de pain, mouillez avec du lait, en tenant l'appareil consistant; cuisez, en remuant, retirez du feu, mêlez-lui quelques jaunes d'œuf et quelques anchois hachés. — Arrachez la tête et les boyaux de 20 grosses sardines; ouvrez-les par le ventre; étalez-les, le côté ouvert en dessus; salez-les et masquez-les avec une couche d'épinards; roulez-les en baril, et nouez-les avec du fil. — Saupoudrez un plat à gratin avec une pincée d'oignon haché; arrosez avec de l'huile et rangez les sardines l'une à côté de l'autre, en les serrant; saupoudrez avec de la chapelure; arrosez avec de l'huile et cuisez 12 minutes au four ou avec feu dessus, feu dessous.

MORUE A LA HOLLANDAISE *(relevé)*.

Coupez en moyens carrés, 1 kilogramme de morue dessalée à point; mettez-la dans une casserole avec de l'eau froide; faites bouillir et retirez aussitôt sur le côté du feu, sans bouillir; tenez-la ainsi à couvert 20 à 25 minutes. — Enlevez-la avec l'écumoire, égouttez-la sur un linge et dressez sur plat bien chaud. Entourez-la avec des pommes de terre coupées en deux, pelées, cuites à l'eau salée, et bien étuvées; masquez pommes de terre et morue avec du beurre fondu mêlé avec du persil haché.

MORUE FRITE, SAUCE TOMATE *(entrée)*.

Cuisez 5 à 6 carrés de morue salée; égouttez-les, laissez-les refroidir. Retirez-en les arêtes; assaisonnez avec poivre, huile, jus de citron. Une heure après, farinez-les, trempez-les dans des œufs battus et panez-les; faites-les frire à l'huile ou au beurre dans une large poêle, en les retournant. Servez avec des citrons coupés.

MORUE FRITE AUX OIGNONS

Faites frire les morceaux de morue à l'huile ou au beurre comme il est dit à l'article qui précède. Égouttez-les, dressez-les sur un plat, et masquez-les avec un émincé d'oignon simplement revenu à l'huile ou au beurre, assaisonné et fini avec un filet de vinaigre.

MORUE A LA LYONNAISE *(mets de déjeuner).*

Cuisez à l'eau 600 grammes de morue coupée en carrés. Égouttez-les, retirez-en les arêtes, en les effeuillant. — Émincez 4 à 5 oignons; faites-les revenir, dans une poêle avec du beurre ou de l'huile et une feuille de laurier. Quand ils sont à peu près cuits, ajoutez la morue, et sautez-les ensemble pendant 10 minutes, pour faire rissoler la morue; saupoudrez avec poivre et persil haché; finissez avec le jus d'un citron.

MORUE A LA BÉCHAMEL *(relevé).*

Cuisez à l'eau 600 grammes de morue dessalée. Égouttez-la sur un tamis; brisez-la en l'effeuillant; retirez-en toutes les arêtes. Dressez-la sur un plat creux, et masquez-la avec une sauce béchamel préparée au moment (*page* 54), et finie avec un morceau de beurre divisé.

BRANDADE DE MORUE, A LA PROVENÇALE *(relevé).*

Coupez en morceaux un kilogramme de morue dessalée; cuisez-la à l'eau, comme pour la morue à la hollandaise. Egouttez-la sur un tamis; brisez les morceaux avec la main, pour mieux retirer les arêtes, mais en laissant la peau. Pendant qu'elle est chaude, mettez-la dans un mortier avec 2 ou 3 cuillerées de béchamel, et broyez-la jusqu'à ce qu'elle soit en pâte; mettez-la alors dans une casserole, travaillez-la fortement avec une cuiller, en lui incorporant peu à peu 3 décilitres d'huile fine; ajoutez de temps en temps, quelques gouttes de citron : l'appareil doit alors se trouver blanc, crémeux et bien lié; ajoutez une petite pointe d'ail, râpé au couteau, une pincée de poivre et 2 ou 3 cuillerées de crème crue; chauffez en remuant et sans faire bouillir; finissez avec une pincée de persil haché et le jus d'un citron. Servez avec des croûtons de mie de pain de cuisine, coupés en triangle, frits au beurre.

MORUE AUX TOMATES

Coupez en morceaux carrés un kilogramme de morue ramollie. — Hachez un oignon, faites-le revenir avec de l'huile un peu abondante; ajoutez les morceaux de morue, 2 gousses d'ail, puis 5 ou 6 tomates pelées, égrainées et coupées; cuisez 35 minutes, tout doucement avec feu dessus, feu dessous. — A défaut de tomates fraîches, on prend de la purée de tomate conservée, et on lie avec un peu de farine délayée à l'eau froide.

MARGOT DE MORUE

Prenez 5 ou 600 grammes de morue dessalée, coupée en carrés, cuisez-la à l'eau, comme il est dit pour la morue à la hollandaise; tenez-la de côté. — Mettez dans une casserole

7 ou 800 gram. de pommes de terre crues, pelées, coupées en morceaux. Cuisez-les à l'eau salée. Quand elles sont à peu près à point, égouttez-en l'eau, et faites-les étuver 10 minutes, à couvert ; passez-les ensuite au tamis. Remettez la purée dans la casserole ; mêlez-lui quelques cuillerées de crème crue ou du bon lait, 125 grammes de beurre, 5 ou 6 jaunes d'œuf, une pointe de muscade, et ensuite la morue finement effeuillée, sans arêtes.

Versez l'appareil dans un plat à tarte ; lissez-le en dessus ; saupoudrez avec de la panure, arrosez avec du beurre, et faites gratiner 20 minutes. Servez ensuite.

MORUE SALÉE AU CARY

Prenez 5 à 600 grammes de morue dessalée à point ; coupez-la en carrés de 3 doigts ; cuisez-les à l'eau, et retirez sur le côté. — Hachez 2 oignons ; faites-les revenir au beurre, de belle couleur ; saupoudrez avec une cuillerée de poudre de cary et autant de farine ; cuisez 2 minutes, en remuant, et mouillez peu à peu avec de l'eau chaude, de façon à obtenir une sauce légère ; cuisez-la un quart d'heure. Quand elle est liée à point ; ajoutez les carrés de morue, bien égouttés et dégarnis des arêtes autant que possible. Faites mijoter 10 minutes, sur le côté du feu, et servez en même temps qu'un plat de riz à l'eau (*page* 70).

BOULLABAISSE DE MORUE (*mets de déjeuner*).

Coupez en carrés de 3 doigts 5 à 600 grammes de morue dessalée à point. — Emincez un poireau et 2 moyens oignons ; faites-les revenir à l'huile avec une gousse d'ail et feuille de laurier; ajoutez la morue, une pointe de safran, une tomate hachée, et 4 à 5 pommes de terre pelées, coupées; mouillez à hauteur avec moitié vin blanc et moitié eau chaude. Cuisez à feu vif jusqu'à ce que les pommes de terre soient cuites. Ajoutez alors du persil haché avec une pointe d'ail; donnez 2 bouillons et finissez avec le jus d'un citron. Versez le bouillon sur des tranches de pain, dressées sur un plat; dressez morue et pommes de terre sur un autre plat.

MOULES AU BEURRE *(mets de déjeuner)*.

Hachez un oignon et quelques échalotes; mettez-les dans une casserole, avec du beurre, faites-les revenir; ajoutez un litre et demi de petites moules propres; sautez-les sur feu vif jusqu'à ce qu'elles soient toutes ouvertes; retirez-les, enlevez-les de la casserole, en laissant la cuisson; dressez-les sur un plat. Retirez la moitié de la cuisson, ajoutez quelques cuillerées de vin blanc; faites bouillir, liez très-légèrement avec un petit morceau de beurre manié; donnez un bouillon, retirez du feu; ajoutez un morceau de beurre frais et une pincée de persil haché; versez sur les moules et servez.

MOULES A LA MARINIÈRE

Choisissez 5 à 6 douzaines de moyennes moules fraîches; retirez-en les grappes, lavez-les à plusieurs eaux. Hachez 2 oignons et quelques échalotes; mettez-les dans une casserole avec du beurre ou de l'huile, faites-les revenir, sans les colorer. Ajoutez alors les moules; faites-les ouvrir, en les sautant; cuisez-les 7 à 8 minutes; liez ensuite la cuisson avec du beurre manié divisé en petites parties; donnez encore quelques bouillons; finissez-les avec une pincée de poivre et persil haché; retirez les coquilles vides, et servez.

MOULES AUX FINES-HERBES *(mets de déjeuner).*

Choisissez des moules de moyenne grosseur; Ouvrez-les, détachez-les des coquilles et remettez chaque moule dans une coquille; rangez-les sur une tourtière, en les appuyant sur une couche de sel pour les mettre d'aplomb. Saupoudrez-les avec des fines-herbes, composées d'échalotes, oignons, champignons et persil hachés; saupoudrez de panure, et arrosez avec du beurre ou l'huile; cuisez au four 7 à 8 minutes; servez.

MOULES FRITES *(mets de déjeuner).*

Chauffez des moules dans une casserole pour les faire ouvrir; égouttez-les; parez-les, enfilez-les de deux en deux à l'aide de petites brochettes en bois. Trempez-les dans une sauce blonde serrée et liée aux œufs; rangez-les sur une tourtière, et laissez refroidir; roulez-les dans la panure, trempez-les dans des œufs battus et panez-les encore. Faites les frire, retirez les brochettes et dressez-les.

BOUCHÉES AUX HUITRES *(hors d'œuvre).*

Préparez une quinzaine de bouchées (1). (*Voir au chapitre de la pâtisserie.*) Au moment de servir, chauffez les bien, et emplissez-les avec un salpicon d'huîtres cuites aux champignons coupés

(1) A Paris et dans les villes de province, on peut commander les bouchées chez les pâtissiers.

en dés : il faut 2 ou 3 huîtres par bouchée. Couvrez, chauffez et dressez.

HUITRES AU FOUR

Choisissez de grosses huîtres; détachez-les des coquilles, sans les retirer; saupoudrez-les avec de la mie de pain, persil haché et poivre; posez un petit morceau de beurre sur chacune d'elles; rangez-les sur un plafond couvert d'une couche de sel, afin de les tenir d'aplomb; poussez-les au four vif; faites les pocher; retirez-les et dressez-les.

QUEUE DE SAUMON AU COURT-BOUILLON, SAUCE GÉNEVOISE *(relevé)*.

Prenez une queue de saumon écaillée et propre; mettez-la dans une petite poissonnière et mouillez

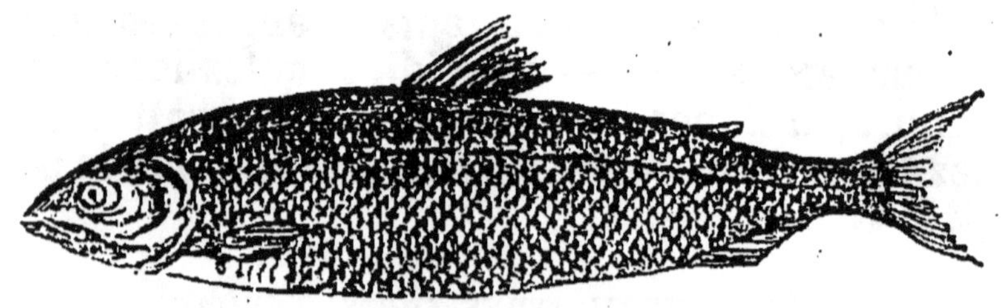

Saumon.

à hauteur avec du court-bouillon au vin rouge (*page* 128). Posez sur feu, faites bouillir le liquide et retirez sur le côté, de façon à le maintenir frémissant, sans bouillir. Si le poisson pèse de 2 kilogrammes, tenez-le ainsi pendant 50 minutes. Egouttez-le ensuite, dressez-le sur une serviette, entourez-le avec des feuilles de persil, et servez une saucière de sauce génevoise (*page* 60), en même temps qu'un plat de pommes de terre pelées, bouillies. — On peut servir ce saumon avec une sauce aux huîtres, sauce matelote ou à la maître-d'hôtel.

SAUMON SALÉ, BOUILLI, AUX ÉPINARDS (*relevé*).

Prenez 1 kilogramme de saumon salé (1) rouge; coupez-le transversalement; faites-le dessaler une heure. Mettez-le ensuite dans une casserole avec de l'eau froide; au premier bouillon, retirez-le sur le côté; tenez-le ainsi pendant 40 minutes. Égouttez-le, dressez-le sur serviette, avec des feuilles de persil; servez à part un plat d'épinards au jus ou au lait.

TRANCHES DE SAUMON, SAUCE HOMARD (*relevé*).

Faites couper 2 tranches de saumon ayant 3 doigts d'épaisseur, écaillez-les; saupoudrez-les avec du sel, faites-les macérer une heure. Placez-les sur la grille d'une poissonnière et plongez-les à l'eau bouillante, salée; retirez sur le côté du feu, pour maintenir le liquide frémissant pendant 35 minutes. Égouttez et dressez. Servez la sauce et des pommes de terre à part. — On peut servir le poisson avec une sauce aux huîtres, aux écrevisses, à la maître-d'hôtel, aux câpres, au beurre d'anchois ou une sauce finie avec des essences à l'anglaise, pour les sauces de poisson.

TRANCHE DE SAUMON, GRILLÉE, SAUCE TARTARE

Faites mariner une tranche de saumon, avec

(1) Ce saumon vient de Norvége; il est fendu en deux, et salé; il est bien rouge, et excellent bouilli. On le trouve à Paris chez les marchands de salaison: ne pas le confondre avec le saumon fumé.

sel, huile et branches de persil. Faites-la griller 25 à 30 minutes, sur feu doux, en la retournant. Dressez-la sur un plat, et servez en même temps une saucière de sauce tartare (*page* 63).

TRANCHES DE SAUMON GRILLÉES, A LA BÉARNAISE
(*relevé*).

Prenez 2 tranches de saumon, écaillées et propres ; salez-les, roulez-les dans de l'huile et panez-les ; faites-les griller 25 minutes et servez-les avec une sauce béarnaise (*page* 63).

FILETS DE SAUMON AU BEURRE (*entrée*).

Sur un saumon de moyenne épaisseur, faites couper vers le centre un tronçon de 5 à 6 doigts de long. Divisez-le sur le milieu et retirez-en l'arête. Divisez alors chaque moitié, en tranches, en les prenant un peu en biais : on peut en faire 7 à 8 sur chaque moitié. Battez-les, parez-les, et assaisonnez ; trempez-les dans des œufs battus et panez-les. — Faites chauffer du beurre dans un plafond ou sautoir, rangez les filets l'un à côté de l'autre, et faites cuire des deux côtés, en les retournant ; dressez-les avec des citrons coupés.

MAYONNAISE DE SAUMON

Coupez en carrées de 2 doigts, un morceau de saumon cuit : assaisonnez avec sel, huile et vinaigre. — Préparez une petite salade de légumes cuits, coupés en petits dés : pommes de terre, carottes, racines de céleri et betteraves : assaisonnez, et liez avec quelques cuillerées de mayonnaise. Etalez cette salade sur le fond d'un plat en couche épaisse, et dressez le poisson dessus, en dôme ; emplissez les creux avec de la même salade, et masquez le tout avec une couche de mayonnaise bien ferme. Décorez le dôme avec des cornichons coupés, des filets d'anchois et des olives. Entourez sa base d'abord avec des moitiés d'œuf, posées debout, et ensuite avec des demi-cœurs de laitues placées entre les moitié d'œuf.

SALADE DE SAUMON (*mets de déjeuner*).

Prenez du saumon cuit, de desserte. Coupez-le en morceaux carrés ; assaisonnez avec sel, huile et vinaigre. Dressez-les en dôme sur le centre du plat; saupoudrez avec quelques câpres entières ; entourez le dôme avec des œufs durs coupés en quatre parties, en posant les quartiers debout. Entre les œufs et le dôme dressez également debout des demi-cœurs de laitues, assaisonnés. Servez en même temps une saucière de vinaigrette.

MARGOT DE SAUMON (*mets de déjeuner*).

Prenez 500 grammes de saumon cuit, retirez-en la peau et les arêtes ; brisez légèrement les chairs. — Préparez une purée de pommes de terre (voir *margot de morue*); finissez-la avec beurre, jaunes d'œuf, crème, sel et muscade; mêlez-lui le poisson ; versez dans un plat pouvant aller au four. Saupoudrez avec de la panure, arrosez avec du beurre, et faites gratiner 20 minutes à four modéré ou au four de campagne.

CARPE A LA CHAMBORD (*relevé*).

Choisissez une belle carpe; videz-la par les ouïes retirez lapeau du poisson, d'un côté, et piquez-en les chairs avec du lard ou des truffes cuites. Bridez-en la tête ; et placez-la dans un plafond long et étroit à rebord masqué au fond avec des légumes émincés; arrosez-la avec du beurre, salez-la, couvrez-la avec des barbes de lard et mouillez-la, à peu près à hauteur avec du vin rouge; faites bouillir 10 minutes et mettez à four modéré. Cuisez le poisson en l'arrosant.

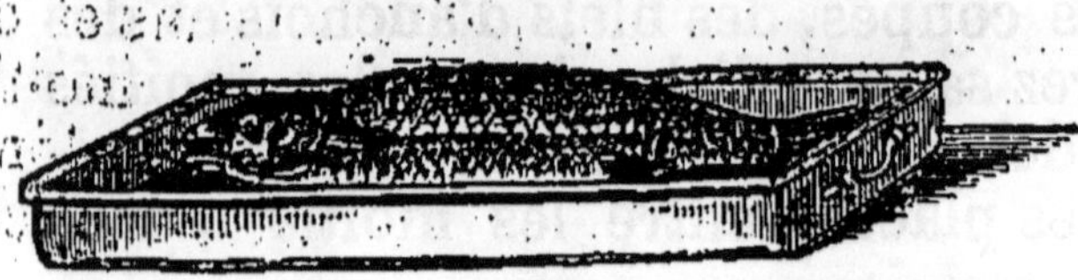

Préparez une garniture composée de laitances blanchies, truffes et champignons cuits, tenez-les à couvert dans une casserole.

Avec la cuisson de la carpe, dégraissée et passée, délayez un petit roux; faites bouillir la sauce et cuisez 25 minutes sur le côté du feu. Dégraissez-la et passez-la; mêlez-lui quelques parures de truffes et champignons, faites-la réduire à point, passez-la sur les garnitures; faites-les mijoter 5 minutes.

Dressez la carpe sur un plat, entourez-la avec les garnitures, sur les côtés; à chaque bout, dressez un bouquet d'écrevisses cuites. Versez une partie de la sauce au fond du plat, envoyez le reste en saucière.

CARPES A LA MATELOTE (*relevé*).

Pour obtenir une bonne matelote, il convient de mêler aux carpes une petite anguille. — Coupez en tronçons 2 petites carpes et une petite anguille. — Emincez oignons, carottes, céleri; faites-les revenir au beurre; mouillez avec du vin rouge et un peu de vin blanc; ajoutez sel, un bouquet, 2 gousses d'ail; cuisez 10 minutes; ajoutez le poisson : le liquide doit le couvrir largement ; cuisez à feu doux. Quant il est à point, passez le bouillon, en laissant le poisson dans la casserole.

Avec 60 grammes de beurre et 2 cuillerées de farine, faites un petit roux ; mouillez avec le bouillon de poisson ; tournez jusqu'à l'ébullition, et retirez sur le côté du feu ; cuisez 20 minutes : la sauce doit être peu liée ; passez-la ; faites-la réduire 5 minutes ; mêlez-lui un ver de cognac, et ensuite le poisson ; ajoutez quelques douzaines de petits oignons glacés (*page* 66). Si c'est possible ajoutez quelques champignons cuits ou crus. Faites mijoter 12 minutes. — Dressez le poisson sur le plat, entourez-le avec les garnitures, masquez avec la sauce.

PETITES CARPES FRITES (*relevé*).

Prenez 4 à 5 petites carpes propres ; fendez-les par le milieu ; salez-les, farinez-les, trempez-les dans des œufs battus, pour les paner ; plongez-les à friture chaude, peu à la fois ; en les sortant, salez-les ; servez avec des citrons coupés.

CARPES FARCIES

Choisissez 2 moyennes carpes d'une égale grosseur ; si elles sont laitées, retirez les laitances, et faites-les blanchir à l'eau acidulée. Retirez ensuite la chairs de ces carpes, sans couper ni la tête, ni la grosse arête.

Supprimez la peau et les arêtes des chairs, ajoutez moitié de leur volume de chairs crues de brochet. Avec ces chairs, de la panade, du beurre et des jaunes d'œuf, préparez une farce crue, en procédant comme il est dit (*page* 52). — Coupez 2 morceaux de papier blanc de forme ovale, aussi longs et aussi larges que les carpes ; beurrez-les, et masquez-les avec une épaisse couche de farce. -Sur cette couche de farce, posez la tête et l'arête d'une des carpes. Masquez toute l'arête avec une autre épaisse couche de farce, de façon à imiter le corps des poissons, en leur donnant à peu près la forme première, et sans masquer la tête. Lissez bien la farce en dessus, dorez-la au pinceau et saupoudrez-la avec de la panure blanche. Enlevez alors les carpes en même temps que le papier, à l'aide d'une pelle à poisson, et placez-les l'une à côté de l'autre, sur un plafond beurré; arrosez-les avec du beurre fondu, et faites-les pocher à four doux, 35 minutes.

Dressez-les ensuite sur un plat, l'une à côté de l'autre; entourez-les avec les laitances, et masquez celles-ci avec un peu de sauce brune.

CARPE A LA CHOUCROUTE (*mets de déjeuner*).

Cuisez un kilogramme de bonne choucroute, à l'étuvée, sans petit-salé, pendant 2 heures. — Masquez le fond d'un plafond étroit, avec des légumes émincés; posez une carpe propre dessus; arrosez-la avec du beurre, salez et mouillez avec une demi-bouteille de vin blanc; couvrez avec du papier beurré, et cuisez avec feu dessus, feu dessous ou au four. — Liez la choucroute avec un petit morceau de beurre manié à la farine; dressez-la sur un plat, avec la carpe dessus; arrosez celle-ci avec son jus.

BROCHET, SAUCE RAIFORT (*relevé*).

Prenez un brochet propre, mortifié d'un jour; ciselez-le des deux côtés; faites-le macérer au sel pendant une heure; égouttez-le, nouez-en la tête et mettez-le dans une poissonnière; cou-

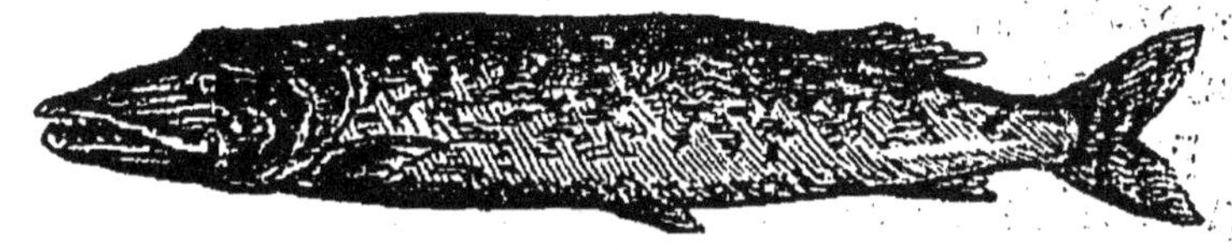

Brochet.

vrez-le avec du court-bouillon au vin (1); mettez-le sur feu doux; au premier bouillon, retirez-le sur le côté, et finissez de le cuire ainsi. Dressez-le sur serviette; entourez-le avec des bouquets de feuilles de persil et des pommes de terre cuites à l'eau; servez en même temps une saucière de sauce raifort (*page* 56).

BROCHET EN FRICASSÉE (*mets de déjeuner*).

Coupez en tronçons 2 petits brochets propres — Hachez un oignon, faites-le revenir avec du beurre; ajoutez les morceaux de poisson bien épongés; sautez-les 2 minutes, puis saupoudrez avec une pincée de farine, et mouillez à hauteur avec de l'eau chaude et du vin blanc; ajoutez sel, gros poivre, girofles, un bouquet et une pincée de champignons secs. Cuisez 5 à 6 minutes à feu vif et retirez sur le côté du feu. Quand le poisson est cuit, liez la sauce avec une liaison de quelques jaunes. Enlevez le poisson avec une fourchette, dressez-le, et passez la sauce dessus; saupoudrez avec du persil haché.

BROCHET PIQUÉ, FARCI, AUX CHAMPIGNONS (*relevé*).

Prenez un brochet de 2 kilogrammes; videz-le

(1) Voici la méthode pour préparer le court-bouillon au vin blanc : Faites revenir oignons et légumes émincés; ajoutez des aromates, et mouillez avec vin blanc ou rouge; cuisez 18 à 20 minutes; passez et laissez refroidir

sans l'ouvrir, par les ouïes; retirez-en la peau d'un côté, et piquez les chairs avec du lard. Emplissez-le alors avec une farce au pain, mêlée avec persil et champignons hachés. Placez-le dans un plafond creux, à rebords, sur une couche de légumes émincés et des débris de lard. Salez-le, arrosez avec du beurre, et mouillez à mi-hauteur avec vin blanc et bouillon. Cuisez-le au four, en l'arrosant souvent. — Egouttez ensuite le poisson et dressez-le sur un plat. Liez sa cuisson avec un peu de beurre manié; ajoutez des champignons propres; cuisez 10 minutes; servez avec les champignons autour.

BROCHET AUX NOUILLES (*relevé*).

Coupez en tronçons un brochet propre; faites les macérer une heure au sel; égouttez et épongez-les; mettez-les dans une casserole avec du beurre chaud, un oignon haché et sel; faites-les revenir 7 à 8 minutes; saupoudrez-les avec une pincée de farine, mouillez avec eau et vin blanc. Cuisez le poisson 8 à 10 minutes. Mêlez-lui alors une julienne composée de carottes, racines de persil et racines de céleri cuites à l'eau salée. Finissez de cuire le poisson et les légumes, sur le côté du feu. Au dernier moment, ajoutez 2 poignées de nouilles émincées comme les légumes, et blanchies. Donnez encore quelques bouillons et retirez du feu. Dressez le poisson sur un plat; entourez-le avec les légumes et les nouilles; passez la sauce, mêlez lui un peu de persil haché, et versez-la sur le poisson.

PETITS PATÉS DE POISSON (*hors-d'œuvre*).

Préparez une petite farce de brochet (*page* 52);

mêlez-lui un peu de ciboulette hachée ou du persil. — Foncez des moules à tartelette avec de la pâte brisée; garnissez avec la farce, et couvrez avec un rond de même pâte; coupez les bords; dorez et cuisez au four, 35 minutes. Démoulez les pâtés, ouvrez-les et garnissez avec un petit ragoût de queues d'écrevisse ou de crevette; remettez le couvercle et servez.

BOUDINS DE BROCHET (*hors d'œuvre*).

Préparez une farce à quenelle avec 300 grammes de chairs de brochet, 300 grammes de panade et 200 grammes de beurre, sel, muscade. Divisez cette farce en parties de la grosseur d'un petit œuf; roulez-les sur la table farinée, en cordon de l'épaisseur du doigt; roulez ensuite ce cordon par les deux bouts, en sens inverse, et de façon à imiter une grosse S; traversez-les avec une mince brochette en bois; rangez-les sur un plafond beurré, et pochez-les à l'eau bouillante; égouttez et laissez refroidir. Trempez-les dans des œufs battus, panez et faites frire.

POUPETON MAIGRE

Préparez une farce avec 500 grammes de chairs crues de brochet, 200 grammes de mie de pain imbibée, exprimée et cuite 2 minutes avec un peu de lait; puis 250 grammes de beurre, 4 jaunes d'œuf crus, sel et muscade; passez au tamis. — Coupez en morceaux les 4 filets d'une sole, de 3 à 4 doigts de long; cuisez-les avec du beurre et un demi-verre de vin blanc; égouttez-les. Liez la cuisson avec du

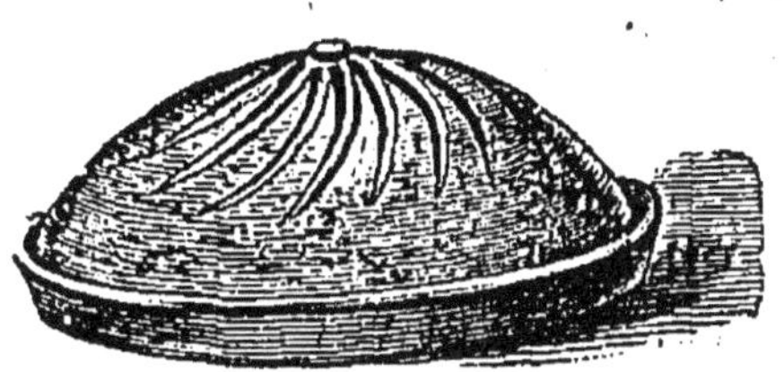

beurre manié, de façon à obtenir une sauce un peu consistante; cuisez-la 3 à 4 minutes sans la quitter. Mêlez-lui alors les filets de sole et quelques douzaines de moules ou d'huîtres blanchies; laissez refroidir. — Beurrez un plat à gratin creux, de forme ronde; masquez-en le fond avec une couche de la farce préparée, ayant 2 à 3 doigts d'épaisseur; sur le centre de cette couche, dressez le poisson en dôme, et masquez avec le restant de la farce. Lissez la surface du dôme et rayez-la en creux avec la pointe d'un petit couteau; humectez avec du beurre fondu; couvrez avec du papier, et cuisez 50 minutes à four doux, servez dans le plat même.

TRANCHES DE BROCHET, A LA MARINADE *(entrée froide)*.

Coupez 6 tranches de brochet de l'épaisseur du doigt. Salez-les, et faites les macérer une demi-heure. Rangez-les ensuite dans une casserole plate, avec carottes, céleri et oignons émincés, laurier, gros poivre. Mouillez à hauteur avec du vinaigre et un peu d'eau. Faites bouillir le liquide, et retirez sur le côté. Un quart d'heure après, retirez-les tout à fait, et laissez à moitié refroidir; puis égouttez les tranches; mettez-les dans un plat creux ou une terrine plate; saupoudrez-les avec une pincée de feuilles de persil. — Mêlez 4 à 5 feuilles de gélatine ramollie, à la cuisson du poisson; chauffez jusqu'à ce qu'elles soient dissoutes, et passez le liquide sur le poisson; tenez-le en lieu frais, et servez-le 12 heures après, tel et quel.

TRANCHES DE BROCHET GRILLÉES, A LA TARTARE *(relevé)*.

Prenez 6 tranches de brochet, coupées de l'épaisseur du doigt; assaisonnez et mettez-les dans un plat; ajoutez oignons émincés, branches de persil, huile et jus de citron; faites-les macérer 2 heures — Egouttez-les, trempez-les dans des œufs battus, et panez-les.

Arrosez-les alors avec du beurre, des deux côtés, et faites-les griller, en les retournant; servez-les avec une saucière de tartare.

ALOSE GRILLÉE (*relevé*).

Prenez une alose fraîche et propre; ciselez-la

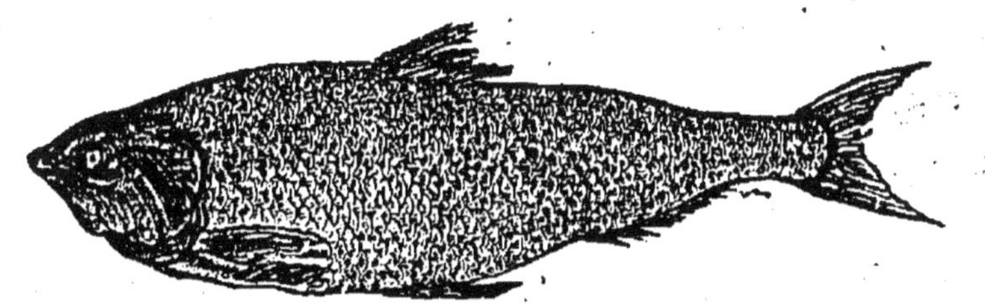

Alose.

des deux côtés; faites-la mariner pendant une heure avec sel, huile, oignon émincé, branches de persil. Faites-la griller sur feu doux, en l'arrosant et la retournant. Servez-la avec du beurre à la maître-d'hôtel, une persillade, une sauce au beurre, une sauce à l'alose ou une purée d'oseille au jus : la purée doit être servie à part. Une alose de 2 livres exige 3 quarts d'heure de cuisson.

ALOSE A LA HOLLANDAISE (*relevé*).

Prenez une alose propre, sans être écaillée; mettez-la dans une poissonnière avec de l'eau, sel, vinaigre, bouquet de persil; faites bouillir et retirez sur le côté du feu; tenez-la ainsi pendant 35 minutes. Egouttez-la, retirez-en les écailles, et lavez-la avec sa cuisson; dressez-la avec des pommes de terre autour, et servez à part une sauce hollandaise (*page* 55).

TRONÇONS D'ALOSE, SAUCE RAIFORT (*relevé*).

Coupez la tête et le bout mince d'une alose propre; découpez-la en tronçons; assaisonnez et arrosez-les avec de l'huile. Une heure après, roulez-les dans la panure, et faites-les griller à feu doux, 15 minutes, en les retournant. Dressez-les et servez à part une sauce raifort chaude.

ANGUILLE GRILLÉE (*relevé*).

Prenez une anguille de moyenne grosseur, tuez-la, retirez-en la peau, et distribuez-la en

Anguille.

tronçons de 5 à 6 doigts de long; mettez-les dans une terrine avec du sel, et faites-les macérer 2 heures. Égouttez-les et cuisez-les dans un court-bouillon au vin. Laissez-les refroidir; parez-les alors sur les bouts; assaisonnez avec sel, poivre et huile; roulez-les dans de la panure, trempez-les dans des œufs battus et panez-les; faites-les griller 30 à 40 minutes, à feu doux, en les retournant et les humectant. Servez avec une sauce tartare froide (*page* 63).

PETITES ANGUILLES A LA POULETTE
(mets de déjeuner.)

Prenez quelques petites anguilles propres, sans peau; coupez les têtes et jetez-les. Distribuez les poissons en tronçons, faites-les macérer une heure au sel. Lavez-les, essuyez-les, faites-les revenir au beurre; assaisonnez et saupoudrez avec une petite poignée de farine; mouillez avec du vin blanc et de l'eau, tournez jusqu'à l'ébullition; cuisez 5 minutes et retirez sur le côté du feu; ajoutez un bouquet garni, un oignon, gros poivre, girofles, quelques parures de champignons; cuisez 35 minutes. Dégraissez et liez avec une liaison de 2 ou 3 jaunes; dressez les tronçons sur un plat; passez la sauce, finissez-la avec un filet de vinaigre et une pincée de persil haché; versez sur le poisson.

ANGUILLE A LA BROCHE

Coupez en tronçons de 5 à 6 doigts de long, une anguille propre; mettez-les dans une terrine, et couvrez-les avec une marinade au vinaigre, cuite et bouillante; couvrez et faites macérer pendant 3 à 4 heures. — Egouttez-les, épongez-les avec un linge, arrosez-les avec de l'huile, assaisonnez; puis, enfilez-les par le travers à une petite brochetté, en les alternant avec une feuille de laurier. Fixez la brochette à une broche, et faites-les rôtir 3 quarts d'heure, en les arrosant avec de l'huile; saupoudrez-les avec de la panure, du sel et du persil haché; faites prendre couleur et servez avec une sauce froide à la tartare (*page* 63).

MEURETTE A LA BOURGUIGNONNE (*mets de déjeuner*).

Coupez en tronçons 2 petites anguilles propres,

un petit brochet, une carpe ou une tanche. — Emincez un oignon; mettez-le dans une casserole en terre avec un bouquet garni, 2 gousses d'ail non pelées. Mouillez avec un litre de vin rouge; faites-le bouillir pour le réduire d'un tiers; ajoutez alors le poisson et du sel : le liquide doit le couvrir juste. Cuisez à feu vif, pendant 12 minutes; ajoutez alors 5 à 6 cuillerées de bonne eau-de-vie, et faites enflammer le liquide; cuisez encore 7 à 8 minutes; retirez la casserole du feu et liez avec quelques petits morceaux de beurre manié à la farine; cuisez 2 minutes, retirez et mêlez à la sauce 100 grammes de beurre divisé, peu à la fois; mais en remuant la casserole. Quand le beurre est dissous, dressez le poisson sur 2 larges tranches de pain grillées et frottées avec de l'ail; passez la sauce à la passoire fine sur le poisson.

MATELOTE BLANCHE D'ANGUILLE

Retirez la peau à une anguille pas trop épaisse; coupez-la en morceaux, et cuisez avec vin blanc, sel, épices et aromates. — Mettez dans un poêlon en terre 2 douzaines de petits oignons crus; faites-les revenir avec du beurre; salez et saupoudrez de farine; mouillez avec la cuisson de l'anguille et finissez de cuire sur feu très-doux. Ajoutez alors les morceaux d'anguille et quelques champignons crus; cuisez encore 10 minutes, et liez le ragoût avec une liaison de 3 jaunes; finissez avec le jus de 2 citrons, et servez.

LAMPROIES EN CIVET

Saignez 2 lamproies vivantes, en conservant le sang; échaudez-les pour les ratisser, afin d'enlever la peau. Distribuez-les ensuite en tronçons de 5 à 6 doigts de long. Mettez-les dans une

Lamproie.

casserole avec du beurre et oignons hachés; faites-les revenir à feu vif. Assaisonnez avec sel, poivre, une pincée de sucre. Quand le poisson est de belle couleur, saupoudrez avec une pincée de farine; 2 minutes après, mouillez à couvert avec du vin rouge chauffé dans un poêlon en terre. Ajoutez un bouquet d'aromates et une tranche de citron. Faites bouillir, et cuisez sur feu vif 10 à 12 minutes; retirez sur le côté du feu, et finissez de cuire tout doucement. — Un quart d'heure avant de servir, ajoutez une garniture de petits oignons glacés (*page* 66) et quelques champignons. Au dernier moment, liez la sauce avec le sang, mêlé avec un filet de vinaigre; servez.

LAMPROIE FRITE (*relevé*).

Coupez en tronçons une petite lamproie propre; faites-les macérer au sel une heure. Égouttez-les, mettez-les dans une casserole; mouillez à couvert, avec un court-bouillon; faites bouillir, et cuisez sur le côté du feu. Laissez-les à peu près refroidir dans leur cuisson, puis mettez-les sous presse; quand ils sont froids, parez-les. — Avec leur cuisson passée et dégraissée, préparez une petite sauce, serrée; faites-la réduire, liez-la avec une liaison de quelques jaunes; passez-la et, avec elle, masquez légèrement les tronçons, soit en les trempant, soit avec le pinceau. Roulez-les dans la panure, trempez-les dans des œufs battus, et panez-les. Faites-les frire, peu à la fois. Servez avec une sauce piquante.

TRUITE SAUMONÉE, SAUCE HOLLANDAISE (*relevé*).

La truite de rivière ou de lac est un poisson exquis, mais à la condition qu'il soit cuit aussitôt pêché.

Videz la truite sans l'écailler, ni retirer le limon qui la couvre; salez-la, mettez-la sur la grille d'une poissonnière, arro-

Truite.

sez-la avec un peu de vinaigre chaud, et couvrez-la avec de l'eau chaude salée. Faites bouillir le liquide, retirez aussitôt sur le côté du feu; tenez-la ainsi pendant 25 minutes. Dressez-la sur serviette et servez en même temps une sauce hollandaise (*page* 55). — Une grosse truite peut être servie à la chambord, à la financière ou à la sauce génevoise.

PETITES TRUITES AU BEURRE (*relevé*)

Conservez les truites vivantes jusqu'au dernier moment. Tuez-les, retirez-en les ouïes, et plongez-les dans de l'eau en ébullition, salée et acidulée. Donnez 2 minutes d'ébullition au liquide; couvrez et retirez sur le côté; 7 à 8 minutes après, égouttez-les, dressez-les, entourez-les avec des feuilles de persil, et servez en même temps une assiette de beurre frais ou une sauce au beurre.

PETITES TRUITES FRITES (*relevé*).

Prenez des petites truites propres; salez-les, farinez-les, trempez-les dans des œufs battus, pour les paner; plongez-les à friture chaude. Egouttez, salez et dressez.

PERCHES AU VIN BLANC

Prenez 3 à 4 perches de moyenne grosseur, écaillées et propres. — Masquez le fond d'une

Perche

casserole plate, pouvant juste les contenir, avec une couche d'oignons émincés, quelques parures fraîches de champignons et branches de persil; saupoudrez de sel et mouillez à hauteur avec du vin blanc. Couvrez et cuisez à bon feu 14 à 15 minutes. Egouttez et dressez-les sur un plat; liez alors la cuisson avec quelques petits morceaux de beurre manié; cuisez 5 minutes, et retirez du feu; finissez avec le jus d'un citron, et incorporez-lui peu à peu, 50 à 60 grammes de beurre divisé en petites parties. Passez cette sauce à la petite passoire, sur les poissons, saupoudrez avec du persil haché, et servez.

PERCHES A L'EAU-DE-SEL (*relevé*).

Videz 3 ou 4 perches. Faites bouillir 10 minutes de l'eau avec sel et un gros bouquet de persil; laissez à moitié refroidir.

Emincez en julienne, carottes et racines de persil; faites-les blanchir un quart d'heure, à l'eau salée; égouttez-les. — Mettez les perches dans une casserole; mouillez-les à hauteur avec la cuisson au persil; ajoutez la julienne de légumes; faites bouillir et retirez sur le côté du feu; 20 minutes après, égouttez-les perches; retirez-en les écailles, des deux côtés; lavez-les et remettez-les dans leur cuisson; dressez-les alors sur un plat, avec les légumes autour, un peu de leur cuisson et quelques feuilles de persil. Servez en même temps du beurre frais ou des tartines de pain beurrées.

BRÈME BOUILLIE, SAUCE ÉCHALOTE (*relevé*).

Écaillez et videz le poisson; coupez-en les nageoires, lavez-le, faites-le macérer au sel une

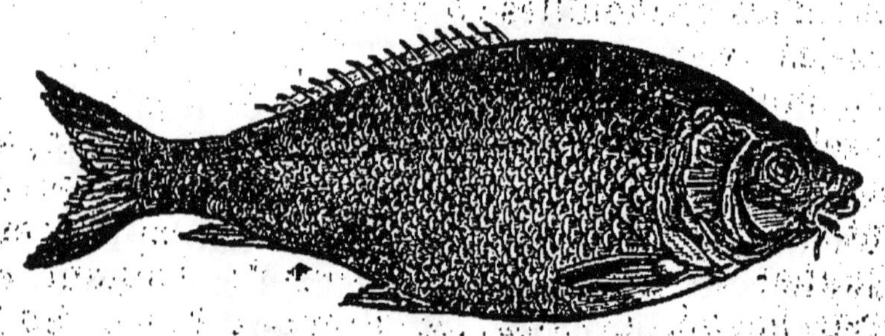

Brème.

demi-heure. Mettez-le ensuite dans une poissonnière, avec de l'eau froide, du sel, un peu de vinaigre. Faites bouillir le liquide, et retirez-le sur le côté du feu pour le tenir frémissant 30 à 40 minutes. — Dressez-le sur un plat, et servez avec une sauce à l'échalote (*page* 51). — On cuit quelquefois la brème avec les écailles, qu'on retire après l'avoir cuite ; on lave ensuite le poisson avec sa cuisson, et on le dresse.

GRENOUILLES AUX FINES-HERBES (*mets de déjeuner*).

On achète sur les marchés, les arrière-trains des grenouilles propres. — Plongez à l'eau bouillante 3 douzaines de cuisses de grenouilles, simplement pour les raidir, coupez-en les pattes. — Mettez dans une casserole 2 cuillerées d'oignon haché, faites-le revenir avec du beurre ; ajoutez les grenouilles, faites-les revenir ensemble ; assaisonnez avec sel, poivre et muscade ; ajoutez une feuille de laurier et une gousse d'ail, mouillez avec un verre de vin blanc, faites réduire celui-ci ; saupoudrez alors avec du persil haché et câpres ; servez.

GRENOUILLES A LA POULETTE (*entrée*).

Prenez le train de derrière de 3 douzaines de grenouilles propres. Faites-les dégorger 2 heures dans de l'eau et du lait. — Emincez un oignon et une carotte ; faites-les revenir avec du beurre ; ajoutez les grenouilles ; 5 minutes après, saupoudrez-les avec une pincée de farine, et mouillez avec moitié eau chaude, moitié vin blanc ; ajoutez sel, grains de poivre, bouquet de persil ; faites bouillir et retirez sur le côté. — Quand les chairs sont tendres, passez la sauce ; liez-la avec 2 ou 3 jaunes d'œuf ; finissez-la avec jus de citron et persil haché. Dressez les grenouilles sur plat, masquez-les avec la sauce.

TANCHES FARCIES (*relevé*).

Prenez 2 tanches propres ; fendez-les tout le long du dos, pour les ouvrir et retirer la grosse arête ; salez-les intérieurement et emplissez le vide avec une farce au pain mêlée avec oignons hachés et champignons crus; couvrez-les avec des bardes de lard, et nouez-les avec de la

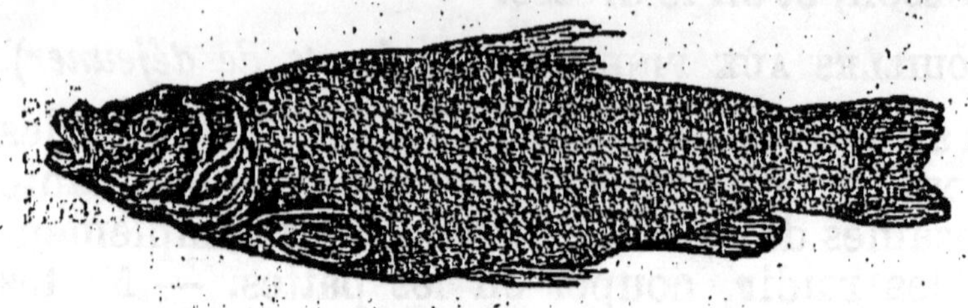

Tanche.

ficelle. — Masquez le fond d'un plat à gratin avec des légumes émincés ; mouillez à mi-hauteur avec du vin blanc ; faites bouillir quelques minutes et mettez au four modéré, pour finir de les cuire en les arrosant. Egouttez-les, déballez-les, mêlez un peu de jus lié à la cuisson des poissons, faites bouillir et réduire ; finissez avec un jus de citron, un morceau de beurre et persil haché. Dressez les tanches et masquez avec la sauce.

TANCHES AU GRATIN (*relevé*).

Échaudez 2 tanches pour en retirer les écailles; ciselez-les et salez-les. Beurrez un plat à gratin, saupoudrez-le avec oignon et champignons hachés ; posez les tanches dessus ; mouillez à mi-hauteur avec du vin blanc ; cuisez 5 minutes ; couvrez avec un papier beurré et mettez au four modéré. Quand elles sont à moitié cuites, égouttez leur cuisson; passez-la, liez-la avec du beurre manié, et avec elle, arrosez-en les perches ; saupoudrez celles-ci avec des champignons hachés, du persil haché et de la panure ; finissez de les cuire au four et servez-les dans le plat même.

TANCHES A LA POULETTE (*relevé*).

Coupez en tronçons 2 tanches propres. Mettez-les dans une casserole avec du beurre ; faites-les revenir, en les sautant ; assaisonnez et saupoudrez avec 2 cuillerées de farine ; mouillez à hauteur avec moitié eau chaude et moitié vin blanc ; ajoutez un oignon et un bouquet garni. Faites bouillir, et retirez sur le côté. — Aussitôt que le poisson est cuit, passez la sauce dans une petite casserole ; liez-la avec 2 ou 3 jaunes ; finissez-la avec le jus d'un citron et persil haché. Dressez le poisson, masquez-le avec la sauce.

LOTTES AU VIN BLANC (*relevé*).

Videz 2 lottes ; échaudez-les pour en retirer la peau, en les frottant avec un linge. Coupez-en les nageoires, et faites-les macérer au sel pendant une demi-heure. Egouttez-les, mettez-les dans une casserole, avec oignon et racines émincés, quel-

Lotte.

ques parures de champignons ; mouillez à hauteur avec du vin blanc, et cuisez sur feu doux. Avec la cuisson, préparez une petite sauce, en opérant comme pour la sauce au beurre ; mêlez-lui quelques champignons cuits. Dressez les poissons, entourez-les avec les champignons, masquez avec la sauce.

BARBILLONS A LA MARINIÈRE (*relevé*).

Coupez en tronçons quelques barbillons propres ; saupoudrez-les de sel, et faites-les macérer un quart d'heure. Egouttez-les, mettez-les dans une casserole ; ajoutez un oignon émincé, un bouquet d'aromates et persil, une poignée de parures fraîches de champignons ou une poignée de champignons secs, ramollis. Mouillez à hauteur avec du vin rouge, et cuisez 12 minutes sur un feu vif. Passez la cuisson ; faites-la réduire de moitié, et liez-la avec du beurre manié. Dressez les poissons, entourez-les avec des petits oignons glacés, et masquez avec la sauce.

BARBEAU AU FOUR (*relevé*).

Prenez le poisson, bien propre et bien sec ; salez-le, faites-lui quelques incisions sur les côtés. — Beurrez grassement une double feuille de grand papier; saupoudrez-la avec oignons, champignons et persil hachés ; posez le poisson sur le centre, saupoudrez-le aussi, et enveloppez-le avec le papier ; placez-le sur un plafond, et cuisez-le trois quarts d'heure, à four modéré.

BARBEAU, SAUCE AU VIN (*relevé*).

Choisissez un barbeau bien frais ; écaillez et videz-le ; coupez-en les arêtes ; lavez-le bien, et

Barbeau.

faites-le macérer au sel une demi-heure. — Épongez-le, mettez-le dans une poissonnière, et mouillez avec un court-bouillon au vin blanc, à peu près refroidi. Faites bouillir et retirez sur le côté. — Un quart d'heure après, éloignez-le du feu. — Avec la cuisson, préparez une petite sauce, en opérant comme pour la sauce au beurre; finissez-la avec une pincée de persil ou quelques cuillerées de câpres. Dressez-le poisson et servez la sauce à part.

GOUJONS FRITS (*mets de déjeuner*).

Prenez quelques douzaines de goujons; retirez-en les boyaux, coupez les nageoires; farinez-les par petite quantité à la fois et collez-les par la queue, cinq ensemble, simplement en les pressant avec les doigts. Plongez-les à friture chaude, et cuisez jusqu'à ce qu'ils soient bien saisis, secs et de belle couleur; égouttez et salez-les; servez avec persil frit.

ÉCREVISSES AU VINAIGRE

On ne doit cuire que des écrevisses vivantes. — Mettez dans une casserole, carottes et oignons émincés, bouquet de persil, gros poivre et girofles; ajoutez les écrevisses, un peu de sel et du vinaigre; couvrez la casserole, cuisez-les 12 à 15 minutes, en les sautant Dressez-les dans un plat creux; passez la cuisson dessus, et servez; envoyez en même temps une assiette de beurre frais.

ÉCREVISSES A LA BORDELAISE

Coupez en petits dés, un oignon blanc, deux ou trois échalotes, le rouge de deux carottes, une racine de céleri : si les racines ne sont pas tendres faites-les blanchir. Faites revenir au beurre oignon et échalotes, sans les colorer; ajoutez les racines; cinq minutes après, mouillez avec trois à quatre décilitres de vin blanc; ajoutez deux douzaine d'écrevisses ; cuisez-les huit à dix minutes, à couvert. Sortez-les, dressez-les dans un plat creux, tenez-les au chaud. — Liez la cuisson avec de la farine délayée. Quelques minutes après, mêlez à la sauce un morceau de glace de viande, persil haché, poivre ou cayenne, deux cuillerées de marsala ; donnez-lui un seul bouillon ; retirez-la, finissez-la en lui incorporant peu à peu 50 à 60 grammes de beurre divisé en petites parties ; versez-la sur les écrevisses.

ÉCREVISSES A LA MARINIÈRE

Cuisez les écrevisses avec légumes et oignons émincés, sel, gros poivre, vin blanc, un peu de cognac. Passez leur cuisson; faites-la réduire d'un tiers, liez-la avec un petit morceau de beurre manié à la farine ; cuisez 5 à 6 minutes à feu vif; retirez du feu ; ajoutez une pointe de cayenne ou poudre de piment. Pour 2 décilitres de sauce, incorporez-lui peu à peu 100 grammes de beurre divisé. Dressez les écrevisses, arrosez-les avec un peu de sauce ; servez le reste à part.

ESCARGOTS A LA MODE DE NANCY

Prenez des escargots ouverts ; mettez-les dans un vase avec du sel et du vinaigre ; remuez-les avec les mains pour les faire écumer. Lavez-les à plusieurs eaux. Mettez-les ensuite dans une marmite en terre avec de l'eau, du sel et un petit sachet de cendres ; cuisez-les jusqu'au point où on peut sortir les chairs des coquilles : une demi-heure suffit. — Egouttez-les ; sortez-les des coquilles, et lavez-les encore à plusieurs eaux. Retirez à chacun le boyau vert, et rangez les dans une petite marmite en terre masquée avec des bardes de lard ; ajoutez un oignon, un bouquet d'aromates, une gousse d'ail et un peu de cognac ; mouillez à hauteur avec de l'eau. Fermez la marmite ; lutez-en les jointures avec de la pâte crue, et cuisez-les sur feu très-doux ou sur une couche de cendre, pendant 7 à 8 heures.

Laissez refroidir; lavez bien celles-ci essuyez les, puis, versez dans chacune une cuillerée à café de bon jus. Quand il est froid, remettez chaque escargot dans une coquille, et fermez l'ouverture avec une épaisse couche de beurre manié avec sel, poivre ou cayenne, ciboulette ou échalote et persil hachés. Rangez-les sur un gril et chauffez-les à la bouche du four.

ESCARGOTS A LA MATELOTE (*mets de déjeuner*).

Prenez 5 à 6 douzaines d'escargots à moitié cuits ; égouttez-les. Hachez un oignon ; faites-le revenir à l'huile ou au beurre ; ajoutez les escargots ; assaisonnez. Quelques minutes après, saupoudrez-les avec une pincée de farine, et mouillez avec du vin rouge ; tournez jusqu'à l'ébullition et retirez sur feu très-doux ; ajoutez une gousse d'ail, un bouquet garni d'aromates, 125 grammes de petit-salé coupé en carrés et 3 à 4 douzaines de petits oignons colorés à la poêle. Quand les oignons sont cuits, dressez les escargots sur des tranches de pain grillées et frottées avec une gousse d'ail ; entourez-les avec les petits oignons.

ESCARGOTS A L'AYOLI (*mets de déjeuner*).

Ceci est un mets de Provence qui peut ne pas être du goût de tout le monde, mais, qui est recherché par beaucoup d'amateurs.

Faites jeûner les escargots, en les enfermant dans des cages pendant quelques semaines. Mettez-les ensuite dans un baquet, avec quelques poignées de sel et un peu vinaigre, remuez-les avec les mains jusqu'à ce qu'ils aient bien écumé. Lavez-les à plusieurs eaux; puis, mettez-les dans une grande marmite en terre avec de l'eau chaude, du sel, un brin de fenouil et un petit sachet de cendre ; couvrez la marmite et cuisez-les tout doucement pendant 7 à 8 heures au moins. — Egouttez-les, servez-les dans un plat avec une saucière ou un petit saladier d'ayoli (*page* 63).

ESCARGOTS FRITS (*mets de déjeuner*).

Prenez des escargots cuits comme pour la mode de Nancy; mettez-les dans un plat; assaisonnez avec sel et poivre; saupoudrez avec persil haché; arrosez avec huile et citron. Enfilez-les à des petites brochettes en bois; trempez-les dans une pâte à frire, et plongez-les à friture chaude. Quand la pâte est de belle couleur, égouttez-les; retirez-en les brochettes et dressez-les.

ESCARGOTS EN CORNETS (*mets de déjeuner*).

Cuisez les escargots comme il est dit pour la mode de Nancy. Quand ils sont égouttés, assaisonnez, et roulez-les dans du beurre fondu ou de l'huile.— Faites des petits cornets de papier blanc, huilé; saupoudrez-les intérieurement avec de fines-herbes cuites : oignons, champignons et persil hachés; dans chaque cornet, rangez 5 à 6 escargots; fermez l'ouverture en plissant le papier ; rangez-les cornets sur un gril et chauffez-les à four très-doux ou sur des cendres chaudes.

LIMACES AU SIFFLET (*mets de déjeuner*).

Les limaces sont de l'espèce des escargots, mais plus petites, et leur coquille est plate. Dans les provinces méridionales elles sont très-estimées.

Faites jeûner les limaces dans une cage pendant 8 jours. Mettez-les dans un vase avec du sel et du vinaigre pour les faire écumer, en les agitant. Lavez-les ensuite à plusieurs eaux. Mettez-les dans un vase avec de l'eau froide, du sel et un bouquet de fenouil ; au premier bouillon, retirez-les sur le côté ; cuisez-les 4 heures ; égouttez-les.

Hachez un oignon, faites-le revenir avec de l'huile ; saupoudrez avec une pincée de farine, mouillez avec moitié d'eau chaude moitié vin blanc : la sauce doit être courte et peu liée ; faites bouillir en tournant ; ajoutez les limaces en coquilles ; sautez-les, et faites-les mijoter trois quarts d'heure. Ajoutez alors une pointe d'ail hachée avec du persil et quelques filets d'anchois. Un quart d'heure après, servez-les.

VIANDE DE BOUCHERIE

La viande de boucherie comprend : le bœuf et le veau, le mouton et l'agneau, le porc; je ne parle pas du chevreau, qu'on mange peu ou point chez nous.

Les viandes de bœuf et de mouton sont celles qui fournissent le plus grand tribut à l'alimentation. Ce sont les meilleures, les plus saines, celles qui conviennent le mieux à tous les tempéraments.

Bien que les qualités de la viande de bœuf varient selon la richesse et la bonté des pâturages où les animaux ont vécu, on peut dire que tout le monde aime la viande de bœuf, et que tout le monde peut en manger ; car elle est excellente, substantielle, réparant promptement les forces du corps, dépensées par le travail et l'activité.

La viande de bœuf de bonne qualité, quand elle est crue, doit être couverte d'une couche de graisse ; elle doit être d'un rouge vif, et marbrée. Il faut cependant éviter de choisir la viande trop chargée de graisse, non-seulement par économie, mais comme mesure de salubrité. L'usage prolongé de la viande trop grasse, finit par devenir pernicieux à la santé.

La viande de bœuf est de toute saison; on la mange à toutes les époques de l'année; mais, c'est en hiver où on peut l'avoir meilleure pour faire rôtir ou griller, parce qu'à cette époque on a toute la latitude pour la laisser mortifier à point; car même alors que la viande est tirée d'un jeune bœuf, elle est toujours coriace, si elle est mise en cuisson trop fraîche : l'extrême fraîcheur de la viande de bœuf qu'on veut faire rôtir ou griller, oblige à la tenir vert-cuite, car si elle n'est pas saignante, elle devient dure en cuisant.

Si au contraire on fait rôtir une pièce de bœuf mortifiée au point voulu, la viande reste tendre, alors même que par goût ou par accident, on lui fait subir une cuisson trop prolongée.

Le temps nécessaire à la mortification de la viande de bœuf, et en général de toutes les viandes, dépend non-seulement de l'influence du climat et de la saison, mais surtout de l'état de l'atmosphère. Dans le nord de la France, pendant l'hiver, on peut conserver les viandes de bœuf : aloyaux, côtes et filets de huit à douze jours. En Angleterre et dans le nord de l'Europe, on les conserve jusqu'à vingt jours, en prenant simplement le soin de les suspendre dans un lieu sec et aéré.

Les parties les plus convenables pour rôtir et griller sont l'aloyau, les côtes et le filet; la *culotte* de bœuf, peut aussi être grillée si le bœuf dont on la tire à été tué à l'âge de deux ans. Mais en France, on tue rarement des bœufs si jeunes, on ne les tue qu'à l'âge de quatre, cinq et six ans.

Les rosbifs, les côtes ou entre-côtes et les filets de bœuf, cuits à point, c'est-à-dire juteux à l'intérieur, constituent une nourriture agréable et saine, de facile digestion et réconfortante.

La culotte et toutes les parties d'un quartier de derrière sont excellentes bouillies, braisées ou en daube.

La poitrine et l'épaule fournissent aussi un bon bouilli. Le bouilli n'est nourrissant qu'en raison de la soupe qu'il donne; quant à la viande, à moins qu'elle soit mangée peu cuite et un peu ferme, elle ne fournit pas une grande somme de sucs nutritifs, mais elle fournit un mets simple, économique : le bouilli trop cuit c'est de la viande sans sucs, plutôt lourde que légère sur l'estomac.

La langue de bœuf est d'une grande ressource dans la cuisine; fraîche et braisée, servie avec une garniture de légumes ou purée, elle constitue un mets excellent. Salée, on peut la servir chaude, mais le plus souvent on la sert froide, à la gelée ou mélangée à d'autres viandes.

Le mufle, le palais et la langue de bœuf, fournissent des mets peu coûteux et agréables comme diversion; il en est de même du gras-double très-utile pour varier l'ordinaire d'un ménage, mais sans succulence, peu nutritif et un peu lourd à digérer, Les joues de bœuf dont on ne fait aucun cas en France, sont cependant excellentes pour faire une bonne soupe.

Prise dans son ensemble, la viande de bœuf est non-seulement excellente dans ses différents apprêts, mais elle fournit encore de bons bouillons ou des jus nourrissants. En somme, toutes les parties de l'animal sont utilisables pour l'alimentation. Une seule exception mérite d'être signalée : le sang de bœuf, quel que soit l'apprêt qu'on lui donne, est de peu valeur, très-lourd, très-difficile à digérer. C'est par ce fait que les boudins qu'on prépare dans les ménages sont généralement meilleurs et plus délicats que ceux préparés dans les grandes villes, par les charcutiers, car dans les ménages on n'emploie que le sang du porc, tandis que dans les grands centres, on lui mêle celui du bœuf.

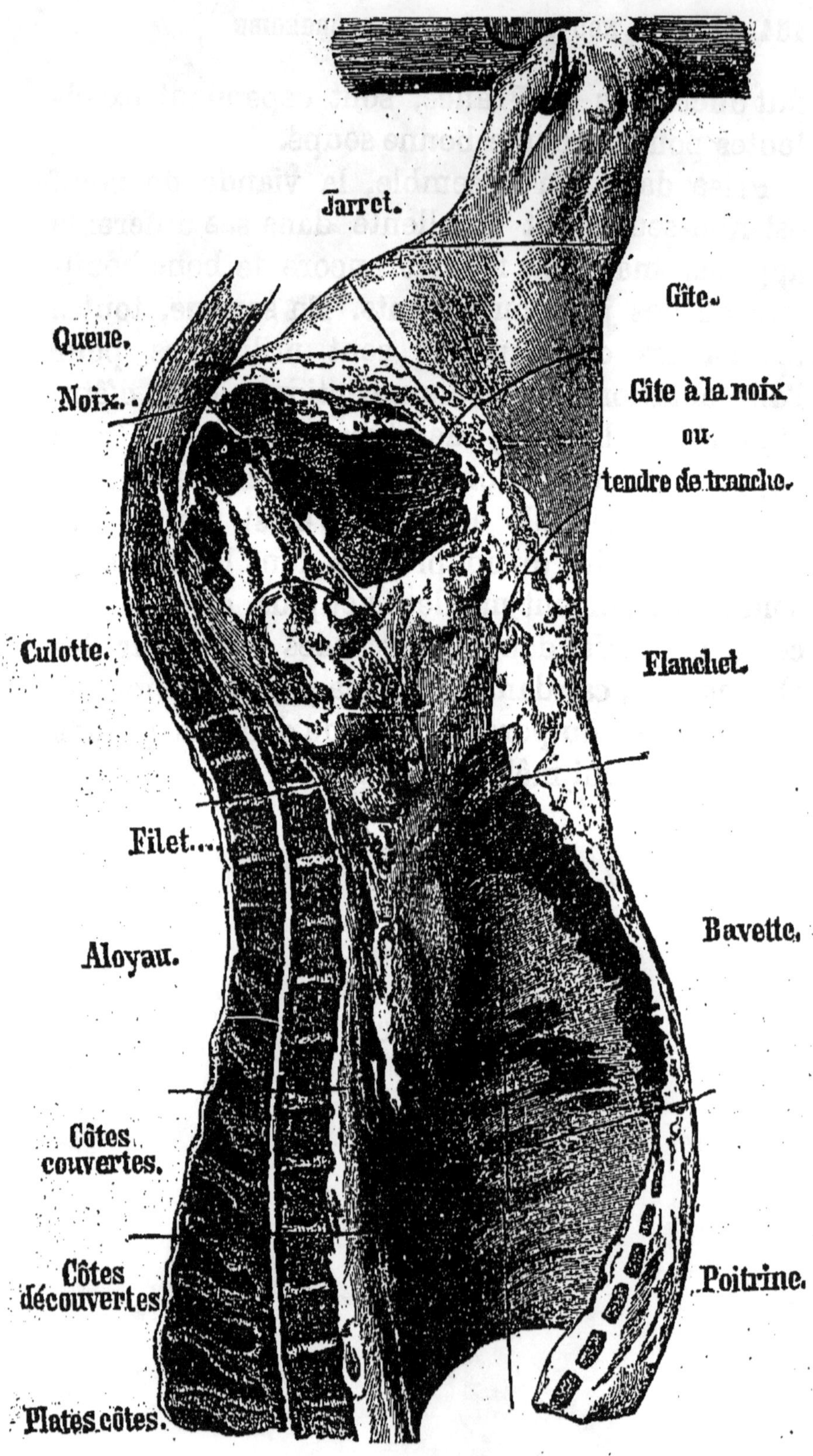
Jarret.
Gîte.
Queue.
Noix.
Gîte à la noix
ou
tendre de tranche.
Culotte.
Flanchet.
Filet...
Bavette.
Aloyau.
Côtes
couvertes.
Côtes
découvertes
Poitrine.
Plates côtes.

Le jarret. —C'est la partie extrême du quartier de derrière, la plus rapprochée de l'os du manche. — Les chairs gélatineuses du jarret, conviennent pour préparer les jus ou les bouillons pour gelée.

Gîte à la noix. — Cette partie se trouve placée immédiatement derrière la noix, du côté opposé à l'os de jonction des deux quartiers du bœuf. Dans le veau, on donne à cette partie, le nom de *semelle*; elle convient pour le pot-au-feu, pour les daubes et pour les jus.

Culotte. — La culotte du bœuf, se trouve sur le côté extérieur de l'échine, à l'extrémité inférieure : elle commence où finit l'aloyau, et se termine à la naissance de la queue du bœuf. La *culotte* est la partie la plus délicate du quartier de bœuf; elle convient pour bouillir ou braiser, elle convient aussi pour saler. C'est de cette partie qu'en Angleterre on tire les *rumsteaks* : la culotte du bœuf, correspond au *qûasi* de veau.

Aloyau. — L'aloyau, c'est le rosbif. Il est placé entre la culotte et les côtes couvertes. L'aloyau est cette même partie qui, dans le veau correspond à la *longe*. — L'aloyau convient surtout pour rôtir. Désossé, on l'emploi aussi pour saler et pour le bœuf à la mode ; on ne l'emploie jamais pour bouillir.

Filet. —Le filet de bœuf, a sa place tout le long de l'aloyau, du côté intérieur, dans le creux formé au-dessous de l'os de la chaîne. — C'est du filet qu'on tire les biftecks et les tournedos. On fait aussi rôtir le filet de bœuf soit piqué soit au naturel ; on peut le faire braiser.

Côtes. — Les côtes font suite à l'aloyau, en remontant vers le cou. Dans le veau et le mouton, cette partie prend le nom de *carré*. Les côtes couvertes sont préférables à celles qui ne le sont pas; on les fait rôtir ou braiser. C'est de cette partie qu'on tire les entre-côtes.

Plates-côtes. — On donne le nom de *plates-côtes*, à cette partie faisant suite aux côtes, et touchant au cou du bœuf. Si la viande est de bonne qualité, les plates-côtes fournissent un excellent bouilli de ménage, économique; la viande est juteuse, entrelardée, de très-bon goût.

Poitrine. — La poitrine de bœuf, est cette partie disposée vis-à-vis des côtes. On ne l'emploie que pour bouillir. Elle ne fournit pas un bouillon très-succulent, mais la viande, si elle est tenue un peu ferme, donne un bouilli très-agréable à manger, appétissant et léger.

Paleron. — On tire le *paleron* de l'épaule; c'est cette partie à laquelle adhère l'os de la *palette*. Ce morceau, désossé, n'est ni sec ni trop gras, il fournit un bouilli succulent que tout le monde peut manger. Moins coûteux que le morceau de culotte, il s'en rapproche cependant par le bon goût de la viande. On ne l'emploie d'ailleurs que pour bouillir.

ROSBIF (*relevé*).

Faites couper un morceau sur le milieu de l'aloyau, reployez la bavette; ficelez la viande, embrochez-la; masquez avec un papier beurré, et faites rôtir, en l'arrosant avec du beurre et avec la graisse qui découle de la viande. Si le morceau pèse 4 kilogrammes, donnez lui 6 à 7 quarts d'heure de cuisson; retirez le papier une demi-heure avant. Salez, débrochez, enlevez la ficelle et dressez sur un plat. Envoyez séparément des pommes de terre ou un plat de tout autre légume cuit, en même temps qu'une saucière de jus.

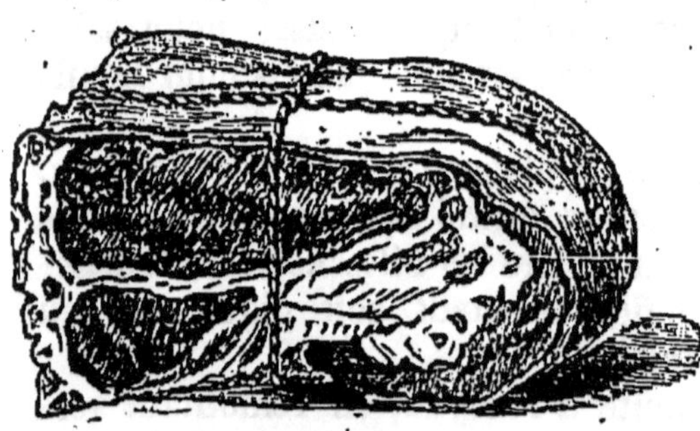

Rosbif.

On peut aussi cuire le rosbif au four, dans un plafond à rebords, avec du beurre, en l'arrosant et le retournant souvent.

BŒUF A LA MODE (*relevé*).

Prenez 2 a 3 kilog. de bœuf du côté de la tranche ou de l'aloyau, 2 pieds de veau blanchis, 4 grosses carottes entières, 20 petits oignons, 200 grammes de lard. — Désossez la viande. Coupez les deux tiers du lard en gros lardons, et lardez la viande sur son épaisseur; mettez-la dans une terrine, assaisonnez, arrosez-la avec un peu de vin blanc ou du vinaigre; ajoutez gros poivre, girofles, aromates; faites-la mariner 24 heures. — Hachez le restant du lard, faites-le fondre dans une casserole; égouttez la viande, épongez-la, mettez-la dans la casserole, et faites-la revenir 20 à 25 minutes; ajoutez alors un peu de bouillon et faites tomber à glace; ajoutez les pieds de veau, les carottes, une gousse d'ail et la marinade; mouillez à hauteur avec du bouillon et un peu de vin; cuisez sur feu très-doux pendant 5 à 6 heures; faites colorer les petits oignons dans la poêle, mêlez-les à la viande. — Au moment de servir, égouttez la viande, dressez-la sur un plat; entourez-la avec les pieds de veau désossés, les carottes coupées et les oignons. Dégraissez la cuisson, passez-la sur les viandes.

BŒUF SALÉ ET FUMÉ.

On sale ordinairement les poitrines de bœuf, les aloyaux et même les culottes de bœuf. Aux poitrines, on laisse les os; mais les aloyaux et les culottes doivent être désossés.

Frottez les viandes avec du sel; salpêtré, tenez-les sous presse 24 heures. Rangez-les dans une cuve; couvrez-les avec de la saumure froide, préparée comme pour les langues. Laissez-les macérer de 20 à 25 jours, selon l'épaisseur des morceaux : égouttez-les ensuite. — Il faut rouler et ficeler les aloyaux avant de les faire fumer.

BŒUF FUMÉ AUX ÉPINARDS (*relevé*).

Prenez un morceau de 2 à 3 kilogrammes de bœuf fumé : poitrine ou aloyau, désossé ; faites-le dégorger 2 heures. — Ficelez-le, mettez-le dans une casserole avec de l'eau froide, en le couvrant largement ; faites bouillir, et retirez sur le côté ; ajoutez oignons et carottes ; cuisez-le 4 à 5 heures, sans violence : le liquide doit rester frémissant, voilà tout. — Quand la viande est à peu près cuite, retirez complétement la casserole du feu ; tenez-la ainsi pendant une demi-heure. — Egouttez-la, débridez-la, dressez-la sur un plat, entourez avec des branches de persil, et servez séparément des épinards, au jus, une purée de ommes de terre ou de la choucroute.

CULOTTE DE BŒUF, BRAISÉE, AUX LÉGUMES (*relevé*).

Faites couper un morceau de culotte de bœuf, de forme longue, désossez et nouez le morceau avec de la ficelle. — Foncez une casserole avec oignons et carottes émincés ; posez la viande dessus ; salez légèrement, ajoutez un bouquet, mouillez avec un demi-litre de bouillon et un peu de vin blanc, faites tomber à glace tout doucement ; mouillez alors à hauteur avec du bouillon et de l'eau chaude ; écumez, cuisez 5 minutes, couvrez et retirez sur le côté du feu, en retournant la viande et ajoutant de temps en temps un peu de bouillon ; 3 heures après, couvrez la viande avec un papier beurré, et finissez de la cuire à la bouche du four ou avec du feu sur le couvercle.

Au moment de servir, égouttez-la débridez-la, entourez-la avec une garniture de légumes, et servez à part son jus dégraissé et passé.

CULOTTE DE BOEUF, BOUILLIE (*relevé.*)

Pour obtenir un bouilli succulent et distingué, il faut prendre un morceau de culotte de bœuf pesant 3 à 4 kilogrammes. Désossez la viande, ficelez-la, mettez-la dans une marmite avec sel et eau froide. Faites bouillir, en écumant. Retirez sur le côté du feu, et faites bouillir tout doucement le liquide; 3 heures après, ajoutez des légumes comme pour le pot-au-feu. Cuisez encore à peu près 2 heures; puis éloignez le liquide du feu pour qu'il cesse de bouillir, sans cependant perdre son degré de chaleur; tenez-le ainsi pendant une heure au moins. Egouttez alors la viande, servez-la avec les légumes de la marmite ou tout autre garniture. — Si la viande est de bonne qualité, cuite d'après cette méthode, elle est parfaite.

BŒUF A LA PROVENÇALE (*mets de déjeuner*).

Coupez en gros carrés 2 kilogrammes de viande de bœuf, prise sur la tranche; lardez-les avec du lard; mettez-les dans une terrine avec sel, gros poivre, laurier, 4 gousses d'ail, non épluchées, quelques cuillerées de vinaigre. Faites mariner 24 heures. — Hachez 150 grammes de lard, mettez-le dans une marmite en terre pour le faire fondre. Egouttez les carrés de viande, épongez-les, mettez-les dans la marmite; faites-les revenir un quart d'heure; ajoutez ensuite la marinade, un pied de veau coupé, laurier, écorce d'orange sèche, bouquet de persil; 10 minutes après, retirez la marmite sur des cendres chaudes; fermez-la avec un rond de papier, puis avec une assiette commune, ayant un peu d'eau dedans, Cuisez 7 à 8 heures. Dressez sur un plat, dégraissez la cuisson.

PLATES-CÔTES DE BŒUF, SAUCE AUX CORNICHONS (*relevé*).

Cuisez dans le pot-au-feu, un bon morceau de plates-côtes de 2 kilogrammes, entrelardé : il doit cuire 4 heures au moins. — Faites revenir échalotes et oignons hachés ; saupoudrez de farine, et mouillez peu à peu avec du bouillon, de façon à obtenir une sauce légère. Cuisez 12 à 15 minutes; ajoutez sel, poivre et un filet de vinaigre. Finissez avec persil et cornichons hachés, puis avec quelques gouttes de caramel. — Egouttez le bœuf, dressez-le sur un plat, entourez-le avec des feuilles de persil, et servez la sauce à part. — On peut servir ce bœuf avec une sauce tomate, piquante, italienne ou hachée.

PALERON DE BŒUF, BOUILLI, AUX LÉGUMES (*relevé*).

Prenez un morceau de paleron de 2 kilogrammes; désossez-le, nouez-le avec de la ficelle, et cuisez-le 5 heures, dans le pot-au-feu, en même temps que 4 belles carottes, 2 gros navets et un demi-chou, préalablement blanchi. — Egouttez les légumes et la viande; dressez celle-ci sur un plat; entourez-la, d'un côté avec les carottes et les navets, coupés en morceaux réguliers et dressés en bouquets séparés; de l'autre côté, dressez le chou bien égoutté, et 2 douzaines de petits oignons glacés (voir aux *Garnitures*).

GÎTE DE BŒUF, BOUILLI, SAUCE RAIFORT (*relevé*).

Cuisez dans le pot-au-feu, un morceau de gîte-à-la noix pesant 2 kilogrammes. Quand la viande est cuite, égouttez et dreseez-la sur un plat; entourcz-la avec des branches fraîches de persil, et servez en même temps une sauce raifort chaude (*page* 56), ou bien froide, à la crème.

POITRINE DE BŒUF, BOUILLIE, A LA CHOUCROUTE (*relevé*).

Cuisez dans le pot-au-feu un morceau de poitrine de bœuf de 2 kilogrammes, pas trop gras : il doit cuire 4 heures au moins. — D'autre part, cuisez à l'étuvée, avec un morceau de petit-salé et du bouillon, un kilogramme et demi de bonne choucroute d'Alsace : elle ne doit cuire que 2 heures et demie : la choucroute trop cuite, n'est pas agréable à manger. — Egouttez la viande, dressez-la sur un plat. Faites réduire le liquide de la choucroute, et liez-la avec un petit morceau de beurre manié. Dressez-la autour du bœuf. Coupez en tranches le petit-salé, et dressez-les sur la choucroute.

POITRINE DE BŒUF SALÉE ET BOUILLIE, AUX ÉPINARDS (*relevé*).

Prenez un morceau de poitrine de bœuf, salée, pesant 2 à 3 kilogrammes. Lavez-la, sans la désosser; mettez-la dans une marmite avec de l'eau, et cuisez-la 4 à 5 heures, sans la saler, mais en ajoutant quelques gros légumes. — Egouttez la viande, dressez-la sur un plat, entourez-la avec du persil frais : servez à part un plat d'épinards au jus. — Avec la cuisson de la poitrine on peut préparer une bonne soupe aux pois secs.

BŒUF BOUILLI, AU GRATIN (*mets de déjeuner.*)

Coupez en tranches un peu épaisses, du bœuf froid de desserte ; rangez-les à cheval dans un plat à gratin — Faites revenir 2 oignons hachés; mouillez avec un peu de vin blanc et du jus lié; cuisez 10 minutes; versez sur le bœuf; saupoudrez avec quelques champignons et du persil hachés, un peu de poivre et chapelure; cuisez 15 minutes au four modéré.

BŒUF BOUILLI, EN BOULETTES (*mets de déjeuner*).

Hachez du bœuf froid, de desserte, sans peau ni nerfs; mettez-le dans une casserole, avec un tiers de son volume de mie de pain, imbibée et exprimée, 2 cuillerées d'échalotes et oignons hachés, 4 cuillerées de champignons hachés, et enfin 3 à 4 jaunes d'œuf crus, muscade, poivre et persil haché. Chauffez sans faire bouillir et laissez refroidir. — Divisez le hachis en parties de la grosseur d'un œuf; roulez-les sur la table arinée; aplatissez-les rondes, de l'épaisseur d'un doigt; trempez-les dans des œufs battus, panez-les et faites-les frire dans une tourtière avec du beurre, en les retournant.

CROQUETTES DE BŒUF BOUILLI (*mets de déjeuner*).

Parez un morceau de bœuf de desserte, froid, en retirant nerfs et graisse. — Hachez un oignon, faites le revenir, ajoutez quelques cuillerées de champignons hachés, cuisez 2 minutes, saupoudrez de farine, et mouillez avec du bouillon chaud, de façon à obtenir une sauce épaisse ; faites bouillir en tournant; liez avec 2 jaunes d'œuf, et mêlez au hachis; assaisonnez, laissez refroidir, puis formez les croquettes ; panez-les et faites-les frire.

MIROTON DE BŒUF BOUILLI (*mets de déjeuner*).

Coupez en tranches un morceau de bœuf froid de desserte : la culotte, si c'est possible.

Emincez 2 oignons ; faites les revenir, saupoudrez de farine ; mouillez avec jus et vin blanc; cuisez 10 minutes; ajoutez une demi-feuille de laurier, une pincée de poivre, puis le bœuf émincé. Faites mijoter 20 minutes sur feu doux ; finissez avec un filet de vinaigre.

BŒUF BOUILLI, AUX NAVETS (*mets de déjeuner*).

Avec une cuiller à légume, de moyenne grosseur, coupez des boules en navets; faites-les légèrement blanchir à l'eau salée; faites-les revenir dans une poêle avec beurre et sucre, pour les colorer ; mettez-les alors dans une casserole avec un peu de bouillon, et faites tomber tout doucement le liquide à glace. Cuisez les navets aux trois quarts.—Coupez en carrés, pas trop minces, un morceau de culotte de bœuf, froide, de desserte ; mettez-les dans une casserole, assaisonnez et mouillez à hauteur avec jus lié et vin blanc; faites bouillir et ajoutez les navets ; cuisez à feu modéré; quand ils sont à point, dressez le ragoût.

BŒUF BOUILLI EN MATELOTE (*mets de déjeuner*).

Coupez le bœuf froid, en tranches étroites et un peu épaisses. — Faites revenir dans une poêle

2 douzaines de petits oignons pelés ; ajoutez une pincée de sucre ; quand ils sont bien colorés, mettez-les dans une casserole avec un peu de bouillon, faites tomber le liquide à glace, puis mouillez avec moitié jus lié, moitié vin rouge ; ajoutez un bouquet garni, cuisez 15 minutes ; ajoutez le bœuf et quelques champignons crus, sel et poivre ; faites mijoter 25 minutes.

BŒUF BOUILLI, A LA MÉNAGÈRE (*mets de déjeuner*).

Coupez en carrés, pas trop minces, un morceau de bœuf froid de desserte ; mettez-les dans une casserole, avec un bouquet garni, une gousse d'ail non pelée ; mêlez au bœuf une égale quantité de pommes de terre crues, coupées en tranches ; assaisonnez avec sel et poivre. — Hachez échalotes et oignons ; faites-les revenir, saupoudrez avec une pincée de farine, mouillez peu à peu avec du bouillon chaud ; tournez jusqu'à l'ébullition. La sauce doit être peu liée, mais abondante ; cuisez-la 5 minutes sur le côté du feu ; passez à la passoire, sur le bœuf ; couvrez et cuisez 45 minutes sur feu modéré. Saupoudrez avec du persil et servez.

BŒUF BOUILLI, FRIT (*mets de déjeuner*)

Prenez un morceau de bœuf bouilli, de desserte la culotte si c'est possible. Coupez-le en tranches étroites, pas trop minces ; mettez-les dans un plat ; assaisonnez avec sel, poivre, persil haché, un filet de vinaigre ; faites les mariner une demi-heure. Prenez-les une à une, trempez-les dans la pâte à frire (*page* 46), et plongez-les à friture chaude ; faites prendre belle couleur, sur feu modéré. Egouttez, salez et dressez.

BŒUF BOUILLI, SAUTÉ AUX OIGNONS (*mets de déjeuner*).

Prenez un morceau de bon bœuf de desserte; coupez-le en tranches minces, pas trop grandes (3 à 4 doigts carrés). — Emincez finement 2 oignons blancs; mettez-les dans une poêle avec du beurre; faites-les revenir à feu doux, en les tournant, de façon qu'ils se trouvent cuits quand ils sont de belle couleur. Ajoutez alors les tranches de bœuf et une gousse d'ail entière; assaisonnez avec sel et poivre; sautez-les, jusqu'à ce qu'elles soient légèrement rissolées; saupoudrez-les alors avec une pincée de persil haché, arrosez avec le jus d'un citron ou un filet de vinaigre; retirez l'ail et servez.

HACHIS DE BOUILLI, AUX ŒUX MOLLETS (*m. d. déj.*).

Hachez un morceau de bœuf froid, de desserte, paré; mettez-le dans une casserole; ajoutez 4 cuillerées d'oignon et champignon hachés et revenus au beurre; assaisonnez, liez avec un peu de sauce brune ou blonde, chauffez sans ébullition, èn remuant avec la cuiller. Dressez sur plat et rangez dessus 7 à 8 œufs mollets (V. *au chapitre des légumes*).

BŒUF BOUILLI, A LA POULETTE (*mets de déjeuner*).

Coupez en carrés un peu épais du bœuf froid de desserte, mettez-le dans une casserole. — Faites revenir échalotes et oignons hachés; saupoudrez avec un peu de farine, mouillez avec du bouillon, ajoutez un bouquet garni, une gousse d'ail non épluchée; cuisez 10 minutes, passez à la passoire, sur le bœuf; faites mijoter 25 à 30 minutes; liez la sauce avec 2 jaunes d'œuf; finissez avec persil haché, muscade et un filét de vinaigre.

BŒUF BOUILLI, A LA PERSILLADE (*mets de déjeuner*).

Coupez des tranches minces et régulières de bœuf froid de desserte; rangez-les dans une terrine. — Hachez finement oignon ou ciboulette, persil, feuilles d'estragon, câpres et cornichons ; mettez-les dans une autre terrine, ajoutez 2 cuillerés de moutarde, huile, vinaigre, sel et poivre ; mélangez le tout et versez sur le bœuf; faites macérer quelques heures, puis dressez.

BŒUF BOUILLI, A LA POÊLE. (*mets de déjeuner*).

Emincez du bœuf froid de desserte. — Emincez 2 oignons; faitez-les revenir dans une poêle, sur feu doux, avec beurre et une pincée de sucre; ajoutez le bœuf et une gousse d'ail non pelée, sel, poivre; cuisez 12 à 15 minutes, en sautant; finissez avec persil haché et filet de vinaigre.

BŒUF GRILLÉ (*mets de déjeuner*).

Prenez un morceau de culotte de bœuf de desserte; coupez-le en tranches longues pas trop épaises. Assaisonnez avec sel, poivre, ciboulette et persil hachés; arrosez avec de l'huile, puis saupoudrez-les des deux côtés avec de la panure. Faites griller à feu modéré; servez avec un peu de jus aigre.

LANGUES DE BŒUF, SALÉES.

Prenez quelques langues de bœuf fraîches; retirez-en le cornet; frottez-les avec du sel fin salpêtré; placez-les dans un plat avec un poids dessus, et tenez-les ainsi 12 heures.

Préparez une saumure dans les proportions suivantes : 8 litres d'eau, 1 kilogramme et demi de sel, 150 grammes de salpêtre, 175 grammes de cassonnade, un bouquet d'aromates et grains de poivre. Faites bouillir et laissez refroidir. — Rangez les langues dans un vase en grès; mouillez avec le saumure froide, et posez un poids sur les langues; tenez-les dans un lieu frais. Tournez les langues de temps en temps; 18 à 20 jours suffisent pour les rougir. Faites bouillir la saumure tous les 8 jours; quand elle est froide, versez-la de nouveau sur les langues.

LANGUE DE BŒUF A L'ÉCARLATE, A LA PURÉE (*relevé*).

Lavez une langue de bœuf salée, faites-la cuire à l'eau, sans sel, avec de gros légumes et racines, oignons et poireaux; cuisez-la 3 heures au moins à feu doux. Egouttez-la, retirez-en la peau, parez-en le gros bout, et dressez-la sur une purée de lentilles, de pois secs ou de haricots. — En cuisant la langue avec des racines et légumes, on peut employer sa cuisson pour préparer une soupe.

LANGUE DE BŒUF A L'ÉCARLATE, FROIDE

Cuisez à l'eau une langue salée; égouttez-la, retirez-en la peau, et faites-la refroidir sous presse. — Si on veut servir la langue entière, dans un dîner, il faut la parer, la glacer au pinceau avec un peu de glace de viande; puis la dresser sur un plat et l'entourer avec de la gelée. — Mais on peut aussi servir la langue découpée en tranches.

LANGUE DE BŒUF BRAISÉE, AUX OLIVES (*relevé*).

Faites blanchir 10 minutes une langue de bœuf; égouttez-la, parez-la sans retirez la peau; mettez-la dans une casserole dont le fond est masqué avec légumes et débris de lard; salez et mouillez aves 3 décilitres de bouillon; faites-le tomber à glace; mouillez alors à hauteur avec bouillon et vin blanc; cuisez sur feu modéré jusqu'aux trois quarts de cuisson. Egouttez-la, retirez-en la peau, et finissez de la cuire dans son jus, en faisant tomber celui-ci à glace, et en la retournant.

Dressez la langue sur un plat; versez un peu de vin blanc dans la casserole, dégagez la cuisson, faites bouillir, passez et dégraissez; mêlez-lui un peu de bon jus, et liez avec du beurre manié. Remettez la langue dans la casserole, ajoutez les olives blanchies, et faites mijoter 10 minutes sans bouillir; servez ensuite. — La langue de bœuf ainsi cuite, peut être servie à l'oseille, à la chipolata, à la sauce tomate ou sauce piquante.

LANGUE DE BŒUF AU GRATIN (*relevé*).

Coupez en tranches le reste d'une langue de bœuf braisée, ayant été servie; faites les chauffer dans un peu de jus. — Emincez 2 ou 3 gros oignons; faites les revenir au beurre, de belle couleur; saupoudrez avec une pincée de farine, et mouillez avec bouillon et vin blanc, de façon à obtenir un petit ragoût bien lié; cuisez 10 minutes. — Dressez les morceaux de langue sur un plat à gratin; masquez-les avec le ragoût aux oignons; saupoudrez avec une poignée de champignons hachés, un peu de persil et de chapelure; faites gratiner et servez.

ENTRE-CÔTES GRILLÉES (*mets de déjeuner*).

Faites couper les entre-côtes du côté de l'aloyau et non du côté du cou : elles doivent avoir l'épaisseur d'un bifteck, et la viande doit être mortifiée. Retirez-en les os, battez-les légèrement, parez-les; assaisonnez avec sel, poivre, huile ; faites-les griller 10 à 12 minutes, à bon feu en les retournant. Servez avec du beurre à la maître-d'hôtel.

CHATEAUBRIANDS (*relevé*).

Coupez sur la partie plus épaisse d'un filet paré, 2 ou 3 biftecks de 4 doigts d'épaisseur ; battez-les légèrement avec le manche du couteau ; assaisonnez, arrosez-les avec de l'huile, et faites-les mariner 4 à 5 heures. — Faites-les ensuite griller 20 minutes à feu modéré, en les retournant.

Dressez-les sur un plat; mettez sur chacun d'eux une tranche de beurre à la maître-d'hôtel et entourez-les avec des pommes de terre soufflées ou frites au beurre.

BIFTECKS SAUTÉS, AUX CHAMPIGNONS (*mets de déjeuner*).

Cuisez 2 douzaines de champignons avec beurre et jus de citron. — Coupez 5 à 6 biftecks un peu plus minces qu'à l'ordinaire; battez et assaisonnez. — Faites fondre un morceau de beurre dans une casserole plate ou sautoir; rangez les biftecks sur le fond; faites-les sauter à feu vif; retournez-les et cuisez jusqu'à ce qu'ils soient atteints : il faut 8 à 10 minutes. Egouttez-les; mêlez au beurre une cuillerée de farine, cuisez 2 secondes et mouillez avec du bouillon ou du jus ; ajoutez la cuisson des champignons; faites réduire; ajoutez quelques cuillerées de madère, une pincée de poivre. Quand la sauce est de bon goût remettez les biftecks dans la casserole, ajoutez les champignons, donnez un seul bouillon et retirez du feu; 2 minutes après, dressez. — On peut servir les biftecks aux truffes émincées, aux olives, à la sauce poivrade ou à la financière, (voir *Garnitures*).

BIFTECKS ÉTUVÉS, AUX POMMES DE TERRE (*m. de déj.*).

Prenez une petite timbale en cuivre qui ferme bien, et à défaut une cocote en fonte, ayant son couvercle. — Coupez 6 à 7 minces biftecks, sur le bout d'un filet; battez-les, assaisonnez avec sel et poivre. — Coupez en tranches 8 pommes de terre crues, pelées.

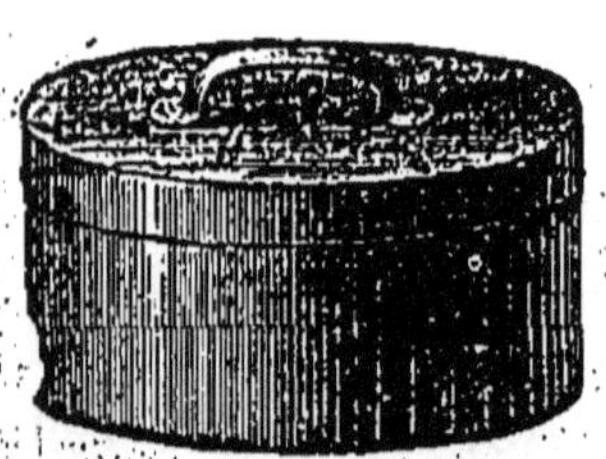

Beurrez le fond du vase, masquez-le avec une couche d'oignons crus, émincés; sur l'oignon, placez une couche de pommes de terre; assaisonnez avec sel et poivre; sur celles-ci, rangez la moitié des biftecks, masquez-les avec oignons et pommes de terre; faites encore une couche de biftecks puis une couche d'oignons et pommes de terre; assaisonnez; mouillez à moitié de hauteur avec du bouillon; fermez bien la timbale et poussez-la à four modéré. Cuisez à peu près une heure, en ajoutant un peu de bouillon à mesure qu'il est absorbé. Servez dans la timbale.

BIFTECKS GRILLÉS, A LA COLBERT (*relevé*).

Sur un filet de bœuf paré, coupez 4 à 5 biftecks d'un doigt et demi d'épaisseur; assaisonnez avec sel et huile; faites-les griller 8 à 9 minutes, en les retournant. — Mettez 6 cuillerées de glace fondue dans une petite casserole; faites-la bouillir, retirez-la et incorporez-lui peu à peu 125 gr. de beurre, sans cesser de tourner avec la cuiller; quand la sauce est liée, finissez-la avec le jus d'un citron et du persil haché. — Dressez les biftecks sur un plat, masquez-les avec la sauce. — Les biftecks grillés peuvent être servis aux pommes de terre frites ou sautées, au beurre d'anchois ou à la maître-d'hôtel.

BIFTECKS A LA PROVENÇALE. (*entrée*)

Hachez 100 grammes de moelle de bœuf crue; mêlez-lui sel, cayenne et échalotes finement hachées; mettez dans un plat et chauffez légèrement. — Prenez 4 biftecks parés et assaisonnés; faites-les griller 8 à 10 minutes; quand ils sont à point, roulez-les dans la moelle placée dans le plat et servez.

GRIBOULETTES OU BIFTEKS HACHÉS (*mets de déjeuner*).

Hachez finement 300 grammes de viande maigre de bœuf, crue; hachez 250 grammes de graisse de rognon de bœuf; mêlez-les. Ajoutez 150 grammes de mie de pain, imbibée et exprimée, 3 à 4 cuillerées d'oignon haché et 2 cuillerées de persil; assaisonnez avec sel et poivre.

Divisez le hachis en parties de la grosseur d'un œuf; roulez-les de forme ronde; aplatissez-les sur la table farinée; trempez-les dans des œufs battus, roulez-les dans la panure; rangez-les dans une large poêle avec du beurre fondu, et faites les colorer des deux côtés, en les retournant. Dressez-les sur un plat; arrosez-les avec le beurre de leur cuisson.

TOURNEDOS, SAUCE POIVRADE (*entrée*).

Sur la tête d'un filet de bœuf, coupez 7 à 8 tranches minces; battez-les légèrement, parez-les de forme ovale; assaisonnez avec sel et poivre; arrosez avec du vinaigre cuit, ou quelques cuillerées de marinade cuite, et faites-les macérer 5 à 6 heures. — Égouttez-les, épongez-les sur un linge; rangez-les dans une large poêle avec de l'huile et beurre fondu; cuisez à feu vif, en les retournant. Quand ils sont atteints, sans être secs, égouttez-les; dressez-les sur un plat, et masquez-les avec une sauce piquante (*page* 60)

CIVET DE BŒUF (*entrée*).

Coupez en gros carrés un kilogramme de *gîte à la noix*, et coupez en tranches 200 grammes de petit-salé; mettez celui-ci dans une casserole avec un morceau de beurre, et faites-le revenir; égouttez-le avec une écumoire, en laissant la graisse dans la casserole. Ajoutez alors les carrés de viande, et faites-les revenir 25 minutes; assaisonnez et saupoudrez avec 2 cuillerées de farine; mouillez peu à peu, à couvert, avec moitié eau chaude et moitié vin rouge. Faites bouillir et retirez sur feu très-doux : la sauce doit être légère. Cuisez 2 heures; puis ajoutez les morceaux de petit-salé et une garniture de petits oignons simplement colorés à la poêle : la viande et les oignons doivent se trouver cuits en même temps; retirez le bouquet et dressez.

COTES DE BŒUF, BRAISÉES (*relevé*).

Prenez un morceau de côte, mortifié à point; coupez-en la chaîne, bridez la viande; faites-la revenir dans une casserole, avec du beurre. Un quart d'heure après, enlevez la viande, et masquez le fond de la casserole avec des racines et légumes émincés; placez la viande sur cette couche, mouillez à mi-hauteur avec du bouillon ou de l'eau chaude, et faites braiser tout doucement avec feu dessus, feu dessous ou au four, en retournant la viande. Égouttez-la, débridez-la, et servez-la avec son jus, passé et dégraissé. Servez à part un plat de légumes.

COTES DE BŒUF, ROTIES (*relevé*).

Prenez un morceau de côte mortifié à point, pesant de 2 à 3 kilogrammes; coupez l'os de la chaîne; bridez la viande, et faites-la rôtir 2 heures au four ou à la broche : le feu doit être modéré. Arrosez souvent, débrochez, salez et servez avec du jus et des pommes de terre.

FILET DE BŒUF PIQUÉ, ROTI (*relevé*).

Prenez un petit filet de bœuf; parez-le, en retirant une partie de la graisse et la peau nerveuse qui la recouvre en dessus. Piquez-le sur le haut, avec du lard. Mettez-le dans une terrine, avec oignons émincés, branches de persil, gros poivre, sel, aromates et huile; faites-le mariner 12 heures, en le retournant. Traversez le filet sur sa longueur avec une brochette, et fixez celle-ci à la broche, en l'appuyant du côté non piqué. Faites le rôtir à bon feu, 45 minutes, en l'arrosant avec sa marinade. — Débrochez et servez à part une sauce piquante légère. — On peut aussi faire rôtir le filet au four dans un plafond, dont le fond est masqué de débris de graisse et légumes émincés ; en ce cas, arrosez-le avec du beurre fondu, et cuisez 45 à 60 minutes.

FILET DE BŒUF A LA PROVENÇALE (*relevé*).

Prenez la moitié d'un filet de bœuf, du côté de la tête ; quand la viande est parée, lardez-la intérieurement, sur la longueur, avec des filets de lard et jambon cru. Assaisonnez la viande, mettez-la dans un plat ; arrosez avec huile et vinaigre ; faites-la mariner quelques heures. — Mettez-la ensuite dans une casserole longue, foncée avec des débris de lard, carottes et oignons émincés ; ajoutez 2 pieds de veau, désossés, blanchis et coupés. Cuisez-la 2 heures et demie, avec feu dessus, feu dessous. Quand elle est tendre, le mouillement doit être à moitié réduit ; dégraissez-le, passez-le, liez-le légèrement avec de la sauce tomate. Dressez la viande et les pieds de veau autour, arrosez avec une partie de la sauce, et envoyez le surplus en saucière.

FILET DE BŒUF BRAISÉ, A LA CHIPOLATA (*relevé*).

Prenez un demi-filet piqué ; placez-le dans une casserole longue, dont le fond est masqué avec racines et oignons émincés, aromates, quelques couennes. Assaisonnez, mouillez avec un peu de bouillon, et faites tomber à glace. Mouillez alors à hauteur avec du bouillon ; donnez 10 minutes d'ébullition, retirez du feu ; fermez la casserole et cuisez une heure et quart à la bouche du four modéré ou avec des cendres chaudes sur le couvercle en tôle. Quand le filet est à point, égouttez-le. Passez la cuisson, dégraissez et liez-la avec du beurre manié ; mêlez-lui la garniture chipolata (*page* 70) ; faites bouillir et retirez sur le côté. Dressez le filet sur un plat, avec la garniture autour. — On peut servir ce filet avec une garniture d'olives, de champignons, à la financière ou à la jardinière (voir aux *Garnitures*).

FILET DE BŒUF AU GRATIN (*relevé*).

Coupez en tranches minces un morceau de filet de desserte ; rangez-les dans un plat à gratin, à cheval et sur deux rangs. — Emincez la valeur d'un demi-litre de champignons cultivés, propres. Mettez un oignon haché dans une casserole, faites-le revenir avec du beurre ; ajoutez les champignons et faites-les revenir jusqu'à ce que leur humidité soit évaporée ; assaisonnez, saupoudrez avec un peu de farine, et mouillez avec lait et bouillon, en petite quantité, afin d'obtenir un ragoût bien lié. Cuisez 10 à 12 minutes, et avec lui, masquez les tranches de filet de bœuf ; saupoudrez de panure, et faites gratiner 25 à 30 minutes ; servez dans le plat.

ÉTUVÉE DE FILET DE BŒUF (*entrée*).

Coupez en gros carrés, la tête d'un filet de bœuf : 5 à 600 grammes ; assaisonnez, mettez-les dans une casserole avec beurre ou saindoux ; faites-les revenir 20 minutes, sur feu modéré ; ajoutez 2 petits oignons, un morceau de racine de céleri, un bouquet d'aromates et une gousse d'ail ; mouillez avec un verre de vin blanc ; laissez-le réduire tout doucement, puis mouillez à moitié de hauteur avec du bouillon ou de l'eau chaude ; couvrez et cuisez sur feu doux avec du feu sur le couvercle ; si le jus se trouvait réduit avant que la viande soit cuite, ajoutez un peu de bouillon; en dernier lieu, dégraissez le jus; retirez le bouquet, le céleri et les oignons; ajoutez 2 cuillerées de sauce tomate, et dressez le ragoût sur un plat chaud; servez séparément un plat de riz au gras, de nouilles ou de macaroni.

MUFLE DE BŒUF EN TORTUE (*relevé*).

Le mufle de bœuf est cette partie de l'animal qui tient à la machoire en haut et en bas. C'est un morceau excellent à manger quand il est bien cuit. — Prenez un mufle de bœuf, grattez-le, et cuisez-le dans un blanc comme la tête de veau, 5 à 6 heures. — Préparez une garniture tortue, avec de la sauce brune réduite avec un peu de vin et poivre de Cayenne; ajoutez des quenelles de veau roulées à la farine et pochées, une ou deux cervelles de veau cuites coupées en carré, quelques champignons cuits, olives blanchies, jaunes d'œuf durs et cornichons. — Égouttez le mufle, parez-le, dressez-le sur un plat; masquez-le avec un peu de sauce et dressez la garniture autour.

MUFLE DE BŒUF A LA LYONNAISE (*mets de déjeuner*).

Prenez un mufle de bœuf cuit, coupez-le en filets comme le gras-double. Emincez 3 ou 4 oignons; faites-les revenir tout doucement dans une poêle avec beurre et huile, une gousse d'ail, une feuille de laurier, une pincée de sel. Quand ils sont à peu près atteints, ajoutez les viandes; assaisonnez avec sel et poivre; sautez-les 10 à 12 minutes, finissez-les avec un filet de vinaigre et persil haché, servez-les ensuite.

CERVELLE DE BŒUF A LA SAUCE PIQUANTE (*entrée.*)

En l'absence de cervelles de veau, on peut employer celles de bœuf mais avec moins de succès. — Faites dégorger 2 cervelles, retirez-en avec soin la peau mince qui les enveloppe ; cuisez-les 15 à 18 minutes dans de l'eau acidulée et salée, avec oignons émincés, persil, gros poivre et girofle. Egouttez-les bien, dressez-les sur plat, masquez-les avec la sauce (*page* 60).

QUEUE DE BŒUF A LA DAUBE (*relevé*).

Coupez une queue de bœuf en tronçons comme pour la soupe, ne mettez pas les parties les plus minces. Faites-les dégorger et blanchir 25 minutes ; égouttez-les bien. — Faites fondre 100 grammes de lard dans une marmite en terre ; ajoutez les tronçons, faites-les revenir un quart d'heure sur feu modéré, en les retournant ; mouillez ensuite avec un verre de vin rouge, et faites-le évaporer ; mouillez avec 2 verres de vin blanc, ajoutez sel, gros poivre, girofles, quelques gousses d'ail entières, un bouquet garni, un brin d'écorce sèche d'orange, un pied de veau désossé, blanchi et coupé, quelques couennes fraîches.

Au premier bouillon, couvrez la marmite avec un fort papier, puis avec une assiette ayant de l'eau dedans, et retirez sur des cendres chaudes ou à la bouche du four, de façon que le liquide ne fasse que frissonner pendant 4 heures. Ajoutez alors 250 grammes de petit-salé cru coupé en gros dés, et 4 douzaines de petits oignons colorés à la poêle. — Deux heures après, les viandes et les oignons doivent être cuits ; dressez-les. Passez et dégraissez la cuisson, versez-la sur les viandes.

QUEUE DE BŒUF A LA PURÉE DE MARRONS (*relevé*).

Coupez une queue de bœuf en tronçons ; faites-les blanchir, puis braisez-les à court mouillement avec bouillon, vin blanc, racines et aromates ; laissez-les refroidir dans leur cuisson ; égouttez-les ensuite, roulez-les dans la panure, trempez-les dans des œufs battus et panez-les encore ; arrosez-les avec du beurre fondu, et faites-les griller 25 à 30 minutes à feu doux. Dressez-les sur un plat, et servez à part une purée de marrons, finie avec un peu de la cuisson, passée.

CŒUR DE BŒUF A L'ÉTUVÉE (*entrée*).

Coupez les viandes en gros carrés ; lardez chaque carré avec un lardon de lard ; mettez-les dans une terrine, assaisonnez avec sel, épices, aromates ; arrosez avec un verre de vinaigre, et faites mariner 7 à 8 heures. — Egouttez les viandes ; mettez-les dans une poêle avec du lard fondu, et faites-les revenir 10 à 12 minutes à feu vif, en les sautant. Rangez-les ensuite par couches dans une marmite en terre, en alternant chaque couche avec quelques petits oignons, gousses d'ail ; ajoutez 2 pieds de veau blanchis, coupés en morceaux, puis la marinade et aromates. Mouillez à hauteur avec du vin rouge ; fermez la marmite, lutez-en le couvercle avec de la pâte faite avec de l'eau et du blanc d'œuf. Cuisez pendant 6 heures sur des cendres chaudes ou à la bouche du four. — Quand les viandes sont cuites, dégraissez bien le jus, et servez dans un plat creux. — Ce mets peu coûteux et abondant, peut devenir excellent s'il est soigné.

ROGNONS DE BŒUF.

Les rognons de bœuf n'ont pas une grande valeur comme goût et sont généralement durs. On peut les préparer comme les rognons de veau et de mouton, mais ils n'ont pas les mêmes qualités.

GRAS-DOUBLE AU JUS ET AU FROMAGE (*mets de déjeuner*).

Prenez du gras-double cru; faites-le blanchir 10 minutes; puis égouttez-le et râtissez-le avec un couteau sur toutes les surfaces rugueuses. Lavez-le, coupez-le en larges carrés, et cuisez-les avec de l'eau, sel, grains de poivre, quelques racines et oignons, un bouquet de persil et aromates : on met ordinairement le gras-double le soir, pour l'employer le lendemain.

Au moment de servir, égouttez-le, coupez-le en gros filets, et dressez ceux-ci par couches dans un plat, en saupoudrant chaque couche avec du parmesan râpé; arrosez avec du bon jus mêlé avec de la tomate et une pincée de poivre.

GRAS-DOUBLE A LA POULETTE (*mets de déjeuner*).

Prenez du gras-double cuit, bien égoutté; coupez-le en petits carrés, mettez-les dans une casserole. — Préparez une petite sauce comme pour les pieds de mouton, mais légère; cuisez-la un quart d'heure, et passez-la sur le gras-double. Faites mijoter 20 minutes; puis liez avec une petite liaison, et finissez avec persil haché et jus de citron.

GRAS-DOUBLE A LA MODE DE CAEN (*mets de déjeuner*).

Prenez 2 à 3 kilogrammes de gras-double blanchi et gratté; coupez-le en larges carrés. Mettez au fond de la marmite une assiette renversée pour éviter que le gras-double s'attache. Mettez les morceaux de gras-double dans la marmite avec un pied de bœuf blanchi et coupé, 250 grammes de petit-salé, 2 oignons, 2 carottes, mouillez largement avec deux tiers d'eau, un tiers de cidre ou de vin blanc et 2 décilitres de cognac. Faites bouillir et retirez du feu; ajoutez sel, aromates, gros poivre, girofle et une pointe de safran. Fermez hermétiquement la marmite avec son couvercle; mastiquez les jointures avec de la pâte crue, et placez-la sur une couche épaisse de cendres chaudes, en l'entourant jusqu'à moitié de hauteur; entretenez l'ébullition très-douce pendant 8 à 10 heures. Le gras-double doit alors se trouver bien cuit. Égouttez-le, mettez-le dans une terrine pouvant aller au four; dégraissez bien la cuisson et passez-la sur le gras-double. Chauffez bien la terrine et servez-la sur un réchaud.

GRAS-DOUBLE AUX FINES-HERBES (*mets de déjeuner*).

Coupez en carrés longs, 1 kilogramme de gras-double cuit. Mettez dans une casserole un oignon haché et quelques échalotes; faites-les revenir avec du beurre; ajoutez quelques cuillerées de champignons hachés, et faites-en réduire l'humidité; saupoudrez avec une petite pincée de farine, et mouillez avec un peu de bouillon; cuisez la sauce 7 à 8 minutes; ajoutez le gras-double, puis quelques cuillerées de sauce tomate, sel et cayenne. Cuisez un quart d'heure à feu doux, finissez avec persil haché et jus de citron.

GRAS-DOUBLE A LA LYONNAISE.

Coupez en filets 600 grammes de gras-double cuit, bien égoutté. — Emincez 2 gros oignons blancs; mettez-les dans une poêle avec du beurre, faites-les revenir tout doucement en remuant;

assaisonnez. Quand l'oignon est à peu près cuit, ajoutez le gras-double; assaisonnez, et sautez-le sur feu jusqu'à ce qu'il soit légèrement rissolé, et les oignons cuits. Finissez avec persil haché et un filet de vinaigre.

MOUTON

La viande de mouton est bonne partout, mais elle n'a pas les mêmes qualités dans toutes les contrées; cela s'explique par la différence des espèces d'abord, puis par la différence des climats où vivent ces animaux, comme aussi de la nourriture qu'ils y trouvent. La viande de mouton est surtout bonne dans les pays où le pâturage est abondant et varié : les moutons qui vivent sur les montagnes où croissent des plantes aromatiques, telles que celles de la Provence, fournissent une viande excellente parce qu'ils trouvent là une nourriture de haut ton qui les fortifie et donne un bon arome à leur chair. Ceux qui se nourrissent dans les pâturages voisins des bords de la mer, dans les dunes, fournissent également une viande parfaite, succulente et aromatisée. Voilà pourquoi, en partie du moins, les moutons d'Angleterre sont si estimés ; je dis en partie, car à côté de l'excellence de la nourriture, ils trouvent aussi l'excellence des soins. Aucun peuple ne comprend mieux l'élevage des bestiaux que le peuple anglais. Aussi les bœufs, les moutons et les porcs d'Angleterre peuvent être considérés comme les mieux nourris, les mieux entretenus, et par conséquent les plus remarquables ; si les veaux sont moins bien réussis et moins parfaits, c'est que les Anglais font peu de cas de cette viande et qu'ils en consomment fort peu, car ils la considèrent à l'égal d'un fruit qui n'a pas atteint sa maturité: je ne voudrais pourtant pas affirmer que ce jugement est exactement juste. A mon avis, la répugnance que les Anglais manifestent envers la viande de veau, peut avoir sa source dans des causes climatériques.

De même que chez le veau, toutes les parties du mouton sont utilisables; mais les plus délicates, les plus substantielles sont sans contredit le gigot, la selle et les carrés ; puis viennent les épaules et la poitrine, dont les viandes, bien que moins succulentes, sont cependant goûteuses.

Bouillies, braisées ou rôties, les viandes de mouton sont excellentes au goût, faciles à digérer et nourrissantes.

Quand les selles, les gigots et les épaules proviennent d'un jeune animal, l'apprêt qui leur convient le mieux c'est la broche ; les viandes son alors très-nourrissantes et très-légères sur l'estomac. Mais si on n'est pas bien fixé sur leur tendreté, il est préférable de les faire braiser.

Les épaules de mouton bien que moins distinguées et moins charnues que les gigots, sont cependant très-estimables, rôties ou braisées. Les poitrines, quoique moins nourrissantes sont excellentes farcies ou simplement bouillies et grillées. Les poitrines de mouton sont également employées pour l'apprêt des ragoûts.

Les côtelettes de jeunes moutons, grillées, constituent un mets d'autant plus estimable qu'il convient à tous les tempéraments : aux malades aussi bien qu'aux estomacs vigoureux ; les côtelettes fournissent une nourriture légère, stomachique et saine. On peut manger ces côtelettes tous les jours sans en être ni incommodé ni dégoûté. La valeur délicate des côtelettes est tellement reconnue et appréciée qu'on les admet même dans les dîners somptueux, bien qu'en somme, elles conviennent mieux pour les déjeuners.

Les pieds, les oreilles, la langue et la cervelle de mouton ne sont pas sans valeur ; mais comme tous les abats des animaux de boucherie, ils sont dépourvus de sucs nutritifs et par conséquent plus difficiles à digérer que les parties charnues où résident l'arome et la succulence de l'animal.

Avec les foies et les poumons des jeunes moutons on prépare des ragoûts qui conviennent pour être servis à déjeuner ; mais le foie des vieux moutons n'est ni agréable ni de bonne digestion. — Les rognons de mouton grillés ou sautés, sans fournir des mets distingués, sont cependant estimés du plus grand nombre ; mais ils ne conviennent pas aux estomacs délabrés, et ils ne sont vraiment bons qu'alors qu'ils n'ont contracté aucun goût étranger.

GIGOT DE MOUTON ROTI (*relevé*).

Prenez un gigot provenant d'un jeune animal : c'est le point capital. Laissez-le mortifier à point. A Paris, en hiver, on peut les garder 8 jours. — Sciez l'os du manche, battez-le bien, et glissez une gousse d'ail dans la *souris*. Faites-le rôtir à la broche, ou au four, avec du beurre ; cuisez-le 50 minutes. Salez-le, dressez-le sur plat ; enfilez-lui une papillote ou un manche à gigot ; servez avec du jus et un plat de légumes : flageolets, haricots blancs, pommes de terre, etc. — Une salade chaude de pommes de terre, est excellente à manger avec un gigot rôti.

GIGOT DE MOUTON AU RIZ (*relevé*).

Coupez le manche d'un gigot, désossez-le du côté de la noix ; emplissez le vide avec un hachis composé de porc frais, jambon cru, mie de pain imbibée, oignon et persil hachés, une pointe d'ail, un œuf entier. Cousez les viandes pour enfermer le hachis. — Faites fondre du lard dans une casserole en terre, ajoutez le gigot, et faites-le revenir de belle couleur ; salez, et mouillez à hauteur avec de l'eau chaude ou du bouillon ; ajoutez 2 petits oignons et 4 tomates coupées ; faites bouillir

10 minutes, et finissez de cuire sur feu très-doux. — Egouttez le gigot, tenez-le au chaud. Passez la cuisson, dégraissez-la en partie; faites bouillir, et mêlez-lui du riz trié : pour un litre de bouillon 3 décilitres de riz. Cuisez 20 minutes; finissez-le avec 2 poignées de parmesan et un morceau de beurre. Dressez le gigot sur un plat et le riz autour.

GIGOT DE MOUTON BRAISÉ, PURÉE DE HARICOTS (*relevé*).

Choisissez un bon gigot; coupez le manche court et sciez l'os saillant de la noix; mettez-le avec du beurre, dans une casserole longue et étroite; faites le revenir un quart d'heure sur feu modéré; glissez alors sous la viande, une couche de légumes émincés; ajoutez sel, gros poivre, girofles, une gousse d'ail, bouquet garni; mouillez avec 3 décilitres de bouillon, et faites-le tomber à glace; mouillez encore à mi-hauteur avec bouillon et eau chaude; finissez de le cuire doucement avec feu dessous et dessus; quand la viande est tendre, le jus doit être court; passez-le et dégraissez-le. Dressez le gigot sur un plat, avec son jus; servez à part la purée de haricots (*page* 65).

GIGOT MARINÉ ET PIQUÉ (*relevé*).

Coupez court le manche d'un gigot, sciez l'os de la noix, puis retirez-en toute la peau, du côté de la noix seulement; mettez-le dans un vase en terre, de forme longue, couvrez-le avec une marinade cuite et refroidie (*page* 50); laissez-le macérer 3 jours dans un lieu frais. Egouttez-le ensuite, épongez-le; piquez-le avec du lard comme un fricandeau, du côté où la peau à été retirée. Faites-le rôtir trois quarts d'heure à la broche ou au four, en l'arrosant. Salez-le, quand il est cuit, dressez-le sur un plat, le côté piqué en dessus; servez séparément une sauce piquante, préparée avec une partie de la marinade et le jus du gigot.

SELLE DE MOUTON BRAISÉE

Faites couper une petite selle de la longueur voulue; retirez-en la peau et les rognons; roulez les bavettes en dessous, et ficelez; mettez-la dans une casserole étroite et longue, foncée avec oignons et légumes émincés; salez-la, mouillez-la avec un peu de bouillon non dégraissé, et faites braiser tout doucement avec feu dessus, feu dessous, en ayant soin de la retourner. Quand elle est à peu près cuite, passez la cuisson; dégraissez-la, remettez-la dans la casserole et faites glacer la selle, en l'arrosant souvent. — Débridez-la, dressez-la sur un plat; servez à part le jus et une purée de marrons, de haricots, de lentilles, une purée soubise ou tout autre garniture de légumes: épinards, petits-pois, pointes d'asperges, haricots verts.

SELLE DE MOUTON A LA HUSSARDE

Prenez les viandes d'une selle de mouton, braisée, de desserte; coupez-les en tranches. — Émincez 4 oignons; faites-les revenir au beurre, de belle couleur; mouillez avec un peu de bouillon, et faites tomber à glace. Mouillez encore avec 2 décilitres de bouillon, et liez avec un petit morceau de beurre manié; cuisez 5 minutes, retirez du feu et mêlez au ragoût 2 poignées de panure blanche; le ragoût doit alors se trouver consistant. — Dressez les tranches de mouton à cheval, sur un plat à gratin, en masquant chaque tranche avec une couche du ragoût. Quand la pièce est remise en forme, masquez le dessus avec une couche du même ragoût; saupoudrez avec de la chapelure et versez un peu de jus au fond du plat. Faites gratiner une demi-heure, et servez.

ÉPAULE DE MOUTON, FARCIE (*relevé*).

Désossez une épaule de mouton, en laissant seulement la moitié du manche; salez les chairs, et emplissez la viande avec un hachis composé de mouton ou porc frais, lard, mie de pain imbibée, oignon et persil haché, un œuf entier, sel, poivre, muscade. Cousez l'épaule, en arrondissant la forme. Mettez-la dans une casserole avec du beurre (1), faites-la revenir sur feu doux, en la retournant; un quart d'heure après, ajoutez une douzaine de petits oignons et 3 ou 4 carottes coupées; faites encore revenir; salez, puis mouillez avec un peu d'eau, et faites réduire; mouillez encore à mi-hauteur avec de l'eau, et finissez de cuire avec feu dessus, feu dessous. — Égouttez la viande, débridez-la, dressez-la sur un plat avec les légumes autour, passez le jus dessus.

ÉPAULE DE MOUTON ÉTUVÉE AUX P. D. TERRE (*relevé*).

Désossez une épaule de mouton; salez-la du côté ouvert, roulez-la et bridez-la. Mettez-la dans une casserole avec du beurre ou du lard haché. Faites-la revenir, en la retournant; ajoutez un oignon et une carotte. Un quart d'heure après, mouillez avec 3 décilitres de bouillon, et cuisez tout doucement avec feu dessus, feu dessous.

(1) Pour faire revenir les viandes, en général, on emploie du lard fondu, du saindoux ou du beurre : c'est une affaire de préférence.

Quand la viande est aux trois quarts cuite, entourez-la avec 7 ou 8 pommes de terre crues, coupées en quartier. Finissez de cuire la viande et les pommes de terre, sur feu doux.

POITRINE DE MOUTON A L'ÉCONOME (*relevé*).

Avec un petit morceau de bœuf, 2 poitrines de mouton entières, légumes, sel et eau, préparez un pot-au-feu. Avec le bouillon, préparez la soupe, et servez le bœuf ensemble avec les légumes. — Égouttez les poitrines ; retirez-en les os des côtes, et faites-les refroidir sous presse. Le lendemain, parez-les ; assaisonnez avec sel et poivre ; roulez-les dans du saindoux fondu ou de l'huile, panez-les et faites-les griller 35 minutes à feu doux, en les retournant. Servez-les en même temps qu'un plat de chicorée, de purée de pommes de terre ou tout autre légume.

POITRINE DE MOUTON FARCIE (*relevé*).

Ouvrez une poitrine de mouton sur sa longueur, du côté coupé, de façon à former une sorte de poche ; assaisonnez. — Préparez un hachis de porc avec un peu de mie de pain imbibée et exprimée. Assaisonnez avec sel, poivre et muscade. Quand le mélange est opéré, ajoutez de l'oignon haché et du persil, une petite pointe d'ail. Emplissez le vide de la poitrine, sans excès car elle crèverait. Cousez-la, et cuisez-la 3 heures comme un pot-au-feu, avec eau, sel et légumes. Egouttez et débridez-la, servez-la avec une sauce tomate ou sauce piquante.

PIEDS DE MOUTON A LA VINAIGRETTE (*mets de déjeuner*).

Flambez 2 douzaines de pieds de mouton ; grattez-les, retirez-en la petite touffe laineuse qui se trouve entre les enfourchures du pied. — Faites un blanc, c'est-à-dire, délayez dans une casserole une poignée de farine avec 3 à 4 litres d'eau; ajoutez sel, racines coupées, oignons, bouquet, gros poivre; faites bouillir; nouez les pieds de quatre en quatre, mettez-les dedans; cuisez 5 à 6 heures. sur feu doux Egouttez-les, retirez-en l'os principal; dressez les sur un plat, entourez-les avec des branches de persil; et envoyez en même temps une saucière de vinaigrette.

PIEDS DE MOUTON A LA POULETTE (*entrée*).

— Cuisez des pieds de mouton comme ceux décrits à la vinaigrette. Egouttez-les pour en retirer l'os central; tenez-les à couvert dans une casserole. — Faites revenir au beurre un oignon haché; saupoudrez avec une cuillerée de farine, mouillez peu à peu avec du bouillon ou de l'eau chaude; faites bouillir en tournant; ajoutez sel et gros poivre, bouquet de persil enfermant une gousse d'ail; cuisez un quart d'heure sur le côté du feu. Passez ensuite la sauce sur les pieds de mouton, tenus au chaud; faites-les mijoter 10 à 12 minutes. Liez la sauce avec une liaison de trois jaunes; cuisez-la sans faire bouillir; finissez avec un morceau de beurre, persil haché et suc de citron.

PIEDS DE MOUTON, FRITS (*mets de déjeuner*).

Prenez des pieds de mouton cuits, encore chauds; retirez-en tous les os; divisez-les chacun en deux parties. Assaisonnez avec sel, poivre, huile vinaigre, persil haché. Trempez-les dans une pâte à frire, et plongez-les à friture chaude. Quand la pâte est sèche, égouttez-les.

QUEUES DE MOUTON

Les queues de mouton ne sont pas souvent employées comme mets ; il est vrai de dire qu'elles n'ont pas une grande valeur gastronomique. Cependant, on peut, avec des soins, en tirer convenablement parti, dans les occasions où on se trouve à en avoir un grand nombre à sa disposition. On peut d'abord les employer avantageusement dans les soupes ; on peut après les avoir cuites au bouillon, les paner et les faire griller ; on peut encore les préparer comme un ragoût de mouton avec des légumes variés ou simplement du riz ou des pommes de terre. Braisées, on peut les servir avec une sauce cary, une purée de gibier, avec une garniture de petits oignons ou avec du riz à l'italienne. — Quel que soit l'apprêt qu'on leur donne, si on ne parvient pas à en faire un mets délicat, on peut du moins en tirer un bon plat de ménage.

CARRÉ DE MOUTON AU PERSIL (*relevé*).

Pour cet apprêt le mouton doit être jeune. — Prenez un carré de mouton auquel adhère la longe ; supprimez les côtes du collet, et coupez court la bavette ; retirez-en d'abord la peau, puis mettez à nu les chairs du filet, faites mariner 2 heures la viande avec huile, oignons et persil. Piquez-la ensuite à l'aide d'une fine lardoire avec des branches de persil coupées de 2 à 3 doigts de long, portant chacune une seule feuille d'un bout ; opérez le piquage de la même façon qu'avec du lard. — Salez la viande, humectez-la au pinceau avec du beurre ; emballez-la dans une feuille de papier, placez-la sur un plafond et cuisez-la au four chaud avec du beurre, en l'arrosant souvent : si le mouton est bien tendre, 25 à 30 minutes suffisent. — Dressez sur un plat, servez à part du jus et un plat de haricots. — La viande d'un carré de mouton doit être découpée en biais.

CARRÉ DE MOUTON BOUILLI (*relevé*).

Prenez une demi-selle de mouton, coupée sur la longueur depuis le haut des côtes jusqu'au gigot; retirez-en la peau, coupez la chaîne, puis écourtez les os de côte, de façon à pouvoir rouler la panoufle en dessous; ficelez la viande. Plongez ensuite le carré à l'eau bouillante et salée; cuisez-le 60 à 75 minutes; égouttez-le, dressez-le sur plat, et masquez avec une sauce au beurre mêlée avec 2 œufs durs hachés et une pincée de persil.

CÔTELETTES DE MOUTON, GRILLÉES (*entrée*).

Retirez la peau à un carré de mouton, écourtez les os de côte, puis coupez sur le carré 6 à 7 côtelettes, en commençant par le côté de la selle : les côtelettes de collet ne valent rien. — Battez les côtelettes, parez-les en ne laissant qu'une côte; retirez les nerfs de la viande et le surplus de la graisse; dégarnissez tout à fait le bout de l'os de côte pour le mettre à nu. Salez-les, roulez-les dans l'huile ou beurre fondu, appuyez-les sur de la panure et rangez-les sur le gril l'une à côté de l'autre. Faites-les griller 8 à 10 minutes sur bon feu, en les retournant. Enfilez une papillote au

manche de chaque côtelette, et sevez-les avec des pommes de terre ou toute autre garniture.

CÔTELETTES DE MOUTON, SAUTÉES (*entrée*).

Parez les côtelettes comme il vient d'être dit; assaisonnez. Faites chauffer du beurre dans une casserole plate; rangez-les côtelettes dedans et cuisez-les à feu vif, en les retournant : 7 à 8 minutes suffisent. Quand elles sont fermes au toucher, arrosez-les avec 4 cuillerées de jus; faites réduire celui-ci à glace; égouttez alors les côtelettes, papillotez-les, et dressez-les. — Avec les côtelettes sautées, on peut servir une garniture de champignons cuits, ou de truffes; une purée de marrons ou d'artichauts, ou simplement des haricots verts, petits-pois ou une macédoine de légumes.

MOUTON SCHOPS (*mets de déjeuner*).

Prenez une demi-selle de mouton du côté où est le rognon; retirez-en la peau et une partie des os de la chair; coupez-ensuite la viande en côtelettes de l'épaisseur de 2 doigts. Battez-les très-légèrement; assaisonnez, roulez la bavette, humectez au beurre, et faites griller 10 à 12 minutes à bon feu.

FILETS-MIGNONS DE MOUTON EN TOURNEDOS (*entrée*).

Prenez une dizaine de filets-mignons de mouton, les plus gros possible; mettez-les dans un plat creux, couvrez-les avec une marinade cuite et froide (*page* 50); faites-les macérer 2 jours. — Égouttez-les, épongez-les; battez-les avec le plat du couperet pour les obtenir minces; parez-les de forme ovale; assaisonnez, rangez-les dans un sautoir beurré, et cuisez-les à feu vif, en les retournant. Quand ils sont atteints, arrosez-les avec quelques cuillerées de jus et faites réduire le liquide à glace. Égouttez-les, dressez-les sur un plat. Versez dans le sautoir 4 cuillerées de vin blanc et un décilitre de jus, faites bouillir et liez avec une cuillerée de fécule délayée; ajoutez 2 poignées d'olives blanchies, puis versez sur les tournedos.

FILETS-MIGNONS DE MOUTON A LA CRÈME (*entrée*).

Parez des filets-mignons de mouton; arrosez-les avec de la marinade cuite et froide; faites-les mariner 12 heures. Égouttez-les et piquez-les; rangez-les dans un sautoir avec du beurre, faites-les revenir 7 à 8 minutes, arrosez-les avec quelques cuillerées de leur marinade, et cuisez-les avec feu dessus, feu dessous. Quand ils sont atteints, égouttez-les. Liez leur cuisson avec un petit morceau de beurre manié, et mouillez avec une égale quantité de crème double; faites réduire, en tournant jusqu'a ce que la sauce soit succulente et liée à point; versez-la alors sur les filets, et servez.

FILETS DE MOUTON, A LASOUBISE (*entrée*).

Choisissez 8 à 10 filets-mignons de mouton, des plus gros; battez-les; assaisonnez et faites-les revenir au beurre, dans un soutoir, simplement pour les raidir; rangez-les aussitôt sur un plafond l'un à côté de l'autre et faites-les refroidir sous presse. — Parez-les alors de forme égale; trempez-les dans des œufs battus, et panez-les; trempez-les ensuite dans du beurre fondu, et faites-les griller 12 minutes, à feu doux en les retournant. Dressez-les sur plat avec une purée soubise.

CERVELLES DE MOUTON

Les cervelles de mouton sont moins délicates que celles de veau ou d'agneau; on peut cependant leur donner les mêmes apprêts qu'à ces dernières.

FOIE DE MOUTON A LA PROVENÇALE (*m. de déj.*).

Coupez un foie de mouton, en tranches de forme carrée, ni trop larges, ni trop épaisses, mettez-les dans un plat. — Émincez des oignons blancs (le double du volume du foie); mettez-les dans une poêle avec du bon saindoux, et faites-les revenir à feu modéré, sans les quitter; assaisonnez avec sel et poivre. Quand ils sont à peu près cuits, ajoutez le foie, une gousse d'ail, feuille de laurier, sel et poivre; 10 minutes après, saupoudrez avec une pincée de farine, et mouillez peu à peu avec 2 à 3 décilitres de vin blanc; au premier bouillon, versez le ragoût dans un poêlon en terre et faites-le mijoter 12 à 15 minutes sur feu très-doux. Retirez ail et laurier, servez dans le poêlon même.

PETITS PATÉS AU JUS A LA PROVENÇALE (*hor-d'œuv.*).

Hachez et pilez 8 filets-mignons de mouton; ajoutez un tiers de leur volume de lard haché, un petit morceau de mie de pain imbibée et exprimée ; pilez bien le tout, assaisonnez, passez,

Avec de la pâte brisée fine, foncez 15 moules à tartelette ; masquez-les au fond avec une couche de la farce. Posez sur le centre une petite truffe crue, pelée ; recouvrez avec de la farce, puis avec une abaisse en pâte ; humectez les bords, soudez et pincez-les ; cuisez à four modéré. En les sortant, ouvrez-les, arrosez l'intérieur avec un peu de bon jus lié, remettez le couvercle et dressez.

RAGOUT DE MOUTON A LA PAYSANNE (*mets de déjeuner*).

Coupez en morceaux une poitrine ou une épaule de mouton. Mettez-les dans une casserole avec un demi-verre de vinaigre ; couvrez et faites réduire le vinaigre, en remuant de temps en temps la viande. Assaisonnez et saupoudrez avec une cuillerée de farine ; mouillez peu à peu avec de l'eau : les viandes doivent se trouver juste à couvert. Ajoutez du sel, un oignon, une carotte, un bouquet de persil noué avec laurier et une gousse d'ail. Faites bouillir, en tournant ; retirez la casserole sur le côté du feu. — Au bout d'une heure et quart, mêlez au ragoût une garniture de légumes : carottes ou navets crus, ou bien des haricots aux trois quarts cuits. Assaisonnez avec sel et poivre. — Quand les légumes sont cuits, la viande doit l'être aussi. Retirez le bouquet, et dressez sur un plat creux.

RAGOUT DE MOUTON A L'EAU (*mets de déjeuner*).

Coupez le haut de 2 carrés de mouton en petites côtelettes, ni trop longues ni trop épaisses ; plongez-les à l'eau bouillante, simplement pour les faire raidir ; égouttez-les. — Masquez le fond d'une casserole avec une couche d'oignons émincés ; sur ceux-ci, rangez une couche de petites côtelettes ; assaisonnez avec sel et poivre. Sur la viande, rangez une couche de pommes de terre crues coupées en tranches ; assaisonnez encore et faites une autre couche de côtelettes et de pommes de terre. Mouillez à hauteur avec de l'eau chaude, et cuisez 2 heures, tout doucement, avec feu dessus, feu dessous; ce ragoût doit être un peu poivré, mais peu lié.

NAVARIN AUX OIGNONS (*mets de déjeuner*).

Coupez en petits carrés 1 kilogramme de poitrine de mouton; plongez-les à l'eau bouillante; cuisez-les 20 minutes; égouttez-les; supprimez-en les os aussi bien que possible. Mettez-les dans une casserole plate avec 2 ou 3 douzaines de petits oignons colorés à la poêle et une poignée de pommes de terre crues, hachées; ajoutez sel, gros poivre et un bouquet garni; mouillez à hauteur avec du bouillon; faites partir, couvrez et retirez sur feu doux avec feu dessus et dessous. Quand les viandes sont cuites, le bouillon doit se trouver à peu près réduit et lié.

CASSOLET DE MÉNAGE. (*relevé*).

Mettez dans une marmite en terre, un litre de haricots blancs secs; ajoutez de l'eau, et chauffez jusqu'à l'ébullition. Retirez alors la marmite hors du feu. Une heure après, changez les haricots d'eau, et cuisez-les aux trois quarts seulement. — Prenez un petit gigot de mouton ou simplement une épaisse tranche, piquez la viande avec de l'ail; mettez-la dans une casserole plate, en terre, avec du lard haché; faites-la revenir sur feu très-doux, en la retournant: mouillez avec un peu de bouillon, et cuisez aux trois quarts. — Hachez 2 oignons; faites revenir avec du lard haché; saupoudrez avec une pincée de farine, et mouillez avec 3 à 4 décilitres de bouillon; ajoutez une feuille de laurier, le jus de la viande et quelques cuillerées de purée de tomate. Cuisez 10 minutes et versez sur le mouton. Ajoutez 300 grammes de petit-salé coupé en épaisses tranches et ensuite les haricots, bien égouttés ; faites bouillir 5 minutes, saupoudrez de mie de pain, et cuisez une heure à four doux, à défaut de four, cuisez avec feu dessus, feu dessous, et servez tel quel.

CARBONADE A LA PROVENÇALE (*relevé*).

Coupez en carrés les chairs crues d'un gigot de mouton; lardez-les avec des filets de lard et d'ail cru. — Faites fondre du lard dans une marmite en terre, ajoutez les viandes, faites-les revenir une demi-heure, en les retournant; ajoutez alors une garniture composée de petits oignons, carottes et navets coupés, quelques moitiés de tomates sans pépins ; assaisonnez avec sel et épices; arrosez avec un verre de vin blanc ; 10 minutes après, couvrez la marmite avec un rond de papier, puis avec une assiette en terre commune, à moitié pleine d'eau : retirez-la sur une épaisse couche de cendre chaude, et cuisez 3 heures à feu très-doux. — Au moment de servir, dégraissez le ragoût; dressez les viandes sur un plat, et rangez les légumes autour.

MOUTON A LA DAUBE (*relevé*).

Retirez les chairs d'un gigot de mouton; coupez-les en gros carrés ; lardez-les avec des filets de lard et jambon crus. Mettez-les dans une terrine, assaisonnez avec sel et poivre, ajoutez un bouquet d'aromates ; arrosez-les avec un décilitre de vinaigre, et faites macérer 24 heures. — Hachez 150 grammes de lard frais ; faites-le fondre dans une marmite en terre; égouttez les morceaux de mouton, et mettez-les dans la marmite; sautez les viandes sur feu pendant 20 minutes, puis mêlez-leur la marinade, les aromates et quelques gousses d'ail. Cuisez encore 10 minutes, puis ajoutez un quartier ou un demi-chou, quelques petits oignons et un morceau de racine de céleri coupé; couvrez la marmite avec un rond de papier, puis avec une assiette commune à moitié pleine d'eau; retirez-la sur feu très-doux, en l'entourant avec de la cendre chaude, de façon à entretenir une ébullition très-douce pendant 4 à 5 heures. Dégraissez et servez.

HACHIS DE MOUTON AUX ŒUFS (*mets de déjeuner*).

Prenez un morceau de gigot braisé, de desserte, froid (500 grammes); retirez-en la peau et la graisse, hachez-le. — Hachez un oignon; faites-le revenir avec du beurre, dans une casserole; saupoudrez avec une pincée de farine, et mouillez avec un peu de jus de gigot et du bouillon, de façon à obtenir 2 décilitres de sauce; cuisez 7 à 8 minutes; ajoutez le hachis; chauffez sans faire bouillir et en tournant; assaisonnez avec sel, poivre et muscade; finissez avec une pincée de persil haché, dressez sur un plat, garnissez avec des œufs durs, mollets ou pochés; s'il sont durs, coupez-les en deux.

MOUTON EN RAVIOLES (*mets de déjeuner*).

Hachez un morceau de mouton froid de desserte; mettez le hachis dans une casserole; mêlez-lui 2 cuillerées d'oignon haché, revenu au beurre avec des champignons hachés; assaisonnez avec sel, poivre, muscade; liez le hachis avec un peu de béchamel ou sauce blonde très-serrée, en le tenant consistant; chauffez en remuant; liez avec quelques jaunes d'œuf; laissez refroidir. — Abaissez mince de la pâte à nouille; coupez-la en abaisses rondes, avec un coupe pâte de 3 à 4 doigts de large. Mouillez les bords de la pâte, posez sur le centre une boulette de hachis, et couvrez avec un autre rond de pâte, soudez en appuyant la pâte d'abord avec un coupe-pâte renversé, puis avec les doigts.—Plongez-les ravioles à l'eau bouillante, salée, cuisez-les 8 à 10 minutes; égouttez et dressez-les par couches dans un plat, en saupoudrant chaque couche avec du parmesan, et les arrosant avec du beurre fondu, mêlé avec de la sauce tomate.

PATÉ DE MOUTON (*relevé*).

Prenez un carré de mouton, distribuez-le en petites côtelettes; battez-les, supprimez-en tous les os, les nerfs et la plus grande partie de la graisse; assaisonnez avec sel et poivre. — Masquez le fond d'un plat à tarte avec quelques tranches de petit-salé; sur cette couche, placez-en une de pommes de terre crues, coupées en tranches; assaisonnez. Sur les pommes de terre, rangez les côtelettes. Versez dans le fond du plat 2 décilitres de jus. — Masquez alors les bords du plat avec une bande de rognures de feuilletage ou pâte brisée; mouillez et couvrez la viande avec une abaisse de pâte mince, un peu plus large que le plat. Appuyez la pâte sur les bords pour la souder, puis coupez-la tout autour, et ciselez-la du haut en bas. Dorez et cuisez une heure à four doux; couvrez la pâte avec du papier si elle brunissait. Servez sur un plat.

LANGUES DE MOUTON, PURÉE DE LENTILLES (*entrée*).

Echaudez 10 langues de mouton ; égouttez-les grattez-en la peau ; arrondissez-les du gros bouts faites-les braiser avec un peu de vin comme les langues de bœuf ; au dernier moment, glacez-les bien et dressez-les autour d'une purée de lentilles ; arrosez-les avec leur cuisson passée. On peut servir les langues de mouton avec toute autre purée de légumes ; avec une sauce piquante ou sauce tomate. — Fendues en deux, elles peuvent être mises en papillote avec des fines-herbes.

COUS DE MOUTON, ÉTUVÉS (*mets de déjeuner*).

Prenez 3 cous de mouton ; faites-les dégorger pendant une heure ; puis plongez-les à l'eau bouillante pour raffermir les chairs. Rafraîchissez-les, essuyez-les bien, et lardez-en les chairs avec de gros lardons de lard et de jambon. Mettez-les dans une casserole avec du lard fondu ; salez-les et faites-les revenir. Ajoutez oignons et carottes ; mouillez avec un peu de bouillon, et cuisez tout doucement avec feu dessus, feu dessous. — Quand les viandes sont tendres, égouttez-les, dressez-les sur un plat. Passez leur cuisson, liez-la avec du beurre manié à la farine. Donnez quelques bouillons ; ajoutez une poignée de câpres et versez dans le plat.

ROGNONS DE MOUTON, SAUTÉS (*mets de déj.*).

Retirez la peau aux rognons ; coupez-les en tranches minces, préparez-les comme les rognons de veau.

ROGNONS DE MOUTON, GRILLÉS (*mets de déjeuner*).

Retirez la peau des rognons, fendez-les du côté arrondi pour les ouvrir, sans séparer les parties; assaisonnez-les, roulez-les dans l'huile ou beurre fondu, puis enfilez-les sur le travers de deux en deux avec une petite brochette, afin de les tenir ouverts; faites les griller ainsi ou après les avoir saupoudrés avec de la panure et du persil haché. Servez avec des citrons coupés.

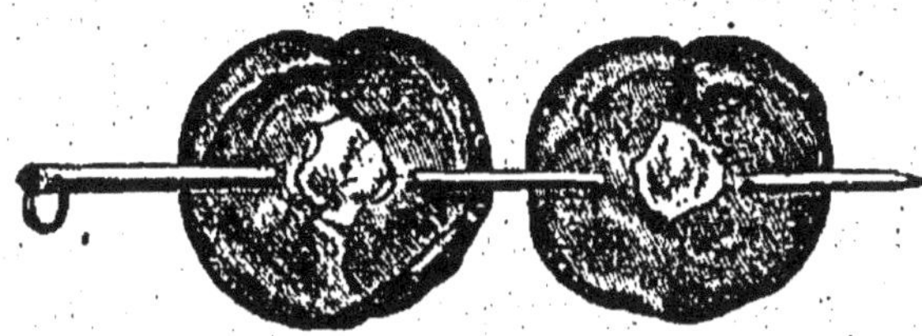

VEAU

Le veau qui fournit la meilleure viande est celui qui est bien nourri, qui n'est ni trop jeune ni trop vieux: il ne doit pas avoir moins de 7 semaines à 2 mois.

La viande d'un bon veau devient blanche en cuisant, et si elle est bien cuite, elle est d'excellent goût, nourrissante, rarfaîchissante et facile à digérer. Il se rencontre bien quelques tempéraments qui ne peuvent la supporter, mais ces cas sont rares; elle plaît au plus grand nombre; tendre de sa nature, elle porte de plus avec elle un principe gélatineux qui la rend agréable et saine.

Toutes les parties d'un veau sont mangeables, toutes sont recherchées et possèdent des qualités diverses qui les recommandent; les principales sont la longe, les carrés, les différentes noix du cuissot, la tête et les ris; mais la poitrine, l'épaule, le rognon, la cervelle, les pieds, la langue, la fraise, le foie et même le mou sont loin d'être sans mérite. Le mou ou plutôt le poumon dont on fait en général peu de cas, mérite cependant d'être signalé; il ne fournit pas par lui-même un mets infiniment délicat, bien que par un apprêt soigné on puisse le rendre très-agréable. Mais son grand mérite consiste dans les qualités qu'on lui attribue, pour la guérison des maladies de poitrine. Les médecins n'ordonnent pas seulement aux malades le sirop pectoral de mou de veau, mais ils les encouragent à manger beaucoup de mou de veau cuit; j'ai vu des personnes ayant l'estomac fatigué, se mettre au régime du mou de veau, et obtenir de grands soulagements.

La longe, le carré, le cuissot, le quasi et l'épaule d'un veau conviennent pour être rôtis à la broche ou au four. Les noix de veau sont préférables pour braiser : cuites dans leur jus, elles sont appétissantes, saines et de facile digestion : elles conviennent à tous les âges; il suffit que les viandes proviennent d'un animal fait, bien nourri, engraissé avec soin. Dans d'autres conditions, le veau n'est ni bon à manger, ni bien salutaire.

La tête de veau qu'on estime tant à Paris, est très-agréable à manger quoique peu nourrissante. Les langues de veau bien cuites, servies avec une bonne sauce, fournissent un mets qui n'est pas sans valeur. La cervelle de veau est de beaucoup préférable à celle de bœuf et de mouton, et comme goût et comme délicatesse : elle se prête à une foule de préparations très-estimées.

Les ris de veau si tendres, si délicats sont d'une grande ressource pour la cuisine, et offrent aux gourmets des apprêts variés qui les rendent précieux. La poitrine même d'un bon veau, bouillie, farcie ou braisée, peut devenir un mets excellent s'il est préparé avec les soins voulus.

Les côtelettes de veau, grillées, sautées, braisées ou panées et cuites au beurre, constituent un mets que peu de monde refuse : rien n'est simple à préparer, rien n'est bienfaisant et agréable à manger comme une côtelette cuite à point.

Les rognons de veau sont aussi délicats que ceux de mouton, sans offrir les mêmes inconvénients ; ils sont toujours tendres, s'ils sont cuits à point, et sont de digestion facile, s'ils sont assaisonnés de haut goût. Les pieds de veau même, mangés dans toute leur simplicité, avec une vinaigrette, fournissent encore un mets agréable, mais on les emploie souvent aussi comme auxiliaire dans les braises et les daubes, auxquelles ils apportent leur substance gélatineuse et rendent ainsi les jus plus onctueux et plus agréables. Enfin, avec les pieds de veau on obtient de bonnes gelées, très-stomachiques et nourrissantes.

En outre de la précieuse délicatesse qui est le principe dominant des viandes de veau, il est bon de remarquer qu'elles ont aussi le privilége de fournir de bons bouillons, des jus et des sauces excellentes : un jus peut être succulent, mais il ne possède pas toute la délicatesse voulue si la viande de veau n'a pas participé à sa préparation.

NOIX DE VEAU BRAISÉE *(entrée)*.

La noix de veau est prise sur les divisions naturelles du cuissot; c'est celle qui se trouve adhérente à l'os de jointure, elle est en partie couverte de tétine. — Parez la noix, en laissant la tétine; piquez les chairs mises à nu, au-dessous de la tétine, sur le côté. Mettez-la dans une casserole foncée avec débris de lard, oignons, carottes; salez légèrement; mouillez avec un peu de bouillon, et faites réduire à glace; mouillez de nouveau à mi-hauteur de la viande, et cuisez 2 heures et demi, en opérant comme pour le fricandeau. Glacez-la en dernier lieu de belle couleur. — Égouttez et dressez-la sur un plat. Mêlez quelques cuillerées de vin blanc à la cuisson; faites bouillir, passez et dégraissez. Servez la noix avec une partie de son jus; réservez le restant pour mêler à la garniture. — Avec une noix de veau braisée, on peut servir une garniture de chicorée, petits-pois, carottes nouvelles, petits oignons, à la jardinière, à la soubise, à la tortue, à la financière. (Voir aux *Garnitures*).

NOIX DE VEAU A L'ÉTUVÉE *(entrée)*.

Piquez ou lardez une noix de veau ; mettez-la dans une casserole avec du lard haché et fondu ; faites-la revenir 10 minutes. Assaisonnez, entourez-la avec carottes coupées et petits oignons, un bouquet. Fermez la casserole; cuisez à l'étuvée avec feu dessus, feu dessous, très-doucement, pendant 3 heures. — Égouttez la noix, dressez-la sur un plat, entourée avec les légumes ; mêlez un peu de bouillon à sa cuisson, faites bouillir et dégraissez ; liez-la avec un petit morceau de beurre manié et quelques cuillerées de tomate, versez autour de la viande.

NOIX DE VEAU MARINÉE *(entrée)*.

Lardez les chairs intérieures d'une noix de veau parée, piquez-la; faites la mariner 7 à 8 heures avec sel, huile, vinaigre et aromates. Retournez-la de temps en temps. — Égouttez-la ensuite ; traversez-la avec une brochette, et passez celle-ci sur broche. Couvrez avec du papier, et faites rôtir une heure, en l'arrosant avec sa marinade et du beurre. — Débrochez et dressez-la; passez le jus de la lèchefrite dans une casserole, dégraissez-le, liez-le avec de la fécule délayée ; mêlez-lui quelques câpres, et versez sur la viande.

NOIX DE VEAU A LA GELÉE *(entrée)*.

Lardez les chairs d'une noix de veau avec des filets de lard et de jambon cru ; faites-la braiser avec un pied de veau blanchi et quelques couennes, un peu de vin blanc ; cuisez-la sans la glacer. Quand elle est à point, égouttez-la, placez-la dans une terrine étroite où elle entre juste, posez-la le côté piqué appuyant au fond; passez le jus sur la viande et laissez refroidir. — Trempez la terrine à l'eau chaude et renversez la noix sur un plat, entourée avec sa gelée; garnissez-la avec des cornichons, des pickels et des bouquets de racines de raifort râpé.

FRICANDEAU GLACÉ (*relevé*).

Ce n'est pas une rouelle ni une tranche de veau qu'il faut prendre pour obtenir un vrai fricandeau, c'est une *noix*, une *sous-noix* ou une *semelle :* toutes ces divisions se rencontrent dans le quartier de veau; si c'est la semelle qu'on emploie, il faut simplement la parer d'un côté, en retirant toute la peau, afin de mettre la chair à nu; la battre fortement avec le couperet pour l'amincir et briser les fils de la chair. Piquez-la ensuite avec de moyens lardons. — Si on emploie la noix ou sous-noix de veau, il faut les fendre en deux sur leur épaisseur, afin d'obtenir 2 larges fricandeaux de 2 doigts d'épaisseur. — Masquez le fond d'une casserole plate avec débris de lard, carottes oignons émincés; placez le fricandeau dessus, piqué; arrosez-le avec du beurre, salez; ajoutez un bouquet garni, gros poivre, girofle; mouillez avec 2 à 3 décilitres de bouillon; couvrez et faites réduire le liquide à glace; mouillez alors à peu près à hauteur aussi avec du bouillon; faites bouillir vivement pendant 5 à 6 minutes et retirez sur feu doux; couvrez avec du papier beurré, et finissez de cuire avec feu dessus, feu dessous, en

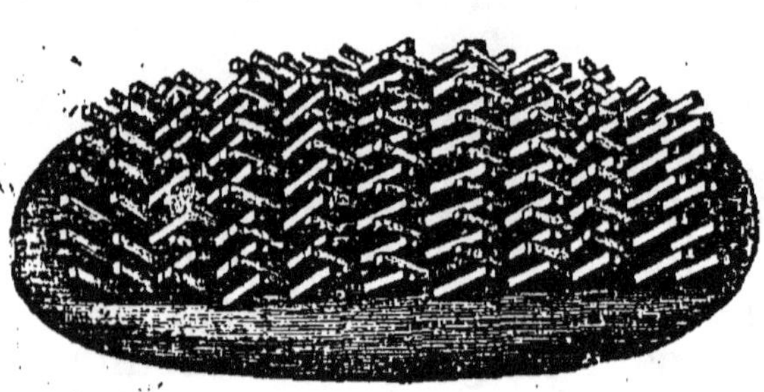

ayant soin d'arroser souvent la viande avec sa cuisson; en dernier lieu, retirez le papier et faites-lui prendre belle couleur.

Égouttez-la alors, passez-en le jus, dégraissez-le.

On peut servir le fricandeau avec son jus et une garniture à part; c'est la meilleure méthode. Cette garniture peut se composer d'oseille, épinards, petits-pois, petites carottes nouvelles. Si on veut le servir avec une sauce tomate, il faut allonger le jus du fricandeau avec un peu de bouillon, le mêler avec une purée de tomates, et lier avec de la fécule ou de la farine délayée.

TÊTE DE VEAU A LA VINAIGRETTE (*entrée et relevé*).

Ce mets très-estimé pour les déjeuners, est peu servi dans un dîner. — Prenez une demi-tête de veau désossée, blanche; trempez-la à l'eau bouillante, flambez-la, râtissez-la, qu'elle soit bien propre; divisez-la en trois parties, mettez-les dans une casserole avec la langue blanchie, sel, gros poivre et girofles, un fort bouquet garni, une pincée de farine, mouillez peu àpeu avec de l'eau froide, en délayant la farine. Faites bouillir le liquide, retirez sur le côté du feu, cuisez 3 heures.

Au moment de servir, dressez les morceaux de tête sur un plat long; ciselez l'oreille; pelez la langue et divisez-la sur la longueur, dressez-en une moitié de chaque côté.

Sur un bout, dressez la cervelle entière, cuite à part; sur l'autre bout, placez un bouquet de feuilles de persil. — Sur le centre d'une assiette, dressez une pyramide d'œufs durs, hachés; entourez-la avec de petits bouquets de câpres et cornichons entiers, d'oignon haché, ciboulette et persil. Envoyez séparément une saucière de vinaigrette.

TÊTE DE VEAU EN TORTUE (*entrée*).

Divisez en 7 ou 8 carrés une demi-tête de veau blanchie et propre : la langue n'est pas nécessaire, mais il est bon de cuire séparément 2 cervelles. Cuisez les morceaux de tête, en procédant comme il est dit pour la vinaigrette. — Au moment de servir, égouttez-les ; ciselez l'oreille, dressez-la sur le centre du plat, entourez-la avec les autres morceaux et avec la garniture composée de cervelles, ris de veau, champignons, truffes, olives, boules de cornichons et jaunes d'œuf cuits. Masquez légèrement avec la sauce tortue (*page* 61); envoyez le surplus en saucière. — La tête de veau découpée peut aussi être servie avec une garniture financière ou simplement avec une sauce hachée, sauce piquante, sauce tomate, sauce poulette ou sauce au cary.

TÊTE DE VEAU FRITE (*entrée*).

Prenez quelques morceaux de tête cuite, de desserte ; chauffez-les à moitié dans leur cuisson. Egouttez-les, coupez-les transversalement de 2 doigts d'épaisseur ; assaisonnez avec sel, poivre, persil haché, jus de citron, prenez ces morceaux un à un, trempez-les dans la pâte à frire et plongez-les à friture chaude : faites-en frire peu à la fois. Egouttez-les, salez-les et dressez-les avec un bouquet de persil frit.

CUISSOT ET ÉPAULE DE VEAU RÔTIS (*relevé*).

Le cuissot peut être rôti à la broche ou au four ; si c'est à la broche, il faut l'emballer dans plusieurs feuilles de papier beurrées, l'embrocher bien d'aplomb et le cuire d'une heure et demie à deux heures en l'arrosant avec du beurre. Si c'est au four, il faut le choisir petit, l'arroser aussi avec du beurre et le cuire à feu modéré, sans aucun mouillement, en l'arrosant simplement avec sa graisse : il faut aussi le cuire une couple d'heures. — L'épaule de veau peut également être cuite au four ou à la broche, sans être désossée ; on scie simplement le bout du manche ; on donne une heure et quart de cuisson. — Pour l'un et l'autre de ces rôtis, il faut les dresser sur un plat et servir le jus dans une saucière, en même temps qu'un plat de légumes, de pommes de terre ou autre.

ÉPAULE DE VEAU, A L'ÉTUVÉE (*relevé*).

Désossez une petite épaule de veau ; saupoudrez-la du côté ouvert, avec sel et poivre, oignon et persil hachés. Roulez-la sur sa longueur, et bridez-la. Mettez-la dans une casserole avec du lard haché ; faites-lui d'abord prendre couleur, en la retournant, et finissez de la cuire avec feu dessus, feu dessous. Quand elle est à moitié cuite, mêlez-lui une garniture composée de petits oignons entiers, carottes et navets coupés. Arrosez les légumes avec un décilitre de bouillon ; salez-les légèrement et finissez de les cuire ainsi à cour mouillement, toujours avec feu dessus, feu dessous. — Débridez-la viande, dressez-la sur un plat ; entourez-la avec les légumes.

ÉPAULE DE VEAU FARCIE (*relevé*).

Choisissez une épaule de veau de moyenne grosseur ; sciez en le bout ; fendez les chairs du côté de la palette et retirez-en les os ; laissez seulement un bout du manche. Diminuez les chairs sur les parties les plus fournies, en laissant une mince épaisseur. Assaisonnez avec sel et muscade. Parez les chairs enlevées, mêlez-leur quelques parties de veau ou de porc ; hachez-les avec une égale quantité de lard frais, puis pilez-les ensemble; ajoutez ensuite un morceau de mie de pain imbibée et exprimée, équivalent à la moitié du hachis; assaisonnez avec sel, poivre, muscade; pilez encore 10 minutes; ajoutez alors oignons et persil hachés, 2 jaunes et un œuf entier. — Avec cette farce, emplissez le vide de l'épaule ; cousez-la avec soin, en rapprochant les parties ; puis bridez-la avec de la ficelle ; mettez-la alors dans une casserole dont le fond est masqué avec des débris de lard et légumes émincés ; salez et faites braiser à court mouillement, pendant 2 heures et demie. Egouttez et débridez-la, dressez-la sur un plat avec un peu de son jus passé et dégraissé. — Servez en même temps une sauce tomate ou une garniture de légumes.

LONGE DE VEAU AU FOUR (*relevé*).

Une longe, c'est la moitié de la selle à laquelle on laisse adhérer 2 côtes du carré. — Détachez-en le rognon ; écourtez les bavettes et ficelez-les. Mettez-la ainsi que le rognon, dans un plafond creux, dont le fond est masqué avec des légumes coupés et débris de lard; salez, arrosez avec du beurre et cuisez une heure et quart, à four modéré, en l'arrosant souvent. Le rognon ne doit cuire qu'une demi-heure. Si le feu était trop fort, si les légumes menaçaient de brûler, mouillez de temps en temps avec de l'eau chaude, mais peu à la fois. — Cet apprêt simple réussit très-bien. Quand la viande est cuite, égouttez-la, détachez le fond du plafond avec un peu de bouillon, cuisez 7 à

8 minutes et passez. — Dressez la longe avec son jus, entourez-la avec le rognon coupé en tranches Servez à part une purée de pommes de terre ou de carottes.

CARRÉ DE VEAU PIQUÉ, RÔTI *(relevé)*.

Prenez un carré de veau; coupez courts les os de côte; retirez la peau qui couvre les chairs du gros filet, et piquez-les avec du lard. Embrochez-le et faites-le rôtir à la broche ou au four, en l'arrosant avec du beurre. Cuisez-le trois quarts d'heure. Salez-le débrochez-le et dressez-le sur un plat. Servez-le avec du jus ou une sauce tomate, et aussi avec une garniture de légumes.

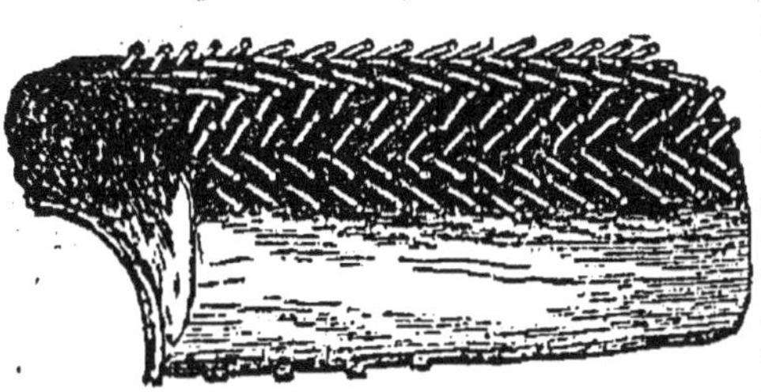

CÔTELETTES DE VEAU GRILLÉES A LA PURÉE *(relevé)*.

Coupez quelques côtelettes de veau, battez-les, parez-les, en retirant bien les nerfs et graisses superflues, tout en leur donnant une forme telle que représente le dessin; assaisonnez et roulez-les dans du beurre fondu ou de l'huile, faites-les griller 14 à 16 minutes, en les retournant. Dressez-les avec un peu de jus ou du beurre à la maître-d'hôtel, et servez à part une purée de pommes de terre (*page* 65).

COTELETTES DE VEAU PANÉES *(entrée)*.

Parez les côtelettes en les tenant un peu moins randes et plus minces que celles pour griller;

assaisonnez, trempez-les dans des œufs battus, et panez-les. Versez du beurre fondu dans une casserole plate en l'épurant; quand il est chaud, mettez les côtelettes, cuisez-les des deux côtés, de belle couleur; dressez-les avec le beurre de leur cuisson, mêlé avec un peu de jus. Servez séparément une garniture de légumes.

COTELETTES DE VEAU PIQUÉES (*entrée*).

Parez 5 à 6 côtelettes; piquez-les d'un côté avec des lardons fins; rangez-les dans un sautoir dont le fond est masqué avec carottes et oignons émincés; salez et arrosez avec un peu de beurre, mouillez avec un peu de bouillon, et faites tomber le liquide à glace; mouillez de nouveau avec la même quantité, et faites également réduire; mouillez encore un peu et finissez de cuire les côtelettes à la bouche du four très-doux, en les arrosant souvent avec leur jus: elles doivent être de belle couleur. Papillotez le manche, et dressez-les avec leur jus passé et dégraissé. Servez à part une garniture d'oseille ou de chicorée, une sauce tomate ou simplement une purée de pommes de terre.

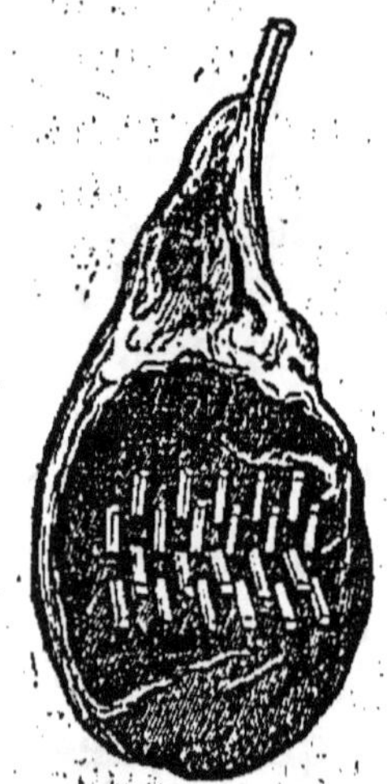

COTELETTES DE VEAU EN PAPILLOTES (*entrée*).

Prenez des petites côtelettes de veau parées; cuisez-les à moitié dans une casserole plate avec du beurre; retirez-les et laissez-les refroidir. — Dans la même casserole, préparez des fines-herbes cuites, avec échalotes, oignons et champignons hachés; ajoutez du persil et une pincée de panure blanche;

laissez refroidir, et mêlez-les avec moitié de leur volume de lard râpé. — Coupez des demi-feuilles de papier, en forme de cœur, huilez-les ; masquez les côtelettes des deux côtés avec une mince couche de fines-herbes. Plissez le papier tout autour et rangez les côtelettes sur le gril ; chauffez à feu très-doux afin de finir de les cuire sans brûler le papier.

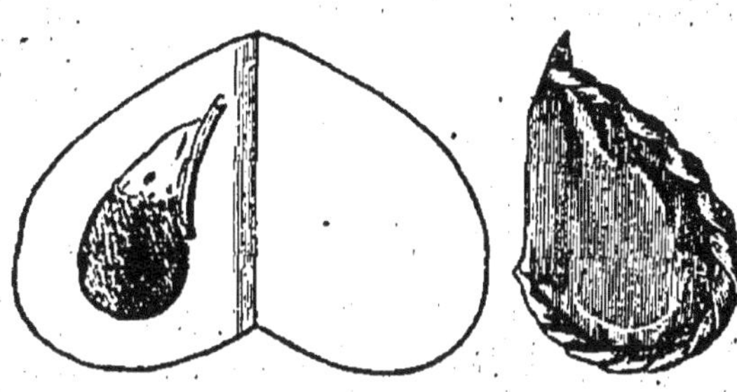

COTELETTES DE VEAU SAUTÉES AUX CHAMPIGNONS (*ent.*).

Beurrez le fond d'une casserole plate ; rangez dedans 6 côtelettes parées et assaisonnées. Faites-les cuire à bon feu, en les retournant ; quand elles sont atteintes, versez 2 ou 3 cuillerées de jus dans le fond de la casserole, et faites-le réduire, en retournant encore les côtelettes ; 2 minutes après, retirez-les sur un plat ; ajoutez un peu de bouillon et de vin blanc dans la casserole, et liez avec un morceau de beurre manié ; 2 minutes après, ajoutez quelques champignons crus, et cuisez-les 7 à 8 minutes, à couvert. Chauffez les côtelettes dans la sauce, 2 minutes seulement, et dressez-les avec la garniture. — On peut servir ces côtelettes avec tout autre garniture.

GRENADINS DE VEAU, GLACÉS (*entrée*).

Coupez des tranches minces de veau, comme il est dit plus bas pour les escalopes ; piquez-les d'un côté avec du lard fin ; salez-les ; rangez-les dans un sautoir dont le fond est masqué avec légumes émincés et débris de lard. Arrosez avec du beurre et mouillez avec un peu de bouillon; faites tomber le liquide à glace, puis mouillez à peu près à hauteur, et faites cuire, en les glaçant de belle couleur. — On sert les grenadins avec une garniture ou purée de légumes.

PAUPIETTES DE VEAU A LA BROCHE (*entrée*).

Prenez 2 filets-mignons de veau ou un morceau de sous-noix, coupez-les en tranches très-minces et longues; battez-les avec le couperet, parez-les de même forme : 7 à 8 doigts de long sur 4 à 5 de large; assaisonnez.—Hachez finement les parures avec un peu de mie de pain ramollie, persil et oignon hachés, une pointe d'ail et aromates. Masquez les bandes avec une couche de ce hachis, roulez-les sur elles-mêmes, et traversez-les avec une brochette mince, en les alternant avec un carré mince de jambon et une tranche carrée de mie de pain. Arrosez-les avec du beurre; salez-les et faites-les rôtir vivement à la broche ou sur un gril en les retournant sans cesse. Dressez-les avec un peu de jus.

PAUPIETTES DE VEAU, FARCIES (*entrée*).

Coupez 7 à 8 tranches minces de veau, en forme de carré long ayant 4 à 5 doigts de large et 7 à 8 de long; battez-les; assaisonnez des deux côtés. — Hachez finement les parures; mêlez-leur une égale quantité de chair à saucisse, 3 cuillerées de fines-herbes crues : oignons, champignons et persil, hachés, puis une poignée de panure fraîche et un jaune d'œuf. Etalez une couche de ce hachis sur chaque tranche de veau, et roulez-les sur elles-mêmes, en forme

de baril; nouez-les avec du fil, et rangez-les l'une à côté de l'autre, sur le fond d'une casserole plate; faites-les revenir, en les retournant; mouillez à mi-hauteur avec du bouillon, et cuisez avec feu dessus, feu dessous. Quand elles sont à point, le mouillement doit se trouver à peu près réduit. Arrosez-les alors avec quelques cuillerées de sauce tomate légère; donnez quelques bouillons et retirez du feu; dénouez-les paupiettes; dressez-les, arrosez avec la sauce, en la passant.

POUPETON DE VEAU (*entrée*).

Faites blanchir 2 ou 3 ris de veau; quand ils sont froids, coupez-les en tranches; faites-les revenir dans une casserole avec du beurre; assaisonnez, saupoudrez avec une pincée de farine, et mouillez avec un peu de bouillon; ajoutez quelques champignons crus, coupés; cuisez 10 à 12 minutes à cour mouillement; laissez refroidir.

Préparez un godiveau avec 500 grammes de viande maigre de veau et 400 grammes de graisse de rognon de bœuf, 2 œufs entiers (*page* 51). — Masquez le fond d'un plat à gratin rond etcreux, avec des tranches minces de lard; étalez au fond une couche de godiveau de 2 doigts d'épaisseur; sur le centre, dressez le ragoût de ris de veau; masquez-le avec le restant du godiveau, en formant le dôme. Lissez la farce, et formez une rosacé en creux avec la pointe d'un petit couteau; beurrez au pinceau et couvrez avec un papier beurré. Cuisez trois quarts d'heure, à four doux; servez tel quel.

ESCALOPES DE VEAU PANÉES (*entrée*).

Coupez sur une noix ou sous-noix de veau, 8 à 10 tranches minces, de 4 à 5 doigts de long sur 3 de large; battez-les, parez-les de forme ovale, toutes semblables. Assaisonnez et trempez-les dans des œufs battus pour les paner; égalisez-les avec la lame du couteau, et cuisez-les avec du beurre dans une casserole plate ou un plafond; quand elles sont de belle couleur, des deux côtés, dressez-les; arrosez-les, avec leur beurre, et servez avec des citrons coupés.

ESCALOPES DE VEAU A LA SOUBISE (*entrée*).

Coupez 8 à 10 escalopes de veau comme les précédentes; assaisonnez et rangez-les dans une casserole plate avec du beurre fondu; cuisez-les à feu vif, en les retournant; quand elles sont à point, égouttez-en le beurre, et retirez-les de la casserole. Versez dans celle-ci un peu de vin blanc, un peu de bouillon et quelques gouttes de caramel; faites bouillir 5 minutes, et liez avec un morceau de beurre manié ou de la fécule délayée: la sauce doit être courte et légère. Remettez les escalopes dans la casserole pour les chauffer sans bouillir. Dressez-les sur un plat, avec une purée soubise, et arrosez avec la cuisson

On peut servir ces escalopes avec une garniture de truffes ou de champignons.

TRANCHES DE VEAU A LA MÉNAGÈRE (*relevé*).

Mettez une tranche de veau dans une casserole, avec du beurre; chauffez sur feu modéré et retournez-la jusqu'à ce qu'elle soit bien revenue; retirez-la alors sur un plat. Mettez un peu de farine dans la casserole, cuissez-la quelques minutes, en tournant; mouillez avec de l'eau chaude; faites bouillir 5 minutes, et remettez la viande: la sauce doit être légère et couvrir juste la viande; assaisonnez avec sel, poivre et un bouquet; cuisez doucement.

Une heure après, ajoutez une garniture de petits oignons et carottes. La viande et les légumes doivent se trouver cuits en même temps.

QUASI DE VEAU A LA CASSEROLE (*relevé*).

Le quasi de veau est pris sur le haut du cuissot, en longeant l'arête, du côté de la queue. — Retirez une partie des os, ficelez la viande, salez-la et faites-la revenir avec du beurre, dans une casserole; un quart d'heure après, ajoutez une garniture composée de petits oignons et carottes crues, faites revenir encore un quart d'heure, puis mouillez avec un peu de bouillon, et finissez de cuire sur feu modéré avec du feu sur le couvercle ou à la bouche du four. Dressez la viande avec son jus et les garnitures autour. — On peut cuire aussi le quasi au four, comme la longe.

POITRINE DE VEAU A L'ÉTUVÉE (*relevée*).

Coupez en gros carrés 1 kilogramme de poitrine de veau; mettez-les dans une casserole avec du beurre; faites revenir la viande sans prendre couleur; assaisonnez, ajoutez 20 petits oignons crus, 20 petites carottes, un bouquet garni, une gousse d'ail non pelée, grains de poivre et 4 tomates coupées en morceaux. Quelques minutes après, fermez bien la casserole, retirez-la sur feu très-doux ou à la bouche du four, et cuisez une heure et demie à 2 heures, sans autre mouillement.

Quand les viandes sont cuites, retirez les ingrédients et servez.

BLANQUETTE DE POITRINE DE VEAU (*entrée*).

Coupez en gros carrés la moitié d'une poitrine de veau ; mettez-les dans une casserole avec un oignon, une carotte, sel, gros poivre. Mouillez à hauteur avec de l'eau tiède. Faites bouillir en écumant, retirez sur le côté, et cuisez les viandes aux trois quarts seulement. — Faites fondre un morceau de beurre ; mêlez-lui 2 cuillerées de farine ; cuisez quelques minutes et mouillez avec les trois quarts de la cuisson passée ; tournez jusqu'à l'ébullition, et retirez sur le côté : la sauce ne doit pas être trop liée. Cuisez 10 minutes, et mêlez-lui les viandes légèrement parées ; ajoutez un bouquet garni et quelques parures de champignons. Finissez de cuire sur le côté du feu, en tenant les viandes un peu fermes.

Au dernier moment, égouttez les morceaux dans une casserole ; dégraissez la sauce, faites-la bouillir ; puis, liez-la avec une liaison de 3 jaunes d'œuf ; passez-la sur les viandes.

Finissez la blanquette avec le jus d'un citron et une pincée de persil haché.

BLANQUETTE DE VEAU A LA MÉNAGÈRE (*entrée*).

Prenez les chairs cuites d'un cuissot ou d'une épaule rôtie, de desserte ; coupez-les en tranches régulières, pas trop minces ; tenez-les dans une casserole à couvert. — Avec du beurre et de la farine, préparez une petite sauce poulette (*page* 57). Quand elle est dégraissée et passée, mêlez-lui quelques champignons frais ; et faites-la réduire 7 à 8 minutes, sans la quitter. Versez-la alors sur les viandes ; chauffez celles-ci sans ébullition.

Au moment de servir, donnez un bouillon à la

sauce et liez-la avec une liaison de 2 à 3 jaunes; finissez avec une pincée de persil haché.

POITRINE DE VEAU GLACÉE (*relevé*).

Prenez tout ou partie d'une poitrine de veau; coupez ou sciez à moitié les os de côte, afin de pouvoir replier la panoufle; bridez-la avec de la ficelle; mettez-la dans un petit plafond creux, foncé avec débris de lard et légumes; arrosez avec du beurre, salez et faites revenir la viande à bon feu, en la retournant; quand elle est colorée, mouillez très-légèrement avec du bouillon, et finissez de la cuire ainsi, à court mouillement, en la retournant, et ajoutant de temps en temps un peu de bouillon.

Quand elle est cuite, elle doit se trouver bien glacée, de belle couleur.

Une poitrine de veau cuite ainsi, peut être servie simplement avec son jus ou une sauce quelconque. Servie avec son jus, on peut l'accompagner avec une garniture de légumes ou une purée. Le jus peut être lié, au dernier moment, soit avec du beurre manié, soit avec de la fécule délayée.

POITRINE DE VEAU FARCIE, AUX CHOUX (*relevé*).

Ouvrez une petite poitrine de veau, en glissant le couteau entre les os et les chairs du côté coupé, de façon à former une poche; assaisonnez l'intérieur, et emplissez le vide avec une farce préparée dans les mêmes conditions que celle pour l'épaule de veau farcie (*page* 210). Cousez l'ouverture, en ne laissant aucune issue, et cuisez-la dans du bouillon comme un pot-au-feu. Égouttez-la, débridez et dressez-la sur des choux braisés.

On peut aussi servir cette poitrine avec une sauce tomate ou simplement du jus lié.

FOIE DE VEAU PANÉ (*entrée*).

Lavez un foie de veau ; retirez-en la peau, coupez-en 7 à 8 tranches de l'épaisseur du doigt ; battez-les légèrement ; parez-les d'égale forme. Assaisonnez avec sel et poivre. Farinez-les, trempez-les dans des œufs battus, et panez-les.

Faites fondre du beurre dans une casserole plate ; quand il est chaud, rangez les tranches dedans, et faites-les colorer à bon feu, des deux côtés. Dressez-les, et arrosez-les avec leur beurre. Servez avec des citrons coupés.

FOIE DE VEAU A L'ÉCHALOTE (*mets de déjeuner*).

Prenez 7 à 8 tranches de foie de veau, d'un demi-doigt d'épaisseur ; battez-les légèrement, parez et assaisonnez, farinez-les. — Faites fondre du beurre dans une casserole plate, saupoudrez avec des échalotes hachées ; — rangez les tranches de foie dessus, et cuisez à feu vif, en les retournant : 7 à 8 minutes suffisent. Dressez-les sur un plat ; mêlez au beurre une pincée de persil haché et le jus d'un citron ; versez sur le foie.

FOIE DE VEAU A LA MATELOTE (*entrée*).

Lardez intérieurement un foie de veau avec des filets de lard et jambon cru. Assaisonnez et faites revenir dans une casserole avec du lard fondu. Mouillez ensuite avec 2 verres de vin rouge, et faites réduire le liquide de moitié. Mouillez alors à hauteur avec du jus lié ; ajoutez gros poivre, bouquet garni, 2 gousses d'ail. Cuisez une heure et demie sur feu très-doux. — Ajoutez alors une garniture de petits oignons colorés à la poêle; une demi-heure après, ajoutez une quinzaine de champignons crus. Aussitôt les oignons cuits, dressez le foie sur un plat, entourez-le avec les garnitures.

FOIE DE VEAU PIQUÉ, ROTI (*entrée*).

Piquez un foie de veau sur la surface la plus lisse; lardez-le en dessous avec quelques filets d'ail; faites-le mariner 2 heures avec sel, poivre, huile, branches de persil et oignons émincés. Mettez-le ensuite dans un plafond masqué de légumes et débris de lard; couvrez d'un papier beurré et faites-le rôtir au four, en l'arrosant avec du beurre. Une demi-heure après, arrosez-le avec un demi-verre de vinaigre, et finissez de le cuire en l'arrosant.

Dressez-le sur un plat; mêlez un peu de jus à sa cuisson; passez et dégraissez-la; liez-la avec un peu de fécule délayée et arrosez-en le foie.

QUENELLES AU FOIE DE VEAU A LA MÉNAGÈRE (*entrée*).

Hachez 300 grammes de bon foie de veau; hachez aussi 150 grammes de graisse de rognons de veau; mêlez le foie et la graisse, hachez de nouveau, et passez au tamis; mettez le hachis dans une terrine; assaisonnez et mêlez-lui 2 cuillerées d'oignon haché, préalablement revenu au beurre, une pincée de persil haché avec une pointe d'ail et une pincée de marjolaine hachée.

Mettez 100 gram. de beurre dans une terrine, travaillez-le avec une cuiller jusqu'à ce qu'il soit en crème, mêlez-lui alors le foie et la graisse, 4 à 5 œufs entiers, l'un après l'autre, et enfin 250 grammes de panure blanche et fraîche.

Mettez en ébullition de l'eau salée, dans une casserole, et faites pocher une petite partie de l'appareil pour essayer sa consistance; rectifiez-le au besoin.

Prenez-le alors par parties, roulez-les sur la table farinée, et laissez-les tomber dans l'eau.

Couvrez la casserole, et au premier bouillon retirez-la sur le côté, de façon que le liquide ne fasse que frissonner; 12 à 15 minutes après, égouttez les quenelles, dressez-les sur un plat, arrosez-les avec de la mie de pain cuite au beurre. Servez-les en même temps qu'un plat de bonne choucroute.

Ce mets simple, facile et peu coûteux, est excellent.

BROCHETTES DE FOIE DE VEAU.

Coupez un foie en morceaux carrés d'un demi-doigt d'épaisseur sur 3 de large. Mettez-les dans un plat, assaisonnez avec sel, poivre, huile et persil haché. — Coupez une égale quantité de carrés de veau et de lard; prenez-les un à un, enfilez-les par le milieu, à de petites brochettes, en les alternant avec le foie. Roulez-les dans un peu d'huile, saupoudrez-les avec de la panure et faites-les griller 12 minutes à bon feu.

PAIN DE FOIE, SAUCE PIQUANTE (*entrée*).

Coupez 500 grammes de foie de veau cru; pilez-le. — Imbibez à l'eau tiède 150 gram. de mie de pain de cuisine; exprimez-en l'humidité, mettez-la dans une casserole avec 4 à 5 cuillerées de lait chaud, broyez-la avec une cuiller, et donnez-lui 2 bouillons pour la lier. Mêlez-la avec le foie; assaisonnez avec sel et épices; pilez et passez au tamis. Mettez dans une terrine, 125 grammes de beurre à moitié fondu ; travaillez-le avec une cuiller jusqu'à ce qu'il soit mousseux ; mêlez-lui alors 4 jaunes et un œuf entier, puis le foie, peu à peu, une pincée de farine, une pointe d'ail et 2 cuillerées d'oignon haché, revenu avec du beurre.

Versez dans un moule beurré et fariné ; cuisez 40 minutes au bain-marie et au four. Renversez sur un plat, et masquez avec une sauce piquante.

PAIN DE FOIE DE VEAU FROID (*entrée*).

Emincez 1 kilogramme de foie de veau ; faites-le revenir à bon feu, dans une poêle avec 125 grammes de lard haché, oignon émincé, aromates, sel et poivre, une gousse d'ail non pelée. Laissez refroidir et pilez-le, après avoir retiré l'ail ; mêlez-lui 1 kilogramme de lard haché, puis 350 grammes de panade au pain. Assaisonnez ; ajoutez 4 jaunes et un œuf entier ; passez au tamis. — Masquez le fond et les parois d'un grand moule avec des bardes de lard. Mêlez à la farce 200 grammes de lard blanchi, coupé en dés, et si c'est possible, quelques truffes, coupés comme le lard.

Emplissez le moule ; couvrez avec du lard ; placez-le dans une casserole basse, avec un peu d'eau chaude, et cuisez une heure à four modéré. Laissez refroidir avec un poids léger dessus.

RAGOUT DE VEAU (*entrée*).

Prenez à peu près 2 kilogrammes de viande de veau, du côté du jarret ou sur l'épaule, sans os ; coupez-la en moyens carrés. — Chauffez 40 à 50 grammes de beurre dans une casserole ; mêlez-lui 2 cuillerées de farine, et cuisez sur feu doux pour faire légèrement colorer la farine ; ajoutez alors la viande, et faites-la revenir sans cesser de tourner; assaisonnez et mouillez à peu près à hauteur avec de l'eau chaude ; tournez jusqu'à l'ébullition, et cuisez 8 à 10 minutes à feu vif.

Retirez sur le côté du feu, ajoutez un oignon piqué de girofle et un bouquet. Finissez de cuire les viandes doucement, en les tenant un peu fermes. Dressez-les sur plat, et passez la sauce dessus.

VEAU A LA MARENGO (*entrée*).

Prenez 1 kilogramme de viande maigre de veau prise du côté du jarret ; coupez-la en moyens carrés ; mettez-les dans une casserole avec huile ou beurre ; faites-les revenir jusqu'à ce qu'ils aient réduit leur humidité ; assaisonnez ; ajoutez un bouquet garni, 150 grammes de petit-salé blanchi, coupé en tranches, puis 2 ou 3 douzaines de petits oignons colorés à la poêle ; retirez la casserole sur feu très-doux et finissez de cuire les viandes sans mouillement avec feu dessus, feu dessous.

Au dernier moment, dégraissez à moitié la cuisson, et mêlez-lui quelques cuillerées de sauce tomate ; ajoutez une pincée de cayenne ou de poivre rouge d'Espagne ; donnez un bouillon, et dressez.

SALADE DE VEAU (*mets de déjeuner*).

Prenez un morceau de noix de veau de desserte ; retirez-en les parties colorées par la cuisson ; coupez-la en tranches bien minces, en forme de carré long ; arrosez-les avec huile et vinaigre, faites-les macérer 2 heures ; dressez-les sur un plat.

Mettez dans un bol une cuillerée de moutarde et 2 cuillerées de purée d'anchois ; délayez-les avec huile et vinaigre ; ajoutez du persil, des câpres et des cornichons hachés, versez sur le veau.

MOU DE VEAU A LA MATELOTE (*ragoût*).

Cuisez 20 minutes un mou de veau à l'eau salée. — Egouttez et rafraîchissez; coupez-le en moyens morceaux. Mettez-les dans une casserole avec du beurre, faites-les revenir, en les remuant. Assaisonnez avec sel et poivre; saupoudrez avec deux cuillerées de farine; cuisez 5 minutes; mouillez à hauteur avec du vin rouge et de l'eau chaude; faites bouillir et retirez sur le côté du feu.

Une demi-heure après, ajoutez un bouquet garni et 2 douzaines de petits oignons crus colorés à la poêle avec du beurre et une pincée de sucre : les oignons et le mou doivent se trouver cuits en même temps. — Quelques minutes avant de retirer le ragoût, mêlez-lui quelques champignons crus.

MOU DE VEAU AUX ŒUFS.

Coupez en morceaux un demi-mou de veau; mettez-le dans une casserole avec du beurre, 2 petits oignons, une carotte. Faites revenir à feu modéré. — Quand ils sont colorés, mouillez avec quelques cuillerées de bouillon, et finissez de les cuire à court mouillement, avec feu dessus, feu dessous.

Égouttez les morceaux, hachez-les. Mêlez quelques cuillerées de sauce ou jus lié à la cuisson des viandes; faites bouillir et passez; remettez le liquide dans la casserole; s'il était trop léger, liez-le avec un morceau de beurre manié; ajoutez le mou haché, faites bouillir 2 minutes; finissez avec une pointe de muscade; dressez sur un plat, et posez dessus 6 œufs mollets.

MOU DE VEAU AUX NOUILLES (*entrée*).

Préparez un hachis de mou de veau comme celui prescrit à l'article qui précède. Quand il est lié, versez-le dans un plat à tarte, et masquez-le avec une couche de nouilles émincées, cuites à l'eau salée, finies avec beurre, parmesan râpé et quelques cuillerées de béchamel. Saupoudrez avec parmesan et panure; arrosez avec du beurre, et faites gratiner 15 minutes au four.

FRAISE DE VEAU A LA VINAIGRETTE (*entrée*).

Plongez une fraise de veau propre, dans de l'eau acidulée, en ébullition; faites bouillir 5 à 6 minutes. Égouttez, rafraîchissez et grattez-la bien.

Lavez-la, cuisez-la dans une marmite comme un pot-au-feu, avec sel, légumes, aromates.

Egouttez-la, dressez-la sur un plat; entourez-la avec des feuilles de persil; envoyez en même temps une saucière de vinaigrette et une assiette de fines-herbes comme pour la tête de veau (*page* 208).

Une fraise de veau ainsi cuite, peut être servie au beurre noir, avec une sauce tomate, une sauce hachée ou une sauce au cary; elle peut aussi être servie à la poulette; en ce cas, elle doit être divisée en morceaux.

RAVIOLES DE VEAU A LA PAYSANNE (*entrée*).

Hachez un morceau de veau cuit et froid: 250 grammes; ajoutez 150grammes de lard râpé, une poignée de panure blanche, la valeur d'un décilitre de choux hachés et cuits avec un peu de lard fondu, 2 cuillerées d'oignon haché, une cuillerée de persil, 3 œufs entiers, sel et poivre.

Avec ce hachis et de la pâte à nouille, préparez de grosses ravioles rondes ou carrées; cuisez-les 5 à 6 minutes, sans violence. Égouttez-les; dressez-les par couches sur un plat, en arrosant chaque couche avec du beurre, et sauce tomate, puis saupoudrant avec du fromage râpé.

LANGUES DE VEAU A LA PURÉE DE POIS (*entrée*).

Faites blanchir 5 à 6 langues de veau; égouttez-les, parez-les et cuisez-les une heure dans le bouillon.

Égouttez-les; retirez-en la peau, et finissez de les cuire dans un bon jus, avec un peu de vin blanc. — Égouttez-les, et divisez-les chacune en deux parties sur la longueur. Dressez une purée de pois secs sur le centre d'un plat, et dressez les demi-langues autour de la purée; arrosez avec un peu de bon jus.

FRICADELLES DE VEAU (*desserte*).

Hachez de la viande de veau, cuite et froide; mêlez-lui le quart de son volume de mie de pain imbibée et exprimée; assaisonnez avec sel et poivre; ajoutez 2 cuillerées d'oignon haché, revenu au beurre, puis 2 ou 3 œufs : l'appareil doit rester consistant. — Prenez-le par parties égales de la grosseur d'un œuf; roulez-les de forme ronde, sur la table farinée, et aplatissez-les avec la lame du couteau. Trempez-les dans des œufs battus, et panez-les.

Plongez-les ensuite à friture chaude, et cuisez-les au beurre sur un plafond. Égouttez et servez.

LANGUES DE VEAU FRITES *(entrée).*

Prenez 3 langues de veau cuites, sans peau; coupez-les en tranches; assaisonnez avec sel, poivre, persil haché, un filet de vinaigre; faites-les mariner 35 minutes. Prenez-les une à une, trempez-les dans la pâte à frire *(page 46)* et plongez-les à friture chaude; faites prendre belle couleur à la pâte; égouttez, salez et dressez.

RIS DE VEAU A LA FINANCIÈRE *(entrée).*

Choisissez 3 à 4 beaux ris de veau; faites-les blanchir 7 à 8 minutes à l'eau. — Égouttez et faites-les refroidir sous presse légère; parez-les ensuite et piquez-les avec du lard fin. Mettez-les dans une casserole dont le fond est masqué avec débris de lard et légumes émincés; faites-les braiser à court mouillement comme il est dit pour les côtelettes de veau piquées. — En dernier lieu, glacez-les de belle couleur; dressez-les sur un plat, entourez-les avec une garniture financière; glacez-les avec leur cuisson réduite.

RIS DE VEAU AUX PETITS-POIS *(entrée).*

Prenez 4 moyens ris de veau blanchis; divisez-les chacun en deux parties; battez-les légèrement, parez-les, assaisonnez et farinez-les; trempez-les dans des œufs battus et panez-les.

Faites chauffer du beurre dans une casserole plate, rangez les ris dans le fond, et cuisez-les à bon feu, en les retournant. Égouttez-les et dressez-les autour d'une garniture de petits-pois. — On peut aussi servir ces ris avec une purée de pointes d'asperges, une garniture à la macédoine ou une purée de légumes.

ATTEREAUX DE RIS DE VEAU (*hors-d'œuvre*).

Prenez 3 ris de veau de desserte; coupez-les en tranches de forme carrée ou ronde, mais pas trop larges. Pour 3 douzaines de tranches de ris, prenez une douzaine de tranches de truffes cuites, coupées de même dimension que les ris.
Coupez autant de tranches de langue à l'écarlate et autant de tranches de champignons cuits.
Assaisonnez les ris, les truffes et les champignons; masquez-les avec un peu de sauce blonde, bien réduite; enfilez-les alors à de petites brochettes en bois, en alternant le ris avec les truffes, les champignons et la langue écarlate.
Laissez refroidir les atteraux; trempez-les dans des œufs battus, panez-les et plongez-les à friture chaude. — En les sortant, retirez les brochettes en bois et remplacez-les par de petites brochettes de table.

CROQUETTES DE RIS DE VEAU (*hors-d'œuvre*).

Coupez en petits dés, des ris de veau de desserte, froids. Mêlez à ce salpicon moitié de son volume de langue à l'écarlate et de champignons cuits. Liez-le avec de la béchamel réduite et bien serrée; assaisonnez, laissez refroidir. — Formez les croquettes, faites frire et dressez.

ROGNONS DE VEAU, SAUTÉS (*mets de déjeuner.*)

Émincez un rognon de veau, en supprimant la graisse dure. — Mettez dans une poêle 2 cuillerées d'oignon haché; faites-le revenir avec du beurre, à feu doux; ajoutez les rognons; assaisonnez avec sel et poivre, faites-les sauter à feu vif, sans les quitter, jusqu'à ce qu'ils soient atteints, sans sécher : 2 minutes suffisent. Enlevez-les alors avec l'écumoire, tenez-les au chaud.

Versez dans la poêle un décilitre de vin blanc et autant du jus ou bouillon; ajoutez une gousse d'ail et laurier, quelques champignons frais, si c'est possible; donnez 5 à 6 minutes d'ébullition, et liez avec du beurre manié à la farine : la sauce doit rester légère; ajoutez 4 cuillerées de conserve de tomates (1); 3 minutes après, ajoutez les rognons et retirez du feu; enlevez ail et laurier, finissez avec persil haché, jus de citron, pincée de poivre; servez aussitôt.

BROCHETTES DE ROGNONS DE VEAU (*mets de déjeuner*).

Coupez le rognon en carrés réguliers, pas trop épais ni trop larges; mettez-les dans un plat, saupoudrez-les avec sel, poivre et persil haché; arrosez avec de l'huile ou beurre fondu.

Coupez une égale quantité de carrés minces de lard, et enfilez-les à de petites broches, en les alternant avec les carrés de rognon. Roulez-les dans de l'huile, saupoudrez avec de la panure, et faites-les griller à bon feu.

OMELETTE AU ROGNON DE VEAU (*mets de déjeuner*).

Coupez 8 œufs dans une terrine : assaisonnez avec sel, poivre, persil haché. — Coupez en dés le quart ou un demi-rognon de veau, selon sa

(1) Même dans une petite cuisine, on doit toujours avoir des quarts de bouteille de champignons et des demi-bouteilles de conserve de tomates en purée : c'est peu coûteux et très-utile.

grosseur. — Mettez une cuillerée d'oignon haché dans une poêle avec du beurre; faites-le revenir sur feu doux et cuisez sans le colorer; ajoutez les rognons; assaisonnez avec sel et poivre; faites-les sauter à feu vif, jusqu'à ce qu'ils soient atteints, mais vert-cuits. Egouttez-en alors la cuisson, et arrosez-les avec un peu de glace fondue ou jus lié; donnez un bouillon et retirez-les du feu.

Battez les œufs; faites chauffer dans une poêle à omelette 60 grammes de beurre; versez les œufs dans la poêle et liez l'omelette sur un bon feu; ramenez-la sur un côté de la poêle, et versez les rognons sur le centre; ployez-la en porte-manteau, et renversez-la sur un plat.

PIEDS DE VEAU A LA VINAIGRETTE (*m. de déjeuner*).

Quand on veut servir des pieds de veau en vinaigrette, il faut les flamber et les gratter : on peut les diviser sur la longueur ou les cuire entiers, dans une cuisson acidulée semblable à celle pour la tête de veau (*page* 208). — Quand ils sont cuits, égouttez-les, assaisonnez et dressez-les sur un plat; entourez-les avec du persil, et servez à part une saucière de vinaigrette et une assiette de fines-herbes crues, comme pour la tête de veau.

SALADE DE PIEDS DE VEAU A LA RUSSE

Cuisez des pieds de veau; égouttez et désossez-les; assaisonnez avec sel et poivre; faites-les refroidir sous presse. — Coupez-les ensuite en grosse julienne; assaisonnez avec sel, poivre, huile et vinaigre; faites-les macérer 2 heures. — Ajoutez des cornichons coupés comme les pieds, des betteraves cuites, de la langue écarlate et filets d'anchois, moutarde et persil haché.

PIEDS DE VEAU A LA SAUCE PIQUANTE (*mets de déj.*).

Fendez par le milieu quelques pieds de veau propres, cuisez-les comme la tête de veau.

Egouttez-les, retirez-en les os aussi bien que possible; assaisonnez et rangez-les sur une plaque, les uns à côtés des autres; faites-les refroidir sous presse. Parez-les ensuite, farinez-les, trempez-les dans des œufs battus pour les paner.

Faites-les cuire au beurre dans un plafond ou casserole plate. Dressez et servez avec une sauce piquante.

PIEDS DE VEAU FRITS (*mets de déjeuner*).

Cuisez des pieds de veau, comme pour la vinaigrette. Retirez-en tous les os; divisez-les; mettez-les sur un plat; assaisonnez avec sel, poivre, persil haché, un filet de vinaigre. Faites les mariner une demi-heure. Egouttez-les; prenez les morceaux l'un après l'autre, trempez-les dans une pâte à frire (*page* 46) et plongez-les à friture chaude. Quand la pâte est sèche, de belle couleur, égouttez-les; salez et dressez.

CRÉPINETTES DE PIEDS DE VEAU (*entrée*).

Prenez 2 ou 3 pieds de veau, cuits, encore chauds; retirez-en tous les os, et laissez-les refroidir. Coupez-les alors en dés; mêlez-leur un tiers du volume de champignons cuits et autant de jambon ou de langue écarlate, coupés en dés.

Faites réduire un peu de sauce brune; quand elle est serrée, mêlez-lui le salpicon; donnez 2 bouillons, retirez du feu et laissez refroidir en couche d'un doigt d'épaisseur. — Coupez cet appareil de forme ovale, et enveloppez-les avec une couche de hachis de porc-frais, assaisonné de bon goût; enveloppez alors chaque partie dans un carré de crépine et faites griller 15 minutes à feu doux.

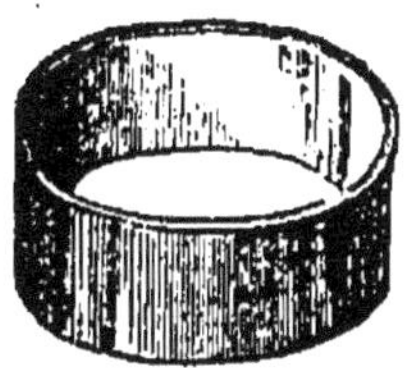

PETITS PATÉS A LA CIBOULETTE. *(hors-d'œuvre).*

Prenez 300 grammes de pâte feuilletée (voir *à la pâtisserie*) à six tours. Abaissez la pâte d'un tiers de centimètre d'épaisseur.

Avec un coupe-pâte de 3 doigts de large, coupez sur l'abaisse, une vingtaine de ronds; rangez-les à distance sur une plaque mouillée; humectez les bords de la pâte et posez sur le centre une boule de godiveau à la ciboulette, ayant la grosseur d'une petite noix.

Rassemblez les rognures de l'abaisse, abaissez-les, et sur cette pâte, coupez une vingtaine d'abaisses de même largeur que les premières, mais plus minces; avec celles-ci, couvrez la farce et la pâte; soudez-les ensemble, puis appuyez-les avec le dos d'un petit coupe-pâte.

Dorez l'abaisse supérieure, à l'aide d'un pinceau, puis cuisez les pâtés à four chaud.

PETITS PATÉS AU JUS. *(hors-d'œuvre).*

Avec de la pâte brisée, foncez une douzaine de moules à tartelette cannelés; humectez la pâte sur les bords; emplissez le vide avec du godiveau (*page* 51); couvrez avec une abaisse de la même pâte; pincez les bords, dorez, faites un trou sur le centre, et cuisez au four. — Quand ils sont sortis, démoulez-les; coupez le couvercle à sa base, enlevez-le; percez alors la farce avec la pointe d'un couteau, et saucez avec un peu de bon jus lié; remettez le couvercle et servez.

PETITS PATÉS AU JUS, A LA BOURGEOISE (*hors-d'œuvre*).

Avec de la pâte brisée, foncez une quinzaine de moules à tartelette; emplissez-les avec de la farine; mouillez les bords, couvrez-les avec une abaisse de pâte; soudez et pincez les bords; dorez et cuisez au four. — En les sortant, ouvrez-les et videz-les; masquez-les à l'intérieur avec une même couche de farce. Tenez-les cinq minutes à la bouche du four. — Coupez en dés moyens, un mufle de bœuf bien cuit, mettez-les dans une casserole avec un peu de jus lié; ajoutez quelques champignons cuits, coupés comme les viandes; ajoutez aussi quelqnes petites quenelles de godiveau, roulées à la farine et pochées; faites mijoter 20 minutes, et garnissez les pâtés; remettez les couvercles et dressez.

PETITS PATÉS AU ROGNON DE VEAU (*hors d'œuvre*).

Prenez un rognon de veau cuit; coupez-le en dés; ajoutez un tiers du volume de champignons cuits, également coupés. Assaisonnez avec sel et muscade; liez avec un peu de jus lié, froid. Foncez des moules à tartelette avec de la pâte brisée; emplissez avec les rognons; couvrez avec un rond de la même pâte; soudez les bords, pincez-les, dorez et cuisez au four 35 minutes.

CERVELLES DE VEAU AU BEURRE NOIR (*entrée*).

Retirez la peau sanguine à 3 ou 4 cervelles de veau, sans les briser. Échaudez-les, puis cuisez-les avec sel, légumes émincés, gros poivre, girofles, bouquet garni, vinaigre et eau.

Égouttez-les bien, dressez-les sur un plat et arrosez-les avec du beurre noir acidulé (*page* 54).

Les cervelles ainsi cuites, peuvent être servies avec une sauce piquante, ou avec une sauce ravigote chaude.

CERVELLES DE VEAU A LA MATELOTE (*entrée*).

Retirez la peau sanguine à 3 ou 4 cervelles; faites-les dégorger une heure. — Faites revenir carottes et oignons émincés; ajoutez quelques carrés de petit-salé et un bouquet garni d'aromates; mouillez avec une demi-bouteille de vin rouge de Bourgogne; ajoutez sel et gros poivre.

Au premier bouillon, ajoutez les cervelles. Cuisez 20 minutes à feu modéré; passez le liquide, liez-le avec un peu de roux cuit, ou simplement de la farine délayée; faites réduire la sauce jusqu'à ce qu'elle soit de bon goût. Ajoutez le petit-salé, 2 douzaines de petits oignons glacés, quelques champignons crus et les cervelles. Faites mijoter un quart d'heure. — Dressez-les sur plat, et saupoudrez avec des tranches de cornichons.

CERVELLES DE VEAU EN MARINADE (*hors-d'œuv. chaud*).

Coupez en moyens carrés plats, 2 cervelles de veau cuites; mettez-les dans une assiette; assaisonnez avec sel, poivre, huile, vinaigre et persil haché; laissez-les mariner une heure. — Trempez-les ensuite un à un, dans une pâte à frire, et plongez-les à friture chaude; quand la pâte est sèche, de belle couleur, égouttez, salez et servez.

BROCHETTES DE CERVELLES DE VEAU (*mets de déj.*)

Prenez 2 ou 3 cervelles de veau, cuites et refroidies; divisez-les en deux, et coupez chaque moitié en tranches épaisses. Assaisonnez avec sel, poivre, huile et persil haché. Enfilez-les à de petites brochettes, en alternant chaque tranche avec un carré mince de lard, de même grandeur que les morceaux de cervelle. Roulez-les dans de l'huile ou du beurre fondu, puis dans la panure, et faites-les griller 12 à 15 minutes.

AGNEAU

La viande d'agneau est, comme celle de veau, une viande qui n'est pas faite; il y a cette différence entre elles, qu'on mange celle de veau toute l'année, tandis qu'on ne mange celle d'agneau que pendant quelques mois. Les meilleurs agneaux sont ceux qu'on vend du mois de décembre au mois d'avril ils doivent avoir au moins de 3 à 4 mois. Plus jeunes, leur chair ne convient pas aux tempéraments phlegmatiques, ni aux personnes susceptibles aux relâchements de ventre. Mais la chair de ceux plus âgés, bien que peu nourrissante, convient au plus grand nombre parce qu'elle est tendre, délicate et qu'elle ne charge pas l'estomac.

Les parties les plus recherchées de l'agneau sont : le quartier de derrière, la selle, les carrés, les poitrines et l'épaule. Mais même les abats qui chez les autres animaux sont considérés comme parties inférieures sont ici très-estimables : la tête est bonne rôtie au four ; et avec la langue, les oreilles, les cervelles, les pieds, les ris, la fraise, le foie et le mou on peut préparer des mets excellents, et de facile digestion.

Ainsi, de l'agneau rien n'est perdu, les parties les plus infimes possèdent encore des qualités qui les font estimer.

On mange rôties les parties principales de l'agneau ; c'est-à-dire le quartier, la selle et l'épaule ; la broche seule leur convient. Avec les carrés on prépare des côtelettes dont la tendreté et la blancheur les rendent précieuses, et que les gourmets acceptent dans les dîners d'importance.

Les poitrines d'agneau traitées comme celles de mouton, c'est-à-dire bouillies, puis grillées, sont recherchées par les amateurs ; de plus on prépare avec elles d'excellents ragoûts. Mais que dire de ces ris si blancs, si tendres, si agréables à manger? On peut ne pas aimer l'agneau, mais on mange toujours les ris.

La viande d'agneau provenant d'animaux bien nourris, bien soignés est surtout, par sa légèreté, favorable aux enfants ou aux vieillards, aux estomacs faibles et délicats, et aux personnes sédentaires.

AGNEAU RÔTI.

On sert rarement un agneau rôti entier; mais on sert souvent les 2 gigots et la selle, c'est-à-dire les trois quarts de l'agneau. Dans les familles bourgeoises, ce qu'on sert le plus communément, c'est un quartier, c'est-à-dire un gigot auquel adhère la longe.

Si on voulait rôtir l'agneau entier, il faudrait d'abord le vider, puis coudre l'ouverture du ventre; couper le cou à niveau des épaules et le désosser en partie; brider fortement les épaules, en les appuyant contre la poitrine, puis casser l'os des deux gigots, afin de pouvoir les croiser sur l'arrière, comme un lièvre qu'on veut faire rôtir, en les soutenant avec de la ficelle et une brochette.

Dans ces conditions, l'agneau peut-être cuit au four ou à la broche; dans les deux cas, les gigots et la selle doivent être couverts de papier beurré, et la tête cuite à part.

Quand l'agneau est débroché, on coupe court le bout du manche des gigots, et on les orne avec une jolie manchette en papier; on dresse alors l'agneau sur plat et on en fixe la tête entre les deux épaules, en la soutenant à l'aide de 2 brochettes.

On sert séparément du jus ou une sauce à la menthe (*page* 62).

QUARTIER D'AGNEAU RÔTI, AUX CITRONS.

Sciez le manche du gigot ; traversez-le avec une broche mince ; enveloppez-le avec du papier beurré, et faites-le rôtir, en l'arrosant avec du beurre : il faut 5 quarts d'heure pour le cuire ; déballez-le au bout d'une heure ; salez-le et saupoudrez-le avec de la mie de pain ; quand il est de belle couleur, débrochez-le, papillotez-en le manche, et envoyez en même temps une assiette de citrons coupés.

QUARTIER DE CHEVREAU RÔTI.

Faites rôtir le quartier à la broche ou au four, pendant 50 minutes, en l'arrosant avec du beurre. Salez-le avant de le débrocher. Papillotez-en le manche, et servez-le avec du jus ou une sauce à la menthe.

CÔTELETTES D'AGNEAU, AUX HARICOTS VERTS.

Coupez 10 côtelettes ; parez-les d'après la même méthode que pour les côtelettes de mouton. Assaisonnez et rangez-les dans un sautoir avec du beurre, faites-les revenir des deux côtés. Égouttez-les, papillotez-les, dressez-les autour d'une garniture de haricots verts sautés. — On peut aussi les servir avec une purée de légumes.

CÔTELETTES D'AGNEAU, GRILLÉES (*entrée*).

Prenez 10 côtelettes d'agneau, parées; assaisonnez et roulez-les dans de l'huile ou beurre

fondu; faites-les griller 7 à 8 minutes, en les retournant; servez avec un peu de jus ou une garniture.

EPIGRAMMES D'AGNEAU AUX PETITS-POIS (*entrée*).

Ce mets se compose de côtelettes d'agneau sautées ou grillées, et de morceaux de poitrine d'agneau coupés à peu près de même forme que les côtelettes, pointus d'un côté et ronds de l'autre, panés et frits.— On pique à chacun une petite manchette, ainsi qu'aux côtelettes, puis on les dresse en couronne, en les alternant.

On peut garnir les épigrammes avec une garniture de champignons, de truffes, de concombres ou pointes d'asperges.

CROQUETTES D'AGNEAU (*mets de déjeuner*).

Prenez un morceau de quartier d'agneau, cuit et refroidi; retirez-en peau et nerfs; coupez la viande en dés; mettez ceux-ci dans une terrine avec un tiers de leur volume de champignons cuits, coupés comme la viande. Liez ce salpicon avec une sauce blonde ou une béchamel réduite et serrée : il doit rester consistant.

Assaisonnez avec sel et muscade; laissez refroidir. — Formez ensuite des croquettes; panez-les, faites-les frire, et servez-les bien chaudes.

BLANQUETTE D'AGNEAU

Coupez en moyens carrés, 2 épaules ou 2 poitrines d'agneau; mettez-les dans une casserole avec eau et sel; faites bouillir, versez le tout sur une passoire, en conservant le liquide. Rafraîchissez les morceaux, retirez-en le superflus des os, et remettez-les dans la casserole; ajoutez sel, gros poivre, un oignon, une carotte, un bouquet et un morceau de beurre; faites revenir à feu vif 7 à 8 minutes, puis saupoudrez avec une cuillerée de farine, et mouillez peu à peu, à hauteur, avec la première cuisson; faites bouillir 5 à 6 minutes et retirez sur le côté; finissez de cuire la viande, en la tenant un peu ferme.

Au dernier moment, liez la sauce avec une liaison de 2 ou 3 jaunes d'œuf. Enlevez les morceaux avec une fourchette pour les dresser. Passez la sauce, mêlez-lui le jus d'un citron et une pincée de persil, versez-la sur les viandes.

Pour ceux qui ne redoutent pas les aromes relevés, on peut mêler une petite pointe d'ail à la blanquette, avant de la lier.

AGNEAU SAUTÉ AUX PETITS-POIS

Coupez en carrés 2 épaules d'agneau; faites-les revenir avec du beurre et 6 petits oignons nouveaux; assaisonnez. Quand la viande est de belle couleur, ajoutez trois quarts de litre de petits-pois et un bouquet de persil; cuisez avec feu dessus, feu dessous, en sautant le ragoût de temps en temps et lui mêlant quelques cuillerées d'eau chaude ou de bouillon.

Au dernier moment; liez le ragoût avec un petit morceau de beurre manié, et dressez.

TÊTES D'AGNEAU AU FOUR

Prenez 3 à 4 têtes d'agneau bien propres, avec les oreilles, la langue et la cervelle. Faites une petite incision à l'endroit où se trouve la cervelle. Mettez-les dans un plafond, arrosez-les avec du beurre; salez-les, couvrez avec du papier beurré, et cuisez une heure à four modéré, en les arrosant; servez avec leur jus.

OREILLES D'AGNEAU FRITES

Cuisez comme la tête de veau, une douzaine d'oreilles d'agneau, bien propres; laissez-les à peu près refroidir dans leur cuisson. — Égouttez-les bien, mettez-les dans un plat, marinez-les une heure avec sel, poivre, huile et jus de citron, persil haché. Égouttez, puis trempez-les une à une dans une pâte à frire, et plongez à friture chaude; salez-les avant de les dresser.

FOIES D'AGNEAU GRILLÉS, A LA PROVENÇALE

Coupez en tranches 2 ou 3 foies d'agneau; assaisonnez, arrosez-les avec de l'huile, saupoudrez avec du persil haché; appuyez les tranches sur de la chapelure, et faites-les griller à feu vif, en les retournant, servez avec des citrons coupés.

FOIES D'AGNEAU FRITS, A L'ITALIENNE

Coupez en tranches 2 ou 3 foies d'agneau : assaisonnez avec sel et poivre; farinez-les, trempez-les dans des œufs battus ; égouttez et plongez à friture chaude ; égouttez, salez et dressez avec des citrons coupés.

FRAISSURES D'AGNEAU

Prenez 2 foies d'agneau et 2 poumons ; plongez ceux-ci à l'eau bouillante, cuisez-les 5 minutes. Egouttez-les ; coupez-les en moyens carrés, faites-les revenir au beurre avec un oignon haché; quand ils sont bien saisis, saupoudrez avec une cuillerée de farine, et mouillez à hauteur avec de l'eau chaude ou du bouillon et un peu de vin blanc; faites bouillir ; assaisonnez avec sel et poivre, ajoutez un brin de laurier ; retirez sur le côté.

Un quart d'heure après, émincez les foies ; faites-les revenir dans une poêle avec du beurre et à feu vif ; assaisonnez. Aussitôt que le foie est atteint, mêlez-le au ragoût, et retirez-le du feu; ajoutez une pincée de persil haché ; et dressez-le.

PIEDS D'AGNEAU GRILLÉS, A LA TARTARE (*h.-d'œuvre*).

Flambez et cuisez une quinzaine de pieds d'agneau, comme les pieds de mouton (*page* 189). Quand ils sont à point, égouttez-les ; retirez-en seulement l'os principal ; assaisonnez avec sel et poivre , huile et jus de citron ; laissez-les mariner une heure.

Saupoudrez-les avec du persil haché, roulez-les dans la panure et faites-les griller à feu doux ; servez-les avec une sauce froide à la tartare.

PIEDS D'AGNEAU EN PAPILLOTES (*hors-d'œuvre*).

Cuisez des pieds d'agneau, comme des pieds de mouton. Égouttez-les, pour en retirer les os; assaisonnez et laissez-les refroidir. — Hachez oignons, échalotes et champignons; faites-les revenir avec du lard fondu; retirez-les; mêlez-leur du persil haché et un peu de panure.

Prenez des demi-feuilles de papier blanc; beurrez-les et rangez sur le centre une couche de fines-herbes préparées; sur celle-ci, posez un pied d'agneau, et roulez-le dans le papier, de façon à l'enfermer. Ployez les deux bouts, et chauffez les pieds sur un gril, simplement avec des cendres chaudes, ou bien à four doux.

PIEDS D'AGNEAU EN MARINADE, FRITS (*hors-d'œuvre*).

Cuisez une douzaine de pieds d'agneau; désossez-les, coupez-les en deux, sur la longueur, mettez-les dans une terrine; assaisonnez avec sel, poivre, huile, vinaigre, persil haché.

Une heure après, égouttez-les, trempez-les un à un dans la pâte à frire, et plongez à friture chaude; égouttez et dressez.

PETITS-PATÉS AUX RIS D'AGNEAU (*hors-d'œuvre*).

Coupez en gros dés quelques ris d'agneau blanchis; mettez-les dans une casserole avec 4 cuillerées de jambon cru et un morceau de beurre; faites-les revenir; assaisonnez et mouillez avec un peu de jus lié; cuisez 10 minutes sur feu modéré; ajoutez quelques champignons cuits, coupés comme les ris; retirez du feu, et laissez refroidir. Mêlez alors au ragoût quelques petites quenelles rondes roulées à la farine, et pochées.

Avec de la pâte brisée, foncez une douzaine de moules à tartelette ; masquez la pâte au fond et autour avec une couche mince de farce crue ; emplissez-en le vide avec une petite partie du ragoût. Couvrez avec un couvercle de la même pâte ; soudez avec les bords ; pincez ceux-ci, dorez et cuisez 30 minutes à four modéré.

En les sortant, coupez le couvercle à sa base ; ajoutez un peu de jus lié, et servez.

BROCHETTES DE RIS D'AGNEAU

Faites blanchir quelques ris d'agneau jusqu'à l'ébullition ; égouttez et rafraîchissez ; laissez-les refroidir, coupez-les en tranches pas trop minces, d'égale grosseur; assaisonnez avec sel et épices.

Coupez des tranches minces de lard ; sur ces tranches, coupez des carrés de la largeur de ceux de ris d'agneau ; enfilez-les à des brochettes en bois ou en métal, en alternant le lard et les ris.

Roulez les brochettes dans de l'huile ou beurre fondu ; saupoudrez avec du persil haché, et ensuite avec de la panure. Faites-les griller un quart d'heure, à feu modéré, en les retournant.

BROCHETTES DE ROGNONS D'AGNEAU.

Retirez la peau à 7 ou 8 rognons d'agneau ; coupez-les en tranches épaisses. Assaisonnez avec sel et épices ; saupoudrez avec du persil haché, arrosez-les avec un peu d'huile.

Enfilez-les ensuite à de petites brochettes, en les alternant chacune avec un carré de lard mince coupé de la largeur des tranches de rognon.

Saupoudrez-les avec de la panure, et faites griller un quart d'heure, à feu modéré.

POITRINES D'AGNEAU, GRILLÉES.

Cuisez 2 poitrines d'agneau dans le jus ou dans le bouillon. — Egouttez-les, retirez-en les os de côtes; laissez-les refroidir sous presse. Coupez-les ensuite en morceaux réguliers, pointus d'un côté et ronds de l'autre: assaisonnez avec sel et poivre; roulez-les dans l'huile, puis dans la panure, et faites-les griller à feu doux.

Servez-les avec un peu de sauce piquante ou avec une garniture de légumes.

POITRINES D'AGNEAU AUX ASPERGES (*entrée*).

Prenez 2 poitrines d'agneau, cuites, désossées et refroidies sous presse; coupez-les sur le travers en morceaux réguliers pointus d'un côté et ronds de l'autre. — Assaisonnez avec sel et poivre, trempez-les dans des œufs battus, et panez-les.

Faites-les colorer des deux côtés dans une casserole plate avec du beurre. Dressez-les en couronne sur un plat, et garnissez le centre avec des pointes d'asperges blanchies, sautées au beurre, et liées avec un peu de sauce blonde.

POITRINES D'AGNEAU A LA PROVENÇALE.

Coupez en carrés 2 poitrines d'agneau; mettez-les dans une poêle avec de l'huile, et faites-les sauter à feu vif jusqu'à ce qu'elles aient pris belle couleur. Assaisonnez et mettez-les dans une casserole en terre; ajoutez 3 gousses d'ail non pelées, un bouquet composé de thym et persil, quelques grains de poivre. Finissez de cuire la viande avec feu dessus, feu dessous, sans autre mouillement.

Dressez ensuite sur un plat; versez dans la casserole quelques cuillerées de sauce tomate, faites bouillir et passez sur les viandes.

ÉPAULES D'AGNEAU EN GALANTINE.

Désossez 2 épaules d'agneau; diminuez-en l'épaisseur des chairs du côté ouvert; hachez les parties enlevées. Mêlez-les avec le double de leur volume de chair à saucisse; pilez et passez au tamis: assaisonnez la farce, mêlez-lui quelques cuillerées de maigre de jambon cuit coupé en dés.

Avec cette farce, garnissez les deux épaules; cousez-les de forme longue; enveloppez-les chacune dans un petit linge; ficelez-les et cuisez-les une heure et quart, dans du bouillon.

Egouttez-les, faites-les refroidir sous presse; servez-les avec de la gelée.

FRAISE D'AGNEAU SAUCE RAVIGOTE.

Choisissez 2 ou 3 grosses fraises d'agneau, bien propres; cuisez-les comme les fraises de veau (*page* 227).

Égouttez-les, dressez-les sur un plat et masquez-les avec une sauce ravigote chaude (*page* 59).

RAGOUT D'AGNEAU AU RIZ.

Coupez en morceaux une épaule ou un carré d'agneau; mettez-les dans une casserole avec beurre, oignons hachés et un bouquet; faites revenir, assaisonnez avec sel et poivre, mouillez à hauteur avec du bouillon, et cuisez 25 minutes.

Pour un litre de bouillon, ajoutez 3 décilitres de riz trié, plus 4 cuillerées de sauce tomate ; cuisez à couvert : les viandes et le riz doivent se trouver cuits en même temps. — Dressez dans un plat creux.

ÉMINCÉ D'AGNEAU AUX CÈPES.

Coupez en tranches minces les chairs d'un gigot d'agneau de desserte. — Emincez quelques cèpes frais ou conservés, bien égouttés. — Faites revenir au beurre 2 cuillerées d'échalotes et oignons hachés ; ajoutez les cèpes et une gousse d'ail entière ; faites-les revenir jusqu'à ce qu'ils aient réduit leur humidité. Assaisonnez avec sel et poivre; saupoudrez avec une petite pincée de farine et mouillez avec un peu de bouillon et de vin ; cuisez 12 à 15 minutes sur feu doux.

Ajoutez alors 2 cuillerées de sauce tomate et les tranches d'agneau; faites mijoter 5 minutes, saupoudrez de persil haché, et servez.

ÉMINCÉ D'AGNEAU (*mets de déjeuner*).

Coupez en tranches minces un gigot d'agneau froid, de desserte; mettez-les dans une casserole plate ; saupoudrez-les avec une sauce piquante, et chauffez-les sans faire bouillir. — Saupoudrez avec 2 cuillerées de cornichons hachés et une pincée de persil. Dressez sur un plat chaud.

ÉMINCÉ D'AGNEAU AU RIZ (*mets de déjeuner*).

Coupez en tranches les chairs d'un gigot froid, de desserte, mettez-les dans une casserole plate, arrosez-les avec une petite sauce poulette (*page* 57), tenez-les au chaud, sans faire bouillir.

Prenez 200 grammes de riz blanchi, mettez-le dans une casserole, mouillez à hauteur avec du bouillon, et faites bouillir 5 minutes ; retirez-le sur le côté du feu, et cuisez-le à couvert : il doit rester consistant. Retirez-le, mêlez-lui un morceau de beurre, une pointe de muscade et une poignée de parmesan râpé. Avec ce riz, emplissez un moule à bordure beurré ; puis renversez le riz sur un plat et dressez le ragoût dans le centre.

RAVIOLES D'AGNEAU.

Prenez 250 grammes de viandes cuites d'agneau, de desserte ; retirez-en la graisse et les parties dures ; hachez-les, pilez-les ; ajoutez une cervelle cuite de mouton ou de veau ; assaisonnez avec sel et poivre. Retirez la farce dans une terrine, mêlez-lui 2 ou 3 cuillerées d'oignon haché revenu au beurre ; liez avec 2 jaunes d'œuf.

Avec cette farce et de la pâte à nouille, préparez de grosses ravioles ; cuisez-les à l'eau salée 7 à 8 minutes ; égouttez-les ; dressez-les sur un plat, par couches, en saupoudrant avec du fromage râpé ; arrosez avec du beurre et de la sauce tomate mêlée avec du jus.

PORC

La viande de porc est une des plus nourrissantes, mais elle a l'inconvénient d'être lourde et difficile à digérer. Les personnes qui ont l'estomac faible doivent donc s'en abstenir, et celles qui en mangent,doivent veiller à ce qu'elle leur soit servie bien cuite.

La viande de porc fraîche, convient en hiver. Par les grandes chaleurs de l'été, si elle n'est pas dangereuse, elle peut cependant avoir des inconvénients pour certains tempéraments. Dans le midi de la France, on ne tue des porcs qu'une partie de l'année, de septembre à mai.

Mais les viandes salées de porc, les jambons et saucissons surtout, conviennent en toute saison, et peu de personnes hésitent à les accepter.

En France, dans les grandes villes, l'autorité exerce une grande surveillance sur les viandes de porc livrées à la consommation, afin de prévenir des accidents qui se produisent de temps à autre dans les pays du Nord. On ne saurait trop faire, en effet, pour empêcher de livrer au public des viandes malfaisantes. C'est surtout dans les pays où les porcs sont mal nourris qu'ils contractent des maladies rendant leurs chairs dangereuses pour ceux qui les mangent. Ces cas sont très-rares en France; néanmoins, ceux qui achètent la viande à la boucherie doivent la choisir fraîche et exempte, dans les parties maigres, de points blancs, et grenus.

JAMBON AUX ÉPINARDS (*relevé*).

Choisissez un jambon à cuire de bonne qualité, salé et fumé depuis peu, si c'est possible. Faites-le tremper de 6 à 12 heures, selon qu'il est plus ou moins sec : pour les jambons tout à fait frais, une heure ou deux peuvent suffire. — Mettez-le dans une braisière, avec de l'eau froide et un bouquet de foin; faites bouillir, et retirez sur le côté du feu : le jambon doit cuire sans que l'eau bouille, mais elle doit toujours être frémissante, et si le jambon provient d'un jeune animal, il peut cuire en 3 heures ; si non il en faut de 4 à 5. Mais pour être plus sûr, il faut de temps en temps tâter les viandes qui adhèrent au manche; dès qu'elles sont molles, égouttez le jambon. Retirez-en toute la couenne et l'os de la noix; dressez-le sur plat, papillotez-le, et servez à part des épinards au jus.

On peut servir le jambon avec une sauce madère ou sauce piquante. Les épinards peuvent être remplacés par une purée de pommes de terre, des petits-pois ou des haricots verts.

JAMBON A LA GELÉE

Cuisez un jambon comme il est dit pour celui aux épinards. Laissez-le à moitié refroidir dans sa cuisson; égouttez-le, enveloppez-le dans un linge humide, et laissez-le refroidir. — Enlevez-en toute la couenne; parez-le autour et en dessous, en l'arrondissant : dégagez-en le manche, et papillotez-le. Dressez-le sur un plat; entourez-le avec de la gelée hachée ou des croûtons. — Pour découper le jambon, voir à l'article du découpage.

JAMBON PRESSÉ A LA MÉNAGÈRE (*mets de déj.*).

Prenez un jambon salé de 25 jours; lavez-le simplement; cuisez-le à l'eau. — Quand les viandes sont tendres, égouttez-le; retirez-en vivement les os, et mettez-le dans un moule ou une terrine à fond rond, en appuyant la couenne contre le fond; faites-le refroidir avec un poids dessus afin de bien le presser Renversez-le ensuite sur un plat, enlevez la couenne, et entourez-le avec des cornichons au vinaigre.

CROUTES AU JAMBON, (*hors-d'œuvre*).

Coupez des tranches de mie de pain de cuisine, sans croûte, en leur donnant la forme d'un carré long; rangez-les sur une tourtière beurrée, et faites-les légèrement colorer; retournez-les et posez sur chaque tranche de pain une tranche de jambon cru, légèrement battue et coupée comme le pain; saupoudrez avec un peu de cayenne, et poussez le plafond à four vif; retirez-le aussitôt que le jambon est chaud.

TRANCHES DE JAMBON A LA ZINGARA (*h. d'œuvre*).

Coupez 8 à 10 tranches de jambon cru, sur le côté de la noix; retirez-en la couenne, parez-les d'une égale grosseur. Faites fondre du beurre dans une grande poêle, rangez les tranches dedans et faites-les saisir à feu vif, des deux côtés; enlevez-les aussitôt, dressez-les sur un plat.

Mêlez au beurre une poignée de panure, cuisez-la 2 secondes et mouillez avec quelques cuillerées de vinaigre; chauffez simplement et versez sur les tranches de jambon.

TÊTE DE PORC AUX LÉGUMES (*relevé*).

Prenez la moitié d'une tête de porc, salée, lavez-la, cuisez-la avec de l'eau, comme un pot-au-feu; 2 heures après, ajoutez un moyen chou coupé en deux, 6 grosses carottes, quelques navets et oignons coupés. Quand la viande et les légumes sont à peu près cuits, ajoutez une douzaine de pommes de terre crues coupées.

Goûtez le bouillon, pour le saler si c'était nécessaire; en tout cas, ajoutez du poivre et servez-le dans une soupière avec un peu de légumes et des tranches de pain; puis dressez la viande et le restant des légumes dans un plat.

CÔTELETTES DE PORC FRAIS, GRILLÉES (*mets de déj.*).

Coupez 6 côtelettes de porc; battez-les, parez-les comme des côtelettes de veau. Assaisonnez avec sel et poivre; roulez-les dans du beurre fondu, et faites-les griller à bon feu, en les retournant: 12 à 14 minutes suffisent. — On sert ces côtelettes avec du jus ou avec une garniture de pommes de terre frites ou sautées.

CÔTELETTES DE PORC, AUX CORNICHONS (*mets de déj.*).

Parez 6 côtelettes; assaisonnez avec sel et poivre; farinez-les des deux côtés; chauffez du beurre dans une casserole plate, rangez les côtelettes dedans, et cuisez-les, en les retournant. Quand elles sont atteintes, mouillez à peu près à hauteur avec du bouillon et un peu de vinaigre ; cuisez à feu doux pendant un quart d'heure.

Dressez-les sur plat; mêlez à la sauce quelques gouttes de caramel et ensuite quelques cuillerées de cornichons hachés ou coupés en tranches; versez sur les côtelettes.

CÔTELETTES DE PORC A L'ALSACIENNE (*relevé*).

Parez 6 côtelettes de porc comme pour faire griller, mais plus petites et plus minces ; assaisonnez avec sel et poivre, faites-les sauter au beurre et laissez-les refroidir sous presse légère.

Préparez un hachis de porc frais, avec moitié maigre et moitié lard ; mêlez-lui moitié de son volume de foie de porc ou veau, sauté, pilé et passé au tamis; assaisonnez et ajoutez quelques cuillerées de fines-herbes cuites, oignons, champignons et persil haché, ce dernier cru.— Enveloppez chaque côtelette avec une couche de ce hachis, et enfermez-les séparément dans un carré de crépine de porc; cuisez-les un quart d'heure au four, dans un plat, en les arrosant avec leur graisse. — Ces côtelettes peuvent être mangées froides.

FILETS-MIGNONS DE PORC (*entrée*).

Parez 2 filets-mignons de porc, comme on pare un filet de bœuf, en retirant la peau qui couvre le dessus des chairs; faites-les mariner 12 heures dans une marinade cuite. Egouttez-les, puis piquez-les sur la surface, avec du lard comme on pique un filet de bœuf. — Mettez-les dans un plat à gratin avec du beurre, et cuisez une demi-heure, au four. — Égouttez-les, dressez-les sur plat et tenez-les au chaud; versez quelques cuillerées de la marinade dans le plat où ils ont cuit; 5 minutes après, ajoutez un peu de jus lié; faites bouillir, passez, dégraissez et versez sur les filets. Servez à part une purée de pommes de terre.

PETITS PATÉS A LA MÉNAGÈRE (*hors-d'œuvre*).

Pilez 200 grammes de chair à saucisse, avec un morceau de mie de pain gros comme un œuf, imbibée et exprimée; quand la viande et le pain sont mêlés ajoutez une cuillerée de persil haché.

Abaissez mince du feuilletage; coupez 20 abaisses avec un coupe-pâte de 3 doigts de large; mettez-les de côté. — Rassemblez les rognures de la pâte, abaissez encore, et coupez 20 autres abaisses. Rangez-les à distance sur une plaque ou tourtière; mouillez les bords, posez sur chacune une boulette de la farce préparée. Couvrez avec les premières abaisses, dorez et cuisez 25 minutes au four, pas trop chaud.

PATÉ DE PORC DANS UN PLAT (*entrée*).

Sur une longe ou un carré de porc, coupez 7 à 8 tranches minces; retirez-en les os; battez-les légèrement; assaisonnez avec sel et poivre.

Saupoudrez le fond d'un plat à tarte avec une pincée d'oignon haché et quelques échalotes; masquez-le avec une couche de pommes de terre crues coupées en tranches; assaisonnez. Sur les pommes de terre, rangez la viande; saupoudrez avec oignons et échalotes, masquez avec des tranches de pommes de terre; assaisonnez encore, puis versez au fond du plat un décilitre de jus ou bouillon froid. — Humectez les bords du plat, et masquez-les avec une bande de pâte brisée ou du demi-feuilletage; terminez le pâté comme il est dit pour celui de mouton (*page* 200); cuisez-le une heure à four doux.

LONGE DE PORC A LA PROVENÇALE (*relevé*).

Une longe de porc doit toujours être sans lard, mais les chairs doivent néanmoins rester couvertes de la couche naturelle de graisse, indépendante du lard.

Retirez les os de la chaîne; faites quelques petites entailles de ce côté des os, afin que la viande en cuisant reste droite. Saupoudrez-la avec du sel, et faites-la macérer 2 heures.

Essuyez-la; faites de petites incisions sur la graisse, et glissez dedans des filets de truffes crues et des filets d'ail. Enveloppez-la avec du papier graissé, et faites-la rôtir à la broche, en l'arrosant avec sa graisse. Servez avec le jus dégraissé dans lèchefrite.

LONGE DE PORC RÔTIE A LA SAUGE (*relevé*).

Préparez une longe de porc comme il vient d'être dit. Faites des incisions sur la graisse, à distance, et glissez dans chacune d'elles un brin de sauge sèche. Emballez-la dans du papier, et faites rôtir à la broche ou au four.

LONGE DE PORC RÔTIE, AUX POMMES DE TERRE (*relevé*).

Salez 2 heures une longe de porc; égouttez-la, et mettez-la dans un plafond à rôtir; arrosez-la avec du beurre et faites-la rôtir au four. Quand elle est bien saisie, entourez-la avec des pommes de terre crues, pelées et coupées en gros morceaux, finissez de cuire la viande, à feu doux, en l'arrosant.

LONGE DE PORC SALÉE ET FUMÉE (*relevé*).

Faites macérer 8 jours une longe de porc dans la même saumure des langues à l'écarlate. Egouttez-la et faites-la fumer 24 à 30 heures, à fumée un peu chaude. Cuisez-la ensuite à l'eau comme un jambon, avec quelques racines : 2 heures et demie suffisent.

Cette viande est excellente à manger avec une purée de légumes, des choux braisés ou de la choucroute.

ÉMINCÉ DE PORC AUX OIGNONS (*mets de déjeuner*).

Coupez en tranches minces un morceau de longe de porc de desserte ; tenez-les à couvert.

Emincez 4 oignons, faites-les revenir dans la poêle, à feu très-doux ; mouillez avec quelques cuillerées de vinaigre, et faites-le à peu près réduire ; ajoutez alors l'émincé ; assaisonnez avec sel et poivre ; sautez-les ensemble 10 à 12 minutes ; arrosez-les avec 4 cuillerées de bonne sauce tomate, et servez.

ÉMINCÉ DE PORC EN BLANQUETTE (*mets de déj.*).

Coupez en tranches un morceau de longe de porc de desserte. — Mettez dans une casserole quelques cuillerées d'échalotes hachées, une feuille de laurier, grains de poivre et quelques branches de persil ; mouillez avec un demi-décilitre de vinaigre, et faites réduire de moitié ; mouillez alors avec 4 décilitres de sauce poulette, non liée ; cuisez 7 à 8 minutes et versez la sur l'émincé, en la passant; faites mijoter trois quarts d'heure, en laissant réduire la sauce de moitié; finissez avec une pincée de persil et servez.

PIEDS DE PORC GRILLÉS (*h.-d'œuvre*).

Flambez 4 pieds de porc; grattez-les, nouez-les de deux en deux avec un ruban en fil; mettez-les dans une marmite en terre avec quelques couennes et quelques os brisés, de l'eau, oignons et carottes, sel, gros poivre, girofles, un bouquet d'aromates; cuisez-les 5 heures, à feu très-doux.

Égouttez-les, déballez-les, mettez-les dans une terrine, couvrez-les avec leur cuisson, et laissez-les refroidir ainsi. — Fendez-les ensuite sur leur longueur, graissez-les au pinceau avec du saindoux fondu, saupoudrez-les légèrement avec du sel épicé, et roulez-les dans la chapelure. Faites-les griller un quart d'heure sur feu doux.

PIEDS DE PORC FARCIS (*h.-d'œuvre*).

Cuisez 4 pieds de porc comme il vient d'être dit. Egouttez-les, déballez-les; divisez-les chacun en deux parties, et retirez-en tous les os; saupoudrez légèrement avec du sel épicé; laissez refroidir; masquez alors chaque demi-pied avec nne épaisse couche de hachis de porc (*page* 262) aux fines-herbes ou aux truffes. Enveloppez-les chacun dans un carré de crépine; graissez au saindoux, roulez dans la panure, et faites griller à feu doux, 20 minutes.

JARRETS DE PORC A LA CHOUCROUTE (*m. d. dej.*).

C'est un mets qu'on mange beaucoup en Allemagne, et qui bien préparé, est très-agréable, en hiver surtout. Ce sont les charcutiers qui vendent ces jarrets, ils sont salés dans la saumure au salpêtre, comme les langues.

Cuisez-les simplement à l'eau, 4 à 5 heures; égouttez-les, et servez avec de la choucroute.

PETIT-SALÉ.

Prenez les deux poitrines et le dessous du ventre d'un port; coupez-les; frottez-les avec du sel salpêtré, et tenez-les sous presse 12 heures; plongez-les ensuite dans une saumure, préparée comme pour les jambons. — Faites-les macérer 18 à 20 jours; fumez-les ensuite 7 à 8 jours.

PETIT-SALÉ A LA CHOUCROUTE (*relevé*).

Faites ramollir à l'eau tiède, pendant 2 heures, 3 livres de petit-salé — Mettez 2 kilogrammes de bonne choucroute dans une casserole; ajoutez le petit-salé, un oignon et une carotte; mouillez à peu près à hauteur avec du bouillon; faites bouillir 5 minutes; fermez bien la casserole, et cuisez sur feu doux avec feu dessus, feu dessous, ou à la bouche du four : il faut 2 heures et demie

Egouttez le petit-salé, retirez-en la couenne enlevez oignon et carotte ; liez la choucroute avec un morceau de beurre manié, et ajoutez 50 grammes de beurre ou l'équivalent de bonne graisse d'oie rôtie; cuisez encore 10 minutes; versez-la sur un plat, et dressez le petit-salé dessus entier ou découpé en tranches.

PETIT-SALÉ A LA PURÉE DE POIS (*relevé*).

Faites dessaler à l'eau tiède, pendant 2 heures 1 kilogramme et demi de petit-salé; mettez-le ensuite dans une marmite avec de l'eau, et cuisez-le une heure. Ajoutez alors un litre de pois secs. Quand ils sont cuits, égouttez-les, passez-les au tamis. — Mettez la purée dans une casserole avec un morceau de beurre et un peu de jus, tenez-les au chaud.

Au moment de servir, égouttez le petit-salé, retirez-en la couenne ; dressez la purée sur un plat, et posez le petit-salé dessus, entier ou coupé en tranches.

PETIT-SALÉ AUX CHOUX (*relevé*).

Faites tremper à l'eau tiède pendant 2 heures, 2 à 3 livres de petit-salé ; mettez-le dans une marmite avec de l'eau ; faites bouillir et retirez sur le côté du feu. Une heure après, ajoutez 2 choux frisés propres, coupés en quartiers. Finissez de cuire le petit-salé et les choux. Egouttez ceux-ci, dressez-les sur plat. — Egouttez le petit-salé, retirez-en la couenne, et dressez-le sur les choux, entier ou découpé en tranches.

LARD SALÉ.

Prenez les 2 bandes de lard d'un porc, coupées sur toute leur longueur. Prenez une planche un peu plus longue et plus large que les bandes de lard ; masquez-les avec une mince couche de sel, et posez dessus une bande de lard, en l'appuyant sur la couenne ; masquez-en la surface avec une couche de sel, et posez l'autre bande dessus ; masquez aussi cette dernière avec une couche de sel, et posez sur le lard, une planche comme la première ; sur cette planche, placez un poids suffisant pour serrer le lard.

Dans les premiers temps de la salaison, changez tous les jours les bandes, en mettant celle du haut en dessous, saupoudrez-les avec du sel nouveau.

Au bout de 15 jours, on ne fait cette opération que tous les 4 ou 5 jours, pendant 3 mois. Mettez sous la planche un baquet pour recueillir le sel fondu. Faites ensuite sécher le lard dans un lieu aéré.

SAUCISSES LONGUES, GRILLÉES (*h.-d'œuvre*).

Prenez sur le collier 2 kilogrammes de viande maigre de porc ; séparez le gras du maigre, retirez-en les nerfs, et pesez-les ; si la graisse ne suffit pas, ajoutez du lard frais pour faire un poids égal à la viande maigre. Hachez-les séparément ; puis, mêlez-les et hachez-les encore. Assaisonnez avec sel et *quatre-épices.* (1) Entonnez ensuite le hachis dans des boyaux de mouton salés et propres.

Faites sécher quelques heures les saucisses avant de les cuire. Tournez-les d'égale longueur, coupez-les, piquez-les et faites-les rôtir sur le gril ou à la poêle : elles doivent être bien atteintes.

SAUCISSES FUMÉES, POUR LE MÉNAGE.

Hachez grossièrement une égale quantité de viande de porc et de gras sans nerfs : assaisonnez en raison de 400 grammes de sel, 40 grammes de poivre et 20 grammes de salpêtre, pour 10 kilogrammes de hachis. Avec ce hachis, emplissez de petits boyaux; nouez-les de 8 à 10 centimètres de long ; faites-les fumer quelques heures, ou bien suspendez-les simplement dans un lieu sec où le jour ne pénètre pas. — Ces saucisses conviennent pour cuire dans la soupe ou avec des légumes.

(1) Tous les épiciers vendent le sel des *quatre-épices*. — La proportion de l'assaisonnement pour les saucisses, est de 100 grammes de sel pour 5 kilogrammes de viande, et 2 cuillerées d'épices.

SAUCISSES A LA PURÉE DE MARRONS.

Cuisez au beurre une quinzaine de petites saucisses; égouttez-les, dressez-les autour d'une purée de marrons dressée sur un plat; arrosez avec une partie du beurre des saucisses. — La purée de marrons est décrite au chapitre des *garnitures*.

SAUCISSES FRAICHES, AU RIZ, A LA MÉNAGÈRE (*entr.*).

Faites chauffer du beurre dans une casserole, et mêlez-lui 6 petites saucisses; faites-les revenir, en les retournant; retirez-les aussitôt qu'elles sont à moitié cuites. — Mettez un oignon haché dans la casserole; quand il est blond, ajoutez 2 décilitres de riz trié chauffez bien, en tournant, et mouillez avec un litre d'eau chaude : ajoutez 2 clous de girofle, un peu de sel et une pincée de poivre ; cuisez 10 minutes, et mêlez-lui les saucisses. Finissez de les cuire avec le riz sur feu très-doux; dressez le riz sur un plat et entourez-le avec les saucisses coupées.

BOUDINS AU SANG (*h.-d'œuvre*).

Prenez 2 litres de sang de porc, liquide, 2 kilogrammes de panne de porc, 2 kilogrammes d'oignons crus, un demi-litre de crème crue ou du bon lait, un demi-décilitre d'eau-de-vie ou de rhum ; un long boyau de mouton salé, ramolli à l'eau froide, puis épongé ; 90 grammes de sel, 2 cuillerées de *quatre-épices*, une pincée d'aromates pulvérisés, une pincée de sucre en poudre.

Hachez la moitié de la panne; coupez le reste en dés, coupez les oignons aussi en dés, et faites-les blanchir 5 à 6 minutes à l'eau salée; laissez-les bien égoutter et refroidir.

Faites fondre la panne hachée ; ajoutez les oignons, cuisez-les un quart d'heure, sur feu très-doux; ajoutez la panne coupée en dés et cuisez encore 7 à 8 minutes. — Retirez la casserole, et mêlez peu à peu le sang à la graisse ; tournez alors le liquide sur feu, jusqu'à ce qu'il soit légèrement lié ; 10 à 12 minutes suffisent ; ajoutez la crème peu à peu, puis le sel, épices, eau-de-vie, le sucre et les aromates, sans cesser de remuer.

Epongez le boyau, nouez-le et ficelez-le d'un bout; introduisez dans l'autre bout, le tuyau d'une entonnoir à boudin. Remplissez-le peu à peu, avec le sang, nouez-le, et rangez-le sur la grille d'une poissonnière, en l'entourant à plat, c'est-à-dire en spirale.

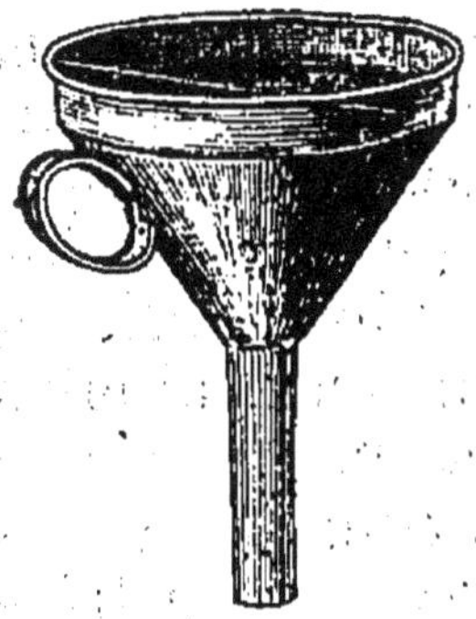

Entonnoir à boudin.

Couvrez-le alors avec de l'eau chaude, fortement salée.

Mettez le vase sur le feu et tenez-le ainsi, jusqu'au point où l'eau va bouillir ; retirez-le aussitôt sur le côté du feu.

Quand le boudin est raffermi, égouttez-le, en enlevant la grille ; frottez-le avec un morceau de lard, couvrez-le avec un linge, et laissez-le refroidir.

Quand on veut manger les boudins, il faut les couper en tronçons, les piquer et les faire griller ou les cuire à la poêle.

BOUDINS BLANCS DE PORC,

Coupez en dés 500 grammes de viande maigre de porc; hachez-la ; hachez 500 grammes de lard frais ; mêlez le lard et la viande; assaisonnez avec sel et *quatre-épices*, hachez encore 7 à 8 minutes et retirez dans une terrine.

Mêlez alors au hachis 2 cuillerées d'oignon finement haché, 3 à 4 œufs l'un après l'autre, et ensuite 2 à 3 décilitres de crème crue ou du bon lait. Entonnez le hachis dans des boyaux de mouton; nouez et faites pocher. Laissez-les bien refroidir et faites-les griller.

RILLETTES.

Coupez en gros dés 2 kilogrammes de porc, pris sur le collet; coupez une égale quantité de lard frais. Mettez le tout dans une casserole avec un verre d'eau, sel, épices, laurier : cuisez à feu doux 4 à 5 heures, en remuant souvent.

Versez alors le tout dans un tamis, placé sur une terrine, afin de recueillir les grappes, car ce sont les grappes de la viande et du lard qui constituent les rillettes.

Mettez-les dans un pot; quand la graisse est bien reposée et claire, versez-la sur les rillettes pour remplir le pot.

SAUCISSON A L'AIL.

Prenez 5 kilogrammes de chairs d'épaule, du cou ou du cuissot d'un porc. Hachez-les à la machine; assaisonnez avec 250 grammes de sel fin, 10 grammes de *quatre-épices* et 10 grammes de poivre fin, une pincée de piment et une pincée de salpêtre; hachez encore 7 à 8 minutes.

Frottez le fond d'une sébile avec une gousse d'ail coupée, et mettez le hachis dedans; mêlez-lui alors 1 kilogramme de lard frais coupé en dés, une petite poignée de grains de poivre et un demi-décilitre d'eau-de-vie; maniez la pâte avec les mains pendant un quart d'heure; puis entonnez-la dans de gros boyaux à rosette, salés depuis 3 semaines, bien propres, noués d'un bout; bourrez les chairs dans les boyaux avec le manche d'une cuiller en bois, afin de bien les serrer.

Nouez-les de l'autre bout, en refoulant les chairs; piquez-les avec une épingle, pour en faire sortir l'air, en les pressant ensuite avec les mains.

Suspendez-les dans un courant d'air, et faites-les sécher 4 jours. Alors, serrez-les encore, et entourez-les avec une ficelle disposée en spirale. Suspendez-les ensuite dans un lieu sec, et gardez-les ainsi 4 à 5 mois avant de les manger.

CERVELAS.

Prenez une égale quantité de chairs maigres de porc et de gras; retirez-en les nerfs et peaux dures ; coupez-les en petits dés · hachez-les légèrement. — Pour chaque kilogramme de chairs, assaisonnez avec 40 grammes de sel, une pincée de salpêtre, une cuilllerée à café de *quatre-épices*, une pointe d'ail. — Mêlez bien les viandes et l'assaisonnement; puis remplissez des boyaux de bœuf bien propres; nouez-les de la longueur de 30 centimètres. — Cuisez à grande eau, 40 minutes. Egouttez-les, serrez-les encore et faites-les sécher à l'air.

GAYETTES DE PROVENCE (*mets de déj.*).

Hachez foie, rognons et mou de cochon crus; mêlez au hachis un tiers de son volume de lard haché ; assaisonnez de haut goût, avec sel épices.

Mettez dans une terrine des filets de foie de cochon et des filets de lard; assaisonnez et ajoutez du persil haché avec un peu d'ail: ces filets, doivent former la moitié du volume du hachis.

Coupez des morceaux de crépine de porc; sur cette crépine, posez une boule de hachis, de la grosseur d'une orange ; enfermant des filets de foie et lard aux fines-herbes ; enveloppez ces boules avec la tétine, et nouez-la avec du fil.—Rangez-les alors dans un plafond mince; arrosez-les avec du lard fondu ou du saindoux, et cuisez-les une heure au four doux, en les arrosant avec leur graisse. — On sert ces gayettes froides.

FOIE DE PORC AUX FINES-HERBES (*mets de déjeuner*).

Prenez un demi-foie de porc; faites-lui des incisions sur le travers, à distance d'un doigt; assaisonnez avec sel et épices. — Hachez finement 150 grammes de lard ; mêlez-lui 4 cuillerées d'échalotes et oignons hachés, 4 cuillerées de câpres et 2 cuillerées de persil. — Dans chacune des *incisions*, mettez une petite partie de la farce ; puis étalez sur la table un grand morceau de crépine, masquez-en le centre avec une mince couche de la même farce, et posez le foie dessus; masquez aussi celui-ci avec une couche de farce, et ployez la crépine, en serrant le foie de façon à rapprocher les partie coupées.

Ficelez le foie; placez-le dans un plat à gratin ; arrosez-le avec du beurre, et cuisez une heure à four doux. — Egouttez-le, dressez-le sur un plat avec un peu de jus.

GATEAU DE FOIE DE PORC (*mets de déj.*).

Faites fondre dans une poêle, 100 grammes de lard haché ; ajoutez 500 grammes de foie de porc cru, coupé en tranches, sel, poivre muscade, échalotes et oignons hachés, branches de persil et aromates ; faites-les sauter à feu vif, jusqu'à ce que le foie soit atteint; laissez refroidir, et pilez. Ajoutez deux tiers de son volume de lard frais, haché, et un tiers de viande maigre de porc. • Passez le tout au tamis; ajoutez 200 grammes de lard cuit à l'eau, coupé en gros dés ; versez dans un moule uni ou une terrine à cuire, dont le fond et le tour sont masqués avec des tranches minces de lard. Couvrez, et mettez le moule dans un plat en terre avec un peu d'eau; cuisez au four 5 quarts d'heure. Laissez refroidir avec un poids léger dessus, puis renversez le gâteau.

SAUCISSON DE FOIE DE PORC.

Coupez en tranches un kilogramme de foie de porc cru; grattez les chairs avec un couteau pour en retirer les nerfs; hachez-les.

Hachez un kilogramme de viande maigre de porc avec autant de lard frais; mêlez le tout et hachez de nouveau; assaisonnez avec sel et épices; arrosez avec 4 cuillerées d'eau-de-vie; ajoutez 2 ou 3 oignons hachés et revenus avec du saindoux.

Avec ce hachis, remplissez des boyaux de porc, bien propres; nouez-les à distance de 12 centimètres; faites-les sécher à l'air 24 heures.

Plongez-les ensuite à l'eau bouillante, et cuisez une heure, à feu très-doux. — Retirez la casserole du feu, tenez-la couverte une demie-heure. Egouttez alors les saucissons, enveloppez-les dans de petits linges, serrez, en les bouts, et laissez refroidir.

ANDOUILLES DE MÉNAGE (*h.-d'œuvre*).

Prenez un gros boyau de porc et une panse, bien propres, échaudés; épongez-les sur un linge et coupez-les en filets longs et minces; mettez-les dans une terrine. Assaisonnez avec sel et épices; arrosez avec quelques cuillerées d'eau-de-vie et faites-les macérer 5 à 6 heures.

Egouttez-en alors le liquide: saupoudrez-les avec quelques cuillerés d'échalotes hachées et du persil. — Prenez un boyau comme pour faire les saucissons, salé, degorgé à l'eau froide et bien épongé. Coupez-le de la longueur de 25 centimètres; nouez-les et ficelez-les d'un bout; retournez les alors à moitié, comme on retourne un bas, et remplissez-les, peu à peu avec les filets préparés, en les serrant aussi bien que possible. Nouez et ficelez chaque boyau du bout opposé.

Mettez les andouilles dans une casserole longue; couvrez-les avec de l'eau froide; ajoutez sel, épices et un filet de vinaigre; faites bouillir, en écumant. Retirez sur le côté du feu; ajoutez carottes et oignons, un bouquet garni d'aromates; cuisez 4 heures comme un pot-au-feu, c'est-à-dire tout doucement.

Egouttez-les avec soin afin de ne pas les briser; rangez-les dans un plafond, l'une à côté de l'autre, en les serrant; couvrez-les avec un linge, et faites refroidir 5 à 6 heures.

Quand on veut manger les andouilles, il faut les ciseler légèrement et les faire griller à feu doux, 20 à 25 minutes.

ANDOUILLES FUMÉES.

Prenez un gros intestin gras et une panse de porc frais, bien propres; coupez-les en bandes étroites; mettez-les dans une terrine; assaisonnez avec sel et *quatre-épices*; ajoutez une pincée d'échalotes hachées; arrosez avec un verre de vinaigre et quelques cuillerées d'eau-de-vie. Faites mariner 2 jours. — Egouttez-les, entonnez-les dans un boyau à saucisson, fermé d'un bout; nouez-les aussi du bout opposé, et faites-les fumer 10 jours, à chaleur douce. — Cuisez-les 4 heures, à l'eau mêlée avec légumes, sel et aromates. Egouttez-les, laissez-les refroidir.

CRÉPINETTES DE PIEDS DE PORC AUX TRUFFES *(h. d'œuvre)*.

Cuisez 2 pieds de porc. Egouttez-les, désossez-les; coupez-les en gros filets; assaisonnez.

Prenez 500 grammes de chair à saucisse; pilez-la; mêlez-lui 4 truffes crues, pelées, coupées en dés; mêlez-lui aussi les pieds de porc.

Etalez sur la table une crépine de porc; coupez-en des morceaux carrés, et sur chaque carré placez 2 tranches de truffes; masquez-les avec une partie du hachis, gros comme un œuf; enfermez-le dans la crépine, en reployant les bords de celle-ci. Applatissez la crépinette, en lui donnant une forme ovale. Beurrez-les et faites-les griller 10 à 12 minutes à feu doux.

CRÉPINETTES A LA MÉNAGÈRE (*h.-d'œuvre*).

Prenez 500 grammes de chair à saucisse, finement hachée. — Imbibez à l'eau tiède 200 gram. de mie de pain de cuisine; exprimez-en l'humidité, pilez-la; mêlez-lui 4 à 5 jaunes d'œuf. Retirez-la, mêlez-la au hachis de porc; ajoutez quelques cuillerées de fines-herbes : oignons, échalotes, persil et champignons hachés; ajoutez de plus 4 à 5 cuillerées de maigre de jambon cuit. Assaisonnez avec sel et épices. — Divisez le hachis en parties de la grosseur d'un œuf; donnez-leur une forme plate et ovale; enveloppez-les chacune dans un carré de crépine. Roulez-les d'abord dans du saindoux fondu, puis dans de la panure, et faites-les griller un quart d'heure sur feu doux.

CRÉPINETTES DE FOIE DE PORC (*mets de déjeuner*).

Sur un foie de porc, coupez 7 à 8 tranches d'un doigt d'épaisseur; assaisonnez avec sel et *quatre épices*. — Hachez 150 grammes de lard frais, 2 oignons et quelques échalotes; faites revenir et mêlez au lard; ajoutez 2 cuillerées de persil haché avec une pointe d'ail. Masquez chaque tranche avec une couche de ce hachis, et posez-la sur un carré de crépine; humectez la crépine avec du beurre fondu, et faites griller une demi-heure sur feu doux.

FROMAGE D'ITALIE. (*mets de déj.*).

Hachez d'abord séparément, et puis ensemble, 1 kilogramme de foie de porc et 2 kilogrammes de lard frais ou de panne. — Mettez ce hachis dan une terrine; assaisonnez avec sel et *quatre épices*, une pincée d'aromates en poudre, 2 cuillerées de persil haché, 4 échalotes et oignons également hachés. Mêlez bien la pâte avec une cuiller, et incorporez-lui peu à peu 75 grammes de farine, 3 œufs entiers et 250 grammes de lard blanchi, coupé en dés.

Masquez l'intérieur d'un grand moule ou d'une terrine à cuire, avec de la crépine; emplissez avec le hachis; couvrez et cuisez 2 heures et demie au four, dans un plafond avec un peu d'eau. Laissez refroidir sous presse.

FROMAGE DE COCHON A LA MÉNAGÈRE (*mets de dejeuner*).

Coupez en deux, sur sa longueur, une tête de porc crue et propre; retirez-en la cervelle et la langue. Cuisez les deux moitiés et la langue dans un chaudron ou une braisière vec sel, légumes et aromates. — Aussitôt que les chairs peuvent se détacher des os, égouttez les deux moitiés; retirez-en les chairs, et coupez-les sur le travers, en tranches épaisses; remettez-les dans la braisière avec la langue pelée; finissez de les cuire ensemble, jusqu'à ce quelles soient très-tendres.

Egouttez-les alors; coupez la langue sur le travers. Assaisonnez avec sel et épices; mettez-les dans une ou plusieurs terrines à cuire; arrosez-les avec quelques cuillerées de leur cuisson, et laissez-les refroidir avec un poids dessus.

VOLAILLE

La France est certainement le pays qui produit la meilleure volaille; depuis les pigeons jusqu'aux oies, depuis le simple poulet jusqu'à la dinde, tout est parfait et abondant. Mais grâce aux voies de communications rapides, c'est surtout sur les marchés de Paris, où viennent aboutir les produits les plus exquis de toutes les provinces de la France.

Les chapons du Mans et du pays de Caux, les poulets et les poulardes de Bresse, les oies de Toulouse, les canards de Rouen, les dindes du Périgord, les poulets de grains et les pigeons que produisent les environs de Paris, tout y abonde.

En France, la bonne saison pour la volaille de choix : poulardes, dindes et chapons, commence en octobre et dure jusqu'en avril; au printemps commencent les produits nouveaux. Les oies et canards commencent en octobre et ne durent que jusqu'en décembre. Les pigeons sont bons toute l'année.

La première qualité des volailles, quelle qu'en soit l'espèce et la nature, c'est d'être jeunes et tendres ; pour être parfaites, elles doivent être bien nourries et engraissées à point : le choix de la nourriture et les soins particuliers qu'on donne à la volaille en font tout le mérite et la qualité. Par ses produits naturels, la France est dans les meilleures conditions pour l'élevage de la volaille.

La volaille en général constitue une nourriture saine, convenant à tous les âges et à tous les tempéraments : bouillie ou rôtie, elle est toujours estimable, saine, nourrissante, facile à digérer ; ces seules qualités suffiraient pour la mettre au premier rang des animaux destinés à notre alimentation.

Mais, de quel secours la volaille n'est-elle pas pour les malades et les convalescents, pour les enfants et les vieillards? Elle a le privilége, sous un petit volume, de fournir un aliment dont la légèreté et la puissance nutritive des sucs sont en quelque sorte uniques.

Mais, de même que la viande de boucherie, la volaille, pour être à son point précis de qualité, doit être mortifiée dans une juste mesure. L'excès lui serait préjudiciable, mais le manque de mortification lui ravit toutes ses qualité.

Dans quelques cas, on obtient bien des volailles tendres, en les cuisant aussitôt après les avoir abattues et pendant qu'elles sont encore chaudes, mais vainement chercherait-on en elles la distinction et la succulence qui sont le privilége de celles mortifiées à point.

POULARDE EN GALANTINE (*entrée*).

Prenez une poularde pas trop grasse, flambée; fendez-en la peau du dos, sur toute sa longueur, et désossez entièrement les chairs de la charpente osseuse, afin de l'énerver. Désossez aussi les

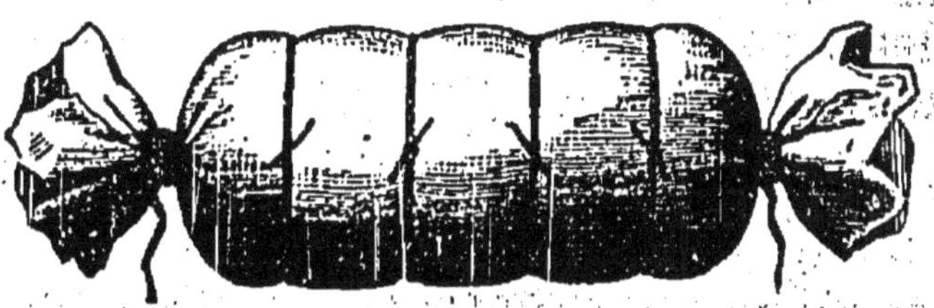

cuisses en les renversant.

Enlevez les filets de l'estomac et retirez les gros nerfs du gras-de-cuisse et du pilon.

Hachez 300 grammes de chairs maigres de veau ou de porc et 300 grammes de lard frais; mêlez-les et pilez-les. Assaisonnez la farce avec sel et épices; mêlez-lui 125 grammes de lard coupé en gros dés, 125 grammes de langue écarlate, 125 grammes de truffes crues, coupées, puis 4 cuillerées de pistaches entières, mondées.

Avec cette farce, remplissez la poularde; rapprochez-en la peau, en donnant à la galantine une forme ronde et longue, sans la coudre. Enveloppez-la dans une serviette, en la serrant étroitement; nouez les deux bouts, puis ficelez-la et cuisez-la dans du simple bouillon frais. Egoutez-la, serrez-la et faites-la refroidir sous presse. Coupez-la en tranches et servez avec de la gelée.

POULARDE A L'ESTRAGON *(entrée)*

Bridez une poularde, introduisez à l'intérieur un morceau de beurre mêlé avec une pincée de feuilles d'estragon; bardez-la, mettez-la dans une casserole, mouillez à hauteur avec du bouillon du pot-au-feu, non dégraissé. Cuisez trois quarts d'heure.

Egouttez le bouillon, en le passant; dégraissez-le, et avec lui, préparez une petite sauce poulette (*page* 57). Quand elle est liée, passée et de bon goût, mêlez-lui 2 cuillerées de feuilles d'estragon coupées en losanges et blanchies, 2 secondes. Débridez la poularde, dressez sur plat, et masquez avec la sauce.

CHAPON ROTI

On ne pique pas les chapons; on les barde et on les enveloppe simplement dans du papier beurré; on les fait rôtir une heure, en les arrosant; on les déballe un quart d'heure avant de les débrocher.

POULARDE ROTIE

On fait rôtir les poulardes comme les chapons, sans les piquer; on les cuit 45 à 50 minutes.

POULARDE TRUFFÉE *(rôt)*.

Pour truffer une poularde dans de bonnes conditions, il faut des truffes fraîches, et la truffer 2 ou 3 jours avant de la faire rôtir

Videz la poularde, en laissant la peau du cou aussi longue que possible. — Pelez les truffes; si elles sont grosses, coupez-les. Faites fondre un peu de lard dans une casserole, ajoutez les truffes; assaisonnez avec sel et poivre, sautez-les 5 à 6 minutes sur feu; laissez-les refroidir, et avec elles, emplissez le corps et l'estomac de la poularde. — Bridez-la, bardez-la, enveloppez-la dans un linge et tenez la au frais. — Faites-la rôtir à la broche 50 à 60 minutes.

Mettez une poignée de parures de truffes dans une casserole avec 2 décilitres de vin blanc et autant de jus ou de bouillon; couvrez et faites bouillir 10 minutes. Passez et liez avec un peu de fécule délayée; cuisez 10 minutes; ajoutez le jus dégraissé de la lèchefrite, et servez cette sauce à part, en même temps que la poularde.

POULARDE AUX NOUILLES (*entrée*).

Bridez et bardez une poularde; cuisez-la dans une casserole avec du bouillon de pot-au-feu.

Avec sa cuisson, préparez une petite sauce poulette. (*page* 57).

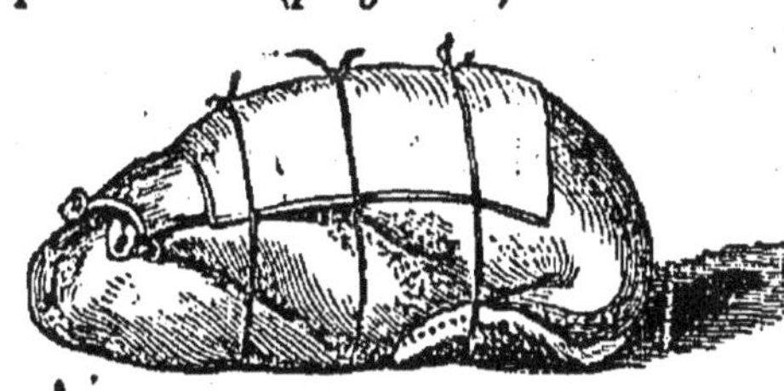

Cuisez à l'eau bouillante et salée 500 grammes de nouilles émincées. Egouttez-les; remettez-les dans la casserole; assaisonnez avec beurre, parmesan râpé, quelques cuillerées de sauce et une pointe de muscade.

Dressez-les sur un plat et posez dessus la poularde, bien égouttée et débridée.

Liez la sauce avec un jaune d'œuf, passez-la et servez-la en saucière.

POULARDE AU CARY (*entrée*).

Bridez et bardez une poularde; mettez-la dans une casserole, mouillez-la à peu près à sa hauteur, avec du bouillon du pot-au-feu non dégraissé ; ajoutez un bouquet de persil et quelques parures de champignons ; cuisez-la 45 minutes.

Avec la cuisson dégraissée et passée, préparez une petite sauce poulette (*page* 57). Finissez-la avec une cuillerée de poudre de cary délayée ; liez-la avec 2 jaunes, étendus avec de la crème.

Egouttez et débridez la poularde ; dressez-la sur plat, masquez avec la sauce. Servez séparément du riz à l'eau (*page* 70).

POULARDE PIQUÉE, AUX TRUFFES (*entrée*).

Flambez l'estomac d'une poularde bridée ; quand elle est froide, piquez-la. — Mettez-la dans une casserole dont le fond est masqué avec débris de lard et légumes émincés. Mouillez avec 2 décilitres de bouillon, et faites-le tomber à glace ; mouillez alors à mi-hauteur, couvrez avec du papier beurré et cuisez à court mouillement avec feu dessus, feu dessous. — Quand elle est cuite, égouttez-en le jus, en le passant ; dégraissez et liez-le avec un peu de fécule délayée ; ajoutez un peu de vin blanc, et retirez sur le côté du feu ; mêlez-lui quelques truffes crues ou de conserve, pelées et coupées : si elles sont crues, cuisez-les 10 minutes dans la sauce ; si elles sont de conserve, chauffez-les simplement et dressez-les autour de la poularde.

POULARDE AUX OLIVES (*entrée*).

Bridez une poularde ; bardez-la ou piquez-là ; faites-la braiser, en opérant comme pour la poularde aux truffes.— Passez et dégraissez le jus; liez-le avec de la fécule délayée; cuisez 15 minutes sur le côté du feu. Mêlez-lui une petite garniture d'olives désossées et blanchies; chauffez sans faire bouillir.—Egouttez la poularde; débridez-la, dressez-la sur un plat; masquez avec la sauce et rangez les olives autour.

CHAPON A LA CHIPOLATA (*entrée*).

Bridez un chapon; faites-le revenir de belle couleur avec du beurre; mouillez à mi-hauteur avec vin blanc et bouillon; cuisez-le tout doucement avec feu dessus et dessous.— Passez et dégraissez le jus; liez-le avec de la fécule délayée; cuisez 10 minutes et mêlez-lui une garniture chipolata (*page* 70); faites mijoter 10 minutes et servez.

CUISSES DE CHAPON A LA DIABLE

Prenez les 2 cuisses d'un chapon de desserte; ciselez-en la peau; assaisonnez avec sel, poivre, huile et moutarde; roulez-les dans cet assaisonnement, saupoudrez avec de la chapelure et faites griller 12 à 14 minutes à bon feu.

CHAPON AU GROS SEL

Cuisez un chapon comme il est dit pour la poularde au cary : il faut 5 quarts d'heure. Egouttez-le, dressez-le sur un plat avec un peu de bon bouillon clarifié; saupoudrez-le avec du gros sel.

CHAPON AU RIZ

Cuisez un chapon comme il est dit pour la poularde au cary (*page* 276). — Passez le bouillon, dégraissez-le, faites le bouillir. — Pour un litre et demi, mêlez-lui un demi-litre de riz lavé. Cuisez 25 minutes sur feu doux : il doit rester consistant ; finissez-le avec un morceau de beurre, et servez-le avec le chapon.

POULE AUX PETITS OIGNONS

Troussez une poule; faites-la revenir avec du beurre jusqu'à ce qu'elle soit bien colorée ; mouillez à mi-hauteur avec du bouillon ; cuisez tout doucement avec feu dessus et dessous.

Mettez dans une poêle 2 douzaines de petits oignons crus, une cuillerée de saindoux et une pincée de sucre ; sautez-les sur feu vif jusqu'à ce qu'ils soient bien colorés; égouttez-en la graisse et mêlez-les à la poule, quand celle-ci sera aux trois quarts cuite. Finissez de les cuire ensemble. Débridez la poule, liez légèrement le jus et servez.

POULE A LA DAUBE

Faites fondre dans une marmite en terre 75 grammes de lard haché ; ajoutez une grosse poule propre ; faites-la revenir un quart d'heure ; ajoutez alors un pied de veau désossé el blanchi, sel, grains de poivre, une gousse d'ail, un bouquet et un verre de vin blanc. Couvrez la marmite et retirez-la sur des cendres chaudes.

Une heure après, ajoutez 2 carottes coupées, 12 petits oignons, 100 grammes de petit-salé coupé en carrés et 2 cuillerées de cognac ; finissez de la cuire ainsi, dégraissez et servez.

POULE DU POT-AU-FEU AUX OLIVES (*entrée*).

Prenez une poule cuite dans le bouillon, refroidie. — Faites 8 morceaux de l'estomac et des cuisses, 2 morceaux de la carcasse; mettez-les dans une casserole plate.

Hachez un oignon, faites-le revenir avec du beurre; saupoudrez avec une pincée de farine; cuisez 2 secondes, et mouillez peu à peu avec moitié bouillon, moitié vin blanc. Tournez jusqu'à l'ébullition; retirez sur le côté du feu.

Ajoutez un bouquet et quelques gouttes de caramel; cuisez 20 minutes. — Dégraissez et passez à la petite passoire, sur la volaille. Chauffez celle-ci un quart d'heure, en mijotant. Ajoutez ensuite une petite garniture d'olives sans noyaux, blanchies; servez aussitôt.

POULE DU POT-AU-FEU FRITE (*entrée*).

Quand la poule est froide, découpez-la en 10 morceaux; retirez-en la peau; assaisonnez avec sel, poivre, huile et jus de citron.

Une heure après, prenez-les un à un, trempez-les dans une pâte à frire et plongez-les à friture chaude, pour les colorer en les chauffant. Egouttez-les, salez et dressez-les.

On peut aussi tremper ces morceaux dans une sauce blonde bien serrée et liée avec quelques jaunes, les ranger à mesure à distance sur une tourtière et laisser refroidir la sauce; les rouler ensuite dans la panure, les tremper dans des œufs battus et les paner encore, puis les faire frire.

POULE DU POT-AU-FEU EN RAVIOLES (*déjeuner*).

Hachez et pilez les chairs de la poule cuite; ajoutez quelques cuillerées de maigre de jambon cuit, haché, moitié de son volume de cervelle cuite, un morceau de moelle de bœuf crue; pilez encore; puis, ajoutez 2 ou 3 jaunes d'œuf crus, sel et muscade. Passez au tamis.

Avec cette farce et de la pâte à nouille, préparez des ravioles, en procédant comme il est dit *page* 33, mais beaucoup plus grosses.

Cuisez-les à l'eau salée, 8 à 10 minutes. Egouttez-les, rangez-les dans un plat, par couches, en saupoudrant chaque couche avec du parmesan râpé et l'arrosant avec de la sauce tomate, mêlée avec du beurre à la noisette.

POULE DU POT-AU-FEU EN COQUILLES (*entrée*).

Coupez en petits dés les chairs de la poule cuite ; ajoutez un tiers de leur volume de champignons cuits, aussi coupés en dés, et quelques cuillerées de jambon cuit ou langue écarlate.

Mettez 2 décilitres de sauce blonde dans une casserole ; faites la réduire 6 minutes sans la quitter, en lui mêlant quelques cuillerées de crème crue. Quand elle est crémeuse et serrée, mêlez-lui le salpicon, assaisonnez et liez le ragoût avec une liaison de 2 jaunes. — Emplissez des coquilles de table ; lissez le dessus ; saupoudrez avec de la panure blanche, arrosez avec du beurre, et faites gratiner 10 à 12 minutes au four.

POULE DU POT-AU-FEU AU RISOT (*entrée*).

Détachez les 2 filets d'estomac de la poule froide ; émincez-les ; émincez aussi les chairs des cuisses ; mettez-les dans une casserole plate ; ajoutez quelques champignons cuits, également émincés. Arrosez-les avec quelques cuillerées de jus lié, bouillant : la sauce ne doit pas être trop longue. Chauffez sur feu très-doux.

Avec 150 grammes de riz de Piémont, du bouillon, un peu de tomate, beurre et parmesan, préparez un petit risot. (V. *aux Farinages*)

Aussitôt à point, dressez-en la moitié dans un

petit plat creux ou dans une casserole à légume; écartez-le avec la cuiller, et dans ce creux, dressez la volaille. Masquez avec le restant du risot, saupoudrez avec du parmesan et servez.

POULE DU POT-AU-FEU AU GRATIN (*mets de déjeuner*).

Quand la poule est froide, retirez-en toutes les chairs; supprimez-en la peau et les parties dures; hachez-les finement; mettez-les dans une terrine avec 100 grammes de jambon cuit, coupé en petits dés. — Préparez de la purée de pommes de terre finie comme pour faire des croquettes, avec beurre et jaunes d'œuf, un peu de crème; ajoutez une poignée de parmesan râpé : il faut le double de purée que de viande hachée. Mêlez le hachis avec la purée; assaisonnez avec sel et muscade.

Versez le tout dans un plat à tarte bien beurré; lissez-le en dessus; saupoudrez avec du parmesan, arrosez avec du beurre, et faites gratiner au four 25 minutes.

POULE DU POT-AU-FEU A LA TARTARE (*entrée*).

Coupez en dés les chairs refroidies de la poule; mêlez-leur un tiers de leur volume de cornichons et champignons au vinaigre, 2 cuillerées de câpres et les filets de 6 anchois coupés en dés; assaisonnez avec sel, huile, vinaigre, moutarde.

Une heure après, liez le salpicon avec quelques cuillerées de sauce tartare (*page* 63). Dressez-le ensuite dans des coquilles de table et masquez-le dessus avec une couche de cette même sauce.

POULE DU POT-AU-FEU, SAUCE TOMATE (*entrée*).

Coupez l'estomac et les cuisses en 8 morceaux,

et la carcasse en deux. Mettez-les dans une casserole plate; chauffez les avec un peu de bouillon.

Coupez en carrés minces 100 grammes de maigre de jambon cru; mettez-les dans une poêle avec du beurre ou de l'huile; faites les revenir 2 minutes, puis mouillez avec quelques cuillerées de vinaigre; faites réduire de moitié, et mouillez avec de la purée de tomates; ajoutez une gousse d'ail, une feuille de laurier et le bouillon dans lequel ont chauffé les morceaux de volaille; faites bouillir, et liez avec un peu de farine délayée; 2 minutes après, versez sur les viandes et faites mijoter 20 minutes. — Retirez ail et laurier; dressez le ragoût sur plat chaud.

POULE DU POT-AU-FEU A LA MAYONNAISE *(entrée froide)*.

Laissez refroidir la poule; divisez la en 8 morceaux; mettez-les dans un plat; assaisonnez avec sel, huile et vinaigre; faites-les macérer une heure.

Dressez-les ensuite sur une couche de salade verte ou salade de légumes, liée à la mayonnaise. Masquez avec une couche de mayonnaise; décorez avec câpres, cornichons, filets d'anchois, betterave olives farcies, confites; entourez avec des demi-œufs durs, posés debout.

POULE DU POT-AU-FEU AUX FINES-HERBES *(entrée)*.

Refroidie, découpez la poule en 7 à 8 morceaux. — Hachez un gros oignon blanc et quelques échalotes; faites les revenir au beurre dans une casserole plate; ajoutez 2 poignées de champignons hachés; quand ils ont réduit leur humidité; saupoudrez avec une pincée de farine, et mouillez avec un peu de vin blanc et de bouillon. Faites bouillir en tournant; cuisez 10 minutes; ajoutez une pincée de poivre et la poule; faites mijoter un quart d'heure; servez en même temps une purée de pommes de terre gratinée.

BROCHETTES DE FOIES DE VOLAILLE *(h. d'œuvre)*.

Choisissez de bons foies de volaille, poulets, dindes ou poulardes; divisez-les; coupez-les en gros carrés. Assaisonnez avec sel, poivre, huile, persil haché. — Prenez une bande mince de lard salé; divisez-la en carrés de même grandeur que les foies. — Enfilez à de petites brochettes en métal 7 à 8 carrés de foie, en les alternant chacun avec un carré de lard. Roulez-les dans la panure, et faites griller un quart d'heure à feu modéré, en les retournant.

PETITS SOUFFLÉS DE VOLAILLE, EN CAISSES *(h. d'œuv.)*.

Hachez et pilez 200 grammes de chairs blanches de volaille cuite et froide, de desserte; ajoutez un morceau de beurre et 4 cuillerées de riz froid, bien cuit; passez au tamis.

Mettez la purée dans une casserole, assaisonnez; mêlez-lui 2 cuillerées de béchamel serrée; chauffez sans ébullition; retirez-la et incorporez-lui d'abord 4 à 5 jaunes d'œuf, puis 5 blancs fouettés, bien fermes. — Avec cet appareil, garnissez de petites caisses légèrement beurrées à l'intérieur avec du beurre épuré; rangez-les à distance sur une tourtière, et cuisez 15 minutes à four doux.

POULETS ROTIS.

Les poulets pour rôt, doivent toujours être

choisis tendres; c'est la qualité la plus indispensable. — La meilleure méthode pour les rôtir c'est la broche, en les arrosant avec du beurre; à

défaut, on les fait rôtir au four dans un plafond à rôtir, ou même dans une casserole avec beurre et lard coupé en dés. — Pour faire rôtir les poulets à la broche ou au four, il faut de 30 à 40 minutes, selon leur grosseur, mais aussi selon la direction du feu. Le feu de broche doit être dirigé de telle façon que le poulet ne soit atteint que peu à peu : un feu trop violent, dans le début, resserre les chairs et les pénètre plus difficilement. Mais aussitôt que le rôt est bien saisi, il faut diminuer la vigueur du feu ou reculer la broche afin qu'il finisse de cuire sans se colorer trop.

On ne sale les poulets qu'au moment de les débrocher. On les débride et on les dresse sur un plat soit avec du jus soit simplement avec du cresson. — La machine à rôtir, au gaz, est décrite au chapitre des ustensiles.

POULET AU BLANC *(entrée)*.

Bardez un poulet; cuisez-le dans du bouillon de pot-au-feu. — Avec beurre et farine préparez un roux blond ; délayez avec la cuisson du poulet, passée et dégraissée ; faites bouillir, en tournant, et retirez sur le côté du feu ; ajoutez un bouquet et parures de champignons ; cuisez 25 minutes. Dégraissez et passez la sauce, liez-la avec quelques jaunes d'œuf. Dressez le poulet et versez la sauce dessus.

FRICASSÉE DE POULET *(entrée)*.

Prenez un gros poulet ; coupez-le en 6 morceaux ; mettez-les dans une casserole avec la carcasse coupée en deux, les ailerons, le cou et les pattes ; couvrez avec de l'eau froide ; salez et faites bouillir.

Retirez aussitôt du feu, et égouttez le bouillon dans une terrine.

Essuyez bien les morceaux de poulet ; remettez-les dans la même casserole, avec du beurre, un oignon, une carotte ; faites-les revenir 7 à 8 minutes ; saupoudrez avec 2 cuillerées de farine, et mouillez peu à peu avec la cuisson réservée. Ajoutez un bouquet, parures de champignons et gros poivre.

Quand les viandes sont cuites, enlevez-les avec une écumoire ; tenez-les au chaud.

Passez la sauce, remettez-la dans la casserole ; mêlez-lui quelques champignons crus, et cuisez encore quelque minutes, jusqu'à ce qu'elle soit réduite à point.

Liez-la alors avec une liaison de 2 ou 3 jaunes. Versez-la sur le poulet ; chauffez sans faire bouillir ; finissez-le avec le jus d'un citron, et servez.

SALADE DE POULET *(entrée)*.

Prenez un poulet cuit et refroidi ; coupez-le en 8 morceaux ; retirez-en la peau ; assaisonnez avec sel, poivre, huile et vinaigre. — Emincez 2 cœurs de laitue; assaisonnez en salade et dressez-la sur le centre d'un plat. Sur cette couche, dressez les morceaux de poulet, en les entremêlant avec câpres, olives sans noyau et cornichons coupés. Entourez-les avec des demi-œufs durs, coupés sur la longueur et posés debout. Arrosez-les avec une vinaigrette (*page* 62).

MAYONNAISE DE POULET *(entrée)*.

Découpez en petits morceaux 1 ou 2 poulets cuits; retirez-en la peau et les os aussi bien que possible; assaisonnez avec sel, poivre, huile et vinaigre.

Une heure après, dressez-les en dôme sur une couche de salade de légumes. Masquez le dôme avec une couche de mayonnaise; entourez-le avec des demi-cœurs de laitue assaisonnés, décorez-le avec câpres, cornichons, filets d'anchois et olives sans noyaux.

POULETS SAUTÉS, AUX TOMATES *(entrée)*.

Découpez un poulet cru, en 5 morceaux; ajoutez les ailerons, le cou, les pattes et la carcasse : celle-ci coupée en trois.

Mettez-les dans une casserole plate ou une poêle épaisse, avec beurre et huile; assaisonnez avec sel et poivre, une gousse d'ail entière, un bouquet de persil garni avec laurier et thym. Faites revenir à feu modéré, en les retournant.

Quand ils sont cuits, arrosez avec 4 cuillerées de bouillon; 2 minutes après, retirez la casserole du feu. — Prenez 4 grosses tomates pas trop mûres, coupez-les chacune en 4 morceaux; retirez-en les semences ; faites-les sauter à feu vif, dans une poêle, avec de l'huile; assaisonnez avec sel et poivre ; aussitôt quelles sont bien chaudes, retirez-les ; égouttez-en l'huile.

Dressez les poulets sur un plat ; entourez-les avec les tomates, arrosez avec le jus.

POULET SAUTÉ, A LA MÉNAGÈRE *(entrée)*.

Découpez un poulet cru, comme il est dit pour le poulet aux tomates. — Emincez un oignon et une carotte; faites-les revenir au beurre, dans une casserole; ajoutez le poulet, un bouquet, une gousse d'ail, sel et poivre. Cuisez tout doucement, avec feu dessus, feu dessous. — Retirez les morceaux les plus tendres à mesure qu'ils sont cuits.

Egouttez ensuite le beurre, et mouillez les légumes avec un peu de bouillon et quelques cuillerées de purée de tomate conservée. Donnez 2 bouillons, et liez avec un petit morceau de beurre manié à la farine. — Dressez le sur un plat, versez la sauce dessus.

POULET SAUTÉ A LA MARENGO *(entrée)*.

Cuisez un poulet, découpé, en opérant comme il est dit pour celui aux tomates, avec de l'huile. Mouillez avec de la sauce tomate légère; donnez 2 bouillons, et dressez sur plat. — Entourez le pou- avec des œufs frits et des croûtons.

POULET SAUTÉ AUX FONDS D'ARTICHAUTS *(entrée)*.

Cuisez au beurre ou à l'huile un poulet découpé en 5 morceaux, en opérant comme pour celui aux tomates.

Coupez en gros dés 7 à 8 fonds d'artichauts de conserve ; chauffez-les dans du jus.

Quand le poulet est cuit, arrosez-le avec un peu de jus lié; donnez 2 bouillons et mêlez-lui les artichauts. Finissez avec le jus d'un citron.

POULET SAUTÉ AU CARY.

Cuisez au beurre un poulet découpé, en opérant comme il est dit pour celui aux tomates. Pendant sa cuisson, saupoudrez-le avec une pincée de poudre de cary; arrosez avec quelques cuillerées de jus lié; donnez 2 bouillons; finissez avec le jus d'un citron, et dressez le poulet sur un plat; versez la sauce dessus, en la passant. Servez séparément un plat de riz à l'eau *(page 70)*.

POULET A LA MATELOTE *(entrée)*.

Faites revenir 2 carottes et 2 oignons émincés; saupoudrez avec une pincée de farine, cuisez 2 minutes, et mouillez avec moitié vin rouge et moitié eau chaude; ajoutez un bouquet, gousse d'ail, gros poivre, parures de champignons. Faites bouillir et retirez sur le côté du feu. — Prenez un poulet découpé; faites-le revenir dans une casserole avec beurre et huile, jusqu'à ce qu'il soit coloré. Passez alors la sauce sur le poulet, et faites-la réduire vivement de moitié; ajoutez 2 douzaines de petits oignons à peu près cuits, et si c'est possible, quelques champignons crus. Finissez de les cuire sur feu doux.

Au dernier moment, retirez le ragoût du feu; mêlez-lui un petit morceau de beurre d'anchois et une poignée de câpres. Dressez-le sur une couche de tranches de pain frites.

POULETS GRILLÉS *(mets de déjeuner)*.

Prenez de jeunes poulets, vidés et flambés; coupez-les en deux sur la longueur; battez-les, assaisonnez avec sel et poivre; trempez-les dans du beurre fondu, roulez-les dans la panure blanche, et faites-les griller 30 à 35 minutes à feu doux, en les humectant au pinceau avec du beurre.

TOURTE DE POULETS DANS UN PLAT (*entrée*).

Découpez 2 petits poulets comme pour fricassée, faites-les revenir à bon feu avec du lard haché.

Quand ils sont bien saisis, assaisonnez ; ajoutez quelques cuillerées de petit-salé coupé, oignons et champignons hachés ; 5 à 6 minutes après, retirez-les, laissez-les refroidir.

Prenez un plat à gratin rond ; masquez-en le fond avec une épaisse couche de godiveau, en faisant un creux ; dans ce creux rangez les morceaux de poulet en dôme ; recouvrez-les avec une épaisse couche de godiveau.

Faites une abaisse en demi-feuilletage ou pâte brisée, et avec elle, masquez le dôme jusqu'aux bords du plat ; appuyez-la, coupez-la à niveau du bord, mouillez-la, et entourez-la avec une bande en pâte un peu épaisse, posée debout ; pincez-la sur les bord et en dessus.

Faites un trou sur le haut du dôme ; ornez-le avec quelques détails et dorez-le. — Cuisez une heure la tourte à four modéré. En la sortant, infiltrez-lui par le haut un peu de bon jus lié.

CROQUETTES DE POULET (*hors d'œuvre*).

Coupez en petits dés les chairs d'un poulet froid,

de desserte ; mêlez à ce salpicon un tiers de son volume de champignons et un tiers de langue à l'écarlate coupée comme le poulet. Liez avec de la béchamel réduite ; laissez refroidir ; puis divisez l'appareil en parties égales de la grosseur d'un petit œuf ; mettez-les sur la table saupoudrée de panure, et roulez-les avec la main, rondes d'abord, puis en forme de poire.

Trempez-les dans des œufs battus et roulez-les dans la panure. — Faites-les frire en deux fois, de belle couleur ; égouttez et piquez à chacune une tige de persil ou de truffe pour imiter la queue.

COQUILLES DE POULET *(hors d'œuvre)*.

Avec des chairs cuites d'un poulet coupées en dés, des champignons cuits et de la béchamel réduite, préparez un appareil comme pour les croquettes, mais un peu moins consistant. Assaisonnez, et avec lui, garnissez des grosses coquilles de table naturelles ou en métal. Lissez le dessus avec la lame d'un couteau ; saupoudrez avec de la panure ou du parmesan râpé ; arrosez avec du beurre fondu.

Rangez les coquilles sur une tourtière ou un plafond, en les appuyant sur une couche de sel pour les tenir d'aplomb. Faites-les colorer au four et dressez. — On prépare ainsi des coquilles de gibier.

COQUILLES DE POULET AUX CORNICHONS.

Coupez en dés, le blanc d'un poulet froid, de desserte ; mêlez-lui un tiers de son volume de cornichons, aussi coupés en dés ; liez ce salpicon avec quelques cuillerées de mayonnaise, et dressez-le dans des coquilles de table. Lissez le haut avec la lame d'un petit couteau, masquez avec une couche de mayonnaise, et décorez avec des détails de betteraves, des filets d'anchois, des câpres et de la gelée grasse.

RISSOLES A LA CUISINIÈRE *(hors d'œuvre).*

Prenez des rognures de feuilletage ou de la pâte brisée; abaissez-la mince. Coupez des ronds ou plutôt des abaisses avec un coupe-pâte de 7 centimètres; au centre de chaque abaisse, posez une petite partie de farce de volaille crue, mêlée avec quelques cuillerées de truffes hachées.—Humectez l'abaisse, ployez-la pour la sonder et l'amincir.

Faites frire les rissoles de belle couleur, à feu doux; égouttez et dressez-les.

RISSOLES DE POULET *(hors d'œuvre).*

Préparez un petit appareil comme pour les croquettes de poulet; laissez-le refroidir.

Abaissez 3 à 400 gram. de rognures de feuilletage; coupez des ronds et terminez les rissoles, en procédant comme il est dit à l'article précédent.

Trempez-les dans des œufs battus, panez-les et faites-les frire.

DINDONNEAU ROTI.

Un bon dindonneau, bien nourri, cuit à point,

peut être considéré comme un rôt de premier

choix. — Bridez-le, bardez-le ou piquez-le avec du lard, et faites-le rôtir à la broche 40 à 50 minutes, en l'arrosant avec du beurre. Servez-le avec un peu de bon jus.

DINDE PIQUÉE, ROTIE.

Choisissez une dinde tendre et grasse ; videz-la, flambez-la ; détachez-en le cou ; bridez-la, piquez-la avec du lard sur l'estomac et les cuisses.

Traversez-la avec une broche, sur sa longueur, et fixez-la à la broche par les pattes, à l'aide d'une brochette qui la serre sur le dos ; couvrez-la avec une feuille de papier beurré, et faites-la rôtir à feu modéré ; si elle pèse 3 kilogrammes elle doit cuire 5 quarts d'heure ; si elle pèse au-dessus de 4 kilogrammes, cuisez-la d'une heure et demi à 2 heures, en l'arrosant avec du beurre.

Déballez-la un quart d'heure avant de la retirer. — Salez-la, débrochez-la et dressez-la sur un plat. Envoyez à part le jus de la lèchefrite passé et dégraissé.

DINDE FARCIE, ROTIE.

On peut farcir les dindes avec des truffes, des

marrons et saucisses. — Si c'est avec des truffes, elles doivent être pelées, entières si elles sont petites, coupées si elles sont grosses. On les fait sauter dans du lard fondu pendant quelques minutes seulement pour les chauffer sans les atteindre ; on les assaisonne avec sel et poivre, et on les laisse refroidir. — On les mêle alors avec du lard haché, avec un peu de leurs parures crues, hachées. On enferme les truffes dans le corps de la dinde, on coud les issues, et on fait rôtir.

Si on veut farcir la dinde avec des marrons, il faut les faire très-légèrement rôtir, en supprimer l'écorce et la peau. On les assaisonne avec sel et poivre, puis on les enferme dans le corps de la dinde.

Si on veut farcir la dinde avec des petites saucisses, il faut d'abord les faire raidir dans une poêle avec du beurre, et les enfermer ensuite dans la dinde.

DINDE DAUBÉE *(entrée)*.

Prenez une dinde pas trop tendre ; quand elle est vidée, farcissez-la avec de la chair à saucisse, pilée avec un tiers de son volume de mie de pain, imbibée et exprimée ; ajoutez un oignon haché et persil ; bridez-la ; mettez-la dans une daubière ou une braisière, dont le fond est masqué avec des débris de lard et légumes émincés. Entourez-la avec des couennes fraîches et 2 pieds de veau désossés et blanchis, gros poivre, aromates, gousses d'ail et feuilles de laurier. Mouillez avec un demi-litre de vin blanc et autant de bouillon ; faites bouillir, et cuisez 3 à 4 heures, tout doucement avec feu dessus, feu dessous.

Quand les chairs sont tendres, égouttez-la, servez-la avec les couennes et pieds autour. Passez et dégraissez la cuisson; servez-la à part.

POUPETON DE VOLAILLE *(entrée)*.

Préparez 600 grammes de farce de volaille (*page* 51). — Prenez 6 foies et 6 gésiers de volaille; faites blanchir les foies et cuisez les gésiers dans le

bouillon; quand ils sont égouttés, divisez-les et retirez-en les parties dures; mettez-les dans une casserole avec beurre et quelques cuillerées de jambon cru, coupé en dés; faites-les revenir 2 minutes; ajoutez les foies, assaisonnez. Mouillez avec un peu de jus lié, donnez seulement 2 bouillons, et retirez. — Ajoutez alors quelques crêtes et lognons de volaille : les premières cuites, les rognons blanchis; ajoutez encore quelques champignons cuits et une cervelle coupée en carrés : laissez refroidir.

Prenez 600 grammes de pâte brisée fine; divisez-la en deux parties, et abaissez-les en abaisses rondes. Placez la plus épaisse sur une tourtière; coupez-la régulièrement autour, puis redressez-en les bords à 2 doigts de hauteur.

Avec les deux tiers de la farce, masquez la pâte, en laissant un creux sur le centre; dans ce creux, mettez le ragoût préparé. Couvrez avec le restant de la farce puis avec l'autre abaisse. Soudez-la avec les bords, en la pinçant avec les doigts; puis pincez les contours avec une pince à pâtisserie, et entourez-les avec une bande de papier. Faites un trou sur le centre de l'abaisse, et ornez-la avec des feuilles imitées en pâte, en formant rosace.

Dorez et cuisez trois quarts d'heure à four doux; en le sortant, infiltrez-lui à l'intérieur, un peu de bon jus lié, et servez.

CROQUETTES DE DINDE AUX POMMES DE TERRE.

Hachez 250 grammes de chairs cuites et froides de dinde rôtie ou bouillie; mettez-les dans une casserole; assaisonnez avec sel et poivre; mêlez-leur 3 à 400 grammes de purée de pommes de terre préparée comme pour croquettes; ajoutez 4 jaunes et un œuf entier, une pincée de muscade et une poignée de parmesan râpé.

Divisez l'appareil en partie égales; roulez-les de forme ronde sur la table farinée; trempez-les dans des œufs battus; roulez-les dans la panure, et faites frire.

CROQUETTES DE DINDE AUX CHAMPIGNONS (*h. d. chaud*).

Coupez en dés les chairs cuites d'une dinde froide, de desserte: autant que possible les parties de l'estomac. Mêlez-leur un tiers de leur volume de champignons cuits.

Faites réduire 2 à 3 décilitres de béchamel sans la quitter, en lui mêlant quelques cuillerées de glace fondue ou de crème crue.

Quand elle est bien serrée, mêlez-lui les viandes, en observant que la sauce ne soit pas trop abondante. Assaisonnez et laissez refroidir, formez les croquettes (*page* 290). Panez et faites frire.

ÉMINCÉ DE DINDE AU RIZ.

Coupez en morceaux les viandes d'une dinde froide, de desserte; tenez-les à couvert. — Pour 500 grammes de viande, prenez un demi-litre de riz trié. — Mettez dans une casserole un oignon haché et du beurre; faites le revenir blond; ajoutez le riz; tournez quelques secondes, mouillez avec 1 litre et demi de bouillon; cuisez 12 minutes à couvert. — Ajoutez alors les morceaux de dinde et 2 clous de girofle; couvrez et finissez de cuire le riz. Quand il est à point, mêlez-lui un morceau de beurre, retirez les girofles, et dressez.

ABATIS DE DINDE AUX POMMES DE TERRE.

L'abatis de volaille comprend : les ailerons, le cou, les pattes, le gésier et le foie. — Mettez le foie de côté. Videz le gésier, coupez-le en trois, ainsi que le cou.

Echaudez les viandes, épongez-les bien, mettez-les dans une casserole avec du beurre, 150 grammes de petit-salé, coupé en tranches, 6 petits oignons, un bouquet, gros poivre et sel.

Faites revenir à bon feu; saupoudrez avec une cuillerée de farine : 2 minutes après, mouillez à hauteur avec de l'eau chaude, assaisonnez; cuisez une heure et demie. Ajoutez alors des pommes de terre crues, coupées en quartiers; assaisonnez encore avec sel et poivre, arrosez avec la sauce, 10 minutes avant de servir, ajoutez le foie revenu et coupé.

CUISSES DE DINDE GRILLÉES (*mets de déjeuner*).

Prenez les 2 cuisses d'une dinde froide, de desserte; retirez-en l'os du gras-de-cuisse; ciselez légèrement les chairs en dessus; assaisonnez avec sel et cayenne, trempez les dans des œufs battus, et panez-les. — Trempez les alors dans du beurre fondu, et faites-les griller 14 à 15 minutes sur feu doux; servez sur une purée de légumes ou avec un peu de jus.

AILERONS DE DINDE PIQUÉS, A LA PURÉE DE NAVETS.

Prenez 6 ailerons de dinde; désossez-les, en laissant simplement l'os du bout, repliez la peau en dedans, puis trempez-les à l'eau chaude pour en raffermir la peau; quand ils sont froids, piquez-les d'un côté avec du lard. — Rangez-les dans une casserole foncée avec débris de lard et racines émincées; mouillez avec un peu de bouillon, et cuisez-les comme un fricandeau, à court mouillement, de belle couleur. — Servez-les sur une purée de navets ou de tout autre légume.

AILERONS DE DINDE, GRILLÉS.

Echaudez les ailerons afin d'en retirer les grosses plumes. Quand ils sont bien propres, enfilez-les avec de la ficelle et cuisez-les dans le pot-au-feu. Egouttez-les, laissez-les refroidir.

Assaisonnez avec sel et poivre; parez-les, trempez-les dans des œufs battus et panez-les. Roulez-les dans du beurre fondu, et faites-les griller. Servez-les avec un peu de bon jus — On peut désosser les ailerons avant de les faire cuire.

OIE FARCIE, ROTIE.

Dans les ménages, on farcit ordinairement les

oies, afin de rendre le rôti plus abondant. On peut les farcir avec des pommes, des marrons ou des saucisses, avec marrons et saucisses ensemble,

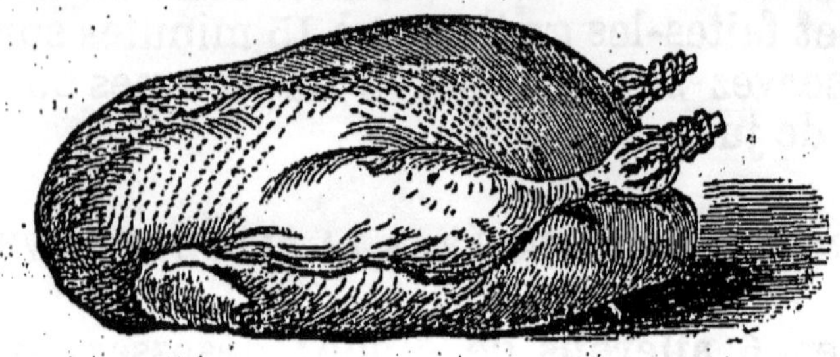

avec de la chair à saucisse seulement, et même avec une simple farce au pain décrite à la *page* 51.

Pour farcir l'oie avec des marrons ou des saucisses, on opère d'après la même méthode que pour la dinde (*page* 293).

Pour la farcir aux pommes, on choisit de toutes petites pommes, on les vide sur le centre avec un tube à colonne, on les introduit tout simplement dans l'intérieur de l'oie avec un petit bouquet de sariette; on coud les ouvertures, et on fait rôtir l'oie au four, dans une huguenote plate, en terre ou en fonte, en l'arrosant avec du beurre.

Quand les oies ne sont plus très-tendres, il est préférable de les cuire au four, ou dans une casserole avec feu dessus, feu dessous plutôt que de les faire rôtir à la broche.

OIE A LA GELÉE *(entrée froide)*.

Ceci est un excellent mets, facile à exécuter, que les ménagères ferons bien de mettre à profit.

Prenez une oie propre, bridée; placez-la dans une braisière dont le fond est masqué avec lard et légumes émincés; entourez-la avec 2 ou 3 pieds de veau, désossés et blanchis, quelques couennes fraîches; quelques gousses d'ail entières, petits oignons, carottes et bouquet d'aromates. Ajoutez sel, gros poivre, girofles, les chairs d'un citron un brin de zeste.— Mouillez à hauteur avec moitié vin blanc, moitié bouillon. Fermez bien la marmite et cuisez l'oie à feu très-doux.— Quand elle est tendre, retirez-la hors du feu et laissez-la à peu près refroidir dans sa cuisson.

Egouttez-la, découpez-la en quatre parties; supprimez-en les os le plus possible, et rangez-les dans une terrine creuse, avec les couennes et pieds de veau désossés.

Passez la cuisson, dégraissez-la bien; mêlez-lui 2 décilitres de vinaigre, et clarifiez-la avec 2 œufs battus, en procédant comme pour le bouillon clarifié (*page* 5); passez-la ensuite, versez-la sur les morceaux d'oie, et laissez refroidir.

En hiver on peut conserver cette oie pendant plusieurs semaines; on la mange froide.

CUISSES D'OIE A LA CHOUCROUTE *(entrée)*.

Prenez les 2 cuisses d'une oie de desserte et ce qui reste de l'estomac; coupez les en morceaux.

Mettez dans une casserole 1 kilogramme de choucroute, avec un oignon, un morceau de petit-salé, 4 cuillerées de graisse d'oie et un peu de bouillon; faites bouillir 10 minutes; couvrez avec un papier graissé, et cuisez à four modéré.

Deux heures après, ajoutez les morceaux d'oie, et cuisez encore une demi-heure. Liez alors la choucroute avec un morceau de beurre manié; servez-la avec le petit-salé coupé.

ABATIS D'OIE, AUX NAVETS (*entrée*).

Coupez en morceaux le cou, les ailerons, les pattes et le gésier d'une oie : ces viandes doivent être crues et propres; échaudez-les à l'eau bouillante, égouttez-les bien. Faites-les revenir dans une casserole avec beurre, sel, gros poivre, petits oignons et 125 grammes de petit-salé coupé en gros dés.

Quand elles ont réduit leur humidité, mouillez avec 1 décilitre de vin blanc; faites-le réduire, et saupoudrez les viandes avec une petite poignée de farine; mouillez avec de l'eau chaude : tournez jusqu'à l'ébullition; ajoutez du sel et un bouquet, retirez sur le côté du feu, et cuisez jusqu'à ce que les viandes soient au trois quarts cuites.

Mêlez alors au ragoût une garniture de bon navets coupés et colorés à cru, à la poêle comme les petits oignons, avec beurre et sucre. Arrosez souvent les navets avec la sauce; quand ils sont cuits, retirez le bouquet et servez.

FOIE-GRAS A LA PROVENÇALE (*entrée*).

Prenez un petit foie-gras cru; divisez-le en tranches pas trop minces; assaisonnez avec sel et épices; farinez et trempez-les dans des œufs battus pour les paner. Faites-les frire à la poêle avec un peu de beurre fondu, mais à feu vif, en les retournant. Aussitôt qu'elles sont à point, égouttez-les en laissant une partie de la graisse dans la poêle.

Dans cette graisse, mettez un oignon haché, faites-le revenir; ajoutez quelques cuillerées de champignons frais ou sec, hachés; 2 minutes après, saupoudrez avec une pincée de farine, et mouillez avec un peu de vin blanc et de bouillon ; cuisez quelques minutes. — Ajoutez alors quelques cuillerées de truffes fraîches ou sèches, également hachées ; donnez 2 bouillons ; ajoutez les tranches de foie simplement pour les chauffer, sans ébullition ; arrossez avec le jus d'un citron, et servez.

CANARD DOMESTIQUE ROTI.

On ne fait rôtir que les jeunes canards ; quand ils ne sont plus tendres, on les fait braiser. — Quand le canard est vidé, bien propre, introduisez-lui dans le corps un bouquet de persil et aromates. Bridez-le et faites-le rôtir à la broche, sans le barder : un canard tendre peut cuire en 20 minutes, on arrose avec du beurre et on sert avec du jus et du cresson, à part.

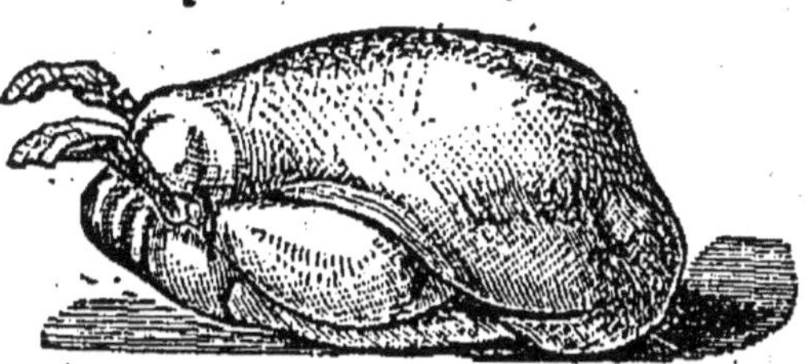

CANARD AUX LÉGUMES *(entrée)*.

Prenez un canard propre ; emplissez-le avec un hachis de porc, mêlé avec de la mie de pain imbibée, persil et oignon hachés. Bridez-le ; faites-le revenir 15 à 18 minutes, dans une casserole en terre plus large que haute, avec du lard haché et fondu.

Si le canard n'était pas tendre, faites-le revenir, puis mouillez-le avec un peu de bouillon, cuisez-le à moitié. Entourez-le alors avec une garniture composée de carottes, navets et racines de céleri, coupés en boules ou en gousses et blanchis, quelques petits oignons et 4 bouquets de choux blanchis et exprimés.

Rangez ces légumes par groupes en séparant chaque groupe par une tranche épaisse de petit-salé blanchi; assaisonnez et mouillez avec du bouillon. Finissez de cuire canard et légumes, tout doucement avec feu dessus, feu dessous; servez dans la casserole.

CANARD A LA MODE DE TOULOUSE *(entrée)*.

Ouvrez par les reins un jeune canard; désossez-le entièrement; assaisonnez à l'intérieur avec sel et poivre.

Avec 250 grammes de foie de veau cru et haché, le foie et le cœur du canard, 150 grammes de graisse de rognon de veau hachée, 2 poignées de mie de pain râpé, 2 œufs, persil haché avec une pointe d'ail et une pincée d'oignon haché cuit au beurre, préparez un hachis.

Avec ce hachis, emplissez le canard; cousez-le et emballez-le dans une serviette, en le ficelant aux deux bouts; plongez-le tout simplement dans du bouillon ou de l'eau en ébullition; cuisez 4 ou 5 quarts d'heure, à couvert et à grands bouillons. Egouttez-le ensuite; servez-le avec une sauce piquante.

CANARD AU RISOT *(ragoût)*.

Prenez les restes d'un canard rôti; supprimez-en les os les plus gros; distribuez-les en morceaux, et mettez-les dans une casserole; arrosez-les avec un peu de jus et quelques cuillerées de sauce tomate; chauffez au bain-marie sans ébullition. Avec 200 grammes de riz, préparez un risot:

quand il est à point, dressez-le sur plat, et les morceaux de canard dessus.

SALMIS DE CANARD DOMESTIQUE.

Faites rôtir un jeune canard gras, avec 5 à 6 tranches de pain dessous. Débrochez et laissez-le refroidir; coupez-le en morceaux. — Hachez grossièrement la carcasse et les parures.

Faites revenir avec huile ou beurre un oignon émincé; ajoutez les parures de canard et les croûtes de pain pilées; 2 échalotes, grains de poivre, macis, laurier; mouillez avec un grand verre de vin rouge et autant de bouillon; faites réduire de moitié; passez au tamis; remettez dans la casserole et chauffez les morceaux de canard dans la sauce, sans faire bouillir. — Dressez sur un plat, saucez et entourez avec des croûtons frits.

CUISSES DE CANETONS, GRILLÉES.

Les cuisses d'un gros caneton rôti, dont on a mangé les filets, peuvent être servies grillées, le lendemain, en opérant comme pour les cuisses de dinde.— On les dresse sur une purée de pommes de terre, ou bien on les sert avec une sauce piquante.

PIGEONS ROTIS.

Videz et flambez 2 pigeons gras ; bridez-les, bardez-les, enfilez-les avec une brochette et fixez celles-ci sur la broche; arrosez avec du beurre, et faites rôtir de 15 à 20 minutes, selon leur grosseur ; salez-les avant de les, débrocher. — Débridez-les, servez-les avec du jus.

PIGEONS EN COMPOTE.

Bridez 2 pigeons avec les pattes en dedans ; faites-les revenir dans une casserole avec du lard fondu, en les retournant ; salez légèrement.

Dix minutes après, ajoutez 125 grammes de petit-salé coupé en gros dés ; faites revenir encore 10 minutes ; saupoudrez avec une pincée de farine, et mouillez à peu près à hauteur avec de l'eau chaude et un peu de vin blanc ; faites bouillir 5 à 6 minutes à feu vif, ajoutez un bouquet, sel et poivre, retirez sur le côté du feu.

Faites colorer dans une poêle 2 douzaines de petits oignons, avec beurre et une pincée de sucre. Quand les pigeons sont à moitié cuits, ajoutez les oignons ; 20 minutes après, ajoutez une quinzaine de champignons crus.

Cuisez encore 10 minutes. Égouttez les pigeons ; débridez-les, servez-les avec les garnitures autour ; dégraissez la sauce, et passez sur les pigeons.

PIGEONS AUX OLIVES (*entrée*).

Mettez 2 bons pigeons bardés, dans une casserole avec quelques débris de lard, un peu de beurre et oignon ; faites-les revenir ; salez-les, et mouillez avec un décilitre de vin blanc ; faites-le réduire. Mouillez alors à mi-hauteur avec du bouillon ; liez avec de la fécule, et finissez de cuire sur le côté avec feu dessus.

Quand les pigeons sont à peu près cuits, passez la sauce ; remettez-la avec les pigeons ; finissez de les cuire. Ajoutez une garniture d'olives, sans noyau, blanchies; servez.

PIGEONS FARCIS, ROTIS.

Videz 2 pigeons jeunes et tendres; hâchez 125 grammes de rognonde veau ou de mouton; ajoutez les foies des pigeons et 100 grammes de lard haché, une poignée de panure blanche, une cuillerée d'oignon et une de persil, hachés, sel, poivre et 2 jaunes d'œuf.

Avec ce hachis, remplissez le corps des pigeons; bridez-les, bardez-les et faites-les rôtir à la broche ou à la casserole.

PATÉ CHAUD DE PIGEONS, A LA BOURGEOISE *(entrée)*.

Coupez 2 ou 3 pigeons chacun en quatre parties; mettez-les dans une casserole avec du beurre ou du saindoux et une pincée d'oignon haché; faites-les revenir quelques minutes à feu vif, simplement pour les faire roidir. Ajoutez 2 à 300 grammes de petit-salé coupé mince, et quelques salsifis à moitié cuits, émincés; assaisonnez avec sel et poivre.

Foncez entièrement l'intérieur d'un plat à tarte avec une abaisse mince de pâte brisée fine; remplissez-en le vide avec les pigeons, les salsifis et le petit-salé; arrosez avec 2 décilitres de jus lié, froid.

Couvrez avec une large abaisse de la même pâte; soudez-la sur les bords; dorez et cuisez une heure, à four doux.

PIGEONS EN MARINADE *(hors-d'œuvre)*.

Prenez quelques pigeons de desserte, rôtis ou

braisés, froids. Divisez-les, retirez-en la peau, et autant que possible les os.

Assaisonnez avec sel, huile, un filet de vinaigre, branches de persil.

Une heure après, égouttez-les ; prenez les morceaux un à un, trempez-les dans une pâte à frire, et plongez-les à friture chaude. — Quand la pâte est sèche, de belle couleur, égouttez et servez.

PIGEONS A LA CRAPAUDINE.

Ouvrez par le dos 2 jeunes pigeons vidés et flambés ; glissez-en les pattes sous la peau ; battez-les pour les aplatir ; assaisonnez, trempez-les dans du beurre, roulez-les dans la panure blanche, et faites-les griller à feu très-doux jusqu'à ce qu'ils soient de belle couleur ; servez avec une sauce tartare ou simplement du jus aigre.

Si les pigeons ne sont pas très-tendres, on ne doit pas les faire griller, ou alors, il faudrait les cuire d'abord au beurre, les paner et les faire griller.

GIBIER

La France si bien partagée sous le rapport de la volaille, n'est pas dans les mêmes conditions sous le rapport du gibier. Non pas en ce qui concerne la qualité, mais par rapport à la quantité. Je connais peu de pays où le gibier vaille le nôtre ; en échange il est bien plus abondant et plus varié en Angleterre, et dans tout le nord de l'Europe. Cela tient non-seulement au déboisement de nos grandes forêts, mais aussi aux règlements qui régissent le droit de chasse.

Cette différence du nombre est surtout remarquable en ce qui concerne le gros gibier : les daims, les cerfs, les chevreuils, les sangliers. Mais aussi par rapport aux faisans, aux perdreaux, aux lièvres ; sans compter que nous ne possédons ni les gélinottes, ni les coqs de bois, ni les grouses, ni les ptarmigans, ni les poules de prairie, ni les élans, ni les rennes.

Non-seulement le gibier est peu abondant chez nous, mais à l'exception du gibier migrateur : les bécasses, cailles, grives, ortolans, canards et sarcelles, tout le gibier sédentaire devient chaque jour plus rare, et tend évidemment à disparaître tout à fait, si des mesures énergiques ne sont pas prises. Heureusement pour nous qu'à l'aide des communications rapides établies dans tous les pays, nous pouvons tirer de l'étranger le surplus de produits abondants dont il dispose. C'est là certainement une satisfaction, mais elle appartient au nombre de celles qui ne devraient pas nous faire perdre de vue nos véritables intérêts.

La plupart des pièces de gibier exigent une mortification plus prolongée que celle des volailles. Cependant, il faut éviter de tomber dans un excès qui pourrait devenir nuisible à la santé ; l'extrême mortification du gibier est contre les lois de l'hygiène, autant que contre celles de la vraie gastronomie. En dépassant la juste mesure de la mortification, une pièce de gibier tombe fatalement dans le domaine de la décomposition où elle n'est ni meilleure ni plus salutaire que dans son état normal.

Les faisans et les bécasses sont en somme les seuls gibiers pouvant supporter une mortification prolongée ; trop frais, l'arome de leur chair est insaisissable, j'en conviens, mais il ne faut pas perdre de vue qu'en dépassant la mesure on s'expose au même danger, sans compensation pour le bon goût.

Le chevreuil, par exemple, qu'on a l'habitude en France, non-seulement de laisser mortifier outre mesure, mais qu'on ne mange qu'après l'avoir fait mariner plusieurs jours dans une marinade cuite, n'exige pas tant de précautions.

Dans tous les pays où le chevreuil est abondant, on le mange dans d'autres conditions, et certainement il n'en est pas moins bon. La chair du chevreuil étant tout à fait tendre et son arome délicat, on ne saurait mieux faire que le manger dans son état normal, c'est-à-dire après une mortification modérée, telle qu'on la fait subir à un levraut jeune et tendre.

Si on veut relever le goût de la chair de chevreuil, c'est à l'aide d'une sauce de haut ton, et non à l'aide d'expédients mal compris dont on cherche en vain la nécessité.

FAISAN ROTI.

Le faisan qu'on veut faire rôtir doit toujours être mortifié ; cette mortification est un peu une affaire de préférence; mais on ne doit pas oublier qu'un faisan trop frais est ordinairement coriace et sans arome.

Videz le faisan, bridez-le ; piquez-en l'estomac avec du lard ; embrochez-le et faites-le rôtir 45 à 50 minutes, en l'arrosant avec du beurre : le feu doit être modéré.— Salez-le, débrochez-le, servez-le avec du jus et des citrons coupés.

PINTADE ROTIE.

La pintade doit être vidée, piquée, puis rôtie à la broche : trois quarts d'heure suffisent. — On la sert simplement avec du jus.

COQ DE BRUYÈRE, ROTI.

On ne sert pour rôt que les petits, ceux dont les plumes de la queue sont fourchues ; on les vide, on en supprime la peau de l'estomac, et on les pique avec du lard. On les fait rôtir 35 minutes, en les arrosant avec du beurre.

OUTARDE.

Si l'outarde est jeune, laissez-la mortifier quelques jours; puis, videz-la et bridez-la.

Retirez ensuite la peau de l'estomac, et piquez-en les deux côtés avec du lard. — Faites la rôtir à la broche ou au four.

Si l'outarde est très-grosse et vieille, il ne reste que la ressource de la cuire en daube comme une dinde (*page* 294).

PAON ROTI.

On ne doit faire rôtir que les jeunes paons. — Videz-le, flambez-le et bridez-le; piquez-en l'estomac avec du lard ; faites-le rôtir à la broche ou au four, en l'arrosant avec du beurre ; cuisez-le une heure. Salez et débrochez.

Si on veut servir le paon rôti, avec l'intention de le faire remarquer ; il faut en couper le cou avant de le plumer, et conserver les plumes de la tête en parfait état. — On coupe ensuite l'os du cou au-dessous de la tête, on pique intérieurement dans celle-ci un solide fil de fer recourbé, et on fourre la peau du cou avec des feuilles de persil, de façon à le maintenir droit et plein.

On colle avec de la farine délayée au blanc d'œuf, sur un bout du plat dans lequel le paon doit être servi, un croûton de pain frit. Quand il est solide, on pique dessus le fil de fer afin de maintenir le cou droit. On dresse ensuite le paon sur le plat, en plaçant l'estomac du côté où est collé le pain frit. On l'entoure avec des citrons coupés, et on sert le jus à part.

PERDREAUX BARDÉS OU PIQUÉS, ET ROTIS.

Les perdreaux sont considérés comme tendres,

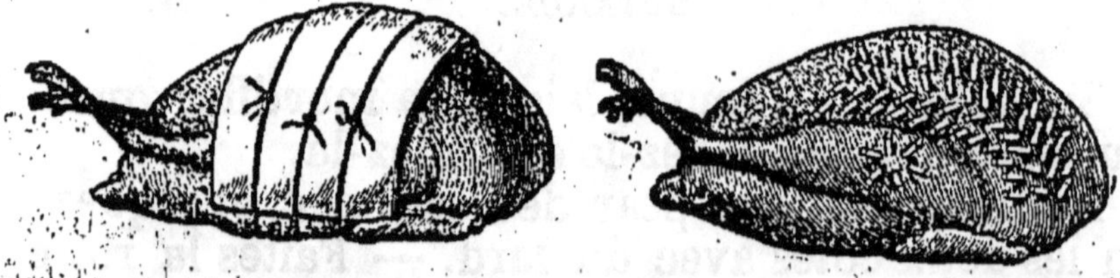

tant qu'ils ont la première plume de l'aile pointue et tâchée d'un point blanc, à son extrémité. Quand la plume est ronde, ce n'est plus un perdreau, c'est une perdrix.

Videz et flambez les perdreaux; bridez-les, piquez-les ou masquez-en l'estomac avec une barde mince de lard, et faites-les rôtir à bon feu, à la broche, en les arrosant avec du beurre.

En septembre, on peut cuire les perdreaux en 14 minutes; plus tard, quand ils sont plus gros, il faut de 18 à 20 minutes.

SALMIS DE PERDREAUX

Prenez 2 perdreaux froids, de desserte; découpez-les chacun en 6 morceaux; retirez-en la peau, ainsi que les os aussi bien que possible, mettez-les dans une casserole.

Pilez les foies cuits des perdreaux avec un morceau de beurre; passez au tamis. — Hachez tous les os avec une poignée de chapelure; mettez-les dans une casserole avec aromates, vin blanc et bouillon; cuisez 20 minutes. — Passez alors le liquide au tamis fin, liez-le avec un peu de fécule délayée, et versez-le sur les morceaux de perdreaux, chauffez sans ébullition.

Dressez-les sur un plat; liez la sauce avec la purée de foie, et versez-la sur les perdreaux. Entourez avec des croûtons frits.

SALADE DE PERDREAUX.

Prenez quelques membres de perdreau de desserte; retirez-en la peau et une partie des os; divisez-les pour qu'ils soient moins gros; assaisonnez avec sel, huile, vinaigre, faites-les mariner une heure. Egouttez-les et dressez-les sur une couche de salade de légumes; masquez-les avec une sauce mayonnaise; entourez-les avec des cœurs de laitues coupés en quatre, et assaisonnés.

PERDREAUX AUX CHOUX OU A LA CHOUCROUTE *(entrée)*.

Quand, dans un dîner, on a servi un rôt abondant de perdreaux, on peut, le lendemain, utiliser avec avantage ce qui en reste.

On les découpe par membres, on les chauffe dans un bon jus, sans ébullition, et on les dresse sur une couche de bonne choucroute ou de choux braisés cuits avec un morceau de petit-salé.

On lie ensuite le jus avec un morceau de beurre manié ou de la fécule et on le verse sur le gibier.

PERDREAUX ROUGES AUX RAISINS *(entrée)*.

Prenez 2 perdreaux, placez-les dans une casserole pas trop large, dont le fond est masqué avec du lard fondu, quelques tranches de petit-salé cru et un bouquet d'aromates; remplissez les vides de chaque côté du perdreau avec des grains de raisin durs, c'est-à-dire encore verts ; assaisonnez, couvrez la casserole et cuisez à l'étuvée, à feu très-doux, avec des cendres chaudes sur le couvercle.— Servez avec le petit-salé et les raisins autour.

PERDREAUX GRILLÉS *(entrée)*.

Prenez 2 petits perdreaux : les plus jeunes sont les meilleurs ; quand ils sont propres, coupez-les chacun en deux parties sur la longueur ; enlevez les reins ; battez-les légèrement, assaisonnez ; roulez-les dans du beurre fondu, puis dans la panure blanche ; faites-les griller à bon feu 12 à 14 minutes ; servez avec citrons et jus.

HACHIS DE PERDREAU EN BORDURE *(mets de déj).*

Préparez une bordure de pommes de terre; faites-la pocher au four. — Hachez 250 grammes de chairs cuites de perdreau.

Mettez dans une casserole la valeur de 2 décilitres de bon jus lié, préparé avec les os des perdreaux; faites le réduire d'un tiers, sans le quitter ; mêlez-lui alors 2 ou 3 cuillerées de marsala ou de madère; donnez encore deux bouillons, et retirez sur le côté du feu; ajoutez le hachis, assaisonnez et chauffez sans faire bouillir.

Renversez la bordure sur un plat et dressez le hachis dans le centre.

PURÉE DE PERDREAU, AUX ŒUFS POCHÉS *(entrée).*

Prenez des reliefs de perdreau ou de faisan, rôtis : 200 grammes; pilez-les, avec 6 cuillerées de riz les au bouillon et refroidi; ajoutez un morceau de beurre et 4 cuillerées de sauce préparée avec uit os et carcasses du gibier employé; assaisonnez avec sel et muscade; chauffez sans ébullition, dressez-la sur un plat, entourez-la avec 7 à 8 œufs pochés; masquez ceux-ci avec le restant de la sauce, et servez.

CROQUETTES DE PERDREAU *(hors-d'œuvre).*

Coupez en petits dés des chairs cuites de perdreaux de desserte. Mêlez à ce salpicon moitié de son volume de langue écarlate et de truffes. Liez avec une sauce épaisse, en opérant comme pour les croquettes de poulet (*page* 290). Faite-les frire et servez.

PERDRIX ÉTUVÉES (*entrée*).

Masquez le fond d'une casserole avec débris de lard, une tranche de jambon cru, carottes et oignons émincés ; posez 2 perdrix dessus : salez-les et couvrez avec 200 grammes de couennes fraîches, de porc blanchies et coupées ; ajoutez un bouquet garni, gros poivre, 2 gousses d'ail non pelées ; mouillez à hauteur avec vin blanc et bouillon ; faites bouillir, fermez bien la casserole et tenez-la à la bouche du four jusqu'à ce que les perdrix soient cuites.

Egouttez et débridez-les; dressez-les sur un plat. Liez la cuisson avec un peu de fécule délayée; 5 minutes après, versez-la sur les perdrix, en la passant.

CHARTREUSE DE PERDRIX (*entrée*).

Cuisez 2 perdrix, comme il vient d'être dit pour les perdrix étuvées. — Faites braiser 2 petits choux frisés, avec un os de jambon, un morceau de petit-salé ou quelques saucisses.

Coupez en liards ou en bâtonnets de grosses carottes et navets par portions égales; faites-les blanchir et laissez-les refroidir.

Beurrez un grand moule à timbale plus large que haut; masquez-en le fond et le tour avec du papier beurré. Décorez le fond du moule avec des tranches de saucisson, des carottes et des navets, en alternant les nuances.

Egouttez les choux; pressez-les dans un linge pour en extraire toute l'humidité ; broyez-les alors dans une casserole, puis dressez-en une couche autour et au fond du moule. Dans le centre, dressez les estomacs des perdrix, découpés en petits filets, en les alternant avec le petit-salé coupé et des choux : fermez le moule avec une couche de choux et un papier beurré ;

Posez-le dans un plafond, avec de l'eau au fond; couvrez-le et tenez-le une heure à la bouche du four.

Renversez-le ensuite sur un plat et laissez bien égoutter la graisse; épongez celle-ci. Enlevez le moule et le papier, servez la chartreuse avec une bonne sauce brune.

PERDRIX AUX CHOUX *(entrée)*.

Prenez 2 perdrix bridées; faites-les revenir avec beurre ou lard fondu; mouillez avec un peu de bouillon, et cuisez-les aux trois quarts, à court mouillement. — Coupez en quartiers 2 choux frisés ; faites-les blanchir, puis faites-les braiser avec un morceau de petit-salé, un os de jambon et quelques saucisses fumées.

Deux heures, après ajoutez les perdrix; et finissez de les cuire ensemble. — Dressez les choux sur un plat, posez les perdrix sur le ventre, entourez-les avec le petit-salé coupé et les saucisses. Liez le jus des perdrix, et servez-le à part.

PERDRIX A LA PURÉE DE LENTILLES *(entrée)*.

Faites braiser 2 perdrix, en procédant comme il vient d'être dit. Egouttez-les, débridez-les et passez leur cuisson; dégraissez-la et liez-la avec de la fécule délayée. — Dressez sur un plat une purée de lentilles (*page* 65); posez les perdrix dessus, masquez avec un peu de sauce et servez.

PETITES TIMBALES DE NOUILLES AU GIBIER *(h.-d'œuvre)*.

Abaissez et ciselez 500 grammes de pâte à

nouille. Cuisez-les 6 à 8 minutes; égouttez-les, assaisonnez avec beurre et parmesan rapé; versez-les dans un moyen sautoir beurré; étalez-les en couche de 3 doigts d'épaisseur; couvrez avec un rond de papier beurré; posez une casserole dessus avec de l'eau froide dedans et laissez refroidir sous presse.

Cinq à six heures après, coupez l'appareil avec un coupe-pâte uni, de 2 doigts de large ; trempez ces timbales dans des œufs battus, roulez-les dans la panure; coupez-les légèrement en dessus avec un coupe-pâte plus petit, afin de marquer le couvercle.

Faites-les frire peu à la fois; égouttez-les; enlevez le couvercle et videz-les. — Remplissez-les alors avec un salpicon composé de gibier, de jambon cuit et de champignons, lié avec une bonne sauce brune, pas trop épaisse. Remettez le couvercle et dressez.

PETITES CROUSTADES DE RIZ, PURÉE AU GIBIER *(h. d'œ.)*.

Faites blanchir 500 grammes de riz; cuisez-le avec un peu de beurre et du bouillon, en le tenant épais; assaisonnez et mêlez-lui un morceau de beurre, du parmesan rapé et muscade. Versez-le dans un sautoir beurré, étalez-le en couche de 3 doigts de haut; faites refroidir, et coupez des petites timbales, en procédant comme il est dit pour celles de nouilles. Panez-les, faites-les frire; videz-les et garnissez avec une purée de gibier.

BÉCASSES ET BÉCASSINES ROTIES.

La bécasse exige d'être légèrement mortifiée.

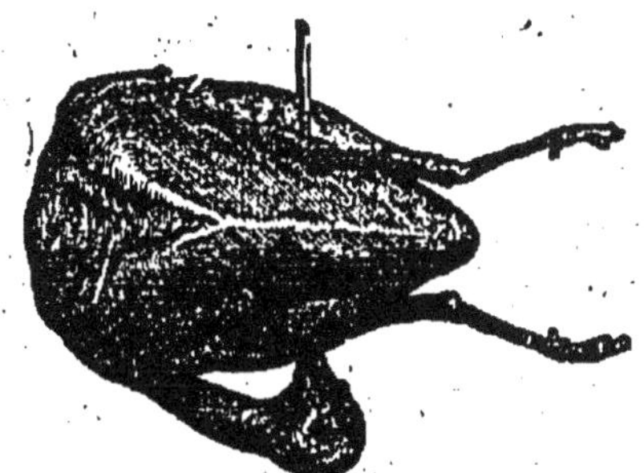

On ne la vide pas. On traverse son corps avec son bec; on la barde et on la fait rôtir à la broche et à feu vif, 14 à 15 minutes, avec des tranches de pain dessous.

On ne vide pas non plus les bécassines; on les fait rôtir 10 à 12 minutes, selon leur grosseur.

SALMIS DE BÉCASSES (*entrée*).

Videz 2 bécasses; faites-les rôtir à bon feu.

Prenez les foies et intestins, ainsi que quelques foies de volaille; faites-les revenir dans du beurre ou du lard fondu, un peu d'aromates et une pincée de parures de truffes; aussitôt atteints, pilez-les et passez-les au tamis.

Mettez la purée dans une casserole; délayez-la avec quelques cuillerées de sauce brune et un peu de vin blanc.

Aussitôt les bécasses à point, salez et débrochez-les. Divisez-les chacune en 5 parties; supprimez-en la peau, et mettez-les dans la casserole où est la sauce. Chauffez sans ébullition; mêlez un jus de citron et dressez sur des tranches de pain frit.

SALMIS DE BÉCASSES, A LA PROVENÇALE (*entrée*).

Faites rôtir 2 bécasses, sans les vider, avec 2 ou 3 croûtes dessous; laissez-les refroidir. Découpez-les; parez les morceaux, et rangez-les dans une casserole.

Hachez les carcasses, parures et débris, ainsi

que les intestins et les croûtes; pilez-les, puis délayez-les avec un verre de vin blanc et autant de jus ou bouillon; ajoutez le jus de la lèchefrite, une pincée d'échalotes hachées, un brin d'aromates, sel et épices; cuisez quelques minutes et passez au tamis.

Versez cette purée sur les bécasses; chauffez sans ébullition et dressez sur des croûtons frits.

GÉLINOTTES ROTIES.

Videz les gélinottes, bridez-les, bardez-les ou piquez-les, embrochez-les et faites-les rôtir 15 minutes à la broche, en les arrosant avec du beurre. Salez, débrochez et servez.

PIGEONS RAMIERS ET TOURTERELLES, ROTIS.

Videz-les, en remettant leur foie à l'intérieur; bridez-les, bardez-les et faites-les rôtir 14 à 16 minutes à la broche avec des tranches de pain dessous.

POULE-D'EAU ET COURLIS ROTIS

La chair de ces gibiers se rapproche de celle de la bécasse; on les vide pour les faire rôtir.

PLUVIERS ET VANNEAUX ROTIS.

Le meilleur moment pour manger ce gibier, c'est l'automne; à cette époque, on peut les faire rôtir comme les bécassines sans les vider et avec ds croû tes dessous. Au printemps, il convient de les vider. — On barde ces animaux; on les fait rôtir de 15 à 18 minutes, en les arrosant.

GRIVES BARDÉES, ROTIES.

Retirez le gésier des grives; enfoncez-en le bec dans le creux de l'estomac; flambez-les, bardez-les; enfilez-les à une brochette. Fixez celle-ci sur broche et faites-les rôtir 10 à 12 minutes, à feu vif, en les arrosant et avec des tranches de pain dessous. Salez, débrochez et servez avec les croûtes.

GRIVES AUX OLIVES (*entrée*).

Videz les grives, coupez-en les pattes et le cou; emplissez-les avec leurs intestins et foies cuits, mêlés avec une pincée de panure fraîche, 6 cuillerées de pâte à saucisse et une pincée de persil haché.

Mettez-les dans une casserole avec du beurre et un peu de sel; cuisez-les à feu vif, en les retournant; mouillez avec 1 décilitre de vin blanc, et faites réduire de moitié. — Mouillez alors avec 2 décilitres de jus lié; donnez 2 bouillons, et dressez les grives sur un plat. Faites bouillir la sauce 3 minutes; mêlez-lui une garniture d'olives, et versez sur les grives.

GRIVES FARCIES, EN CAISSES (*entrée*).

Prenez 6 caisses en papier, forme de carré long; beurrez-les avec du beurre épuré; masquez-les au fond avec une mince couche de fines-herbes cuites : oignons et champignons, hachés, revenus avec du lard râpé.

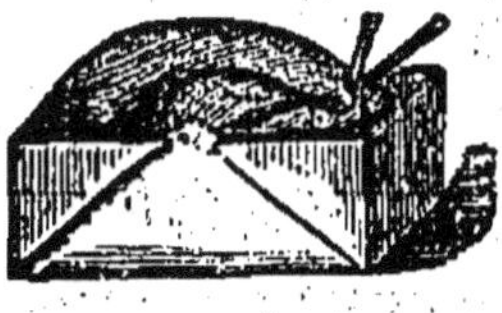

Coupez les pattes à 6 grives; désossez-en les reins, et brisez-en simplement le brechet de l'estomac.

Hachez les intestins et les foies des grives; cuisez-les avec du lard fondu; assaisonnez, retirez-les.

Préparez un petit hachis avec du veau ou du porc frais et autant de lard; ajoutez un tiers de son volume de panure fraîche, les intestins, un œuf entier, sel, poivre et une pincée de baies de genièvre pulvérisées.

Avec ce hachis, remplissez les grives; cousez-les, bridez-les; faites-les revenir avec du lard haché, jusqu'à ce qu'elles soient aux trois quarts cuites.

Placez-en alors une dans chaque caisse; arrosez-les avec un peu de la graisse avec laquelle elles ont cuit; mettez-les sur un plafond et finissez de les cuire à four doux.

SALMIS DE GRIVES A LA MÉNAGÈRE *(entrée)*.

Faites rôtir 8 à 10 grives, sans les vider et avec des croûtes de pain dessous. Aussitôt cuites, salez et débrochez; coupez-les en deux; retirez-en les intestins et rangez les demi-grives dans une casserole.

Si les grives n'ont pas le goût de genièvre, mettez-en quelques grains dans le mortier, et pilez-les en même temps que les intestins, les foies, les têtes et les pattes des grives. Mettez le tout dans une casserole, délayez avec un peu de vin blanc et un peu de bouillon, de façon à obtenir un bon jus; faites-le bouillir 5 minutes, et passez au tamis.

Remettez-le dans la casserole; liez-le avec 2 ou 3 cuillerées de mie de pain ou un morceau de beurre manié. Au premier bouillon, versez cette sauce sur les grives; chauffez-les sans ébullition, et dressez-les dans un plat, sur les croûtes de pain,

CAILLES ROTIES

Videz les cailles; flambez et bridez-les; couvrez-en l'estomac avec une feuille de vigne, coupée en carré; couvrez celle-ci avec une barde mince de lard. Enfilez-les à une brochette, et fixez celle-ci à la broche.— Faites rôtir à feu vif 10 à 12 minutes; salez-les, en les débrochant.

PILAU DE CAILLES A LA PROVENÇALE (*entrée*).

Prenez 6 à 8 cailles vidées, flambées et bridées. Mettez-les dans une casserole avec du beurre, un bouquet garni, 2 petits oignons, quelques cuillerées de jambon cru, coupé; faites-les revenir 7 à 8 minutes à bon feu. — Retirez les, tenez-les au chaud.

Versez dans la casserole 1 litre et quart de bouillon; faites bouillir 6 minutes; ajoutez alors 4 décilitres de riz trié; faites bouillir, et couvrez la casserole; retirez-la sur le côté du feu; 10 minutes après, remettez les cailles dans la casserole; cuisez encore 12 minutes. — Retirez oignon et bouquet; dressez le riz sur un plat et les cailles tauour.

CAILLES EN PAPILLOTES (*entrée*).

Choisissez 6 jeunes cailles grasses; fendez-les par le dos pour les ouvrir; fendez la peau des pilons et glissez les pattes en dessous, comme on fait pour les pigeons. — Battez-les légèrement, assaisonnez, et faites-les simplement roidir dans du lard fondu. Laissez-les refroidir; puis, masquez avec une couche de fines-herbes cuites, préparées avec oignons, champignons, persil haché et les foies des cailles.

Posez ensuite chaque caille sur un rond de papier beurré et saupoudré avec le restant des fines-herbes; pliez ce papier de façon à enfermer les cailles. Posez les papillotes sur une épaisse feuille de papier beurrée, étalée sur le gril, et finissez de cuire les cailles sur feu très-doux.

ORTOLANS ROTIS

Retirez le gésier et la poche des ortolans; flambez-les vivement; traversez-les avec une brochette, et fixez celle-ci sur broche.— Faites-les rôtir 10 minutes à feu vif, en les arrosant avec du beurre. Salez-les et débrochez-les; servez-les sans jus, mais avec la graisse de la lèchefrite.

BECFIGUES ROTIS

On fait rôtir les becfigues sans les vider, ni les barder, en les arrosant avec du beurre, et en mettant des croûtes dessous. Si le feu est ardent, 6 minutes de cuisson suffisent.— On les sale au dernier moment.

BECFIGUES A LA PROVENÇALE (*rôt*).

Quand les becfigues sont propres, mettez-les dans une terrine, arrosez-les avec du beurre fondu, assaisonnez; puis prenez-les un à un et roulez-les dans de la panure, mêlée avec une pincée de graines de fenouil pulvérisées; alors enveloppez-les séparément dans une feuille de vigne et nouez celle-ci avec un bout de fil.— Rangez les oiseaux sur un gril et faites-les griller à feu vif.

BROCHETTES DE BECFIGUES (*rôt*).

Enfilez les becfigues de 4 en 4 avec de petites brochettes en bois; rangez-les dans un plat à gratin, arrosez-les avec du lard fondu; chauffez bien le plat et poussez à four vif; quelques minutes suffisent pour les cuire. — Salez les becfigues, dressez-les sur des croûtes minces frites au beurre.

ALOUETTES ET MAUVIETTES ROTIES

On donne indifféremment à ces petits oiseaux le nom de mauviette ou d'allouette.—Plumez les, flambez-les ; retirez-en simplement le gésier ;

enlevez la peau de la tête, et enfoncez-la dans le creux de leur estomac ; en tordant le cou ; coupez-en les jambes.

Bardez les mauviettes, embrochez-les à une brochette, et fixez celle-ci sur broche ; cuisez-les à feu vif, 8 à 10 minutes. — Salez en débrochant.

MAUVIETTES AU VIN *(entrée)*.

Prenez 12 mauviettes, sans gésier et sans cou, avec les pattes coupées. Faites-les revenir au beurre, sur feu vif ; salez et enlevez-les de la casserole. Mettez dans celle-ci, 2 cuillerées d'échalotes hachées ; faites-les revenir ; mouillez avec 2 décilitres de vin blanc ; faites réduire de moitié ; ajoutez un peu de jus ; liez avec un morceau de beurre manié ; mêlez mauviettes à la sauce ; faites mijoter 8 à 10 minutes. Finissez la sauce avec le jus d'un citron, et servez.

PATÉ D'ALOUETTES *(entrée fr.)*

Prenez une douzaine d'alouettes ; ouvrez-les

par le dos, enlevez les os des reins ; cuisez les intestins avec du lard, assaisonnez, pilez et passez.

Mêlez cette purée avec 500 gram. de chair à saucisse, pilée avec 2 cuillerées de panade au pain ; ajoutez quelques cuillerées de fines-herbes cuites : oignons, échalotes et champignons hachés.

Masquez le fond d'un plat à tarte avec une couche de hachis ; sur celle-ci, rangez les alouettes ; masquez-les avec le restant de la farce et une barde de lard. — Masquez les bords du plat avec une bande de pâte brisée ; mouillez et couvrez le pâté avec une abaisse mince ; appuyez la pâte sur les bords, coupez-la et ciselez-la. Dorez et cuisez au four de campagne ou au four du fourneau.

Ouvrez le pâté ; arrosez-en l'intérieur avec quelques cuillerées de jus lié, couvrez et servez.

SARCELLES ROTIES.

Les sarcelles rôties à point sont un excellent mets. — Quand elles sont vidées, mettez un bouquet de persil dans leur corps ; bridez-les, faites-les rôtir à feu vif, en les arrosant avec du beurre : 14 à 15 minutes suffisent. — Servez-les avec des citrons.

CANARD SAUVAGE ROTI.

Quand le canard est plumé, videz-le ; essuyez-le bien à l'intérieur ; mettez un petit bouquet dedans ; bridez-le, embrochez-le, et faites-le rôtir à la broche 20 minutes, en l'arrosant avec du beurre.

Servez sans jus, avec du cresson ou des citrons coupés.

CANARD SAUVAGE ROTI, A LA SAUCE SALMIS.

Videz et essuyez l'intérieur du canard ; remettez son foie dedans, après en avoir retiré le fiel ; ajoutez quelques foies de volaille salés, ainsi qu'une échalote pelée. Bridez le canard, faites-le rôtir.

Quand il est débroché, retirez les foies de l'intérieur; pilez-les et délayez-les avec de l'huile, jus de citron et le jus du canard. Servez cette sauce à part, en même temps que le canard.

CANARD SAUVAGE EN SALMIS (*entrée*).

Prenez un canard rôti froid; coupez-le d'abord en quatre; puis, coupez les cuisses et les filets chacun en deux parties; mettez-les dans une casserole.

Avec les parures et carcasses, légumes émincés, un bouquet d'aromates, épices, vin blanc et bouillon, préparez un peu de jus. Passez-le et liez-le avec de la fécule délayée; cuisez 10 minutes et passez sur les morceaux de canard.

Avec le foie cuit du canard et quelques foies de volaille, préparez une purée; délayez-la avec un peu de sauce, chauffez sans bouillir et versez le tout sur le canard; servez avec des croûtons frits.

LIÈVRE ROTI, SAUCE PAUVRE HOMME.

Dépouillez un lièvre tendre (1); mettez le sang de côté, car il peut toujours être utile. — Retirez-en les 2 épaules et le cou; coupez la poitrine et écourtez les pattes; puis, avec le manche du couteau, brisez l'os des cuisses, afin de pouvoir les plier et entrelacer les pattes. Flambez le râble et les cuisses pour les piquer, ou, ce qui est préférable, retirez-en la peau, sans les flamber; pi-

(1) Les lièvres sont tendres, quand ils portent sur les pattes de devant, à côté de la première jointure, un petit durillon saillant.

quez-les ensuite. — Embrochez le lièvre et faites-le rôtir 35 minutes, en l'arrosant. Servez avec une sauce au pauvre homme, préparée avec le jus et foie du lièvre cru et haché.

LIÈVRE MARINÉ, ROTI.

Prenez les cuisses et le râble d'un lièvre; retirez la peau qui recouvre les chairs des filets. Mettez-le dans un plat et couvrez-le avec du vinaigre cuit avec un peu d'eau et des aromates, mais refroidi.

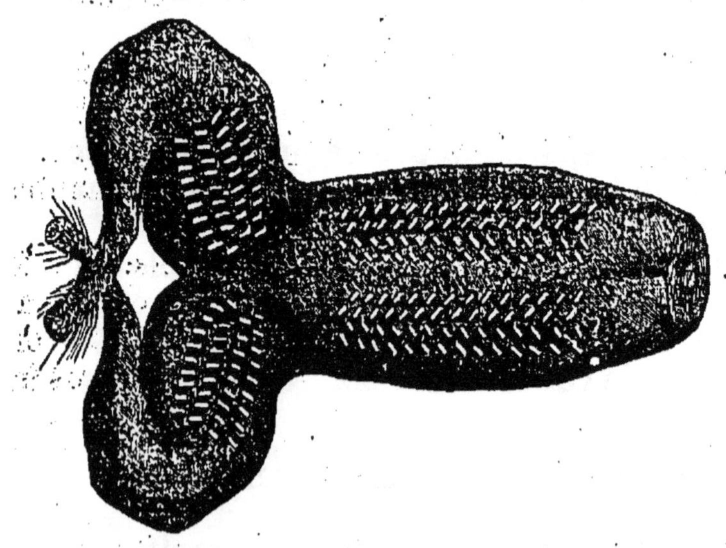

Faites-le mariner 10 à 12 heures. Egouttez-le, épongez-le et piquez-le avec du lard. Faites-le rôtir à la broche, en l'arrosant avec du beurre et quelques cuillerées de sa marinade. Salez et débrochez. — Versez le jus de la lèchefrite dans une casserole; faites-le bouillir; liez-le avec un petit morceau de beurre manié, et cuisez-le 5 minutes. Mêlez-lui alors 1 décilitre de crème crue très-épaisse. Cuisez encore 5 à 6 minutes: passez et servez avec le rôt.

CIVET DE LIÈVRE (*entrée*).

D'un bon lièvre, prenez les 2 cuisses, les 2 épaules, le cou, la tête et les poitrines ; réservez le râble pour faire rôtir. — Coupez les cuisses et les épaules en 10 morceaux, la tête en deux; coupez menu le cou et les poitrines, en ayant soin de mettre dans un bol le sang liquide.

Faites fondre 125 grammes de lard haché, mêlez-lui les viandes, et faites-les revenir, en remuant; ajoutez 150 grammes de petit-salé coupé, sel, gros poivre, un bouquet d'aromates, garni d'une gousse d'ail; 8 à 10 minutes après, saupoudrez avec une poignée de farine; cuisez celle-ci 5 minutes. Egouttez alors la graisse, en penchant la casserole, et mouillez à couvert avec vin rouge et eau chaude; faites bouillir vivement pour réduire la sauce d'un quart; couvrez et cuisez sur feu modéré, jusqu'aux trois quarts de cuisson des viandes.

Avec une fourchette ou l'écumoire, enlevez alors les meilleurs morceaux de lièvre et le petit-salé; mettez-les dans une autre casserole et versez la sauce dessus, en la passant; ajoutez le foie du lièvre et 2 douzaines de petits oignons d'abord colorés à la poêle, puis à moitié cuits avec du bouillon et quelques champignons crus, si c'est possible.

Finissez de cuire les viandes à feu très-doux. En dernier lieu, liez la sauce avec le sang, sans faire bouillir, et servez.

LIÈVRE A LA DAUBE (*entrée*).

Coupez en morceaux les cuisses, le râble et les épaules d'un lièvre, pas trop tendre; assaisonnez avec sel et poivre. — Faites fondre dans une marmite en terre 200 grammes de lard haché; ajoutez les viandes, un bouquet d'aromates, un oignon, une feuille de laurier, 200 grammes de couennes fraîches, blanchies, coupées en morceaux. Un quart d'heure après, mouillez avec un verre de vin blanc. Couvrez les viandes avec des bardes de lard ; puis couvrez la marmite avec un rond de papier et avec une assiette ; cuisez 4 heures sur des cendres chaudes. Enlevez le lard et les aromates, dégraissez et servez.

PAIN DE LIÈVRE FROID (*entrée*).

Retirez les nerfs et les os des cuisses et des épaules d'un lièvre cru ; hachez-les, pilez-les avec une égale quantité de lard haché et moitié de leur volume de panade de pain ; assaisonnez avec sel et épices ; passez au tamis. Ajoutez 100 gr. de lard blanchi, coupé en dés, puis 3 jaunes d'œuf.

Beurrez un moule lisse à charlotte, et versez la farce dedans ; couvrez avec du lard, et faites pocher trois quarts d'heure au four doux, dans un sautoir, avec un peu d'eau.

Laissez refroidir le pain, renversez-le sur un plat, lissez-en la surface, glacez-la au pinceau, et entourez-le avec de la gelée.

OMELETTE AU SANG DE LIÈVRE (*mets de déj.*).

Prenez le foie et le sang d'un lièvre ; pilez le foie, délayez-le avec le sang et passez au tamis. Mettez le tout dans une terrine avec 8 à 10 œufs, 2 ou 3 cuillerées de crème crue, sel, poivre et ciboulette hachée ; battez avec une fourchette. Chauffez du beurre ou du saindoux dans une large poêle, versez les œufs dedans et faites prendre l'omelette de la largeur de la poêle ; retournez-la à l'aide d'une assiette juste de la largeur de la poêle, et glissez-la de nouveau dans celle-ci ; arrosez avec du beurre ou du saindoux, et laissez-la mijoter 7 à 8 minutes sur feu doux. Glissez-la alors sur un plat, sans la ployer.

LEVRAUT SAUTÉ (*entrée*).

Coupez en morceaux un petit levraut; faites-le revenir à feu vif, dans une poêle, avec du lard fondu, un oignon haché, sel à poivre.

Quand les viandes sont à moitié cuites, ajoutez quelques cuillerées de champignons hachés et un verre de vin blanc; versez le tout dans un poêlon en terre ou une casserole, et faites tout à fait réduire le vin; mouillez encore avec 1 décilitre de vin et autant de bouillon; liez avec un morceau de beurre manié, et finissez de cuire les viandes à court mouillement. Saupoudrez avec une pincée de persil, et servez.

LEVRAUT AU CHASSEUR (*entrée*).

Faites sauter un levraut comme je viens de le dire. Quand il est cuit, mêlez-lui un émincé d'oignons revenus au beurre et tombés à glace avec un peu de bouillon; cuisez 2 minutes et servez.

LEVRAUT PIQUÉ, ROTI, AU CRESSON.

Habillez, flambez et troussez le levraut; piquez-en avec du lard les filets et le gras-de-cuisse (*page* 327); faites-le rôtir 40 minutes, en l'arrosant avec du beurre. — Débrochez et débridez-le; coupez-le bout des pattes, et servez avec du cresson de fontaine assaisonné avec sel et vinaigre. — Servez à part le jus de la lèchefrite.

LAPEREAUX ROTIS.

On fait rôtir les lapereaux après les avoir piqués comme les lièvres, ou simplement bardés; dans les deux cas, on les arrose avec du beurre.

LAPEREAU SAUTÉ, A LA MARENGO (*entrée*).

Dépouillez un jeune lapin; videz-le, mettez le foie de côté. Coupez-le en morceaux, essuyez-les bien. — Chauffez de l'huile dans une poêle ou une casserole plate, mêlez-lui les morceaux, et faites-les sauter à bon feu. Assaisonnez avec sel et poivre, une gousse d'ail et un bouquet composé de thym, serpolet, laurier, persil.

Quand les chairs sont raidies, retirez-les sur feu modéré et finissez de les cuire ainsi, en les retournant.

Au dernier moment, ajoutez quelques cuillerées de vin blanc; 2 minutes après, liez le ragoût avec quelques cuillerées de sauce tomate, donnez 2 bouillons et servez.

LAPEREAU SAUTÉ, AUX CAPRES (*entrée*).

Dépecez un jeune lapin propre; mettez-le dans une poêle avec saindoux ou beurre, oignon haché, sel et poivre; faites-le revenir à bon feu; quand les chairs sont bien atteintes, mouillez avec un décilitre de vin blanc et faites réduire; ajoutez alors un autre décilitre de vin; liez avec un morceau de beurre manié, et finissez de cuire à feu doux; saupoudrez avec une poignée de câpres, et servez.

CROQUETTES DE LAPERAU (*hors-d'œuvre ch.*).

Prenez les chairs cuites de 2 lapereaux de desserte; coupez-les en petits dés; ajoutez champignons cuits ou langue à l'écarlate; liez avec une sauce serrée; laissez refroidir et formez les croquettes; panez-les et faites-les frire (*page* 296).

LAPIN FRIT (*entrée*).

Tuez un lapin, dépouillez-le vivement, videz-le,

découpez-le en morceaux; assaisonnez avec sel et poivre; farinez-les et plongez-les à friture chaude. Egouttez, salez et dressez. — Si les chairs ne refroidissent pas, elles seront tendres et juteuses.

LAPIN DE CHAMPS, GRILLÉ (*mets de déjeuner*).

Prenez un petit lapin propre; supprimez-en le cou, les poitrines et les épaules; brisez les os du gras-de-cuisse et croisez-lui les jambes; salez-le, faites-le revenir avec du beurre, des deux côtés, simplement pour raidir les chairs; laissez à moitié refroidir. — Trempez-le ensuite dans des œufs battus, panez-le, trempez-le dans du beurre fondu, et faites-le griller 25 minutes, en le retournant.

Servez avec une petite sauce piquante ou tartare froide.

GIBELOTTE DE LAPIN (*entrée*).

Coupez en morceaux un lapin propre; faites-le mariner 2 heures avec oignon, persil et vinaigre.

Coupez en petites tranches 150 grammes de petit-salé. Faites colorer à la poêle 2 douzaines de petits oignons.

Mettez dans une poêle un morceau de beurre et quelques cuillerées de lard fondu ou saindoux; chauffez, ajoutez les morceaux de lapin et le petit-salé, sel, poivre, un bouquet d'aromates; sautez-les sur feu vif. Quand les viandes sont bien revenues, saupoudrez avec une pincée de farine, et mouillez avec de l'eau chaude et vin blanc; versez le tout dans un poêlon en terre ou une casserole; cuisez 15 minutes; ajoutez les petits oignons, et finissez de cuire ensemble sur feu modéré. En dernier lieu, ajoutez quelques champignons crus, si c'est possible; 10 minutes après, retirez le bouquet et servez.

QUARTIER DE SANGLIER RÔTI.

On ne fait rôtir le sanglier que quand il est jeune; s'il est vieux, il est préférable de le faire braiser avec de la marinade cuite, et le servir avec une sauce relevée. — Faites mariner le quartier 2 ou 3 jours dans une marinade cuite; mettez-le ensuite dans un plafond à rebord, masqué avec une couche d'oignons et légumes émincés; arrosez-le avec du beurre et faites-le rôtir au four, couvert de papier, sans mouillement. Servez-le avec une sauce piquante, préparée avec une partie de sa marinade.

CUISSOT DE CHEVREUIL ROTI.

Si le chevreuil n'était pas bien frais, lavez-le avec du vinaigre tiède; retirez-en la peau de la noix et piquez avec du lard; faites-le mariner 5 à 6 heures avec huile, vinaigre, oignons émincés et persil; puis faites-le rôtir à la broche, en l'arrosant d'abord avec du beurre, avec sa marinade ensuite; cuisez-le une heure; salez-le avant de le débrocher. — Papillotez le manche, et servez à part une sauce poivrade finie avec la cuisson du chevreuil, dégraissée. — On peut très-bien cuire le chevreuil au four dans un plafond à rebords.

On opère de même pour une selle de chevreuil.

ÉPAULES DE CHEVREUIL AU CIVET (*entrée*).

Coupez 2 épaules de chevreuil en moyens morceaux; retirez-en les os aussi bien que possible; faites-les mariner 5 à 6 heures avec oignon, persil, aromates, vinaigre.

Egouttez les viandes sur un linge. Faites fondre 100 gram. de lard haché dans une casserole; ajoutez les morceaux de chevreuil et 150 grammes de petit-salé coupé; faites-les revenir un quart d'heure. Assaisonnez, saupoudrez de farine et mouillez avec vin rouge et eau chaude; ajoutez un bouquet garni d'aromates, sel, gros poivre.

Cuisez sur feu modéré, jusqu'à trois quarts de cuisson; ajoutez alors 2 ou 3 douzaines de petits oignons colorés à la poêle, et finissez de cuire. Servez avec le petit-salé et les oignons autour; ajoutez un peu de caramel à la sauce, et passez-la sur les viandes.

ÉPAULES DE CHEVREUIL EN DAUBE.

Désossez 2 épaules de chevreuil; coupez-les en gros carrés; lardez-les chacun avec un filet de lard; assaisonnez et faites mariner au vinaigre 24 heures.

Egouttez les viandes. —Faites fondre dans une marmite en terre 120 grammes de lard haché; ajoutez les morceaux de chevreuil; faites-les revenir 12 minutes; puis mouillez avec de la marinade et un verre de vin rouge; cuisez 10 minutes. Ajoutez 2 gousses d'ail non pelées, un bouquet, un oignon, gros poivre. Couvrez la marmite d'un rond de papier puis d'une assiette, et cuisez 4 heures, simplement sur des cendres chaudes. Dégraissez et servez.

FILETS-MIGNONS DE CHEVREUIL PURÉE MARRONS (*entrée*).

Si les filets-mignons ne sont pas très-beaux,

mieux vaut les employer en émincé ou en hachis que de les servir entiers.

Parez 5 à 6 filets-mignons; battez-les légèrement; piquez-les avec du lard, sur le haut; faites-les mariner quelques heures avec sel, oignon, persil, huile, sans vinaigre. Rangez-les dans un plat à gratin, arrosez-les avec du beurre, couvrez avec un papier, et faites cuire au four 15 minutes. Egouttez et dressez-les sur une purée de marrons.

ÉMINCÉ DE CHEVREUIL (*mets de déjeuner*).

Prenez un morceau de selle ou cuissot de chevreuil de desserte; retirez-en les parties sèches; émincez les viandes en tranches minces et étroites.

Faites revenir au beurre, 2 cuillerées d'échalotes hachées; mouillez avec quelques cuillerées de vinaigre; faites réduire de moitié; ajoutez alors ce qui reste du jus du chevreuil et un peu de bouillon; cuisez et liez avec un morceau de beurre manié; 5 minutes après, ajoutez une pincée de poivre, une pincée de persil haché et les tranches de chevreuil; chauffez sans ébullition et servez sur un plat chaud, avec des croûtons frits autour.

HACHIS DE CHEVREUIL (*mets de déjeuner*).

Préparez une petite sauce comme il est dit pour l'émincé; mêlez-lui les chairs de chevreuil hachées; chauffez en tournant, sans faire bouillir; assaisonnez avec sel et poivre, servez avec des demi-œufs durs.

LÉGUMES

ARTICHAUTS BOUILLIS.

Pour les manger bouillis, il ne faut prendre que les gros artichauts à fonds épais; les artichauds petits et tendres ne conviennent pas pour cet apprêt. — Retirez les feuilles les plus dures de la base des artichauts, écourtez celles du haut; cuisez-les à couvert, à l'eau salée, mêlée avec un peu de vinaigre ou acide citrique. Quand ils sont cuits, égouttez-les; retirez-en le foin, lavez-les dans leur cuisson, coupez-les en deux ou en quatre, servez-les avec une sauce au beurre ou une saucière de vinaigrette.

ARTICHAUTS A LA BARIGOULE PROVENÇALE.

Coupez la tige de 7 à 8 moyens artichauts, écourtez les feuilles du haut et supprimez les plus dures de la base. — Ecartez avec les mains, l'ensemble des feuilles, afin qu'elles soient moins serrées; puis, glissez entre les feuilles, d'abord du sel épicé, et ensuite du persil haché avec une gousse d'ail, et mêlés avec de la panure blanche. Rangez-les debout sur le fond d'une casserole en terre : ils doivent être serrés. Arrosez-les avec de l'huile ; ajoutez un petit bouquet d'aromates et un oignon coupé. — Chauffez bien et retirez sur des cendres chaudes ; fermez la casserole avec un rond de papier et une assiette ; cuisez 1 heure et demie à 2 heures, en les sautant deux fois pour les retourner. Dressez-les sur plat.

ARTICHAUTS A LA LYONNAISE.

Coupez 4 à 5 artichauts, chacun en 4 parties ; retirez-en les feuilles dures, ainsi que le foin.

Faites-les blanchir à l'eau salée, jusqu'à ce qu'ils soient tendres. Egouttez-les bien ; mettez-les dans une casserole avec huile et beurre fondu ; salez-les, et faites-leur prendre couleur des deux côtés. Mouillez avec un décilitre de bouillon, et liez avec un petit morceau de beurre manié à la farine ; donnez 3 minutes d'ébulition ; puis, dressez les artichauts dans une légumière en porcelaine ou en faïence ; finissez la sauce, hors du feu, avec un morceau de beurre, une pincée de persil et le jus d'un citron ; versez-la sur les artichauts ; couvrez la légumière.

CROQUETTES D'ARTICHAUT.

Prenez des fonds d'artichaut frais ou de conserve, mais cuits et refroidis ; coupez-les en petits dés. Faites réduire un peu de béchamel, sans la quitter ; quand elle est bien serrée, mêlez-lui quelques cuillerées de jambon cru ou cuit, coupé en petits dés. Donnez encore quelques bouillons et mêlez-lui les artichauts : la sauce ne doit pas être trop abondante, elle doit seulement lier le salpicon. — Retirez du feu, assaisonnez avec sel et muscade; laissez bien refroidir.

Terminez les croquettes en opérant comme pour celles de poulet (*page* 290); faites-les frire et servez.

ARTICHAUTS FRITS.

Pour faire frire les artichauts, ils doivent être tendres; en ce cas, on les fait frire à cru.

Retirez-en les feuilles dures; coupez-les en petits quartiers; assaisonnez, farinez ou trempez-les dans la pâte à frire pour les plonger à friture chaude.

S'ils ne sont pas très-tendres, parez-les, divisez-les et faites-les blanchir. Quand ils sont froids, assaisonnez, trempez-les dans de la pâte à frire (*page* 46) et plongez-les à friture chaude.

FONDS D'ARTICHAUTS SAUCE ITALIENNE.

Ouvrez une boîte de fonds d'artichauts conservés : il s'en trouve de 12 à 15 dans chaque boîte; les demi-boîtes en renferment 7 à 8. Jetez l'eau dans laquelle ils ont été conservés, et finissez de les cuire dans du bouillon de la marmite, passé, mais non dégraissé. Quand ils sont tendres, égouttez-les, dressez-les et masquez-les avec une sauce italienne (*page* 61).

CARDONS AU JUS.

Prenez les tiges tendres d'un pied de cardon; coupez-les de la longueur de 4 à 5 doigts et jetez-les à mesure dans de l'eau froide acidulée.

Coupez le pied du cardon en quartiers, et plongez-les dans de l'eau bouillante salée et acidulée avec de l'acide citrique dissous; ajoutez une pincée de farine délayée; cuisez-les à moitié; égouttez et rafraîchissez-les; retirez alors les filandres qui adhèrent aux surfaces de chaque morceau. Rangez-les dans une casserole; couvrez-les avec du bouillon frais non dégraissé, et finissez de les cuire. — Egouttez-les, dressez-les et masquez-les avec un bon jus lié.

CARDONS AU PARMESAN.

Cuisez des cardons comme il vient d'être dit; rangez-les par couches dans un plat à gratin; saupoudrez chaque couche avec du parmesan rapé, en les arrosant avec un peu de béchamel; terminez par une couche de sauce; saupoudrez encore de fromage, arrosez avec un peu de beurre; faites-les gratiner 12 à 15 minutes au four ou avec feu dessus et dessous.

CARDONS A LA CRÈME.

Cuisez les cardons comme il est dit pour les cardons au jus. Egouttez-les bien, dressez-les sur plat, masquez-les avec une sauce béchamel succulente (*page* 54).

CAROTTES AU BLANC.

Choissez de petites carottes tendres; tournez-les en forme de poire; cuisez-les à moitié dans de l'eau salée. Egouttez-les, mettez-les dans une casserole, avec sel, beurre, une pincée de sucre; sautez-les 5 minutes et mouillez à hauteur avec de la sauce poulette. Quand elles sont cuites, liez avec une liaison de 2 jaunes; dressez-les.

On peut préparer les carottes à la poulette, en opérant comme il est dit pour les salsifis

CAROTTES A LA MAITRE-D'HOTEL.

Coupez des carottes en tranches; plongez-les à l'eau bouillante, cuisez-les 7 à 8 minutes. Egouttez-les, mettez-les dans une casserole avec du beurre, sel, pincée de sucre; cuisez-les sur feu modéré. — Quand elles ont réduit leur humidité, mouillez avec un peu de bouillon, et liez avec un morceau de beurre manié; au dernier moment, retirez du feu, et finissez-les avec 100 grammes de beurre à la maître-d'hôtel.

COURGERONS FARCIS.

Prenez une douzaine de courgerons, de forme longue; coupez-les chacun en deux parties; faites-les blanchir 2 minutes à l'eau salée; égouttez-les, creusez-les, en retirant la plus grande partie des chairs; hachez celles-ci avec 4 courgerons crus. Hachez 2 oignons; faites-les revenir avec du beurre ou de l'huile; ajoutez les chairs hachées; faites-en évaporer l'humidité. Ajoutez une poignée de panure blanche, assaisonnez, retirez du feu et liez avec quelques jaunes d'œuf; ajoutez quelques anchois hachés.

Avec cet appareil, garnissez les demi-courgerons; roulez-les dans la panure, trempez-les dans des œufs battus et panez-les. Faites les frire, égouttez, et servez.

AUBERGINES FARCIES.

Prenez 4 aubergines plutôt petites que grosses; coupez-les en deux sur la longueur. Avec une cuiller, retirez une partie des chairs de chaque moitié, en laissant adhérer une mince épaisseur à la peau, Salez les aubergines, faites-les égoutter sur un tamis; hachez les chairs. — Hachez 2 ou 3 oignons, faites-les revenir, et mêlez-leur la chair des aubergines; faites-en évaporer l'humidité.

Ajoutez alors des champignons hachés, du persil, et enfin une égale quantité de panure blanche.

Assaisonnez avec sel et poivre; retirez du feu, et liez le hachis avec quelques jaunes d'œuf.

Remplissez les demi-aubergines, saupoudrez-les de panure, rangez-les sur une tourtière, et arrosez-les avec de l'huile; cuisez-les avec feu dessus et dessous ou au four.

CONCOMBRES GLACÉS.

Prenez 3 à 4 concombres, supprimez-en les bouts; coupez-les sur le travers en tronçons de 3 à 4 doigts. Divisez-les en 4 parties; retirez-en la peau et les semences; faites-les blanchir 8 à 10 minutes à l'eau salée.

Egouttez-les, rangez-les sur le fond d'une casserole plate, beurrée; salez-les; faites-les revenir des deux côtés, puis mouillez-les avec un peu de jus, et finissez de les cuire à court mouillement, en les glaçant.

Des concombres ainsi cuits, peuvent être servis avec une sauce à la crème ou un bon jus lié.

CONCOMBRES FARCIS.

Coupez 4 concombres en tronçons de 4 doigts. Videz-les, en retirant les semences; pelez-les cuisez-les 5 à 6 minutes à l'eau salée. Egouttez-les; laissez-les bien éponger sur un linge.

Pilez 200 gr. de chair à saucisse avec un morceau de mie de pain, ramollie et exprimée; ajoutez un œuf entier. Retirez-la dans une terrine, mêlez-lui 2 cuillerées d'oignon haché, revenu avec du beurre, une pincée de persil haché et 4 cuillerées de jambon cuit, haché.

Avec cette farce, remplissez les concombres. Rangez-les dans une casserole plate foncée avec légumes émincés et débris de lard; salez et mouillez à mi-hauteur avec du bouillon. Faites bouillir 5 minutes; couvrez avec du papier beurré et cuisez avec feu dessus et dessous. — Dressez-les sur plat. Passez leur cuisson, liez-la avec un morceau de beurre manié; finissez avec du persil haché, et versez sur les concombres.

On peut farcir les concombres au maigre.

TOMATES GRATINÉES.

Fendez les tomates en deux, exprimez-en les graines, salez-les. — Faites chauffer de l'huile dans une poêle, rangez les tomates dedans, du côté coupé; faites-les revenir à bon feu : quand l'humidité est évaporée, retournez-les; 5 minutes après, glissez-les dans un plat à gratin; saupoudrez-les avec du persil haché avec une pointe d'ail, quelques champignons hachés, un peu de poivre et de la panure; arrosez avec de l'huile, et faites gratiner 12 à 15 minutes avec feu dessus et dessous.

TOMATES FARCIES AU GRAS.

Choisissez 8 bonnes tomates rondes, égales, de moyenne grosseur.

Ouvrez-les du côté de la tige, en retirant un rond; exprimez-en les semences; saupoudrez-les de sel. — Une heure après, emplissez-les avec de la chair à saucisse, pilée avec un morceau de mie de pain imbibée et exprimée; ajoutez sel, poivre, persil haché, une pincée d'oignon haché, et

2 jaunes d'œuf. Saupoudrez avec de la panure. rangez-les sur une tourtière, et arrosez-les avec de l'huile ou du beurre fondu; cuisez avec feu dessus et dessous.

TOMATES FARCIES A LA PROVENÇALE.

Ouvrez 8 tomates du côté de la tige; exprimez-les pour en retirer les semences, salez-les.

Hachez quelques oignons ; faites-les revenir à l'huile, jusqu'à ce qu'ils soient blonds; ajoutez les chairs de 2 tomates et quelques champignons hachés; aussitôt que ceux-ci ont réduit leur humidité, retirez le hachis; ajoutez du persil haché avec une pointe d'ail, puis de la mie de pain imbibée et exprimée, ainsi que 6 à 8 anchois hachés; liez-le avec quelques jaunes d'œuf crus. Remplissez les tomates; rangez-les dans un plat en terre ou un plafond ; saupoudrez avec de la panure, arrosez avec de l'huile, et cuisez à four doux. — A défaut de tomates fraîches, on peut employer des tomates conservées.

TOPINAMBOURS A LA CRÈME.

Pelez un litre de topinambours, en leur donnant une forme égale; cuisez-les à l'eau salée. Egouttez-les, mettez-les dans une casserole avec beurre, sel, muscade; sautez-les jusqu'à ce qu'ils aient réduit leur humidité. Arrosez-les alors avec quelques cuillerées de béchamel; donnez 2 bouillons, et servez.

TOPINAMBOURS AU PARMESAN.

Cuisez les topinambours à l'eau salée ; égouttez-les, coupez-les en tranches, et faites-les revenir avec du beurre. Assaisonnez et rangez-les par couches dans un plat à gratin; en saupoudrant chaque couche avec du parmesan; masquez-les en dessus avec un peu de béchamel serrée; saupoudrez encore avec du parmesan, et tenez-les 10 minutes au four.

SALADE D'ÉTÉ.

Prenez le cœur de 4 à 5 laitues fraîchement cueillies; essuyez-les avec un linge, feuille par feuille, sans les laver. — Émincez la tête de 3 oignons nouveaux et frais; mêlez-les avec la salade; ajoutez une pincée de cresson alénois, une pincée de cerfeuil et une pincée de feuilles d'estragon, hachées; assaisonnez avec sel, poivre, huile et vinaigre.

Rangez sur la salade 4 œufs mollets coupés par le milieu et posés à plat. — On peut frotter le saladier avec une gousse d'ail, coupée.

CHICORÉE A LA CRÈME.

Faites cuire à l'eau quelques têtes de chicorée propre. Égouttez-les, raffraichissez-les.

Exprimez bien l'eau de la chicorée; hachez-la. Faites chauffer du beurre dans une casserole; ajoutez la chicorée, faites-la revenir jusqu'à ce qu'elle ait évaporé son humidité. Saupoudrez avec de la farine, et mouillez avec du lait chaud; faites bouillir, en tournant; assaisonnez et cuisez un quart d'heure sur le côté du feu; servez avec des croûtons frits.

SALADE DE CHICORÉE.

On lave vivement la salade et on la secoue dans le panier; on coupe les feuilles blanches de la longueur de 4 à 5 centimètres. — On mêle dans le saladier l'huile, le sel et le poivre, on ajoute la salade ; on la fatigue bien avec la cuiller et la fourchette en buis et non en métal ; on ajoute alors le vinaigre : pour 6 cuillerées d'huile, il faut une cuillerée et demie de vinaigre.

A la chicorée, on mêle ordinairement une croûte de pain frottée d'ail ; mais on peut simplement frotter le saladier avec une gousse coupée. — On n'ajoute aucune fourniture (1) à cette salade.

ÉPINARDS AU BEURRE.

Cuisez à l'eau salée, dans une bassine, des épinards propres. Égouttez-les, exprimez-en l'humidité ; puis, donnez-leur simplement quelques coups de couteau, sans les hacher. — Chauffez du beurre dans une casserole ; ajoutez les épinards ; chauffez-les bien, en les remuant ; assaisonnez et dressez-les ; mettez alors quelques tranches de beurre dessus, et servez.

ÉPINARDS AU JUS ET AUX CROUTONS.

Prenez 600 grammes d'épinards cuits à l'eau ; hachez-les finement. — Faites chauffer du beurre dans une casserole ; ajoutez les épinards ; faites-les revenir sans les quitter, jusqu'à ce que leur humidité soit évaporée. Assaisonnez et saupoudrez avec 2 cuillerées de farine ; mouillez peu à peu, avec du bouillon ; cuisez-les encore 7 à 8 minutes, en remuant. — Finissez-les avec quelques cuillerées de bon jus et 50 à 60 grammes de beurre.

Servez-les avec des croûtons frits au beurre. — On peut préparer les épinards à la crème, et les garnir avec des œufs mollets, durs ou pochés.

(1) Les fournitures de salade comprennent les herbes suivantes : feuilles d'estragon, de cerfeuil, de pimprenelle, de cresson alénois, de pourpier, de fleurs de capucine, et enfin la ciboulette.

OSEILLE AUX ŒUFS.

Triez l'oseille, lavez-la bien; mettez-la dans une casserole avec un peu d'eau, faites-la fondre sur feu modéré, en la tournant. Versez-la sur un tamis; quand elle est bien égouttée, faites-la passer à travers du tamis.

Faites fondre un morceau de beurre dans une casserole, mêlez-lui une pincée de farine; cuisez 2 minutes; ajoutez l'oseille; cuisez-la 5 à 6 minutes; mouillez avec un peu de bouillon. Tournez jusqu'à l'ébullition; assaisonnez et retirez sur le côté. — Un quart d'heure après, mêlez-lui un peu de bon jus.

Servez-la avec des œufs durs coupés, avec des œufs mollets, entiers, ou simplement avec des croûtons frits.

CRESSON EN SALADE.

Quand on sert le cresson pour garniture de rôt, on l'assaisonne simplement avec sel et vinaigre. Quand on veut le servir pour salade, on ajoute de l'huile, — Dans les deux cas, le cresson ne doit être assaisonné qu'au dernier moment.

SALADE DE BARBE DE CAPUCIN.

Cette salade est une salade d'hiver, tendre et blanche, elle porte avec elle un principe d'amertume qui la rend très-agréable, surtout si on lui mêle quelques tranches de betterave cuite.

Si c'est possible, il ne faut pas la laver, mais la bien essuyer; si on la lave, il ne faut pas la laisser séjourner dans l'eau. — On la coupe, on l'assaisonne avec sel, huile et vinaigre.

SALADE DE LÉGUMES A LA MAYONNAISE.

Cuisez et coupez en dés : carottes, fonds d'artichauts, haricots verts, betteraves, racines de céleris ; assaisonnez avec sel, poivre, huile et vinaigre; faites macérer une heure. — Égouttez-les sur un tamis ; ajoutez de gros piments rouges d'Espagne, cuits, des cornichons et champignons au vinaigre, coupés comme les légumes ; mettez-les dans une terrine, liez-les avec de la mayonnaise, et dressez-la dans un plat, en pyramide ; entourez-le avec une chaîne de petits bouquets de choux-fleurs, également assaisonnés, ou des quartiers d'œuf ,cuits.

HARICOTS BLANCS, SECS.

Voici la vraie méthode de cuire les haricots blancs et secs.

Mettez-les à l'eau tiède, dans une marmite en terre ; au premier bouillon, retirez le vase du feu, en laissant les haricots dedans. — Une heure après, égouttez-en l'eau; mettez-en d'autre; faites bouillir et cuisez doucement : on les sale peu avant de les retirer.

SALADE DE HARICOTS BLANCS.

Cuisez les haricots comme il vient d'être dit, à l'eau salée; tenez-les au chaud jusqu'au moment de les assaisonner.— Egouttez et mettez-les dans le saladier; assaisonnez avec sel, poivre, huile, vinaigre, moutarde et une petite pincée d'oignon finement haché (facultatif) ; retournez-les bien et servez. — On doit éviter de manger la salade froide de haricots.

HARICOTS BLANCS A LA MAITRE-D'HOTEL.

Prenez des haricots blancs cuits, chauds, bien

égouttés ; mettez-les dans une casserole avec un morceau de beurre ; sautez-les, assaisonnez-les. Retirez-les du feu et liez-les avec un morceau de beurre à la maître-d'hôtel ; finissez avec le jus d'un citron ; dressez.

HARICOTS BLANCS A LA GRAISSE D'OIE.

Faites fondre de la graisse de rôti d'oie ; mêlez-lui des haricots cuits au moment, bien égouttés et bien chauds ; assaisonnez avec sel et poivre, sautez les 2 minutes sans les chauffer, servez-les aussitôt.

HARICOTS ROUGES AU LARD.

Faites tremper les haricots ; mettez-les à l'eau tiède, avec un morceau de petit-salé, blanchi ; faites bouillir et retirez sur le côté : peu de sel.

Egouttez les haricots et le petit-salé, retirez la couenne de celui-ci, coupez-le en morceaux. Sautez les haricots avec du beurre, assaisonnez, servez-les avec le petit-salé autour.

HARICOTS FLAGEOLETS A LA CRÈME.

Cuisez à l'eau salée, un demi-litre de flageolets frais ; à défaut, prenez-en une boîte de conserve, qui sont généralement très-bons. — Quand ils sont égouttés, mettez-les dans une casserole avec du beurre ; chauffez-les en les sautant ; mouillez avec de la béchamel légère ; assaisonnez avec sel et muscade ; finissez avec une pincée de persil haché et un morceau de beurre divisé en petites parties.

HARICOTS FLAGEOLETS A LA MAITRE-D'HOTEL.

Cuisez les haricots à l'eau bouillante et salée. — Egouttez-les, mettez-les dans une casserole avec du beurre ; sautez-les 2 minutes sur feu ; assaisonnez, liez-les avec 2 cuillerées de sauce blonde ; donnez quelques bouillons et finissez-les avec un morceau de beurre à la maître-d'hôtel et un jus de citron.

FLAGEOLETS SECS.

On les fait tremper à l'eau tiède, avant de les cuire. On les cuit à l'eau, et on les prépare comme les flageolets frais.

HARICOTS VERTS, AU BEURRE.

Chauffez de l'eau dans une bassine, avec du sel dedans.

Lavez les haricots, et plongez-les dans le liquide, un peu avant qu'il bouille : ils restent plus verts. Cuisez-les jusqu'à ce qu'ils soient tendres.

Egouttez-les, mettez-les dans une casserole mince et plate, avec du beurre ; assaisonnez, sautez-les 5 à 6 minutes sur le feu, servez.

HARICOTS VERTS SAUTÉS, A LA LYONNAISE.

Cuisez à l'eau des haricots fins. — Hachez un oignon, faites-le revenir tout doucement au beurre, dans une poêle ; ajoutez les haricots ; sautez-les 7 à 8 minutes ; assaisonnez, finissez avec le jus d'un citron ou un filet de vinaigre.

HARICOTS PANACHÉS.

Ce mets offre dans la saison une agréable variété — Faites sauter au beurre des haricots flageolets, assaisonnez avec sel, poivre, muscade, persil haché, jus de citron; versez dans un plat, faites un creux sur le centre, et remplissez-le avec des haricots verts et fins, également sautés au beurre.

HARICOTS VERTS A LA PROVENÇALE.

Cuisez à l'eau des haricots verts ou blancs, égouttez-les bien. — Chauffez de l'huile dans une poêle avec une gousse d'ail entière; ajoutez les haricots, et sautez-les sur feu 5 à 6 minutes; assaisonnez retirez-les et mêlez-leur quelques cuillerées de purée d'anchois salés, délayée avec de l'huile; chauffez sans faire bouillir, retirez l'ail, et servez.

HARICOTS VERTS A LA MÉNAGÈRE.

Cuisez des haricots à l'eau 10 à 12 minutes seulement; égouttez-les. — Mettez dans une casserole une cuillerée d'oignon haché; faites-le revenir avec du beurre; saupoudrez avec une pincée de farine, et mouillez avec un peu de la cuisson des haricots, afin d'obtenir une sauce légère, Faites bouillir, et mêlez-lui les haricots; assaisonnez, ajoutez un bouquet de persil ou de sariette; finissez de les cuire ainsi.

Au dernier moment, liez-les avec une liaison de 2 jaunes; finissez-les avec un morceau de beurre.

HARICOTS ET POMMES DE TERRE AU BEURRE.

Lavez des haricots verts et des pommes de terre nouvelles; cuisez-les ensemble dans une marmite en terre, avec de l'eau, du sel et 2 gousses d'ail non épluchées: haricots et pommes de terre doivent se trouver cuits en même temps; égouttez-les. Pelez les pommes de terre, dressez-les sur un plat avec les haricots; arrosez-les avec du bon beurre fondu, un peu abondant; servez.

SALADE DE HARICOTS VERTS.

Les haricots fins sont les meilleurs, cuisez-les à l'eau salée; égouttez-les, assaisonnez avec sel, poivre, huile et vinaigre.

MARRONS FRAIS.

On sert les marrons bouillis ou grillés. Dans le premier cas, on les cuit à l'eau tels et quels, avec un peu de sel et un brin de fenouil. Quand ils sont cuits, on égoutte le liquide, on les couvre avec un linge, on ferme la casserole, et on les fait ressuyer 10 minutes à la bouche du four.

Pour faire rôtir les marrons, il faut d'abord en fendre la peau, et les faire griller dans une poêle percée, sur feu doux : feu de charbon de bois si c'est possible. Quand ils sont cuits, on les enferme dans un linge, et on les *étouffe* 10 à 12 minutes.

Pour faire glacer les marrons, on en retire d'abord l'écorce; on les échaude ensuite pour en retirer la peau. On les met alors dans une casserole plate, avec du jus, et on les cuit tout doucement sans les briser.

FÈVES FRAICHES A LA BÉCHAMEL.

Ecossez les fèves; si elles sont petites et tendres, retirez-en seulement le saillant de la tête; si elles sont grosses retirez-en toute la peau. Cuisez-les à l'eau salée, avec un petit bouquet de sariette.

Avec beurre et farine, préparez un petit roux, sans couleur, mouillez avec du lait cuit et chaud; tournez jusqu'à l'ébullition ; ajoutez quelques débris de jambon, un oignon coupé, branches de persil, sel et gros poivre; cuisez un quart d'heure, et passez. — Quand les fèvres sont cuites et égouttées, sautez-les au beurre avec une pincée de sucre; mouillez avec la sauce; donnez un seul bouillon, et servez.

On peut servir les fèves à la maître-d'hôtel, en les sautant, quand elles sont cuites et toutes chaudes, avec un morceau de beurre à la maître-d'hôtel.

On peut les servir à la poulette, en les liant avec un peu de sauce poulette (*page* 57), et les finissant avec persil haché et jus de citron.

A défaut de fèves fraîches, on peut employer celles conservées en boîtes.

OIGNONS FARCIS.

Choisissez de moyens oignons blancs; pelez-les, coupez-les sur le haut. Cuisez-les à l'eau salée pendant 20 minutes; égouttez-les et videz-les, en ne laissant qu'une double enveloppe. Emplissez-les avec un hachis de porc frais (*page* 262), assaisonnez avec sel, épices, muscade, persil et champignons hachés. Saupoudrez avec de la panure. Rangez-les sur le fond d'une casserole plate, beurrée; arrosez-les avec un peu de beurre; chauffez-les bien et finissez de les cuire avec feu dessus, feu dessous.

NAVETS GLACÉS.

Tournez 3 douzaines de petits navets, en forme de poire; cuisez-les 20 minutes à l'eau salée; égouttez-les, mettez-les dans une casserole avec du beurre, sel, une pincée de sucre; faites-les revenir un quart d'heure; mouillez à hauteur avec du bouillon; faites réduire le liquide de moitié; retirez-les alors sur le côté et finissez de cuire avec feu dessus, feu dessous, en arrosant de temps en temps. Servez-les, arrosez-les avec leur jus. — Des navets ainsi cuits peuvent être servis avec une sauce brune ou blonde, ou une sauce béchamel.

SALSIFIS A LA POULETTE.

Ratissez les salsifis, en les jetant à l'eau froide. Coupez-les de la longueur de 4 à 5 doigts; cuisez-les dans un blanc simple avec sel et un filet de vinaigre. Egouttez-les.

Préparez une petite sauce poulette comme il est dit (*page* 57); cuisez-la 10 minutes, et mêlez-lui un demi-litre de salsifis; cuisez 15 minutes, et liez avec une liaison de 2 jaunes; finissez avec persil haché, poivre et jus de citron.

SALSIFIS FRITS.

Coupez les salsifis de 4 à 5 doigts de long; quand ils sont cuits, assaisonnez-les dans un plat avec sel, poivre, huile, vinaigre; 2 heures après, égouttez-les, saupoudrez-les avec du persil haché; trempez-les dans une pâte à frire, et plongez-les dans la friture chaude, peu à la fois. — Egouttez, salez et servez.

SALSIFIS GRATINÉS.

Prenez des salsifis cuits, en choisissant les parties les plus épasses; émincez-les. — Faites réduire un peu de bonne béchamel; mêlez-lui les salsifis;

cuisez ensemble 5 à 6 minutes, assaisonnez; l'émincé doit rester consistant. Dressez-le dans un plat creux, à gratin, par couches, en saupoudrant chaque couche avec du parmesan râpé; saupoudrez aussi le dessus, arrosez avec du beurre fondu.

Faites gratiner 35 minutes à four doux; servez dans le même plat.

SALADE DE SALSIFIS.

Prenez des salsifis cuits, et froids, bien égouttés. Coupez-les de 2 doigts de long. Assaisonnez avec sel, poivre, huile, vinaigre et moutarde; au dernier moment, saupoudrez avec du persil haché.

CHOUX AU VINAIGRE.

Prenez les feuilles tendres d'un chou blanc; supprimez-en les côtes, émincez-les. Faites-les blanchir 10 à 12 minutes; égouttez-les. — Faites revenir 2 oignons hachés; ajoutez les choux; un quart d'heure après, assaisonnez et mouillez avec 2 à 3 décilitres de vinaigre; cuisez-les ainsi.

Liez-les avec un petit morceau de beurre manié. En dernier lieu, finissez-les avec du beurre.

CHOUX BLANCS ÉMINCÉS.

Coupez un choux en quartiers; cuisez-les 20 minutes à l'eau salée; égouttez-les. Retirez les grosses côtes des feuilles, émincez celles-ci, et mettez-les dans une casserole avec du beurre; salez-les, faites-en réduire l'humidité; saupoudrez avec une pincée de farine, et mouillez avec un peu de bouillon et de lait cuit. — Faites bouillir et retirez sur le côté du feu; assaisonnez avec une pincée de sucre et muscade. Finissez de les cuire ainsi, tous doucement.

CHOU FARCI AU FROMAGE.

Prenez un kilogramme de chair à saucisse (*page* 262); pilez-la, mêlez-lui un oignon haché, une pincée de persil haché avec une pointe d'ail, et 5 à 6 cuillerées de champignons frais ou secs, hachés.

Faites blanchir un gros chou propre; rafraîchissez et égouttez; prenez-en 5 à 6 feuilles des plus larges; supprimez-en la côte, et avec elles foncez une casserole beurrée et panée. — Mettez de côté 4 autres feuilles de chou, puis hachez le restant; exprimez-en bien l'eau et mettez-le dans un plat; assaisonnez avec sel et poivre, saupoudrez avec du parmesan.

Sur le fond de la casserole, étalez une couche de hachis, et sur celui-ci, une couche de choux; remplissez ainsi la casserole, en saupoudrant les choux avec un peu de fromage.

Couvrez avec les feuilles réservées et avec des bardes de lard; arrosez avec un peu de beurre, et cuisez 3 heures et demie, à four doux. — Égouttez la graisse du chou, et renversez-le sur un plat; arrosez avec un peu de bon jus, et servez.

On peut farcir le chou au maigre, soit avec une farce au poisson, soit avec une farce aux fines-herbes, liées avec de la panure et des œufs, dans laquelle on fait entrer des feuilles tendres de chou, blanchies et hachées.

CHOU ROUGE, AUX POMMES.

Emincez un chou rouge, en retirant les côtes et feuilles dures. Mettez-le dans un poêlon en terre, avec un oignon haché, un peu d'eau et un peu de vinaigre. Cuisez-le à l'étuvée. A moitié de cuisson, ajoutez 4 pommes aigres, pelées et émincées; finissez de les cuire ensemble; assaisonnez.

Au dernier moment, liez avec un morceau de beurre manié, et finissez avec un filet de vinaigre.

On ne doit pas cuire les choux rouges dans une casserole étamée, car ils viennent bleu.

CHOUX DE BRUXELLES AU BEURRE.

Epluchez les choux; lavez-les et cuisez-les à l'eau salée, dans un poêlon ou une petite bassine non étamée, afin de les obtenir verts. Egouttez-les; mettez-les dans une casserole ou une poêle, avec du beurre; sautez-les, assaisonnez avec sel poivre et muscade; quand ils sont bien chauds, servez-les avec des croûtons frits autour.

PETITS-POIS VERTS AU BEURRE.

Choisissez les pois frais et fins. Faites bouillir de l'eau dans un grand poêlon avec du sel, une pincée de sucre et un bouquet de persil. Ajoutez les pois, cuisez-les 15 minutes. Egouttez-les dans une passoire; dressez-les aussitôt sur plat, posez un grand carré de beurre dessus, et servez de suite.

PETITS-POIS A LA MÉNAGÈRE.

Faites fondre 100 grammes de beurre dans un poêlon en terre; ajoutez un litre et demi de petits-pois, sel, une pincée de sucre, 2 oignons verts noués, et 2 cœurs de laitue, émincés; placez le poêlon sur feu très-doux; couvrez avec une assiette ayant un peu d'eau dedans. Cuisez les pois sans mouillement, en les sautant de temps en temps. Quand ils sont cuits, liez-les avec un petit morceau de beurre manié; finissez-les avec un morceau de beurre pur et une pincée de sucre.

PETITS-POIS DE CONSERVE, LIÉS.

Ouvrez la boîte au dernier moment; égouttez

les pois dans une passoire, et trempez-les simplement à l'eau chaude. — Chauffez dans une casserole 2 cuillerées de sauce blonde et un morceau de beurre; ajoutez les pois, sel et une pincée de sucre; chauffez-les 2 minutes, en les sautant; liez-les alors avec 2 jaunes d'œuf étendus avec un peu de bouillon, mêlés avec 60 grammes de beurre divisé en petites parties.

PETITS-POIS A LA FRANÇAISE.

Mettez les pois dans une casserole avec un morceau de beurre, un peu d'eau froide, un bouquet composé d'oignons verts et persil, un peu de sel, une pincée de sucre. Couvrez et cuisez 7 à 8 minutes à feu vif; retirez-les sur feu plus doux.

Quand ils sont cuits, retirez-les du feu et liez-les simplement avec du bon beurre, un peu abondant; servez les sans faire bouillir.

PETITS-POIS ET POMMES DE TERRE AU BEURRE.

Faites bouillir de l'eau dans une marmite en terre; ajoutez un litre de gros pois frais et tendres, une vingtaine de pommes de terre nouvelles avec la peau, mais lavées, un peu de sel, un oignon et un bouquet de persil : pommes de terre et pois doivent se trouver cuits en même temps.

Égouttez-les. Pelez les pommes de terre; mettez-les dans un plat avec les pois; arrosez-les avec du bon beurre fondu et abondant; servez.

CHOUX-FLEURS A LA SAUCE.

Prenez un chou-fleur, retirez-en les feuilles vertes, et divisez-le par bouquets; lavez-les; échaudez-les à l'eau bouillante, puis, plongez-les dans casserole d'eau chaude. Cuisez-les à couvert jusqu'à ce qu'ils soient tendres; salez-les en dernier lieu. Egouttez-les, dressez-les sur un plat, en reformant le chou-fleur; arrosez avec une sauce au beurre (*page* 54).

CHOUX-FLEURS AU PARMESAN.

Cuisez des choux-fleurs, à l'eau salée; égouttez-les bien, divisez-les en petits bouquets, assaisonnez avec sel, poivre et muscade. Rangez-les alors, par couches dans un plat à tarte ou dans un plat à gratin; masquez chaque couche avec quelques cuillerées de béchamel chaude, saupoudrez avec une poignée de parmesan rapé; sur cette couche, dressez-en une autre; masquez-la aussi avec de la sauce, et saupoudrez avec du fromage : arrosez le dessus avec du beurre fondu, et faites gratiner 25 minutes à four chaud.

CHOUX-FLEURS FRITS.

Divisez les choux-fleurs en petits bouquets, de grosseur égale : cuisez-les à l'eau salée, en les tenant un peu fermes. Egouttez-les; mettez-les dans un plat; assaisonnez avec sel, poivre, persil haché; farinez-les ensuite, trempez-les dans des œufs battus, et plongez-les à friture chaude, mais peu à la fois. Quand ils sont de belle couleur égouttez-les; saupoudrez avec du sel et servez.

CHOUX-FLEURS EN SALADE.

Divisez un chou-fleur en bouquets; échaudez-les, et cuisez-les à l'eau en même temps que les feuilles tendres : celles-ci étant un peu plus longues à cuire, doivent être mises plutôt dans l'eau.

Egouttez-les, coupez les feuilles de la longueur de 2 à 3 doigts; mettez-les dans un saladier;

ajoutez les bouquets de chou-fleur, entiers ou divisés. Assaisonnez avec sel, poivre, huile, vinaigre et moutarde; sautez-les 2 minutes; servez-les chauds ou froids.

CHOUX-FLEURS ÉTUVÉS.

Divisez un chou-fleur en bouquets; cuisez-les à moitié seulement dans l'eau salée. Egouttez-les; rangez-les dans une casserole; arrosez-les avec un peu de bouillon et faites-les étuver avec feu dessus et dessous. Assaisonnez avec sel et poivre, puis dressez-les sur un plat; liez la cuisson d'abord avec un petit morceau de beurre manié puis avec 2 ou 3 jaunes d'œuf délayés avec un peu de crème; finissez la sauce, en lui mêlant 60 grammes de beurre, persil haché et jus de citron.

ASPERGES VIOLETTES A LA SAUCE AU BEURRE.

Ratissez une botte d'asperges aussi fraîches que possible; coupez-en les tiges d'une égale longueur; nouez-les en petites bottes, les grosses ensemble, et les petites aussi.

Faites bouillir de l'eau avec du sel, plongez dedans les asperges plus grosses; 10 minutes après, plongez les petites. Cuisez de 25 à 30 minutes; avant de les égoutter, essayez-les, en pressant la pointe avec les doigts. — Dressez-les sur serviette ou sur plat, et, envoyez à part une sauce au beurre (*page* 549) préparée avec de l'eau et quelques cuillerées de la cuisson.

ASPERGES DE CONSERVE, SAUCE HOLLANDAISE.

Les asperges conservées sont d'un grand secours en hiver, alors que les légumes frais sont peu variés: bien traitées, elles sont très-bonnes.

Ouvrez la boîte, égouttez-en toute l'eau; rangez ces asperges sur une grille en fil de fer. — Faites bouillir de l'eau dans une casserole plate, salez-la, et plongez les asperges avec la grille, dans le liquide. Au premier bouillon retirez du feu; 8 minutes après, égouttez et dressez les asperges; servez la sauce à part.

POINTES D'ASPERGES VERTES AUX ŒUFS POCHÉS.

Prenez 3 à 4 bottes d'asperges, ployez-en les tiges pour les casser jusqu'à l'endroit où elles sont tendres. Coupez-les de la longueur d'un doigt; mettez-les têtes de côté. Faites cuire les tiges dans un poêlon à l'eau salée; mettez les têtes dans une boule en fil de fer étamé; quand les tiges sont à moitié cuites, ajoutez les têtes et finissez de cuire ensemble. Faites sauter les tiges au beurre; saupoudrez de sel et d'une pincée de sucre; dressez-les sur un plat avec les têtes sur le centre, et servez avec des œufs pochés autour.

CÉLERI-RAVES A LA CRÈME.

Divisez en petits quartiers 2 ou 3 racines de céleri-rave; parez-les d'égale forme comme des quartiers de pommes. Faites-les blanchir pendant quelques minutes, à l'eau salée. Egouttez-les; rangez-les dans une casserole beurrée; assaisonnez, mouillez avec un peu de bouillon, et faites tout doucement réduire le liquide à glace. Mouillez de nouveau et faites encore réduire, jusqu'à ce que les racines soient cuites à point. Arrosez-les alors avec quelques cuillerées de sauce à la crème; donnez 5 minutes d'ébullition, et dressez. — On peut aussi servir ces céleris au jus lié.

SALADE DE CÉLERIS ET TRUFFES (*entremets*).

Emincez en julienne le cœur de 2 à 3 pieds de céleris tendres; assaisonnez avec sel, poivre, huile et vinaigre; ajoutez un tiers du volume de truffes noires, épluchées, peu cuites, également émincées et assaisonnées avec sel, poivre, huile et vinaigre. Sautez bien la salade avant de la servir.

PIEDS DE CÉLERI AU JUS LIÉ.

Prenez des pieds de céleri tendres; supprimez-en les tiges dures, coupez-les de la longueur de 10 à 12 centimètres. Lavez-les bien, faites-les blanchir à l'eau salée pendant un quart d'heure. Rafraîchissez-les, puis rangez-les dans une casserole; couvrez-les avec du bouillon non dégraissé, puis avec un papier beurré; finissez de les cuire ainsi. — Egouttez-les, fendez-les en deux sur la longueur, dressez-les sur plat, et masquez-les avec un bon jus lié.

CÉLERIS FRITS.

On peut faire frire les pieds de céleri et les céleris-raves; dans les deux cas, ils doivent être cuits et divisés : les premiers sont divisés en deux ou trois parties sur leur longueur; les deuxièmes sont coupés en tranches ou en gousses.

Mettez-les dans un plat; assaisonnez avec sel, poivre, huile, persil haché, vinaigre ou jus de citron. Faites-les macérer une heure. Trempez-les ensuite dans une pâte à frire (*page* 46), et plongez-les à friture chaude; quand la pâte est sèche, de belle couleur, égouttez, salez-les et dressez-les.

LENTILLES AU BEURRE.

Triez soigneusement les lentilles; mettez-les à l'eau tiède; faites bouillir et retirez sur le côté du feu; salez et cuisez-les. Egouttez-les, mettez-les dans une casserole avec du beurre; assaisonnez et sautez-les quelques minutes, finissez avec persil haché et filet de vinaigre.

LENTILLES AU PETIT-SALÉ.

Cuisez à l'eau salée un demi-litre de lentilles triées. — Faites blanchir 150 grammes de petit-salé; coupez-le en petits dés; mettez-le dans une casserole avec du beurre, faites-le revenir 5 minutes, mouillez avec 2 décilitres de jus ou de bouillon. Cuisez un quart d'heure, tout doucement; liez le liquide avec un morceau de beurre manié, et mêlez-lui les lentilles; faites-les mijoter un quart d'heure. Finissez avec un filet de vinaigre et une pincée de poivre.

LENTILLES EN SALADE.

On mange ordinairement la salade de lentilles, chaude. On les cuit simplement à l'eau salée, avec une gousse d'ail non pelée. — Egouttez-les bien, assaisonnez avec sel, poivre, huile, vinaigre et persil haché.

CROQUETTES DE POMMES DE TERRE.

Cuisez à l'eau salée 600 grammes de pommes de terre pelées et coupées; aussitôt à point égouttez-en l'eau; couvrez et faites-les ressuyer 10 minutes à la bouche du four. Passez-les ensuite au tamis, peu à la fois. Remettez la purée dans la casserole ; mêlez-lui 75 grammes de beurre et 5 à 6 jaunes d'œuf ; sel, muscade, une pincée de sucre, une poignée de parmesan râpé.

Divisez la purée par parties égales ; roulez-les sur la table farinée, en leur donnant la forme d'un bouchon ; trempez-les dans des œufs battus, roulez-les dans la panure; et plongez-les à grande friture, peu à la fois.

POMMES DE TERRE SOUFFLÉES.

Pelez des pommes de terre de *Hollande*, longues ; coupez-les sur la longueur, en tranches de l'épaisseur d'une pièce de 5 francs ; pelez-les, lavez-les, essuyez-les, et plongez-les dans la friture presque froide ; chauffez-les jusqu'à ce qu'elles soient ramollies. Égouttez-les, mettez-les dans un panier à friture.

Faites bien chauffer de la friture neuve, et plongez de nouveau les pommes de terre dedans ; remuez-les ; elles doivent souffler sans se colorer. Égouttez-les alors.

Au moment même de les servir, plongez-les encore dans la friture bien chaude, pour leur faire prendre couleur. Égouttez, salez et servez.

PURÉE DE POMMES DE TERRE AU GRATIN.

Préparez une purée de pommes de terre en opérant comme il est dit pour les croquettes. Quand elle est passée, mêlez-lui 125 grammes de beurre, 4 jaunes d'œuf, une poignée de parmesan râpé, sel et muscade ; délayez-la avec un décilitre et demi de bonne crème crue ; elle ne doit pas être trop liquide. Versez-la dans une petite casserole à soufflé dont le modèle est reproduit au chapitre des ustensiles; saupoudrez le dessus avec du parmesan, arrosez avec du beurre, et faites gratiner 10 à 12 minutes, au four ou avec feu dessus, feu dessous. — Si on veut avoir une bonne purée, il ne faut pas épargner le beurre qui la rend délicate.

POMMES DE TERRE FARCIES.

Cuisez au four doux, une quinzaine de grosses pommes de terre d'égale forme, rondes ou longues. En les sortant du four, faites sur chacune, avec la pointe d'un petit couteau, une ouverture circulaire; enlevez le morceau coupé.

Videz alors les pommes de terre, à l'aide d'une petite cuiller, en ne laissant que la peau. Prenez la pulpe et passez-la au tamis, peu à la fois. Mettez-la dans une terrine. Pour 500 gram. de pulpe, ajoutez 150 grammes de beurre divisé; 4 jaunes d'œuf crus, 6 cuillerées de crème crue, assaisonnez avec sel, muscade, une pincée de sucre. Quand le mélange est opéré, ajoutez peu à peu 100 grammes de parmesan râpé.

Avec cet appareil, remplissez les pommes de terre, en le faisant bomber; saupoudrez avec du parmesan, arrosez avec un peu de beurre, et tenez 25 minutes au four; servez-le ensuite.

POMMES DE TERRE A LA MAITRE-D'HÔTEL.

Pelez une quinzaine de moyennes pommes de terre cuites à l'eau, aussi égales que possible; coupez-les en tranches pas trop minces. Mettez-les dans une casserole plate, beurrée; assaisonnez avec sel, poivre, muscade. Couvrez juste avec du bouillon et 2 cuillerées de crème; cuisez à couvert jusqu'à ce que le liquide soit à peu près réduit: retirez-les, finissez-les avec 2 cuillerées de crème crue, un gros morceau de beurre, divisé, une pincée de persil et le jus d'un citron.

POMMES DE TERRE A LA PROVENÇALE.

Choisissez de bonnes pommes de terre longues; pelez-les, parez-les en forme de bouchon, et coupez-les en tranches. Lavez-les, égouttez-les, épongez-les sur un linge. — Pour chaque 500 gram. de pommes de terre, mettez un décilitre de bonne huile d'olive, dans une casserole plate; chauffez-la, et mêlez-lui les pommes de terre; cuisez-les en les sautant souvent. Quand elles sont de belle couleur, égouttez-en l'huile; salez-les, et mêlez-leur un morceau de beurre manié avec du persil haché. Sautez-les, hors du feu, jusqu'à ce que le beurre soit fondu. Servez-les aussitôt.

POMMES DE TERRE SAUTÉES.

Cuisez des pommes de terre en robe ; quand elles sont à peu près froides, pelez-les, coupez-les en tranches.

Faites fondre du beurre dans une poêle, ajoutez les pommes de terre ; sautez-les à bon feu pour les colorer légèrement ; assaisonnez, saupoudrez de persil et servez.

POMMES DE TERRE A LA LYONNAISE.

Cuisez des pommes de terre en robe ; pelez-les, coupez-les en tranches.

Émincez finement des oignons : il en faut un quart du volume des pommes de terre ; mettez-les dans une poêle avec beurre et huile, faites-les revenir sur feu très-doux. Quand ils sont cuits et de belle couleur, ajoutez les pommes de terre ; assaisonnez et faites-les revenir ensemble jusqu'à ce que les pommes de terre soient rissolées ; servez.

POMMES DE TERRE GRATINÉES.

Cuisez à l'eau salée des pommes de terre pelées et entières. Égouttez-les, coupez-les en tranches.

Hachez un oignon ; mettez-le dans une casserole plate ou une poêle, avec du beurre abondant, faites-le revenir de couleur blonde; ajoutez les pommes de terre; assaisonnez, et retirez-les sur feu doux, en les écrasant ; remuez-les souvent avec une palette. Quand elles sont rissolées, rassemblez-les sur un côté de la poêle, comme une omelette, puis renversez-les sur un plat.

POMMES DE TERRE AU FROMAGE.

Pelez des pommes de terre de *Hollande ;* coupez-les en tranches minces; essuyez-les bien avec un linge. — Beurrez grassement une casserole épaisse ou une cocote en fer. Rangez au fond du vase une couche de pommes de terre, assaisonnez avec sel et poivre ; saupoudrez avec du fromage de Gruyère râpé, arrosez avec du beurre, et recommencez l'opération jusqu'à ce que le vase soit plein. Cuisez-les une heure et demie, au four ou sur des cendres chaudes, avec feu dessus, feu dessous. — Si c'est dans une casserole ; renversez les pommes de terre sur un plat; si c'est dans une cocote servez-les sur table, dans le vase même.

SALADE DE POMMES DE TERRE AUX PISSENLITS.

Prenez une poignée de pissenlits très-tendres, coupez-les d'un doigt de long; mettez-les dans un saladier, ajoutez 8 à 10 pommes de terre pelées toutes chaudes, émincées ; assaisonnez avec sel et poivre, sautez-les 5 à 6 minutes.

Faites fondre 125 grammes de lard râpé, ajoutez un filet de vinaigre, et versez tout bouillant sur la salade. Tournez-la 5 minutes, et servez.

SALADE DE POMME DE TERRE AUX HARENGS.

Cuisez des pommes de terre en robe; pelez-les, coupez-les en tranches, et arrosez-les pendant qu'elles sont chaudes avec un peu de bouillon chaud; assaisonnez avec sel, poivre, muscade. Dressez sur plat, et rangez dessus des filets de harengs bien dessalés coupés en lisière et marinés à l'huile et vinaigre, pendant quelques heures.

QUENELLES DE POMMES DE TERRE AU FROMAGE.

Cuisez des pommes de terre en robe, à l'eau salée ou à la vapeur. Égouttez-les, pelez-les et râpez-les. — Prenez 5 à 600 gram. de cette pulpe, mettez-la dans une terrine, travaillez-la avec une cuiller, et mêlez-lui peu à peu, 150 grammes de farine et autant de beurre divisé; ajoutez 2 œufs, sel, poivre, muscade. — Roulez cette pâte sur la table farinée; essayez-en une petite partie, en la faisant pocher à l'eau bouillante; rectifiez-la au besoin. Divisez la pâte, et roulez les parties en boudin de l'épaisseur du doigt; coupez-les transversalement de 2 doigts de long; plongez-les à l'eau bouillante et salée; au premier bouillon, retirez-les sur le côté du feu; couvrez-les et tene-les ainsi 12 à 15 minutes.

Egouttez-les ensuite sur un grand tamis, et dressez-les par couches dans un plat, en saupoudrant chaque couche avec du parmesan, et arrosant avec du beurre à la noisette; servez-les aussitôt.

TIMBALE DE POMMES DE TERRE AUX ANCHOIS.

Préparez une purée de pommes de terre comme il est dit pour les croquettes. Pour 500 grammes de purée, mêlez-lui 125 grammes de beurre, 2 œufs entiers et 4 jaunes, un grain de sel, une pointe de muscade, une poignée de parmesan râpé et les filets de 8 à 10 anchois, coupés en petits dés. — Beurrez un petit moule à charlotte, panez-le à la panure, remplissez-le avec l'appareil, et cuisez 25 minutes à four chaud ou au four de campagne. Dégagez la timbale tout autour, avec la lame d'un couteau, et renversez-la sur un plat.

MORILLES A LA PROVENÇALE.

Épluchez les morilles, en retirant toutes les parties terreuses; fendez-les si elles sont grosses; lavez-les à l'eau tiède et à plusieurs eaux; plongez-les à l'eau bouillante, salée; donnez un seul bouillon et retirez du feu; égouttez et épongez-les. — Hachez un oignon, mettez-le dans une poêle avec une gousse d'ail non-pelée; faites blondir et ajoutez les morilles; assaisonnez avec sel, poivre, une pointe de cayenne; sautez-les 10 à 12 minutes sur feu modéré; retirez-les, saupoudrez de persil haché et liez avec quelques cuillerées de sauce tomate : sauce courte.

Dressez sur des croûtons ronds frits à l'huile, rangés sur le fond du plat.

Les morilles ne se produisant qu'au printemps, on ne peut en consommer dans les autres saisons qu'à l'état de conserve, c'est-à-dire en boîtes ou séchées. Les morilles sèches sont peu coûteuses et donnent d'excellents résultats; on les fait ramollir à l'eau tiède pendant quelques heures, et on finit de les cuire dans la sauce des ragoûts ou dans le jus.

MORILLES AU BEURRE.

Épluchez et faites blanchir les morilles ; égouttez-les, épongez-en bien l'eau. Mettez-les dans une casserole avec du beurre, un bouquet de persil, sel et poivre, Faites-les revenir jusqu'à ce qu'elles aient réduit leur humidité. Arrosez-les avec un peu de bouillon, et finissez de les cuire tout doucement. Liez-les alors avec un petit morceau de beurre manié à la farine; retirez-les du feu, finissez-les avec le jus d'un citron et un morceau de beurre divisé; servez avec des croûtons frits autour.

MORILLES A LA POULETTE.

Épluchez et faites blanchir les morilles : égouttez-les; mettez-les dans une casserole avec du beurre et une pincée d'oignon haché; faites-les revenir 10 minutes à bon feu; saupoudrez-les avec une cuillerée de farine, et mouillez peu à peu avec du bouillon chaud, jusqu'à hauteur; assaisonnez avec sel et poivre, une gousse d'ail entière. Cuisez 20 minutes tout doucement. — Liez-les alors avec une liaison de 2 jaunes; finissez-les avec une pincée de persil haché, et le jus d'un citron.

CÈPES A LA PROVENÇALE.

Prenez 6 têtes de cèpes fraîches; coupez-en la queue, essuyez-les; mettez-les dans une poêle avec de l'huile; faites-les cuire des deux côtés, en les retournant; assaisonnez avec sel et poivre, égouttez-les bien sur un plat; jetez l'huile dans laquelle elles ont cuit. — Mettez dans la poêle oignons et échalotes hachés; faites-les revenir avec de l'huile; ajoutez les queues de cèpes hachées; cuisez-les 7 à 8 minutes; assaisonnez avec sel et poivre, une pointe d'ail et une pincée de persil; remettez les têtes dans la poêle, chauffez-les des deux côtés, puis dressez-les, et versez dessus, l'huile et le hachis.

CHAMPIGNONS COMESTIBLES.

Les champignons qu'on cultive à Paris sont excellents et inoffensifs; ils ont de plus le mérite de se reproduire en toute saison, ce qui pour la cuisine est d'un immense avantage. En province, on est généralement privé de cette ressource et on se trouve obligé de recourir à l'emploi des champignons conservés. Les champignons conservés en boîtes sont d'un prix peu élevé et d'un accès facile, puisqu'on peut les acheter par demie et par quart de boîte.

Un produit d'une autre espèce mais d'une grande utilité dans les petites cuisines, c'est l'emploi des cèpes coupés en lames et séchés. Ramollis à l'eau tiède, ils peuvent être utilisés soit dans les ragoûts, soit dans les hachis: coupés en dés on les emploie pour les appareils à croquette, à rissole, etc.

La cuisson des champignons frais est toute simple; on sépare la queue des têtes, on lave vivement celles-ci, on les met dans une casserole avec un peu d'eau, sel et jus de citron; on les cuit 5 à 6 minutes, à couvert, en les remuant. — On hâche les queues pour les employer en fines-herbes.

CROUTES AUX CHAMPIGNONS (*entremets*).

Épluchez des champignons de couche, bien frais; séparez la queue de la tête; essuyez bien celles-ci, lavez-les vivement; mettez-les dans une casserole avec un peu d'eau, jus de citron, beurre et sel; cuisez-les à feu vif et à couvert; 7 à 8 minutes suffisent Égouttez-en la cuisson, passez-la et liez-la avec un peu de sauce, et au besoin avec un petit morceau de beurre manié; faites-la séduire 5 à 6 minutes, puis liez-la avec une liairon de quelques jaunes, ajoutez les champignons; puis du poivre et muscade ; dressez-les sur une couche de tranches de pain de cuisine, frites ou bien beurrées et séchés au four.

TRUFFES NOIRES.

A l'état fraîches, les truffes n'existent que pendant quelques mois de l'année, de novembre à fin mars. — Quand on ne peut plus les avoir fraîches, il ne reste qu'à les acheter conservées en boîtes. Les truffes conservées sont généralement bonnes ; on peut les acheter en aussi petite quantité qu'on le désire. Tous les marchands, à côté des boîtes entières, ont des demi-boîtes et des quarts de boîte, ou quarts de flacon.

Dans la petite cuisine, on ne peut guère employer des truffes que comme accessoire, d'apprêts. Or, dans ces conditions on peut très-bien employer les truffes sèches qui sont excellentes. Ces truffes ramollies à l'eau pendant une couple d'heures reviennent en très-bon état et conviennent, soit pour être mêlées à un ragoût, soit pour être coupées en dés ou pour être hachées. Le prix peu élevé de ce produit, permet à tout le monde de l'aborder. Je le recommande aux ménagères.

Quand aux truffes crues, la première nécessité c'est de les brosser dans l'eau pour en retirer toute la terre, puis de les cuire, soit après les avoir pelées, soit avec la peau. Dans les deux cas, on les cuit avec du vin blanc sec, à court mouillement, si elles sont pelées 7 à 8 minutes d'ébullition violente suffisent; si on les cuit avec la peau, on les cuit 5 à 6 minutes de plus.

TRUFFES CUITES SOUS LA CENDRE.

Prenez des truffes fraîches, non pelées, mais

bien brossées et lavées; salez-les légèrement, enveloppez-les séparément d'abord avec une petite barde très-mince de lard, puis avec un carré de papier blanc beurré, et ensuite avec du papier double ou triple. Humectez légèrement le papier extérieur, quand les truffes sont enveloppées, rangez-les sur une couche de cendre chaude du foyer, puis couvrez-les avec une autre couche épaisse, et sur celle-ci, étalez une légère couche de braise. Cuisez les truffes de quarante à 50 minutes selon leur grosseur. Enlevez les premières feuilles de papier, en laissant celle qui est beurrée; dressez-les dans une légumière fermée. Servez à part du beurre frais.

TRUFFES A LA PROVENÇALE

Pelez 8 à 10 truffes crues, de moyenne grosseur, émincez-les. Hachez finement un oignon, faites-le revenir à l'huile ou au beurre, dans une poêle; ajoutez les truffes, un peu de sel, poivre et une gousse d'ail entière, sautez-les 2 minutes sur feu vif; puis arrosez-les avec un demi-décilitre de marsala et faites-le évaporer, en sautant les truffes. Liez celles-ci avec 2 cuillerées de sauce brune, donnez 2 bouillons et retirez du feu; finissez alors le ragoût un morceau de beurre d'anchois et une pincée de persil haché. Enlevez la gousse d'ail et servez.

ŒUFS

ŒUFS POCHÉS

Faites bouillir de l'eau dans une petite bassine ou casserole; ajoutez sel et vinaigre; prenez des œufs du jour, coupez-les un à un, en les ouvrant et les faisant tomber à l'endroit où le bouillonnement est bien prononcé, afin de les saisir : il faut en pocher seulement 4 à la fois. Au premier bouillon, retirez la casserole sur le côté du feu, et tenez-la ainsi jusqu'à ce que les œufs soient assez raffermis pour se soutenir entiers. Enlevez-les alors avec l'écumoire et mettez-les à l'eau froide. Un quart d'heure après, prenez-les un à un, parez-les ronds et remettez-les à l'eau froide ; chauffez-les ensuite à l'eau tiède.

ŒUFS POCHÉS A LA SOUBISE (*entremets*).

Préparez une purée d'oignons (*p.* 66). — Faites pocher 6 œufs ; dressez la soubise sur un plat et les œufs dessus ; alternez-les chacun avec un croûton frit coupé en crête et glacé au pinceau.

ŒUFS POCHÉS A LA MATELOTE (*entremets*).

Faites pocher 6 œufs. — Emincez un oignon, faites-le revenir au beurre ; ajoutez un bouquet, une gousse d'ail et quelques parures de champignons. Mouillez avec un décilitre de vin blanc et faites tomber tout doucement le liquide à glace. Mouillez alors avec 2 décilitres de vin rouge ; faites bouillir, liez avec un morceau de beurre manié ; assaisonnez avec sel et poivre, passez au tamis.

Chauffez les œufs à l'eau tiède, dressez-les chacun sur un croûton frit, et masquez-les avec la sauce.

ŒUFS MOLLETS

Cuisez les œufs 5 minutes ; — Égouttez-les, mettez-les à l'eau froide. Un quart d'heure après, retirez-en les coquilles ; chauffez-les à l'eau tiède.

On sert les œufs mollets avec un hachis de viande ou une purée de volaille ou de légumes.

ŒUFS MOLLETS A L'OSEILLE (*entremets*).

Préparez une purée d'oseille, comme elle est décrite à la *page* 67 ; cuisez 6 à 8 œufs à 5 minutes ; faites-les refroidir à l'eau pour en retirer la coquille. — Dressez l'oseille sur un plat, arrosez-la avec un peu de glace, et dressez les œufs autour.

ŒUFS AU JAMBON (*mets de déj.*).

Coupez quelques tranches minces de jambon cuit ; mettez-les dans une poêle avec du beurre fondu ; chauffez-les à peine, en les retournant ; rangez-les sur un plat l'une à côté de l'autre. Coupez dans la poêle autant d'œufs qu'il y a de tranches de jambon, assaisonnez avec sel et poivre ; chauffez et couvrez-les avec le couvercle en tôle chargé de braise ; quand ils sont à point, enlevez-les avec une palette et posez-les à mesure, un sur chaque tranche de jambon.

ŒUFS AU MIROIR (*mets de déj.*).

Beurrez le fond d'un plat en métal ou en porcelaine ; coupez les œufs et ouvrez-les, à niveau du beurre, afin qu'ils restent bien entiers. Assaisonnez avec sel et poivre, cuisez-les avec feu dessus et dessous.

ŒUFS A LA COQUE.

Prenez des œufs du jour ; rangez-les sur une grille en fil de fer (v. aux *Ustensiles*) ; plongez-les à l'eau bouillante. Couvrez et cuisez-les 3 minutes à 3 minutes et demie, selon leur grosseur. Servez les sous serviette ou dans une coquetière.

ŒUFS A LA TRIPE (*entremets*).

Émincez 4 oignons; faites-les revenir tout doucement au beurre, avec une pincée de sucre et de sel; saupoudrez-les avec une pincée de farine, et mouillez avec 3 décilitres de lait chaud; cuisez 15 minutes tout doucement; assaisonnez avec sel et muscade; faites réduire, en ajoutant quelques cuillerées de crême crue. — Cuisez 7 à 8 œufs durs; tenez-les à l'eau froide un quart d'heure; retirez-en alors les coquilles, coupez-les en tranches, dressez-les sur le plat, et masquez-les avec les oignons.

ŒUFS FRITS A LA SAUCE TOMATE (*mets de déj.*).

Choisissez des œufs bien frais. — Mettez 2 décilitres d'huile ou du saindoux dans une petite poêle creuse. Chauffez bien; puis penchez légèrement la poêle pour ramener toute l'huile sur un côté; coupez alors un œuf, à fleur du liquide, et avec une petite écumoire ramassez-le de façon à lui donner la forme ovale. Cuisez-le jusqu'à ce que la partie extérieure soit bien saisie, en conservant le jaune liquide, absolument comme un œuf poché.

Cuisez ainsi les œufs, l'un après l'autre; et dressez-les dans un plat; masquez le fond de celui-ci avec une sauce tomate préparée avec des tomates fraîches ou de la purée de tomate en conserve.

ŒUFS FARCIS AUX ANCHOIS (*hors-d'œuv.*).

Faites durcir 8 à 10 œufs; en les sortant, mettez-les à l'eau froide. Un quart d'heure après, retirez-en les coquilles, et fendez-les chacun en deux parties. — Pilez les jaunes avec les filets de 20 anchois ; ajoutez 2 ou 3 cuillérées de farce au pain, puis un petit morceau de beurre et quelques jaunes d'œuf crus. — Mettez la farce dans une terrine ; mêlez-lui une pincée d'oignon haché et une cuillérée de persil : assaisonnez avec sel et poivre. — Avec une cuillerée de cette farce, remplissez chaque demi-œuf, de façon à lui donner sa forme première. — Avec le restant de la farce, masquez le fond d'un plat. Dressez ensuite les œufs, en les posant l'un à côté de l'autre, le côté farci en dessus ; dressez le restant sur le centre. Saupoudrez avec de la panure, arrosez avec du beurre fondu, et tenez à four doux 20 minutes.

ŒUFS CUITS EN COCOTES.

Beurrez 6 petites cocotes en porcelaine, plates ou posant sur 3 pieds ; saupoudrez-les avec des fines-herbes cuites : oignons, échalottes, champignons et persil hachés. Coupez un œuf frais dans chaque cocote ; salez et cuisez 4 à 5 minutes à four modéré.

ŒUFS A LA POLIGNAC.

Beurrez des moules à dariole ; saupoudrez les avec du persil haché, et dans chaque moule, coupez un œuf bien frais ; salez les œufs, et rangez les moules dans un plafond à rebords, avec un peu d'eau au fond ; cuisez 5 minutes ; dressez-les sur plat, en les renversant.

ŒUFS AU BEURRE NOIR.

On cuit ces œufs dans un plat ou à la poêle. Dans le premier cas, on les cuit avec peu de beurre, et quand ils sont à point on verse du beurre noir dessus. Si on les cuit à la poêle, on les glisse dans un plat, et on verse le beurre noir dessus, préparé à part (*page* 54).

ŒUFS EN CAISSES (*mets de déj.*).

Beurrez ou huilez au pinceau l'intérieur de quelques caisses plissées, de forme ronde; pour chaque caisse, prenez 2 filets d'anchois; écrasez-les avec la lame d'un gros couteau ou pilez-les; mêlez-leur un égal volume de beurre et autant de panure fraîche de façon à former une pâte. Avec cette farce, masquez le fond et le tour des caisses, coupez un œuf frais dans chaque caisse; assaisonnez avec sel et poivre; faites-les pocher au four, sur un gril, en observant que le jaune ne durcisse pas, 5 à 6 minutes suffisent.

On peut remplacer la purée d'anchois par des fines-herbes cuites, c'est-à-dire oignons et champignons hachés, mêlés avec du persil, puis maniées avec du beurre et panure blanche.

ŒUFS BROUILLÉS, AU PETIT-SALÉ.

Beurrez le fond d'une casserole. — Cassez 8 à 10 œufs dans une terrine; assaisonnez avec sel, poivre et muscade, fouettez-les et mêlez-leur 60 gram. de beurre divisé en petites parties.

Versez les œufs dans la casserole et posez celle-ci sur feu doux; tournez vivement l'appareil avec une cuiller en bois, jusqu'à ce qu'il commence à se lier; alors mêlez-lui 2 ou 3 cuillerées de crème crue ou de sauce; finissez de les lier sur feu très-doux, sans cesser de les tourner; l'appareil doit rester mollet, lisse et sans grumeaux. Versez dans un plat et dressez autour des tranches de petit-salé grillé.

ŒUFS BROUILLÉS, AUX OIGNONS (*mets de déj.*).

Battez 8 œufs; assaisonnez avec sel, poivre et

muscade; liez-les avec du beurre sur feu doux, en opérant comme il vient d'être dit. Quand ils sont crèmeux, ajoutez 3 à 4 cuillerées de purée d'oignon (*page* 66); cuisez encore 2 secondes, et dressez-les sur plat; entourez-les avec des croûtons frits au beurre.

ŒUFS BROUILLÉS, AUX TOMATES (*entremets*).

Coupez en dés 2 tomates sans peau ni graines; mettez-les dans une poêle avec du beurre fondu; assaisonnez et sautez-les 2 minutes sur feu vif sans les faire fondre. — Mettez dans une casserole 60 grammes de beurre divisé en petites parties. battez 8 œufs frais avec 3 cuillerées de crème crue; versez-les dans la casserole, liez-les sur feu sans cesser de tourner; ajoutez-les tomates, et dressez sur plat; arrosez avec 4 cuillerées de sauce tomate.

ŒUFS BROUILLÉS, AUX ASPERGES VERTES (*entremets*).

Prenez une botte de petites asperges vertes; ployez-en les tiges, l'une après l'autre, afin de les casser à l'endroit où elles ne sont plus tendres. Coupez d'abord les pointes d'un doigt de long; coupez ensuite les tiges de même longueur. Cuisez-les séparément à l'eau salée, dans un poêlon rouge, afin qu'elles restent vertes.

Quand elles sont égouttées, faites-les sauter avec un morceau de beurre; assaisonnez avec sel et poivre.

Cassez 10 œufs dans une terrine; assaisonnez, mêlez-leur 2 ou 3 cuillerées de crème crue. Mettez 80 grammes de beurre dans une casserole; chauffez-le, et mêlez-lui les œufs battus, tournez sur feu doux, avec une cuiller, de façon à les lier sans faire de grumeaux: ils doivent rester moelleux. Retirez du feu, et mêlez les asperges chaudes.

Dressez sur plat, et entourez avec des croûtons de mie de pain, frits au beurre.

OMELETTE AU BEURRE.

Cassez 8 à 10 œufs dans une terrine, ajoutez un morceau de beurre divisé en petites parties, sel et poivre. Battez-les 2 minutes avec une fourchette. — Faites fondre 50 à 60 grammes de beurre dans une poêle à omelette; chauffez-la, et versez les œufs dedans, tournez avec la fourchette jusqu'à ce que les œufs commencent à se lier; tournez alors la poêle sur elle-même, afin de rassembler la masse; ramenez-la sur un côté de la poêle, et sautez la très-légèrement, afin de la ployer à moitié; puis, en penchant la poêle, et à l'aide de la fourchette, finissez de la ployer, et lui donnant une forme longue; renversez-la aussitôt sur un plat sans la déformer; l'omelette doit rester baveuse à l'intérieur et être lisse à l'extérieur.

Pour préparer l'omelette aux fines-herbes, il suffit de mêler aux œufs, ciboulette et persil hachés. — Pour préparer l'omelette au fromage, il suffit de mêler aux œufs 3 cuillerées de crème crue et une poignée de parmesan râpé. — On compte ordinairement 5 œufs pour deux convives.

OMELETTE AUX ROGNONS DE VEAU.

Prenez le rognon cuit d'une longe de veau de desserte; coupez-le en petits dés; chauffez-les 2 secondes dans une poêle, avec un petit morceau de glace de viande ou de beurre et une pincée de persil haché. — Préparez une omelette de 8 à 10 œufs comme la précédente; au moment où elle est liée, avant de la ployer, étalez les rognons dessus, ployez-la et dressez-la sur plat.

Si on opère avec des rognons crus, il faut les émincer, les sauter au beurre jusqu'à ce qu'ils aient réduit leur humidité; les assaisonner, les arroser avec un peu de glace fondue, saupoudrer de persil, et les étaler sur l'omelette avant de la ployer.

OMELETTE AU LARD.

Pour 8 à 10 œufs, prenez 125 grammes de petit-salé sans couenne; coupez-le en tranches minces ou en dés; faites-le revenir 2 minutes avec du beurre. Versez les œufs battus dessus; liez l'omelette, ployez-la et renversez-la sur un plat. — On opère de même pour l'omelette au jambon.

OMELETTE AUX TRUFFES.

Les truffes crues sont préférables. — Pelez 3 à 4 truffes propres; émincez-les, mettez-les dans la poêle avec 60 grammes de beurre, sel et poivre; faites-les revenir 2 minutes en les sautant.

Frottez le fond d'une terrine avec une gousse d'ail coupée; coupez 8 œufs dans la terrine, ajoutez sel, poivre et persil haché; battez-les et versez-les sur les truffes; liez l'omelette, ployez-la, renversez-la sur un plat.

OMELETTE AU THON MARINÉ.

L'omelette au thon doit être faite à l'huile. — Coupez en petits dés 100 grammes de thon bien égoutté. — Battez 8 œufs; mêlez-leur le thon, du persil haché, sel et poivre. — Chauffez un demi-décilitre d'huile dans une poêle; versez les œufs dedans; liez l'omelette, ployez-la et renversez-la sur plat.

OMELETTE AUX ÉCREVISSES.

Épluchez les queues de 2 douzaines d'écrevisses; parez-les, fendez-les par le milieu sur la longueur;

hachez les parures. — Avec les coquilles, préparez un peu de beurre rouge (*page* 48). — Battez 8 à 10 œufs, ajoutez les parures d'écrevisses et les queues, sel, poivre et un petit morceau de beurre rouge. — Chauffez de l'huile ou du beurre dans une poêle; versez les œufs dessus; liez l'omelette, ployez-la, et renversez-la sur un plat. — On prépare ainsi l'omelette aux écrevisses.

OMELETTE AUX CROUTONS.

Coupez en petits dés un morceau de mie de pain de cuisine; mettez-les dans une poêle avec du beurre, faites-les revenir sans les sécher. Battez 8 à 10 œufs, mêlez-leur les croûtons, sel et poivre. Chauffez du beurre, dans une poêle à omelette, versez les œufs dedans; liez-la, ployez-la, renversez-la sur un plat.

OMELETTE AUX CÈPES.

Prenez quelques têtes de cèpes crus, bien propres; émincez-les, faites-les revenir à feu vif, avec moitié huile et moitié beurre; ajoutez une pointe d'ail, sel et poivre. Cuisez jusqu'à ce qu'ils aient réduit leur humidité. — Cassez 8 à 10 œufs, battez-les, assaisonnez; chauffez du beurre ou de l'huile dans une poêle; versez-les œufs dedans, et liez l'omelette; étalez les cèpes dessus, et ployez-la; renversez-la sur un plat chaud.

OMELETTE AUX POINTES D'ASPERGES VERTES.

Si les asperges sont bien tendres, il n'est pas nécessaire de les faire blanchir. Coupez-les d'un doigt de long, et faites-les revenir au beurre ou à l'huile, dans une petite poêle; assaisonnez. Coupez les œufs dans une terrine, assaisonnez, ajoutez du persil haché. Chauffez du beurre dans une poêle à omelette; versez dedans les œufs et les asperges; liez l'omelette, roulez-la et renversez-la sur un plat.

FARINAGES

PETITS SOUFFLÉS AU FROMAGE (*hors-d'œuvre*).

Faites bouillir 6 décilitres de bon lait; retirez sur le côté; ajoutez un morceau de beurre, puis remplissez le liquide avec de la panure blanche, c'est-à-dire de la mie de pain râpée, en l'incorporant peu à peu, sans cesser de tourner, de façon à obtenir une bouillie pas trop épaisse; cuisez-la quelques minutes sans la quitter; retirez-la, et mêlez-lui 100 grammes de beurre, 6 jaunes d'œuf, une poignée de parmesan, un grain de sel, une pincée de sucre et muscade. Fouettez les 6 blancs, bien fermes, mêlez-les à l'appareil. Remplissez des petites caisses très-légèrement beurrées, cuisez à four doux 15 à 18 minutes.

PETITS PAINS AU FROMAGE DE CHESTER (*entremets*).

Fendez en deux des petits pains de table; masquez-les, du côté coupé, avec une épaisse couche de fromage de Chester râpé ou coupé en tranches. Posez-les sur un gril; saupoudrez-les avec du poivre ou du cayenne, et tenez-les 10 à 12 minutes au four chaud; servez-les aussitôt.

NOQUES GRATINÉES (*entremets*).

Préparez une pâte à chou avec 150 grammes d'eau (soit un décilitre et demi), 150 grammes de farine, 30 grammes de beurre, un grain de sel, une pincée de sucre. Quand la pâte est desséchée, mêlez-lui, peu à peu, 3 ou 4 œufs entiers, 30 gram. de parmesan râpé, une pointe de muscade.

Mettez la pâte sur la table farinée; roulez-la en boudins de l'épaisseur du doigt ;coupez-la d'un doigt de long; roulez ces parties dans un tamis avec de la farine dedans, afin de les arrondir. Enlevez-les de la farine faites-les pocher à l'eau bouillante 7 à 8 minutes. Egouttez et roulez-les dans une casserole avec de la bonne béchamel ; dressez-les par couche dans un plat à gratin, en saupoudrant chaque couche avec du parmesan râpé ; arrosez le dessus avec du beurre et faites gratiner 15 minutes avec feu dessus feu dessous, ou au four.

NOQUES A LA SEMOULE (*entremets.*)

Faites bouillir un litre et quart de lait ; mêlez-lui 50 grammes de beurre, puis 200 grammes de semoule fine et 20 gr. de fécule, mais peu à peu, en la laissant tom ber en pluie ; cuisez 25 minutes sur le côté du feu ; ajoutez une pincée de sel, une pincée de sucre et muscade. — Retirez la bouillie du feu, et mêlez-lui 6 à 8 jaunes battus et délayés avec 2 cuillerées d'eau froide ; cuisez encore 5 minutes sans cesser de tourner ; retirez-la et incorporez-lui une poignée de parmesan râpé ; versez-la sur une tourtière beurrée ; laissez refroidir.

Coupez ensuite la bouillie avec un coupe-pâte rond de 3 doigts de large ; rangez-les à plat, par couches dans un plat à gratin beurré ; arrosez chaque couche avec du beurre fondu, et saupoudrez avec du parmesan râpé. Faites gratiner 35 minutes avec feu dessus feu dessous ou au four.

BEIGNETS DE SEMOULE AU PARMESAN (*entremets*).

Préparez une bouillie au lait et à la semoule, un peu de fécule, comme pour les noques ; versez-la sur une tourtière beurrée ; laissez bien refroidir. — Coupez-la en ronds avec un coupe-pâte, et roulez ces ronds dans du parmesan râpé ; trempez-les dans des œufs battus, panez-les au pain, et faites-les frire au beurre dans un sautoir, ou dans la poêle, à grande friture.

FONDUE A LA MÉNAGÈRE (*entremets*.

Prenez 8 à 9 œufs, gros et bien frais, 125 grammes de gruyère frais et 85 grammes de beurre.

Avec le beurre, masquez le fond d'une casserole, râpez la moitié du fromage et coupez le reste en petits dés. Cassez les œufs, battez-les; mêlez-leur le fromage râpé, une petite pincée de sel, une de sucre, poivre et muscade ; versez-les dans la casserole où est le beurre, et placez-la sur feu vif; tournez 2 minutes avec une cuiller et retirez sur feu plus doux sans cesser de tourner en tous sens ; mais sans faire bouillir, comme des œufs brouillés.

Quand l'appareil est à peu près lié, ajoutez le fromage coupé. Versez-le ensuite dans un plat, et servez avec des croûtons frits autour. — Cette quantité peut suffire pour 5 à 6 personnes.

RAMEQUINS AU FROMAGE (*hors-d'œuvre*).

Faites bouillir 2 décilitres d'eau; ajoutez un grain de sel et 40 grammes de beurre ; remplissez le liquide avec de la farine, et desséchez-la comme une pâte à chou, jusqu'à ce qu'elle se détache du fond. Retirez-la, changez-la de casserole ; mêlez-lui alors 3 œufs entiers ; 50 grammes de beurre, 50 grammes de parmesan râpé, un grain de sucre, une pincée de poivre. — Prenez la pâte avec une cuiller par parties égales ; couchez-les sur une tourtière comme des choux ; posez sur le haut de chacune une pincée de gruyère coupé en dés ; cuisez 20 minutes à four modéré.

SALÉE DE MÉNAGE.

Prenez 2 livres de pâte chez le boulanger ; de la pâte levée à point. Mettez-la sur la table saupoudrée de farine ; mêlez-lui 125 grammes de beurre, saupoudré de sel et divisé en petites parties, mais sans travailler la pâte. Pliez-la alors avec les mains, et mettez-la sur une large tourtière ; tapez la avec la main pour l'abaisser de l'épaisseur du doigt, et de la largeur de la tourtière. Formez un petit rebord tout autour de la pâte ; puis, sur la surface, creusez avec le doigt des petites cavités un peu profondes, à petite distance et sans traverser la pâte. Saupoudrez de sel, et versez tout doucement de la bonne huile dessus, de façon à remplir les petites cavités et masquer en même temps la surface d'une couche mince. Cuisez une demi-heure à four modéré ; servez en sortant du four dans la tourtière même.

POUPELIN AU FROMAGE.

Faites bouillir dans une casserole 2 décilitres d'eau ; ajoutez un grain de sel, une cuillerée de sucre et 100 grammes de beurre ; aussitôt que le beurre est fondu, incorporez au liquide 130 grammes de farine ; liez la pâte hors du feu ; remettez-la ensuite sur le feu ; cuisez-la 5 minutes sans cesser de la travailler ; retirez-la, et 2 minutes après, incorporez-lui peu à peu un œuf entier,

3 jaunes, muscade, deux poignées de parmesan râpé et 125 grammes de gruyère coupé, puis 2 à 3 blancs fouettés en neige. — Beurrez une tourtière et disposez la pâte dessus en formant une couronne ; dorez la surface et marquez-la avec des tranches minces de gruyère frais ; cuisez une demi-heure, à four doux.

GOUGÈRE AU FROMAGE.

Préparez une pâte à chou, en opérant absolument comme il est dit pour le poupelin au fromage; quand elle est finie, étalez-la sur une plaque beurrée, en lui donnant l'épaisseur d'un doigt. Saupoudrez avec du fromage râpé, et cuisez 20 minutes, à four chaud.

NOUILLES AU GRATIN.

Prenez 600 grammes de nouilles émincées; cuisez-les 7 à 8 minutes à l'eau salée ; égouttez-les;

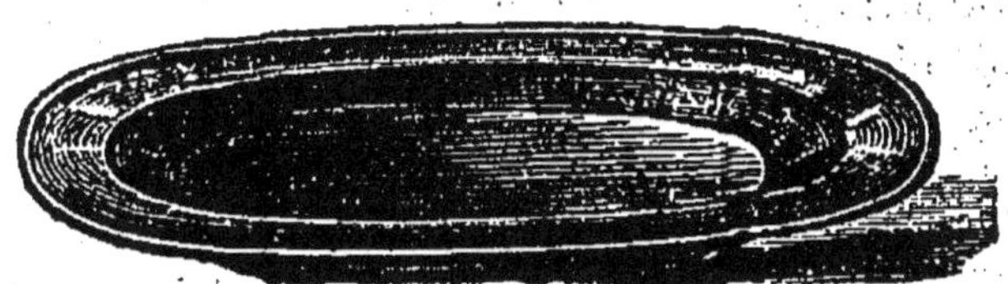

mettez-les dans une casserole; mêlez-leur 75 grammes de beurre divisé en petites parties, et 5 à 6 cuillerées de béchamel (*page* 54), une pointe de muscade et 60 grammes de parmesan râpé. Versez dans un plat à gratin; saupoudrez avec de la panure et du parmesan, arrosez avec du beurre, et faites gratiner 25 minutes avec feu dessus, feu dessous.

MACARONI AU GRATIN.

Cuisez à l'eau salée 300 grammes de macaroni coupé ; tenez-le un peu plus tendre que pour le macaroni au jus. Egouttez-le sans le rafraîchir; mettez-le dans une casserole; liez-le avec quelques cuillerées de béchamel; puis, mêlez-lui peu à peu 100 grammes de beurre et 125 grammes de fromage râpé, moitié parmesan, moitié gruyère.

Versez-le dans un plat à gratin, saupoudrez avec du parmesan, une pincée de panure; arrosez avec du beurre, et faites gratiner avec feu dessus, feu dessous ou au four.

TARTELETTES AU FROMAGE.

Beurrez 18 moules à tartelette, unis; foncez-les avec des rognures de feuilletage; piquez la pâte au fond, emplissez-les à moitié avec de la farine, cuisez-les et videz-les. — Mettez dans une terrine une cuillerée de farine et 4 cuillerées de parmesan râpé; délayez avec 2 décilitres de lait ou de crème crue, ajoutez un grain de sel, une pincée de sucre, pointe de muscade, 60 grammes de beurre; tournez le liquide sur feu doux jusqu'à ce que le beurre soit fondu; retirez du feu, et 15 minutes après, incorporez-lui 4 blancs fouettés. Remplissez les tartelettes et cuisez 15 minutes à four chaud; servez aussitôt.

PATISSERIE

Une cuisinière qui ne sait pas faire un peu de pâtisserie, n'est jamais très-estimée. La pâtisserie n'est pas plus difficile à apprendre que la cuisine; seulement, comme on a moins souvent l'occasion

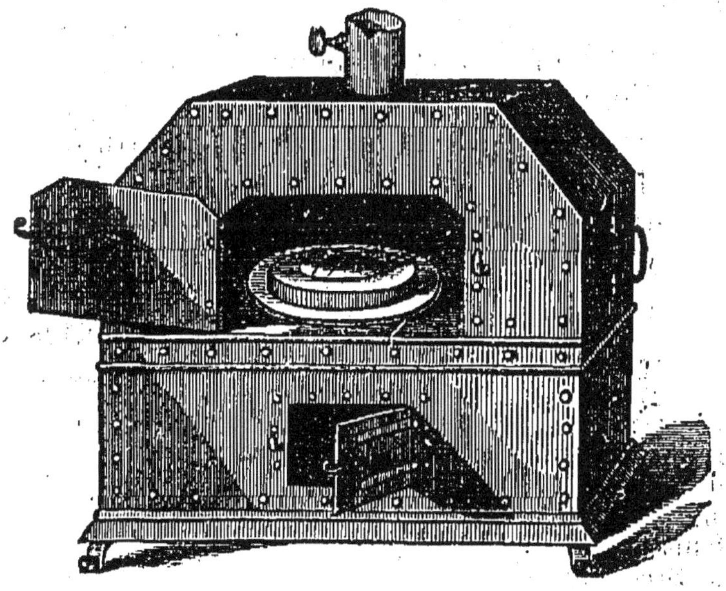

de la voir faire, on est plus longtemps à l'apprendre. A défaut de pratique, les cuisinières doivent donc étudier cette science dans les livres compétents qui leurs donnent de bonnes notions et qui produisent des recettes praticables.

Les recettes que j'ai choisies pour cette partie

sont à la portée de tout le monde ; il s'agit seulement de les étudier avec attention, de s'en rendre compte, et surtout de ne pas opérer au hasard.

Il ne s'agit pas seulement de savoir faire la pâtisserie ; il faut aussi apprendre à la cuire, ce qui en somme est le point le plus important, car la patisserie mal cuite ou brûlée est détestable.

A défaut de grand four en maçonnerie, ce qui est rare dans une cuisine bourgeoise, il ne reste que la ressource des fours de fourneau ou des fours portatifs dont j'ai reproduit différents dessins, ou enfin les fours de boulangers. Dans les uns comme dans les autres de ces fours, on peut certainement cuire toute sorte de pâtisserie, il s'agit seulement d'apprendre d'abord à en diriger la chaleur, et à savoir juger du degré qui convient à telle ou telle autre cuisson. Ceci est une affaire de pratique et d'étude.

Pâte brisée pour les pâtés froids. — Faites la fontaine, c'est-à-dire, étalez en cercle, sur la table, 200 grammes de farine ; sur le centre, mettez une pincée de sel et 2 jaunes d'œuf. Dans une petite casserole, mettez 175 gram. de beurre et un décilitre d'eau, chauffez jusqu'au moment ou le liquide va bouillir, et retirez. Versez peu à peu le beurre et l'eau dans la fontaine, et incorporez peu à peu le liquide avec la farine. Brisez la pâte deux fois, laissez-la reposer.

Pâte brisée, fine. — Faites la fontaine avec 500 gram. de farine ; mettez sur le centre 300 grammes de beurre, une pincée de sel et 4 décilitres d'eau. — Assemblez la pâte, brisez-la deux ou trois fois ; laissez-la reposer une heure.

Pâte brisée au sucre. — Faites la fontaine ; mettez sur le centre 300 grammes de beurre, 100 grammes de sucre, 3 jaunes d'œuf, un grain de sel et 2 décilitres d'eau. Assemblez la pâte, brisez-la une ou deux fois ; laissez-la reposer.

Pâte à dresser. — Cette pâte est préparée avec 500 gram. de farine, 250 grammes de beurre, une pincée de sel, 2 œufs entiers et un peu d'eau. — Même opération que pour les précédentes.

Pâte à frire pour entremets. — Mettez 200 grammes de farine dans une terrine, un grain de sel, une cuillerée de sucre en poudre, 2 ou 3 jaunes d'œuf, 6 cuillerées de beurre fondu. Mêlez et delayez la pâte avec du vin blanc, de facon à l'obtenir coulante.

Incorporez-lui alors 3 blancs fouettés, et enfin, 2 cuillerées de cognac.

Pâte feuilletée et demi-feuilletage. — Tamisez sur la table 500 grammes de belle farine; ramassez-la en tas, et écartez-la ensuite sur le centre, avec la main, de façon à former un cercle, c'est ce qu'on appelle la fontaine.

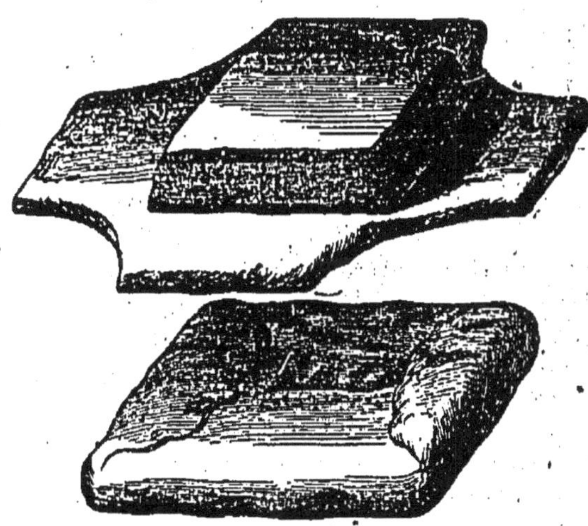

Au centre de ce cercle, mettez une pincée de sel, 2 décilitres et demi d'eau froide.

Avec la main, incorporez peu à peu la farine avec le liquide, jusqu'au point d'en former une pâte lisse. Pressez-la avec la main, contre la table, de façon à englober toute la farine et laisser la table sans aucune parcelle de pâte.

Laissez reposer la pâte 10 à 12 minutes.

Prenez 500 grammes de bon beurre ferme; en hiver maniez-le dans un linge afin de bien l'éponger et le rendre souple. Formez-en un carré épais.

Saupoudrez la table avec de la farine; posez la pâte dessus, et appuyez-la avec la main pour lui donner la forme carrée. Placez alors le beurre sur la pâte (1er dessin), et ployez les bords de celle-ci sur le beurre, des quatre côtés, afin de le cacher tout à fait (2e dessin).

Prenez alors le rouleau, des deux mains, et allongez la pâte en bande mince, de la largeur du carré, en la poussant de-

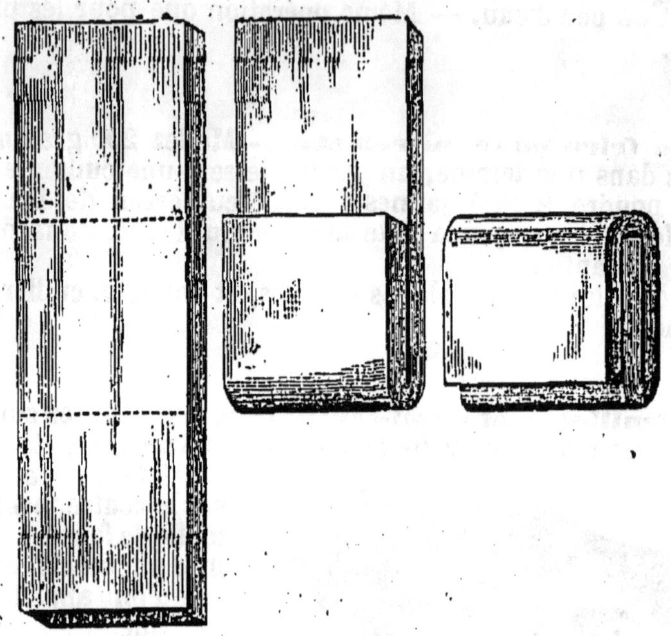

vant soi, jusqu'à ce qu'elle n'ait plus que l'épaisseur d'un demi-doigt (3e dessin).

Pliez alors la bande en trois parties égales, l'une sur l'autre (4e dessin); appuyez-la avec le rouleau, pour l'égalise; faites-lui faire un demi-tour de droite à gauche (6e dessin), et abaissez-la de nouveau, en l'allongeant, aussi mince que la première fois; pliez-la encore en trois.

La pâte a alors 2 tours. Laissez-la reposer 10 minutes, et donnez-lui encore 2 tours.

Après 10 minutes de repos, donnez les 2 derniers tours.

C'est avec le feuilletage à 6 tours qu'on prépare les bouchées, petits pâtés et vol-au-vent.

On prépare le demi-feuilletage avec la même quantité de farine, mais avec moitié moins de beurre, et en donnant 8 tours à la pâte. Mais, les rognures de la pâte feuilletée, rassemblées et abaissées, tiennent lieu de demi-feuilletage.

Farce pour les pâtés-froids. — Cette farce se compose de chair à saucisse, c'est-à-dire du maigre de porc ou de veau haché avec une égale quantité de lard frais ou de panne. Mais à cette farce on peut toujours ajouter, quelques parties des chairs de volaille ou de gibier avec lesquelles on veut préparer le pâté. On hache la farce d'abord, puis on la pile et on l'assaisonne avec sel et quatre épices; si elle est bien pilée on peut l'employer sans la passer.

Sucre de cannelle. — Pilez de la cannelle dans un petit mortier, et mêlez-lui 5 fois son volume de sucre en poudre; pilez encore 2 minutes, et passez au tamis fin.

Sucre à l'orange ou au citron. — Frottez le citron ou l'orange sur un morceau de sucre en pain, et grattez celui-ci avec la râpe ou avec un couteau, à mesure qu'il s'imprègne du zeste du fruit; employez-le au plutôt.

Sucre à la vanille. — Fendez en deux un bâton de vanille; coupez-le en petits morceaux; mettez-les dans un petit mortier avec 200 grammes de sucre en poudre; pilez 10 à 12 minutes et passez au tamis fin.

Glace crue, pour glacer les gâteaux. — Mettez 150 grammes de sucre fin dans une terrine; ajoutez 2 cuillerées de liqueurs: rhum, kirsch, etc., et un peu d'eau, de façon à obtenir une pâte lisse et coulante; glacez.

Glace crue, au blanc d'œuf, p. glacer les gâteaux. — Mettez 150 grammes de sucre fin dans une terrine; mêlez-lui peu à peu du blanc d'œuf, de facon à obtenir une pâte lisse et coulante; parfumez aux liqueurs ou aux zestes.

Glace cuite au kirsch pour glacer les gâteaux. — Cuisez 150 grammes de sucre au *lissé*; (v. aux compotes), retirez-le, et frottez-le contre les parois du poêlon pour le faire blanchir; ajoutez alors un peu de kirsch, et glacez.

Glace cuite au chocolat, p. glacer les gâteaux. — Faites ramollir à la bouche du four, dans une casserole 175 grammes de chocolat; broyez-le à l'aide d'une cuiller, et délayez avec un demi-verre d'eau tiède; chauffez en tournant, sans faire bouillir; passez-le dans une autre casserole, et mêlez-lui 175 grammes de glace de sucre; donnez un seul bouillon, et glacez.

Glace cuite à la vanille, p. glacer les gâteaux. — Mettez dans un poêlon, 100 grammes de sucre coupé, un décilitre d'eau et un demi-bâton de vanille; cuisez au *lissé* (v. aux compotes). Retirez-le, mêlez-lui une cuillerée d'eau froide, et frottez-le contre les parois, avec une cuiller, afin de le troubler et le faire épaissir ; glacez.

Crème pâtissière. — Mettez dans une casserole 2 œufs et 3 jaunes, 100 grammes de farine, 30 grammes de beurre, 50 grammes de sucre, un grain de sel, un morceau de zeste. Broyez avec une cuiller, et délayez avec un demi-litre de lait Tournez sur feu, et liez comme une bouillie, sans faire de grumeaux. Quand elle est liée, cuisez la encore 3 minutes, sans la quitter, et retirez. — Si cette crème doit servir pour des beignets, il faut ajouter 2 cuillerées de fécule.

VOL-AU-VENT GARNI (*entrée*).

Avec 500 grammes de farine et 500 grammes de beurre préparez une pâte feuilletée, à 6 tours. Au dernier tour, abaissez-la de 2 doigts d'épaisseur ; laissez-la reposer 5 à 6 minutes; placez-la sur une tourtière, puis coupez le vol-au-vent sur un patron, c'est-à-dire sur une assiette retournée ou un couvercle de casserole plat, choisi de largeur voulue; coupez la pâte avec la pointe d'un petit couteau, en festonnant légèrement les bords ; dorez, puis avec la pointe du couteau, cernez le dessus de la pâte, à 2 doigts des bords, pour marquer le couvercle ; rayez la partie centrale aussi avec la pointe du couteau; faites cuire le vol-au-vent 50 minutes à bon four. En le sortant, enlevez le couvercle, et videz-le de la pâte molle, en consolidant les parties faibles de la croûte.

On garnit les vol-au-vent, avant de les servir, soit avec une fricassée de poulet, soit avec un ragoût composé de quenelles de volaille ou de gibier, de champignons et de cervelles. — On peut aussi les garnir avec un ragoût à la financière ou un ragoût de mufle ou palais de bœuf, mêlé avec des cervelles et des champignons.

Je dois prévenir les ménagères qu'un vol-au-vent étant toujours très-difficile à réussir dans une cuisine où on ne dispose pas d'un bon four, il est préférable de le commander chez le pâtissier.

VOL-AU-VENT DE MORUE A LA CRÈME (*entrée*).

Préparez une croûte de vol-au-vent, ou achetez-la chez le pâtissier ; tenez-la au chaud.

Coupez en morceaux 1 kilogr. de morue dessalée faites-la cuire à l'eau (p. 117); égouttez-la ; brisez les morceaux pour en retirer toutes les arêtes; mettez-la dans une casserole, liez-la avec une bonne béchamel finie au moment; ajoutez une pointe de muscade et quelques petits morceaux de beurre ; roulez le ragoût pour faire fondre le beurre ; dressez-le dans la croûte du vol-au-vent; remettez le couvercle, et servez.

TOURTE AU GODIVEAU.

Prenez 7 à 800 grammes de godiveau (*page* 51), finissez-le avec 2 cuillerées de ciboulette hachée, autant de persil et quelques cuillerées de champignons hachés.

Prenez 600 gr. de feuilletage à 6 tours, allongez la pâte avec le rouleau de façon à pouvoir couper sur elle une bande de 60 à 65 centimètres de long, sur 3 doigts de large et à peu près 2 d'épaisseur. — Prenez 250 grammes de pâte brisée : abaissez-la mince et ronde de

22 à 25 centimètres de large; étalez-la sur une tourtière. Sur le centre de l'abaisse, jusqu'à 4 doigts des bords, dressez le godiveau en dôme (1er dessin); mouillez les bords de la pâte, et couvrez le tout avec une abaisse en feuilletage faite avec des rognures: elle doit être un peu plus large que la première. — Appuyez la pâte sur les bords, coupez-la ronde tout autour; mouillez encore la pâte, puis rangez la bande en feuilletage autour du dôme, en l'appuyant avec le pouce, afin de la souder avec la pâte des bords; coupez en biais les deux bouts de cette bande, mouillez et soudez-les (2e dessin). Décorez le dôme avec quelques détails en pâte; dorez-la bande et le dôme; cuisez une heure à four modéré, en couvrant avec du papier.

Quand la tourte est sortie du four, coupez la pâte du dôme à moitié de hauteur; enlevez le couvercle et coupez le godiveau en croix; arrosez-le peu à peu avec un peu de bon jus lié, remettez le couvercle, et servez.

TOURTE AUX LAPINS (*entrée*).

Avec 400 gram. de farine, préparez une pâte feuilletée, pour la bande et l'abaisse du dôme.

Dépecez 2 lapins en morceaux; mettez-les dans une poêle avec du lard fondu; assaisonnez avec sel et épices, ajoutez 2 cuillerées d'échalotes hachées et 125 gram. de petit-salé coupé; faites revenir 10 minutes, ajoutez un décilitre de vin blanc, et faites-le réduire; saupoudrez de persil, retirez du feu, laissez refroidir les viandes et retirez en partie les os.

Prenez 5 à 600 grammes de chair à saucisse; pilez-la avec 125 grammes de mie de pain ramollie, et 3 jaunes d'œuf; assaisonnez de haut goût et retirez dans un plat, mêlez-lui une pincée de persil haché.

Préparez la tourte, en opérant comme pour celle au godiveau. Cuisez-la trois quarts d'heure. En la sortant, ouvrez-la et versez un peu de sauce dedans.

BOUCHÉES DE VOLAILLE (*hors-d'œuvre*).

Prenez 700 grammes de pâte feuilletée à 6 tours; abaissez la de l'épaisseur d'un tiers de centimètre.

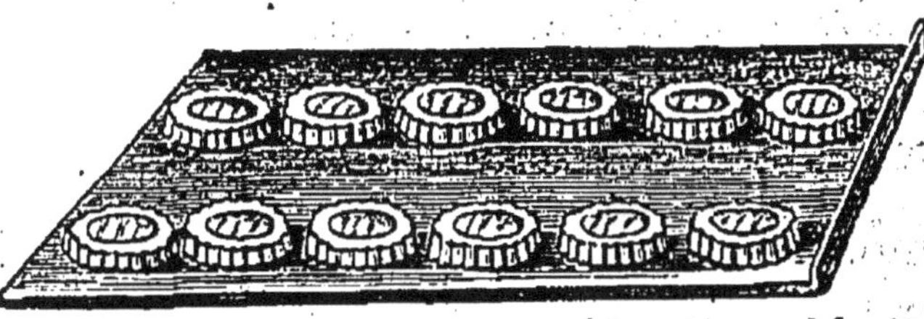

Sur cette pâte, coupez une quinzaine d'abaisses rondes avec un coupe-pâte cannelé. Rangez ces abaisses à distance sur une plaque mouillée; dorez-les au pinceau; prenez alors un coupe-pâte uni, de 2 doigts de large; trempez-le à l'eau chaude, et avec lui, coupez légèrement la pâte pour

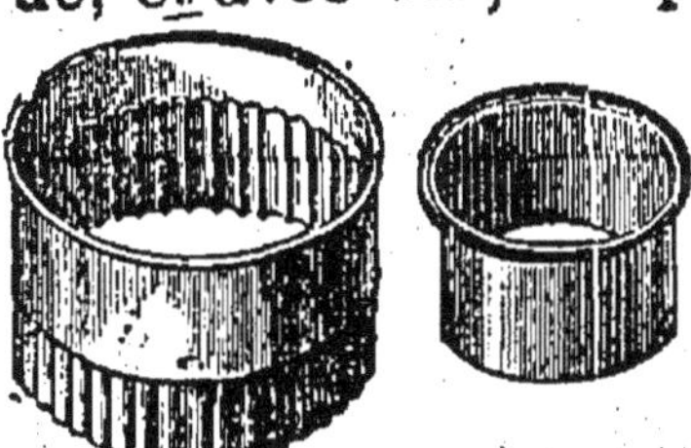

former le couvercle; rayez légèrement la pâte coupée, cuisez les bouchées à four chaud, pendant 25 à 30 minutes.

En les sortant, enlevez le couvercle; videz-les intérieurement de la pâte molle; garnissez-les avec une purée de volaille ou un salpicon composé de poulet, de langue à l'écarlate et de champignons ou truffes cuites (*page* 50); couvrez avec leur couvercle.

TOURTE DE PIGEONS A LA MÉNAGÈRE.

Découpez 3 ou 4 pigeons chacun en 4 morceaux; faites-les revenir dans une casserole avec 150 grammes de petit-salé et du lard fondu; assaisonnez avec sel et épices; quand ils sont bien saisis retirez-les, laissez-les refroidir.

Pilez 600 grammes de chair à saucisse avec

100 grammes de mie de pain ramollie et exprimée, assaisonnez, ajoutez 2 cuillerées d'oignon, persil et champignons hachés.

Préparez alors la tourte avec 2 abaisses de pâte

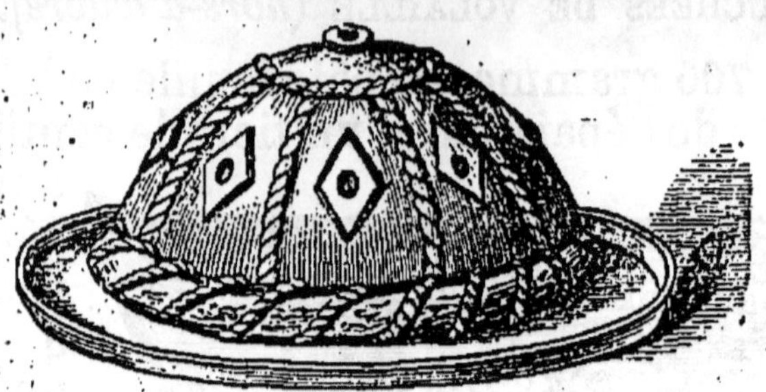

brisée; rangez la farce et les pigeons au milieu de l'abaisse du fond ; couvrez avec l'autre abaisse; ployez la pâte tout autour, comme on plisse une papillote pour côtelette. —Décorez le dessus avec des cordons de pâte; dorez et cuisez une heure à four modéré ; en la sortant, infiltrez-lui par le haut un peu de jus lié.

TOURTE DE POULET (*entrée*).

Avec un bon poulet, préparez une fricassée (*page* 286); mêlez-lui quelques champignons ; quand elle est liée, ajoutez quelques quenelles de godiveau, pochées; tenez-la au bain-marie. —Sur une tourtière, étalez une abaisse ronde de pâte brisée ; posez sur le centre un dôme formé avec du papier ; masquez-le avec des bardes de lard, et couvrez avec une abaisse en pâte feuilletée, absolument comme il est dit pour la tourte au godiveau ; mettez la bande, décorez le dôme, dorez et cuisez 45 minutes. En la sortant, ouvrez-la ; enlevez le papier et le lard, garnissez avec la fricassée.

PATÉ-CHAUD DE RIS DE VEAU (*entrée*).

Beurrez un moule bas de forme, à charnière

(v. aux *Ustensiles*) ; posez-le sur une tourtière ; foncez-le avec de la pâte brisée (*page* 389). Masquez ensuite le fond et le tour avec une couche de godiveau ou avec une farce préparée comme pour la tourte aux lapins. — Faites blanchir 4 à 5 ris de veau ; quand ils sont froids, coupez-les en tranches.

Faites-les revenir 5 à 6 minutes, avec du lard fondu, quelques cuillerées d'oignons et champignons hachés ; ajoutez les ris de veau ; assaisonnez avec sel et épices ; laissez-les refroidir.

Rangez-les ensuite dans le vide du pâté, en ajoutant quelques champignons coupés. Couvrez d'abord avec une épaisse couche de farce, en l'élevant en dôme, puis avec une abaisse en pâte, et finissez comme les autres pâtés ; cuisez une heure.

En le sortant, enlevez un couvercle, arrosez l'intérieur avec un peu de bon jus lié ; remettez le couvercle et servez.

TIMBALE DE VOLAILLE (*entrée*).

La timbale remplace parfaitement la tourte et le pâté-chaud; l'opération est plus simple. — Beurrez un moule à charlotte (v. aux *Ustensiles*) ; foncez-le avec de la pâte à foncer ; masquez-le au fond et autour avec une couche de godiveau cru. — Coupez 2 poulets crus, comme pour fricassée ; mettez-les dans une casserole avec du lard haché et fondu, une pincée d'oignon haché, et 125 gram. de jambon ou petit-salé coupé. Faites-les revenir 10 minutes à bon feu ; ajoutez alors quelques champignons crus, coupés ; mouillez avec un décilitre de vin blanc, faites-le réduire à feu vif ; laissez à peu près refroidir. Avec ces viandes garnissez le vide de la timbale. Couvrez avec une couche de godiveau et avec un couvercle de pâte, soudez-la avec les bords, coupez-la ; cuisez à quarts d'heure, à four modéré.

En la sortant du four renversez-la sur un plat, et coupez sur le haut un couvercle rond, avec la pointe d'un petit couteau; arrosez la garniture avec un bon jus lié.

TERRINE DE LAPIN (*entrée froide*).

Prenez 2 ou 3 lapins de champ, retirez-en toutes les chairs, coupez-les en morceaux; lardez-les avec du lard; mettez-les dans un plat avec un tiers de leur volume de lard coupé en petits morceaux; assaisonnez avec sel et épices.

Prenez un égal volume de farce à saucisse: pilez-la bien, assaisonnez; ajoutez quelques cuillerées de fines-herbes. — Avec des bardes minces de lard, masquez le fond et le tour d'une terrine à cuire; remplissez-la avec la farce et la viande, en les alternant; couvrez avec du lard, mettez le couvercle et cuisez une heure et demie au four, dans un petit plafond, avec un peu d'eau dedans.

En la sortant, arrosez-la avec un peu de bon jus. Quand elle est à moitié froide, mettez un poids léger dessus, et faites-la complétement refroidir; servez ensuite la terrine sur un plat.

D'après cette méthode, on prépare des terrines de poulets, poulardes, dindes, pintades, faisans, lièvres, pluviers, grives, etc.

TERRINE DE FOIE-GRAS (*entrée froide*).

On peut se procurer des terrines de foie-gras à si bon prix et si bien faites, qu'il est préférable de les acheter que de les faire; cependant, je veux enseigner la méthode simple de les préparer.

Prenez un ou deux foies-gras crus; retirez-en l'amer, coupez-les en gros carrés, lardez-les chacun avec un morceau de truffe crue; assaisonnez avec sel et épices.

Préparez un hachis avec moitié viande de veau ou de porc et moitié lard frais; pilez, assaisonnez de haut goût, passez au tamis; mêlez-lui 2 ou 3 cuillerées de fines-herbes et 2 truffes hachées.

Masquez le fond et le tour d'une terrine à cuire, avec des bardes minces de lard; remplissez le vide avec les foies et la farce, en les alternant. Couvrez avec du lard, et cuisez une heure et demie de la même façon que la terrine de lapin. En la sortant, retirez la moitié de la graisse, arrosez avec un peu de bon jus, et faites-la refroidir avec un poids dessus. Quand le poids est retiré, masquez les viandes avec la graisse enlevée, après l'avoir chauffée; laissez refroidir.

TERRINE DE FOIE DE VEAU (*entrée froide*).

Choisissez un bon foie de veau; prenez-en la moitié la plus grosse. Retirez-en la peau; lardez-le intérieurement avec des filets de lard, de jambon et de truffes. Assaisonnez avec sel et épices.

Émincez le restant du foie (300 gram.); faites-le sauter à feu vif avec 100 gram. de lard, sel, épices, aromates, 2 cuillerées d'oignon haché et les parures de truffes. Laissez refroidir, pilez et passez au tamis.

Pilez 300 gram, de chair à saucisse, mêlez-lui la farce de foie.—Masquez le fond et le tour d'une terrine à cuire, avec un grand morceau de crépine de porc; masquez celle-ci, au fond avec une épaisse couche de farce, et sur la farce posez le foie; masquez-le avec le restant de la farce; couvrez avec la crépine, et cuisez une heure et demie à 2 heures. Terminez comme la terrine de lapin.

TERRINE DE LIÈVRE A LA BOURGEOISE (*entrée*).

Prenez un lièvre dépouillé; coupez-en les épaules, la poitrine et le cou. Retirez les chairs des épaules; hachez-les bien et mêlez-les avec 5 à 600 gram. de chair à saucisse. — Avec les épaules, le cou et les os, préparez un peu de jus. — Coupez les cuisses et le râble en morceaux, puis retirez les os; assaisonnez avec sel et épices; ajoutez 500 gram. de petit-salé coupé en tranches minces.

Masquez le fond et le tour d'une terrine à pâté, plus large que haute, avec des bardes minces de lard; étalez au fond une couche de hachis, puis remplissez le vide de la terrine avec les morceaux de lièvre et les tranches de petit-salé, rangés par couches, en les alternant, et en comblant les vides avec un peu de hachis.

Couvrez avec une couche de hachis; posez sur le centre une feuille de laurier et couvrez avec du lard; fermez et cuisez-la 2 heures. En la sortant, infiltrez-lui le jus préparé, mêlé avec un peu de vin blanc; laissez refroidir 12 heures.

PATÉ-FROID DE PERDREAUX DANS UN MOULE.

Prenez 3 à 4 perdreaux propres; retirez en les filets, puis les cuisses; enlevez les os des cuisses et retirez les gros nerfs des chairs.

Retirez la peau des filets, et coupez-les sur la longueur chacun en quatre morceaux; mettez-les dans un plat, avec les chairs des cuisses; ajoutez 250 gram. de lard coupé en gros dés; assaisonnez avec sel épices.

Prenez 7 ou 800 gram. de chair à saucisse, ou un hachis composé de moitié veau et moitié lard; pilez-le bien, assaisonnez et passez au tamis; mettez la farce dans un plat ; mêlez-lui quelques cuillerées de truffes sèches ou fraîches, hachées.

Beurrez un moule à pâté de forme ronde, foncez-le avec de la pâte brisée et emplissez le vide avec la farce, les chairs de perdreau et le lard. Couvrez-le avec la même pâte ; pincez les bords et décorez le dôme. Dorez et cuisez le pâté une heure et demi, à four modéré. En le sortant, infiltrez-lui par le haut quelques cuillerées de bon jus, préparé avec les os et carcasses des perdreaux, et mêlé avec 5 à 6 feuille de gélatine dissoute. Laissez-le refroidir 12 heures avant de le servir.

PATÉ-FROID DE LIÈVRE.

Prenez les 2 filets d'un lièvre ; retirez-en la peau, coupez-les en morceaux carrés ou en filets de 4 à 5 doigts de long ; mettez-les dans un plat avec un tiers de leur volume de lard coupé comme les viandes ; assaisonnez avec sel et épices. — Retirez les os des cuisses ; parez les chairs, hachez-les avec un égal volume de lard, puis mêlez le hachis avec le double de chair à saucisse. Pilez et passez au tamis ; assaisonnez de haut goût ; ajoutez 4 cuillerées de fines-herbes et une petite pointe d'ail.

Foncez un moule long avec de la pâte brisée ; masquez-le au fond et autour avec une couche de farce ; puis emplissez le vide avec la viande et la farce, en les alternant. — Couvrez le pâté ; pincez-le sur les bords, ornez le dessus avec quelques feuilles imitées en pâte ; dorez et cuisez 2 heures.

PATÉ-FROID DE PIGEONS.

Préparez 600 gram. de hachis de porc ou de

veau, avec moitié maigre et moitié lard ; assaisonnez avec sel et épices, pilez-le ; mêlez-lui quelques cuillerées d'oignon et de champignons hachés et cuits. — Prenez 3 pigeons flambés et vidés ; coupez-les chacun en quatre morceaux ; faites-les raidir, en les sautant 2 minutes avec du beurre ou du saindoux ; assaisonnez avec sel et épices.

Avec de la pâte brisée, foncez un petit moule à pâté, de forme ronde ; masquez-le au fond et autour avec une couche de hachis ; emplissez le vide avec le restant de la farce et les morceaux de pigeons, en les entremêlant avec quelques tranches minces de petit-salé.

Couvrez le pâté, en laissant un petit trou sur le centre ; ornez le dessus, dorez-le, et cuisez-le 5 quarts d'heure, à four modéré. Laissez-le bien refroidir avant de le servir.

PATÉ-FROID DE MAUVIETTES *(entrée froide)*.

Videz une quinzaine de mauviettes ; coupez-en le cou et les pattes ; faites-les revenir 2 minutes dans du lard fondu, simplement pour les raidir ; assaisonnez avec sel et épices ; laissez refroidir.

Prenez un hachis de veau ou de porc frais : moitié maigre, moitié lard ; pilez-le ; ajoutez sel et épices, 2 cuillerées d'oignon haché, un peu de persil.

Si on veut donner le goût de la truffe au pâté, ajoutez une petite pointe d'ail, râpé avec le couteau.

Avec de la pâte brisée, foncez un moule à pâté ; masquez la pâte au fond et autour avec une couche de hachis ; rangez la moitié des mauviettes dedans, couvrez avec le hachis ; ajoutez le restant des mauviettes et couvrez encore ; sur le hachis posez une feuille de laurier, et terminez le pâté en opérant comme il est dit pour celui du lièvre. Cuisez-le une heure et demie.

PATÉ-FROID DE VEAU, SANS MOULE.

Prenez 1 kilog. de veau, sans os; retirez-en la peau et les nerfs. Coupez la viande en filets. Coupez aussi en filets 250 gram. de jambon cru, et autant de lard.

Faites revenir 7 à 8 minutes à feu vif avec du lard fondu; assaisonnez avec sel et épices; ajoutez le jambon et le lard; 2 minutes après, retirez du feu, saupoudrez avec du persil.

Prenez 1 kilog. de chair à saucisse, pilez-la; mêlez-lui quelques cuillerées de fines-herbes.

Prenez 7 à 800 gram. de pâte brisée; retirez-en la cinquième partie; abaissez le restant, en forme de carré long et mince. Sur le centre de cette abaisse, étalez en couche, le tiers du hachis; sur celui-ci, rangez la moitié des filets de veau, de jambon et de lard, en les entremêlant. Couvrez avec un autre tiers du hachis; puis recommencez la couche de viande, et masquez avec le restant du hachis.

Mouillez les bords de la pâte restés libres sur les 4 côtés, et reployez- la sur les viandes, en les croisant sur le haut. Mouillez en dessus. — Avec le restant de la pâte, ou avec de la pâte feuilletée, faites une abaisse mince : coupez-la, et, avec elle, masquez le pâté; dorez-la, ciselez-la avec la pointe du couteau, faites un petit trou sur le centre, et cuisez le pâté une heure et demie à four modéré, en ayant soin de le couvrir avec du papier, au bout d'un quart d'heure. — Terminez comme il est dit pour le pâté de perdreaux.

BRIOCHE.

Avec 125 grammes de farine et 10 à 12 grammes

de levure, délayée avec un décilitre d'eau chaude, formez un levain, c'est-à-dire une pâte légère; mettez-la dans une petite casserole avec 2 cuillerées d'eau tiède ; couvrez et faites lever la pâte à l'étuve, de 20 à 30 minutes : elle doit monter au double de son volume.

Avec 350 grammes de farine, faites la fontaine; mettez dans le centre, une cuillerée à café de sel et 2 de sucre délayés avec un petit verre de cognac ; ajoutez 300 grammes de beurre manié divisé en petites parties, et 4 œufs entiers.

Mêlez le beurre et les œufs, puis incorporez la farine peu à peu ; ramassez la pâte; fraisez-la deux fois avec la main, et pétrissez-la 12 minutes, en l'élevant avec les deux mains et la battant sur la table pour lui faire prendre du corps; ajoutez 2 ou 3 œufs l'un après l'autre : la pâte doit se trouver mollette, sans cependant s'aplatir. Ajoutez alors le levain, en l'étalant sur la pâte ; coupez celle-ci avec la main à différentes reprises afin de bien mélanger la pâte levée avec celle qui ne l'est pas.

Prenez-la par petites parties, et mettez-les dans une terrine ; couvrez et faites lever 5 heures, à température douce : elle doit alors avoir augmenté de volume, mettez-la sur la table, et travaillez-la 5 à 6 minutes avec les mains. Remettez-la dans la terrine, et faites-la lever encore jusqu'à ce qu'elle ait à peu près doublé son volume : il faut 3 à 4 heures, selon la saison ; broyez-la alors avec une cuiller, et laissez-la bien refroidir.

Prenez les trois quarts de la pâte, sur la table farinée, formez-la en boule, et mettez-la dans un moule à brioche beurré.

Faites un trou sur le centre avec les doigts mouillés ; moulez le restant de la pâte en pointe, et posez-la sur le centre pour former la tête de la brioche.

Dorez et cuisez une heure et quart à bon four.

COURONNE DE BRIOCHE AU FROMAGE.

Prenez 500 grammes de pâte à brioche levée et refroidie ; mettez-la sur la table ; mêlez-lui 100 grammes de parmesan râpé. Moulez-la en boule, faites un trou sur le centre, avec la main, et formez-la en couronne. Posez-la sur une tourtière masquée d'un grand rond de papier ; dorez-la, puis ciselez-la légèrement en dessus, et placez de distance en distance des tranches minces de gruyère; saupoudrez avec du parmesan, et cuisez 35 à 40 minutes, à bon four.

SAVARIN AUX LIQUEURS.

Tamisez 500 grammes de farine dans une terrine, faites un creux dans le centre. Délayez 15 à 20 grammes de levure avec un décilitre de lait chaud, versez dans le centre de la terrine, et faites un petit levain mou; couvrez et faites lever du double, à l'étuve.

Délayez alors le levain avec quelques cuillerées de lait, puis incorporez peu à peu la farine, en ajoutant 4 œufs l'un après l'autre. Faites prendre du corps à la pâte, en la travaillant vigoureusement 12 minutes. Ajoutez alors 200 grammes de beurre en morceaux et 250 grammes de sucre ; travaillez encore la pâte 12 minutes, en ajoutant peu à peu 4 œufs : la pâte est travaillée à point quand elle ne s'attache plus à la terrine. Ajoutez quelques cuillerées de crème crue, un peu de zeste râpé et une pincée d'amandes pilées.

Couvrez-la et faites-la lever à température douce. Quand elle est à peu près montée du double, prenez-en une partie avec la main, et emplissez aux trois quarts un moule à savarin beurré : avec cette quantité de pâte on peut emplir 3 à 4 moules ; faites encore lever la pâte, dans le moule, jusqu'à ce qu'elle arrive à peu près aux bords. Cuisez alors 25 à 30 minutes, à four chaud.

En sortant les moules du four, démoulez les gâteaux, et arrosez-les à plusieurs reprises avec du sirop, mêlé avec cognac, rhum et kirsch.

BABA AUX RAISINS.

Tamisez 500 grammes de farine ; avec le quart et 15 à 20 grammes de levure délayée avec un décilitre d'eau tiède, préparez un levain à pâte mollette dans une petite terrine ; couvrez et faites lever à l'étuve tiède.

Mettez le restant de la farine dans une terrine tiède ; faites un creux sur le centre ; dans ce creux mettez 300 grammes de beurre divisé en petites parties, 3 œufs entiers, 2 cuillerées de sucre, une pincée de sel.

Maniez le beurre avec les œufs, puis avec la farine, pour former la pâte ; travaillez-la fortement avec les mains, en ajoutant encore 4 à 5 œufs, mais peu à peu, quand tous les œufs sont incorporés, la pâte doit être lisse et se détacher de la terrine ; ajoutez alors le levain ; travaillez encore 5 à 6 minutes ; puis ajoutez 125 grammes de raisins de Smyrne et de Corinthe, 2 ou 3 cuillerées de cédrat confit.

Mettez la pâte dans un ou deux moules beurrés, emplissez-les seulement à moitié ; laissez-la lever à hauteur des bords, et cuisez à four vif de 30 à 40 minutes.

NOUGAT AUX AMANDES.

Mondez 500 grammes d'amandes douces ; émincez-les, étalez-les sur une feuille de papier, et faites-les sécher à l'étuve 12 heures au moins, en les remuant souvent. — Mettez dans un poêlon rouge 400 grammes de sucre en poudre, et le jus de 2 citrons ; Chauffez en remuant, jusqu'à ce que le sucre soit bien fondu et rougeâtre ; ajoutez alors les amandes bien chaudes, mêlez-les avec le sucre et retirez sur le côté.

Huilez légèrement un moule uni ou ouvragé. Versez par parties le nougat sur une plaque huilée, aplatissez-le en couche mince avec un couteau, et foncez entièrement le moule en dedans, en soudant bien les parties, et les appuyant avec un citron. Laissez refroidir, démoulez et dressez sur plat. — Avec ce nougat, on peut foncer des moules à dariole qu'on emplit ensuite avec de la crème fouettée.

NOUGAT DE MÉNAGE.

Proportions. — 1 kilogramme et quart de miel, 3 kilogrammes d'amandes non mondées. — Faites griller au four la moitié des amandes ; réservez les autres.

Mettez le miel dans une bassine ; faites le bouillir ; ajoutez les amandes réservées, cuisez en remuant le miel et les amandes avec une longue spatule. La véritable cuisson du nougat, s'annonce par le pétillement répété des amandes.

A ce point, prenez un peu de la cuisson avec le doigt, trempez-la à l'eau froide ; si le sucre casse net, c'est qu'il est cuit. Mêlez-lui aussitôt les amandes grillées, et une minute après, retirez la bassine du feu.

Saupoudrez la table avec de la fécule, et masquez sa surface avec des feuilles d'hosties, en formant un carré ; sur les hosties, versez le nougat ; égalisez-le sur les côtés, puis en dessus avec un rouleau humide, en lui donnant l'épaisseur d'un doigt. Masquez aussitôt le dessus avec des feuilles d'osties, sans laisser de jours; puis posez dessus une planche carrée, pouvant couvrir tout le nougat; mettez un poids sur cette planche, et tenez le nougat sous presse 10 à 12 minutes; retirez-le alors pour le diviser en *barres* de 20 centimètres de long et 4 à 5 doigts de large.

Pour couper le nougat, on se sert ordinairement d'un couteau à demi-lune, ayant une seule lame.

BISCUIT A L'ORANGE.

Mettez dans une terrine 200 grammes de sucre en poudre et 50 grammes de sucre d'orange; cassez 8 œufs; mettez les blancs dans une bassine et les jaunes avec le sucre; travaillez les jaunes et le sucre avec une cuiller pendant un quart d'heure, afin de rendre l'appareil mousseux.

Mêlez une pincée de sel aux blancs, et fouettez-les en neige bien ferme; mêlez peu à peu les blancs aux jaunes, en ayant soin de ne pas briser les blancs; ajoutez en même temps 150 grammes de belle farine tamisée.

Beurrez un moule à biscuit avec de la graisse de rognon de veau fondue; égouttez bien la graisse et glacez au sucre fin.

Avec l'appareil à biscuit, remplissez le moule aux trois quarts seulement; cuisez 40 minutes à four doux; renversez le biscuit.

BISCUITS DE REIMS.

Beurrez des moules à biscuit de Reims, avec de la graisse de rognon de veau, fondue; glacez-les à la fécule. — Mettez dans une bassine étamée, trois quarts de livre de sucre en

poudre (375 grammes), ajoutez 4 œufs entiers, l'un après l'autre, en fouettant l'appareil; fouettez-le sur feu très-doux, jusqu'à ce qu'il soit mousseux et léger.

Mêlez-lui alors 250 gr. de farine séchée à l'étuve et tamisée; ajoutez une pincée de fécule, un grain de sel et du zeste râpé; travaillez encore 2 minutes et incorporez-lui un blanc d'œuf en neige.

Emplissez les moules aux trois quarts seulement, et cuisez à four vif jusqu'à ce que la pâte soit sèche; retirez les moules, et tenez-les une heure ou deux à l'étuve chaude; démoulez ensuite les biscuits; tenez-les au sec.

BISCUITS A LA CUILLER.

Mettez dans une terrine 8 jaunes d'œuf frais et 250 grammes de sucre en poudre; travaillez l'appareil avec une cuiller jusqu'à ce qu'il soit mousseux; incorporez-lui alors 8 blancs fouettés, et en

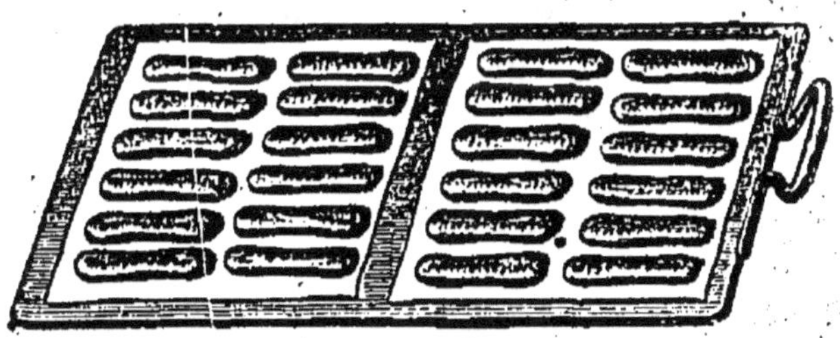

même temps 150 grammes de farine tamisée.

Introduisez l'appareil dans une poche en toile et à douille, puis, poussez la pâte sur des feuilles de papier, en leur donnant la longueur de 5 à 6 doigts; faites 2 rangs sur chaque feuille; saupoudrez de sucre fin et cuisez 15 minutes à four doux.

LANGUES DE CHAT.

Cassez 3 œufs dans une terrine; battez-les avec le fouet jusqu'à ce qu'ils soient bien mousseux; ajoutez alors 250 grammes de sucre et autant de farine tamisée; ajoutez encore un grain de sel, une pincée de fécule et une cuillerée de sucre d'orange ; la pâte doit rester plutôt ferme que molle ; mettez-la dans une poche à douille. Frottez une plaque avec de la graisse de rognon de veau fondue, et poussez à distance des barres comme pour les biscuits à la cuiller, mais plus larges sur les bouts que sur le centre. Laissez reposer 5 minutes, et cuisez à four doux.

ÉCLAIRS AU CAFÉ.

Préparez de la pâte à chou (*page* 417), mais avec un peu moins de beurre ; introduisez-la dans une poche à douille, et couchez sur une plaque des bâtons de l'épaisseur et de la longueur d'un doigt, c'est-à-dire de 7 à 8 centimètres ; dorez et cuisez à four doux, afin de les obtenir secs. Quand ils sont refroidis, fendez-les à leur base, garnissez-en l'intérieur avec de la crème fouettée ou une frangipane légère, au café ; quand ils sont garnis, frottez-les en dessus avec un peu de marmelade, et masquez avec une glace, ainsi préparée :

Versez dans une terrine la valeur d'un demi-verre de sirop tiède ; mêlez-lui 2 cuillerées de café à l'eau et quelques gouttes d'essence de café, puis de la glace de sucre, en quantité suffisante pour obtenir une glace coulante, pouvant bien masquer les gâteaux sans rester épaisse.

Avec cette glace, masquez tour à tour les éclairs posez-les à mesure sur une grille à pâtisserie, et faites sécher la glace.

PETITES MADELEINES.

Beurrez 18 à 20 petits moules à madeleine, avec du beurre épuré ; glacez-les avec sucre fin. — Mettez dans une terrine, 250 grammes de sucre, et 6 œufs, mélangez

avec une cuiller sans trop travailler; ajoutez 250 grammes de farine et 250 grammes de beurre fondu, tiède, zeste haché et 2 cuillerées de rhum.

Avec cet appareil, remplissez les petits moules beurrés, cuisez à four modéré.

CROQUETS.

Préparez une pâte, sur la table, avec 500 gram. de farine, 300 gram. de sucre en poudre, 2 œufs, 2 jaunes, 1 décilitre d'eau, quelques cuillerées d'eau-de-vie une pincée de carbonate, sucre de citron ou zeste haché, un grain de sel.

Quand la pâte est lisse, ajoutez 200 gram. d'amandes entières, avec la peau, bien essuyées; laissez reposer la pâte, divisez-la en trois parties; abaissez celles-ci en bandes de 5 à 6 doigts de large, sur un d'épaisseur; étalez-les sur plaque beurrée, dorez et rayez-en le dessus; cuisez à four chaud.

En sortant les gâteaux du four, coupez les bandes sur le travers d'un doigt de large

MACARONS.

Mondez 300 gram. d'amandes douces dont quelques-unes amères; rafraîchissez et pilez-les, en ajoutant de temps en temps quelques parties de blanc d'œuf, afin qu'elles ne tournent pas. Quand elles sont converties en pâte fine, ajoutez peu à peu 1 kilogramme de sucre pilé et passé, en mêlant en

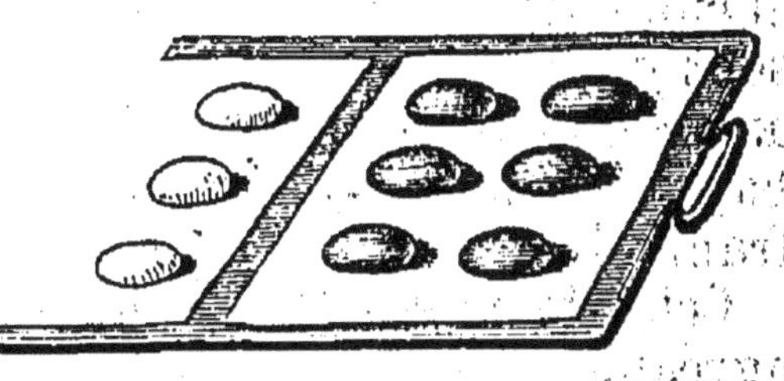

même temps quelques blancs d'œuf, de façon à obtenir une pâte moelleuse. Avec cette pâte, formez entre les mains, des petites boules de la grosseur d'une reine-Claude ; rangez-les à mesure sur des plaques couvertes de papier, à distance de 2 doigts ; appuyez-les légèrement avec la main mouillée, puis cuisez à four très-doux.

Quand la pâte est sèche, de belle couleur, retirez les macarons ; laissez-les à peu près refroidir, détachez-les du papier.

TARTELETTES AUX POMMES.

Foncez des moules à tartelette, avec de la pâte sucrée (*page* 389) ; garnissez avec de la marmelade réduite ; coupez les bords de la pâte ; saupoudrez de sucre, et cuisez à four modéré. En les sortant, démoulez-les, et masquez-les en dessus avec une mince couche de marmelade d'abricots.

TARTELETTES AU SUCRE.

Beurrez et farinez 24 moules à tartelette, lisses. Faites bouillir un demi-litre de crème simple ; retirez-la du feu, et mêlez-lui 125 grammes de beurre ; laissez à moitié refroidir.

Mettez 100 grammes de farine, dans une terrine ; mêlez-lui 4 œufs, l'un après l'autre, puis délayez-la, peu à peu, avec la crème. Ajoutez une pincée de sel, une cuillerée de zeste finement haché, et 2 cuillerées de sucre en poudre. Avec cet appareil, remplissez les moules ; rangez-les sur une plaque, et cuisez-les 35 minutes à four doux. Quand elles sont démoulées, saupoudrez de sucre, et servez avec de la gelée de groseille, une saucière de sabayon ou simplement une saucière de gelée de framboises, froide au naturel.

Cet entremets est simple, peu coûteux et très-agréable.

TARTELETTES AUX FRAISES.

Avec de la pâte sucrée (*page* 389), foncez des

moules à tartelette; masquez les intérieurement avec du papier, et remplissez le vide avec de la farine; cuisez-les ainsi. Enlevez la farine et le papier; masquez-les avec une couche de marmelade, et rangez de belles fraises dedans, crues; arrosez-les avec un peu de bon sirop froid très-épais, et servez-les.

TARTELETTES AUX PÊCHES.

Foncez des moules à tartelette avec de la pâte sucrée; remplissez-les avec du riz à la crème bien tendre, et faites les cuire au four. Retirez le dessus du riz qui est sec, masquez le restant avec une couche de marmelade, et posez une demi-pêche dessus, en compote, sans peau ; nappez-les avec du sirop très-épais, et servez.

GATEAU SAINT-HONORÉ.

Faites une abaisse en pâte brisée, de 20 centimètres de large; étalez-la sur une tourtière, piquez-la avec la pointe du couteau. — Mettez de la pâte à chou dans une poche à douille, et poussez-en un épais cordon sur les bords, tout autour de l'abaisse; dorez et cuisez à four modéré; glacez-le au sucre, une minute avant de le sortir ; laissez refroidir.

Mettez dans une terrine 75 grammes de farine et 75 grammes de fécule, 7 à 8 jaunes d'œuf, un grain de sel et 200 gr. de sucre; délayez avec 3 décilitres de lait; passez au tamis dans une casserole, et liez la crème sur feu, en tournant. Au premier bouillon, retirez sur le côté, et mêlez-lui 5 blancs d'œuf fouettés en neige, en même temps que 2 cuillerées de sucre d'orange ou de citron. Tournez la crème, hors du feu, jusqu'à ce qu'elle soit à moitié refroidie, et garnissez-en le gâteau.

GATEAUX DE FLANDRE.

Mettez dans une terrine 500 grammes de sucre, 6 œufs et 6 jaunes, un grain de sel, 100 grammes de beurre, une pincée de zeste haché ; travaillez 5 minutes avec une cuiller ; ajoutez 120 grammes de farine ; puis encore 3 œufs et 3 jaunes, et enfin 6 blancs fouettés, une poignée de raisin de Corinthe et quelques cuillerées de cédrat confit coupé en petits dés. Versez l'appareil dans des moules à flan, beurrés ; cuisez à four doux. — Quand la pâte est cuite, retirez-la, humectez-la vivement avec de la dorure et masquez aussitôt avec des amandes hachées ; saupoudrez de sucre et remettez au four pour faire glacer.

GATEAUX DE VOYAGE.

Travaillez 250 grammes de sucre avec 12 jaunes d'œuf, un demi-zeste de citron ; quand l'appareil est mousseux, ajoutez 12 cuillerées de mie de pain, fraîche et râpée ; puis 12 blancs d'œuf fouettés. — Cuisez l'appareil sur plaques beurrées, en abaisses minces, et à four doux ; coupez ensuite ces abaisses avec un coupe-pâte rond, masquez ces ronds avec de la marmelade d'abricots, et accouplez-les de deux en deux.

GATEAUX SECS, A L'ANIS.

Battez 5 œufs entiers dans une bassine ; ajoutez 500 grammes de sucre en poudre ; continuez à fouetter l'appareil jusqu'à ce qu'il soit bien mousseux. Ajoutez alors 500 grammes de farine tamisée ; en l'incorporant peu à peu, en même temps qu'une pincée d'anis en grains (anis vert). — Mettez l'appareil dans une poche à douille ; couchez-le en rond, sur des plaques graissées avec de la graisse de rognon de veau dissoute.

Tenez une heure la plaque à l'étuve très-douce; cuisez ensuite à four modéré.

PETITS GATEAUX DE RIZ.

Préparez du riz comme il est dit pour le gâteau de riz (p. 457). Foncez des petits moules creux et ovales, avec des rognures de feuilletage; piquez la pâte; garnissez avec le riz. Cuisez 25 minutes à four modéré; saupoudrez de sucre avant de les sortir.

GAUFRES SÈCHES.

Mettez dans une terrine 250 grammes de farine; ajoutez 100 grammes de beurre fondu; 100 grammes de sucre pilé, un demi-zeste râpé, un jaune et 2 œufs entiers. Liez la pâte en la travaillant avec une cuiller; travaillez-la fortement pendant 10 minutes, afin de l'obtenir bien lisse.

Divisez cette pâte en morceaux de la grosseur d'un petit œuf; aplatissez-les, et posez-les tour à tour sur le gaufrier beurré. Pressez fortement la pâte, et cuisez les gaufres des deux côtés.

ÉCHAUDÉS POUR LE THÉ.

Avec un verre d'eau, 250 gram. de farine, 100 gram. de beurre, un grain de sel, un brin de zeste de citron, une pincée de sucre et 4 œufs entiers, préparez une pâte à chou, (*page* 417).

Prenez cette pâte avec une cuiller, par petites parties; déposez-les sur la table farinée, roulez-les de forme ronde : elles doivent avoir la grosseur d'une noix; plongez-les dans une grande casserole d'eau en ébullition; égouttez-les aussitôt qu'elles montent à la surface; plongez-les à mesure dans de l'eau froide; laissez-les 2 heures dans cette eau. — Égouttez-les sur un linge;

rangez-les à distance sur des plaques; cuisez à four modéré, bien fermé.

CHOUX A LA CRÈME.

Voici comment on prépare la pâte : faites chauffer 2 décilitres d'eau; ajoutez un grain de sel, 2 cuillerées de sucre en poudre, 75 grammes de beurre, un brin de zeste.

Au premier bouillon, retirez, et mêlez au liquide un quart de farine (125 gr.); remuez bien la pâte pour l'obtenir lisse, desséchez-la sur feu doux, sans la quitter, jusqu'à ce qu'elle se détache de la casserole. Retirez-la du feu, et 2 minutes après, mêlez-lui 4 œufs entiers, l'un après l'autre; retirez le zeste.

Prenez la pâte avec une cuiller, par parties égales, couchez-les, c'est-à-dire rangez-les sur une plaque, à distance, de forme ronde ou longue; dorez, saupoudrez de sucre, et cuisez 20 minutes à four doux.

Quand ils sont froids, ouvrez-les, garnissez-les avec une crème frangipane ou crème fouettée, sucrée et parfumée.

On peut saupoudrer les choux avant de les cuire, avec des amandes hachées et du sucre.

MERINGUES GARNIES.

Fouettez en neige 6 blancs d'œuf frais. Mêlez-leur, à l'aide d'une cuiller, 250 gram. de sucre en poudre. Mettez l'appareil dans une poche en toile, et formez des demi-meringues sur des bandes de papier; saupoudrez-les avec du sucre fin, et une minute après, enlevez le surplus du sucre, en renversant les bandes; posez celles-ci sur une planche mouillée, et cuisez les merin-

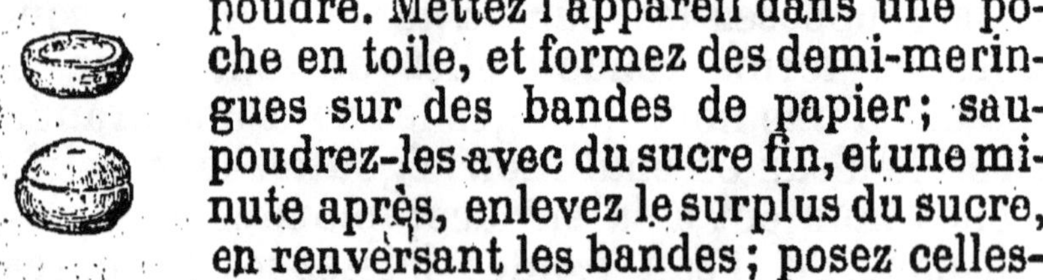

gues à four très-doux, jusqu'à ce qu'elles aient pris belle couleur. Retirez-les alors, détachez-les du papier, et avec une cuiller, videz-les des parties molles ; faites-les sécher 6 heures à l'étuve chaude.

Quand elles sont froides, garnissez-les avec de la crème fouettée et parfumée, ou avec de la crème pâtissière.

A défaut de bon four, on doit commander les meringues chez le pâtissier, et les garnir soi-même.

GALETTE ORDINAIRE.

Faites la fontaine avec 500 gram. de farine ; mettez dans le centre une pincée de sel et 2 cuillerées de sucre, 300 gram. de beurre, 1 décilitre d'eau. Incorporez le beurre avec la farine, ajoutez peu à peu, encore 1 décilitre d'eau. Rassemblez la pâte, fraisez-la ; formez-la en boule, et laissez-la reposer 20 minutes, à couvert.

Abaissez alors la pâte, en abaisse ronde, de 2 doigts d'épaisseur ; posez-la sur une tourtière. Ciselez les bords de la pâte ; dorez-la en dessus, puis rayez-la avec la pointe d'un couteau ; cuisez-la 40 minutes à four modéré.

On mêle ordinairement une fève sèche à la pâte, avant de l'abaisser.

GALETTE FINE.

Avec 500 gram. de farine et 350 gram. de beurre, préparez une pâte feuilletée à 5 tours seulement. Laissez-la reposer 20 minutes. Formez-la en boule, abaissez-la de l'épaisseur d'un doigt ; ajoutez une fève sèche ; placez-la sur une tourtière, ciselez-en les bords ; dorez-la et rayez-la avec la pointe d'un petit couteau. Cuisez-la 3 quarts d'heure à four modéré.

GALETTE A LA MÉNAGÈRE.

Prenez chez le boulanger 5 à 600 gram. de pâte

à pain qui n'est pas encore levée. Mettez-la sur la table farinée; mêlez-lui une poignée de sucre, une pincée de sel et 200 gram. de beurre divisé en petites parties. Formez-la en boule, mettez-la dans une terrine, couvrez et laissez-la lever 2 à 3 heures à température tiède.— Remettez-la sur la table farinée; formez-en une boule, et abaissez-la avec les mains de l'épaisseur d'un demi-doigt.

Placez-la sur une tourtière; faites-lui quelques incisions sur la surface; laissez-la lever une heure· dorez et cuisez 40 minutes à four chaud.

GALETTE A L'HUILE.

Prenez chez le boulanger, 5 à 600 gram.de pâte à pain, avant qu'elle soit levée ; mettez-la dans une terrine, mêlez-lui 1 décilitre de lait, et incorporez-lui peu à peu, en la travaillant, 2 décilitres de bonne huile fine, 6 cuillerées de sucre, 2 œufs et 4 jaunes, 6 cuillerées d'eau de fleurs d'oranger. — Couvrez-la et faites-la lever 3 heures à température de la cuisine. Mettez-la alors sur la table, saupoudrée de farine; formez-la en boule, et abaissez-la en rond sur une tourtière, en lui donnant l'épaisseur d'un demi-doigt; ciselez-en la surface, en traversant de part en part et formant un petit ornement; tenez-la ainsi trois quarts d'heure, à couvert. Dorez et cuisez 40 minutes à four chaud.

GALETTES SALÉES.

Tamisez sur la table 500 gram. de farine; faites la fontaine; mettez au milieu : un petit tas de sucre, 2 petits tas de sel, 190 gram. de beurre; détrempez avec du lait froid; fraisez 2 fois la pâte; abaissez-la d'un demi-doigt d'épaisseur; piquez-la, et coupez les galettes avec un coupe-pâte de 5 à 6 doigts de large; rangez-les sur plaque, rayez et dorez-les; cuisez à four chaud.

GALETTES A L'ANGLAISE.

Mettez sur la table 250 gram. de farine, ecartez-la avec la main, pour faire la fontaine; mettez dans le centre, un grain de sel, 50 gram. de beurre, 1 décilitre de lait; faites la pâte ferme et lisse; laissez-la reposer à couvert, une heure. Abaissez-la mince avec le rouleau; piquez-la avec la pointe d'une aiguille à brider, puis coupez-la avec un coupe-pâte uni de 3 à 4 doigts de large; rangez les galettes sur une plaque légèrement beurrée, cuisez-les à four chaud, sans les colorer.

GALETTES EN PATE FERME.

Tamisez 500 gram. de farine sur la table; faites la fontaine; mettez dans le centre 250 gram. de beurre, 1 demi-litre d'eau et une pincée de sel; fraisez la pâte 3 fois, puis formez des petites galettes de 3 centimètres d'épaisseur; dorez-les, rayez-les et cuisez.

GATEAUX CONDÉS.

Hachez finement 200 gram. d'amandes mondées; mêlez-les dans une terrine, avec 200 gram. de sucre en poudre et une poignée de sucre fin; délayez avec des œufs pour obtenir une pâte coulante.

Abaissez de la pâte feuilletée ou demi-feuilletage en abaisse de 2 millimètres d'épaisseur.

Coupez-la droite sur les 4 faces, et masquez-la d'une couche mince d'amandes. Saupoudrez de sucre fin, et coupez les gâteaux de 2 doigts de large, sur 4 à 5 de longueur; rangez-les à mesure sur une plaque, à distance; cuisez à four doux.

FLAN DE MARMELADE D'ABRICOTS, MÉRINGUÉ.

Beurrez un cercle à flan; foncez-le avec de la pâte sucrée, mince; masquez avec une couche de marmelade moitié pomme, moitié abricot, ayant 2 doigts d'épaisseur; cuisez à four doux, avec un rond de papier dessus. Laissez refroidir; masquez avec une couche de meringue, décorez, saupoudrez de sucre, et faites colorer.

FLAN D'ABRICOTS.

Foncez un moule à flan avec de la pâte sucrée (*page* 389); pincez les bords, saupoudrez le fond avec du sucre.

Coupez des abricots en deux; pelez-les, rangez-les dans le flan, en les serrant; saupoudrez de sucre, et cuisez 35 minutes à four doux. En sortant le flan du four, arrosez les fruits avec un peu de sirop épais.

FLAN AU LAIT, DE MÉNAGE.

Beurrez un cercle à flan; foncez-le avec de la pâte brisée fine, ou rognures de feuilletage; piquez la pâte au fond; coupez-la à niveau des bords.

Mettez dans une terrine 5 jaunes et un œuf entier, 40 gram. de farine, 100 gram. de sucre; broyez et délayez, avec 8 décilitres de bon lait; passez au tamis dans une casserole; ajoutez un grain de sel, 30 grammes de beurre, un brin de zeste. Chauffez sur feu doux jusqu'au moment de l'ébulition, en le tournant; retirez-le, laissez-le à peu près refroidir enlevez le zeste, et versez-le dans le flan; cuisez une demi-heure, à four doux.

En le sortant du four, saupoudrez avec du sucre fin, et laissez refroidir. Retirez le moule et dressez sur plat.

FLAN MERINGUÉ A LA FRANGIPANE.

Voici comment on prépare la frangipane :

Mettez dans une terrine 100 gram. de farine, 500 gram. de sucre, 3 jaunes, 3 œufs entiers ; délayez avec un demi-litre de lait, passez au tamis dans une casserole ; ajoutez 50 grammes de beurre, un grain de sel ; tournez sur feu jusqu'à l'ébullition ; cuisez la crème 10 minutes sans la quitter ; retirez-la, ajoutez encore un morceau de beurre et 2 cuillerées d'amandes pilées ; laissez refroidir.

Foncez un cercle à flan avec rognures de feuilletage ou de la pâte sucrée ; coupez les bords, versez la crème dans le vide, et cuisez à four modéré.

Quand le flan est refroidi, masquez-le en dessus avec une couche de meringue (*page* 417) ; décorez le dessus avec un cornet ; saupoudrez de sucre, et faites-lui prendre couleur au four ; servez ensuite.

FLAN DE CERISES.

Foncez un cercle à flan avec rognures de feuilletage ou pâte sucrée ; piquez la pâte avec la pointe du couteau, saupoudrez-la avec du sucre, et emplissez le vide avec des cerises crues, sans noyaux, en les serrant, cuisez 35 minutes à four modéré ; retirez, et saupoudrez de sucre.

FLAN DE CERISES A LA GROSEILLE.

Foncez un cercle à flan avec de la pâte fine ; saupoudrez l'intérieur avec du sucre, et emplissez-le avec des cerises aigres, crues, sans noyaux ; saupoudrez aussi avec du sucre, et cuisez 35 minutes à four modéré. Retirez, laissez à peu près refroidir et masquez avec une couche de gelée de groseille. Servez froid.

FLAN AUX POIRES.

Coupez en deux 6 poires de rousselet; pelez-les, cuisez-les tout doucement dans un sirop léger avec une partie de leurs pelures et quelques gouttes de carmin limpide.

Foncez un cercle à flan; garnissez-le avec de la marmelade de poires, sucrée et réduite; rangez-les moitiés de poires dessus; faites cuire à four gai. En le sortant, nappez les poires avec un sirop épais.

FLAN A LA MARMELADE DE POMMES.

Avec 8 à 10 pommes reinettes ou calvilles, préparez une marmelade; sucrez-la; ajoutez zeste ou cannelle; faites-la réduire quelques minutes; laissez-la refroidir.

Beurrez un cercle à flan; posez-le sur une tourtière; foncez-le avec de la pâte sucrée ou avec des rognures de feuilletage; pîquez la pâte au fond; coupez les bords et remplissez le vide avec la marmelade; lissez-la en-dessus, saupoudrez avec du sucre, et cuisez 35 à 40 minutes, à four modéré. — Laissez refroidir le flan, et nappez les pommes au pinceau avec de la gelée de pommes dissoute ou de la marmelade d'abricots.

CLAFOUTIS AUX CERISES.

Beurrez une tourtière à rebords élevés; masquez-en la surface avec des cerises sans noyaux, saupoudrez-les de sucre fin. Masquez-les alors avec une pâte à frire (*page* 46), légèrement sucrée et finie avec un peu de cognac. Cuisez à four doux trois quarts d'heure, c'est-à-dire, jusqu'à ce que la pâte fasse croûte en dessus.

Renversez-le alors sur une autre tourtière ou sur un large plat; saupoudrez les fruits avec du sucre et servez; le gâteau représente alors un flan ordinaire. — On peut préparer ce gâteau avec des prunes sans noyaux, des demi-abricots pelés ou des demi-pêches. — On peut aussi remplacer la pâte à frire par une pâte formée d'une demi-livre de farine, 4 œufs entiers, un verre de lait, un grain de sel et 2 cuillerées de sucre: cette pâte reste moins lourde, à la cuisson ; mais il faut d'abord en faire prendre au four une mince couche, puis verser le restant, afin que les fruits ne se dérangent pas.

FLAN AUX AMANDES A LA MÉNAGÈRE.

Pilez 200 grammes d'amandes mondées ; ajoutez moitié de leur poids de graisse de rognon de veau épluchée ; quand le mélange est opéré, ajoutez 200 grammes de sucre en poudre, 100 gram. de farine, 1 œuf et 4 jaunes, 2 à 3 cuillerées d'eau de fleurs d'oranger ou du zeste haché, et enfin 2 blancs d'œufs fouetté en neige.

Avec de la pâte brisée fine, garnissez un cercle à flan, posé sur une tourtière ; emplissez-en le vide avec l'appareil préparé, et cuisez 40 minutes, à four modéré ; saupoudrez de sucre.

TARTE DE RIZ AUX ABRICOTS.

Cuisez 250 grammes de riz avec du lait et un morceau de zeste (*page* 457) ; quand il est à point, sucrez-le, finissez-le avec un peu de crème crue, un morceau de beurre et 2 jaunes d'œuf. Mettez de côté 4 cuillerées de ce riz, puis dressez le restant dans un plat à tarte, par couches, en alternant chaque couche avec une rangée de demi-abricots crus, bien mûrs : si les abricots étaient fermes, faites-les légèrement blanchir dans de l'eau sucrée.

Quand le plat est empli, mêlez 2 blancs d'œuf fouettés au riz réservé, et masquez-en le dessus ; lissez la surface, saupoudrez avec amandes et sucre. Cuisez 20 minutes à four doux.

TARTE AU RIZ.

Cuisez du riz comme pour le gâteau de riz; mêlez-lui 4 œufs entiers, 2 blancs fouettés, un peu de zeste râpé, et 6 cuillerées de fruits confits coupés en dés. Versez-le dans un plat à tarte, beurré; saupoudrez de sucre, et cuisez 35 minutes au four, dans un plafond avec un peu d'eau chaude, au fond.

TARTE AUX POMMES DANS UN PLAT.

Pelez une dizaine de bonnes rainettes ou calvilles; divisez-les en quartiers, pelez-les, et coupez chaque quartier en tranches épaisses. Mettez-les dans une terrine, saupoudrez-les avec de la cassonnade; laissez-les ainsi un quart d'heure.

Prenez un plat à gratin rond, en métal; mouillez-en les bords; rangez les pommes en dôme sur le centre, ajoutez 3 clous de girofle et de la cassonnade.

Faites une large abaisse en feuilletage ou rognures de feuilletage; avec cette abaisse, couvrez le dôme et les bords du plat, appuyez la pâte sur les bords, mouillez, et entourez le dôme avec une bande de pâte roulée en corde avec les mains, sur la table; mouillez légèrement le dôme avec le pinceau; saupoudrez-le avec du sucre et cuisez 50 minutes à four doux.

TARTE AUX GROSEILLES VERTES.

Prenez des groseilles qui ne soient pas mûres, c'est-à-dire encore fermes, triez-les, et rangez-les par couches dans un plat à tarte, en saupoudrant chaque couche avec du sucre en poudre ou de la cassonnade, versez au fond un peu d'eau froide.

Masquez les bords du plat a tarte (*p.* CVI) avec une bande de pâte sucrée; humectez-la au pinceau, et couvrez la tarte avec une large abaisse de la même pâte, en formant le dôme. Coupez la pâte à ras des bords; ciselez-la avec le couteau. Humectez le dôme avec un peu d'eau, et saupoudrez avec une poignée de sucre en poudre. Cuisez 40 minutes à four doux.

TARTE DE PRUNES NOIRES

Pelez des prunes noires, sans retirer le noyau; rangez-les en dôme, par couches, dans un plat à tarte, en saupoudrant chaque couche avec du sucre ou de la cassonnade; ajoutez 2 clous de girofle ou un morceau de cannelle. Masquez les bords du plat avec une pâte sucrée, couvrez avec la même pâte, humectez-la avec de l'eau ou du blanc d'œuf; saupoudrez avec du sucre, et cuisez à four doux. — On opère de même pour une tarte de mirabelles et de reine-Claude, mais sans peler les fruits.

TARTE AUX PRUNES A LA MÉNAGÈRE.

Prenez chez le boulanger 5 à 600 gram. de pâte à pain, non-levée; mêlez-lui un œuf, 100 gram. de beurre et une poignée de sucre. Laissez-la lever 2 heures, à couvert; puis étalez-la mince et ronde, sur une tourtière, en formant un petit rebord; saupoudrez sa surface avec du sucre, et masquez-la avec des prunes noires, sans noyaux, coupées en deux sur la longueur; saupoudrez encore avec un peu de sucre, et cuisez 35 minutes à four doux.

TOURTE D'ÉPINARDS AU CITRON.

Prenez 200 gram. d'épinards, blanchis, hachés et passés au tamis. — Chauffez du beurre, mêlez les épinards, faites-les revenir en tournant ; ajoutez un grain de sel, saupoudrez avec une pincée de farine, et mouillez avec un verre de crème crue ; cuisez 5 à 6 minutes, en tournant, ajoutez quelques cuillerées de sucre et un peu de zeste haché ; retirez l'appareil du feu, mêlez-lui un morceau de beurre et 3 jaunes d'œuf. — Etalez sur une grande tourtière une abaisse en rognures de feuilletage mince, ayant 30 centimètres de large ; sur cette abaisse, étalez l'appareil aux épinards, en réservant un espace libre de 2 doigts. Mouillez les bords, et couvrez les épinards avec une abaisse en feuilletage mince, ciselée et aussi large que la première ; appuyez-la sur les bords, humectez-la et disposez tout autour une bande en feuilletage, ayant un doigt d'épaisseur ; soudez les deux bouts, puis dorez-la, ainsi que la grande abaisse ; cuisez 40 minutes à four gai ; un instant avant de la sortir, glacez-la au sucre.

QUISCHE AUX NOUILLES.

Prenez une tourtière en tôle, à rebords, d'un doigt de haut ; foncez-la avec de la pâte sucrée (p. 389).

Emincez et faites blanchir des nouilles à l'eau salée ; égouttez-les bien, mettez-les dans une casserole avec beurre, sucre, un peu de bonne crème crue et du zeste ; garnissez la pâte avec les nouilles ; lissez le dessus ; saupoudrez avec du sucre à la canelle ; arrosez avec du beurre fondu, et cuisez à four doux. En sortant la quische du four, saupoudrez avec du sucre en poudre.

QUISCHE AU RIZ.

Prenez 600 grammes de pâte sucrée (*page* 389);

abaissez-la ronde et mince. Beurrez un plafond en tôle mince, ayant des rebords de 2 doigts de haut; foncez-le avec la pâte.

Cuisez 200 grammes de riz au lait; mettez-le dans une terrine; mêlez-lui 4 jaunes d'œuf délayés avec 2 décilitres de crème crue, puis 150 grammes de beurre divisé, une pincée de sucre à l'orange: le riz doit alors se trouver très-léger; versez-le dans un plafond, et cuisez 35 minutes à four doux.

GÉNOISE A L'ORANGE.

Mettez dans une terrine 250 grammes de beurre ramolli et 250 grammes de sucre en poudre; travaillez 5 minutes avec une cuiller, ajoutez un à un 4 œufs entiers et 2 jaunes; puis 250 grammes de farine et 2 blancs fouettés, le quart d'un zeste d'orange râpé et un grain de sel. — Versez la pâte dans un plafond beurré, à rebords (*p.* XCII), en lui donnant l'épaisseur d'un doigt. Cuisez à four modéré. Laissez refroidir; masquez en dessus avec une mince couche de marmelade, et ensuite avec une glace à l'orange. Coupez aussitôt les gâteaux de 2 doigs de large sur 4 à 5 doigts de long

ROUSSETTES.

Faites une pâte sur la table, avec 250 grammes de farine, 3 œufs entiers, 2 cuillerées de sucre, 4 cuillerées d'eau de fleurs d'oranger ou du cognac: même consistance que la pâte à nouille. Laissez la reposer 25 minutes à couvert, donnez-lui 2 tours comme au feuilletage. Abaissez-la ensuite, mince, et découpez-la en bandes avec la roulette (*p.* LXXXIV) en ronds ou en losanges, ou bien avec des coupe-pâte variés.

Faites frire de belle couleur; égouttez, saupoudrez de sucre fin, et dressez.

BOULES DE NEIGE.

Préparez de la pâte comme pour les roussettes. Coupez-la en rubans minces de la largeur du doigt, enlacez-les, et mettez-les dans des boules à cuire les légumes; fermez ces boules solidement, plongez-les dans la friture, et cuisez 12 à 15 minutes. Egouttez-les, ouvrez les moules, sortez-en les gâteaux, roulez-les dans le sucre fin.

TÔT-FAIT.

Mettez dans une terrine, un quart de sucre pilé, autant de farine, 100 grammes de beurre fondu, 4 œufs entiers, grain de sel, zeste haché; remuez et délayez peu à peu avec un verre de lait froid; incorporez alors 3 blancs fouettés. Beurrez un plafond ou tourtière à rebords (*p.* XCII), et versez l'appareil dedans; cuisez trois quarts d'heure, à four doux; saupoudrez de sucre, et servez.

OREILLETTES A LA PROVENÇALE.

Tamisez sur la table 500 grammes de farine; faites la fontaine, mettez dans le centre 4 à 5 jaunes d'œuf, 150 grammes de sucre en poudre, un peu de zeste de citron haché, quelques cuillerées d'eau de fleurs d'oranger et l'eau nécessaire pour obtenir une pâte ferme; laissez-la reposer une demi-heure.

Abaissez-la à l'aide du rouleau, puis ployez-la pour l'abaisser de nouveau et la reployer.

Coupez-la ensuite en bandes ou rubans d'une égale largeur, et plongez-les dans la friture à l'huile, chaude et abondante; faites-leur prendre belle couleur; égouttez, saupoudrez avec du sucre.

PAIN D'ÉPICES.

Mettez dans une bassine 250 grammes de mélasse et 250 grammes de miel; faites bouillir, écumez et retirez du feu:

Etalez en cercle, sur la table, 5 à 600 grammes de farine de seigle; ajoutez 15 grammes de potasse pulvérisée et 3 grains de carbonnate d'ammoniaque. Dans ce cercle, versez par petites parties le miel et

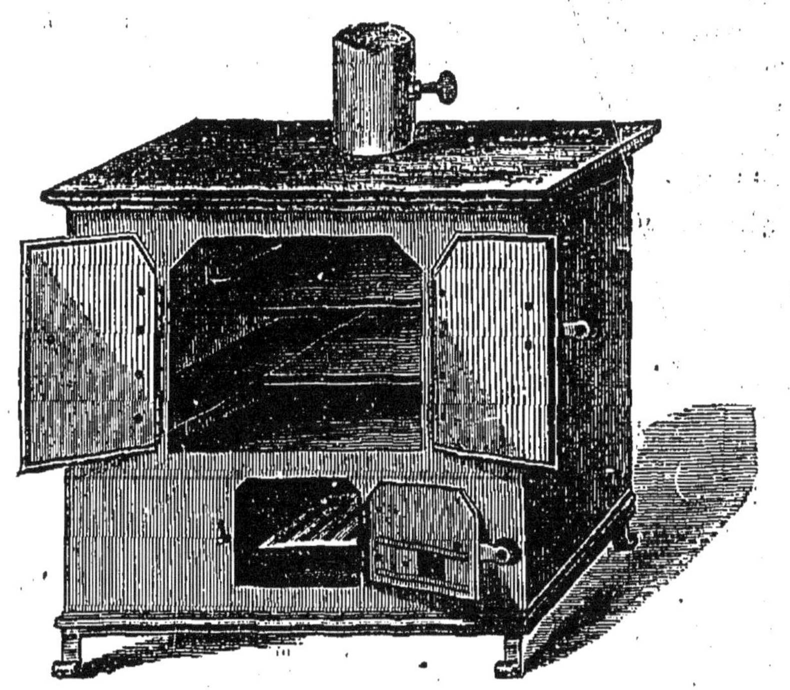

la mélasse, en incorporant peu à peu la farine, de façon à former la pâte. Ajoutez alors les épices: 10 à 12 grains d'anis, 5 à 6 graines de coriandre, autant de macis, autant de cannelle et autant de girofle, pulvérisés; ajoutez encore du zeste râpé.

Travaillez fortement la pâte, fraisez-la plusieurs fois, allongez-la en la tirant et la reployant, afin de lui faire prendre du corps. Assemblez-la enfin, mettez-la dans une sébile en bois, couvrez-la et laissez-la reposer 5 à 6 jours en lieu frais.

Mêlez ensuite à la pâte 100 grammes de fruits confits pour chaque livre de pâte, tels que : écorce de cédrat, écorce d'orange ou de citron coupés en dés. — On peut aussi mêler de l'angélique, mais en quantité moindre. On peut également lui mêler des raisins secs épépinés.

Avant de mouler la pâte, divisez-la et formez-la en boules ; mettez celles-ci dans des moules en forme de carré long ou rond.

Appuyez la pâte pour la rendre plane, humectez-la en dessus avec du blanc d'œuf, et cuisez à four doux. — En sortant les gâteaux du four, glacez-les au pinceau avec de la bière chaude, mêlée avec un peu de gélatine dissoute, afin de leur donner du brillant.

ENTREMETS CHAUDS

POMMES AU RIZ.

Coupez 4 grosses calvilles ou reinettes en quartiers ; cuisez-les 5 minutes à l'eau ; égouttez une partie de l'eau ; ajoutez du sucre et finissez de les cuire sur le côté du feu. — Cuisez au lait 250 grammes de riz blanchi à l'eau. Quand il est à peu près cuit, sucrez-le ; parfumez-le au zeste, cannelle ou vanille ; 10 minutes après, ajoutez un morceau de beurre ; dressez-le sur plat avec les pommes autour.

CHARLOTTE AUX POMMES.

Coupez en quartiers 10 pommes rainettes; pelées, émincez-les; faites-les sauter au beurre jusqu'à ce que leur humidité soit évaporée; sucrez, ajoutez zeste ou cannelle; 3 minutes après, liez-les avec 2 cuillerées de marmelade d'abricots; laissez à peu près refroidir.

Beurrez un moule à charlotte. — Coupez des tranches minces de mie de pain de cuisine ayant 2 doigts de large, et la hauteur du moule; trempez-les dans du beurre fondu, et appliquez-les debout contre les parois du moule, en les disposant un peu à cheval. Masquez aussi le fond du moule avec des tranches en pointe, de facon à former rosace. Emplissez alors le vide avec les pommes; couvrez celles-ci avec une large tranche de pain, et beurrez-la.

Posez la charlotte sur une tourtière, et cuisez-la 40 minutes à four modéré. — On peut aussi la cuire sur des cendres chaudes, avec du feu autour et dessus, ou bien au four de campagne.

Renversez la charlotte sur un plat et saupoudrez de sucre.

POMMES A LA DAUPHINE.

Choisissez 8 pommes reinettes d'une égale grosseur; videz-les sur le centre avec un tube de la boîte à colonne; pelez-les et mettez-les à mesure dans de l'eau acidulée. Plongez-les ensuite dans une casserole d'eau également acidulée et légèrement sucrée. Au premier bouillon, retirez la casserole sur le côté et finissez de cuire les pommes sans ébullition. — Egouttez-les, mettez-les sur un plafond et nappez-les au pinceau avec de la marmelade d'abricots chauffée, et un peu épaisse; tenez-les à la bouche du four, et nappez-les à plusieurs reprises. En les sortant, saupoudrez-les avec des pistaches hachées, puis emplissez le vide avec des cerises confites; dressez-les, et versez au fond du plat un peu de sirop mêlé avec du kirsch ou du marasquin.

POMMES A L'ABRICOT.

Coupez des pommes calvilles par moitiés ou par quarts; pelez-les, retirez-en le cœur; rangez-les dans un sautoir beurré; sucrez-les; ajoutez un peu de zeste, et mouillez-les à hauteur avec de l'eau et le jus d'un citron; couvrez-les avec un papier beurré; donnez un seul bouillon, et finissez de les cuire sur le côté du feu sans ébullition. Dressez-les sur un plat pouvant aller au four; liez alors le liquide avec quelques cuillerées de marmelade d'abricots; passez-le sur les pommes; faites mijoter un quart d'heure à la bouche du four, sans bouillir, en arrosant souvent.

POMMES AU BEURRE.

Choisissez 8 belles reinettes; videz-les sur le centre avec un tube à colonne, pelez-les, rangez-les dans un plat en terre beurré, pouvant aller au feu; emplissez le centre des pommes avec du sucre en poudre, à la cannelle. — Arrosez-les avec du beurre, cuisez à four doux ou avec feu dessus, feu dessous. Servez dans le plat même.

POMMES A LA CASSONNADE.

Choisissez des pommes de reinette d'une égale grosseur; videz-les sur le centre sans les peler, avec un tube de la boîte à colonne; fendez-en la peau tout autour, sur le centre; rangez-les l'une à côté de l'autre dans un plat en terre ou un plafond beurré. Emplissez le vide de chaque pomme avec de la bonne cassonnade; placez un petit morceau de beurre dessus; versez dans le plat un demi-verre d'eau. Cuisez une demi-heure à four doux; arrosez, servez-les dans le plat même.

POMMES ÉMINCÉES, AUX RAISINS.

Coupez en quartiers 4 à 5 pommes de reinette ou calvilles; pelez-les, coupez-les sur la longueur en tranches, pas trop minces. — Plongez à l'eau bouillante une poignée de raisins de Corinthe, donnez seulement deux bouillons; égouttez-les.

Mettez dans une casserole plate, un quart de litre d'eau, 125 grammes de sucre, un peu de zeste; faites bouillir le liquide et mêlez-lui les pommes : le sirop doit couvrir juste les pommes; donnez 2 minutes d'ébullition; couvrez et retirez du feu. — Les pommes doivent rester fermes et entières; ajoutez les raisins, et 10 minutes après, versez le tout dans un plat; retirez le zeste et servez, en même temps qu'une assiette de biscuits à la cuiller ou biscuits de Reims.

CHARLOTTE A LA MARMELADE DE POMMES.

Faites une marmelade de pommes; sucrez-la, faites-la réduire jusqu'à ce qu'elle soit serrée, ajoutez du zeste ou un morceau de cannelle; laissez refroidir. — Beurrez un moule à charlotte; (*p.* LXXX); foncez-le au fond et autour, avec des lames de mie de pain de cuisine, en les posant à cheval, après les avoir trempées d'un côté dans du beurre tiède.

Emplissez le vide avec la marmelade, et cuisez 40 minutes à four modéré. Démoulez sur plat, et saupoudrez de sucre.

PÊCHES BOUILLIES, AU SUCRE.

Prenez des pêches d'espalier, celles dont le noyau s'en détache, pas trop mûres. — Faites bouillir de l'eau, et plongez les pêches dedans ; couvrez et retirez du feu ; 5 minutes après égouttez-les et servez-les avec du sucre pilé. — Ces pêches conviennent aux personnes qui redoutent le froid de la pêche sur l'estomac.

ÉMINCÉ DE POMMES AUX CROUTONS.

Coupez en quartiers 8 pommes de reinette ou calvilles ; pelez-les, retirez-en le cœur, émincez-les un peu épais ; mettez-les dans une casserole, avec du beurre fondu ; saupoudrez avec du sucre en poudre, et cuisez-les, en les sautant jusqu'à ce qu'elles aient réduit leur humidité ; elles doivent rester un peu fermes. Finissez-les avec une pincée de sucre à la cannelle et quelques cuillerées de rhum. Dressez-les sur un plat, entourez-les avec des croûtons de pain coupés en triangle, frits au beurre et saupoudrés de sucre.

GRENADES DE POMMES.

Avec un tube de la boîte à colonne (*p* .LXXXIII) ; videz 7 à 8 pommes de calville, pas trop grosses, pelez-les ensuite, et cuisez-les dans de l'eau légèrement sucrée, en les conservant bien entières ; pour cela il faut que l'eau bouille à peine. Egouttez et laissez-les refroidir. — Avec de la semoule fine, du lait, un peu de sucre et un morceau de zeste, préparez une bouillie pas trop épaisse ; liez-la avec 3 à 4 jaunes d'œuf ; laissez-la refroidir. — Au fond de chaque pomme, mettez une petite boule de semoule, et remplissez le vide avec de la gelée de pommes. Enveloppez alors chaque pomme avec une mince couche de semoule ; trempez-les ensuite dans des œufs battus pour les passer à la panure blanche ; faites-les frire de belle couleur. Egouttez et saupoudrez avec du sucre.

MARMELADE DE POMMES, GLACÉE.

Coupez en quartiers 7 à 8 pommes reinettes ou calvilles ; pelez-les ; mettez-les dans une casserole avec un décilitre d'eau, une pincée de sucre et un morceau de zeste ou cannelle. Cuisez à couvert 14 à 15 minutes. Passez au tamis ; remettez la purée dans la casserole, ajoutez 200 grammes de sucre en poudre ; faites réduire 10 minutes, en tournant.

Quand la marmelade est serrée, dressez-la sur un plat ; saupoudrez-la de sucre, et brûlez le dessus, avec fer rouge, en formant un décor ; garnissez autour avec des biscuits à la cuiller coupés en triangles.

CROQUETTES DE POMMES DE TERRE AU SUCRE.

Cuisez au four une quinzaine de grosses pommes de terre farineuses, avec leur peau. Videz-les avec une cuiller, et passez leur pulpe au tamis ; mettez cette purée dans une terrine ; mêlez-lui 100 grammes de beurre et 125 grammes de sucre, un peu de zeste râpé, un œuf entier et 5 jaunes.

Divisez l'appareil en petites parties, roulez-les sur la table farinée ; trempez-les dans des œufs battus, panez et faites frire ; égouttez-les, roulez-les dans du sucre en poudre, et servez.

POIRES AU RIZ.

Prenez 6 bonnes poires *beurré* ou *bon chrétien*,

divisez-les chacune en deux parties; cuisez-les à l'eau; quand elles sont à peu près à point, égouttez la plus grande partie de l'eau; ajoutez 2 poignées de sucre, et cuisez encore quelques minutes.

Cuisez à l'eau, 5 minutes seulement, 250 grammes de riz; égouttez-le, cuisez-le avec du lait et un peu de sucre; tenez-le consistant; en dernier lieu, ajoutez quelques cuillerées de crème, un morceau de beurre et 2 cuillerées de sucre d'orange râpé sur le zeste. Dressez ensuite le riz sur plat, entourez-le avec les demi-poires.

ÉMINCÉ DE POIRES AU BEURRE.

Coupez en quartiers 7 à 8 bonnes poires; supprimez-en la peau et le cœur; émincez les chairs, mettez-les dans une casserole plate avec 150 grammes de beurre, 6 à 8 cuillerées de sucre en poudre, zeste ou vanille; sautez-les à feu vif jusqu'à ce que l'humidité soit réduite : les poires doivent être juste atteintes, pas trop cuites. Dressez-les alors sur un plat, et entourez-les avec des croûtons de pain, coupés en triangles, frits au beurre et saupoudrés de sucre.

CROQUETTES DE RIZ AUX FRUITS.

Cuisez du riz, comme pour les gâteaux de riz, en remplaçant les œufs entiers par le double de jaunes, et les raisins par des fruits confits coupés en dés. Etalez-les dans un plat, en couche épaisse; laissez-le refroidir, Divisez-le en parties égales, roulez-les sur la table saupoudrée de panure; donnez-leur la forme de bouchon; trempez-les dans des œufs battus, panez et faites frire; quand elles sont égouttées, roulez-les dans du sucre fin et servez.

GROSEILLES VERTES A LA CRÈME.

Cuisez à l'eau 1 litre de groseilles vertes et fermes, à maquereau. Aussitôt qu'elles sont ramollies, égouttez-les et passez-les au tamis. Mêlez un peu de sucre à cette purée, et faites-la réduire en marmelade dans une casserole; elle doit être peu sucrée, mais consistante. Laissez-la refroidir, puis dressez-la en dôme sur un plat, et masquez-la avec une épaisse couche de crème fouettée, sucrée et parfumée à l'orange.

FRAISES AUX CROUTES.

Choisissez 600 grammes de grosses fraises, bien propres. Cuisez 350 grammes de sucre au *petit-cassé;* à ce point, mêlez-lui les fraises; roulez-les dans le sucre jusqu'à ce qu'elles soient bien mêlées; donnez un seul bouillon et retirez de côté. — Sur la mie d'un pain de cuisine, coupez une dizaine de croûtes de forme ovale; faites-les colorer des deux côtés, dans un plafond avec du beurre épuré; égouttez et dressez-les en couronne sur un plat; dressez les fraises dans le centre de la couronne, et arrosez les croûtes avec une partie du sirop, mêlé avec un peu de rhum ou de kirsch.

CROUTES AU MADÈRE.

Coupez 8 à 10 tranches de brioche ou simplement de mie de pain de cuisine, ayant à peu près un doigt d'épaisseur; parez-les de forme égale. Si c'est de la brioche, saupoudrez-les de sucre, et faites-les légèrement colorer au four. Si c'est de la mie de pain, faites leur prendre couleur avec du beurre dans un sautoir· saupoudrez-les ensuite avec du sucre.

Epluchez 100 grammes de raisins de Smyrne, autant de Malaga et autant de Corinthe; lavez-les à l'eau chaude, et mettez-les dans une casserole, avec 100 grammes d'écorces confites coupées en petits dés. — Prenez un morceau de sucre de 150 gr., trempez-le dans l'eau et faites-le fondre dans une casserole; mêlez-lui 2 décilitres de madère et un brin de zeste; faites bouillir et versez sur les raisins. Donnez un seul bouillon et retirez du feu. Liez le liquide avec 4 cuillerées de marmelade d'abricots. — Dressez les croûtes en couronne, sur un plat, et dressez raisins et fruits sur le centre; arrosez avec la sauce.

ÉPINARDS AU SUCRE.

Cuisez des épinards à l'eau salée; égouttez-les, exprimez-en l'eau; hachez-les finement; faites-les revenir quelques secondes, avec du beurre, et saupoudrez avec une pincée de farine; mouillez, peu à peu, avec de la crème crue; ajoutez un grain de sel et quelques cuillerées de sucre en poudre, un peu de zeste; cuisez-les quelques minutes, puis liez-les, hors du feu, avec quelques jaunes d'œuf délayés; finissez-les en incorporant un morceau de beurre fin; dressez-les sur un plat, entourez-les avec des biscuits à la cuiller coupés en triangles.

RISSOLES SUCRÉES AUX ÉPINARDS.

Préparez des épinards au sucre, en procédant comme il vient d'être dit: l'appareil doit rester ferme; liez-le avec 2 ou 3 jaunes étendus avec un peu de crème, et mêlés avec du beurre; laissez refroidir, retirez le zeste.

Avec ces épinards et de la pâte brisée fine, préparez des rissoles Panez et faites-les frire dans de la friture au beurre ou à l'huile peu à la fois ; égouttez et saupoudrez avec du sucre en poudre.

CRÈME AUX ÉPINARDS.

Prenez la valeur de 250 grammes d'épinards bouillis, hachés et passés au tamis. Faites-les revenir avec du beurre ; saupoudrez avec 5 à 6 cuillerées de macarons écrasés, ajoutez le sucre nécessaire, un brin de zeste, et mouillez avec de la crème crue ; cuisez 7 à 8 minutes ; retirez du feu, et laissez à moitié refroidir. Mêlez alors à l'appareil 6 à 7 œufs entiers battus, et versez-le dans un plat à tarte. Placez celui-ci dans une casserole avec de l'eau chaude, et faites pocher au bain-marie.

PURÉE DE MARRONS A LA CRÈME.

Échaudez quelques douzaines de marrons pour en retirer l'écorce et la peau ; cuisez-les à court mouillement avec un peu de lait ; passez au tamis.

Mettez dans une casserole 250 grammes de cette purée, 150 grammes de sucre en poudre et un morceau de vanille ; tournez la purée sur feu doux pour la dessécher et la raffermir ; retirez-la. Quand elle est à peu près refroidie, passez-la à travers un tamis à claires voies ou une passoire, faites-la passer en mousse ; puis prenez-la avec une large fourchette et dressez-la en pointe sur le centre d'un plat, sans la presser du tout ; masquez-la alors avec une couche de crème fouettée, légèrement sucrée, mêlée avec 2 cuillerées de sucre vanille

PANNEQUETS AU SUCRE.

Mettez dans une terrine 50 grammes de farine, 175 grammes de sucre au citron, 60 grammes de beurre fondu, uu grain de sel ; délayez avec un demi-litre moitié lait, moitié crème. — Chauffez une poêle à pannequets (*page* XC) ; graissez-la au pinceau avec du beurre épuré ; versez de la pâte au fond, juste pour le couvrir d'une couche mince. Cuisez le pannequet sur feu doux ; retournez-le, puis renversez-le sur une plaque ; saupoudrez avec du sucre fin et roulez-le sur lui-même. Cuisez les autres ; roulez-les aussi, et saupoudrez avec du sucre.

CRÊPES A L'HUILE, A LA PROVENÇALE.

Mettez dans une terrine 4 à 500 grammes de belle farine ; ajoutez un grain de sel, et délayez avec de l'eau tiède ou du lait ; de façon à obtenir une pâte liquide, travaillez-la 10 à 12 minutes ; puis mêlez-lui 6 à 8 jaunes d'œuf, l'un après l'autre, 250 grammes de sucre, 2 cuillerées d'eau de fleurs d'oranger et enfin 2 blancs fouettés. — Versez dans une poêle de la bonne huile fine de Provence, juste pour en couvrir le fond ; chauffez-la, puis versez quelques cuillerées de pâte dans la poêle ; étalez-la sur le fond en couche pas trop épaisse, et cuisez-la sur toute la largeur de la poêle ; quand elle est saisie d'un côté, faites-la sauter pour la retourner ; ajoutez un peu d'huile et finissez de la cuire sans cesser de tourner la poêle sur elle-même ; glissez ensuite la crêpe sur un plat ; saupoudrez avec de la bonne cassonnade ; arrosez-la avec de l'eau de fleurs d'oranger.

Préparez ainsi les autres crêpes ; glissez-les sur la première, sucrez et parfumez à mesure. Servez-les bien chaudes.

BISCUITS A LA CRÈME FOUETTÉE.

Prenez un plat à tarte; masquez-en le fond avec une couche de gelée de framboise. Sur cette couche, rangez une couche de biscuits à la cuiller imbibés à mesure avec un peu de rhum. Masquez les biscuits avec une autre couche de gelée et recommencez avec les biscuits imbibés. Faites une troisième couche, et masquez-la avec une épaisse couche de crème fouettée et sucrée. Servez tel et quel.

BISCUITS A LA CRÈME ET AU KIRSCH.

Prenez 12 à 15 biscuits de Reims; imbibez-les en les trempant dans du kirsch, et rangez-les à mesure dans un plat creux; arrosez-les alors avec une crème liée (*page* 463) à la vanille ou au zeste, préparée d'avance et refroidie. — Ce simple entremets est des plus agréables.

SOUFFLÉ AUX CAROTTES.

Choisissez de bonnes carottes, émincez-en les parties rouges (300 grammes); si elles sont tendres et fraîches, mettez-les dans une casserole avec du beurre, et faites-les revenir sur feu très-doux, en les remuant souvent : en hiver, il faut les cuire à l'eau pendant 7 à 8 minutes avant de les faire revenir, après les avoir bien égouttées. Assaisonnez avec un grain de sel et 2 cuillerées de sucre en poudre; quand elles sont cuites, saupoudrez-les avec une pincée de farine, et 5 minutes après, passez-les au tamis. Mettez la purée dans une terrine, mêlez-lui une pincée de sucre au citron, 6 jaunes d'œuf l'un après l'autre, puis les 6 blancs fouettés et sucrés. Beurrez un plat à tarte, versez l'appareil dedans et cuisez 25 minutes à four doux; saupoudrez avec du sucre, 5 minutes avant de le retirer. — On peut ainsi préparer des soufflés de potiron.

SOUFFLÉ AU CHOCOLAT.

Mettez dans une terrine 100 grammes de farine et 100 gram. de sucre ; délayez avec 1 demi-litre de lait; passez le liquide dans une casserole; ajoutez un grain de sel et un morceau de beurre ; tournez sur feu, pour obtenir une bouillie un peu consistante ; cuisez 6 à 7 minutes sans cesser de tourner.

Faites ramollir 2 tablettes de chocolat; broyez-le, mêlez-lui la bouillie, et passez au tamis ; ajoutez 5 jaunes d'œuf, puis 5 blancs fouettés ; versez-le dans une casserole à soufflé (*page* CV) ; lissez le dessus, et cuisez 30 minutes à four doux ou au four de campagne.

SOUFFLÉ AUX POMMES.

Emincez 8 pommes de reinette ; faites en une marmelade et mettez-la dans la casserole avec 150 grammes de sucre et un peu de zeste, faites-la réduire sans la quitter; quand elle commence à se serrer, retirez-la ; enlevez le zeste, et mêlez-lui 6 blancs d'œuf fouettés, légèrement sucrés ; versez l'appareil dans une casserole à soufflé ; (*page* CV) ; lissez-le en dessus avec la lame du couteau, et cuisez 25 minutes, à four doux.

SOUFFLÉ DE RIZ AUX POMMES.

Faites blanchir et cuisez avec du lait 200 grammes de riz ; quand il est tendre, sucrez-le et mêlez-lui quelques cuillerées de bonne crème crue.

Quelques minutes après, retirez-le du feu; finissez-le, en lui incorporant 100 gram. de beurre, 5 jaunes d'œuf, 2 cuillerées de sucre de citron, puis enfin 4 blancs fouettés, et la valeur de 2 verres de crème fouettée. Rangez alors ce riz, par couches, dans une casserole à soufflé (*page* CV) ou un plat à tarte pouvant aller au four, en ayant soin d'alterner chaque couche de riz avec une couche de pomme émincées cuites au beurre ; cuisez le soufflé 35 à 40 minutes, à four doux.

OMELETTE SOUFFLÉE.

Prenez des œufs très-frais, — cassez en 6, en mettant les jaunes dans une terrine et les blancs dans une bassine. Mêlez aux jaunes 6 cuillerées de sucre en poudre ; travaillez 10 minutes les jaunes et le sucre avec une cuiller ; ajoutez 2 ou 3 amandes amères râpées et 3 macarons pulvérisés.

Mêlez un grain de sel aux blancs et fouettez-les jusqu'à ce qu'ils soient bien fermes et bien liés ; si les blancs sont mal fouettés, l'omelette ne réussira pas.

Mêlez une partie des blancs avec les jaunes, puis les jaunes aux blancs, mais très-légèrement, sans les briser.

Beurrez un plat long à gratin *(p.* XCI*)*; versez l'appareil dedans, lissez-le avec la lame du couteau, et poussez-le à four doux. Aussitôt que la surface fait peau, retirez l'omelette, fendez-la sur toute sa longueur avec un couteau, en arrivant jusqu'au fond du plat ; remettez-la au four ; cuisez 18 minutes, puis saupoudrez-la avec du sucre fin et cuisez encore 5 minutes ; servez aussitôt.

OMELETTE LÉGÈRE AUX CONFITURES

Proportions : 60 grammes de sucre, 60 grammes de farine, un quart de litre de crème fouettée, 5 jaunes d'œuf, 5 blancs fouettés un grain de sel, zeste râpé. — Travaillez les jaunes et le sucre 10 à 12 minutes; ajoutez sel et zeste râpé, puis les blancs fouettés, en même temps que la farine, et enfin la crème.

Faites fondre 60 grammes de beurre; versez-le dans une large poêle, en le décantant; chauffez-le, et versez l'appareil dans la poêle; 2 minutes après, poussez la poêle à four doux; aussitôt que l'appareil est raffermi, glissez l'omelette sur une large feuille de papier, sans la tourner; masquez sa surface avec de la marmelade de pommes, de framboises ou d'abricots; roulez l'omelette à l'aide du papier, placez-la sur un plat long; saupoudrez avec du sucre fin, et tenez-la au four encore 10 minutes. — Cet entremets est excellent.

OMELETTE SOUFFLÉE AUX POMMES.

Préparez un appareil à omelette, tel qu'il est décrit pour l'*omelette légère*. — Prenez 500 grammes de pommes pelées; émincez-les, mettez-les dans une casserole plate avec un peu de beurre; sautez-les sur feu vif quelques minutes, sans les fondre, ni les cuire trop; retirez-les du feu, et liez-les avec 2 cuillerées de marmelade.

Mettez dans une poêle 50 grammes de beurre fondu et épuré; quand il est chaud, versez l'appareil dedans; chauffez-le 2 minutes sur le feu, et mettez-le au four. Terminez l'omelette avec les pommes, absolument comme celle de l'article précédent.

OMELETTE SOUFFLÉE, DE MÉNAGE.

Proportions : 50 grammes farine; 50 grammes beurre ; 40 grammes sucre; un quart de litre de lait; 6 jaunes d'œuf; 6 blancs fouettés; un grain de sel, un peu de zeste râpé et du sucre. — Délayez la farine avec le lait sans faire de grumeaux;

ajoutez le sel et le beurre ; tournez le liquide sur feu pour en faire une bouillie ; faites-la réduire 2 minutes, puis retirez-la et laissez-la à moitié refroidir. Mêlez-lui alors les 6 jaunes peu à peu, puis le zeste, et enfin les blancs fouettés.

Mettez dans une grande poêle 3 à 4 cuillerées de beurre fondu ; quand il est chaud, versez l'appareil dans la poêle sur toute sa largeur ; cuisez l'omelette 2 minutes sur le feu, et finissez de la cuire au four ; terminez comme il est dit pour les deux omelettes précédentes, sans confitures ni pommes.

OMELETTE AU SUCRE, GLACÉE.

Cassez 6 à 8 œufs dans une terrine ; ajoutez un grain de sel, 3 cuillerées de sucre en poudre ; battez 2 minutes. — Chauffez dans une poêle, 60 grammes de beurre ; versez les œufs dedans ; broyez-les avec une fourchette, jusqu'à ce qu'ils commencent à se lier ; roulez alors la poêle sur elle-même, pour rassembler l'omelette ; sautez-la tout doucement pour la ramener d'un côté de la poêle, et ployez-la à moitié, du côté des bords, puis ployez-la de l'autre côté, à l'aide de la fourchette ; elle doit alors avoir une forme ovale, pointue des deux bouts.

Renversez-la sur un plat ; rajustez-la ; saupoudrez-la avec du sucre fin, et glacez-la, avec un fer chaud, en l'appuyant tour a tour des deux côtés, en formant un ornement.

OMELETTE AU RHUM.

Préparez une omelette comme il est dit à l'article qui précède ; versez autour un demi-décilitre de rhum chaud ; enflammez-le et servez.

OMELETTE A LA GELÉE DE GROSEILLE.

Préparez une omelette au sucre, comme il est dit plus haut; quand elle est à moitié pliée, étalez dans le centre 4 à 5 cuillerées de gelée de groseille, broyée. Finissez de la ployer; renversez-la sur un plat, saupoudrez avec du sucre fin et glacez-la au fer chaud.

OMELETTE AUX POMMES.

Mettez dans une terrine 2 cuillerées de farine, grain de sel, pincée de sucre ; délayez avec 2 œufs entiers, 2 jaunes, 60 grammes de beurre fondu et 2 décilitres de lait. — Coupez en quartiers 4 pommes, rainettes ou calvilles; pelez-les, émincez-les; mettez-les dans une large poêle avec du beurre fondu ; faites-les revenir à feu vif, en les sautant ; aussitôt qu'elles sont bien chaudes, versez dessus l'appareil préparé ; étalez-le sur toute la largeur de la poêle ; piquez l'omelette avec une fourchette, afin de faire tomber au fond les parties liquides. Versez sur les côtés 2 à 3 cuillerées de beurre fondu, et roulez fortement la poêle sur elle-même pour en détacher l'omelette ; aussitôt qu'elle cède, saupoudrez-la en dessus avec une couche de cassonnade, et renversez-la sur un plat de la même largeur que la poêle.

Beurrez encore la poêle, et glissez de nouveau l'omelette, dedans. — Chauffez bien l'omelette, tout en tournant la poêle sur elle-même, afin que la cassonnade du fond se glace sans brûler ; à ce point, retirez-la, saupoudrez-la avec de la cassonnade, et renversez-la une seconde fois dans le plat, pour la servir. — Ménagères essayez ce simple entremets.

ŒUFS EN SURPRISE, AU BLANC-MANGER.

Choisissez une douzaine d'œufs, d'égale grosseur Avec un petit couteau, sciez sur l'un des bouts, un petit rond de la coquille; enlevez-le, et videz les œufs des parties liquides.

Lavez-les, faites-les bien égoutter, puis posez-les debout, bien d'aplomb sur une couche de glace bien pilée; entourez-les aussi avec de la glace, et remplissez-les avec un appareil de blanc-manger liquide (*page* 452). — Une heure après, essuyez-les bien, dressez-les dans un plat sous les plis d'une serviette, comme des œufs à la coque.

ŒUFS EN SURPRISE AU CHOCOLAT.

Préparez une crème au chocolat, telle qu'elle est décrite à la page 452.

Sciez le bout à 12 œufs crus, pour les vider; quand ils sont bien propres, emplissez-les avec de la crème, et posez chaque œuf sur un anneau en carotte, coupé de façon à le maintenir d'aplomb. Rangez ces œufs dans une casserole, ayant de l'eau chaude jusqu'aux deux tiers de hauteur des œufs. Faites pocher la crème une heure, sans ébullition.

ŒUFS A LA NEIGE.

Cassez 6 œufs l'un après l'autre, en mettant les blancs dans une bassine et les jaunes dans une casserole. Faites bouillir de l'eau dans une casserole plate.

Fouettez les blancs bien fermes; mêlez-leur 200 grammes de sucre en poudre. Prenez-les alors avec une cuiller à ragoût, chaude, par parties égales; laissez-les tomber dans l'eau bouillante. Retirez la casserole sur le côté du feu, et faites raffermir les blancs, en les retournant; égouttez-les ensuite sur un tamis.

Avec les 6 jaunes, 200 grammes de sucre, un demi-litre de lait, un peu de zeste, préparez une crème liée (*page* 463); laissez refroidir.

Dressez les blancs en pyramide dans un plat, et arrosez-les avec une partie de la crème ; envoyez le surplus à part.

ŒUFS A LA NEIGE GLACÉS.

Battez 3 blancs d'œufs en neige ; sucrez-les légèrement ; prenez-les par petites parties avec une cuiller à bouche, et faites les pocher à l'eau bouillante, pour les raffermir, en les retournant ; égouttez-les sur un tamis.

Avec 6 à 7 jaunes d'œuf, trois quarts de litre de lait et 200 grammes de sucre, préparez une crème liée (*page* 463). Aussitôt qu'elle est à point, retirez-la sur le côté ; mêlez-lui un brin de zeste de citron et 6 à 7 feuilles de gélatine, ramollie à l'eau froide ; tournez-la jusqu'à ce que la gélatine soit dissoute ; passez et laissez refroidir.

Entourez un moule à charlotte avec de la glace pilée ; faites prendre au fond une mince couche de crème. Sur cette couche, rangez des parties de blancs d'œuf pochés ; couvrez-les peu à peu avec la crème. Laissez refroidir une heure, et renversez sur un plat.

ŒUFS AU LAIT, AU BAIN-MARIE.

Cassez 7 à 8 œufs dans une terrine ; battez-les, délayez-les avec un demi-litre de lait cuit, seulement tiède ; ajoutez 200 grammes de sucre en poudre et le zeste d'un demi-citron ; mélangez bien ; 5 minutes après, passez deux fois à la passoire fine, et versez dans un plat à tarte (*page* CVI).

Posez le plat dans un plafond contenant un litre d'eau chaude ; faites pocher la crème 40 minutes à four très-doux.

ŒUF AU CARAMEL.

Beurrez légèrement une petite casserole à soufflé ou simplement un plat à tarte. — Mettez dans un poêlon en terre 125 grammes de sucre en poudre; chauffez-le bien, en tournant; quand il est fondu, retirez-le sur le côté du feu; tournez-le jusqu'à ce qu'il ait pris une belle couleur jaune foncé et rougeâtre. Mouillez alors avec 2 décilitres d'eau, et cuisez jusqu'à ce que le liquide arrive à la consistance de sirop; retirez et laissez à peu près refroidir.

Faites bouillir un demi-litre de lait; sucrez modérément, laissez refroidir. — Cassez 8 à 10 œufs dans une terrine, délayez-les peu à peu avec le lait; ajoutez un grain de sel, puis le sirop au caramel; passez deux fois à la passoire fine, et versez dans un plat à tarte (*page* CVI). Cuisez 40 minutes la crème au bain-marie, dans un plafond avec de l'eau bouillante.

CRÈME BRULÉE.

Mettez dans une terrine 7 à 8 jaunes d'œuf, 80 grammes de farine et 200 grammes de sucre en poudre; délayez avec trois quarts de litre de lait, passez dans une casserole; tournez la crème sur feu doux, jusqu'au moment où elle va bouillir; retirez-la aussitôt; ajoutez du zeste ou 2 feuilles de laurier rose; tournez-la jusqu'à ce qu'elle soit à peu près refroidie; enlevez le zeste, et versez dans un plat creux. — Quand elle est froide, saupoudrez-en la surface avec du sucre fin, et glacez-la avec une pelle rougie au feu.

CRÈME AU BAIN-MARIE, AU CITRON.

Faites bouillir un demi-litre de bon lait; retirez-le, mêlez-lui 250 gram. de sucre et le zeste d'un citron; laissez à peu près refroidir.

Cassez 5 œufs dans une terrine; ajoutez 5 jaunes et un grain de sel; battez et délayez peu à peu avec le lait sucré. Passez deux fois à la passoire fine; versez dans un petit moule plat, à charlotte beurré. Mettez le moule dans une casserole, avec de l'eau chaude jusqu'à moitié de sa hauteur. Faites bouillir l'eau, et retirez la casserole à la bouche du four sans la couvrir, ou bien retirez-la sur feu très-doux, et couvrez-la avec le couvercle en tôle ayant une couche de cendres chaudes dessus. Faites prendre la crème sans faire bouillir l'eau : il faut trois quarts d'heure. Laissez refroidir et renversez sur un plat.

CRÈME AU BAIN-MARIE, AU CAFÉ.

Faites bouillir un demi-litre de lait; retirez-le sur le côté. — Mettez dans un poêlon en terre ou en cuivre non étamé, 75 gram. de grains de café cru. Faites-le griller, en le tournant sans cesse, jusqu'à ce que les grains commencent à suer; versez-les alors dans le lait. Couvrez et laissez infuser 35 minutes; passez ensuite le liquide à travers un linge. — Avec ce lait, préparez une crème comme il est dit pour la crème au bain-marie au citron; (*page* 450); faites pocher trois quarts d'heure; renversez sur un plat.

CRÈME AU BAIN-MARIE, A LA FLEUR D'ORANGER.

Préparez une crème, comme il est dit pour la crème au bain-marie, sans citron. Mêlez-lui 5 à 6 cuillerées d'eau de fleurs d'oranger. Passez deux fois à la passoire fine; versez dans un plat à tarte (*page* CVI) ; et faites pocher au bain-marie.

POTS DE CRÈME AU CAFÉ.

Prenez une crème crue, comme il est dit pour la crème au bain-marie au café. Passez-la deux fois à la passoire fine. Avec elle, remplissez des petits pots à crème; faites les pocher trois quarts d'heure au bain-marie, sans ébullition. Laissez refroidir et servez.

POTS DE CRÈME AU CHOCOLAT.

Faites ramollir à la bouche du four, dans une petite casserole, 2 tablettes de bon chocolat. Broyez-le avec une cuiller, et délayez-le avec une crème crue, préparée comme celle pour la crème au bain-marie (*page* 450). Passez deux fois à la passoire fine; remplissez les petits pots, et faites pocher 40 minutes au bain-marie.

BEIGNETS DE FLEUR DE SUREAU.

Il faut choisir les fleurs à peine écloses; les prendre par petits bouquets; les tenir au frais jusqu'au moment de les employer. — Mettez-les dans un plat, saupoudrez avec du sucre en poudre, arrosez avec un peu de cognac ou du kirsch; puis prenez les bouquets un à un, trempez-les dans une pâte à frire (*page* 46) et plongez-les à friture chaude; quand la pâte est de belle couleur, égouttez et saupoudrez de sucre.

BEIGNETS D'ABRICOTS, PÊCHES ET BRUGNONS.

Divisez les fruits en quartiers; pelez-les, mettez-les dans un plat, saupoudrez-les avec du sucre en poudre, arrosez avec quelques gouttes de rhum ou marasquin; 10 minutes après, égouttez-les, roulez-les vivement dans de la poudre de biscuit ou des macarons écrasés; trempez-les ensuite dans la pâte à frire et plongez à grande friture chaude. Égouttez et saupoudrez de sucre.

BEIGNETS DE CRÈME.

Voici une méthode bien simple pour préparer les beignets de crème.

60 gr. (2 onces) de farine, 60 gr. de fécule de pommes de terre, 150 gr. de beurre, 120 gr. de sucre, 1 litre de lait, 2 œufs entiers, 6 jaunes; une poignée d'amandes douces et amères, un grain de sel, un morceau de zeste ou 2 cuillerées de fleur d'oranger. — Délayez la farine et fécule avec le lait; passez à la passoire fine dans une casserole; tournez le liquide sur feu jusqu'à l'ébullition; ajoutez sel et sucre, la moitié du beurre. Cuisez 25 à 30 minutes sur feu doux, en remuant.

Retirez du feu, ajoutez les amandes hachées, le beurre et le zeste, puis les œufs battus avec 2 cuillerées d'eau froide. Donnez un seul bouillon, et versez l'appareil sur un plat trempé à l'eau froide; étalez-le de l'épaisseur d'un doigt; laissez refroidir.

Coupez la crème en carrés longs ou avec un coupe-pâte rond; roulez les beignets dans la farine, trempez-les dans des œufs battus, panez-les à la panure blanche : Faites frire de belle couleur; saupoudrez de sucre fin. — On peut aussi préparer ces beignets avec de la crème pâtissière (*page* 393).

BEIGNETS DE BANANES (*entremets*).

Pelez 5 à 6 bananes mûres; coupez-les en tranches pas trop minces; mettez-les sur un plat; saupoudrez avec du sucre en poudre, arrosez avec un peu de rhum, et faites-les macérer 25 minutes. Égouttez-les, trempez-les dans une pâte à frire, et plongez-les à friture chaude, peu à la fois. Egouttez et saupoudrez avec du sucre fin.

BEIGNETS DE POMMMES.

Prenez 3 à 4 pommes de reinette de moyenne grosseur; videz-les sur le centre avec un tube de la boîte à colonne; pelez-les, coupez-les chacune en 5 à 6 tranches. Faites-les mariner un quart d'heure avec un peu de sucre en poudre et quelques cuillerées d'eau-de-vie.

Epongez-les sur un linge, trempez-les une à une dans une poêle à frire, et plongez à friture chaude, pour les frire de belle couleur et la pâte bien sèche. Egouttez et saupoudrez de sucre.

BEIGNETS DE FEUILLES DE VIGNE.

Cueillez de jeunes feuilles de vigne, tendres, pas trop larges, quand elles ne sont pas encore bien vertes. Coupez-les rondes, et masquez-en la moitié avec une couche de crème à beignets (*page* 453) ou de marmelade de fruits; couvrez avec les autres feuilles; puis trempez-les dans de la pâte à frire *page* 46) et plongez-les à friture chaude. Quand la pâte est sèche, égouttez et saupoudrez de sucre.

BEIGNETS DE POULEINTE A LA BORDELAISE.

Faites bouillir un litre d'eau; ajoutez une pincée de sel, une cuillerée de sucre, un brin de zeste et un morceau de beurre; retirez sur le côté du feu, et laissez tomber en pluie, dans le liquide, 300 gr. de farine fine de maïs, en remuant avec une cuiller, à l'endroit où elle tombe, de façon à obtenir une bouillie lisse; cuisez 2 minutes, en tournant, et retirez sur le côté du feu; tenez-la ainsi jusqu'à ce que la bouillie soit consistante; retirez-la du feu et mêlez-lui 2 cuillerées de cognac ou rhum.

Prenez-la avec une cuiller, et laissez-la tomber en ronds, à une distance, sur une tourtière beurrée ou sur une serviette étalée sur la table et saupoudrée d'une couche de farine; laissez refroidir. — Faites-les ensuite frire au beurre épuré, égouttez et saupoudrez de sucre.

BEIGNETS DE POULEINTE FOURRÉS.

Avec de la farine de maïs et du lait, faites une bouillie bien lisse; mêlez-lui un morceau de beurre, un peu de sucre et un peu de zeste. Quelques minutes après, étalez-la en couche mince, sur une tourtière mouillée à l'eau froide.

Quand elle est raffermie, coupez-la en ronds de 3 doigts de large, avec un coupe-pâte; détachez les ronds, masquez-les du côté plat avec une couche de marmelade d'abricots, et assemblez-les de deux en deux en les collant; trempez-les dans des œufs battus, panez-les et faites-les frire; égouttez-les, roulez-les dans du sucre en poudre.

BEIGNETS DE SEMOULE.

Coupez en tranches les restes d'un gâteau de semoule froid; divisez-les en parties égales de forme ronde ou en carré long. Trempez-les dans des œufs battus, égouttez-les et faites-les frire; en les sortant, saupoudrez avec du sucre. — On peut préparer ainsi des beignets de riz ou de nouilles, en les coupant sur un pouding froid de desserte.

BEIGNETS SOUFFLÉS.

Préparez une pâte à chou (*page* 417) avec 2 décilitres d'eau, 125 gr. de farine, 75 gr. de beurre, 2 cuillerées de sucre, un grain de sel, un brin de zeste. Quand elle est desséchée, mêlez-lui 3 à 4 œufs entiers, l'un après l'autre: la pâte doit rester un peu plus ferme que pour les choux. — Prenez-la avec une cuiller à café, faites-la tomber dans la friture, en la poussant avec le doigt : la friture ne doit pas être trop chaude, ni les beignets trop abondants ; faites frire en plusieurs fois, et à feu modéré, en les remuant avec l'écumoire; égouttez et saupoudrez de sucre.

BEIGNETS DE POMMES DE TERRE

Cuisez quelques grosses pommes de terre au four ou sous la cendre; retirez-en la pulpe et passez-la au tamis; mettez-la dans une terrine. Pour 500 gram. de pulpe, ajoutez 100 gram. de beurre, 4 jaunes d'œuf, 125 gram. de sucre, le zeste d'un citron râpé ou 2 cuillerées d'eau de fleur d'oranger. — Mettez la pâte sur la table farinée, divisez-la en parties de la grosseur d'un petit œuf; roulez-les avec la main, en boule ou en forme de bouchon. Trempez-les dans des œufs battus, et panez-les. Faites-les frire, peu à la fois. Egouttez et saupoudrez de sucre.

BEIGNETS DE PAIN PERDU.

Prenez quelques croûtes de boulanger, ou bien coupez des tranches sur des pains à café d'un doigt d'épaisseur ; rangez-les dans un large plat; l'une à côté de l'autre, arrosez-les peu à peu avec de la crème crue mêlée avec des jaunes d'œuf, et passée au tamis; imbibez-les juste assez pour qu'elles ne se brisent pas ; saupoudrez-les avec du sucre à la cannelle; puis prenez-les une à une, trempez-les dans des œufs battus, égouttez-les, et plongez-les à friture chaude, Quand elles sont de belle couleur, égouttez-les, saupoudrez-les de sucre et servez-les avec un sabayon à part.

PAIN PERDU, A L'ABRICOT.

Coupez des tranches de mie de pain de cuisine d'un demi-doigt d'épaisseur; sur ces tranches, coupez 20 ronds de 4 à 5 doigts de large. Masquez-les d'un côté avec une couche de marmelade d'abricots, et collez-en 2 ensemble. Battez 3 œufs, mêlez-leur un peu de sucre et un décilitre de crème crue; avec cette crème, arrosez les ronds pour les imbiber des deux côtés. — Chauffez du beurre dans une casserole plate, égouttez les croûtes, et rangez-les dedans; faites-les frire de belle couleur, des deux côtés. Egouttez-les, roulez dans du sucre en poudre, et servez avec un sabayon.

SABAYON AU VIN BLANC.

Mettez 6 à 8 jaunes d'œuf dans un poêlon d'office ; mesurez le même nombre de demi-coquilles d'œuf pleines de sucre en poudre, mêlez-le aux jaunes; mesurez ensuite autant de demi-coquilles de vin blanc léger; ajoutez un brin de zeste.

Broyez avec un fouet, et fouettez l'appareil sur feu très-doux; à mesure qu'il devient mousseux et épais; éloignez-le du feu, sans cesser de fouetter : chauffez jusqu'au point où l'ébullition voudrait se développer. Versez-le alors dans des tasses et servez à part des petits gâteaux ou biscuits.

GATEAU DE RIZ AUX RAISINS.

Lavez 200 gram. de riz; mettez-le à l'eau froide et faites bouillir 5 à 6 minutes; égouttez. — Faites bouillir trois quarts de litre de lait; mêlez-lui le riz; cuisez-le jusqu'à ce qu'il soit tendre et consistant; sucrez-le et tenez-le à couvert 10 minutes ; laissez-le à moitié refroidir et mêlez-lui un morceau de beurre, 4 œufs entiers, l'un après l'autre, une pincée de zeste d'orange râpé et une poignée de petits raisins secs.

Versez l'appareil dans une tourtière à rebord (*page* XCII) ou un moule à charlotte (*page* LXXX), beurré et pané, cuisez-le 45 minutes au four de campagne ou au four du fourneau. Dégagez le gâteau en passant la lame d'un couteau autour du moule; renversez-le sur un plat et saupoudrez de sucre.

GATEAU AUX POMMES.

500 grammes de pommes crues pelées et émincées ; 5 œufs entiers, 70 grammes farine, 50 gram. sucre, 70 gram. beurre ; 1 quart litre de lait, un grain sel, zeste.

Pelez et émincez de bonnes reinettes ; pesez-en 500 grammes, mettez-les dans une casserole mince et plate, avec un morceau de beurre ; sautez-les vivement pour les cuire à moitié, sans les briser ; saupoudrez avec une pincée de sucre, laissez refroidir.

Délayez la farine avec les œufs et le lait, passez. Ajoutez un grain de sel, un peu de zeste râpé, le sucre, et enfin les pommes. — Beurrez un plat à tarte ou une tourtière à rebords (*page* XCII), versez l'appareil dedans : cuisez 50 minutes à four doux; saupoudrez de sucre et servez.

GATEAU DE SEMOULE.

Faites bouillir 1 litre de lait avec une poignée de sucre; ajoutez un grain de sel, un morceau de zeste ; faites tomber en pluie dans le liquide 150 à 200 gram. de semoule ; donnez 2 bouillons et retirez sur le côté du feu ; quand la bouillie est consistante, mêlez-lui encore une poignée de sucre ; 5 minutes après, retirez du feu ; changez-la de casserole, et mêlez-lui 4 œufs entiers, un à un.

Retirez le zeste, et versez l'appareil dans un moule à charlotte beurré et pané; ou bien dans une tourtière à rebords, simplement beurrée; faites cuire au four doux, 40 minutes.

GATEAU DE POMMES DE TERRE.

Cuisez à l'eau 1 litre de pomme de terre crues pelées, coupées. Quand elles sont à peu près cuites, égouttez-en toute l'eau; couvrez-les, étuvez-les un quart d'heure à la bouche du four; passez-les au tamis. Mettez cette purée dans une casserole, mêlez-lui 150 grammes de sucre en poudre, 60 grammes de beurre en petits morceaux, 3 œufs entiers et 4 jaunes, une pincée de zeste râpé, un grain de sel, et enfin 2 blancs d'œuf fouettés, mêlés avec une poignée de sucre. Versez l'appareil dans un moule à charlotte beurré et pané, ou bien dans une tourtière à rebords (*page* XCII). Cuisez 40 minutes à four doux.

GATEAU DE NOUILLES.

Prenez 300 grammes de nouilles émincées, plongez-les dans trois quarts de litre de lait bouillant; cuisez-les jusqu'à ce que le liquide soit tout absorbé; ajoutez 2 poignées de sucre en poudre et un peu de zeste, retirez-les du feu, tenez-les 10 minutes couvert. Mêlez-leur alors un morceau de beurre et 5 œufs entiers. Retirez le zeste, et versez l'appareil dans un moule beurré et pané ou dans une tourtière à rebords (*page* XCII); cuisez 40 minutes à four modéré.

POUDING DE CABINET.

Battez 8 œufs dans une terrine, délayez-les avec trois quarts de litre de lait, ajoutez quelques brins de zeste et 250 grammes de sucre; broyez et passez deux fois au tamis.

Beurrez un petit moule à charlotte, (*page* LXXX);

rangez dans le fond une couche de biscuits coupés en tranches ou des biscuits à la cuiller; saupoudrez avec une pincée de raisins secs, et autant de fruits confits coupés; écorces de cédrat ou d'oranges confites, abricots, chinois et cerises. Ajoutez une autre couche de biscuits, puis encore des fruits, et ainsi de suite, jusqu'à ce que le moule soit plein.

Versez alors dans le moule le lait aux œufs. Cuisez une heure au bain-marie, sans ébullition. Démoulez et masquez avec une crème ou avec un sabayon.

POUDING DE SEMOULE, AU BAIN-MARIE

Avec 2 verres de lait, un petit morceau de de beurre, 4 cuillerées de sucre, un grain de sel, un peu de zeste et 6 à 7 cuillerées de semoule, préparez une bouillie légère; cuisez-la 5 minutes, en l'allégeant avec un peu de crème si elle devenait trop consistante; retirez-la, laissez-la à peu près refroidir; puis mêlez-lui 2 cuillerées d'amandes hachées et 4 à 5 jaunes d'œuf, l'un après l'autre; fouettez les 5 blancs, mais ne les mettez pas tous; sucrez-les légèrement avant de les incorporer.

Beurrez et farinez un moule à dôme ou à charlotte; remplissez-le avec l'appareil, et placez-le dans une casserole contenant de l'eau en ébullition qui doit arriver à mi-hauteur du moule; couvrez et cuisez 45 minutes à la bouche du four ou avec du feu sur le couvercle. Démoulez sur un plat, masquez avec un sabayon ou une crème liée.

ENTREMETS FROIDS

SABAYON GLACÉ.

Préparez un sabayon comme il est dit à la page 457; quand il est bien épais, mêlez-lui 10 feuilles de gélatine ramollies à l'eau froide; battez jusqu'à ce que la gélatine soit dissoute, et le liquide froid; alors battez-le sur glace; quand il commence à se lier, mêlez-lui un demi-litre de crème fouettée; ajoutez quelques cuillerées de rhum, et versez dans un moule entouré de glace; une heure après, démoulez et servez avec des petits gâteaux.

BOUILLIE A LA GROSEILLE.

Ecrasez des groseilles peu mûres, en leur mêlant un peu d'eau froide; pressez-les dans un linge pour en recueillir le suc : il en faut un litre.

Faites bouillir 1 demi-litre d'eau, dans un poêlon mêlez-lui 2 décilitres de suc de groseilles et quelques cuillerées de sucre; faites tomber en pluie dans le liquide, 125 grammes de semoule, de façon à obtenir une bouillie épaisse; cuisez-la 2 minutes; puis, mêlez-lui, peu à peu, le reste du suc de groseilles et encore un peu de sucre; cuisez-le 7 à 8 minutes, sans cesser de le remuer; versez-le alors dans un bol en porcelaine ou un moule mouillé à l'eau froide; laissez-le refroidir 2 heures.

Démoulez-le ensuite sur un plat, et arrosez-le

avec du sirop cru de groseilles, c'est-à-dire du suc mêlé avec du sucre en poudre.

BOUILLIE RENVERSÉE.

Faites bouillir trois quarts de litre de lait avec 200 gram. de sucre, un grain de sel et un brin de zeste de citron; au premier bouillon, retirez-le et mêlez-lui 100 gram. de fécule de pommes de terre délayée avec quelques cuillerées d'eau froide; cuisez la bouillie quelques minutes : elle doit être consistante; retirez-la alors et mêlez-lui peu à peu, 5 blancs d'œuf fouettés en neige et bien fermes; ajoutez une pincée d'amandes douces et amères finement hachées. — Versez dans un grand moule trempé à l'eau et égoutté. — Laissez-bien refoidir, et renversez sur un plat ; servez avec un sirop de fruits rouges : framboises, fraises ou groseilles.

Cet entremets est peu coûteux, facile à faire, et très-agréable à manger.

CRÈME FOUETTÉE.

Prenez de la crème double, crue; mettez-la dans une bouteille ou un vase en fer-blanc, et tenez-la 12 heures sur glace. Versez-la alors dans une petite bassine étamée, et fouettez-la avec un fouet. Si la crème est bonne, 12 minutes suffisent pour la faire mousser. Si elle n'est pas de bonne qualité, il faut la fouetter aussi bien que possible et lui mêler quelques blancs d'œuf fouettés en neige. Mais en ce cas la crème n'a plus la même valeur.

Quand la crème est fouettée, mêlez-lui du sucre à la vanille ou à l'orange, ou bien quelques cuillerées de liqueur : marasquin ou autre. Dressez-la sur un plat froid, et servez en même temps un plat de petits biscuits ou gâteaux secs.

CRÈME FOUETTÉE AUX MARRONS.

Prenez 5 à 6 douzaines de marrons crus épluchés, sans écorce ni peau; cuisez-les à court mouillement avec un peu de lait et un peu de sucre; passez au tamis; mettez cette purée dans un poêlon avec moitié de son poids de sucre en poudre : cuisez-la, sans la quitter, jusqu'à ce qu'elle soit sèche et serrée; laissez-la refroidir, puis délayez-la avec un peu de sirop, et incorporez-lui un litre de crème fouettée, bien égouttée et très-ferme; ajoutez quelques cuillerées de marasquin et dressez-la en pyramide ur un plat; entourez-la avec des demi-meringues, non garnies ou des petits biscuits ronds.

CRÈME LIÉE, A LA VANILLE.

Faites bouillir un demi-litre de bon lait; mêlez-lui 250 gram. de sucre et un demi-bâton de vanille; couvrez et laissez infuser 12 à 15 minutes.

Mettez 7 ou 8 jaunes d'œuf dans une casserole; broyez-les, et délayez-les avec le lait. Passez deux fois à la passoire fine; remettez la vanille dans le liquide, et tournez sur feu doux, jusqu'à ce que la crème soit liée, mais sans faire bouillir. Passez-la dans une terrine ; laissez refroidir en tournant.

CRÈME GLACÉE AUX FFAISES.

Prenez la valeur de 8 à 9 feuilles de gélatine clarifiée, mêlez-lui un décilitre de sirop. Passez au tamis 250 gram de fraises fraîches, mêlez à cette purée, 250 gram. de sucre en poudre, 2 cuillerées de sucre à l'orange et le jus d'une orange; versez dans un poêlon d'office; ajoutez peu à peu la gélatine clarifiée, liquide et froide. Tournez l'appareil sur la glace pilée; retirez-le aussitôt qu'il commence à se lier et mêlez-lui un demi-litre de crème fouettée et ferme. Versez l'appareil dans un moule à gelée entouré avec de la glace pilée. Une heure après, démoulez.

On peut préparer ainsi des crèmes avec toutes les purées de fruits.

CRÈME GLACÉE A LA VANILLE.

Avec 1 demi-bâton de vanille, 7 jaunes d'œuf, 300 gram. de sucre, 3 décilitres de crème, 4 décilitre de lait, préparez une crème liée; aussitôt qu'elle est à point, retirez-la du feu (*page* 463); mêlez-lui 6 feuilles de gélatine ramollie; tournez jusqu'à ce qu'elles soient dissoutes. Passez alors au tamis fin, tournez la crème sur glace pour la lier légèrement; versez-la dans un moule à gelée entouré de glace pilée. Faites-la prendre une heure, renversez-la sur un plat froid.

PAIN DE GROSEILLES ROUGES.

Choisissez des groseilles rouges, mais pas mûres; écrasez-les pour en exprimer le suc. Prenez-en trois quarts de litre, et avec ce liquide délayez 6 cuillerées de fécule de pommes de terre; passez au tamis dans un poêlon non étamé; sucrez, ajoutez un morceau de reste et tournez sur feu doux; au premier bouillon retirez du feu; tournez encore 2 minutes, et versez dans un moule uni ou ouvragé préalablement trempé à l'eau froide et non essuyé.

Faites refroidir quelques heures; renversez ensuite sur un plat, et servez avec de la crème crue.

PAIN DE RIZ A L'ORANGE.

Cuisez 150 gram. de riz à grande eau; quand il est bien tendre, égouttez-le.—Versez dans une petite bassine, la valeur d'un verre de sirop froid, parfumé à l'orange; mêlez-lui la valeur de 5 à 6 feuilles de gélatine dissoute et claire, ainsi que le jus de 2 oranges; tournez le liquide sur glace jusqu'à ce qu'il commence à se lier; ajoutez alors le riz, et quelques minutes après, incorporez-lui 3 verres de crème fouettée; versez-le ensuite dans un moule à dôme entouré avec de la glace pilée et salée; fermez le moule avec un papier, puis avec son couvercle; couvrez-le aussi avec de la glace, et tenez-le ainsi 45 minutes.

Au moment de servir, lavez vivement le moule, trempez-le à l'eau chaude, et démoulez le pain sur un plat.

CHARLOTTE A LA CRÈME.

Avec des biscuits à la cuiller coupés, masquez le fond d'un moule à charlotte; coupez une quinzaine des mêmes biscuits choisis un peu longs et coupés droit sur les côtés; posez-les debout à côté l'un de l'autre, contre les parois du moule, à l'intérieur. Entourez le moule avec de la glace pilée.

Avec un demi-litre de lait, 200 gram. de sucre, 6 jaunes d'œuf et un brin de zeste, préparez une crème (*page* 463). Aussitôt qu'elle est liée retirez-la, et mêlez-lui 5 à 6 feuilles de gélatine ramollie liée; tournez la crème jusqu'à ce que la gélatine soit dissoute, tournez-la alors sur glace, et aussitôt qu'elle commence à se lier, incorporez lui un demi-litre de crème fouettée; versez l'appareil dans le vide du moule. Une heure après renversez la charlotte sur un plat froid.

CHARLOTTE GLACÉE.

Masquez entièrement le fond et les parois d'un moule à charlotte avec des biscuits à la cuiller coupés comme il est dit pour la charlotte à la crème.

Mettez dans une terrine quelques fruits confits, lavés, coupés en dés ou en quartiers, tels que : reines-Claude, cerises, amandes vertes, abricots, coings; faites-les macérer une heure dans du kirsch. — Au moment de servir, étalez au fond du moule, une couche de glace à l'orange, à l'ananas ou tout autre fruit; sur cette couche, rangez une partie des fruits, et sur ceux-ci, une autre couche de glace. Quand le moule est plein, renversez la charlotte sur un plat couvert d'une serviette.

POUDING AU MARASQUIN.

Prenez un demi-litre de bonne crème fouettée, bien égouttée; sucrez-la. — Rangez au fond d'un plat creux, 12 biscuits à la cuiller, en les imbibant dans du marasquin; saupoudrez avec une pincée de petits raisins noirs de Corinthe ramollis.

Masquez cette couche avec une couche de crème fouettée, et sur celle-ci, dressez une autre couche de 12 biscuits imbibés; saupoudrez comme avant; masquez encore avec la crème. Répétez une autre fois l'opération; puis masquez le tout avec la crème fouettée. Lissez-la avec la lame du couteau, et décorez le dessus avec des biscuits non imbibés, coupés en losanges, et aussi avec quelques fruits confits de nuance différente.

RIZ A L'EAU ET AUX FRUITS.

Triez 300 gram. de riz ; lavez-le et faites-le cuire à grande eau, en conservant les grains bien entiers; égouttez-le, mettez-le dans une terrine, arrosez-le avec du sirop et aussi avec un peu de marasquin ou du kirsch ; laissez-le refroidir. Egouttez-le ensuite sur un tamis et dressez-le dans un plat; écartez-le sur le centre, de façon à former un creux, dans ce creux, dressez des fruits en compotes : pêches, prunes, abricots, etc.

RIZ AU PUNCH ET AUX FRAISES.

Faites bouillir à grande eau 250 gram. de bon riz ; ajoutez un grain de sel et jus de 2 citrons. Aussitôt qu'il est tendre, tout en conservant les grains entiers, égouttez-le sur un large tamis, et laissez-le à peu près refroidir. — Mettez dans un poêlon 5 à 6 cuillerées de marmelade d'abricots ; délayez-la avec un verre de sirop au punch et le jus d'une orange; ajoutez la valeur de 8 à 10 feuilles de gélatine clarifiée; tournez le liquide sur glace pour le lier; mêlez-lui alors le riz, en même temps que quelques pistaches coupées et quelques cuillerées d'ananas coupé en dés; 2 minutes après, versez dans un moule entouré de glace pilée.

Une heure après, démoulez l'entremets sur un plat, et masquez le fond de celui-ci avec une purée de fraises sucrée, bien froide.

RIZ AUX ABRICOTS.

Cuisez le riz avec du lait; quand il est bien tendre, sucrez-le, ajoutez 2 cuillerées de sucre à l'orange; laissez-le refroidir. Mêlez-lui alors un demi-litre de crème fouettée, légèrement sucrée et parfumée à l'orange.

Mettez dans une terrine, une casserole à soufflé, (*page* CV); entourez-la avec de la glace pilée et salée; couvrez-la, et mettez aussi de la glace dessus. Quand elle est bien refroidie, versez dedans l'appareil au riz, couvrez, et tenez ainsi une heure. Retirez-la, et masquez le dessus avec de jolies moitiés d'abricots cuits en compote, et froids; servez aussitôt.

MOUSSE AU THÉ.

Prenez 2 décilitres d'infusion de bon thé; mêlez-lui une égale quantité de sirop très-épais (32 degrés); mettez 8 jaunes d'œuf dans une bassine, délayez-les peu à peu avec le sirop, et fouettez l'appareil sur feu doux, jusqu'à ce qu'il soit mousseux et lié; retirez-le sans cesser de fouetter jusqu'à ce qu'il soit froid; mêlez-lui alors un litre de crème fouettée. Versez-le dans un moule à dôme entouré avec de la glace pilée et salée; fermez-le avec son couvercle; mastiquez les jointures avec de la pâte crue ou du beurre, couvrez-le avec une épaisse couche de glace fortement salée; couvrez avec un linge et faites frapper 5 quarts d'heure, démoulez la mousse sur un plat froid, couvert d'une serviette.

MOUSSE AU CHOCOLAT.

Mettez 3 tablettes de chocolat dans une casserole; faites-le ramollir à la bouche du four; broyez-le avec une cuiller, et délayez-le avec un verre et demi d'eau chaude; ajoutez 14 cuillerées de sucre et un morceau de vanille; faites bouillir en tournant : il doit devenir épais et lisse; s'il n'était pas lisse, passez-le. Quand il est froid, mêlez-lui un litre de crème fouettée, légèrement sucrée. — Entourez un moule à dôme avec de la glace pilée et salée ; 7 à 8 minutes après, versez la crème dedans ; couvrez avec un rond de papier, et fermez-le avec son couvercle. Mastiquez les jointures du couvercle avec du beurre ou de la pâte crue ; couvrez avec une épaisse couche de glace salée. — Une heure et demie après, retirez le moule, lavez-le à l'eau froide, trempez-le à l'eau chaude, essuyez-le, et renversez la mousse sur une serviette pliée.

BLANC-MANGER.

Clarifiez comme pour gelée 120 gram. de gélatine.

Mettez dans un mortier 200 gram. d'amandes douces mondées, et une poignée d'amères ; pilez-les, en ajoutant de temps en temps un peu d'eau froide ; puis mouillez tout à fait avec un litre d'eau. Passez alors le liquide à travers un linge en exprimant bien les amandes. Ajoutez au lait d'amande 4 à 5 cuillerées d'eau de fleurs d'oranger et 300 gram. de sucre, puis mêlez-lui la moitié seulement de la gélatine clarifiée, mais peu à peu.

Passez au tamis fin, dans un poêlon, et tournez le liquide sur glace pilée.

Quand il commence à se lier, versez-le dans un moule à gelée, entouré avec la glace. Une heure après, démoulez.

MOUSSE AUX FRAISES.

Passez au tamis fin 1 demi-litre de fraises de bois ; mêlez à la purée une poignée de sucre en poudre à l'orange ; faites bien refroidir sur glace.

Entourez un moule à dôme avec de la glace salée.

Mêlez la purée de fraises avec un litre de crème fouettée, sucrée et parfumée avec du sucre à l'orange. Versez l'appareil dans le moule ; fermez bien celui-ci, mastiquez-en les jointures ; couvrez aussi avec de la glace salée, et tenez-le ainsi 5 quarts d'heure au moins. Démoulez et dressez.

GELÉE A L'ANISETTE.

Remplissez un moule à gelée avec de l'eau tiède ; versez-la dans une casserole ; ajoutez 16 à 18 feuilles de belle gélatine ramollie à l'eau froide, 300 gram. de sucre en morceaux, le suc de 2 citrons et un peu de zeste. Chauffez en tournant jusqu'à ce que la gélatine soit dissoute ; retirez du feu, laissez à peu près refroidir. — Mêlez alors au liquide, 2 blancs d'œuf à moitié fouettés ; fouettez-le aussitôt sur feu jusqu'à l'ébullition, mais au premier bouillon, retirez-le sur le côté ; laissez-le frémir jusqu'à ce qu'il soit devenu clair.

Versez alors le liquide dans une poche à filtrer ou dans une serviette tendue et nouée sur les 4 pieds d'un tabouret renversé, au-dessous de laquelle sera disposé un vase verni pour recevoir le liquide ; reversez la gelée dans la serviette, jusqu'à ce qu'elle passe claire ; laissez-la refroidir et mêlez-lui 1 décilitre et demi de bonne anisette ; versez dans un moule à gelée entouré de glace, dans une terrine, et faites prendre la gelée une heure au moins. Trempez le moule à l'eau chaude, et démoulez la gelée sur un plat froid.

On prépare d'après cette méthode toutes les gelées aux liqueurs.

GELÉE AUX FRAISES.

Prenez la valeur d'un litre de gelée claire ; quand elle est refroidie, quoique liquide, mêlez-lui quelques cuillerées de kirsch ou de marasquin, puis, faites-la prendre, par couches, dans un moule entouré de glace, en alternant chaque couche avec une couche de bonne fraises épluchées, bien fraîches. Laissez-la prendre une heure. Trempez le moule à l'eau chaude et démoulez la gelée sur un plat froid.

GELÉE CLAIRE AUX GROSEILLES ROUGES.

Filtrez le suc de quelques poignées de groseilles égrappées; mêlez-le avec trois quarts de litre de gelée clarifiée, froide, quoique liquide. Versez dans un moule à gelée, entouré avec de la glace pilée et faites prendre sur glace.

GELÉE AUX PÊCHES.

Préparez trois quarts de litre de gelée douce, en procédant comme il est dit pour la gelée à l'ani sette.

Pelez 6 pêches d'espalier, tendres, mûres à point; divisez-les en quartiers minces; mettez-les dans un plat; saupoudrez-les avec du sucre fin, et arrosez-les avec un décilitre de marasquin; faites-les macérer 40 minutes. — Égouttez-en le liquide et mêlez-le à la gelée. Faites prendre celle-ci par couches dans une casserole à soufflé (*page* CV), entourée avec de la glace pilée, en alternant chaque couche avec une couronne de quartiers de pêches. — 25 minutes avant de servir la gelée, saupoudrez la glace avec du sel fin, couvrez la casserole avec un rond de papier et un couvercle; mettez aussi de la glace salée dessus. Au moment d'envoyer la gelée, enlevez la glace, essuyez la casserole, posez-la sur un plat, et envoyez-la ainsi. — Cet entremets est excellent.

GELÉE A L'ORANGE

Prenez trois quarts de litre de gelée clarifiée. —

Exprimez le jus de 4 à 5 bonnes oranges; levez le zeste d'une de ces oranges. — Prenez quelques feuilles de papier sans colle; faites-le ramollir dans l'eau ; exprimez-le bien, hachez-le ; étalez-le sur un petit tamis,et versez du suc d'oranges dessus; remettez les premiers jets jusqu'à ce qu'il passe limpide. Mêlez ce jus à la gelée, et versez le tout dans un moule à gelée. Faites prendre sur glace. — On opère de même pour les gelées au citron.

MACÉDOINE DE FRUITS A LA GELÉE.

Préparez une macédoine de fruits frais ou confits, selon la saison. On peut mêler les uns et les autres : la macédoine peut se composer de 6 reines-Claude confites et coupées en deux, sans noyaux; d'une tranche d'ananas confite, coupée; de 4 abricots coupés en quartiers; d'une poignée de cerises mi-sucre; tous ces fruits doivent être lavés et bien épongés. — En fruits frais, on peut employer des fraises, des pommes et des poires coupées en boules ou en petits quartiers et cuites, des grains de raisins blancs et noirs, groseilles, framboises, etc.

Prenez un compotier en cristal; entourez-le avec de la glace pilée et salée comme pour les glaces. — Prenez trois quarts de litre de gelée claire (*page* 470) au citron, à l'orange ou au marasquin, peu collée; mettez-la dans un poêlon, laissez-le refroidir, puis tournez-la sur de la glace non salée, pour la lier; mêlez-lui alors les fruits et, 2 minutes après, versez-la dans le vase en cristal; couvrez-la et faites-la frapper une heure; servez-la dans le vase.

Cette méthode de servir une macédoine de fruits, est la plus simple et la meilleure.

CUISINES ETRANGÈRES

CUISINE ITALIENNE

SOUPE AUX CHOUX ET RIZ A L'ITALIENNE.

Emincez le cœur de 2 petits choux frisés, tendres et propres. Mettez-les dans une casserole avec 125 gram. de lard haché avec une pointe d'ail; mouillez avec 2 litres d'eau chaude ou du bouillon; cuisez 30 à 35 minutes; ajoutez alors sel et poivre, 200 gram. de riz de Piémont trié; cuisez encore 20 minutes; servez avec du parmesan râpé.

SOUPE, RIZ ET RAVES A L'ITALIENNE.

Coupez en dés quelques bonnes raves; mettez-en dans une casserole la valeur d'un litre; ajoutez 125 gr. de lard haché, sel et poivre, 2 litres d'eau chaude ou du bouillon. Cuisez les raves sur feu modéré, jusqu'aux trois quarts de cuisson; ajoutez alors 200 gram. de riz tiré. Cuisez encore 20 minutes; servez avec du parmesan râpé.

SOUPE D'AGNELOTTI A LA PIÉMONTAISE.

Préparez 2 litres de soupe à la purée de volaille; tenez-la au bain-marie. — Hachez 250 grammes de chair de volaille cuite, pilez-la avec

100 gram. de panade au pain; ajoutez un œuf entier, sel et muscade; passez au tamis.

Prenez 300 gram. de pâte à nouille; divisez-la en deux parties; abaissez celles-ci minces; sur l'une, rangez en ligne et à distance des petites parties de farce comme pour ravioles; mouillez et couvrez avec la deuxième abaisse; appuyez la pâte, et distribuez-la en carrés, renfermant la farce.

Plongez-les à l'eau bouillante et salée; cuisez-les 6 à 8 minutes, tout doucement. Egouttez-les, mettez-les dans la soupière et versez la soupe dessus.

SOUPE DE COURGERONS A L'ITALIENNE.

Émincez une douzaine de courgerons frais; faites-les sauter à feu vif, dans une poêle avec du beurre, jusqu'à ce qu'ils aient rendu leur humidité; assaisonnez. — Rangez sur le fond d'un plat creux, en terre ou en métal une couche de tranches de pain; arrosez-les avec un peu de dégraissis du pot-au-feu; saupoudrez-les avec du parmesan râpé; sur ce pain, rangez les courgerons; masquez-les avec des tranches de pain; arrosez-les avec du dégraissis, et saupoudrez avec du parmesan; faites gratiner un quart d'heure, et servez en même temps qu'une soupière de bouillon de pot-au-feu, passé à travers un linge, et colorié avec quelques gouttes de caramel.

SOUPE A LA MIE DE PAIN A L'ITALIENNE.

Cette soupe, d'un apprêt tout à fait simple, expéditif et peu coûteuse, mérite l'attention des ménagères.

Mettez en ébullition 2 litres de bouillon; retirez-le sur le côté. — Mettez dans une terrine 2 poignées de panure blanche et fraîche ; ajoutez 2 poignées de parmesan râpé, une pointe de muscade ; délayez avec 3 œufs entiers ; versez dans le bouillon, en remuant ; cuisez 12 minutes ; remuez avec un fouet, et servez.

SOUPE A LA PARMESANE.

Mettez dans une terrine 100 gram. de farine et 100 gram. de parmesan râpé, une pincée de sel et muscade, 4 œufs entiers. Mêlez le tout, et délayez avec quelques cuillerées de lait ou de crème crue, juste assez pour former une pâte coulante. Versez-la peu à peu dans une petite passoire, et faites-la tomber dans 2 litres de bouillon passé, en ébullition ; cuisez 10 à 12 minutes sur le côté du feu, et servez.

GNOQUIS A L'ITALIENNE.

Mettez dans une terrine 100 gram. de farine et 100 gram. de fécule, 8 jaunes et 2 œufs entiers ; mêlez et délayez avec 5 décilitres de lait. Passez à la passoire fine dans une casserole ; ajoutez 100 gram. de beurre, sel, muscade, une pincée de sucre ; liez l'appareil, en le tournant sur feu doux ; cuisez-le ensuite 7 à 8 minutes pour le rendre consistant ; retirez-le, mêlez-lui une poignée de parmesan râpé, versez-le sur une tourtière mouillée ; étalez-le d'un doigt d'épaisseur ; laissez refroidir.

Coupez alors l'appareil en ronds ou en losanges, dressez-le par couches sur un plat à gratin, en saupoudrant avec du parmesan et arrosant avec du beurre fondu ; faites gratiner au four 10 à 12 minutes ; servez.

RAVIOLES A L'ITALIENNE.

Avec 400 grammes de farine, 5 œufs entiers,

sel et 2 cuillerées d'eau tiède, préparez une pâte à nouille légère. Enfermez-la dans un linge, laissez-la reposer 15 minutes.

Préparez une petite farce avec de la volaille ou du veau cuit, 4 cuillerées de jambon cuit, une demi-cervelle de veau cuite, 2 jaunes d'œuf, une poignée de parmesan râpé, une pointe de muscade.

Prenez-en la moitié, abaissez-la avec le rouleau, de forme carrée et bien mince. Placez alors sur l'abaisse, à distance de 4 centimètres, des lignes de petites boules de farce de la grosseur d'une noisette; humectez à l'aide du pinceau les intervalles de la pâte.

Abaissez mince la deuxième moitié de la pâte, et couvrez-en la première. Appuyez; coupez alors les bords de la pâte sur les 4 côtés avec une roulette ou un couteau, puis coupez les ravioles en croix, entre les lignes.

Plongez les ravioles à l'eau bouillante et salée; cuisez 7 à 8 minutes.

Egouttez-les, dressez-les par couches dans un plat creux, en saupoudrant chaque couche avec du parmesan râpé; arrosez avec un peu de beurre fondu, mêlé avec quelques cuillerées de sauce tomate, servez.

LASAGNES A L'ITALIENNE.

Abaissez mince 500 grammes de pâte à nouille en forme de carré; divisez-la en trois parties et coupez la pâte en rubans d'un demi-doigt de large, Plongez-les à l'eau bouillante et salée; cuisez-les 7 à 8 minutes. — Egouttez-les, remettez-les dans la casserole, sans les rafraîchir; assaisonnez avec beurre, parmesan et du bon jus, mêlé avec un peu de sauce tomate. Le mélange opéré, dressez les lasagnes sur un plat; saupoudrez de fromage, arrosez avec ce qui reste de jus.

RISOT A L'ITALIENNE.

Triez un demi-litre de bon riz de Piémont ou de Bologne. — Hachez un oignon, mettez-le dans une casserole avec un morceau de beurre.

Faites-le revenir en tournant; quand il est de belle couleur, mouillez avec 1 litre et demi de bouillon ; ajoutez une demi-feuille de laurier, et cuisez à couvert : sur feu modéré, jusqu'à ce que le liquide soit à peu près évaporé ; le riz ne doit plus alors croquer sous la dent ; il doit être atteint quoique ferme.

Retirez la casserole du feu, et mêlez au riz une pincée de poivre rouge d'Espagne et un décilitre de sauce tomate; ajoutez peu à peu, 150 gram. de beurre divisé en petites parties, en même temps que 125 grammes de bon parmesan frais, râpé au moment. Couvrez la casserole, et 5 minutes après, servez le risot dans un plat creux.

POULEINTE AU JUS, A L'ITALIENNE.

Faites bouillir un litre d'eau avec une pincée de sel; retirez sur le côté du feu ; ajoutez 50 grammes de beurre, et laissez tomber en pluie, dans le liquide, de la semoule de maïs fraîche, de belle couleur, en ayant soin de tourner avec une cuiller à l'endroit où tombe la semoule : la bouillie doit être légère, cuisez-la 20 minutes, en remuant souvent, elle doit alors avoir la consistance d'une purée coulante.

Retirez-la du feu ; prenez-la avec une cuiller, et dressez-la par couches dans un plat creux, en saupoudrant chaque couche avec du parmesan, et arrosant avec un peu de bon jus d'étuvée, mêlé avec quelques cuillerées de sauce tomate et du beurre ; servez assitôt.

MACARONI A L'ITALIENNE.

Avant tout, faites braiser un petit morceau de bœuf, avec légumes, lard, jambon, et aromates, afin d'en tirer 2 ou 3 décilitres de bon jus, succulent. Passez ce jus, mêlez-lui quelques cuillerées de purée de tomate ou de la pâte de tomate délayée avec du bouillon chaud. — On peut avantageusement remplacer ce jus par de la bonne glace de viande, fondue, mêlée avec de la sauce tomate.

Prenez 100 grammes de macaroni pour chaque convive ; le macaroni de Naples est le meilleur ; on peut maintenant en trouver dans toutes les villes. On en vend de deux sortes, le gros et le fin : ce dernier est préférable.

Plongez-le à l'eau bouillante et salée ; cuisez-le jusqu'à ce qu'il ne croque plus sous la dent ; il doit rester ferme.

Egouttez-le sans le rafraîchir, et dressez-le, par couches, dans un plat creux, en saupoudrant chaque couche avec du bon parmesan râpé, et arrosant avec une partie du jus préparé et un peu de beurre fondu. Servez sans retard.

MORUE A L'ITALIENNE (*mets de déjeuner*).

Faites frire à l'huile quelques petits carrés de morue ; égouttez-les, rangez-les sur le fond d'une casserole plate ; mouillez à peu près à hauteur avec de la sauce tomate ; faites bouillir ; retirez sur le côté, et faites mijoter 20 minutes ; saupoudrez de poivre, et dressez.

CROQUETTES DE RIZ FARCIES (*hors-d'œuvre*).

Faites blanchir 250 grammes de riz ; cuisez-le avec du bon bouillon, en le tenant, consistant. Finissez-le, en lui incorporant 100 grammes de beurre, muscade et 2 poignées de parmesan râpé :

il doit être bien lié; laissez-le à moitié refroidir. Préparez un petit hachis composé de foies de volaille, jambon cuit et champignons; mêlez-lui un peu de bonne sauce brune, en le conservant consistant. — Prenez le riz avec les mains pour former des croquettes en bouchons, mais en ayant soin de les fourrer avec une petite partie du hachis. Trempez-les dans des œufs battus, panez et faites-les frire peu à la fois, à feu vif.

CROQUETTES A L'ITALIENNE (*hors-d'œuvre*).

Coupez en petits dés un morceau de longe de veau rôtie et froide, de desserte. Mêlez à ce salpicon moitié de son volume de macaroni cuit, coupé en dés; ajoutez quelques cuillerées de jambon cuit et champignons. — Faites réduire de la béchamel (*p.* 54); quand elle est bien serrée, mêlez-lui 2 ou 3 cuillerées de sauce tomate. Liez le salpicon; assaisonnez et laissez refroidir. Formez les croquettes; panez et faites les frire.

POULE FARCIE, A L'ITALIENNE.

Videz et flambez une bonne poule pas trop vieille. — Emincez 250 grammes de foie de veau ou de porc, faites-le revenir dans une poêle avec du lard fondu, sel, poivre, un brin d'aromates; aussitôt qu'il est atteint, retirez et laissez-le refroidir. — Avec ce foie pilé, un égal volume de mie de pain imbibée et exprimée, 3 jaunes d'œuf, persil haché, préparez une farce, et avec elle, remplissez le corps et l'estomac de la poule. Bridez-la, mettez-la dans une casserole foncée avec des débris de lard, 2 oignons émincés, une douzaine de gousses d'ail entières, et 3 à 4 tomates coupées. Mouillez à moitié de hauteur avec du bouillon, et cuisez-la tout doucement.

Débridez-la, dressez-la sur un plat. — Passez la cuisson au tamis, ainsi que l'ail et l'oignon; liez-la avec un peu de fécule délayée, et versez-la sur la poule.

ESCALOPES DE VEAU A LA MILANAISE.

Sur une noix de veau bien blanche, coupez de larges escalopes de l'épaisseur d'une pièce de 5 fr. Battez-les, parez-les d'égale forme; assaisonnez, trempez-les dans des œufs battus, et panez-les à la panure blanche. Cuisez-les 7 à 8 minutes, à la poêle avec du beurre; dressez-les, arrosez-les avec beurre et servez avec des citrons coupés. — Si le veau est fin, ces escalopes sont excellentes à manger.

FOIE DE VEAU A L'ITALIENNE (*entrée*).

Mettez dans une casserole du beurre et 5 à 6 cuillerées d'échalotes et oignons hachés, une feuille de laurier et une gousse d'ail non épluchée; faites revenir de couleur blonde, à feu modéré; ajoutez le double de ce volume de champignons frais hachés; cuisez jusqu'à ce que leur humidité soit évaporée. Mouillez alors avec 2 décilitres de jus lié et quelques cuillerées de vin blanc; faites réduire 5 minutes sans cesser de tourner; retirez sur le côté du feu.

Coupez en tranches minces de 2 doigts carrés, 500 grammes de bon foie de veau. Chauffez du beurre dans une large poêle; mêlez-lui le foie et faites-le revenir à feu vif, en le sautant; assaisonnez avec sel et poivre; aussitôt qu'il est atteint, égouttez-en le beurre, et mêlez-lui la sauce aux fines-herbes; donnez un seul bouillon. Retirez ail et laurier; saupoudrez avec persil, ajoutez un filet de vinaigre, et servez.

SUBRICS DE RIZ (*hors-d'œuvre*).

Cuisez une petite casserole de riz avec lait et beurre; tenez-le consistant; laissez-le à moitié refroidir, et finissez-le avec beurre, parmesan et jaunes d'œuf crus. Prenez-le avec une cuiller, laissez-le tomber en rond, sur une plaque dont le fond est masqué d'une couche mince de beurre épuré. Cuisez sur feu doux pour les colorer légèrement des deux côtés; égouttez et dressez.

SUBRICS DE POULEINTE (*hors-d'œuvre*).

Avec 200 grammes de semoule de maïs et de l'eau, préparez une bouillie de pouleinte (*p.* 477); quand elle est bien cuite et liée à point, retirez-la; incorporez-lui 100 gr. de beurre et 100 gr. de parmesan râpé, poivre et muscade. — Prenez-la avec une cuiller de table, et faites-la tomber en couche mince et ronde sur une plaque mouillée; posez aussitôt sur le centre une petite cuillerée de fromage râpé, gruyère ou parmesan, et couvrez avec une mince couche de pouleinte chaude.

Laissez refroidir, égalisez ensuite les ronds, en les coupant avec un coupe-pâte; trempez-les dans des œufs battus, panez et faites frire.

SUBRICS D'ÉPINARDS (*hors-d'œuvre*).

Prenez 250 grammes d'épinards blanchis et hachés. Faites-les revenir au beurre, saupoudrez-les avec un peu de farine, et mouillez avec du lait; assaisonnez et cuisez 12 minutes, en les tenant consistants; finissez-les avec 8 à 10 jaunes d'œuf crus, et laissez refroidir.

Prenez-les avec une cuiller, et laissez-les tomber en ronds, sur le fond d'une plaque beurrée. Quand l'appareil est raffermi d'un côté, retournez-le, faites-le prendre de l'autre et servez.

ASPERGES A L'ITALIENNE.

En Italie, les asperges sont vertes comme à Bordeaux. Mais on peut préparer aussi de cette façon les asperges violettes.

Ratissez-les, faites-les cuire à l'eau salée; égouttez-les sur un linge pour mieux en éponger l'eau; dressez-les par couches sur un plat nu, en les saupoudrant avec du parmesan râpé et un peu de poivre; arrosez-les avec du beurre cuit à la noisette. Servez-les bien chaudes.

CUISINE RUSSE ET POLONAISE

BARSCH A LA POLONAISE.

Mettez dans un pot en terre, 1 kilogramme de poitrine de bœuf, un morceau de petit-salé et un canard propre, blanchi; mouillez avec de l'eau et du jus de betteraves clair (1). Faites bouillir, en écumant; retirez sur le côté du feu, ajoutez oignons et poireaux, racine de céleri, sel, girofles; 2 heures après, ajoutez 2 saucisses fumées. Retirez les viandes à mesure qu'elles sont cuites.

Passez et dégraissez le bouillon; laissez-le à peu près refroidir et clarifiez avec 2 blancs d'œuf, en opérant comme pour du bouillon.

Mettez dans la soupière les filets de canards coupés en petits morceaux, les saucisses, un peu de petit-salé et de poitrine de bœuf également coupés; ajoutez une julienne de betteraves cuites:

(1) Voici comment on obtient du jus de betteraves clair: Pelez les betteraves crues, râpez-les, mettez-les dans un vase en terre avec de l'eau tiède, et faites fermenter jusqu'à ce que le liquide soit clair; passez.

on peut aussi ajouter des petites ravioles, préparées avec des champignons secs, cuits et hachés. Versez le bouillon dans la soupière, en le passant.

BORTSCH RUSSE, AU POISSON.

Préparez un bouillon de poisson avec des têtes et arêtes, légumes et champignons secs. — Emincez en grosse julienne : betteraves, oignons et poireaux, racines de persil. Ciselez un demi-chou blanc. Faites revenir les légumes émincés ; mouillez avec le bouillon de poisson ; faites bouillir, et retirez sur le côté du feu ; ajoutez le chou et un petit bouquet de marjolaine ; cuisez tout doucement. — Au moment de servir la soupe, mêlez-lui quelques petits filets de poissons : turbot, saumon, soles ou tanches, panés et frits au beurre. Ajoutez encore de petites ravioles, préparées avec de la farce de poisson, puis cuites à l'eau. Versez dans la soupière, et servez.

SOUPE AUX CHOUX, A LA RUSSE (*stschi*).

Préparez un pot-au-feu avec 1 kilogramme de poitrine de bœuf, 200 grammes de petit-salé, oignons, poireaux, racines de céleri, sel et 3 litres d'eau. — Quand les viandes sont cuites, égouttez-les et passez le bouillon, dégraissez ; hachez un oignon, mettez-le dans une casserole, faites-le revenir blond ; saupoudrez avec une cuillerée de farine ; cuisez 2 minutes, ajoutez 4 à 500 grammes de bonne choucroute crue, bien exprimée et hachée ; 2 minutes après, saupoudrez avec 2 cuillerées de farine, et mouillez avec le bouillon dégraissé. Cuisez 5 minutes et retirez sur le côté du feu. Une heure et quart après, ajoutez le tiers du bœuf et le petit-salé coupés en carrés. Dégraissez et finissez la soupe avec une pincée de fenouil haché; versez dans la soupière.

KLODNICK A LA POLONAISE (*soupe*).

Faites blanchir séparément, dans un poêlon, une poignée de feuilles tendres de betteraves, une pincée de ciboulette et une pincée de feuilles de fenouil. Egouttez et hachez; mettez-les dans une soupière ou dans une casserole à soufflé, en ruolz; ajoutez 1 litre de jus d'agoursis salés et une égale quantité de *koas;* tenez le vase sur glace pendant une heure. Mêlez alors au liquide la valeur d'un demi-litre de crème aigre (*smitane*), et ensuite un salpicon composé de concombres frais et salés, de queues d'écrevisses et de l'esturgeon ou saumon cuit. Assaisonnez et mêlez à la soupe de petits morceaux de glace bien propre.

KOAS (*kwas*).

Mettez dans un vase 2 kilogrammes d'orge mondé, autant de grains de seigle, autant de grains de froment; mouillez à couvert avec de l'eau tiède et laissez-les ramollir 12 heures. Quand l'eau est absorbée, ajoutez 3 kilogrammes de farine de seigle, et délayez avec de l'éau tiède, pour former du tout une bouillie légère. Versez-la dans un ou plusieurs pots en grès, et tenez à four doux toute une nuit. Versez-la alors dans un tonneau ouvert d'un côté, et délayez-la avec 25 à 30 litres d'eau froide. 24 heures après, décantez le liquide dans un autre vase; mêlez-lui 125 grammes de de levure délayée avec une bouteille de vin blanc; 6 heures après, décantez et filtrez la liqueur.

Mettez dans chaque bouteille un grain de malaga,

remplissez avec le liquide; bouchez et fermez au fil de fer : tenez dans un lieu frais, à la cave.

TOURTE DE SAUMON A LA RUSSE (*entrée*).

Préparez une farce à quenelle de brochet. Coupez en filets 300 grammes de chairs de saumon; battez-les légèrement, assaisonnez et cuisez-les au beurre, dans un sautoir, laissez refroidir.

Sur une tourtière, étalez une abaisse en pâte brisée; masquez-en le centre avec une couche épaisse de farce, et sur celle-ci, rangez en dôme les filets de saumon, en les entremêlant avec des champignons des huîtres ou des moules, des queues d'écrevisse. Masquez le tout avec une couche de farce, et rapprochez les bords de la pâte, en l'appuyant sur le dôme et en la plissant légèrement sur les côtés. Mouillez le dessus, et couvrez avec une petite abaisse ronde; faites un petit trou sur le centre, dorez et cuisez trois quarts d'heure, à four modéré. Sortez-la, dressez-la sur plat, et infiltrez à l'intérieur, par le haut, un peu de sauce légère.

KOULIBIAC DE POISSON A LA RUSSE (*relevé*).

On prépare ce pâté avec du feuilletage ou avec de la pâte à brioche légère et moins beurrée qu'à l'ordinaire.

Coupez en tranches, des chairs de saumon ou de turbot, crues; de tanches ou même d'anguilles sans peau ni arêtes; assaisonnez et faites-les revenir avec beurre et fines-herbes, oignons et champignons frais hachés; liez avec un peu de sauce, et retirez du feu.

Cuisez au bouillon 300 grammes de riz, de gruau de sarrasin (kasche) ou simplement de la grosse semoule, en la tenant consistante; laissez refroidir. —Faites durcir 4 œufs, hachez-les ensuite.

Si c'est avec du feuilletage, abaissez les deux tiers de la pâte, en forme de carré long ; mettez-la sur un plafond. Sur le centre de cette abaisse, rangez une couche de riz cuit ou de semoule ; sur celle-ci, rangez une autre couche de poisson ; arrosez avec un peu de sauce, et saupoudrez avec des œufs hachés et du persil. Sur le poisson, rangez une autre couche de riz, puis de poisson, d'œufs hachés ; terminez avec une couche de riz, humectez la pâte sur les côtés, ployez-la sur le riz, en conservant au pâté la forme de carré long. Avec le restant de la pâte, faites une abaisse mince, et étalez-la sur le haut du pâté ; dorez et ciselez-la. Cuisez le pâté une heure, à four modéré.

Si on opère avec de la pâte levée, on l'abaisse mince avec les mains, sur un linge fariné ; on forme le pâté et on le renverse sur une plaque beurrée. On fait lever la pâte trois quarts d'heure ; on dore avec du beurre, et on cuit 35 minutes au four.

LIÈVRE A LA POLONAISE.

Cuisez 1 kilogramme de choucroute avec 500 grammes de petit-salé.

Coupez en morceaux les restes d'un lièvre rôti, servi la veille, retirez-en les os autant que possible.

Quand la choucroute est cuite, enlevez le petit-salé, retirez-en la couenne, coupez-le en petites tranches. Liez la choucroute avec un petit morceau de beurre manié, et mêlez-lui quelques cuillerées de graisse de rôti d'oie ou simplement du beurre ; versez-en la moitié dans une terrine à pâté ; sur cette couche, rangez les morceaux de lièvre et de petit-salé ; puis recouvrez avec le restant de la choucroute. Arrosez avec ce qui reste de jus du lièvre ; couvrez et tenez à la bouche du four 25 minutes ; servez dans la terrine.

PETITS POULETS RÔTIS A LA POLONAISE.

Faites tuer quelques petits poulets, tout à fait jeunes, trempez-les dans l'eau chaude, afin d'enlever les plumes vivement. Videz-les et remplissez-en l'estomac et le corps avec une farce composée simplement de beurre frais, de panure blanche et fraîche, persil haché, sel et poivre.

Bridez promptement les poulets, traversez-les avec une brochette, et fixez celle-ci sur broche. Faites-les rôtir 14 à 15 minutes, à feu modéré, en les arrosant avec du beurre ; 2 minutes avant de les retirer, saupoudrez-les avec de la panure ; puis salez-les. Servez-les simplement avec le beurre de la lèchefrite, sans jus. — Pour que ce rôti donne un parfait résultat, les poulets doivent être mis en broche pendant qu'ils sont encore chauds.

BŒUF A LA POLONAISE (*relevé*).

Prenez un morceau de culotte de bœuf, braisée et froide ; coupez-la en tranches longues, de moyenne épaisseur et égales. — Emincez 4 gros oignons, faites-les revenir au beurre, de belle couleur : mouillez avec un peu de bouillon, et faites réduire celui-ci à glace ; saupoudrez les oignons avec une pincée de farine, et mouillez 2 décilitres de jus ou de bouillon ; cuisez 10 minutes, retirez du feu ; ajoutez une poignée de racines de raifort hachées ; une poignée de panure blanche et un peu de persil.

Prenez un plat long, en métal ou plat à gratin ; rangez les tranches de bœuf en travers, l'une sur l'autre, en alternant chaque tranche avec une cuillerée de l'appareil aux oignons ; masquez les tranches en dessus, avec une couche du même appareil, et saupoudrez avec de la panure ; faites gratiner à four doux, trois quarts d'heure, en arrosant de temps en temps avec un peu de jus lié ; servez le plat tel qu'il est.

SRASIS POLONAIS A LA PAYSANNE (*entrée*).

Hachez 500 gr. de maigre de bœuf cru, après en avoir retiré les nerfs ; mêlez-lui 200 grammes de graisse de bœuf hachée, 100 grammes d'oignon haché, une pointe d'ail, sel et poivre.

Quand le tout est bien mêlé, formez-en une boule ; roulez-la dans la panure, et mettez-la dans une casserole avec un peu de jus ou de bouillon ; cuisez une demi-heure avec feu dessus, feu dessous.

Entourez alors la viande avec une garniture de petites boules de pommes de terre blanchies ; salez et finissez de cuire ensemble ; servez.

SRASIS POLONAIS AUX FINES-HERBES (*entrée*).

Coupez en tranches minces du veau, ayant la largeur de 6 centimètres et la longueur de 12. Battez-les, parez-les égales ; assaisonnez avec sel et poivre ; hachez plusieurs oignons.

Préparez une farce aux fines-herbes cuites avec oignons, échalotes, champignons, frais ou secs et persil hachés, mie de pain et quelques jaunes d'œuf. Sur chaque tranche de veau, étendez une couche mince de cette farce, puis roulez ces bandes sur elles-mêmes, et nouez-les avec du fil. Rangez-les dans une casserole plate, beurrée ; faites-les revenir 10 minutes, puis mouillez avec quelques cuillerées de bouillon, et cuisez à court mouillement, tout doucement, avec feu dessus et dessous.

Quand le liquide est évaporé, ajoutez un peu de

vin. Quand les srasis sont cuits, débridez-les et dressez-les; liez leur cuisson avec un peu de fécule délayée, et versez dessus.

SRASIS POLONAIS AU KASCHE (*entrée*).

Cuisez 200 grammes de *kasche*, à l'eau et sel, en le tenant consistant; retirez-le du feu et broyez-le, en lui mêlant une cuillerée d'oignon haché, revenu au beurre. — Hachez finement 500 grammes de viande maigre de bœuf sans nerfs; assaisonnez; divisez-la en partie de la grosseur d'un œuf et abaissez-la en bandes minces et régulières de 10 centimètres de long sur 8 de large; sur celles-ci, étalez une couche de *kasche* refroidi; roulez la bande sur elle-même, de façon à former une paupiette; nouez-la avec du fil. Rangez les srasis dans un sautoir étroit; mouillez avec un peu de bouillon et cuisez trois quarts d'heure à l'étuvée, en les arrosant. Débridez-les et dressez-les; mêlez un peu de jus lié à la cuisson, et versez sur les srasis.

COTELETTES DE VEAU A LA RUSSE (*entrée*).

Prenez 5 à 6 côtelettes parées et assaisonnées; farinez-les. Faites chauffer du beurre dans une casserole plate, et rangez les côtelettes dedans; faites-les revenir à feu modéré, en les retournant; mouillez à mi-hauteur avec du bouillon et finissez de cuire les côtelettes en les retournant, et en ajoutant de temps en temps un peu de bouillon; il faut les cuire une demi-heure. Au dernier moment, saupoudrez-les avec des cornichons hachés, donnez un seul bouillon et servez.

MOUTON A LA POLONAISE.

Prenez les chairs d'un gigot de mouton de désserte; coupez-les en tranches pas trop minces.

Pelez quelques pommes aigres, coupez-les en tranches épaisses : il faut un peu plus de pommes que de viande. — Beurrez un plat creux en terre, pouvant aller au four, masquez-en le fond avec une couche de pommes ; assaisonnez avec sel et poivre. Sur les pommes, rangez une couche de viandes, et continuez ainsi, en alternant les pommes et les viandes; arrosez largement avec du beurre; couvrez le vase et cuisez à four doux une demi-heure. Servez dans le plat même.

PETITS PATÉS RUSSES A LA CHOUCROUTE
(*hors-d'œuvre chaud*).

Faites revenir au beurre un petit oignon haché ; ajoutez quelques poignées de choucroute crue, hachée et bien exprimée, cuisez-la avec un peu de bouillon; laissez-la refroidir. — Prenez des abaisses rondes, en demi-feuilletage ; masquez-les sur le centre avec une petite couche de *kasche* froid; sur celui-ci, placez une petite partie de choucroute. Mouillez la pâte, soudez-la en dessus, pincez, dorez et cuisez 20 minutes à four modéré.

PETITS PATÉS RUSSES AUX CAROTTES.

Coupez des carottes en petits dés : un quart de litre; faites-les blanchir 5 minutes; égouttez-les, et faites-les revenir avec du beurre et oignon haché : cuisez-les avec un peu de bouillon, et faites réduire celui-ci; assaisonnez et liez avec quelques cuillerées de béchamel ; ajoutez 4 œufs durs, hachés; laissez refroidir. — Abaissez mince, de la pâte brisée ; sur cette pâte, coupez des abaisses de 7 à 8 centimètres de large; garnissez-en le centre avec une petite partie de l'appareil, et terminez comme il est dit pour les petits pâtés à la choucroute; puis rapprochez les bords pour les souder en dessus; pincez-la ensuite, et rangez les pâtés sur une tourtière; dorez-les et cuisez-les 20 minutes à four doux : — ces pâtés doivent avoir la forme d'un petit bateau renversé.

PETITS PATÉS A LA POLONAISE (*hors-d'œuvre chaud*).

Préparez un petit hachis de bœuf, de volaille ou de gibier; assaisonnez et mêlez-lui 2 cuillerées d'oignon haché, revenu avec du beurre; liez avec un peu de sauce serrée, et laissez refroidir. Faites des petites abaisses rondes, avec de la pâte brisée; garnissez-les sur le centre avec une petite partie d'appareil, mouillez la pâte, et rapprochez-en les bords sur le milieu, pour les souder et les pincer. Rangez-les sur une tourtière, dorez et cuisez 20 minutes au four.

KASCHE DE SARRASIN A LA RUSSE.

Ce qu'on appelle *kasche* en Russie, c'est de la semoule de sarrasin plus ou moins fine. On la cuit à l'eau salée, au bouillon gras ou au bouillon de champignons secs. Il suffit de laisser tomber la semoule dans le liquide, en remuant. On la cuit trois quarts d'heure à feu doux ou au four. Le *kasche* doit être tout à fait à sec et consistant. On le finit avec un morceau de beurre.

CÈPES A LA RUSSE.

Prenez des cèpes propres, coupez-les en quatre; mettez-les dans une casserole avec du beurre, et faites-les revenir; assaisonnez, ajoutez un bouquet de persil et de fenouil vert; quand l'humidité est évaporée; mouillez-les avec un peu de béchamel légère, cuisez-les ainsi 20 minutes. Si la sauce était alors légère, égouttez et passez-la dans une autre casserole; faites-la réduire, et liez-la avec un peu de crème aigre, ajoutez les cèpes, et finissez avec une pincée de fenouil haché.

POMMES DE TERRE A LA POLONAISE.

Cuisez des pommes de terre en robe. Egouttez et pelez-les; coupez-les en tranches régulières, mettez-les dans une poêle avec du beurre; assaisonnez avec sel et poivre; chauffez-les sans les colorer. Dressez-les sur plat, et masquez-les avec une sauce à la crème, saupoudrez avec câpres.

WATROUSKIS A LA RUSSE.

Enfermez dans un linge, et tenez sous presse pendant quelques heures, 250 gram. de fromage blanc, à la pie. Pilez-le ensuite avec 125 gram. de beurre; assaisonnez avec sel et muscade; mettez-le dans une terrine; travaillez-le avec une cuiller, mêlez-lui peu à peu un œuf entier et quelques jaunes. — Abaissez mince de la pâte brisée fine, coupez-en des abaisses rondes, de 4 à 5 doigts de large, et garnissez-les avec l'appareil au fromage; relevez légèrement les bords de la pâte, en les pinçant ou les roulant avec les doigts; dorez la pâte et cuisez un quart d'heure au four.

BLINIS IMPROVISÉS.

Mettez dans une terrine une demi-livre de farine de sarrasin (1); délayez-la avec un verre de lait tiède, de façon à obtenir une pâte de même consistance que la pâte à frire; ajoutez une pincée de sel, 6 jaunes d'œuf et un œuf entier.

(1) On trouve cette farine à Paris dans différentes maisons, qui vendent les produits étrangers.

Fouettez 5 blancs, et incorporez-les à la pâte. Faites fondre du beurre, épurez-le en le transvasant; avec ce beurre et un pinceau, graissez des petites poêles à blini ou à pannequet; chauffez et versez une petite partie de la pâte dans chaque poêle; aussitôt qu'elle est raffermie en dessous, humectez-la avec du beurre, et retournez-les blinis; finissez de les cuire, humectez-les encore avec du beurre, et enlevez-les : On mange ces blinis bien chauds.

RASTAGAÏS DE SAUMON A LA RUSSE *(hors-d'œuvre chaud)*.

Coupez en dés des chairs crues de saumon. Faites revenir au beurre quelques cuillerées d'oignon haché; ajoutez le saumon, assaisonnez et faites revenir pour cuire le saumon; retirez-le du feu. — Abaissez mince de la pâte à brioche légère ou du demi-feuilletage, coupez-en de petites abaisses rondes; garnissez le centre avec une petite couche de *kasche*, et sur celle-ci, placez une petite partie du salpicon de saumon; mouillez la pâte, rapprochez-en les bords sur le milieu pour les souder; pincez-les, et rangez-les sur une tourtière; dorez et cuisez-les 20 minutes à four modéré.

SALADE RUSSE.

Mettez dans une terrine 5 à 6 cuillerées de chairs cuites de poulet, autant de filets de sole, autant de saumon fumé, autant de langue à l'écarlate; coupés en petits dés; ajoutez 8 à 10 cuillerées d'agoursis crus, 5 à 6 de carottes cuites, autant de pommes de terre et autant de haricots verts, également coupés en petits dés.

Assaisonnez d'abord les légumes avec sel, huile

et vinaigre ; laissez-les macérer une heure ; égouttez-les, liez-les avec quelques cuillerées de mayonnaise. —Dressez la salade sur un plat, entourez-la avec une couronne de tranches minces de betteraves cuites, assaisonnées en salade.

CIERNIKI A LA POLONAISE (*hors d'œuvre*).

Passez au tamis 250 grammes de fromage blanc, égoutté et pressé ; mettez-le dans une terrine, aujotez 150 gram. de beurre fondu, 200 gram. de farine, sel, poivre et muscade. Délayez avec 5 à 6 œufs entiers, et un peu de crème, de façon à obtenir une pâte de même consistance que la pâte à chou. —Essayez-en une petite partie, en la faisant pocher comme des quenelles, puis prenez la pâte avec une cuiller, par parties égales ; mettez-les sur la table farinée ; roulez-les avec la main, et faites-les pocher à l'eau bouillante et salée

Egouttez-les, et rangez-les par couches dans un plat creux, en saupoudrant chaque couche avec du parmesan râpé, et les arrosant avec du beurre à la noisette (1).

VARÉNIKIS A LA POLONAISE.

Préparez un appareil au fromage blanc, comme pour la Watrouschki. — Abaissez mince de la pâte à nouille ; puis rangez à distance des petites boules d'appareil. Mouillez la pâte dans les intervalles, et couvrez avec une autre abaisse de la même pâte. Appuyez les intervalles, puis coupez les varenikis de forme carrée, en les détachant. Plongez-les à l'eau bouillante et salée ; cuisez 5 à 6 minutes. Egouttez-les et dressez-les par couches dans un plat creux, en arrosant chaque couche avec du beurre à la noisette.

(1) Le beurre à la noisette, c'est du beurre fondu, épuré et cuit jusqu'à ce qu'il prenne une légère couleur brune.

NALENIKIS A LA POLONAISE (*hors-d'œuvre*).

Préparez un appareil au fromage blanc, comme pour les watrouschkis; prenez-le par petites parties, et enfermez-les dans des bandes de pannequets, en fermant bien les issues. Trempez-les dans une pâte à frire, et plongez-les à friture chaude; quand la pâte est sèche, égouttez et servez.

BISCUIT A LA POLONAISE.

Prenez un biscuit, cuit dans un moule à charlotte. Coupez-le en tranches transversales d'un demi-doigt d'épaisseur; masquez-les une à une avec une couche de crème pâtissière au rhum, et remettez les ensemble dans le même ordre. Masquez également en dessus et sur les côtés, puis masquez avec une couche de meringue. Tenez-le à four doux 20 minutes; laissez refroidir, et servez.

CUISINE TURQUE

PILAFF A LA TURQUE.

Mesurez un demi-litre de bon riz d'Egypte ou vrai carroline; lavez-le, faites-le sécher une demi-heure sur un tamis. Mettez-le dans une casserole, mouillez-le avec un litre et demi de bouillon blanc de volaille ou de mouton. Cuisez-le jusqu'à ce que le liquide en bouillant fasse des trous sur la couche supérieure du riz; arrosez-le alors avec 150 à 200 grammes de beurre cuit à la noisette (*p.* 494).

Couvrez la casserole, et tenez-la à la bouche du four 12 à 14 minutes. Renversez alors le riz sur une plaque, vannez-le avec une écumoire pour bien détacher les grains; puis, dressez-le dans une casserole à légume, chaude. Couvrez et servez.

DOLMAS A LA TURQUE.

Prenez des petites feuilles de chou, tendres; faites-les blanchir, égouttez-les. — Préparez un hachis cru, de mouton et graisse de bœuf; ajoutez 2 poignées de riz blanchi, sel, poivre, oignon et persil haché. — Coupez les feuilles de chou d'une égale largeur, garnissez-les avec une petite boule de farce, et enveloppez celle-ci avec la feuille. les dolmas doivent avoir la grosseur d'une noix : Rangez-les, par couches, dans une casserole, en les serrant; saupoudrez chaque couche avec du sel, puis, mouillez à hauteur avec du bouillon; couvrez avec une assiette afin de les presser, et cuisez une heure et demi, à feu très-doux.

Egouttez alors le liquide, liez-le avec quelques jaunes d'œuf, mêlez-lui le jus de quelques citrons. Renversez les dolmas sur un plat, arrosez avec la sauce.

AUBERGINES FARCIES, A LA TURQUE.

Prenez 6 petites aubergines fraîches; coupez-les du côté de la tige, et videz-les à l'aide d'une cuiller à racine. Ciselez transversalement la peau des aubergines, et glissez dans ces entailles de minces tranches d'oignon cru et d'ail. Plongez-les à grande friture à l'huile, cuisez-les 2 minutes; égouttez-les. — Hachez les chairs des aubergines, mêlez-les avec une suffisante quantité de viande crue de mouton, hachée et mêlée avec une égale partie de graisse de bœuf hachée. Assaisonnez avec sel et poivre, oignon et persil haché ; ajoutez une poignée de riz blanchi.

Rangez les aubergines l'une à côté de l'autre, dans une casserole plate, en terre ; mouillez à mi-hauteur avec une sauce tomate très-légère, et cuisez-les à four doux. Servez dans le plat même.

CUISINE ALLEMANDE

SOUPE A LA FARINE, AUX PANNEQUETS

Avec 50 gram. de beurre et 2 cuillerées de farine, faites un roux, sans le colorer ; mouillez peu à peu avec 2 litres de bouillon ; faites bouillir en tournant et retirez sur le côté ; cuisez 25 minutes. Dégraissez et liez avec une liaison de 3 jaunes. à la crème ; cuisez la liaison sans faire bouillir, et versez-la dans la soupière, en la passant. Mêlez-lui 4 à 5 pannequets sans sucre coupés en julienne.

SOUPE A LA FARINE ET CANNELLE A L'ALLEMANDE.

Faites fondre 50 gram. de beurre dans une casserole, ajoutez 2 cuillerées de farine ; cuisez 2 minutes en tournant ; mouillez avec un litre et demi de lait cuit ; tournez jusqu'à l'ébullition, et retirez sur le côté ; 20 minutes après, dégraissez ; ajoutez une pincée de sucre et une pincée de cannelle ; au bout de 2 minutes, versez dans la soupière.

SOUPE AUX CERISES A L'ALLEMANDE.

Retirez queues et noyaux à 1 kilogr. de cerises aigres ; mettez-en les deux tiers dans une casserole en terre et mouillez avec 1 litre et demi d'eau chaude ;

ajoutez cannelle et zeste de citron ; cuisez **12 à 14** minutes ; liez alors le liquide avec 2 cuillerées de fécule délayée à l'eau froide ; 10 minutes après, passez au tamis et remettez dans la marmite ; ajoutez le restant des cerises, sel, une pincée de sucre et 2 verres de vin rouge infusé avec une poignée de noyaux pilés. Faites bouillir en tournant, cuisez 7 à 8 minutes sur le côté du feu, et servez avec une assiette de biscuits à la cuiller coupés en dés.

SOUPE A LA BIÈRE, A L'ALLEMANDE.

Avec 100 gram. de beurre et autant de farine, faites un petit roux, cuisez 2 minutes sans prendre couleur et en tournant ; mouillez peu à peu avec 2 litre de bière blanche, légère ; tournez jusqu'à l'ébullition, retirez sur le côté et cuisez 25 minutes.

Mettez dans un petit poêlon rouge 4 décilitres de vin blanc, 2 décilitres de rhum, un morceau de racine de gingembre coupée, un peu de zeste, un brin de thym, et 125 gram. de sucre ; chauffez et tenez de côté. — Dégraissez la soupe, liez-la avec 12 jaunes d'œuf mêlés avec 3 cuillerées d'eau froide et 150 gram. de beurre divisé en petites parties. Cuisez la liaison, sans trop chauffer ; mêlez-lui l'infusion, en la passant, et versez dans la soupière ; servez à part de minces tranches de pain grillé.

CARPE A LA BIÈRE (*relevé*).

Coupez en tronçons une carpe propre, de moyenne grosseur ; placez-les dans une casserole plate, sur une couche d'oignons, carottes et racines de céleri émincés ; ajoutez sel, bouquet garni et un morceau de pain d'épice coupé en dés ; mouillez à hauteur avec de la bière légère. Couvrez et cuisez 10 minutes; retirez sur le côté du feu, et finissez de cuire le poisson ainsi; quand il est à point, la sauce doit être courte et peu liée; dressez-le sur un plat et passez la sauce dessus.

LIÈVRE A LA CHOUCROUTE (*entrée*).

Quand on veut utiliser ce qui reste d'un lièvre servi la veille, on coupe les viandes en morceaux, en retirant les os superflus. On cuit à peu près 3 heures 1 kilogr. de bonne choucroute avec un morceau de petit-salé; une demi-heure avant de se mettre à table, on range la choucroute dans une terrine à cuire, par couches, en alternant chaque couche avec le petit-salé coupé, entremêlé avec les morceaux de lièvre; on couvre la terrine et on la tient 25 minutes à la bouche du four; on la sert telle qu'elle en la sortant du four.

FILETS-MIGNONS DE PORC A L'ALLEMANDE.

Parez les filets-mignons; mettez-les dans un plat, arrosez-les avec quelques cuillerées de marinade crue, et faites-les macérer 12 heures.

Égouttez-les, piquez-les avec du lard; assaisonnez et rangez-les sur un plat à gratin; arrosez-les avec du beurre, et faites les revenir 10 minutes. Arrosez-les avec quelques cuillerées de leur marinade, et finissez de les cuire. Égouttez-les, liez leur jus avec un peu de beurre manié, et mêlez-lui une égale quantité de bonne crème crue; faites bouillir deux minutes, et versez sur les filets.

LIÈVRE ROTI, A L'ALLEMANDE.

Prenez le râble et les cuisses d'un lièvre; piquez-le, mettez-le dans une huguenote plate; arrosez avec du beurre, salez et faites rôtir au four. Quand il est à peu près cuit, égouttez-le; retirez une partie de la graisse et mêlez au restant une cuillerée de farine; cuisez-la 2 minutes, et mouillez avec 3 décilitres de crème. Quand la sauce est liée, remettez le lièvre et finissez de le cuire en l'arrosant. Dressez-le sur un plat; mêlez un filet de vinaigre à la sauce; cuisez 2 minutes, passez-la sur le lièvre.

POULETS FRITS A L'ALLEMANDE.

Faites tuer 2 petits poulets; plongez-les vivement à l'eau chaude, afin d'enlever les plumes d'un trait; essuyez-les, flambez et videz-les; découpez-les chacun en 5 morceaux. Salez, farinez et plongez-les dans la friture chaude; égouttez, salez et servez avec du persil frit et citrons coupés.

A la campagne, si on est pris à l'improviste, on peut servir cette friture en toute assurance.

HURE DE SANGLIER A L'ALLEMANDE.

Faites brûler le poil de la hure à une forge ou bien donnez-la à un charcutier pour la faire échauder et la gratter.

Faites-la dégorger une heure; enveloppez-la dans un linge, et cuisez-la dans une marinade avec vinaigre et eau. Quand elle est froide, remettez-la en forme aussi bien que possible, en dissimulant les déchirures avec du beurre; puis glacez-la au pinceau, et posez-la d'aplomb sur un plat; entourez-la avec de la gelée, et envoyez en même temps une saucière de gelée de groseille, mêlée avec de la moutarde anglaise, du vinaigre, du cayenne, et du zeste d'oranges vertes, râpé.

Sur une hure de sanglier, on ne peut guère couper que les chairs qui se trouvent sur le cou; elles sont peu abondantes, mais excellentes.

NOUILLES A L'ALLEMANDE.

Émincez des nouilles; cuisez-les à l'eau salée; égouttez-les, remettez-les dans la casserole; mêlez-leur un peu de beurre, muscade et parmesan râpé. Dressez-les sur plat, et masquez-les avec une couche de sauce au pain frit (*page* 57).

ASPERGES A L'ALLEMANDE.

Cuisez à l'eau salée des asperges entières, blanches ou violettes; égouttez-les sur un linge; dressez-les sur un plat, et masquez-les avec une sauce au pain frit (*page* 57).

SALADE DE CHOUCROUTE A L'ALLEMANDE.

Prenez de la bonne choucroute sans odeur; lavez-la, exprimez-en l'humidité, et assaisonnez-la avec sel, poivre, huile et vinaigre.

SALADE DE POMMES DE TERRE A L'ALLEMANDE.

Cuisez des pommes de terre, en robe; pelez-les, coupez-les en tranches; mettez-les dans un saladier; assaisonnez avec sel et poivre; arrosez-les avec un peu de bouillon chaud de la marmite, ou bien avec de l'eau bouillante. Quand elles ont absorbé le liquide, ajoutez huile, vinaigre et une pincée d'oignon haché. Sautez la salade pour la mêler et servez-la chaude.

CHOUX-FLEURS A L'ALLEMANDE.

Cuisez des choux-fleurs à l'eau en petits bouquets. Égouttez-les sur un linge; dressez-les en dôme sur un plat; masquez-les avec une sauce au pain frit (*page* 57).

TOPINAMBOURS A L'ALLEMANDE

Cuisez des topinambours à l'eau salée; égouttez-les; coupez-les en tranches épaisses; sautez-les 2 minutes avec du beurre; assaisonnez, dressez-les sur un plat, masquez-les avec une sauce pain frit (*page* 57).

FLAMRI DE SEMOULE, A L'ALLEMANDE.

Faites bouillir un demi-litre de lait; incorporez-lui peu à peu 125 gram. de semoule, en la laissant tomber en pluie; donnez 2 bouillons; ajoutez 125 gram. de sucre en poudre; 4 cuillerées d'amandes pilées, un verre de vin blanc : l'appareil doit être léger; cuisez-le 7 à 8 minutes; retirez-le ensuite du feu, et incorporez-lui peu à peu 4 à 5 blancs d'œuf fouettés; versez-le dans un ou plusieurs moules trempés à l'eau froide; laissez refroidir 3 à 4 heures; renversez-le sur un plat, et arrosez-le avec un sirop au marasquin.

FRUITS AU VINAIGRE A L'ALLEMANDE.

Emplissez à peu près un bocal avec des cerises noires ou des prunes noires pas trop mûres, sans retirer ni la peau ni le noyau. — Faites bouillir du vinaigre avec une pincée de sucre, grains de poivre et girofles; laissez refroidir et couvrez-en les fruits; fermez le bocal. — On peut manger les fruits un mois après.

CUISINE ANGLAISE

SOUPE TORTUE, A L'ANGLAISE.

Ouvrez une boîte de tortue en conserve; faites-la chauffer 25 minutes au bain-marie, versez le tout dans une passoire, placée sur une terrine, afin de recueillir le liquide. Coupez alors les morceaux de tortue en petits carrés longs; tenez-les au chaud, dans une petite casserole avec un verre de madère ou marsala. — Masquez le fond d'une casserole avec des légumes émincés; placez dessus une poule, un jarret de veau, un pied de veau fendu, un os de jambon; mouillez avec 2 décilitres de bouillon, et faites tomber à glace; mouillez alors avec 4 litres de bouillon, et cuisez une heure et demie sur le côté du feu; passez le liquide, dégraissez-le.

Faites un roux sans couleur, avec 75 grammes de beurre et autant de farine; mouillez avec 2 litres de bouillon préparé; tournez jusqu'à l'ébullition et retirez sur le côté du feu; 25 minutes après, ajoutez un bouquet composé d'une pincée de sariette, une de marjolaine, une de thym; ajoutez encore un verre de madère, quelques grains de poivre et 2 girofles.

Un quart d'heure après, dégraissez la soupe; passez-la, remettez-la dans la casserole; ajoutez le bouillon de tortue et les chairs coupées, ainsi qu'une pointe de cayenne; donnez encore quelques bouillons et versez dans la soupière.

SOUPE A LA QUEUE DE BŒUF, A L'ANGLAISE.

Coupez une queue de bœuf en tronçons; faites-les dégorger et blanchir; épongez-les sur un linge. Mettez-les dans une casserole, avec du beurre, 2 petits oignons, une carotte, un bouquet et aromates; faites revenir un quart d'heure. Assaisonnez et mouillez à couvert avec du bouillon ou de l'eau chaude et un verre de vin blanc. Faites bouillir et retirez sur le côté du feu.

Quand les viandes sont à peu près cuites, passez le bouillon; allongez-le, dégraissez-le. — Avec un morceau de beurre et 2 cuillerées de farine, préparez un roux peu coloré; délayez-le avec le bouillon, et faites bouillir, en tournant; ajoutez les morceaux de queue et un verre de marsala; finissez de cuire tout doucement. Passez la soupe dans la soupière, et mêlez-lui les morceaux de queue.

SOUPE AUX ABATIS, A L'ANGLAISE.

Prenez 1 ou 2 abatis d'oie ou de dinde : ailerons, cous et gésiers, propres; échaudez-les à l'eau bouillante; coupez-les en morceaux. Mettez-les dans une casserole avec du beurre, faites-les revenir à bon feu; quand les viandes sont atteintes, saupoudrez avec 2 cuillerées de farine; 2 minutes après, égouttez-en la graisse, et mouillez avec 2 à 3 litres d'eau chaude ou de bouillon et un verre de vin blanc. Faites bouillir, et retirez sur le côté du feu; ajoutez un bouquet d'aromates, 2 oignons, 2 carottes; cuisez une heure et demie.

Passez la soupe; finissez-la avec une pointe de cayenne; versez dans la soupière, et mêlez-lui les viandes après avoir paré chaque morceau.

LAPIN A L'ANGLAISE.

Choisissez un gros lapin jeune, propre; emplissez-en le vide du ventre avec une farce au pain (*p.* 51), finie avec oignon et persil hachés. Bridez-le, bardez-le; faites-le rôtir 20 minutes au four, en l'arrosant avec du beurre. Servez avec une purée à la soubise, (*page* 66).

GIGOT DE MOUTON BOUILLI, A L'ANGLAISE.

Coupez court le manche d'un gigot; plongez-le dans une braisière d'eau bouillante; cuisez 10 minutes, ajoutez sel, légumes et gros navets; fermez la marmite et retirez sur feu plus modéré, mais sans que l'eau ne cesse de bouillir. Si le gigot pèse 6 livres, cuisez-le une heure et demie : un quart d'heure pour chaque livre. — Égouttez et dressez le gigot sur un plat, entourez-le avec une purée préparée avec les navets; masquez-le avec quelques cuillerées de sauce au beurre, saupoudrez de câpres.

PATÉ DE BŒUF A L'ANGLAISE.

Prenez un plat à tarte, pouvant aller au four; masquez-en le fond avec une couche de pommes de terre crues, coupées en tranches; assaisonnez avec sel et poivre.—Sur la tête ou la queue d'un filet de bœuf, coupez de minces tranches; battez-

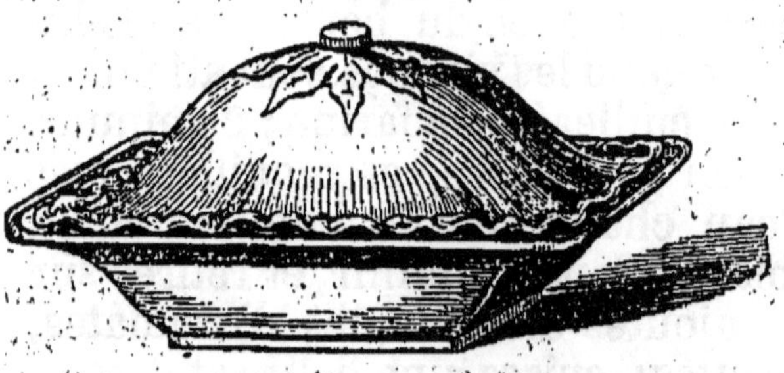

les, et assaisonnez des deux côtés avec sel et poivre; rangez-les dans le plat, sur les pommes de terre; sur la viande, placez quelques œufs durs coupés en moitiés ou en quartiers. Versez dans le fond du plat la valeur de 2 décilitres de jus froid ou de bon bouillon mêlé avec quelques gouttes de caramel. Mouillez les bords du plat, et masquez-les avec une bande mince de pâte brisée ou du demi-feuilletage; mouillez et couvrez entièrement le pâté avec une large abaisse de la même pâte; appuyez-la sur les bords, avec la main; coupez-la à niveau des bords, et ciselez-la avec un petit couteau, en la coupant de haut en bas; ornez le dessus du pâté avec quelques feuilles imitées en pâte. Dorez et cuisez une heure et quart, à four doux.

PLUM-PUDDING A L'ANGLAISE.

Prenez 250 grammes de graisse de rognon de bœuf, hachée, 300 grammes raisins corinthe et malaga épepiné, 250 gram. écorces confites: orange et cédrat, 250 grammes cassonnade, 300 grammes panure blanche sel, muscade et gingembre râpés, zeste de citron, 6 œufs entiers, demi-verre de cognac, 4 cuillerées de rhum, le double de crème crue.

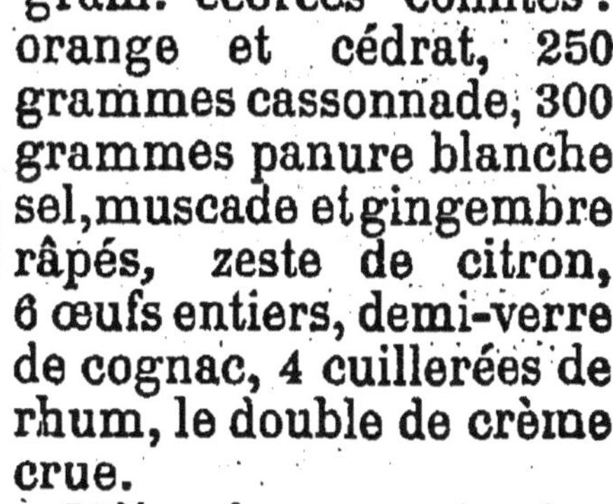

Mêlez dans une terrine la graisse, les raisins et les autres ingrédients, puis les œufs, crème et liqueurs.

Mouillez le centre d'une serviette, beurrez-la, saupoudrez-la de farine, étalez-la sur une terrine, et versez l'appareil dedans; rassemblez les bouts, nouez-les fortement et plongez le pouding à l'eau bouillante. Cuisez 6 heures sans cesser l'ébullition modérée. — Démoulez le pouding sur un plat, et masquez-le avec une sauce au beurre, finie avec du sucre, un peu de rhum et zeste. — On peut aussi l'arroser seulement avec du rhum sucré, chauffé et enflammé.

POUDING D'ABRICOTS, A L'ANGLAISE.

En Angleterre, on fait la pâte avec une demi-livre de graisse de rognon de bœuf, finement hachée, pour chaque livre de farine, un peu d'eau et sel. En France, on peut prendre de la pâte brisée faite avec 250 grammes de beurre par litre de farine, 2 jaunes, un peu d'eau et sel. — Avec cette pâte, foncez un large moule à dôme ou un grand bol à pouding. Emplissez le vide par couches, avec des moitiés d'abricots pelés, en saupoudrant chaque couche avec du sucre ou de la cassonnade; arrosez les fruits avec 4 cuillerées de cognac; fermez l'ouverture avec de la même pâte, et enfermez-le dans une serviette, en nouant celle-ci au-dessous du moule. Plongez le pouding dans de l'eau bouillante, et cuisez une heure et demie. Egouttez-le ensuite; enlevez la serviette et renversez-le sur un plat; saupoudrez de sucre, et servez.

POUDING AU PAIN A L'ANGLAISE.

Imbibez à l'eau tiède 200 grammes de mie de pain de cuisine; exprimez-en l'humidité. Broyez-la avec une cuiller, ajoutez une pincée de farine, 125 grammes de moelle de bœuf hachée, 150 grammes de sucre, 300 grammes de raisins secs de Corinthe et Smyrne, un grain de sel, un peu de zeste, 4 œufs entiers, un demi-verre de rhum.

Beurrez le centre d'une serviette, farinez la partie beurrée; versez l'appareil dedans, nouez fortement, cuisez 2 heures dans l'eau bouillante. Egouttez, dressez sur plat, servez avec une sauce au rhum ou à l'abricot.

DAMPFNOUILLES A L'ANGLAISE.

Coupez des tranches de brioche ayant l'épaisseur de 3 à 4 centimètres, (à défaut de brioche, prenez de la mie de pain de cuisine); coupez ces tranches en ronds avec un coupe-pâte de 3 doigts de large. Rangez-les dans une casserole plate beurrée, l'un à côté de l'autre; mouillez à mi-hauteur avec de la crème ou du bon lait sucré et infusé à la vanille. Faites bouillir le liquide, couvrez la casserole, et tenez au four jusqu'à ce que le liquide soit évaporé. Détachez les gâteaux avec une palette; saupoudrez avec du sucre vanillé, et servez avec une crème à la vanille.

CRÈME AUX GROSEILLES VERTES, A L'ANGLAISE.

Choisissez un litre de groseilles à maquereau, encore vertes et fermes; cuisez-les dans un poêlon avec le quart d'un verre d'eau; aussitôt fondues, passez-les au tamis. — Sucrez la purée, et faites-la réduire quelques minutes. Quand elle est froide, mêlez-lui le double de son volume de crème fouettée. Versez dans un plat à tarte, et servez aussitôt, avec une assiette de petits gâteaux.

TARTE DE GROSEILLES A MAQUEREAU.

Prenez 1 litre de groseilles à maquereau vertes et dures, triées; plongez-les à l'eau bouillante; donnez un seul bouillon; égouttez-les sur un tamis. Quand elles sont froides, rangez-les en dôme, par couches, dans un plat à tarte, en saupoudrant chaque couche avec de la cassonnade.

Masquez les bords du plat avec une bande en

feuilletage; mouillez-la, puis couvrez le tout avec une large abaisse de la même pâte; appuyez-la sur les côtés, et coupez-la à niveau des bords; mouillez simplement le dôme, saupoudrez-le avec du sucre, et cuisez 45 minutes à four doux.

TARTE A LA RHUBARBE.

Prenez des tiges tendres de rhubarbe cultivée, fendez-les en deux, et coupez-les de 3 doigts de long. Retirez-en alors la peau rouge, et rangez-les par couches, dans un plat à tarte, en saupoudrant chaque couche avec de la cassonnade; montez-les en dôme au-dessus du plat. Mouillez les bords du plat, et masquez-les avec une bande de pâte brisée au sucre; mouillez cette bande et couvrez le tout avec une abaisse de la même pâte. Humectez le dessus de l'abaisse avec un peu de blanc d'œuf, et saupoudrez avec du sucre en poudre. Cuisez à peu près une heure à four doux.

TARTE AU PAIN, A L'ANGLAISE.

Coupez des tranches minces de mie de pain de cuisine; masquez-les d'un côté, avec une couche mince de beurre; rangez-les par couches dans un plat à tarte, en saupoudrant chaque couche avec des raisins secs, sans pepins. Remplissez le plat avec une crème crue aux œufs, préparée comme il est dit pour le pouding de cabinet.

Mettez le plat dans une casserole ou un plafond, avec un peu d'eau chaude; couvrez, faites bouillir, retirez et tenez sur le côté du feu, sans ébullition. Quand la crème est prise, retirez le plat, et saupoudrez de sucre.

CUISINE ESPAGNOLE

PUCHERO A L'ESPAGNOLE.

Mettez dans une marmite en terre, 1 kilogramme de poitrine de bœuf, un abatis de dinde, une oreille de porc, propre, un morceau de jambon cru ou petit-salé blanchi, un quart de litre de pois chiches (*garbanços*) ramollis 12 heures à l'eau froide, et enfin 5 litres d'eau froide et un peu de sel. Posez la marmite sur feu, écumez ; au premier bouillon, retirez sur le coté du feu. — Deux heures après, ajoutez 2 poireaux, un bouquet de cerfeuil noué avec une pincée de menthe sauvage, une tranche de bonne courge pelée, une tête de laitue, une grosse carotte, un petit chou frisé. — Une heure après, ajoutez un petit saucisson au piment (*choriso*) ; continuez l'ébullition modérée.

Au moment de servir, retirez la marmite du feu ; penchez-la doucement, afin d'en égoutter le bouillon, en le passant ; dégraissez-le et versez-le dans la soupière ; mêlez-lui la laitue et les poireaux coupés, ainsi que de mincés tranches de pain, grillées. — Dressez sur un plat, le bœuf, le jambon et le *choriso ;* entourez-les avec les légumes et les pois ; servez-les après la soupe.

SOUPE DE POITRINE DE VEAU, A L'ESPAGNOLE.

Préparez un petit pot-au-feu avec un morceau de poitrine de veau, sel, eau, légumes et racines, 2 ou 3 chorisos et un demi-litre de pois chiches (*garbanços*), ramollis. Quand la viande est cuite, passez le bouillon dans la soupière; ajoutez une partie de la poitrine, les saucisses coupées, et les garbanços; dégraissez et servez.

SOUPE AU LAIT D'AMANDE, A L'ESPAGNOLE.

Pilez 500 gram. d'amandes mondées; délayez-les avec un litre et demi de lait; passez à travers un linge, en exprimant. Mettez le liquide dans une casserole en terre; ajoutez une pincée de sucre et un morceau de cannelle: faites bouillir; 5 minutes après, ajoutez une assiettée de tranches minces de pain, grillées; donnez 2 bouillons, et retirez sur le côté; couvrez avec un couvercle en tôle avec du feu dessus; faites mijoter 10 minutes; retirez la cannelle et servez.

SOUPE AU PAIN A L'ESPAGNOLE.

Chauffez dans une casserole en terre, un décilitre d'huile d'olives; quand elle commence à fumer, ajoutez 3 gousses d'ail crues et pelées, une pincée de poivre rouge, une pointe de safran, une feuille de laurier; faites frire une minute; puis mouillez avec 1 litre d'eau chaude; faites bouillir 10 minutes, et retirez ail et laurier. Mêlez alors au liquide une assiettée de tranches de pain blanc, grillées. Cuisez 2 minutes; puis, retirez la casserole sur feu doux, et laissez mitonner la soupe avec du feu sur le couvercle. Quand le liquide est absorbé par le pain, faites, à l'aide d'une cuiller, des petites fossettes sur la surface, et placez un œuf poché dans chaque fossette. Servez aussitôt la soupe dans la casserole même.

SOUPE BLANCHE A L'ESPAGNOLE.

Mettez 2 gousses d'ail dans une casserole en

terre, avec 1 décilitre d'huile, faites légèrement colorer l'ail; enlevez-le, ajoutez à l'huile une assiettée de tranches minces de pain, coupées en carré ; faites-les frire quelques minutes, en remuant ; mouillez avec 1 litre d'eau chaude; ajoutez sel et poivre ; faites bouillir. Aussitôt que le liquide est à peu près absorbé, retirez la casserole ; couvrez-la avec le couvercle en tôle chargé de braise, et faites gratiner 10 minutes, servez dans la casserole même.

BOUILLON PORTUGAIS.

Coupez du côté du manche, un morceau de bon jambon cru, légèrement fumé, pesant de 6 à 700 gram. ; parez-le, faites-le dégorger une heure, plongez-le à l'eau bouillante, et retirez-le 8 à 10 minutes après. Mettez-le dans une marmite en terre avec 2 bonnes poules propres, flambées ; mouillez avec 3 à 4 litres d'eau froide; cuisez comme un pot-au-feu, très-doucement, sans sel, ni légumes. — A mesure que les viandes sont cuites, retirez-les. Dégraissez et passez le bouillon dans la soupière ; envoyez-le simplement, en même temps qu'une assiette de tranches de pain grillées.

GASPASCHIO A L'ESPAGNOLE.

Hachez de l'oignon et ciboulette; pilez-les avec un morceau de piment doux, une pointe d'ail; délayez peu à peu avec huile et vinaigre, comme une mayonnaise; délayez avec de l'eau froide et versez dans une terrine vernie; ajoutez du sel et des concombres pelés coupés en dés, puis du pain de cuisine simplement émietté; faites refroidir sur glace, et servez.

SAUCE VERTE A L'ESPAGNOLE.

Imbibez à l'eau, 50 gram. de mie de pain; exprimez-en l'humidité. Pilez une poignée de feuilles de persil, ajoutez-les filets de 6 anchois, une pincée d'oignon haché et quelques cornichons; pilez encore, et ajoutez la mie de pain; quand la pâte est bien mêlée et fine, délayez-la avec huile et vinaigre, mettez-la dans la saucière, et servez avec le bœuf bouilli.

MORUE A L'ESPAGNOLE.

Coupez en carrés 1 kilogr. de morue propre, ramollie; cuisez-la à l'eau (*page* 117); égouttez-la, retirez-en les arêtes et la peau. — Prenez 3 à 4 gros piments rouges d'Espagne, faites-les griller pour en retirer la peau, coupez-les en bandes longues; assaisonnez avec sel et poivre.

Hachez 2 oignons blancs; mettez-les dans une casserole avec de l'huile, faites-les revenir de couleur blonde; ajoutez alors 4 grosses tomates égrainées et coupées, une gousse d'ail, un bouquet garni, sel et poivre; cuisez jusqu'à ce qu'elles soient fondues. — A défaut de tomates fraîches, employez de le purée de tomates, conservée; cuisez 12 minutes, ajoutez un peu d'eau de morue ou bouillon maigre, et liez légèrement avec une cuillerée de farine délayée : sauce légère.

Cuisez à l'eau une douzaine de pommes de terre; pelez-les toutes chaudes; coupez-les en tranches; étalez-en une couche au fond d'un plat à tarte; assaisonnez; sur les pommes de terre, rangez une couche de morue, et sur la morue une couche de piments. Arrossez avec la moitié de la sauce, et recommencez avec les pommes de terre, la morue et les piments; arrosez avec le restant de la sauce; saupoudrez avec de la panure, et cuisez trois quarts d'heure, à four doux ou avec feu dessus, feu dessous. Servez la morue dans le plat même.

SAUCISSES ESPAGNOLES.

Hachez finement des viandes maigres de porc avec deux tiers de leur volume de lard. Assaisonnez avec une pointe d'ail, sel, épices, poivre rouge d'Espagne; mouillez le hachis avec un peu d'eau froide, entonnez-le dans des boyaux propres; nouez-les de 6 à 7 centimètres de long. Faites-les sécher à l'air, 24 heures; puis fumez-les 3 jours, à feu très-doux.

ALMONDIGILLAS A L'ESPAGNOLE.

Prenez 300 gram. de viande maigre de bœuf; retirez-en la peau et les nerfs; hachez-la. Hachez également 150 gram. de lard frais; mêlez le lard et la viande. Hachez encore le tout; assaisonnez avec sel, poivre, persil haché, une pointe d'ail; ajoutez 2 ou 3 œufs entiers, pour lier le hachis. Divisez-le alors par parties de la grosseur d'un œuf; trempez-les dans des œufs battus et panez-les, en leur donnant la forme ronde. Plongez-les ensuite dans la friture chaude : friture de saindoux, simplement pour les raffermir. Égouttez-les aussitôt; rangez-les dans une casserole plate, l'une à côté de l'autre, et mouillez-les à hauteur avec une sauce tomate légère, au jus. Faites-les mijoter ainsi une demi-heure et servez : ce ragoût est excellent.

RIZ A LA VALENCIENNE.

Dépecez un poulet comme pour fricassée; mettez-le dans une poêle avec du jambon coupé, du saindoux ou de l'huile, assaisonnez et faites revenir. Quand il est bien atteint, retirez le, ainsi que le jambon. Dans la graisse de la poêle, ajoutez un oignon haché ; quand il est revenu mêlez-lui 250 gram. de riz cru, sans être lavé ; tournez 2 minutes sur feu, puis mouillez avec un demi-litre d'eau chaude; ajoutez alors 2 tomates hachées, sans peau ni pepins, un piment rouge pelé et ensuite poulet et jambon. Cuisez sans cesser de remuer ; ajoutez encore un peu d'eau chaude, et finissez avec une pincée de poivre doux d'Espagne : le poulet et le riz doivent se trouver cuits en même temps.

POIS CHICHES A L'ESPAGNOLE.

Choisissez des pois d'origine espagnole, car ils sont les meilleurs ; faites-les ramollir 12 heures, à l'eau froide, avec une poignée de sel dans l'eau. Quand ils sont gonflés, égouttez-les et cuisez-les à l'eau jusqu'à ce qu'ils soient tendres; 3 heures doivent suffire. S'ils restaient durs, on pourrait ajouter à l'eau, un petit sachet de cendres de bois ou gros comme une lentille d'ammoniac. — Quand ils sont cuits, égouttez-les, assaisonnez-les au beurre ou en salade.

ESCABESCIA DE PERDREAUX, A L'ESPAGNOLE.

Prenez 3 jeunes perdreaux vidés, propres; mettez-les en forme, en appuyant simplement les cuisses. Chauffez de l'huile dans une poêle, mêlez-lui un morceau de mie de pain et une gousse d'ail; enlevez-les 2 minutes après. Ajoutez alors les perdreaux, pour les chauffer sur toutes les surfaces, en les retournant ; quand ils sont bien saisis, égouttez-les, mettez-les dans une casserole; ajoutez à l'huile, carottes et oignons émincés, thym, sel, épices et laurier. Faites-les revenir 7 à

8 minutes, puis mouillez avec du vinaigre et du bouillon en suffisante quantité pour couvrir juste les perdreaux; donnez quelques bouillons et passez sur les perdreaux; cuisez ceux-ci 12 à 15 minutes; retirez et laissez-les bien refroidir avant de les servir avec leur cuisson.

ASPERGES A L'ESPAGNOLE.

Cuisez à l'eau salée, des asperges violettes. Quand elles sont cuites, retirez-les. Mettez une petite partie de leur cuisson dans une petite bassine et faites pocher des œufs dans ce liquide, servez-les en même temps que les asperges.

SALADE ANDALOUSE.

Emincez finement un oignon blanc d'Espagne, et un concombre frais, pelé. Fendez en deux 3 tomates, retirez-en les semences, et émincez-les. Dressez ces légumes, par couches, dans un saladier, en soupoudrant chaque couche avec sel et poivre. Arrosez le tout avec huile et vinaigre, et tenez au frais une heure. Masquez alors le dessus avec une couche de mie de pain, fraîche, émiettée; servez aussitôt.

MANTECADOS A L'ESPAGNOLE.

Mettez dans une terrine 250 grammes de bon saindoux et autant de sucre en poudre; mêlez avec une cuiller; ajoutez une pincée de cannelle en poudre, 6 jaunes d'œuf, 2 ou 3 cuillerées de grains de sésame torréfiés et pulvérisés; le mélange opéré, mêlez-lui peu à peu 300 grammes de farine, de façon à obtenir une pâte de la consistance d'une pâte brisée, molle. Divisez-la en parties de la grosseur d'une noix, roulez-les en boules, avec les mains, et rangez-les à distance sur des feuilles de papier, comme on fait pour les macarons; appuyez-les légèrement avec la main mouillée, et cuisez 25 minutes à four doux, sans prendre couleur.

PAIN PERDU A L'ESPAGNOLE.

Coupez des tranches de pain de cuisine d'un doigt d'épaisseur; parez-les de forme ovale; rangez-les alors dans un plat l'une à côté de l'autre; imbibez-les avec des jaunes d'œuf, délayés avec du vin de Malaga. — Un quart d'heure après, prenez-les une à une, trempez-les dans des œufs battus, égouttez et plongez-les à grande friture, dans du saindoux. Quand elles sont de belle couleur, égouttez-les, saupoudrez-les avec du sucre à la cannelle.

ÉCONOMIE DOMESTIQUE

Boissons rafraîchissantes

Bavaroise au lait. — Mettez dans une tasse 4 à 5 cuillerées de sirop de gomme et 3 cuillerées d'eau de fleurs d'oranger; mêlez et délayez peu à peu avec du lait bouillant.

Lait de poule. — Mettez dans un bol 3 jaunes d'œuf et 75 gram. de sucre en poudre; travaillez l'appareil avec une cuiller en bois jusqu'à ce qu'il soit mousseux; délayez-le alors avec un verre d'eau bouillante. — On peut ajouter un brin de zeste de citron ou d'orange.

Limonade au vin. — Faites infuser dans un bol, le zeste de 2 citrons frais, avec la moitié d'un verre de sirop léger.

Coupez en gros morceaux 3 à 400 grammes de sucre en pain, imbibez-le, en le trempant simplement à l'eau froide, et mettez-le aussitôt dans une terrine ou tout autre vase en faïence; ajoutez alors le suc de 6 à 8 citrons, passé au tamis, 2 bouteilles de vin rouge de Bordeaux, une d'eau de Seltz ou même une bouteille de limonade gazeuse; en ce dernier cas, diminuez le nombre des citrons.

Remuez la boisson avec une grande cuiller de table; quand le sucre est dissous, passez l'infusion dans la boisson et servez dans des verres, en mettant dans chaque verre une mince tranche de citron.

Punch chaud ordinaire. — Râpez sur du sucre ou levez le zeste d'une orange et celui d'un citron ; faites-les infuser 20 minutes dans un verre de sirop froid : si les zestes sont râpés sur le sucre, l'infusion n'est pas nécessaire.

Imbibez avec de l'eau froide 1 kilogramme de sucre en pain; mettez-le dans un vase en porcelaine ou dans un poêlon d'office; ajoutez le suc de l'orange et du citron râpé, une bouteille de rhum et une bouteille de cognac; faites enflammer le liquide, remuez avec une cuiller afin d'entretenir la flamme; quand il est bien chaud, éteignez; ajoutez le sirop infusé, en le passant; servez dans des verres.

Punch au thé. — Préparez un punch ordinaire, mais avec un peu plus de sucre ; quand il est brûlé, ajoutez la valeur de 2 verres d'infusion de bon thé, préparée à l'instant même.

Punch à l'ananas.— Coupez en tranches minces et étroites, le quart d'un ananas; mettez-les dans une terrine, arrosez-les avec 4 décilitres de sirop bouillant; laissez infuser une demi-heure.

Préparez du punch ordinaire; quand il est brûlé, mêlez-lui le sirop et les tranches d'ananas.

Punch froid. — Déposez dans une casserole 250 grammes de sucre, arrosez-le avec un verre d'eau; aussitôt qu'il est dissous, faites bouillir le liquide 2 minutes, retirez-le du feu.

Quand il est froid, mêlez-lui le zeste d'un demi-citron et celui d'une orange, ajoutez le quart d'un verre de rhum, autant de cognac et autant d'infusion de thé, ainsi que quelques cuillerées de sirop ou du jus d'ananas; 10 minutes après, passez au tamis fin dans un autre vase, tenez sur glace une demi-heure avant de le servir.

Bichoff au vin blanc. — Coupez en morceaux, 250 grammes de sucre; imbibez-le avec de l'eau froide, et déposez-le dans une terrine ou tout autre vase; ajoutez les chairs de 2 citrons coupés en tranches, sans pepins, puis un demi-zeste d'orange et un demi de citron, noués avec de la ficelle.

Versez dans le vase 2 bouteilles de vin blanc de Chablis, de Moselle ou vin du Rhin, puis 2 bouteilles d'eau de Seltz; 10 minutes après, enlevez le zeste, ajoutez à la boisson quelques morceaux de glace bien propre, coupés menus.

Bichoff glacé. — Mettez dans une terrine vernie 7 à 8 décilitres de sirop froid, donnant 30 degrés au pèse-sirop; ajoutez le zeste d'une orange, d'un citron et quelques brins de zeste de bigarrade ; ajoutez aussi le suc de 3 citrons et de 2 oranges, puis un morceau de cannelle, 4 clous de girofle; une heure après, ajoutez un peu d'eau froide, et pesez le liquide au pèse-sirop : il doit donner 22 à 23 degrés.

Passez et faites glacer à la sorbetière comme une glace ordinaire; quand elle est bien ferme, incorporez-lui peu à peu sans cesser de la travailler, les trois quarts d'une bouteille de champagne.

Quand tout le liquide est absorbé, servez le bichoff dans des verres.

Vin chaud. — Mettez dans un poêlon d'office, 200 gram. de sucre en morceaux, imbibé à l'eau froide; ajoutez un morceau de cannelle, quelques clous de girofle et un brin de zeste; versez dans le poêlon 2 bouteilles de vin de Bordeaux.

Chauffez jusqu'à ce qu'il blanchisse à la surface, mais sans ébulition; passez à la serviette. Servez dans des verres ou dans une coupe.

Soda. — Déposez dans un vase verni, la valeur de 2 verres de sirop de groseilles, délayez-le avec 2 ou 3 bouteilles d'eau de Seltz bien froide; ajoutez quelques petits morceaux de glace naturelle bien propre, et servez.

Orangeade. — Levez le zeste de 4 oranges; mettez infuser dans un litre de sirop froid, à 30 degrés.

Coupez ces 4 oranges, plus 6 autres; exprimez-en le suc; passez celui-ci au tamis de soie; mêlez-le au sirop. Servez dans des verres ou dans des carafes; en tout cas, faites bien refroidir la boisson avant de la servir.

Cardinal à l'ananas. — Pelez un demi-ananas cru; divisez-le en quartiers, et coupez ceux-ci en tranches minces; mettez-les dans une terrine, couvrez avec du sirop froid à 25 degrés; faites-les macérer une heure. Infusez aussi les parures de l'ananas dans un peu de sirop.

Mettez dans un vase verni 5 à 600 grammes de sucre en pain, imbibez-le avec un verre d'eau froide; ajoutez le suc de 4 oranges et de 2 citrons, ainsi qu'un zeste de l'un et de l'autre; laissez infuser 20 minutes, puis passez le tout à travers un linge humecté, dans un vase à cardinal, en verre ou en porcelaine, préalablement tenu sur glace. — Mêlez alors au liquide un grand verre de rhum et autant de cognac, puis l'ananas coupé et son sirop, ainsi que celui des parures d'ananas.

Au moment de servir, mêlez au liquide une bouteille de champagne *frappé* à la glace salée pendant trois quarts d'heure. Posez le vase sur son plateau, et entourez-le avec les verres froids.

Boisson rafraîchissante. — Mêlez du café noir avec de l'eau de Seltz et du sucre; buvez par petite quantité à la fois. Pour une tasse de café, une petite bouteille d'eau de Seltz et 100 grammes de sucre. — Cette boisson est excellente et salutaire en été.

Bière de ménage. — Prenez 250 gram. de houblon, 3 kilogr. sucre, 150 gr. levure de bière, 50 litres d'eau. — Laissez bouillir le houblon une demi-heure dans 20 litres d'eau; passez le liquide dans un vase, ajoutez le sucre, la levure délayée, le restant de l'eau; agitez le liquide, versez-le dans un baril disposé dans un lieu à température de 15 degrés. — A mesure que la fermentation s'opère, la mousse est rejetée par la bonde du baril laissée ouverte : remplacez-la par de l'eau froide. Aussitôt que cette mousse s'affaisse, collez la bière avec 7 ou 8 feuilles de gélatine dissoute.

Au bout de deux jours, mettez la bière en bouteille, bouchez-la, ficelez les bouteilles, tenez-les en lieu frais. Une semaine après, la bière est bonne à boire.

Thé. — Pour obtenir une infusion délicate, il faut absolument du bon thé.

Le thé noir est celui qu'on doit préférer; c'est d'ailleurs le plus usité; cependant, on le mélange parfois avec quelques parties de thé vert.

La bonne qualité du thé est sans doute pour beaucoup dans l'excellence de la boisson, mais les soins compétents sont indispensables.

Pour 4 tasses mettez 4 à 5 cuillerées à café de thé.

La théière dans laquelle on fait l'infusion ne doit servir qu'à cet usage.

Faites bouillir de la bonne eau pure et claire, dans une bouilloire, sur le feu ou sur l'esprit-de-vin.

Rincez la théière à l'eau chaude, mettez le thé dedans et versez dessus la valeur d'un verre d'eau, mais de l'eau bouillante, sans sortir la bouilloire du feu. Placez-la sur la bouilloire ou sur le côté du feu, et faites infuser 6 à 7 minutes, sans jamais faire bouillir l'infusion, car elle deviendrait désagréable au goût.

Quand l'infusion est faite, remplissez la théière, aussi avec l'eau bouillante, et servez-là, en même temps que de la crème crue ou du bon lait froid; le lait cuit ne vaut rien avec le thé.

Chocolat à l'eau. — Pour chaque tasse, il convient de mettre nne tablette de chocolat. Cassez-le en petits morceaux, et faites-le fondre sur le feu, seulement avec quelques cuillerées d'eau, en le broyant; puis mêlez-lui l'eau nécessaire : 1 litre pour 4 tablettes, faites bouillir, en remuant, et retirez sur le côté du feu; cuisez à peu près un quart d'heure.

Pour obtenir une boisson agréable, il faut absolument employer du chocolat si non supérieur, du moins de bonne qualité : le chocolat bon marché n'est jamais bon. On doit le prendre dans une bonne maison et y mettre le prix.

Chocolat au lait. — Pour 4 tasses de chocolat, cuisez 4 tablettes avec la valeur d'un verre et demi d'eau; quand il est bien dissous, mêlez-lui 3 grands verres de lait cuit, et cuisez 12 à 14 minutes sur le côté du feu.

Comment on torréfie le café. — Il faut griller le café au charbon de bois. On l'enferme dans le brûloir, et on ne le met au feu que quand le charbon est bien allumé.

Alors on le tourne lentement d'abord, puis plus violemment à mesure que la cuisson avance.

De temps en temps on retire le brûloir du feu pour le secouer violemment, afin de mieux mêler les grains : quand ceux-ci ont pris une belle couleur brune, qu'ils sont légèrement humides, on les verse dans une sébile bien propre, et on les fait refroidir aussi promptement que possible, en les vannant au courant d'air, jusqu'à ce qu'ils soient à peu près froids.

A ce point, on enferme le café dans une boite en fer-blanc. — On ne doit moudre le café qu'à mesure de son emploi.

Café à l'eau. — Pour obtenir une bonne infusion de café, choisissez des grains de moka et de martinique par parties égales; torréfiez-les avec grand soin, jusqu'à ce qu'ils prennent la couleur marron foncé.

Quand le café est refroidi, faites-le moudre.

Pour 4 tasses de café, mettez 5 cuillerées de poudre dans le filtre de la cafetière, et versez peu a peu sur la poudre, la valeur de 4 tasses d'eau tout à fait en ébullition : si l'eau n'était pas bouillante, l'infusion se ferait mal.

Quand l'eau est filtrée, laissez reposer l'infusion quelques minutes, transvasez-la, chauffez-la sans faire bouillir, et servez-la, ou alors placez la cafetière dans un vase avec un peu d'eau chaude, afin de tenir le café chaud, toujours au degré de chaleur, sans être exposé à ce qu'il bouille. — Le café doit toujours êtes servi bien chaud. — Un modèle de cafetière est reproduit à la page CXX.

Café au lait. — Quand on veut servir du bon café au lait, il faut avant tout, préparer une forte infusion, c'est-à-dire 7 ou 8 cuillerées de poudre pour 4 tasses d'eau bouillante, en opérant comme il vient d'être dit.

Avec cette infusion bien chaude, servez du lait pur ou de la crème. Dans ces conditions on obtient une excellente boisson.

Tartines de pain de seigle. — Retirez la croûte du pain, coupez carrément la mie; masquez-la d'un côté avec une mince couche de beurre fin; coupez-en une tranche mince.

Beurrez encore le pain, et coupez une autre tranche; saupoudrez le beurre avec un peu de sel, et assemblez les deux tranches, en les pressant légèrement; divisez-les en deux, et servez-les.

Beurre de table fait à la minute.— Remplissez aux trois

quarts une bouteille à large goulot avec de la crème fraîche et crue. Bouchez et agitez vivement le liquide, jusqu'à ce que le beurre se forme.

Sortez-le alors, lavez-le à l'eau bien froide, et laissez-le bien refroidir, avant de le servir à déjeuner ou à dîner.

RATAFIAS ET LIQUEURS

Filtrage des liqueurs et ratafia. — On filtre les liqueurs à la chausse ou au papier. Pour filtrer à la chausse, il faut suspendre celle-ci aux quatre pieds d'un tabouret renversé, ayant au-dessous d'elle un vase verni pour recevoir le liquide filtré.

On verse la liqueur dans la chausse, et on reverse les premiers jets afin de l'obtenir plus limpide.

Pour filtrer au papier, on prend du grand papier à filtrer, sans colle, on en ploie une feuille en filtre, on la met dans un entonnoir et celui-ci dans un bocal.

On verse alors la liqueur dans le papier plissé, et on reverse aussi les premiers jets.

On peut encore filtrer les liqueurs au papier mâché; c'est-à-dire du papier sans colle, déchiré en lambeaux, et imbibé à l'eau froide, haché et bien lavé.

On étale ce papier en couche sur un petit tamis, disposé au-dessus d'un vase verni, et on verse la liqueur sur le papier; on reverse les premiers jets jusqu'à ce qu'elle passe limpide.

Ratafia de noix vertes (*brou de noix*). — Coupez en deux une vingtaine de noix vertes; mettez-les dans un bocal avec 2 litres d'eau-de-vie blanche; fermez bien le vase, et laissez infuser 6 semaines, exposé au soleil.

Passez et filtrez; puis mêlez à la liqueur un demi-litre de sirop à 30 degrés; ajoutez alors un brin de cannelle, macis et coriandre; faites infuser encore 8 jours, et filtrez.

Ratafia de merises. — Prenez 1 kilogramme de merises mûres, retirez en la queue et le noyau; pilez la moitié de ces noyaux et couvrez-les avec de l'eau-de-vie pour les faire infuser séparément.

Mettez les merises dans un bocal et couvrez-les avec 4 litres d'eau-de-vie; fermez bien le vase, et faites infuser 6 semaines, en l'exposant au soleil.

Mêlez ensuite l'infusion de noyaux à la liqueur passée, ainsi qu'un kilogramme de sucre coupé et légèrement imbibé d'eau. Quand le sucre est dissous, filtrez et enfermez dans des bouteilles.

Ratafia stomachique. — Versez dans un bocal un litre d'eau-de-vie à 22 degrés, ajoutez 500 grammes de sucre coupé, ainsi qu'une orange et un citron, entiers ; couvrez le bocal, exposez-le au soleil 20 jours.

Enlevez alors les fruits ; 20 jours après, décantez et filtrez la liqueur; enfermez-la ensuite dans des bouteilles, bouchez avec soin.

Ratafia de cerises. — Prenez des cerises aigres, bien mûres, et un sixième de leur poids de framboises; écrasez-les; ajoutez une poignée de noyaux de cerises, cassés. Mettez le tout dans un bocal, avec 2 litres d'eau-de-vie blanche; laissez macérer 8 jours, en remuant de temps en temps.

Passez ensuite le liquide, mêlez-lui 7 à 800 grammes de sucre coupé ; remettez la liqueur dans le bocal; tenez dans un lieu sec; remuez souvent.

Huit jours après, filtrez à la chausse ou au papier mâche; enfermez dans des bouteilles; bouchez et tenez au soleil 3 ou 4 semaines.

Ratafia de fleurs d'acacia. — Prenez 500 grammes de fleurs d'acacia fraîches, triées; mettez-les dans un bocal, en les pressant; couvrez avec de l'eau-de-vie ; faites infuser 8 jours au soleil; décantez.

A chaque litre de liquide, mêlez un demi-litre de sirop ; ajoutez cannelle et girofle ; filtrez au papier ou à la chausse, enfermez dans des bouteilles.

Ratafia de genièvre. — Prenez 2 litres de sirop à 30 degrés; mêlez-lui 2 litres d'eau-de-vie blanche, et 100 grammes de baies mures de genièvre, un brin de macis, girofles; faites macérer 6 semaines au soleil, dans un bocal ou vase en grès, filtrez la liqueur, et enfermez-la dans des bouteilles.

Ratafia d'angélique. — Prenez des branches d'angélique fraîche, sans feuilles ; coupez-les de la longueur de 2 doigts; mettez-les dans un bocal ; couvrez-les avec de l'eau-de-vie blanche, et 125 grammes de sucre par litre d'eau-de-vie; faites infuser 6 semaines ; filtrez et mettez en bouteille.

Ratafia de cassis. — Emplissez à moitié un bocal en verre ou en grès, avec des baies de cassis mûres à point, sans excès ; ajoutez quelques feuilles de cassis, cannelle et clous de girofle

Finissez de remplir le vase avec de l'eau-de-vie blanche. Bouchez et faites macérer 6 semaines au soleil.

Décantez alors le liquide, et pour chaque litre, mêlez-lui 3 à 4 décilitres de sirop à 30 degrés. Bouchez les bouteilles.

Ratafia de coings. — Choisissez des coings mûrs, odorants; coupez-les chacun en quatre parties, et râpez-les sans retirer la peau; exprimez cette pulpe pour en retirer le suc. Pour chaque litre, ajoutez un demi-litre d'eau-de-vie blanche à 22 degrés, un brin de cannelle, macis, 50 grammes d'amandes amères; faites macérer 6 semaines au soleil.

Mêlez alors à l'infusion un sirop froid, à 30 degrés, préparé avec 250 grammes de sucre.

Nuancez la liqueur avec quelques gouttes de caramel, et filtrez.

Ratafia de fleurs d'oranger. — Faites infuser pendant 4 jours, dans 2 litres d'eau-de-vie, 100 grammes de fleurs d'oranger, fraîches; passez le liquide, remettez-le dans le bocal avec 750 grammes de sucre, fondu dans un demi-litre d'eau. Filtrez et mettez en bouteille.

Ratafia aux mille-feuilles. — Mettez dans un bocal 500 grammes de grains de cassis entiers et autant de merises; ajoutez 20 grammes de feuilles de cassis et autant de pétales d'œillets rouges; un brin de canelle, un brin de macis et un brin de zeste sec.

Couvrez avec 3 litres d'alcool à 50 degrés; fermez et laissez infuser 6 semaines au soleil.

Passez, mêlez au liquide 1 litre de sirop à 30 degrés, filtrez; mettez en bouteilles.

Ratafia de pêches. — Mettez dans un vase en grès 3 à 4 douzaines de noyaux de pêche, cassés : bois et amandes; ajoutez 3 à 4 grammes de cochenille en poudre.

Couvrez avec 3 à 4 litres d'alcool à 50 degrés; bouchez et faites infuser 15 à 20 jours. Passez le liquide, et mêlez-lui pour chaque litre, 2 litres de sirop clair à 30 degrés; filtrez et mettez en bouteille.

Autre ratafia de pêches. — Prenez de petites pêches; supprimez-en le noyau; émincez-les, et exprimez-en le suc à travers un linge.

Pour 1 litre de suc, ajoutez 2 litres d'eau-de-vie; mettez en bocal avec un morceau de vanille, et faites macérer 6 semaines au soleil.

Passez et mêlez à l'infusion 400 grammes de sirop à 30 degrés. Filtrez et mettez en bouteilles.

Crème de fraises ou framboises. — Cueillez les fruits le matin, pas trop mûrs; retirez-en la queue, mettez-en 1 kilogramme dans un bocal, couvrez avec 3 litres de sirop froid, à 38 degrés; tenez dans un lieu frais, et faites macérer 24 heures.

Passez ensuite le liquide, mêlez-lui 1 litre et demi d'alcool à 50 degrés; filtrez au papier, et enfermez dans des bouteilles.

Anisette de ménage. — Mettez dans un bocal 4 litres d'eau-de-vie et 150 gram. d'anis vert, le zeste de 20 citrons et un brin de cannelle.

Bouchez et faites infuser 5 à 6 semaines; tirez à clair et mêlez au liquide 1 kilogramme de sucre coupé et imbibé avec 2 décilitres d'eau froide; ne le mêlez que quand il commence à se dissoudre.

Bouchez et faites macérer encore 15 jours. Filtrez et mettez en bouteilles.

Elixir stomachique. — Mettez dans un bocal 20 gram. de semences de coriandre, 12 grammes de feuilles de menthe et autant de matricaire; ajoutez un brin de macis; couvrez avec 3 à 4 litres d'alcool à 50 degrés; laissez infuser 7 à 8 jours. — Passez, mêlez 1 litre de sirop et filtrez 2 fois.

Marasquin de ménage. — Mêlez 1 demi-litre de kirsch avec 1 litre d'alcool léger; ajoutez 1 kilogram. de sirop à 30 degrés cuit avec un morceau de vanille; mêlez alors au liquide 2 ou 3 cuillerées d'eau de fleurs d'oranger et quelques gouttes d'essence de jasmin, essence de roses et essence d'amandes amères. Filtrez et enfermez en bouteilles.

Kirsch de ménage. — Cassez 300 grammes de noyaux de cerises; mettez-les dans un bocal avec 2 litres d'eau-de-vie et quelques amandes d'abricots sans peau; fermez et faites macérer 6 semaines au soleil.

Passez; ajoutez 250 grammes de sirop à 30 degrés. Filtrez et enfermez en bouteilles.

Curaçao de ménage. — Mettez 200 gram. de zeste d'oranges amères dans un bocal; couvrez avec 3 à 4 litres de bonne eau-de-vie; fermez et laissez infuser 6 semaines au soleil.

Passez à travers un linge; mêlez au liquide un litre de sirop à 30 degrés; filtrez et enfermez en bouteilles.

A défaut d'oranges amères on prend des oranges ordinaires, et les zestes de quelques oranges vertes.

Bitter de ménage. — Faites macérer 8 jours, dans 2 litres d'alcool à 90 degrés, 40 grammes de zeste d'oranges amères ou d'oranges vertes, 50 grammes de zeste d'oranges ordinaires douces, 40 grammes de cannelle de Ceylan et 6 grammes de bois de cassis.

Passez et mêlez au liquide 500 gram. de sirop à 30 degrés. Filtrez et enfermez en bouteilles.

Rosolio fabriqué aux essences. — Mêlez à 3 litres d'alcool à 60 degrés les essences suivantes : 1 gramme essence de cannelle, 50 centigram. d'essence de jasmin, 20 centigram. essence de girofle, 15 centigram. essence de roses, 5 centigr. essence de coriandre, 5 centigram. essence d'angélique; ajoutez 2 kilogrammes de sucre fondu avec 2 litres d'eau; rougissez la liqueur avec un peu de carmin végétal. — Filtrez et enfermez dans des bouteilles.

Elixir Raspail. — Mêlez à 2 litres d'alcool à 50 degrés, 30 grammes de semences et 30 grammes de racine d'angélique, 15 gram. de noix muscade, 15 gram. de cannelle, 10 gram. *calamus aromaticus*, 4 gram. de vanille, 4 gram. girofle, 4 gr. aloès, 1 gram. safran, 1 gr. camphre.

Faites macérer 8 à 10 jour dans un bocal. Passez et mêlez au liquide 2 kilogram. de sirop à 30 degrés. Filtrez et mettez en bouteilles.

Liqueur rouge. — Prenez 300 grammes de merises, 300 gram. de groseilles, 300 gram. de framboises, 50 gram. de cassis, 10 gram. de cannelle, 6 gram. de girofle. Mettez-les dans un bocal, couvrez avec 2 litres d'alcool; fermez et faites macérer 6 semaines.

Passez; mêlez au liquide un sirop à 30 degrés préparé avec 500 gram. de sucre et une pointe carmin. Mêlez bien, filtrez et enfermez dans des bouteilles.

Liqueur d'ananas. — Prenez les épluchures de 2 ananas frais; mettez-les dans un poêlon, couvrez-les avec 1 litre et demi de sirop à 20 degrés, bouillant ; ajoutez le zeste de 2 oranges et d'un citron, puis le suc de 4 oranges. Versez dans un vase, couvrez avec un linge et faites macérer 6 heures.

Passez le liquide à travers un linge, sans pression; mêlez-lui 3 litres d'alcool à 50 degrés. Filtrez et mettez en bouteilles.

Liqueur d'angélique. — Prenez 500 grammes de tiges d'angélique sans feuilles; fendez-les en deux, coupez-les et hachez-les, mettez-les dans un bocal avec 3 litres de bonne eau-de-vie, et faites macérer 6 semaines au soleil.

Passez alors le liquide, et exprimez le marc d'angélique; remettez le liquide dans le bocal, mêlez-lui 300 gram. de sucre, 15 gram. de cannelle, 2 gram. de macis, autant de clous de giroûe et quelques brins de zeste.

Faites encore infuser 6 semaines; filtrez ensuite, et enfermez dans des bouteilles.

Liqueur à l'anisette. — Mêlez à 4 litres de bonne eau-de-vie, 50 grammes d'anis vert, 25 gram. d'anis étoilé, 10 gr. de fenouil, 10 gram. de coriandre, faites macérer 8 jours, dans un vase en grès et à couvert.

Passez; mêlez au liquide 1 kilogramme de sucre légèrement imbibé à l'eau; quand il est dissous, filtrez et mettez en bouteilles.

Liqueur eau d'or. — Mettez dans un bocal 15 grammes de clous de girofié, autant de cannelle, autant de graines de coriande, 10 gram. de macis, quelques brins de zeste; couvrez avec 2 litres d'alcool; bouchez et faites infuser 24 heures.

Passez, mêlez 4 à 5 décilitres de sirop, et filtrez; mêlez à la liqueur 2 feuilles d'or divisées en paillettes. Mettez en bouteilles.

Liqueur au jasmin. — Mettez dans un bocal 100 gram. de fleurs de jasmin, couvrez avec 2 litres d'alcool à 50 degrés, faites macérer 2 ou 3 jours.

Passez le liquide, et mêlez-lui trois quarts de litre de sirop à 30 degrés; filtrez et enfermez dans des bouteilles.

Liqueur d'acacia. — Mettez dans un bocal 250 gram. de fleurs d'acacia, triées; couvrez avec 2 litres d'alcool à 50 degrés; faites macérer 5 à 6 jours.

Passez et mêlez au liquide, trois quarts de litre de sirop à 30 degrés. Filtrez et enfermez en bouteilles.

Liqueur crème de framboises. — Epluchez et passez au tamis 2 kilogrammes de framboises; mettez dans un vase verni, et tenez à la cave jusqu'à ce que le suc soit clarifié.

Enlevez alors l'écume, et passez le suc à travers un linge.

Mêlez-lui 3 kilogram. de sirop à 30 degrés et 2 litres d'alcool à 50 degrés, filtrez et enfermez en bouteilles.

CARAMELS ET PASTILLES

Caramels au café et au lait. — Mettez dans une casserole 500 grammes de sucre coupé, un verre de café noir concentré; faites bouillir ; quand le sirop est à 30 degrés, ajoutez un verre de bon lait ou de crème, et cuisez au *cassé*.

Versez le sucre sur un marbre ou sur une plaque très-légèrement huilée; aussitôt que la surface est froide, rayez-la en carrés, à l'aide d'un couteau ; séparez ensuite ces carrés.

Caramels au chocolat. — Mettez dans un poêlon 500 grammes de sucre cassé en morceaux, un verre d'eau et 2 tablettes de chocolat sans sucre, dissous et délayé; cuisez au *cassé;* versez-le sur un marbre et rayez-en la surface en carrés, afin de pouvoir détacher les caramels quand ils sont froids.

Berlingots. — Faites fondre daus un poêlon 500 gram. de sucre, avec un verre d'eau et une pincée de crème de tartre ; cuisez-le au *cassé*. Retirez-le et mêlez-lui une essence quelconque : orange ou citron ; laissez-le blanc ou nuaucez-le, et versez-le sur uu marbre légèroment huilé. Quand il commence à refroidir, relevez-en les bords et reportez-les sur le milieu, jusqu'à ce qu'il soit malléable; prenez-le alors de la main gauche, et avec la droite, tirez-le à plusieurs reprises et ramenez-le à son point de départ, en le ployant.

Quand le sucre est opaque et encore souple, tirez-le en cordons réguliers de l'épaisseur du pouce, et coupez-les en biais avec un ciseau.

Si on veut nuancer le sucre en rose, il faut lui mêler quelques gouttes de carmin végétal dès qu'on commence à le tirer.

Pastilles à la menthe. — Prenez 500 grammes de sucre en poudre passé, et après en avoir retiré la poussière, en tamisant celle-ci à travers un tamis fin, afin qu'il ne reste que le grain du sucre. Mettez-le dans une terrine et humectez-le à l'eau froide, peu à peu, pour en former une pâte consistante; ajoutez quelques gouttes d'essence de menthe, et mêlez.

Huilez très-légèrement des plaques minces. — Prenez une partie de la pâte dans un petit poêlon à bec; chauffez en tournant, jusqu'au moment où elle frissonne sur les bords.

Tenez alors le poêlon au-dessus de la plaque, en se posant bien d'aplomb, et laissez tomber la pâte, en coupant à mesure les pastilles avec une aiguille à tricoter. Cette opération exige une grande dextérité.

Laissez tomber les pastilles l'une à côté de l'autre. — Aussitôt sèches, enlevez-les de la plaque, étalez-les sur des feuilles de papier, et faites-les sécher à l'étude.

Pastilles aux fraises. — Ecrasez 250 à 300 grammes de fraises; délayez-les avec le jus de 2 citrons, un peu d'eau froide et une cuillerée de sucre. Jettez-les sur un tamis pour en recueillir le suc.

Mettez dans une terrine 500 gram. de sucre en poudre, passé d'abord, puis tamisé, délayez-le avec le suc de fraises, et opérez pour faire les pastilles, comme il est dit pour celles à la menthe.

L'opération est la même pour les pastilles au suc de framboises et groseilles.

SIROPS

Sirop pour compotes. — Mettez 500 grammes de sucre en pain dans un poêlon rouge; mouillez avec 3 décilitres d'eau tiède; un quart d'heure après, mettez-le sur le feu; faites bouillir, et retirez sur le côté; ajoutez le jus d'un citron; 12 à 15 minutes après, écumez bien; ajoutez une pincée de zeste, et passez au tamis fin ou à la serviette.

Cuissons du sucre. — Voici comment se divisent les cuissons du sucre, et dans l'ordre qu'elles se produisent à mesure que le sirop continue à bouillir.

Quand il est arrivé à 32 degrés, il suffit d'une minute d'ébullition pour l'amener au degré du *perlé*; après quelques bouillons, il passe au *soufflé*; puis à la *glu*; ensuite au *boulé*, et au *cassé*; en quittant le *cassé*, le sucre passe rapidement au *caramel blond*, et aussitôt après au *caramel brun*; à ce dernier degré, il est brûlé.

Le sucre est au *perlé*, quand en trempant légèrement l'index dans le liquide, et le frottant contre le pouce, le sucre commence à se ternir et à former des filets courts et épais.

Il est au *soufflé*, quand en trempant l'écumoire dans le liquide, et la sortant aussitôt pour souffler à travers les trous, on en fait sortir des globules.

Il est à la *glu*, quand après avoir trempé vivement l'index dans le sucre, on le plonge à l'instant dans de l'eau froide, et qu'en le frottant contre le pouce, il s'y attache comme de la glu, et qu'il n'est pas possible d'en former une boule.

Avant de tremper le doigt dans le sucre, il faut d'abord le tremper à l'eau froide, pour ne pas être exposé à se brûler.

Le sucre est au *boulé*, quand en le prenant avec le doigt, et le plongeant aussitôt à l'eau froide, on peut en former une boule.

Il est au *cassé*, quand en le prenant avec le doigt et le plongeant à l'eau froide, on peut le détacher du doigt et le casser net, en le ployant.

Pesage du sirop — Le procédé est tout à fait simple: il suffit de verser le sirop qu'on veut peser dans un flacon en verre, puis introduire le pèse-sirop dans ce vase, et voir le degré qu'il marque à niveau du liquide (Voir les dessins ci-joints).

Sirop de groseilles. — Pour obtenir un sirop plus agréable au goût, il convient de mêler aux groseilles quelques framboises: une livre sur dix.

Choisissez les groseilles bien mûres; broyez-les dans un mortier, exprimez-les ensuite avec les mains; passez le liquide au tamis, dans une terrine vernie, tenez-le à la cave, jusqu'à ce que le mucilage se sépare du suc, en formant à la surface une croûte assez épaisse, et que le liquide du fond se trouve bien clair, il faut pour cela de 24 à 30 heures.

Cette opération est nécessaire non-seulement pour clarifier le suc, mais aussi pour éviter que le sirop cuit ne se prenne en gelée, ce qui arriverait certainement si on l'employait aussitôt après l'avoir extrait des fruits. Il en est de même pour tous les sucs de fruits rouges, acides, avec lesquels on peut préparer des gelées de fruits; il faut absolument qu'ils soient décomposés, avant la cuisson.

Tirez à clair le suc de groseilles; filtrez-le, en le passant à travers une serviette tendue sur un tabouret renversé; pesez-le et versez-le dans une bassine rouge (1) : pour un litre de suc ajoutez 2 livres et quart de sucre coupé en morceaux.

Cuisez-le à feu vif, en ayant soin de bien l'écumer, le sirop doit peser 33 degrés; enfermez-le dans des bouteilles, mais ne bouchez celles-ci que quand le sirop est tout à fait froid. — On opère d'après la même méthode pour le sirop de framboises.

Sirop de mûres. — Ecrasez les fruits; pour chaque kilogramme, cuisez au *boulé* 1 kilo et 125 grammes de sucre; versez les fruits dans le sirop; donnez un seul bouillon, et retirez la bassine du feu. Une heure après, versez le tout sur un tamis fin, en reversant les premiers jets.

Si on voulait obtenir le sirop plus limpide, il faudrait le filtrer à la chausse, après l'avoir passé au tamis.

Sirop de coings. — Ce sirop est un des meilleurs qu'on puisse préparer dans une cuisine bourgeoise.

Choisissez les fruits mûrs; pelez et émincez-les, mettez-les dans une casserole bien étamée, mouillez juste à couvert avec de l'eau; couvrez la casserole, et cuisez à bon feu. Quand ils sont bien atteints, jetez le tout sur un tamis, placé au-dessus d'une terrine, afin de recueillir le suc; tenez celui-ci 24 heures dans un lieu frais. Ecumez et filtrez-le ensuite.

Mesurez 2 litres de suc, versez-le dans une bassine; ajoutez 2,250 grammes de sucre coupé en morceaux; cuisez le sirop à 32 degrés, en l'écumant; mettez-le en bouteilles.

Sirop de vinaigre framboisé. — Pesez 2 kilogrammes de framboises fraîches, épluchées; mettez-les dans une cruche en terre, mouillez avec 4 litres de bon vinaigre blanc, de vin; couvrez la cruche, et laissez infuser 2 jours.

Versez alors le tout sur un tamis pour recueillir le liquide;

(1) Non-seulement on ne doit cuire le suc des fruits rouges que dans des vases non étamés, mais on ne doit y toucher qu'avec des cuillers en cuivre rouge. On ne doit passer le sirop que dans des vases en porcelaine ou en terre vernie; jamais dans des casseroles ou autres vases étamés; car le suc deviendrait violet.

Il n'y a aucun danger à travailler les sucs de fruits dans des vases non étamés, du moment qu'ils sont mêlés avec du sucre; mais il ne faut jamais les laisser dans le cuivre avant qu'ils soient sucrés.

mesurez-en 2 litres, versez-le dans une bassine; ajoutez 2 kilogrammes et quart de sucre coupé en morceaux. Quand le sucre est dissous, cuisez le sirop à 32 degrés, en l'écumant. — Quand il est froid, enfermez-le dans des bouteilles.

Sirop d'orgeat. — Mondez 2 kilogrammes d'amandes : 500 grammes d'amères pour 1 kilogramme de douces. Faites-les dégorger à l'eau froide quelques heures.

Pilez ou broyez-les, peu à la fois, en ajoutant un peu d'eau froide. Délayez-les d'abord avec 2 litres d'eau froide par kilogr. d'amandes; passez au tamis; exprimez ensuite les amandes dans un linge, et mouillez-les de nouveau avec un litre d'eau, afin de les exprimer encore.

Pour chaque litre de lait d'amande, prenez 2 kilogrammes de sucre; mettez-le dans une bassine avec l'eau nécessaire, et cuisez-le au *lissé*. Retirez-le du feu, et quand il est à moitié refroidi, mêlez-lui le lait d'amande, en agitant le liquide; quand le mélange est opéré, ajoutez pour chaque litre de lait d'amande 2 cuillerées d'eau de gomme arabique dissoute. Quand le sirop est tout à fait froid, enfermez-le dans des bouteilles.

Sirop de cerises. — Choisissez des cerises aigres; retirez-en les queues et les noyaux; pilez-les, en ajoutant quelques noyaux : exprimez-en le suc, et passez celui-ci au tamis, dans une terrine; tenez-le 24 heures en un lieu frais.

Ecumez et filtrez-le alors à la serviette. — Pour chaque litre de suc, prenez 1 kilogramme de sucre; cuisez à 33 degrés, en écumant. — Enfermez-le dans des bouteilles, quand il est froid.

Sirop de fraises. — Ecrasez quelques kilogrammes de bonnes fraises, fraîches, bien parfumées. Pour chaque kilogramme, cuisez au *boulé* 1 kilogramme de sucre. Versez les fraises dans le liquide; donnez un seul bouillon, et retirez la bassine du feu. Une heure après, versez le tout sur un tamis fin, disposé sur une grande terrine; remettez les premiers jets dans le tamis jusqu'à ce que le sirop passe limpide.

Enfermez-le dans des bouteilles à champagne; ficelez et donnez-leur un bouillon au bain-marie.

Sirop d'épines-vinettes. — Choisissez les fruits bien rouges, mûrs sans excès; broyez-les dans un mortier, en mêlant lant un peu d'eau froide; puis exprimez-en le suc, en les tordant dans un linge, peu à la fois.

Mettez ce suc dans une terrine vernie, et tenez-le à la cave 24 heures.

Enlevez l'écume épaisse du suc, et filtrez-le à la chausse; mesurez-le et versez-le dans une bassine. Pour chaque litre, ajoutez 2 livres de sucre concassé. Posez la bassine sur feu, et cuisez le sirop à 32 degrés.

Avec les fruits dont a tiré le sirop on peut encore préparer de la marmelade; il suffit de les passer au tamis, leur mêler le sucre nécessaire, et faire réduire à point.

Sirop de gomme. — Lavez 500 grammes de gomme arabique, blanche; faites-la dissoudre à froid, dans un vase, avec demi-litre d'eau froide, en la tenant à couvert, et en la remuant souvent; passez-la à travers un linge.

Faites fondre dans une bassine 4 kilogrammes de sucre avec 2 litres d'eau tiède; posez la bassine sur le feu, écumez avec soin et cuisez-le 2 à 3 minutes; ajoutez alors la gomme dissoute; faites bouillir le liquide jusqu'à ce qu'il donne 32 degrés au pèse-sirop.— Laissez refroidir, enfermez dans des bouteilles.

Sirop de guimauve. — Coupez en petits morceaux 100 gram. de racine de guimauve, propre; faites-la macérer 15 heures dans 1 litre d'eau. Passez ensuite le liquide.

Cuisez au *boulé* 2 kilogrammes de sucre, ajoutez l'eau de guimauve; après quelques bouillons, pesez le sirop : il doit donner 32 degrés; retirez-le aussitôt. Quand il est froid, mettez-le en bouteilles.

Sirop d'asperges. — Ratissez des asperges fraîches; supprimez-en les parties les plus dures; émincez les autres; mettez-les dans une casserole, couvrez-les avec de l'eau chaude; cuisez-les à couvert. Quand elles sont en bouillie, versez le tout sur un tamis fin. Filtrez alors le liquide à la poche ou dans un tamis, au papier mâché.

A chaque litre de liquide, mêlez 2 livres de sucre coupé en morceaux. Cuisez à 33 degrés; mettez en bouteilles, bouchez, ficelez et cuisez quelques minutes au bain-marie, car ce sirop ne se conserverait pas longtemps.

Sirop de violettes. — Prenez des violettes de bois, récemment cueillies; détachez les feuilles des tiges et pilez celles-ci dans un mortier bien propre : il en faut 250 grammes; délayez-les d'abord avec un litre d'eau bouillante, puis ajoutez-en encore un litre. Versez le tout dans une casserole étamée à neuf, car l'étain conserve la belle nuance des violettes; laissez macérer 8 à 10 heures.

Passez alors l'infusion à travers un linge bien propre, en exprimant les feuilles. — Laissez déposer le liquide, puis versez-le, en le décantant, dans le même vase où l'infusion a été faite. Ajoutez 4 livres de beau sucre coupé en morceaux; tenez le vase au bain-marie, jusqu'à ce que le sucre soit dissous; retirez-le alors, laissez-le refroidir, et filtrez-le. — Enfermez-le ensuite dans des bouteilles, bouchez-les, et passez-les à l'ébullition.

COMPOTES

Compote de cerises. — Coupez, à moitié de longueur, les queues de 5 à 600 grammes de cerises. Mettez-les dans un poêlon d'office avec 2 poignées de sucre en poudre; quand le sucre commence à se dissoudre, posez le poêlon sur feu doux, et sautez les cerises; donnez-leur 2 bouillons dans le liquide; versez le tout dans une terrine; laissez refroidir.

Compote de coings. — Les coings pour compote doivent être choisis bien mûrs, jaunes, odorants. Divisez-les en quartiers, pelez-les, supprimez-en les parties dures du cœur; jetez-les à mesure dans de l'eau mêlée avec un peu d'acide citrique dissous. Plongez-les ensuite à l'eau bouillante, acidulée, mais dans une casserole étamée; cuisez-les à couvert jusqu'à ce qu'ils soient bien atteints. Égouttez-les alors dans une terrine; saupoudrez-les avec du sucre ou arrosez-les avec du sirop; laissez refroidir.

Compote d'abricots entiers. — Pelez 10 à 12 abricots entiers, pas trop mûrs; plongez-les à l'eau bouillante; aussitôt qu'ils sont légèrement attendris, égouttez-les, rangez-les dans une terrine vernie. — Versez la moitié d'un verre de leur cuisson dans une casserole, ajoutez 150 grammes de sucre coupé; faites bouillir le liquide jusqu'à ce que le sirop soit serré; versez-le alors sur les abricots; laissez refroidir.

Compote d'abricots en moitiés. — Choisissez les abricots peu mûrs; divisez-les chacun en deux parties, retirez-en le noyau, et pelez-les; plongez-les dans l'eau bouillante, donnez-leur 2 bouillons couverts; égouttez-les, mettez-les dans une terrine, saupoudrez-les avec du sucre ou couvrez-les avec du sirop à 20 degrés; laissez refroidir.

Compote de pêches. — Il y a deux sortes de pêches; d'abord les dures, dont le noyau ne se détache pas. Celles-là doivent être pelées à vif, après les avoir divisées, et avoir enlevé le noyau. On les blanchit à l'eau jusqu'à ce qu'elles soient tendres; on les égoutte et on les couvre avec du sirop léger. Quand elles sont froides, on égoutte le sirop, on mêle du sucre à celui-ci et on le cuit à 30 degrés; quand il est froid, on le verse sur les fruits dressés dans le compotier.

Si les pêches sont molles, c'est-à-dire des pêches d'espalier, on les divise chacune en deux parties, on en supprime le noyau et on les plonge à l'eau bouillante, peu à la fois, afin de mieux les surveiller; on les égoutte aussitôt que la peau s'en détache. Quand la peau est retirée, faites-les macérer une heure dans du sirop et dressez-les dans le compotier.

Compote de pêches crues, au marasquin. — Divisez quelques bonnes pêches, chacune en deux parties; pelez-les, puis divisez chaque moitié en petits quartiers; rangez ceux-ci par couches dans un compotier en cristal: saupoudrez chaque couche avec du sucre en poudre légèrement vanillé; arrosez-les avec du marasquin. Tenez le compotier sur glace trois quarts d'heure, avant de servir la compote.

Compote de prunes d'avoine. — Ces prunes sont noires et très-petites. Coupez-en la queue à moitié de longueur et piquez-les légèrement avec une épingle. — Faites bouillir de l'eau dans une bassine rouge, plongez les prunes dans le liquide, donnez 2 bouillons couverts; enlevez-les avec l'écumoire, rangez-les dans une terrine, par couches, en saupoudrant chaque couche avec du sucre en poudre. Quand les fruits sont refroidis, dressez-les dans le compotier. — Ainsi préparées, ces prunes donnent une compote excellente et très-simple à obtenir.

Compote de prunes noires. — Pelez les prunes à vif, plongez-les à l'eau bouillante; donnez 2 bouillons couverts. Egouttez-les dans une terrine; saupoudrez avec du sucre en poudre ou couvrez avec du sirop à 30 degrés. Quand elles sont froides, dressez-les.

Compote de reines-Claude. — Piquez les prunes avec une fourchette; plongez-les à l'eau bouillante; donnez 2 bouillons couverts. — Egouttez-les dans une terrine; couvrez-les avec du sirop léger. Quand elles sont froides, égouttez le sirop; mêlez un peu de sucre à celui-ci, et faites-le réduire à 30 degrés; quand il est froid, dressez les prunes dans le compotier, et versez le sirop dessus.

Compote de mirabelles. — Supprimez la queue des mirabelles; piquez-les légèrement avec une aiguille; plongez-les à l'eau bouillante, donnez-leur seulement un bouillon couvert; égouttez-les dans une terrine, couvrez-les avec du sirop à 20 degrés, ou rangez-les simplement par couches, en saupoudrant chaque couche avec du sucre en poudre. Une heure après, dressez-les dans le compotier, et arrosez avec leur sirop.

Compote de pruneaux secs. — Lavez les pruneaux, à l'eau tiède; mettez-les dans une casserole, mouillez largement avec de l'eau, faites bouillir le liquide, et retirez la casserole sur le côté du feu. Un quart d'heure après, égouttez-en l'eau; mêlez-leur un peu de vin blanc ou rouge, un brin de zeste, seulement une pincée de sucre et un peu d'eau; cuisez-les à feu doux.

Enlevez-les alors avec l'écumoire, mettez-les dans une terrine; ajoutez du sucre à une partie de leur cuisson; faites-la bouillir et versez sur les pruneaux, en la passant. Quand ils sont froids, dressez-les. — Il ne convient pas de cuire les pruneaux avec beaucoup de sucre, car celui-ci les fait rider.

Compote de groseilles vertes. — Choisissez les groseilles encore vertes et fermes; supprimez-en les queues, plongez-les à l'eau bouillante, et donnez 2 bouillons couverts. Egouttez-les dans une terrine, et saupoudrez, avec du sucre fin, ou bien arrosez-les, avec du sirop à 30 degrés. — Quand la compote est froide, dressez-la.

Compote de groseilles rouges. — Prenez 500 grammes de groseilles égrainées, blanches ou rouges. — Mettez dans un poêlon 250 gram. de sucre avec un demi-verre d'eau; cuisez-le au *boulé*, et retirez sur le côté du feu; ajoutez les groseilles, et roulez-les dans le sirop, sans faire bouillir celui-ci, jusqu'à ce qu'il soit dissous et bien mêlé aux fruits; versez le tout dans le compotier; laissez refroidir.

Compote d'airelles rouges. — Triez et lavez un litre d'airelles, égouttez-les sur un tamis, mettez-les dans un poêlon avec 200 grammes de sucre en poudre; tenez-les ainsi une heure, en les sautant souvent, afin de provoquer la dissolution du sucre. Alors mettez le poêlon sur le feu, et cuisez les fruits jusqu'à ce que le sirop laisse une nappe légère sur l'écumoire; 2 à 3 minutes suffisent. Versez dans une terrine, laissez refroidir et dressez dans le compotier

Compote de fraises. — Choisissez les fraises bien entières, pas trop mûres; plongez-les dans du sucre cuit au *boulé*, en opérant comme il est dit pour la compote de groseilles; laissez refroidir et dressez dans le compotier.

Compote d'ananas. — On trouve aujourd'hui dans le commerce des ananas d'Amérique conservés en boîte, qui conviennent très-bien pour compote; il suffit de les parer avec soin, les diviser en deux sur la longueur, et diviser ensuite chaque moitié en tranches transversales. Faites-les macérer 12 heures dans du sirop froid à 25 degrés; puis dressez-les dans le compotier. Faites réduire le sirop à 30 degrés, et versez-le sur les fruits, quand il est froid.

Si les ananas sont frais, pelez-les à vif, divisez-les en deux parties, puis en tranches; rangez-les dans un bol étroit, couvrez-les juste avec du sirop froid à 30 degrés. Faites-les macérer 6 heures; dressez-les ensuite dans le compotier.

Compote d'ananas au rhum. — Coupez l'ananas en tranches; rangez celles-ci dans une terrine, par couches, en saupoudrant chaque couche avec du sucre très-fin. Laissez macérer le fruit, dans un lieu frais, jusqu'à ce que le sucre soit dissous. Dressez alors les tranches dans le compotier; mettez un peu de bon rhum au sirop, et avec lui, arrosez les tranches.

Compote d'oranges. — Choisissez 3 à 4 bonnes oranges; divisez-les chacune en deux parties, puis chaque partie en 2 ou 3 quartiers, selon leur grosseur. Passez alors la lame d'un couteau entre le blanc de l'écorce et les chairs, de façon à retirer celles-ci; supprimez-en les pepins, et rangez-les dans un bol, par couches, en saupoudrant chaque couche avec du sucre en poudre. Couvrez-les, laissez-les macérer 2 heures; dressez-les alors dans un compotier; mêlez un peu de sirop et de rhum au liquide, versez-le sur les oranges.

Compote de pommes. — Toutes les espèces de pommes peuvent être préparées en compote, pourvu qu'elles résistent à la cuisson, c'est-à-dire qu'elles ne se fondent pas : les reinettes et les calvilles sont les meilleures : coupez-les en deux ou en quatre parties; pelez-les, supprimez-en le cœur, soit avec le couteau, soit avec une cuiller à racine. Plongez-les à l'eau bouillante, acidulée avec de l'acide citrique. Au premier bouillon, retirez la casserole sur le côté du feu, et tenez-la ainsi à couvert jusqu'à ce que les pommes soient attendries au point voulu : elles doivent cuire en bouillant le moins possible. Egouttez-les, rangez-les dans une terrine, couvrez-les avec du sirop léger, ajoutez un brin de zeste; 2 heures après, dressez-les dans le compotier, et arrosez-les avec du sirop à 30 degrés.

Compote de pommes à la gelée de groseilles. — Choisissez 8 pommes d'égale grosseur, videz-les sur le centre, à l'aide d'un tube à colonne; pelez-les, en les jetant à mesure dans de l'eau acidulée et légèrement sucrée : autant que possible, cuisez-les sans ébullition. Egouttez-les, mettez-les dans une terrine, et couvrez-les avec du sirop à 20 degrés. Quand elles sont froides, égouttez-les, servez avec leur sirop.

Compote de pommes à l'abricot. — Cuisez quelques pommes entières, pelées et vidées sur le centre; quand elles sont à point, égouttez-les, mettez-les dans une terrine, couvrez avec du sirop léger. Quand elles sont bien froides, dressez-les dans le compotier, remplissez le vide avec de la marmelade d'abricots, et sur le haut, disposez symétriquement quelques cerises au sucre, bien égouttées. Servez avec leur sirop.

Compote de pommes émincées, aux raisins. — Divisez 6 bonnes pommes en quartiers; pelez-les, parez-les, émincez-les. — Versez dans une casserole plate, la valeur d'un verre et demi de sirop à 25 degrés; ajoutez un morceau de zeste de citron, faites-le bouillir; ajoutez alors les pommes, ainsi qu'une poignée de raisins de Smyrne triés et lavés; ajoutez un morceau de cannelle. Cuisez les pommes tout doucement, en les tenant fermes, mais sans y toucher avec une cuiller. Laissez refroidir et servez.

Compote de marmelade de pommes, glacée. — Coupez en quartiers 7 à 8 bonnes pommes; pelez, épluchez, et mettez-les dans une petite casserole avec un peu d'eau; cuisez-les à couvert, sur feu modéré : quand elles sont cuites, l'humidité doit être toute évaporée. Passez-les alors au tamis; remettez la purée dans la casserole, ajoutez quelques cuillerées de sucre en poudre, un brin de zeste; faites réduire la marmelade, jusqu'à ce qu'elle soit à la *nappe*. Dressez-la alors dans un compotier, en la lissant avec un couteau; saupoudrez avec du sucre en poudre, et glacez avec une brochette en fer, rougie au feu.

Compote de pommes et de poires sèches. — Faites dégorger quelques heures les fruits dans l'eau froide. Mettez-les ensuite dans une casserole avec un brin de cannelle, couvrez-les avec de l'eau, cuisez à feu doux et à couvert, jusqu'à ce qu'ils soient ramollis. Egouttez alors la plus grande partie du liquide, ajoutez un peu de zeste et un peu de sucre au restant, ainsi que quelques cuillerées de vin blanc pour les pommes, et du vin rouge pour les poires.

Cuisez encore les fruits 10 minutes sur feu doux, et versez dans une terrine. — Il est bon d'observer que le sirop doit être abondant, plutôt que court, car en refroidissant les fruits en absorbent une partie.

Compote de poires. — Les poires de *beurré blanc* ou *gris* sont les meilleures pour compotes; on emploie aussi celles de rousselet, de bon chrétien.— Coupez les poires de moyenne grosseur, chacune en deux ou en quatre parties. Pelez-les, supprimez-en le cœur, ainsi que les corps durs du haut et du bas. Plongez-les à l'eau bouillante acidulée, cuisez à couvert jusqu'à ce qu'elles soient tendres. Egouttez et rangez-les dans une terrine, couvrez avec du sirop léger.— Deux heures après, dressez les dans un compotier, arrosez avec du sirop froid, à 30 degrés.

Compote de poires rouges. — Coupez en deux ou en quartiers quelques poires de Catillac; pelez-les et supprimez-en le cœur; rafraîchissez-les, et mettez-les avec leurs pelures dans une casserole étamée; ajoutez du sucre et de l'eau pour les couvrir. Aussitôt qu'elles sont tendres, égouttez-les; remettez-le sirop dans la casserole; ajoutez du sucre et un peu de carmin liquide, faites-le réduire à 28 degrés, et versez-le sur les fruits; laissez refroidir.

Compote de petites poires entières. — Choisissez des petites poires d'une égale grosseur; coupez-en la queue à moitié de longueur; pelez-les; puis, avec une petite cuiller à racine, retirez une partie du cœur, en les ouvrant du côté de la fleur. Jetez-les à mesure dans de l'eau acidulée, cuisez à l'eau. Egouttez-les, mettez-les dans une terrine, et couvrez avec du sirop à 25 degrés; laissez refroidir.

Compote de marrons à la vanille. — Prenez 1 kilogramme de gros marrons; fendez-en l'écorce, sans atteindre la pulpe; mettez-les dans une casserole à grande l'eau et un sachet de son; faites bouillir le liquide, et retirez aussitôt sur le côté du feu, afin qu'il ne fasse que frissonner; dans ces conditions, il faut à peu près 2 heures pour cuire les marrons. Egouttez-les par petites portions à la fois, afin qu'ils ne refroidissent pas. Epluchez-les, et rangez-les à mesure dans une casserole plate avec du sirop tiède, léger, à 12 degrés : il ne faut mettre que ceux qui restent entiers. Ajoutez un demi-bâton de vanille, couvrez la casserole et tenez-la sur le côté du feu, de façon que le sirop reste toujours bien chaud, mais sans bouillir.

Deux heures après, égouttez la moitié du sirop, et remplacez-le par du sirop chaud à 30 degrés; laissez refroidir et servez

Compote de marrons au marasquin. — Fendez l'écorce d'une trentaine de marrons; faites-les rôtir au four, de façon à les maintenir blancs. Epluchez et mettez-les dans un poêlon : couvrez avec du sirop chaud à 20 degrés, et tenez sur le côté du feu. Deux heures après, égouttez le sirop, ajoutez à celui-ci un peu de sucre et cuisez à 32 degrés, laissez refroidir; alors mêlez-lui un peu de rhum, et versez sur les marrons.

Compote de melon. — Choisissez un melon cantalou, à chairs fermes, pas trop mûr; distribuez-le en tranches, retirez-en l'écorce, coupez transversalement la pulpe en deux ou plusieurs parties, selon la longueur des tranches, plongez-les à l'eau bouillante. Au premier bouillon, retirez le vase, et tenez-le à couvert, sur le côté du feu, jusqu'à ce que les morceaux soient attendris. Egouttez-les, mettez-les dans une terrine, couvrez avec du sirop à 30 degrés; laissez refroidir.

Compote de groseilles à maquereau. — Choisissez les groseilles peu mûres, fermes; plongez-les à l'eau bouillante dans une bassine; retirez aussitôt la bassine sur le côté du feu, de façon à maintenir le liquide bien chaud, sans le faire bouillir. Quand les groseilles sont ramollies, égouttez-les, rangez-les par couches dans un compotier, en saupoudrant chaque couche avec du sucre en poudre; laissez-les refroidir avant de les servir.

Grappes de groseilles à la neige. — Prenez des grappes de groseilles mûres à point, d'une égale grosseur, par moitié blanches et rouges. Roulez-les d'abord dans des blancs d'œuf, légèrement fouettés; puis roulez-les dans du sucre en poudre, de façon à blanchir les grains; rangez-les sur des feuilles de papier, séchez-les 2 minutes à l'étuve; laissez-les refroidir avant de les servir.

GLACES ET PUNCHS GLACÉS

Glaces de crème à la vanille. — Demi-litre de lait, 250 grammes de sucre en poudre, 7 à 8 jaunes d'œuf, un petit bâton de vanille.

Faites bouillir le lait. Mettez les jaunes dans une terrine, broyez-les avec un fouet; ajoutez le sucre; fouettez encore l'appareil, puis délayez peu à peu avec le lait bouillant; passez au tamis dans une casserole étamée; ajoutez la vanille coupée.

Tournez la crème sur feu avec une cuiller en bois; liez-la sans ébullition; retirez-la, versez-la dans une terrine, en la passant; remettez la vanille dedans. Quand la crème est froide, retirez-en la vanille, et versez-la dans la sorbetière sanglée, fermez celle-ci, faites-la tourner jusqu'à ce que la crème commence à s'attacher contre les parois; enlevez alors le couvercle, et détachez la glace des parois avec la spatule, puis battez-la de façon à faire tourner la sorbetière; détachez souvent la glace des parois, et battez-la de nouveau.

Quand elle est lisse et ferme, servez-la dans des verres ou en rocher, sur serviette. — On peut aussi l'enfermer dans un moule à fromage, pour la faire frapper une heure sur glace salée, et la renverser ensuite sur une serviette pliée.

Glaces de crème au chocolat. — Faites ramollir, à la bouche du four, 200 grammes de bon chocolat; broyez-le; délayez-le avec un peu d'eau chaude, et donnez un seul bouillon, sans cesser de le tourner; passez-le ensuite au tamis.

Préparez une crème comme il vient d'être dit, avec 8 décilitres de lait, 7 à 8 jaunes d'œuf, demi-bâton de vanille, 250 grammes de sucre, si le chocolat est sucré; s'il ne l'est pas, il en faut 300 grammes.

Quand la crème est liée, prenez-en une partie pour délayer le chocolat, et mêlez celui-ci à la crème; quand celle-ci est à peu près froide, passez-la. Faites-la ensuite glacer à la sorbetière.

Glaces au melon cantalou. — Prenez quelques tranches d'un bon cantalou; supprimez-en l'écorce, passez la pulpe au tamis dans une terrine. Mesurez-en 4 décilitres; délayez-la avec 4 décilitres de sirop froid à 30 degrés; ajoutez le suc de 2 citrons, un brin de zeste; passez au tamis : l'appareil doit donner 22 à 23 degrés au pèse-sirop; ajoutez un peu d'eau froide si l'appareil était trop sucré.— Faites glacer à la sorbetière.

Glaces aux fraises, en rocher. — Choisissez des fraises mûres et fraîches; passez-les au tamis.

Prenez 2 verres de cette purée, mêlez-la avec 2 verres de sirop à 30 degrés ou 2 verres de sucre en poudre; en ce dernier cas, ajoutez un peu d'eau froide, un brin de zeste et le suc de 2 ou 3 citrons.

Quand le sucre est bien dissous, passez l'appareil au tamis : il doit donner 24 degrés au pèse-sirop; faites glacer à la sorbetière, en opérant comme il est dit plus haut (page 542).

Tenez quelques belles fraises dans un bol, sur la glace. Au moment de servir, prenez la glace avec une grande cuiller, et dressez-la en rocher sur un plat couvert d'une serviette pliée; semez sur le rocher les fraises tenues en réserve, et servez sans retard.

Glaces à l'orange. — Versez dans une terrine demi-litre de sirop froid, à 32 degrés; ajoutez quelques brins de zeste, puis le suc de 5 à 6 oranges douces, et le suc d'un citron; si les oranges étaient acides, mettez-en une de plus et supprimez le citron.

Passez l'appareil au tamis; pesez-le au pèse-sirop, et s'il donne plus de 25 degrés, ajoutez de l'eau froide pour l'amener à ce point; passez de nouveau, et faites glacer à la sorbetière, en opérant comme pour les glaces de crème (page 542).

Glaces au citron. — Pour 4 décilitres de sirop à 30 degrés, prenez un demi-zeste et le suc de 8 à 10 citrons, selon qu'ils sont plus ou moins juteux.

Quand l'appareil est passé, pesez-le au pèse-sirop; ajoutez l'eau froide nécessaire pour qu'il donne 25 degrés; faites glacer à la sorbetière.

Punch glacé, champagne et ananas. — Préparez un appareil de glace avec du sirop d'ananas, du suc de citron et le sirop nécessaire; pesez-le : il doit donner 22 degrés au pèse-sirop. Faites glacer à la sorbetière, en opérant comme pour faire une glace; quand il est lisse, mêlez-lui 3 blancs d'œuf de meringue. — Un quart d'heure après, incorporez, peu à peu et sans cesser de travailler, 2 verres de bon champagne, préalablement mêlé avec un peu d'appareil.

MARMELADE, PATES ET GELÉES

DE FRUITS

Marmelade de reines-Claude. — Supprimez les noyaux des fruits, en les ouvrant; mettez-les dans une terrine avec trois quarts de leur poids de sucre; Tenez-les ainsi quelques heures; puis, cuisez dans une bassine, et à feu doux. Quand les reines-Claude sont fondues, passez-les, remettez la purée dans la bassine, et faites réduire la marmelade à la *nappe*, sans la quitter; mettez-la dans un bocal en verre; laissez-la bien refroidir; couvrez-la avec un rond de papier imbibé avec de l'eau-de-vie, puis couvrez le bocal avec du fort papier, en le ficelant.

Pour obtenir de la marmelade verte, il faut opérer avec des reines-Claude reverdies.

Marmelade de mirabelles. — Choisissez-les bien mûres; retirez-en les noyaux; mettez-les dans une bassine, et faites-les fondre, en les remuant; passez au tamis, et pesez la purée. Mêlez-lui la moitié de son poids de sucre en poudre; cuisez à la *nappe*. — Pour conserver cette marmelade, enfermez-la dans des bocaux en verre ou en grès.

Marmelade de pommes. — Choisissez de bonnes pommes rainettes ou calvilles ; divisez-les en quartiers et pelez-les ; mettez-les dans une casserole avec un peu d'eau et une poignée de sucre en poudre ; cuisez à couvert, sur feu modéré. Quand elles sont à point, le liquide doit se trouver réduit ; passez-les au tamis ; remettez la purée dans la casserole, avec trois quarts de leur poids de sucre, un morceau de vanille ou un peu de zeste ; faites réduire la marmelade, en la tournant, sans la quitter ; laissez-la plus ou moins réduire, selon l'emploi auquel elle est destinée.

Marmelade d'oranges. — Levez les zestes de 8 à 10 oranges ; émincez-les, faites-les blanchir à fond dans de l'eau.

Prenez les chairs de 24 oranges, passez-les au tamis. Pour un demi-litre de purée, prenez 600 grammes de sucre, cuisez-le au *boulé* ; ajoutez 2 décilitres de suc de pommes, puis les zestes et la purée ; cuisez la marmelade à la *nappe*, sur feu très-doux, sans la quitter. Enfermez-la dans des verres.

Marmelade de framboises. — On prépare cette marmelade de deux façons : avec ou sans pepins. Si on veut l'avoir sans pepins, il faut passer les fruits au tamis, mettre la purée dans une bassine avec son même poids de sucre pilé ; puis, faire réduire la marmelade à la *nappe*, sans la quitter.

Pour obtenir la marmelade avec les pepins, mettez les framboises dans la bassine avec trois quarts de leur poids de sucre ; écrasez les fruits avec une cuiller, et cuisez la marmelade à la *nappe*, sans cesser de la tourner. — Enfermez la marmelade dans des bocaux.

Marmelade de fraises. — Choisissez des fruits frais ; passez-les au tamis. — Pour 1 kilogramme de purée mettez 1 kilogram. de sucre dans une bassine ; cuisez-le au *boulé*, ajoutez alors la purée et cuisez la marmelade à la *nappe*, sur feu vif. — Enfermez dans des pots.

Marmelade de pêches. — Pelez les pêches ; émincez-les, mettez-les dans une casserole et faites-les fondre sur feu modéré, en les remuant souvent ; passez ensuite au tamis.

Pesez la purée et moitié de son poids de sucre ; mettez celui-ci dans une bassine, et cuisez-le au *boulé* ; ajoutez alors la purée et un morceau de vanille ; cuisez la marmelade à la *nappe*, sans la quitter.

Enfermez-la dans des vases, en verre ou en grès, en opérant comme pour la gelée de groseilles.

Marmelade de poires. — Choisissez de bonnes poires : cresane, d'Angleterre ou de bon chrétien ; divisez-les en quartiers ; pelez et émincez-les; mettez dans une casserole avec un peu d'eau et une poignée de sucre; cuisez-les à court mouillement, sur feu modéré. Quand elles ont réduit leur humidité, passez-les au tamis; remettez la purée dans la casserole.

Pour 1 kilogramme de purée, ajoutez trois quarts de sucre pilé, un morceau de vanille ou zeste. Faites réduire la marmelade à feu vif, en la tournant et sans la quitter, jusqu'à ce qu'elle soit à la *nappe*. Enfermez dans des pots.

Marmelade d'abricots. — Choisissez les fruits mûrs; fendez-les en deux, supprimez le noyau. Mettez les abricots dans une casserole, faites-les fondre sur un feu modéré, en les remuant; passez ensuite au tamis. — A chaque kilogramme de purée, mêlez 750 gram. de sucre écrasé; versez le tout dans une bassine, et cuisez à la *nappe*.

Ajoutez alors la purée et quelques amandes d'abricots mondées et blanchies, donnez-lui encore un bouillon; versez-la dans des vases, et laissez refroidir; couvrez-la d'abord avec un rond de papier humecté avec de l'eau-de-vie, puis fermez le le vase avec du papier ficelé ou avec de la vessie ramollie.

Pâte de pommes à la vanille. — Pelez de bonnes pommes, émincez et rafraîchissez-les, mettez-les dans une casserole bien étamée; cuisez à couvert sur feu modéré. Quand elles ont réduit leur humidité, passez-les au tamis.

Pesez la purée; mêlez-lui son même poids de sucre pilé, et faites-la réduire, sans la quitter, jusqu'à ce qu'elle soit bien serrée, et qu'en la remuant on puisse voir le fond de la casserole.

Versez alors la marmelade sur des plafonds, en lui donnant l'épaisseur d'un centimètre. Lissez bien le dessus, saupoudrez avec du sucre, et tenez-la à l'étuve très-douce 24 heures.

Renversez-la alors sur une autre plaque, couverte de papier et saupoudrée de sucre; tenez-la encore 24 heures à l'étuve.

Quand elle est sèche et raffermie, divisez-la en bandes, saupoudrez avec du sucre fin, et enfermez dans des caisses, en alternant chaque bande avec du papier.

Pâte de coings. — On opère pour la pâte de coings d'après la même méthode que pour la pâte de pommes. — On peut légèrement rougir la pâte avant de la retirer du feu, en lui mêlant quelques gouttes de carmin végétal.

Pâte d'abricots. — Préparez une purée d'abricots pelés, dans les conditions prescrites pour la pâte de pommes; pesez-la.

Cuisez au *boulé* son même poids de sucre : ajoutez la purée et faites réduire la marmelade, sans la quitter, jusqu'à ce qu'en la remuant on aperçoive le fond de la casserole.

Versez-la alors sur des plaques, en couches d'un centimètre d'épaisseur, ou couchez-la à l'aide d'une poche, en pastilles rondes de 4 centimètres de diamètre. Séchez à l'étuve et enfermez dans des caisses, en alternant les couches de fruits avec du papier.

Gelée de groseilles, dans des verres. — Choisissez les groseilles fraîches, peu mûres, moitié blanches, moitié rouges; broyez-les dans un mortier, puis retirez-en les grappes avec les mains. Exprimez les groseilles dans un linge, à 2 personnes, pour en extraire le suc; mettez-en 1 litre dans une bassine rouge, avec à peu près 1 kilogramme de sucre en morceaux.

Cuisez la gelée à la *nappe*, c'est-à-dire à ce point où, en trempant l'écumoire et laissant couler la gelée, elle tombe, non pas en gouttes, mais en *nappe*.

Si le feu est violent, la gelée doit être à point au bout de 6 à 7 minutes d'ébullition. — Retirez-la alors sur le côté du feu; écumez avec soin et versez dans des verres à gelée.

Si la gelée est à point, 20 minutes après qu'elle est dans les vases, elle doit déjà offrir au toucher une résistance élastique.

Quand la gelée est bien froide, coupez un rond de papier un peu plus étroit que le diamètre du verre où elle est enfermée; trempez ce rond dans de l'eau-de-vie et appliquez-le à la surface de la gelée. Humectez ensuite les bords supérieurs du verre avec un peu de gélatine ou colle dissoute, et appliquez sur le verre un carré de fort papier, en l'appuyant; quand la colle est sèche, coupez le papier à niveau du verre.

On peut fermer les bocaux avec un double papier ficelé au-dessous du gouleau.

Gelée de groseilles, sans cuisson. — Ce procédé donne d'excellents résultats, en ce que l'arome et le goût du fruit se conservent davantage que si on cuit le sucre avec le fruit.

Choisissez les groseilles peu mûres, acides; égrappez-les, écrasez-les, exprimez en le suc; passez celui-ci au tamis, puis à travers un linge, ou à la chausse.

Pour chaque litre de liquide, prenez 1 kilogramme de sucre en poudre; mettez-le dans un poêlon ou une bassine; chauffez-le à la bouche du four, en remuant de temps en temps; quand il est bien chaud, délayez-le peu à peu avec le suc de groseilles; tournez le liquide jusqu'à ce que le sucre soit complètement dissous.

Passez-le alors au tamis, et avec lui remplissez les verres à gelée; mais il convient de ne couvrir ceux-ci que 24 heures après.

Gelée de pommes. — Choisissez les pommes mûres à point, mais plutôt vertes que trop mûres : la reinette, les pommes d'Angleterre et de Canada conviennent.

Emincez-les, mettez-les dans une casserole étamée; couvrez juste avec de l'eau; cuisez à couvert, jusqu'à ce qu'elles soient fondues.

Versez-les alors, en même temps que le liquide, sur un ou plusieurs tamis disposés sur des terrines : passez ensuite le liquide à travers une serviette, en opérant à deux personnes; laissez-le déposer 2 ou 3 heures, décantez-le ensuite, afin de l'obtenir aussi pur que possible.

Pour chaque litre de suc, ajoutez 800 grammes de sucre concassé et un morceau de vanille ayant déjà servi; cuisez à la *nappe*. Au dernier moment, ajoutez à la gelée quelques gouttes de carmin végétal, afin de lui donner une plus belle nuance. Enfermez-la dans des verres ou bocaux.

Gelée d'épines-vinettes. — Ecrasez les fruits; mettez-les dans une bassine avec un peu d'eau; cuisez-les 5 minutes pour les fondre; versez-les sur un grand tamis, et passez ensuite le suc à la serviette, de façon à l'obtenir aussi clair que possible.

Pour un litre de suc, mêlez 750 grammes de sucre coupé, cuisez la gelée à la *nappe*; écumez et versez dans les verres.

Cotignac ou gelée de coings. — Choisissez des coings mûrs, jaunes, odorants; divisez-les en quartiers, pelez-les, émincez-les et mettez-les dans une casserole bien étamée.

Mouillez juste à hauteur avec de l'eau; couvrez et cuisez sur feu modéré jusqu'à ce qu'ils soient bien atteints.

Jetez-les alors sur un tamis pour recueillir le liquide; passez-le ensuite à la chausse ou à la serviette.

Pour chaque litre de suc, prenez 750 grammes de sucre en morceaux; cuisez la gelée dans une bassine, à feu vif, jusqu'au degré de la *nappe*. — Terminez comme pour la gelée de pommes.

Gelée aux coings. — Cette méthode de préparer la gelée est peu pratiquée; elle devrait l'être davantage car elle donne d'excellents résultats.

Prenez des coings parfumés, mûrs à point; coupez-les en quartiers, pelez-les, retirez-en le cœur, émincez-les ensuite en tranches fines. Jetez-les à l'eau chaude dans une casserole bien étamée, couvrez-la et cuisez les fruits sans les briser. Egouttez-les sur un large tamis, en recueillant la cuisson.

Pesez la pulpe; pour chaque livre prenez une demi-livre de sucre. Rangez-la dans une terrine en la saupoudrant avec le sucre.

Pour chaque litre de suc (2 livres), prenez une livre et demie de sucre; mêlez-les ensemble. Cuisez les pelures de coings avec de l'eau, sucrez le liquide et mêlez-le avec le premier suc.

Deux ou trois heures après, mêlez les fruits et le liquide; faites bouillir, écumez et cuisez à la *nappe*, comme les autres gelées. — Laissez refroidir, enfermez-la dans des pots.

FRUITS CONFITS ET CONFITURES

Reines-Claude confites. — Choisissez des reines-Claude vertes et fraîches; coupez-en la queue à moitié; piquez-les jusqu'au noyau, avec les dents d'une fourchette en fer; jetez-les à mesure dans l'eau froide.

Mettez les prunes dans une petite bassine avec une poignée de sel; couvrez avec de l'eau froide, et posez sur le feu.

A mesure que les prunes montent, enlevez-les, plongez-les à l'eau froide. Retirez la bassine hors du feu, et quand l'eau est à peu près froide, remettez les prunes dans la bassine; tenez-les ainsi 6 à 7 heures, dans un lieu frais.

Couvrez alors la bassine et posez-la sur feu très-doux; agitez de temps en temps les prunes avec l'écumoire; chauffez-les simplement jusqu'à ce qu'elles soient légèrement reverdies, mais sans faire bouillir l'eau ni ramollir trop les prunes; enlevez-les avec l'écumoire et mettez-les dans une terrine avec du sirop léger, froid, à 15 degrés; couvrez avec du papier : c'est ce qu'on appelle donner une *façon* aux fruits.

Six heures après, égouttez le sirop dans une bassine; ajoutez assez de sucre imbibé à l'eau froide, pour augmenter la force du sirop de 4 à 5 degrés; faites bouillir, écumez et mêlez les fruits au sirop; laissez-les frémir un quart d'heure sur le côté du feu; retirez-les ensuite dans la terrine.

Cinq à 6 heures après, recommencez la même opération.

A la huitième façon, égouttez les prunes; mettez-dans

une bassine, couvrez avec du sirop neuf à 32 degrés; posez la bassine sur feu très-doux et amenez le liquide à l'ébullition; retirez aussitôt sur le côté du feu, couvrez et tenez ainsi une heure.

Les prunes sont alors confites. Vingt-quatre heures après, enfermez-les dans des vases.

Cédrats confits. — Râpez le zeste des fruits avec une petite râpe fine ou avec un morceau de verre de vitre. — Si on veut confire les cédrats entiers, il faut faire une ouverture ronde du côté de la tige; mais on peut simplement les couper en quartiers.

Faites-les cuire à grande eau jusqu'à ce que l'écorce soit tout à fait tendre. Egouttez-les, videz-les et faites-les dégorger 24 heures à l'eau courante, si c'est possible. Égouttez-les, mettez-les dans une terrine et couvrez-les largement avec du sirop froid à 15 degrés.

Six heures après, égouttez le sirop, mêlez-lui du sucre de façon à l'augmenter de 4 degrés.

Quand on a donné 3 à 4 façons, on fait bouillir le sirop et on ajoute les fruits; on laisse frémir le liquide sur le côté du feu pendant une demi-heure, sans ébullition. Les dernières façons, on ne les donne que toutes les 2 jours. A la dernière façon on change le sirop, pour les conserver.

Abricots confits. — Choisissez des abricots plutôt verts que mûrs, d'une égale grosseur; ouvrez-les du côté de la tige pour faire sortir le noyau; jetez-les à mesure dans l'eau froide; égouttez-les, mettez dans une bassine, et couvrez avec de l'eau froide; posez la bassine sur le feu et enlevez les abricots à mesure qu'ils montent; plongez-les de nouveau à l'eau froide.

Deux heures après, égouttez et rangez-les dans une terrine; mouillez à couvert avec du sirop tiède à 10 degrés; couvrez avec du papier, et laissez-les ainsi 6 heures.

Egouttez alors le sirop dans la bassine, ajoutez un peu de sucre (1). Faites-le bouillir et donnez-lui 3 degrés de plus; ajoutez les fruits, et retirez le liquide sur le côté du feu; il ne doit que frémir un quart d'heure.

Recommencez chaque jour l'opération, en augmentant le sirop de 3 degrés.

Donnez ainsi 8 façons; à la dernière façon, faites bouillir le sirop; il doit avoir 32 degrés; versez les fruits dans le sirop, donnez un seul bouillon et tenez sur le côté du feu une demi-heure. — Enfermez ensuite les fruits dans des pots.

Quartiers de coings confits. — Divisez les fruits en quartiers, pelez et parez-les, en les jetant à mesure à l'eau aci-

(1) Quand on veut mêler du sucre à un sirop, il faut avant, l'imbiber avec de l'eau froide, afin d'en faciliter la fonte.

dulée; mettez-les ensuite dans une casserole étamée, et cuisez-les dans de l'eau également acidulée et à couvert. Quand ils sont tendres, égouttez et mettez-les dans de l'eau froide, aussi acidulée.

Quand ils sont raffermis, égouttez et rangez-les dans des terrines; mouillez largement avec du sirop tiède, à 10 degrés; couvrez avec du papier; tenez en un lieu frais.

Six heures après, versez le sirop dans une bassine, ajoutez un morceau de sucre imbibé, et cuisez 7 à 8 minutes, en augmentant le sirop de 2 degrés; quand il est tiède, ajoutez les fruits; laissez-les frémir un quart d'heure sur le côté du feu.

Donnez encore 6 façons aux fruits. A la dernière façon, le sirop, doit peser 32 degrés; jetez alors les coings dans le sirop bouillant, donnez un seul bouillon et retirez sur le côté du feu. — Vingt-quatre heures après, enfermez la confiture dans des pots.

Pêches vertes confites. — Piquez les fruits avec une fourchette; mettez-les dans une bassine avec de l'eau froide; aussitôt qu'ils montent, retirez et laissez-les refroidir dans de l'eau. — Six heures après, remettez la bassine sur feu très-doux et faites reverdir les fruits, sans ébullition; égouttez et placez-les dans une bassine; couvrez avec du sirop à 15 degrés.

Six heures après, égouttez le sirop, ajoutez un peu de sucre afin de l'augmenter de 3 degrés; faites-le bouillir, ajoutez les fruits, et laissez-les frémir un quart d'heure sur le côté du feu.

Donnez encore 6 autres façons, de 6 en 6 heures, en augmentant chaque fois le degré du sucre. — Les dernières façons peuvent n'être données que toutes les 24 heures.

On opère de même pour confir les abricots verts.

Oranges confites, entières. — Les fruits à écorce épaisse sont les meilleurs.

Râpez-en le zeste avec une petite râpe; ouvrez-les du côté de la tige, à l'aide d'un tube à colonne; piquez-les, plongez-les à l'eau bouillante, et cuisez-les tout doucement à couvert, jusqu'à ce que l'écorce soit bien attendrie.

Egouttez-les et plongez-les à l'eau froide; faites-les dégorger 24 heures à l'eau courante; égouttez ensuite, et rangez-les dans une terrine.

Cuisez du sirop à 12 degrés; laissez-le refroidir et versez-le sur les oranges; 6 heures après, égouttez le sirop dans une bassine; ajoutez un peu de sucre, et donnez-lui 3 degrés de plus; ajoutez les fruits, laissez-les frémir un quart d'heure; versez-les dans la terrine. Répétez encore 8 fois l'opération.

En dernier lieu, le sirop doit avoir 32 degrés; à ce point, donnez un seul bouillon aux fruits dans le sirop : et tenez une demi-heure la bassine sur le côté du feu. Les oranges son alors confites.

Écorces d'oranges confites. — Dans la saison des oranges, alors qu'on en emploie beaucoup en cuisine, il convient de réserver les écorces. On peut ainsi se procurer une conserve pouvant servir de compote ou tout au moins lui être mêlée, ou bien être employée à l'égal du cédrat confit, si usité pour la confection des entremets.

Râpez légèrement le zeste des oranges; divisez-les en quartiers; piquez-les et faites-les cuire à grande eau, à couvert, dans une casserole, jusqu'à ce qu'elles soient bien tendres. Egouttez-les et faites-les dégorger 12 heures à l'eau courante.

Egouttez-les de nouveau et rangez-les dans une terrine plate; mouillez à couvert avec du sirop léger, à 10 degrés; couvrez avec du papier et tenez-les au frais.

Six heures après, égouttez le sirop dans la bassine, ajoutez un peu de sucre, et donnez 2 bouillons; ajoutez les écorces, faites-les frémir un quart d'heure sur le côté du feu: versez le tout dans la terrine. — Recommencez encore 7 ou 8 fois l'opération, en augmentant chaque fois le sirop de 2 degrés (1).

Verjus confit. — Choisissez les fruits fermes, égrainez-les, fendez-les légèrement afin d'en retirer les pepins de l'intérieur. Jetez-les à mesure dans une bassine avec de l'eau froide; ajoutez une poignée de sel. Posez la bassine sur feu modéré; à mesure que les grains montent, enlevez-les à l'écumoire et mettez-les à l'eau froide. Retirez la bassine du feu, en réservant l'eau. Faites dégorger 12 heures les grains de verjus; égouttez-les ensuite.

Mettez l'eau du blanchissage sur le feu, avec les grains de verjus; chauffez sans faire bouillir. Aussitôt que les grains sont reverdis, égouttez-les sur un tamis, rafraîchissez-les, mettez-les au sucre; 6 heures après, faites bouillir le sirop, ajoutez les fruits et laissez-les frémir un quart d'heure sur le coté du feu; retirez-les ensuite.

Donnez encore 8 façons, de 6 en 6 heures. Terminez comme les reines-Claude.

Cerises confites. — Choisissez des cerises aigres, grosses, charnues, fermes. Pesez-en 2 kilogrammes sans queues ni noyaux.

(1) En ce qui concerne les fruits à écorce ou les écorces mêmes, les dernières façons ne sont pas régulièrement données; elles peuvent être données à 2 ou 3 jours d'intervalle, si les fruits ne sont pas exposés à la fermentation.

Cuisez au *boulé* 1 kilogramme de sucre; jetez les cerises dans le sucre et cuisez celui-ci jusqu'à ce qu'il soit revenu à la *nappe*. Versez alors le tout dans une terrine vernie. Six heures après, versez les cerises et le sirop dans un tamis placé au-dessus de la bassine. Retirez une partie du sirop trop abondant, et ajoutez un quart de sucre en pain préalablement imbibé; cuisez alors le sirop au *boulé* et mêlez-lui les cerises; cuisez encore jusqu'à ce qu'il soit revenu à la *nappe*; versez-le aussitôt dans la terrine, ainsi que les fruits.

Six heures après, égouttez de nouveau le sirop, mêlez-lui un peu de sucre et les cerises; cuisez à la *nappe*; tenez une demi-heure la bassine sur le côté du feu. — Les cerises sont alors confites; mais il ne faut les enfermer dans les verres que 12 heures après.

Si, avant de fermer les vases, on verse sur les cerises une couche de gelée de groseilles, encore tiède, la confiture se conserve mieux.

Cerises confites, mi-sucre. — Retirez les noyaux aux cerises; donnez-leur 3 façons en procédant comme il vient d'être dit; égouttez-les du sirop, mettez-les dans une terrine et arrosez-les avec un peu de carmin végétal. Laissez-les macérer quelques heures, en les remuant de temps en temps.

Egouttez-les ensuite sur des tamis ou des clayons pour les faire sécher 24 heures à l'étuve douce. Quand elles sont froides, rangez-les par couches dans des boîtes, en alternant chaque couche avec du papier.

Mirabelles confites. — Choisissez les mirabelles un peu vertes et fermes; piquez-les et coupez-en la queue à moitié. Mettez-les dans une bassine avec de l'eau de rivière froide; chauffez jusqu'à ce qu'elles montent; alors enlevez-les avec l'écumoire, et plongez-les à l'eau froide. Egouttez-les ensuite, placez-les dans une terrine, couvrez avec du sirop tiède à 10 degrés.

Donnez-leur encore 8 façons de 6 en 6 heures, en augmentant chaque jour le degré du sirop et en faisant frémir les fruits à chaque façon. — Il est à observer que les eaux dures font noircir les fruits.

Poires confites. — Choisissez de petites poires, d'égale grosseur; diminuez-en la longueur de la queue et retirez-en le cœur à l'aide d'une cuiller à racine, en perçant le fruit du côté de la fleur. Pelez-les, jetez-les à mesure dans de l'eau froide acidulée; faites-les blanchir à fond, dans une casserole, avec de l'eau acidulée, et à couvert.

Egouttez-les, rafraîchissez et mettez-les au sirop tiède à 10 degrés; donnez-leur 8 façons de 6 en 6 heures, en opérant toujours d'après la méthode ordinaire.

CONFITURES

Confitures de groseilles à la mode de Bar. — Choisissez des groseilles blanches ou rouges, pas trop mûres; égrappez-les et retirez les semences à chaque grain, à l'aide d'une plume d'oie coupée en pointe. Pesez-en 1 kilogramme avec leur jus.

Cassez en morceaux 750 grammes de sucre, mettez-les dans une bassine avec 4 décilitres d'eau; quand il est bien imbibé, cuisez-le au *boulé* et mêlez-lui les groseilles; tenez-les 5 minutes sur le côté du feu et versez dans une terrine.

Deux heures après, passez le sirop au tamis dans la bassine, mêlez-lui 200 grammes de sucre imbibé à l'eau froide et cuisez-le à la *nappe*. Mêlez-lui les groseilles, donnez un bouillon et retirez sur le côté du feu; 5 à 6 minutes après, versez encore dans la terrine.

Au bout de 4 heures, recommencez la même opération; ajoutez encore du sucre, cuisez à la *nappe*, donnez 2 bouillons et versez dans des pots en verre. Laissez bien refroidir avant de fermer les verres.

Confitures de prunes noires. — Choisissez des prunes mûres sans excès; pelez-les à cru; supprimez-en le noyau. Pesez les fruits, mettez-les dans une bassine avec le quart de leur poids de sucre en poudre. Deux heures après, cuisez la confiture, en remuant avec une cuiller, sans la quitter, jusqu'à ce qu'elle soit au degré de la *nappe*. Retirez-la alors, versez dans des verres.

Confitures aux quatre fruits, à la ménagère. — Prenez des fruits à chair ferme, poires, pommes, coings et écorces de melon. Pelez-les, coupez-les en quartiers, retirez-en le cœur. Cuisez séparément les coings et les écorces, cuisez-les à grande eau, mais seulement à moitié cuits.

Pour 20 livres de fruits, prenez 20 litres de suc de raisins blancs exprimés, autrement dire du moût, non fermenté, passé à travers un linge. Mettez-le dans un chaudron, cuisez-le jusqu'à ce qu'il soit réduit d'un tiers; mêlez-lui alors 6 à 8 livres de sucre. Quand le sucre est fondu, ajoutez les fruits de continuez la cuisson sur feu modéré, mais continu, jusqu'à ce que les fruits soient cuits et que le sirop arrive au degré de la *nappe*, c'est-à-dire qu'en laissant tomber des gouttes dans une assiette, elles doivent rester rondes et se figer aussitôt : il faut 3 à 4 heures.

A ce point, retirez la bassine du feu et tenez-la 20 minutes sur le côté, avec des cendres chaudes tout autour, mais sans faire bouillir. Versez ensuite la confiture dans des pots et couvrez ceux-ci 12 heures après.

A la rigueur on peut supprimer le sucre, mais la confiture est moins bonne et plus exposée à se gâter ; ce n'est donc pas une économie bien comprise.

On peut ajouter à la confiture des zestes d'oranges ou de citrons séchés à l'air, puis cuits à l'eau et mêlés au liquide en même temps que les fruits.

Confitures économiques. — Prenez des fruits à noyaux, tels que : mirabelles, reines-Claude, abricots, pêches. Retirez-en la queue et le noyau ; coupez-les en menus morceaux et rangez-les par couches dans une terrine vernie, en saupoudrant chaque couche avec du sucre pilé, mais non passé. Pour chaque kilogramme de fruits, mettez une livre de sucre.

Deux heures après, versez le tout dans une bassine, placez celle-ci sur feu et cuisez en remuant avec une spatule jusqu'à ce que la confiture tombe en *nappe* de la spatule. Retirez-la et remplissez les pots ; couvrez ceux-ci 2 heures après.

Confitures de poires d'Angleterre. — Coupez les poires en quartiers, pelez-les, retirez-en le cœur ; cuisez-les à l'eau sans les briser. Egouttez-les, en conservant la cuisson ; mettez-les dans une terrine et tenez-les à couvert.

Mesurez la cuisson ; mettez-la dans une bassine ; pour chaque litre (2 livres), mêlez une livre et demie de sucre coupé. Faites bouillir, écumez et cuisez à la *nappe*. Ajoutez alors les poires, donnez seulement quelques bouillons, retirez la bassine sur le côté du feu et tenez-la ainsi 20 minutes sans ébullition ; écumez encore et versez dans les pots.

Confitures de poires d'Angleterre (autre procédé). — Coupez les poires en quartiers, pelez-les, retirez-en le cœur ; pesez-les et rangez-les dans une terrine, par couche, en les alternant avec du sucre pulvérisé : pour chaque livre de fruits trois quarts de sucre. Couvrez-les avec du sucre, puis avec un linge humide, et faites-les macérer 24 heures. Mettez ensuite le tout dans une bassine ; cuisez d'abord à feu vif, puis écumez et cuisez à feu doux, en remuant, jusqu'à ce que le sirop arrive à la *nappe*. Enfermez dans des pots, couvrez quand la confiture est tout à fait froide.

Confitures de coings. — Divisez les coings en petits quartiers, pelez-les, retirez-en le cœur; cuisez-les à couvert, avec de l'eau. Egouttez-les, en conservant leur cuisson. Rangez-les dans une terrine, par couches, en saupoudrant chaque couche avec du sucre pulvérisé : une demi-livre par livre de fruits. Faites-les macérer 12 heures.

Décantez la cuisson des fruits en la versant dans une bassine; mêlez-lui une livre et demie de sucre par livre de liquide; cuisez à la *nappe*, en écumant; ajoutez les fruits; cuisez encore jusqu'à ce que le sirop revienne à la *nappe* : le degré de la *nappe* est le degré auquel on doit cuire toutes les confitures et les gelées; moins cuites, elles ne se conservent pas; plus cuites, le sucre graine.

Confitures de mirabelles. — Retirez le noyau aux fruits, pesez ceux-ci et rangez-les dans une terrine, par couches, en saupoudrant chaque couche avec du sucre pulvérisé : pour chaque livre de fruits on prend une demi-livre de sucre. Couvrez les fruits avec une couche de sucre, et ensuite avec un linge humide; faites-les macérer 7 à 8 heures. Cuisez ensuite la confiture, en remuant, jusqu'à ce qu'elle arrive au degré de la *nappe*. Versez-la dans des pots et laissez bien refroidir avant de les fermer.

Raisiné. — Prenez des raisins mûrs, égrainez-les, écrasez-les et mettez-les dans un chaudron ou une bassine; cuisez-les 10 à 12 minutes en remuant; passez-les au tamis; remettez le liquide dans la bassine sur feu modéré, et cuisez en remuant de temps en temps. Quand la confiture commence à épaissir et qu'elle est diminuée des deux tiers, il ne faut plus la quitter jusqu'à ce qu'elle tombe en nappe de la spatule. A ce point, si on en verse une petite partie sur une assiette, elle doit rester compacte et ne pas s'étaler. Versez-la alors dans des pots pas trop grands, et laissez-la refroidir 12 heures avant de fermer les pots.

FRUITS A L'EAU-DE-VIE

ET FRUITS GLACÉS

Cerises à l'eau-de-vie et au jus de cerises. — Prenez 4 kilogram. de cerises aigres; mettez-les dans une bassine rouge avec 1 kilogramme de sucre pilé; cuisez vivement 7 à 8 minutes et versez dans un vase verni; ajoutez 4 litres d'eau-de-vie à 22 degrés, quelques clous de girofle, un morceau de cannelle et macis; laissez refroidir. Couvrez le vase et faites macérer 8 à 10 jours.

Passez ensuite le liquide à travers un linge, en exprimant. — Choisissez de belles cerises aigres, coupez-en la moitié de la queue, et mettez-les dans des bocaux; finissez de les emplir avec l'infusion; bouchez et faites macérer 6 semaines au soleil.

Abricots à l'eau-de-vie. — Piquez les abricots entiers, plongez-les à l'eau de rivière bien chaude; chauffez sans faire bouillir jusqu'à ce que les fruits soient légèrement attendris. Egouttez-les, tenez-les une heure à l'eau froide.

Egouttez-les encore; rangez-les dans des bocaux, et couvrez-les avec un sirop froid, préparé dans les proportions de 2 litres d'eau-de-vie pour 3 litres de sirop à 30 degrés.

Reines-Claude à l'eau-de-vie. — Choisissez de grosses prunes; coupez-en la queue à moitié; il n'est pas nécessaire de les piquer. Faites chauffer de l'eau de rivière dans une casserole; un peu avant qu'elle bouille, plongez les fruits et retirez sur le côté du feu; tenez ainsi les prunes, sans ébullition, jusqu'à ce qu'elles soient très-légèrement attendries.

Enlevez-les avec une écumoire, égouttez-les sur un tamis, puis prenez-les une à une, en écartant celles qui seraient molles; jetez-les dans une bassine rouge, plate si c'est possible, ayant du sirop chaud dedans à 20 degrés.

Tenez 10 minutes la bassine sur le côté du feu, sans faire bouillir; couvrez et retirez du feu.

Quand le sirop est froid, égouttez bien les prunes, rangez-les dans des bocaux et couvrez avec de l'eau-de-vie blanche.

Huit jours après égouttez le liquide; pour chaque litre, mêlez-lui un quart de litre de sirop froid, à 30 degrés; passez à la serviette, pour mêler, et versez sur les fruits. — Fermez les vases et tenez dans un lieu sec.

Quartiers d'oranges glacés, au cassé. — Epluchez les oranges, divisez-les en quartiers sans en déchirer la peau. Piquez-les chacun à une brochette en bois, très-pointue; rangez-les à distance sur un tamis et faites-les sécher à l'étuve douce, jusqu'à ce que la peau soit sèche. Trempez-les alors un à un dans du sucre au *cassé*, retiré hors du feu et pas trop chaud; faites égoutter le sucre et piquez les brochettes dans les trous d'une passoire renversée; aussitôt le sucre refroidi, enlevez les quartiers.

Marrons à l'eau-de-vie. — Préparez des marrons comme pour compote (page 541), mais sans rhum; tenez-les 5 à

6 heures à l'étuve, dans le sirop. Egouttez-les ensuite, mettez les en bocal, couvrez-les avec de l'eau-de-vie mêlée avec du sirop : 3 décilitres pour chaque litre d'eau-de-vie. Laissez bien refroidir avant de boucher.

CONSERVES

Abricots conservés en flacons. — Choisissez des abricots peu mûrs; fendez-les chacun en deux parties, retirez-en le noyau et pelez-les. Plongez-les à l'eau bouillante, donnez 2 bouillons, égouttez et rafraîchissez-les; mettez-les dans une terrine, couvrez les avec du sirop à 20 degrés: 3 heures après, égouttez le sirop; mêlez-lui un peu de sucre, et faites-le bouillir, de façon à l'augmenter de 4 à 5 degrés.

Versez-le de nouveau sur les fruits. Au bout de 4 heures cuisez-le encore, en l'augmentant avec du sucre jusqu'à ce qu'il arrive à 30 degrés, chaud. Rangez alors les fruits dans les flacons, et versez le sirop dessus, en observant qu'il ne doit arriver qu'à 2 doigts du goulot.

Fermez les flacons, soit avec un bouchon en liége, soit avec une double vessie de porc, ramollie, qu'on pose sur l'ouverture, en appuyant légèrement, et qu'on lie ensuite avec de la ficelle au-dessous du goulot. — Si on ferme le flacon avec un bouchon, il faut le faire rentrer avec pression, puis le lier fortement en croisant le fil de fer ou la ficelle sur le haut (1).

Rangez ces flacons dans une marmite un peu plus haute qu'eux, et dont le fond est masqué avec un linge grossier ou une couche de foin. Versez de l'eau froide dans la marmite, arrivant jusqu'aux deux tiers de hauteur des flacons.

Couvrez le vase et amenez le liquide à l'ébullition; au pre-

(1) Pour bien boucher les bouteilles, ou flacons, il faut disposer d'une simple petite mécanique en bois, avec laquelle on introduit par la pression les bouchons dans le goulot des bouteilles. Le bouchage des bouteilles opéré à la main est absolument insuffisant.

mier bouillon retirez-le; laissez refroidir les flacons dans l'eau, puis retirez-les.

Si les flacons sont bouchés au liége, cachetez-les à la cire s'ils sont bouchés à la vessie, couvrez-les avec une troisième vessie avant de les cacheter.

Si on opère exactement dans les conditions que je viens d'indiquer, je garantis la parfaite réussite.

Poires conservées en boîte. — Choisissez de bonnes poires : celles de beurré blanc ou gris sont excellentes. Coupez-les en deux, supprimez-en le cœur à l'aide d'une cuiller à racine; pelez les fruits, faites-les blanchir à l'eau acidulée, en les tenant un peu fermes; égouttez-les, rangez-les dans les boîtes; couvrez avec le sirop; soudez et cuisez 15 minutes.

Pour conserver les poires en flacons, donnez-leur 2 à 3 façons au sucre, en opérant comme pour les abricots.

Coings conservés en boîte. — Choisissez-les de moyenne grosseur, mûrs à point; divisez-les en quartiers, pelez-les, supprimez-en les parties dures du cœur.

Jetez-les à mesure dans de l'eau de rivière, acidulée à l'acide citrique. Plongez-les ensuite à l'eau chaude, également acidulée; cuisez-les sans ébullition violente, en les surveillant. Égouttez-les et rafraîchissez-les; rangez-les dans des boîtes à conserve, couvrez-les avec du sirop à 30 degrés; faites souder les boîtes, et donnez-leur 18 minutes d'ébullition, à vase couvert. — Faites refroidir les boîtes à l'eau froide.

Pour conserver les coings en flacons, il faut leur donner 3 façons, comme aux abricots.

Fraises conservées en flacons. — Choisissez les fraises grosses et bien fraîches; pesez-les. Prenez moitié de leur poids de sucre, cuisez-le au *boulé*; versez les fraises dans le sucre et retirez le poêlon sur le côté du feu; remuez les fruits jusqu'à ce que le sirop soit dissous; alors donnez un seul bouillon au liquide et versez dans une terrine; 3 heures après égouttez le sirop; ajoutez un peu de sucre, cuisez-le à la *nappe*; jetez les fruits dedans, faites-les frémir 10 minutes, et retirez du feu. quand le sucre est froid, égouttez les fraises, mettez-les dans les flacons; retirez une partie du sirop, mêlez un peu de sucre au restant; cuisez-le à 32 degrés, rougissez-le légèrement avec du carmin végétal et versez-le sur les fruits.

Bouchez les flacons au liége ou à la double vessie; donnez-leur un seul bouillon au bain-marie, comme aux abricots.

Pêches conservées. — Si on emploie des pêches molles, d'espalier, c'est-à-dire de même espèce que celles qui mûrissent dans les environs de Paris, il faut les fendre en deux pour en retirer le noyaux, les plonger à l'eau de rivière, bouillante, et les tenir dans l'eau jusqu'à ce que la peau s'en détache.

Egouttez-les alors, retirez-en la peau, rafraîchissez et rangez-les dans les boîtes; couvrez-les avec du sirop à 30 degrés.

Si ce sont des pêches dures, pelez-les au couteau et faites-les blanchir à fond; rangez-les dans les boîtes à conserve, et couvrez avec du sirop à 30 degrés.

Pour conserver les pêches en flacons, donnez-leur 3 façons, au sirop, en opérant comme il est dit plus haut.

Prunes mirabelles conservées. — Retirez la queue des prunes, piquez-les; plongez-les en petite quantité à la fois dans de l'eau de rivière, en ébullition; donnez-leur un bouillon, retirez-les, plongez-les à l'eau froide. Egouttez-les; enfermez-les dans des boîtes; couvrez-les avec du sirop à 22 degrés. Soudez les boîtes, donnez-leur 10 minutes d'ébullition.

Figues conservées. — Choisissez des figues blanches, encore fermes; piquez-les, faites-les dégorger quelques heures, puis plongez-les à l'eau bouillante; cuisez-les jusqu'à ce qu'elles soient molles. — En les retirant, plongez-les à l'eau froide, faites-les dégorger 24 heures.

Egouttez-les ensuite; mettez-les dans une terrine, couvrez-les avec du sirop tiède à 15 degrés; au bout de 6 heures, égouttez le sirop; ajoutez du sucre pour l'augmenter de 5 degrés; faites-le bouillir et versez-le sur les figues; quand il est bien refroidi, égouttez les figues, mettez-les en boîtes ou en flacons, couvrez-les avec du sirop neuf vanillé, à 30 degrés; bouchez et cuisez les flacons au bain-marie : un bouillon suffit. Cuisez les boites 10 à 12 minutes.

Groseilles à maquereau, conservées. — Choisissez les groseilles encore petites, vertes, fermes, avant que les pepins soient formés; choisissez-les aussi d'une égale grosseur; retirez-en la tige, et rangez-les dans des cruches à bière ou dans des boîtes en fer-blanc, mais sans sucre, ni sirop, absolument rien; en boîtes ou en cruches, donnez à celles-ci 20 minutes d'ébullition.

Ces groseilles peuvent être employées en hiver pour tartelettes ou pour flans.— Quand on veut les employer, il faut les mettre dans un poêlon avec de l'eau froide, et les tenir trois quarts d'heure, sur feu sans faire bouillir l'eau.

Egouttez-les ensuite, rafraichissez, remettez-les dans le poêlon, et couvrez avec du sirop chaud à 30 degrés : donnez un seul bouillon au liquide, et retirez du feu.

Suc de framboises, conservé. — Choisissez des framboises bien fraîches, mettez-les dans une bassine rouge; écrasez-les, faites-les fondre, en les chauffant. Jetez les fruits sur un tamis placé au-dessus d'une terrine vernie; reversez les premiers jets, afin d'obtenir le suc aussi clair que possible. Enfermez-le dans de fortes bouteilles; bouchez à la petite machine, et ficelez avec soin; cuisez au bain-marie, en donnant un seul bouillon; laissez refroidir les bouteilles dans l'eau. — On conserve ainsi les sucs de groseilles et de fraises. On peut aussi les conserver à cru, après avoir soufré les bouteilles.

Zestes de citrons et d'oranges conservés. — Quand on n'emploie des citrons que le suc, par exemple pour faire de la limonade ou de l'orangeade, il convient de retirer d'avance les zestes, les faire sécher à l'air, et les enfermer ensuite dans un bocal. Quand on veut les employer, il suffit de les passer à l'eau froide. — Mais on peut aussi râper ce zeste, le mêler avec du sucre en poudre, le faire sécher et le conserver en flacon.

Fruits frais conservés. — Avec du soin, on peut prolonger longtemps la conservation des fruits frais. Il faut disposer d'un local bien sec, à l'abri de la chaleur et de l'humidité, sans croisées et tout à fait obscur. On dispose des étagères contre les murs, et on range les fruits en ordre par espèce et à petite distance pour qu'ils ne se touchent pas. Dans ces conditions, on conserve très-bien les pommes, les poires, les coings et tous les fruits d'hiver.

Conservation du raisin pendant l'hiver. — Si on coupe la grappe de raisin avec un bout du sarment auquel elle était adhérente, et qu'on plonge le sarment dans un flacon plein d'eau, avec un morceau de charbon ou de la poudre de charbon dedans, on peut parfaitement conserver le raisin plusieurs mois. On accroche les flacons les uns à côté des autres sur des chevalets droits et mobiles, ayant plusieurs traverses, disposés dans une chambre bien sèche, sans humidité, et peu éclairée. — On visite souvent les grappes afin d'en retirer les grains qui menaceraient de se gâter.

On peut aussi conserver les grappes de raisin dans des barils bien cerclés, ou des caisses plates, en les posant sur une épaisse couche de son séché au four; on les couvre également avec une couche de son, on ferme les barrils ou les caisses, et on les place dans un lieu sec, sans lumière : le raisin ne doit pas toucher le bois de la futaille ou de la caisse.

Pour conserver le raisin dans ces conditions, il doit être cueilli bien sec, sans humidité.

Quand on veut lui donner une apparence de fraîcheur, pour le mettre sur table, il faut tremper le bout de la grappe dans du vin bouillant, et l'y laisser 8 à 10 minutes : le raisin blanc doit être trempé dans du vin blanc, le noir dans du vin rouge.

On peut aussi conserver le raisin, en suspendant chaque grappe avec du fil, entre les étagères du fruitier obscur, ou bien emballer chaque grappe dans un sac en papier.

Conservation des pommes, à la campagne. — Par les années abondantes, quand il arrive que la place manque, dans les campagnes, pour conserver les pommes on les mêle tout simplement aux pommes de terre, dans les caves, en formant des tas de 15 à 20 hectolitres ; et chaque jour, en allant chercher la provision de pommes de terre, on rapporte aussi la provision de pommes pour la consommation.

Petits-pois conservés. — Choisissez des petits-pois bien frais. Pour les avoir bien égaux passez-les à un crible. Mettez-les dans des bouteilles à champagne; ajoutez une cuillerée de sucre en poudre, et couvrez avec de la saumure, c'est-à-dire de l'eau salée au point qu'un œuf cru doit surnager sur le liquide.

Bouchez et ficelez en croix sur le bouchon : les poids ne doivent arriver qu'à 3 centimètres du bouchon.

Rangez les bouteilles dans une marmite, mouillez à mi-hauteur avec de l'eau froide; couvrez le vase; faites bouillir et retirez sur le côté, pour maintenir l'ébullition très-douce, pendant 2 heures. Laissez refroidir dans l'eau.

Oseille conservée. — Épluchez les feuilles d'oseille; lavez-les, mettez dans une casserole avec un peu d'eau; cuisez en remuant; quand elle est atteinte, versez-la sur un tamis. Quand elle est bien égouttée, passez-la au tamis, et faites-la réduire sur le feu sans cesser de la tourner avec une cuiller : elle doit acquérir, par la réduction, la consistance d'une marmelade.

Rangez-la alors dans des vases en grès ou en verre; quand elle est froide, couvrez-la en dessus avec une épaisse couche de saindoux liquide, à moitié refroidi. Bouchez bien les vases et tenez dans un lieu frais.

Chicorée au sel. — Choisissez des têtes de chicorée bien blanches; parez-les, lavez-les, et cuisez 7 à 8 minutes à l'eau salée. Rafraîchissez et rangez sur des tamis afin d'en faire égoutter l'eau. Pressez-les ensuite avec les mains, une à une; rangez-les à mesure dans un petit tonneau à légumes; arrosez avec un peu de saumure cuite et refroidie, pesant 20 degrés, au pèse-sirop.

Couvrez le tonneau avec son couvercle; 5 à 6 jours après, égouttez-en toute la saumure et remplacez-la par de la neuve. Visitez de temps en temps la conserve, faites bouillir l'eau, et versez-la froide sur les légumes.

Champignons blancs conservés en flacons. — Choisissez-les frais; lavez-les vivement, essuyez-les; mettez-les dans une casserole avec du beurre, un peu de sel, un peu d'eau et de l'acide citrique; cuisez-les 3 minutes à couvert.

Enlevez-les à l'écumoire, enfermez-les dans les flacons, en les serrant, de façon à mettre peu de leur cuisson. Mais il ne faut pas négliger de mettre tout le beurre liquide de la cuisson.

Bouchez les flacons avec une double vessie, donnez un seul bouillon au bain-marie; quand les champignons sont tout à fait refroidis, couvrez le flacon avec une troisième vessie, et cachetez à la cire.

Quand on veut conserver longtemps les champignons, il faut les conserver en boîtes et leur donner 5 quarts d'heure d'ébullition.

Truffes crues et cuites conservées en boîtes et en flacons. — Prenez des truffes fraîches; brossez-les, pelez-les avec soin; chauffez-les avec un peu de madère, dans une casserole, puis rangez-les dans des boîtes. Quand celles-ci sont pleines, arrosez les truffes avec leur cuisson.

Faites souder les boîtes; essayez-en la soudure à l'eau bouillante, et donnez-leur 3 heures d'ébullition; aux demi-boîtes 2 heures.

Pour conserver des truffes cuites, à courte distance, c'est-à dire dans l'intention de les employer à bref délai, il faut les mettre dans des bocaux, et les couvrir avec de la gelée d'aspic ou de la sauce brune.

Fermez les bocaux avec des bouchons ou avec une double vessie ramollie; donnez-leur un bouillon, et tenez-les 10 minutes sur le côté du feu, de façon que l'eau reste frémissante; laissez refroidir dans le bain.

Tomates conservées au sel. — Prenez des petites tomates pas trop mures, mais bien rouges et saines. Rangez-les dans des bocaux en grès, et couvrez-les avec de la saumure cuite et froide donnant 18 degrés au pèse-sirop.

Purée de tomate conservée en bouteille. — Prenez de la purée de tomate bien égouttée, dans un linge suspendu; mettez-la dans une bassine et faites-la réduire d'un quart, sans cesser de la remuer.

Prenez des demi-bouteilles à champagne ou simplement des flacons bien secs; soufrez-les à l'aide d'une mèche en soufre; bouchez-les avec leur bouchon en liége, à mesure qu'elles sont pleines de vapeur. Remplissez-les ensuite avec la purée chaude. Bouchez-les vivement; conservez-les ainsi dans une cave fraîche, sans les cuire.

Tomates conservées, en bocaux. — Choisissez des tomates charnues, bien rouges; divisez-les d'abord en deux parties afin d'en exprimer les semences; émincez ensuite chaque moitié; mettez-les dans une bassine, peu à la fois, et faites-les cuire à feu vif, sans cesser de les tourner, jusqu'à ce que le liquide soit complétement évaporé, que les tomates soient réduites et serrées au degré d'une marmelade.

Enfermez-les alors dans des vases en grès ou des bocaux, en les serrant autant que possible; laissez-les refroidir, puis couvrez-les en dessus avec une épaisse couche de saindoux à moitié fondu; quand celui-ci est tout à fait raffermi, bouchez les bocaux et tenez-les en un lieu frais.

Pour bien réussir cette conserve, il faut opérer avec de bonnes tomates charnues, ni aqueuses ni trop acides.

Ces tomates ne peuvent être employées que pour sauce; quand on veut s'en servir, on fait revenir quelques racines et oignons émincés, on leur mêle les tomates et un peu de bouillon, on les cuit quelques minutes, puis on les passe au tamis et on lie la sauce.

Haricots verts conservés au sel. — Choisissez des haricots tendres, mais pas trop fins; quand ils sont propres, plongez-les à l'eau bouillante, donnez 2 bouillons au liquide. Egouttez les haricots, raffraîchissez et rangez-les dans un petit tonneau à légumes, ouvert d'un côté, ayant un couvercle qui s'emboîte dans l'ouverture, et portant sur son centre une poignée.

Couvrez les haricots avec une saumure cuite (1) pesant 20 degrés; 2 ou 3 jours après, égouttez la saumure, ajoutez quelques parties de sel, et faites la bouillir 5 minutes: elle doit revenir au même degré. Quand elle est froide, versez-la de nouveau sur les légumes. Tenez en lieu frais. Visitez

(1) A défaut de pèse-sel, on peut peser la saumure cuite avec un pèse-sirop : elle doit donner 20 degrés.

de temps en temps la conserve et faites bouillir la saumure, mais ne la versez jamais que froide sur les légumes.

Choux-fleurs conservés au sel. — Divisez les choux-fleurs en bouquets marquants, c'est-à-dire pas trop petits; plongez-les à l'eau bouillante, donnez leur seulement quelques bouillons couverts.

Egouttez, rafraîchissez et mettez-les dans la saumure cuite et refroidie; 24 heures après, égouttez-les, rangez-les dans un tonneau à légumes, couvrez avec de la saumure neuve donnant 20 degrés au pèse-sirop. Posez une rondelle en bois sur les choux-fleurs et fermez le baril; tenez-le dans un lieu frais.

De temps en temps, visitez la conserve; faites bouillir l'eau 2 minutes; quand elle est refroidie versez-la sur les choux-fleurs.

Choux-fleurs confits au vinaigre. — Epluchez les choux-fleurs; divisez-les en petits bouquets. Mettez-les dans une terrine avec du sel. Faites-les macérer 2 jours; égouttez-les, mettez-les dans une autre terrine, et couvrez-les avec du vinaigre bouillant.—Deux jours après, égouttez le vinaigre; faites-le bouillir, et versez-le de nouveau sur les choufleurs; ajoutez quelques cuillerées de vinaigre de Chily et de la moutarde délayée.

Choux blancs confits. — Emincez des choux blancs, en supprimant les côtes; mettez-les dans un vase; saupoudrez-les largement avec du sel fin; sautez-les, et faites-les macérer 4 à 5 jours. — Egouttez-les; mettez-les dans un autre vase, et couvrez-les avec du vinaigre bouillant; ajoutez girofles, piments, racines de raifort, petits oignons. Quand ils sont froids, enfermez-les dans un vase en grès.

Graines de capucines au vinaigre. — Les graines de capucines n'exigent aucun apprêt; il suffit de les mettre dans des vases en grès ou en verre, et même dans de petits barils, puis de les couvrir avec du vinaigre; 24 heures après, égouttez celui-ci, faites-le bouillir pour évaporer le liquide d'un tiers; remplacez l'évaporation par du vinaigre et quand il est froid, reversez-le sur les capucines. Trois jours après répétez la même opération.

Choux rouges confits au vinaigre. — Emincez des choux rouges; rangez-les dans un vase, par couches, en saupoudrant chaque couche avec du sel (pour chaque kilogramme de choux 150 grammes de sel).

Couvrez-les avec un rond de bois, et sur celui-ci, posez un poids suffisant pour tenir les choux en presse.— Trois jours après, égouttez les choux, rangez-les dans des pots en grès, et couvrez-les avec du vinaigre cuit salé et refroidi. Bouchez les pots et tenez en lieu frais.

Poivrons verts confits au vinaigre. — Voici la méthode pour confire les poivrons.

Retirez-en les queues, fendez-les sur le côté, déposez-les dans un vase en grès, plus haut que large; couvrez-les avec du vinaigre; posez une rondelle en bois sur le haut, avec un poids dessus, afin de les tenir submergés par le liquide.

Deux jours après, égouttez le vinaigre, faites le bouillir et réduire d'un tiers; remplacez la réduction par du vinaigre neuf; ajoutez un peu de sel; quand il est froid, versez-le de nouveau sur les poivrons; fermez le vase avec du fort papier, tenez-le dans un lieu sec.

On mange ordinairement les poivrons en salade; pour préparer cette salade, il faut sortir les poivrons du liquide, à l'aide d'une cuiller percée en bois, et non avec les mains. Faites-les dégorger une heure à l'eau froide; égouttez-les, exprimez-en l'humidité, en les pressant avec les mains; émincez-les alors, assaisonnez avec huile, sel et poivre.

Haricots verts au vinaigre. — Choisissez des haricots fins et frais, rangez-les par couches dans un baril, en saupoudrant chaque couche avec du sel.

Mettez une rondelle en bois dessus, et sur celle-ci, un poids quelconque pour les tenir serrés; tenez-les en un lieu frais; 8 à 10 jours après, égouttez-les du sel, lavez-les, mettez-les dans une bassine avec de l'eau, sur le côté du feu et à couvert; tenez-les ainsi jusqu'à ce qu'ils soient reverdis, sans laisser bouillir l'eau; égouttez-les, faites-les dégorger à l'eau froide; puis rangez-les dans des bocaux, et couvrez avec du vinaigre cuit et refroidi; 24 heures après, changez le vinaigre, puis bouchez les bocaux.

Epis de blé de Turquie au vinaigre. — Choisissez les épis très-jeunes, ayant atteint l'épaisseur d'un épi de blé de froment; plongez-les à l'eau bouillante, cuisez jusqu'au point de pouvoir les traverser avec une épingle. Egouttez-les alors et rangez-les dans des bocaux; faites bouillir du vinaigre, versez-le dessus; 2 jours après, égouttez-le de nouveau, mêlez-lui du vinaigre neuf; faites-le bouillir 10 minutes, ajoutez du poivre en grain et girofle, laissez refroidir à moitié;

versez sur les épis; conservez-les ainsi, soit pour les mêler à d'autres légumes, soit pour les employer dans les salades, soit pour les servir comme hors-d'œuvre.

Aya. — Coupez de gros concombres chacun en quatre parties, retirez-en la peau et les semences; salez-les quelques heures pour leur faire rendre l'eau.

Faites bouillir une casserole avec moitié eau, moitié vinaigre et une bonne poignée de sel, plongez les quartiers de concombre dedans, donnez 3 à 4 minutes d'ébullition. Egouttez-les et rangez-les par couches dans un pot en grès, en alternant chaque couche avec du poivre en grain, graines de moutarde, sel, girofles, piment, racine de raifort grattée en copeaux; couvrez-les avec du bon vinaigre, d'avance bouilli avec un peu de sucre et de sel, tiède; 24 heures après, passez le vinaigre, faites-le bouillir 10 minutes, à feu vif; puis remplacez par du bon vinaigre, la quantité de liquide évaporé; laissez refroidir. Versez-le de nouveau sur les concombres; conservez ainsi dans un lieu sec. — On sert ces concombres comme hors-d'œuvre.

Haricots verts en saumure. — Choisissez de petits haricots, mais pas trop fins; coupez-en le bout; faites-les blanchir 4 minutes à l'eau bouillante acidulée; égouttez-les, couvrez-les avec de la saumure cuite, préparée avec 100 grammes de sel par litre d'eau. Au bout de 24 heures égouttez toute l'eau et remplacez-la par de la saumure neuve.

Quand on veut employer les haricots il faut les laver, les mettre dans un poêlon avec de l'eau, et les tenir sur le côté du feu jusqu'au point de l'ébullition; changez-les alors d'eau et cuisez-les à point.

Champignons hachés. — Quand on a beaucoup de parures ou des champignons inférieurs, on les hache, on les sale et on les fait revenir au beurre jusqu'à ce que leur humidité soit évaporée. On les enferme dans de petites boîtes, on soude et on cuit une heure.

Choucroute. — Pour préparer la choucroute on n'emploie que le gros chou cabus; on la prépare après les premières gelées.

On retire aux choux les feuilles les plus dures, puis le trognon jusqu'à sa profondeur. On émince ensuite les choux à l'aide d'un rabot renversé sur lequel on les frotte.

Masquez alors le fond d'une barrique propre avec de larges feuilles de chou; saupoudrez-les de sel, et sur celles-ci, rangez une couche de choux émincés ayant l'épaisseur de 10 à 12 centimètres; comprimez-les, en la tassant à l'aide d'un pilon, et masquez-les avec une couche de sel pilé.

Emplissez ainsi la barrique, toujours en tassant et saupoudrant de sel. Couvrez les choux d'abord avec un linge, puis avec un rondelle en bois, et posez sur celle-ci un poids suffisant pour les presser : cette opération doit se faire à la cave.

Aussitôt que la fermentation s'établit, l'eau des choux se dégage et finit par les submerger; enlever alors le surplus de cette eau, pour la tenir en réserve, en observant que les choux restent toujours submergés.

A mesure que la fermentation s'apaise, l'eau diminue, et les choux resteraient à sec, si on ne les arrosait chaque jour avec le liquide réservé.

Au bout de 3 semaines la choucroute est bonne à manger. — Pour 100 têtes de choux, il faut 2 kilogrammes de sel. — La barrique doit être tenue en cave fraîche et non humide; on la pose sur des planches afin qu'elle ne touche pas le sol.

Cornichons conservés. — Prenez 2 kilogrammes de petits cornichons frais; coupez-en les bouts, mettez-les dans un linge avec quelques poignées de sel; suspendez le linge jusqu'à ce que toute l'eau des cornichons soit égouttée. Mettez-les alors dans une terrine; couvrez-les avec du vinaigre. Trois jours après, égouttez le vinaigre dans un vase en terre, retirez-en une partie, et remplacez-la par du vinaigre frais. Faites bouillir, laissez refroidir et versez sur les cornichons.

Trois jours après, égouttez les cornichons, mettez-les dans un poêlon rouge avec du vinaigre neuf; couvrez et chauffez-les sur le côté du feu, sans faire bouillir, jusqu'à ce qu'ils soient verts. Ajoutez alors feuilles d'estragon, gros poivre, girofles et piments; laissez refroidir et enfermez dans un bocal en grès.

Betteraves confites au vinaigre. — Choisissez des betteraves bien rouges; cuisez-les à l'eau; supprimez-en la peau; coupez-les en petites tranches; mettez-les dans un vase en grès, couvrez-les avec du vinaigre léger; ajoutez quelques clous de girofles et copeaux de racines de raifort.

Vinaigre rouge ou blanc. — Pour obtenir du bon vinaigre, il faut avoir ce qu'on appelle une *mère*, c'est-à-dire un baril qui ne sert qu'à cet usage et qui est toujours en permanence.

Pour commencer, il faut l'échauder avec 2 litres de vinaigre bouillant, blanc ou rouge, en agitant fortement le liquide. Mêlez ensuite au vinaigre 4 litres de vin blanc, si le vinaigre est blanc, ou du vin rouge si le vinaigre est rouge ; tenez-le dans un lieu à température douce, sans le boucher autrement qu'avec un tampon d'étoupe.

Huit jours après, ajoutez encore 4 litres de vin, et continuez ainsi à augmenter le liquide tous les 8 jours, jusqu'à ce que le baril soit plein, sans négliger d'agiter souvent le liquide. Tenez-le ainsi 3 semaines.

Mettez alors au baril une cannelle en bois, et commencez à soutirer une partie du vinaigre pour le mettre en bouteille ; remplacez aussitôt celui-ci par du vin, et continuez à remplacer tout le vinaigre qu'on soutire.

Si le vinaigre s'affaiblissait, renforcez-le en lui mêlant du vinaigre cuit, et quelques parties d'alcool.

Vinaigre à l'estragon. — Dans un bocal en grès, mettez des feuilles d'estragon jusqu'au tiers de hauteur : ces feuilles doivent avoir séché 5 à 6 heures à l'air. Ajoutez grains de poivre, échalotes et une poignée de *perce pierre*; finissez de remplir le vase avec du vinaigre bouillant. Laissez infuser 8 jours. Passez et mettez en bouteilles. — On peut aussi faire l'infusion à froid; il faut alors 6 semaines.

Verjus. — Il faut prendre les grains de verjus pendant qu'ils sont encore fermes et acides. Pilez-les et exprimez-en le jus en les pressant dans un linge. Passez-le d'abord au tamis, puis laissez-le fermenter 2 jours dans un lieu frais. Filtrez-le ensuite au papier mâché; enfermez-le dans des bouteilles et tenez-le au frais.

Conservation des œufs. — La méthode la plus usitée pour conserver les œufs d'une saison à l'autre, c'est de les tenir plongés à l'eau de chaux ou à la saumure; mais l'eau de chaux est plus usitée. Voici comment on obtient cette eau :

Mettez dans un seau 12 kilogrammes de chaux vive et 50 à 60 litres d'eau froide ; laissez reposer 24 heures. Egouttez alors l'eau claire dans un vase. Rangez les œufs par couches, dans des barils et couvrez chaque couche avec l'eau préparée.

Il ne convient pas de mettre les œufs en trop grande quantité dans le même vase.

Voici comment on prépare la saumure pour les œufs : Faites bouillir de l'eau avec 135 grammes de sel par litre de liquide ; mesurée avec un pèse-sirop, la saumure doit alors donner 18 degrés.

Rangez les œufs dans un baril, en opérant comme il vient d'être dit

Conservation du lait. — Si on veut conserver le lait momentanément pendant quelques jours, il suffit de l'enfermer dans une bouteille; bouchez et ficelez; cuisez-le au bain-marie quelques minutes, comme le bouillon.

Pour conserver le lait indéfiniment on lui mêle 50 grammes de sirop de froment par litre, et on le fait concentrer par l'ébullition à la vapeur, dans une bassine à double fond, jusqu'à ce qu'il arrive à la consistance du miel. On l'enferme dans des petites boîtes, on soude et on donne 25 à 30 minutes d'ébullition : les petites boîtes sont préférables aux grandes.

Beurre fondu conservé. — Mettez 5 kilogrammes de beurre dans un vase avec 5 à 6 clous de girofle, 2 ou 3 feuilles de laurier et 2 petits oignons. Faites le fondre ; au premier bouillon, retirez-le sur feu très-doux, qu'il ne bouille que d'un côté et d'un bouillon imperceptible. Cuisez-le ainsi jusqu'à ce qu'il soit clair : de 5 à 6 quarts d'heure. Laissez-le déposer, et versez-le dans des pots en grès, en le décantant et le passant. Quand il est figé couvrez-le avec un lit de saumure cuite ; fermez avec de la vessie, et tenez en lieu frais.

Beurre frais conservé. — Dans la saison chaude on peut prolonger longtemps la fraîcheur du beurre sur la glace ou dans un lieu bien frais. Pour cela, il faut d'abord bien l'éponger et l'enfermer dans un bocal jusqu'à deux doigts de l'embouchure, en le pressant fortement, puis on finit d'emplir le vase avec de la saumure cuite et refroidie.

On arrive au même résultat, en renversant le bocal dans une terrine à moitié remplie d'eau salée.

Beurres salés. — On sale les beurres en plein sel ou à demi-sel. Dans le premier cas, on emploie 50 grammes de sel pour chaque kilogramme de beurre ; dans le second, 15 grammes suffisent. Le sel doit être séché à l'étuve et pulvérisé.

On choisit du bon beurre frais; on le lave et on le pétrit ensuite; puis on l'étale sur une table humide, par petites portions, en couche de l'épaisseur d'un doigt; on saupoudre la couche avec le sel, dans les proportions indiquées, puis on le brise en le faisant passer tour à tour sous la pression d'un rouleau à patisserie, absolument comme quand on *fraise* la pâte. On le met ensuite dans un baquet d'eau froide, et on recommence.

On le retire enfin de l'eau; on l'éponge et on l'enferme dans des bocaux, en le tassant avec soin ; on le couvre ensuite d'une couche de saumure cuite et refroidie. On ferme le vase avec du papier ou de la vessie.

Si le beurre devait être conservé longtemps, il faudrait augmenter la quantité de sel de 60 grammes par kilogramme, et ajouter en plus 20 grammes de salpêtre et 20 grammes de sucre pulvérisés, pour chaque kilogramme de beurre.

Huile conservée. — Dans le midi de la France, on conserve l'huile dans des *jarres* vernies, sans être fermées ; on les couvre simplement avec un linge, et on pose dessus une rondelle en bois. — Quand on conserve l'huile en bouteille, on ne bouche celles-ci qu'avec un tampon en ouate.

Saindoux et graisse d'oie conservés. — On prépare le saindoux avec la panne de porc fondue. On la coupe d'abord menue; on la met dans un vase verni ou une bassine étamée, et on la fait dissoudre sur feu doux. Quand la moitié de la graisse est liquide et bien claire, on la passe, et on fait fondre le reste dans un vase plus petit, pour finir de la cuire sur feu très-doux.

On verse le saindoux dans des bocaux en grès chauffés à l'étuve. Quand la graisse est à moitié figée on lui mêle 15 grammes de sel fin pour chaque kilogramme afin d'éviter qu'elle rancisse. Quand la surface est figée, on la saupoudre aussi de sel.

On opère de même pour la graisse d'oie.

Oies conservées au saindoux. — On opère ordinairement en octobre.— Choisissez des oies grasses, bien propres; divisez-les chacune en quatre parties; rangez-les par couches dans un vase ou un baquet saupoudré de sel, et saupoudrez aussi chaque couche avec du sel, mêlé avec une dixième partie de salpêtre. Laissez macérer 6 heures dans un lieu frais. Egouttez-les ensuite.

Dans une grande marmite ou tout autre vase étamé ou verni, faites fondre une quantité de saindoux, suffisante pour couvrir entièrement les morceaux. Faites bouillir le liquide, et plongez-les viandes dedans; cuisez-les à feu très-doux, jusqu'au point de pouvoir les traverser aisément avec une cheville en bois.

Egouttez alors les morceaux sur des claies ou des tamis, les uns à côté des autres. Quand ils sont froids, rangez-les dans des pots en grès.

Laissez déposer le saindoux; tirez-le à clair et couvrez-en les viandes. Quand le saindoux est figé couvrez-le avec un rond de papier, et fermez l'ouverture avec une vessie ramollie.

Viandes crues conservées. — Quand on dispose d'une glacière ou tout au moins d'une armoire à glace, la conservation des viandes crues devient facile, pour un certain temps du moins.

Quand on ne dispose pas de glace, il faut suspendre les viandes dans un courant d'air et un lieu sec, exposé au nord.

Mais aussitôt que la viande commence à perdre de sa fraîcheur, le moyen le plus convenable pour prolonger sa conservation, c'est de la plonger à l'eau bouillante, et l'y laisser jusqu'à ce que les parties extérieures soient bien saisies ; alors on l'égoutte, on la laisse refroidir ; on l'éponge bien, on l'enveloppe dans un linge, et on la suspend dans un endroit exposé au courant d'air ; par ce moyen, on peut gagner quelques jours si la saison est favorable.

Quand on expédie au loin de la viande, de la volaille ou du poisson, voici comment il faut les emballer : On étale au fond d'un panier plat, une épaisse couche de sciure de bois, sur laquelle on range une couche de glace ; on couvre ensuite avec une autre couche de sciure ; on couvre celle-ci avec un linge ou du papier épais ; on dispose les viandes sur le papier ; on les couvre aussi, et on place sur elles quelques vessies remplies de glace. — C'est là le vrai moyen de les faire arriver à destination, en parfait état.

Volaille et gibier crus conservés. — Pour prolonger la conservation des volailles plumées, il faut les prendre bien fraîches, en retirer les boyaux, et remplir le vide avec du papier ; on les enveloppe ensuite avec un linge, et on les enferme dans un vase bien clos ; on tient celui-ci dans la glacière ou une armoire à glace.

Sans glace, la conservation de la volaille est en quelque sorte impossible ; en dehors du temps normal et des avantages que la température locale peut offrir.

Quand au gibier emplumé, pour le conserver longtemps, en hiver, il suffit de le suspendre par la tête dans un lieu sec, exposé au courant d'air ; mais ils ne doivent être plumés qu'au dernier moment.

Le petit gibier plumé, tel que cailles, ortolans, mauviettes, on le conserve en petites caisses avec des graines de millet.

Poissons crus conservés. — L'agent le plus sûr pour conserver le poisson frais, c'est la glace. Mais un poisson cru conservé trop longtemps perd à peu près toutes ses qualités. Il y a donc une limite qu'il convient de ne pas dépasser.

Un gros poisson à chairs fermes, tel que le saumon, peut bien se conserver 4 à 5 jours, enterré dans la glace ou dans la poussière de charbon ; plus longtemps c'est difficile, car les chairs se ramollissent et ne répondent plus au but qu'on a voulu atteindre.

Mais quelle que soit l'espèce de poisson dont on veut prolonger la conservation, quelque temps de plus, on le conserve d'abord cru sur la glace; puis quand on craint qu'il se détériore, on le fait cuire simplement à l'eau salé ; on l'égoutte, et on mêle à sa cuisson de la gélatine dissoute, en quantité suffisante pour la faire prendre en gelée. On fait bouillir, on laisse à moitié refroidir et on replonge le poisson dans le liquide. Quand celui-ci est tout à fait froid, on ferme le vase et on le tient sur glace.

Dans ces conditions, le poisson peut se conserver plusieurs jours en parfait état.

Bouillon et consommés conservés. — Laissez reposer le bouillon pour le décanter; faites-le bouillir; quand il est à moitié refroidi, versez-le dans les bouteilles à champagne, à l'aide d'un entonnoir. Bouchez, ficelez en croix; rangez-les dans une marmite plus haute qu'elles, en les entourant avec du linge grossier, de la paille longue ou du foin. Mouillez à mi-hauteur avec de l'eau froide; couvrez, faites bouillir et retirez sur le côté, de façon à maintenir le liquide frémissant pendant un quart d'heure. Retirez et laissez refroidir dans l'eau; cachetez, conservez à la cave.

NETTOYAGES

Nettoyage des ustensiles en cuivre. — Pour nettoyer l'intérieur des vases en cuivre, étamés en dedans, tels que : casseroles, marmites braisières, etc., il suffit de les laver à l'eau de lessive ou à l'eau de cendre, en frottant avec une lavette de chiendent.

Pour nettoyer les parties où le cuivre est rouge, on les frotte avec un chiffon humide imprégné de sablon ou de grès, mêlé avec quelques parties d'eau de cuivre qu'on achète chez les droguistes. On les lave ensuite à grande eau et on fait sécher à l'air.

On nettoie les pièces en cuivre jaune, avec une composition préparée avec 15 grammes de blanc d'Espagne pulvérisé, 50 grammes d'alcool, 125 grammes d'eau et 7 grammes de carbonate de soude. On frotte d'abord le cuivre avec un linge humecté de cette composition, jusqu'à ce qu'il soit clair, on l'essuie bien avec un autre linge sec ou une petite peau. — On vend pour le nettoyage de ces pièces une *poudre-métallique*, très en usage.

Nettoyage du cuivre doré. — On ne peut pas nettoyer les pièces dorées comme on nettoie celles qui sont en or. Il faut surtout éviter d'en rayer les surfaces, car la couche de dorure n'étant que superficielle, elle serait promptement enlevée.

Pour opérer, chauffez de l'eau de savon jusqu'au point où elle va bouillir, retirez-la alors, plongez les objets dans le liquide, et frottez-les avec une brosse très-douce; passez-les ensuite à l'eau froide, afin de bien enlever le savon. Faites-les sécher à l'air; essuyez-les quand ils sont secs, avec un linge mou ou une peau douce.

Nettoyage des pièces en or. — Brossez-les avec une brosse douce imbibée d'un peu d'eau et de savon, essuyez-les, et passez-les à la mie de pain frais. On les nettoie aussi à l'aide d'un savon qu'on appelle *savon de bijoutiers.*

Nettoyage des ustensiles en étain. — On nettoie les ustensiles en étain, simplement en les frottant avec du blanc d'Espagne humecté; on les essuie ensuite avec un linge sec et souple. Si le métal est mélangé d'étain, on le frotte d'abord avec un linge imbibé d'huile, puis avec du blanc d'Espagne, et ensuite avec un linge.

Nettoyage des couteaux de table. — On peut bien nettoyer et polir les couteaux sur une *planche à couteaux* garnie de cuir et saupoudrée de *terre pourrie* ou d'*émeri;* mais le travail est long et fatigant; de plus, ce frottement continuel finit par user et détériorer les lames. Avec la petite machine à l'anglaise dont je reproduis le modèle, on nettoie 5 couteaux à la fois, et cela en quelques secondes, sans efforts, sans fatigue; il faut ajouter que le résultat est autrement parfait.

Il s'agit simplement de glisser les lames dans les 5 ouvertures, et tourner ensuite la manivelle qui met en mouvement la roue intérieure garnie d'une brosse et d'une peau douce, saupoudrée d'*éméri :* le nettoyage est instantané.

Il faut seulement avoir soin, avant de les introduire dans la roue, de les bien essuyer ; s'ils étaient gras, il faudrait auparavant les passer au bouchon de liége, avec du *tripoli* sec En les sortant, il faut aussi les essuyer avec une peau souple.

Nettoyage des ustensiles en fer-blanc. — Dans les cuisines, on emploie un assez grand nombre d'ustensiles en fer-blanc, pour prendre le soin de les entretenir toujours bien propres. Le meilleur procédé consiste à tremper ou laver ces ustensiles dans de l'eau de chaux, les laisser sécher et les passer au blanc d'Espagne; non seulement ils deviennent bien propres, mais l'action de la chaux les empêche de se rouiller.

Nettoyage de la faïence et de la porcelaine. — Quand les assiettes et les plats, se ternissent, on les fait tremper quelques heures dans une eau de savon noir, chaude; on les rafraîchit ensuite pour les essuyer avec un linge bien sec.

Nettoyage des appartements. — Avec l'enduit ou encaustique que je vais décrire, on enduit aussi bien les appartements carrelés que ceux parquetés.

Faites dissoudre dans 5 litres d'eau, 500 grammes de cire jaune et 125 grammes de savon blanc coupés en petits morceaux; quand ils sont dissous, ajoutez au liquide 60 grammes de carbonate de potasse qu'on achète chez les droguistes. Agitez le mélange et laissez refroidir, en remuant de temps en temps.

Enduisez le sol avec cette composition; laissez sécher 24 heures, et frottez ensuite avec la brosse à parquet. — On obtient ainsi un sol brillant et propre.

Nettoyage des boiseries. — On nettoie les boiseries peintes à l'huile, avec une dissolution de 250 grammes de savon vert délayé dans un seau d'eau, et on les rince après, avec de l'eau claire.

Nettoyage des bougies. — Quand les bougies sont tachées par les mouches ou la poussière, on les lave avec de l'eau de savon blanc: on les essuie bien.

Nettoyage des verres et cristaux. — Les verres de table doivent toujours être d'une propreté irréprochable, transparents, sans aucune tache.

On lave les verres à l'eau froide, on les rafraîchit, et on les fait sécher en les renversant. On ne les essuie que quand ils sont secs, avec un linge bien souple.

Si les verres qu'on emploie tous les jours, sont négligés, ils finissent par exhaler une odeur de poisson très-désagréable; en ce cas, on les frotte intérieurement avec un linge imbibé de blanc d'Espagne humecté, avec de l'esprit-de-vin ou du vinaigre; on les lave ensuite, on les fait bien égoutter avant de les essuyer.

On nettoie les carafes et les autres vases en cristal, avec de l'eau froide mêlée avec du gros sel et coquilles d'œuf écrasées.

Nettoyage des carreaux de vitres. — On frotte les vitres avec un tampon imbibé avec du blanc d'Espagne humecté à l'eau; on les essuie aussitôt avec un linge pour enlever le blanc, et ensuite avec un autre linge fin et sec pour leur donner le lustre.

Nettoyage des verres de lampe. — On les nettoie ordinairement à l'aide d'un linge adapté à une baguette, avec lequel on frotte l'intérieur du verre. Mais quand ce nettoyage est insuffisant on les passe à l'eau de savon ou on les frotte avec un linge imbibé de blanc d'Espagne délayé avec de l'esprit-de-vin.

Quand on veut éviter la casse trop fréquente des verres de lampe, il suffit de les mettre dans un vase avec de l'eau froide et faire bouillir celle-ci avec les verres dedans. — On les laisse refroidir dans l'eau. Les verres cuits résistent à la chaleur de la lampe.

Nettoyage des lampes. — Pour qu'une lampe brûle bien et donne une belle lumière, il faut qu'elle soit bien propre.

Les lampes *carcel* sont celles qui exigent le moins de soins; le mécanisme intérieur fonctionne régulièrement; s'il y a interruption on la donne au fabricant. En tout cas, il convient de les tenir bien propres, de nettoyer tous les matins les verres, et soigner la mèche.

Quant aux lampes ordinaires, quand elles persistent à donner une mauvaise lumière, le seul moyen c'est de les passer à une lessive chaude, c'est-à-dire de l'eau qu'on fait bouillir avec 30 grammes de potasse pour chaque litre d'eau. On les laisse ensuite bien égoutter, et on les essuie, pour les garnir avec de l'huile propre et une mèche neuve.

Nettoyage des théières en métal. — On les frotte extérieurement avec un morceau de drap, imbibé de rouge d'Angleterre délayé avec un peu d'huile. Quand elles sont propres, on les passe au blanc d'Espagne. On les essuie ensuite avec une peau sèche.

Nettoyage des ustensiles en terre. — Les marmites et poêlons en terre ne donnent d'excellents résultats qu'à condition qu'ils soient entretenus bien propres. Dans les cas ordinaires, on les lave simplement à l'eau chaude, mais dès qu'on éprouve la moindre difficulté à les rendre bien propres, il faut faire bouillir dedans une petite lessive ou simplement de l'eau avec un peu de potasse.

Nettoyage des ustensiles en fer ou en fonte. — Pour nettoyer les marmites en fer, les cocotes etc., il n'y a rien de mieux que la poudre de brique, tout simplement des briques pulvérisées et passées ; à défaut, on emploie du grès humecté avec un peu d'eau, en frottant avec un bouchon ou un morceau de bois.

Nettoyage des fourneaux en fer. — Les fourneaux en fer doivent être nettoyés tous les jours, avant d'allumer le feu.

On frotte d'abord le dessus et toutes les parties noires avec un linge ordinaire, afin d'enlever la graisse ; on frotte ensuite avec une petite brosse, imbibée avec un peu d'eau et de la mine de plomb ; on frotte ensuite avec une petite brosse sèche afin de lui donner du brillant.

On frotte les parties en fer poli simplement avec de la *toile-émeri* ou avec un morceau de papier de verre qu'on trouve chez tous les épiciers.

Nettoyage des casseroles en fer-blanc. — On lave simplement le fer-blanc à l'eau tiède ; quand il est sec, on le frotte avec du blanc d'Espagne. Quand on emploie des casseroles en fer-blanc, et qu'on éprouve de la difficulté à les nettoyer intérieurement, on fait simplement bouillir de l'eau dedans, mêlée avec de la cendre du foyer ou un grain de potasse.

Nettoyage des ustensiles émaillés. — On lave simplement à l'eau chaude les ustensiles émaillés ; si on éprouvait de la difficulté, il faudrait les remplir avec une lessive et mettre le liquide en ébullition.

Nettoyage de l'argenterie. — Dans les cas ordinaires, on lave l'argenterie ou le *ruolz* dont on s'est servi, d'abord à l'eau bouillante, puis à l'eau chaude simplement, et on la frotte avec une brosse ; on la rafraîchit, on l'égoutte et on l'essuie avec une flanelle ou un linge fin ; on la passe ensuite à la peau souple. — Si l'argenterie est enduite de graisse, on la brosse avec du savon noir dissous à l'eau chaude. — Si les pièces sont maculées ou tachées, on les fait bouillir dans une lessive légère.

Une argenterie dont on se sert continuellement, doit de temps en temps être nettoyée au blanc d'Espagne humecté à l'eau simple ou à l'esprit-de-vin : on enduit les pièces avec cette pâte, on laisse sécher, et on l'enlève avec une brosse douce ; on lave, on sèche et on frotte avec la peau souple.

Pour mettre l'argenterie à neuf, on la lave d'abord à l'eau de savon, puis on la frotte avec un tampon imbibé d'une pâte légère, formée avec du blanc d'Espagne, de la crème de tartre et de l'alun pulvérisés, délayés à l'eau ; on la sèche ensuite avec un linge fin, puis avec la peau.

Balayage des appartements. — On balaye les pièces parquetées, avec un balai de crin; celles couvertes d'un tapis, on les passe d'abord avec un balai de chiendent, puis avec un balai ordinaire, après les avoir saupoudrées de feuilles de thé qui restent dans la théière.

Linge de table. — Le linge de table doit être en fil, les serviettes surtout; en coton, elles laissent des pluches sur les habits. — Tout le monde ne peut pas avoir du linge le plus fin, ceci est évident; mais les ménagères ne doivent pas perdre de vue qu'une table couverte avec du beau linge, bien blanc, bien propre, donne tout de suite bonne opinion de la tenue d'une maison.

La table doit toujours être couverte d'une large nappe, sur laquelle on étale un napperon. Les serviettes des convives doivent être simplement pliées et posées sur chaque assiette, marquant le couvert des convives.

Pour obtenir la barbe de capucin. — Au commencement de l'hiver, prenez des plants de chicorée sauvage plantés en avril, arrachés de la terre et non coupés. Réunissez-les pour en former des bottes; enterrez-les dans du sable, disposé dans une cave sombre, à température de 14 à 15 degrés; arrosez-les légèrement les premiers jours.

Désinfection. — Dans une cuisine, l'infection se manifeste parfois dans le lavoir, mais c'est surtout dans les conduits et les bouches d'écoulement où elle est plus commune. Aussitôt qu'une infection se déclare, elle doit être détruite sans délai, afin de neutraliser son action malfaisante. Le désinfectant le plus usité, le plus facile à employer, c'est le chlore qu'on répand avec abondance et qu'on renouvelle souvent sur les lieux d'où émane l'infection. Dans quelques cas, on désinfecte à la vapeur du soufre brûlé et aussi avec du phénol.

CUISINE DES MALADES

ET DES ENFANTS

Thé de bœuf pour les malades. — Prenez 500 grammes de viande de bœuf, fraîche et maigre, sans peau, ni graisse. Coupez-la en lanières, c'est-à-dire en morceaux longs et étroits; puis râpez tour à tour ces morceaux, à l'aide d'un petit couteau, de façon à diviser les chairs sans y laisser adhérer aucune partie nerveuse.

Introduisez cette viande dans une bouteille à champagne ou à truffes, c'est-à-dire en verre fort, ajoutez les parties rouges d'une grosse carotte (80 à 100 grammes) finement émincées. Fermez la bouteille; enveloppez-la dans un linge, posez-la debout dans une casserole de forme haute; versez de l'eau froide dans celle-ci jusqu'aux trois quarts de hauteur de la bouteille. Faites bouillir l'eau, sur le côté du feu, pendant 3 heures.

Passez ensuite le liquide de la bouteille d'abord au tamis, puis à travers un linge, dans un bol en porcelaine, bien propre. Laissez-le déposer; décantez-le, tenez-le au frais.

On prend ce thé froid ou chaud; en ce dernier cas on le chauffe sans ébullition. — On doit faire ce thé tous les jours, car exposé à l'action de l'air il se conserve peu.

Aux enfants maladifs, faibles, digérant mal, on fait prendre une cuillerée de ce thé trois fois par jour. Pour les grandes personnes on double la dose.

Si on ne voulait pas employer ce thé tout de suite, ou si on voulait l'emporter en voyage, on l'enferme dans de petites bouteilles dont le contenu peut servir pour un jour. On les bouche, on en ficelle fortement le bouchon et on cuit les bouteilles au bain-marie, en opérant comme pour les grandes bouteilles, c'est-à-dire qu'au premier bouillon on retire le bain-marie hors du feu. — Le thé de bœuf est de beaucoup préférable au *Liebig*.

Bouillon de bœuf au naturel. — Prenez 1 kilogramme de viande maigre de bœuf sans os ni graisse; coupez-la en morceaux, hachez-la finement; mettez-la dans une casserole; délayez-la peu à peu avec 3 litres d'eau froide; posez la casserole sur feu doux; tournez jusqu'à l'ébullition, retirez sur le côté; ajoutez une pincée de sel, un demi-blanc de poireau, un clou de girofle, une carotte émincée; cuisez 45 minutes; passez, dégraissez; laissez reposer, et décantez.

Bouillon en tablettes. — Mettez dans une petite marmite 2 pieds de veau désossés et blanchis, 2 jarrets de veau ou l'équivalent de cou de veau, 2 kilogrammes de tranche de bœuf, 2 poules propres, une pincée de sel. Mouillez à couvert avec de l'eau; faites bouillir, en écumant comme un pot-au-feu. Retirez sur le côté du feu, ajoutez 300 grammes de poireaux, oignons, carottes et racines de céleri.

A mesure que les viandes sont cuites, égouttez-les. Passez enfin le bouillon à la serviette; dégraissez avec soin; laissez déposer; versez-le dans une grande casserole pour le faire concentrer par la réduction; faites-le bouillir jusqu'à ce qu'il arrive au point d'un sirop léger; versez-le alors dans une casserole plus petite, faites-le bouillir d'un côté seulement, afin de pouvoir l'épurer, en écumant. Quand il a atteint la consistance d'une sauce, versez-le dans des tablettes, plates et carrées comme celles pour le chocolat, laissez-le refroidir; coupez-le ensuite en morceaux pour l'employer. On en fait dissoudre une petite partie dans le bouillon.

Si on voulait conserver longtemps ce bouillon, il faudrait le verser dans des boîtes à conserve, les faire souder, ou alors le conserver dans des vessies ou des petits boyaux bien propres, qu'on suspend à l'air.

Bouillon concentré au bain-marie. — Ce bouillon est, comme qualité, sans comparaison avec le bouillon en tablettes; il est plus nourrissant et plus agréable au palais. — Préparez un bouillon de veau et de volaille, avec quelques parties de bœuf, sans graisse, des légumes et racines, pas de sel : pour chaque livre de viande mettez 1 litre et demi d'eau. Ecumez le bouillon avec grand soin, faites-le cuire sans couvrir tout à fait le vase, sans violence, le plus doucement possible. Quand les viandes sont cuites, retirez-les; dégraissez le liquide avec attention, passez-le à travers un linge humide. Mettez-le, si c'est possible, dans une casserole à double fond, bien étamée. A défaut d'un tel vase, mettez simplement le liquide dans une casserole plus large que haute, bien propre; placez-la dans un vase un peu plus large, avec de l'eau dedans arrivant à moitié de sa hauteur.

Faites bouillir cette eau, maintenez-la en ébullition, jusqu'à ce que le bouillon soit concentré et devenu succulent, en observant de ne pas couvrir la casserole afin que le bouillon reste clair : pour être concentré, le bouillon doit avoir diminué des trois quarts de son volume. — Conserver ce bouillon en lieu frais.

Bouillon aux herbes. — Lavez avec soin une poignée de feuilles d'oseille, autant de feuilles de laitue, autant de cerfeuil et feuilles de poirée; mettez-les dans un vase en terre avec 1 litre d'eau et un peu de sel; faites bouillir retirez sur le côté; cuisez jusqu'à ce que le liquide soit réduit d'un tiers; passez-le à travers un linge.

Bouillon de veau. — Supprimez le bout à 1 jarret de veau; coupez-le sur le travers, mettez-le dans une petite marmite en terre avec un égale quantité de cou de veau, 250 grammes de viande maigre de veau, coupée en petits dés, un peu de sel. Mouillez avec 2 litres d'eau froide; faites bouillir en écumant; retirez sur le côté du feu. — Trois quarts d'heure après, ajoutez une laitue propre, coupée en quatre; 10 minutes après, ajoutez une petite poignée de bon cerfeuil; retirez la casserole sur le côté, tenez-la ainsi un quart d'heure sans ébullition.

Passez et dégraissez le bouillon; laissez-le déposer pour le décanter.

Bouillon rafraîchissant. — Mettez dans une petite marmite en terre 5 à 600 grammes de viande maigre de veau, un grain de sel et 2 litres d'eau; au premier bouillon, retirez sur le côté du feu; ajoutez une pincée de semences froides, cuisez tout doucement une heure. — Mêlez-lui alors un cœur de laitue et quelques feuilles de bourrache. Un quart d'heure après, passez, dégraissez.

Bouillon rafraîchissant aux semences. — Mettez dans une marmite en terre 5 à 600 grammes de cou de veau, un grain de sel, 50 grammes d'orge perlée, 50 grammes de riz lavé, 50 grammes de graines de melon ou de courge, pelées, puis une pincée de raisins de Smyrne. Mouillez avec 2 litres d'eau, cuisez 2 heures; dégraissez, passez le liquide à travers un linge.

Bouillon rafraîchissant de mou de veau. — Coupez finement un demi-poumon de veau, très frais; lavez-le, mettez-le dans une casserole avec 2 litres d'eau chaude, un grain de sel; cuisez 1 heure sur le côté du feu. Ajoutez alors une petite poignée de raisins de Smyrne, 2 figues et 4 à 5 dattes sèches; passez à la serviette. — Ce bouillon est employé pour les maladies de poitrine.

Bouillon rafraîchissant, de veau et d'écrevisses — Préparez un bouillon avec 500 grammes de viande maigre de veau, 2 litres d'eau et un grain de sel; cuisez trois quarts d'heure. Mêlez-lui alors quelques écrevisses vivantes, écrasées dans le mortier. Cuisez encore 15 minutes; ajoutez une pincée de cerfeuil : 2 minutes après, passez et dégraissez. — Ce bouillon est employé comme dépuratif du sang; on le prend à jeun.

Bouillon rafraîchissant de poulet. — Mettez dans une petite casserole un poulet (1) découpé; ajoutez la carcasse et les abatis hachés; 2 litres d'eau, une pincée de sel, 4 cuillerées de riz, 2 cuillerées de semences.

Faites bouillir en écumant, retirez sur le côté. Cuisez une

(1) La volaille destinée à faire du bouillon ne doit pas être très jeune; mais d'un autre côté il faut éviter d'employer des poules trop vieilles.

heure; ajoutez 5 à 6 écrevisses pilées, laissez infuser un quart d'heure; dégraissez et passez.

Bouillon rafraîchissant de tortue. — Prenez les chairs et les nageoires d'une petite tortue de jardin; échaudez-les pour les ratisser; cuisez-les une heure avec 2 litres d'eau froide; ajoutez une poignée de feuilles de chicorée sauvage et un grain de sel; cuisez encore un quart d'heure. Passez, dégraissez.

Bouillon rafraîchissant au suc d'herbes. — Préparez un bouillon de veau, léger. Une heure après, mêlez-lui une poignée de cerfeuil, autant de feuilles de poirée, une pincée de feuilles d'oseille et une laitue, émincées; cuisez un quart d'heure; passez.

Bouillon rafraîchissant de grenouilles. — Mettez dans une petite marmite le blanc d'un poireau émincé, une laitue, un morceau de navet, une petite poignée de cerfeuil, une pincée de sel, 3 douzaines de grenouilles propres, c'est-à-dire l'arrière-train seulement; mouillez avec 2 litres d'eau tiède; faites bouillir en écumant, retirez sur le côté du feu, cuisez trois quarts d'heure; passez à la serviette. — On prend ce bouillon par petites tasses; il est excellent pour les maux d'estomac.

Bouillon rafraîchissant d'escargots. — Faites dégorger à l'eau froide, pendant 12 heures, 2 douzaines d'escargots. Égouttez-les, brisez-les, supprimez-en la coquille; mettez-les dans une casserole avec 2 litres d'eau ; faites bouillir, en écumant; retirez sur le côté du feu; ajoutez une pincée de sel, 2 cœurs de laitue, une petite poignée de cerfeuil, quelques jujubes ou dattes sèches; cuisez 3 ou 4 heures sur feu très doux. Un quart d'heure avant de retirer le bouillon du feu, mêlez-lui un morceau de sucre candi, 75 grammes de gomme arabique dissoute avec un peu d'eau.

Passez à la serviette; faites boire tiède, en chauffant sans ébullition. Si on devait conserver ce bouillon, mettez-le en petites bouteilles; bouchez-les, donnez-leur un seul bouillon au bain-marie. — Ce bouillon convient pour les enfants et les malades dont la poitrine est affaiblie.

Bouillon dépuratif. — Mettez dans une marmite 500 grammes de maigre de veau, 20 grammes de salsepareille, 40 grammes de dubramare, 40 grammes de racine de chicorée, 20 grammes de *legno-santo*, coupés menus. Mouillez avec 2 litres d'eau, cuisez 3 heures à feu très doux.

Bouillon simple, de poulet. — Coupez un poulet

propre, en 4 parties; lavez-le, mettez-le dans une casserole avec le cou, les pattes et le gésier; ajoutez un litre et demi d'eau froide et un peu de sel; faites bouillir en écumant; retirez sur le côté; ajoutez une tête de laitue coupée, et une pincée de cerfeuil. Cuisez une heure; passez à la serviette.

Bouillon blanc de poulet. — Découpez un poulet en 4 parties; hachez le cou, la carcasse et le gésier; mettez le tout dans une petite casserole, avec 4 cuillerées d'orge perlé, un grain de sel, 2 litres d'eau froide; faites bouillir, en écumant; retirez sur le côté; cuisez une heure, tout doucement. Ajoutez un cœur de laitue et quelques feuilles de bourrache; cuisez encore un quart d'heure; passez et dégraissez.

Bouillon pectoral de poulet. — Coupez un poulet propre, en 4 parties; mettez-les dans une petite marmite en terre; ajoutez le cou, les pattes et gésier, un peu de sel et 3 litres d'eau froide ; faites bouillir, en écumant; retirez sur le côté; ajoutez 40 grammes de racine de guimauve coupée, et deux poignées d'orge perlé, lavé. Cuisez 2 heures, sur feu très doux ; passez à travers un linge.

Bouillon gélatineux. — Coupez un poulet propre, en 4 parties; lavez-les, mettez-les dans une casserole avec les pattes, cou et gésier; ajoutez un kilogramme de cou de veau, un peu de sel; mouillez avec 3 litres d'eau froide; faites bouillir, écumez; retirez sur le côté du feu : ajoutez alors une carotte, un navet, un morceau de racine de céleri et 50 à 60 grammes de mousse de Ceylan. Cuisez tout doucement sur le côté du feu pendant 1 heure et demie; passez ensuite le bouillon au tamis fin ou à travers un linge; dégraissez; laissez-le déposer; décantez-le.

Bouillon de pigeon. — Prenez deux jeunes pigeons, nettoyés et flambés ; mettez-les dans une casserole avec une petite poignée de riz et une petite poignée d'orge perlé, un morceau de carotte, un morceau de céleri et du sel; mouillez avec 2 litres d'eau. Faites bouillir, retirez sur le côté du feu; cuisez trois quarts d'heure. Passez le bouillon à la serviette; servez-le avec les filets de pigeon dedans.

Tasses de bouillon, aux œufs. — Mesurez 3 à 4 tasses de bon bouillon froid; mettez 4 jaunes et trois œufs entiers dans une terrine, délayez-les avec le bouillon; ajoutez une petite pincée de sucre; passez deux fois au tamis fin. Remplissez 5 à 6 tasses; placez-les dans une casserole, avec de l'eau chaude jusqu'à moitié de leur hauteur. Faites bouillir l'eau; couvrez la casserole, retirez-la sur le côté; tenez-la ainsi trois quarts d'heure sans faire bouillir l'eau, mais en la tenant frémissante. Laissez à moitié refroidir les tasses dans la casserole, hors du feu ; servez-les.

Soupe de poulet, aux asperges. — Mettez un poulet propre, dans une casserole, avec 1 litre et demi d'eau, une pincée de sel, une tranche de racine de céleri, un morceau d'oignon ou un morceau de poireau. Posez la casserole sur le feu ; écumez, retirez sur le côté ; cuisez tout doucement, jusqu'à ce que le poulet soit tendre. — Passez le bouillon à la serviette, dégraissez-le, remettez-le dans la casserole, faites-le encore bouillir ; mêlez-lui alors 3 décilitres de têtes d'asperges blanches ou violettes, coupées de 2 centimètres de long, blanchies 5 à 6 minutes, à l'eau salée. — Quand les asperges sont cuites, servez-les avec le bouillon.

Soupes aux grenouilles. — Avec 500 grammes de maigre de veau, 2 litres d'eau, sel et légumes, préparez un petit bouillon blanc; quand la viande est cuite, retirez-la. Mêlez au bouillon, 3 douzaines de grenouilles propres, l'arrière-train seulement ; cuisez 40 minutes ; égouttez-les. — Passez le bouillon ; retirez les chairs des grenouilles ; pilez-les avec un morceau de mie de pain blanc, imbibée et exprimée ; délayez avec le bouillon, passez au tamis. Remettez la soupe dans la casserole ; faites-la bouillir ; liez-la avec quelques jaunes d'œuf ; assaisonnez de bon goût, et servez.

Bouillie à la farine de froment, pour les enfants. — Mettez dans une terrine 50 grammes de farine de froment; délayez-la peu à peu avec 7 à 8 décilitres de lait cuit, tiède. Passez à la passoire fine dans une casserole bien propre; ajoutez un grain de sel et une pincée de sucre ; tournez sur feu modéré, jusqu'à ce que le premier bouillon se développe ; retirez-la alors sur le côté du feu, de façon qu'elle ne bouille que d'un côté, cuisez 18 à 20 minutes ; goûtez si elle est de bon goût, et servez.

Bouillon d'arow-root au lait, pour les enfants. — Délayez dans une terrine 4 cuillerées d'arow-root avec 5 décilitres de lait cuit, tiède ; passez à la passoire fine, dans une casserole. Tournez le liquide sur feu jusqu'à l'ébullition ; ajoutez un grain de sel et une pincée de sucre ; cuisez 25 minutes sur le côté du feu. Cette bouillie est très légère et nourrissante.

Bouillie de pain cuit, pour les enfants. — Coupez en tranches minces 2 petits pains de table ; faites prendre une légère couleur au four. — Faites bouillir un demi-litre d'eau ;

ajoutez les tranches de pain, un grain de sel et une pincée de cassonade; au premier bouillon, retirez sur le côté; cuisez une heure, en ajoutant de temps en temps quelques cuillerées d'eau chaude. Versez dans une assiette, ajoutez encore une cuillerée de cassonade.

Bouillie à la fécule de marrons pour les enfants. — Délayez dans une terrine 4 cuillerées de fécule de marrons, avec un demi-litre de lait cuit; passez au tamis dans une casserole; tournez jusqu'à l'ébullition; retirez sur le côté du feu, ajoutez un grain de sel; cuisez 25 minutes.

Bouillie de salep, au lait. — Il faut se procurer du bon salep de Perse. — Faites bouillir un demi-litre de lait, mêlez-lui, peu à peu, 4 cuillerées de salep délayé avec un peu d'eau froide; ajoutez un grain de sel et une pincée de sucre, retirez sur le côté, cuisez 25 minutes.

Bouillie de farine de maïs, au lait, pour les enfants. — Délayez dans une terrine, 4 cuillerées de farine de maïs avec 5 décilitres de lait cuit, tiède; passez au tamis dans une casserole; tournez sur feu jusqu'à l'ébullition; retirez sur le côté du feu; ajoutez un grain de sel et une pincée de sucre. Cuisez la bouillie 25 minutes, en la tournant souvent; ajoutez de temps en temps quelques cuillerées de lait.

Semoule au lait ou à l'eau, pour les enfants. — Faites bouillir un demi-litre d'eau ou de lait; ajoutez un grain de sel et une pincée de sucre. Mêlez au liquide 4 cuillerées de semoule, en la laissant tomber en pluie, et en remuant avec une cuiller, à l'endroit où elle tombe. Donnez 2 bouillons, retirez sur le côté de feu; cuisez 20 minutes.

Semoule de nouilles au lait, pour les enfants. — Prenez un morceau de pâte à nouille, un peu ferme; râpez-la sur une râpe pour l'obtenir en semoule. Faites bouillir un demi-litre de lait ou de bouillon léger; mêlez-lui 4 à 5 cuillerées de cette semoule; au premier bouillon, retirez sur le côté du feu. Ajoutez un grain de sel; cuisez 25 minutes.

Tapioca au lait, pour les enfants. — Faites bouillir un demi-litre de lait, avec un grain de sel; mêlez au liquide 4 cuillerées de tapioca délayé à l'eau froide; au premier bouillon retirez sur le côté; cuisez 25 minutes.

Crème de riz. — Faites bouillir trois quarts de litre de bouillon blanc de veau; retirez sur le côté du feu; mêlez-lui 4 cuillerées de farine de riz, délayée à l'eau froide; cuisez 25 minutes sur le côté du feu. Assaisonnez, ajoutez une pincée de sucre, servez.

Crème de riz pour les malades. — Mettez dans une petite marmite 500 grammes de maigre de veau, une pincée de sel et 2 litres d'eau froide; faites bouillir en écumant, retirez sur le côté du feu, cuisez 2 heures. Passez et dégraissez le bouillon; mettez-le dans une petite casserole avec 100 grammes de riz, une pincée de raisins secs, une pomme reinette coupée, une cuillerée de sucre, un brin de zeste; cuisez encore 1 heure sur le côté du feu; passez au tamis.

Laissez refroidir cette crème dans une terrine bien propre, en la remuant de temps en temps; servez-en dans une tasse: les 2 litres d'eau doivent se convertir en 6 à 7 décilitres de crème.

Crème d'avenat. — L'avenat est un gruau ou semoule d'avoine. — Mettez-en 2 poignées dans 1 litre d'eau; cuisez 2 heures, en ajoutant de temps à autre quelques cuillerées d'eau chaude. Passez au tamis fin; délayez la purée avec du lait cuit. Faites bouillir un quart d'heure; ajoutez un grain de sel et une pincée de sucre; en dernier lieu, un décilitre de lait d'amandes. — Cette soupe convient pour les convalescents.

Crème d'avenat au lait d'amandes. — Lavez une poignée d'avenat, mettez-le dans une casserole avec un litre d'eau chaude et un grain de sel, cuisez-le 2 heures, tout doucement. Pilez-le alors avec une poignée d'amandes mondées; passez-le tout, à travers un tamis ou une étamine. Délayez cette purée avec du lait froid ou du bouillon de veau; ajoutez une pincée de sucre; tournez sur feu jusqu'à l'ébullition; servez aussitôt.

Crème au bouillon de volaille, pour malades. — Mettez dans une terrine 1 œuf entier et 4 à 5 jaunes, une pincée de sucre, une pointe de muscade; broyez et délayez avec 3 décilitres de bouillon de volaille froid. Passez deux fois à la passoire fine. Avec le liquide, remplissez de petits pots à crème ou un bol. Faites pocher au bain-marie, sans ébullition comme les pots de crème.

Crème de volaille pour les malades. — Prenez les 2 filets d'un poulet cuit; retirez-en la peau, pilez-les; ajoutez 2 ou 3 cuillerées de bouillon, passez au tamis. Mettez cette purée dans une terrine; mêlez-lui 1 œuf entier et 4 jaunes; délayez avec 2 décilitres de bouillon de volaille et 1 décilitre de crème crue; ajoutez une pincée de sel et de sucre, une petite pointe de muscade. Passez à la passoire fine, et, avec elle, remplissez de petits pots à crème. Faites prendre au bain-marie, sans ébullition.

Pots de crème pour les malades. — Les pots de crème pour les malades ne comportent pas d'arome trop prononcé, qui pourraient devenir irritants. Cependant on peut toujours employer quelques brins de zeste ou une petite partie de sucre vanillé afin d'enlever la fadeur des œufs et du lait.

Mettez dans une terrine 1 œuf entier et 4 à 5 jaunes; broyez-les, délayez-les avec 4 pots à crème de bon lait; sucrez, ajoutez zeste ou vanille; passez et versez dans les petits pots.

Rangez ceux-ci dans une casserole avec de l'eau tiède jusqu'à moitié de leur hauteur; chauffez jusqu'à l'ébullition; retirez sur feu très doux; couvrez et laissez prendre la crème 40 minutes.

Côtelettes pour les vieillards. — Prenez 2 côtelettes de veau ou de mouton; battez-les légèrement; retirez-en tous les nerfs; hâchez-les finement des deux côtés avec le bas du couteau, sans séparer les chairs de l'os de côte. Assaisonnez les côtelettes, arrondissez-les avec le couteau; trempez-les dans des œufs battus, panez-les. Faites-les revenir des deux côtés, dans une casserole plate, avec du beurre; quand la panure est sèche, mouillez-les à hauteur avec du jus de veau léger; cuisez-les 2 heures à feu très doux et à couvert.

Égouttez en la cuisson, dégraissez-la, faites-la réduire de moitié; avec le jus, arrosez la côtelette, faites-la mijauter encore un quart d'heure, dans son fonds, sans ébullition; servez.

Colle de pieds de veau pour les gelées. — Flambez 3 pieds de veau, ratissez-les, lavez-les, fendez-les en deux sur leur longueur pour en retirer l'os principal; coupez-les; mettez-les dans une marmite en terre avec de l'eau; faites bouillir le liquide, jetez-le; rafraîchissez-les, remettez-les dans la marmite, couvrez-les juste avec de l'eau; ajoutez un grain de sel, une pincée de sucre et le suc d'un citron : faites bouillir, en écumant; retirez sur le côté, cuisez 4 heures tout doucement.

Passez le liquide à travers un linge; dégraissez, laissez refroidir. — On peut employer cette colle telle et quelle ou la clarifier avec un blanc fouetté, par le même procédé qu'on clarifie la gélatine. Passez à travers une serviette, et réservez pour l'emploi.

Gelée de pieds de veau pour les malades. — Prenez un demi-litre de colle de pieds de veau dissoute; mêlez-lui 200 grammes de sucre coupé, le suc de 2 oranges; faites dissoudre le sucre; laissez refroidir. Fouettez 2 blancs d'œuf, mêlez-les au liquide, posez la casserole sur feu; fouettez jusqu'au moment où l'ébullition se prononce; retirez sur le côté du feu, ajoutez le suc d'une autre orange. Mettez un peu de feu sur le couvercle en tôle, tenez ainsi la gelée un quart d'heure, sans faire bouillir. Passez à la serviette ou à la chausse, dans un vase verni.

Quand la gelée est froide, mêlez-lui le suc filtré de 2 ou 3 oranges; puis, avec elle, remplissez de petits verres sans pieds, faites prendre sur glace : elle doit être légère, peu collée.

Gelée aux framboises pour les malades. — Prenez 250 grammes de framboises mûres à point, sans queue.

Mettez dans un poêlon 3 décilitres de sirop pesant 28 degrés; faites-le bouillir, versez les framboises dedans; retirez-le aussitôt du feu, couvrez-le, tenez-le ainsi 10 minutes.

Versez le tout sur un tamis fin, en recueillant le liquide dans une terrine vernie; renversez les premiers jets sur le tamis afin de l'obtenir plus clair.

Mêlez-lui alors quelques brins de zeste et 1 décilitre de colle de pieds de veau, liquide et froide. Passez à travers un linge, essayez-en la consistance, faites-la prendre sur glace dans de petits verres ou dans un compotier en cristal : la gelée doit être légère, peu collée. — On opère de même pour les gelées aux fraises, groseilles et cerises.

Gelée de viandes blanches. — Mettez dans une marmite en terre 2 pieds de veau, fendus en deux, désossés et blanchis; ajoutez un jarret de veau et une poule; mouillez les viandes à couvert avec de l'eau froide et un verre de vin blanc sec; salez légèrement; faites bouillir en écumant; retirez sur le côté du feu; ajoutez une carotte et le blanc d'un poireau coupé; continuez l'ébullition jusqu'à ce que les viandes soient cuites à point.

Passez et dégraissez le bouillon; laissez-le à peu près refroidir; clarifiez-le avec 100 grammes de maigre de veau et autant de maigre de bœuf, un œuf entier, 4 cuillerées de madère, en procédant comme pour le bouillon clair. Dégraissez encore la gelée, conservez-la sur glace ou dans un lieu très frais.

Gelée de veau, adoucissante. — Coupez en petits morceaux un pied de veau désossé et blanchi; mettez-le dans un petit vase, couvrez-le avec du bon lait pur; faites bouillir le liquide, cuisez tout doucement 4 heures, en ayant soin d'ajouter de temps en temps du lait cuit, de façon à maintenir le liquide au même niveau. En dernier lieu, passez-le, sucrez-le, versz-le dans un vase en cristal ou en porcelaine; faites prendre la gelée sur glace.

Blanc-manger pour les malades. — Mondez à l'eau bouillante 100 grammes d'amandes douces et quelques-unes d'amères. Rafraîchissez-les, pilez-les, en ajoutant peu à peu 3 à 4 décilitres d'eau froide. Exprimez-le tout à travers un linge, en le tordant à 2 personnes; faites tomber le liquide dans une terrine. Sucrez-le au point voulu, mêlez-lui 7 à 8 cuillerés de colle de pieds de veau, quelques brins de zeste ou 2 cuillerées d'eau de fleurs d'oranger; passez le liquide dans de petits verres ou dans un compotier en cristal; faites-le prendre sur glace.

Tisane de gruau d'avoine, pour les enfants. — Faites bouillir tout doucement, pendant une heure 2 ou 3 cuillerées de gruau d'avoine dans un litre d'eau, avec un grain de sel. Au dernier moment ajoutez un grain de zeste et une cuillerée de sucre en poudre ; passez à travers un linge.

Tisane de café. — Prenez 50 gram. de café en grains, torréfié ; faites-les infuser une demi-heure dans un demi-litre d'eau chaude. Passez ensuite l'infusion, mêlez-lui 3 à 4 cuillerées d'eau-de-vie. — On emploie cette tisane contre l'empoisonnement par l'opium.

Tisane de lichen. — Faites bouillir tout doucement 40 gram. de lichen dans un litre d'eau, en réduisant le liquide d'un tiers. Passez à travers un linge, sucrez avec du sirop de guimauve. — Excellente pour calmer la toux.

Tisane de mirtilles sèches. — Cuisez 15 minutes, dans un litre d'eau, une poignée de mirtilles noires, séchées. Passez le liquide, sucrez légèrement. — Cette tisane est renommée en Allemagne pour combattre les coliques persistantes.

Tisane de consoude. — Cuisez 25 minutes, une pincée de grande consoude dans un demi-litre d'eau ; passez ensuite le liquide. — Cette tisane est astringente, excellente pour combattre la dyssenterie.

Infusion (1) **de tilleul.** — On cueille les feuilles blanches de tilleul, quand elles sont tout à fait développées. On les cueille par un temps sec, le matin. On les fait sécher, on les enferme dans une boîte. — Mettez une pincée de ces feuilles dans une théière; versez de l'eau bouillante dessus, laissez infuser 10 minutes. Sucrez avec du sucre ou du miel.

Infusion de violettes. — On cueille les violettes bien épanouies, par un temps sec ; on en retire la queue, et on fait

(1) On fait les infusions de fleurs à raison de 40 à 60 grammes par litre d'eau bouillante. Les vases à infusion ne doivent servir qu'à cet usage.

sécher. — Faites l'infusion comme celle de feuilles de tilleul.

Infusion de fleurs de sureau. — On cueille les grappes de sureau, le matin, par un temps sec; on les tient quelques heures à l'ombre, dans un lieu sec. On détache alors les fleurs des grappes. On les fait sécher à l'ombre sur un linge ou sur du papier. — Faites l'infusion à l'eau bouillante, comme celle de tilleul.

Infusion de fleurs de guimauve. — On cueille ces fleurs par un temps sec, on les trie, on les fait sécher à l'ombre. — Faites l'infusion à l'eau bouillante; passez et sucrez.

Infusion de fleurs d'oranger. — On cueille les fleurs bien épanouies, par un temps sec, on les fait sécher à l'air, telles et quelles, pendant 2 jours; on en détache les pétales l'un de l'autre, et on les étale sur des feuilles de papier, pour finir de les sécher. — Infusez-les 10 minutes à l'eau bouillante.

Infusion de feuilles d'oranger. On fait sécher les feuilles d'oranger à l'air; on les enferme dans des boîtes pour les conserver. Infusez ces feuilles 10 à 12 minutes, à l'eau bouillante. — Cette infusion calme les irritations nerveuses.

Infusion d'orange ou de citron. — Coupez un ou 2 citrons en tranches minces; mettez-les dans un vase en porcelaine avec un peu de sucre, versez de l'eau bouillante dessus, faites infuser 10 minutes.

Infusion de fruits frais. — Prenez des fraises, framboises, groseilles ou cerises, sans queue ni feuilles. Mettez-les dans un vase verni; couvrez largement avec de l'eau bouillante. Infusez de 12 à 15 minutes; passez le liquide, sucrez-le.

Suc d'herbe pour les malades. — Prenez une laitue fraîche et propre, l'équivalent de chicorée sauvage, une pincée de cerfeuil, une pincée de racine de fumeterre. Pilez d'abord les racines, puis les herbes; exprimez-en le suc à travers un linge, filtrez-le au papier. — Ce suc est dépuratif.

Sirop pectoral de mou de veau. — Faites bouillir 2 litres d'eau avec une quinzaine de dattes fraîches, une poignée de raisins de Corinthe, un petit morceau de racines de réglisse, une pincée de feuille de pulmonaire; faites bouillir le liquide, retirez sur le côté; cuisez 25 à 30 minutes. Passez à travers un linge, laissez refroidir.

Hachez 1 kilogramme de mou de veau, provenant d'un animal récemment abattu; mettez-le dans une casserole avec l'infusion préparée, chauffez, en remuant; écumez, faites bouillir, retirez sur le côté du feu; cuisez une heure, en faisant réduire le liquide d'un tiers. — Passez à travers une serviette, sans pression, laissez reposer, décantez.

A chaque demi-litre de liquide, mêlez 500 gramme de sucre en morceaux; mettez dans une bassine. Quand le sucre est dissous, mêlez au liquide un ou deux blancs d'œuf, fouettés 3 minutes avec un demi-verre d'eau froide. Fouettez le liquide sur le feu, chauffez-le jusqu'au point de l'ébullition; aussitôt qu'il monte, mêlez-lui quelques cueillerées d'eau froide, retirez sur le côté; un quart d'heure après, écumez le liquide, passez-le à travers une serviette tendue sur les 4 pieds d'un tabouret renversé.

Remettez alors le sirop dans la même bassine propre, cuisez-le à 30 degrés. — On prend ce sirop pur ou étendu avec de l'eau chaude, à la dose de 2 ou 3 cueillerées.

Sirop d'escargots. — Prenez 50 escargots vivants, propres; pilez-les avec une poignée de sucre; mettez-les dans une passoire fine, faites-en bien égoutter les parties liquides, en les pressant.

Mêlez le résidu à une égale quantité de sirop à 30 degrés; cuisez-le, en écumant, jusqu'à ce qu'il revienne au même degré de consistance.

Ce sirop est salutaire aux personnes attaquées de la poitrine. Si on ne l'emploie pas immédiatement, il faut l'enfermer dans de petits flacons, boucher et donner un bouillon au bain-marie, car il ne se conserve pas longtemps. On le prend par cuillerées le matin et le soir.

Sirop de guimauve. — Coupez fin 125 grammes de racines de guimauve; faites-les macérer 24 heures dans un litre d'eau froide; passez l'infusion; mêlez-lui 1 kilogramme et demi de sucre en morceaux. Cuisez le sirop à 30 degrés, en écumant. Quand il est froid, enfermez-le dans des bouteilles.

En buvant ce sirop, on lui mêle quelques parties d'eau de fleurs d'oranger.

Sirop de chicorée. — Faites bouillir pendant 25 minutes 40 grammes de racines de chicorée dans 200 grammes d'eau; ajoutez 25 à 30 grammes de rhubarbe finement émincée; cuisez encore quelques minutes, passez.

Mêlez au liquide 400 grammes de sucre, faites réduire à consistance de sirop. — Ce sirop est purgatif.

Sirop de capillaire. — Faites infuser dans un demi-litre d'eau bouillante 30 grammes de capillaire; versez cette infusion sur 1 kilogramme de sucre coupé, en la passant :

cuisez le sirop jusqu'à ce qu'il ait 30 degrés; retirez-le alors.

Sirop de pommes, pour les malades. — Prenez des calvilles ou des rainettes; divisez-les en quartiers, émincez-les finement. Prenez 2 kilogrammes de pommes et 1 kilogramme de sucre en poudre. Étalez les pommes dans un vase bien propre par couches en saupoudrant chaque couche avec du sucre; mouillez à peu près à hauteur avec de l'eau. Fermez le vase, placez-le dans un bain-marie à l'eau bouillante, cuisez 3 heures, en remuant de temps en temps le vase. Passez le suc à travers un linge, sans pression; mêlez lui quelques brins de zeste de citron ou d'orange; tenez-le en lieu frais. — Si on fait cuire à l'eau des pommes émincées, ou même si on fait cuire des parures de bonnes pommes mûres, on peut employer leur cuisson comme boisson rafraîchissante, en la sucrant au moment de la prendre.

Sirop d'asperges. — Prenez des petites asperges fraîches, cueillies du jour; retirez-en la tête et l'extrémité inférieure; mettez les têtes de côté, jetez les parties dures; lavez le restant, c'est-à-dire les parties du centre; coupez-les finement; pilez-les, puis exprimez-en le suc, à travers un linge; filtrez-le au papier haché, dans un tamis.

Pour chaque demi-litre de ce suc, mêlez 1 kilogramme de sucre coupé en morceaux. Faites dissoudre le sucre au bain-marie bouillant, dans un vase bien propre, en remuant souvent.

Enfermez ce sirop dans de petites bouteilles, donnez à celles-ci 2 minutes d'ébullition; sans ce soin le sirop ne se conserverait pas.

Eau de laitues. — Lavez 3 à 4 laitues; coupez-les en deux; faites bouillir 1 litre et demi d'eau; ajoutez un grain de sel et les laitues; couvrez et retirez du feu; une heure après, passez. — On boit cette eau, légèrement sucrée et tiède : elle apaise les tiraillements d'estomac.

Eau ferrée. — A défaut d'eau minérale ferrugineuse, mettez dans un vase en grès, verni, 200 grammes de clous en fer, neufs, rougis au feu. Remplissez ce vase avec de l'eau, faites infuser 8 à 10 jours avant de boire l'eau : on la mêle avec du vin, en mangeant.

Eau de goudron. — Mettez un quart (125 grammes) de goudron de Norwège dans une carafe; remplissez-la d'eau froide. Le lendemain, jetez cette première eau, remplacez-la par de la fraîche; 12 heures après, commencez à mêler cette eau au vin. A la fin de chaque repas remplissez encore la carafe. — Trois semaines après on remplace entièrement le goudron et l'eau.

Eau de poulet. — Découpez un poulet propre; hachez les carcasses, le cou, les ailerons et le gésier vidé. Mettez-les dans une petite casserole, délayez avec un litre et quart d'eau froide; ajoutez les morceaux de poulet et un grain de sel; faites bouillir, en écumant. Retirez sur le côté du feu; ajoutez un cœur de laitue coupé; cuisez 20 minutes. Ajoutez une poignée de feuilles d'oseille et quelques feuilles de poireau, émincées, une pincée de cerfeuil; 10 minutes après, passez le liquide à la serviette, dégraissez et servez.

Eau de houblon. — Mettez 10 grammes de houblon dans un vase verni; versez dessus un demi-litre d'eau bouillante; laissez infuser 30 à 40 minutes sur le côté du feu; passez, laissez refroidir. — On prend cette eau à chaque repas, mêlée au vin pour purifier le sang.

Boissons d'été. — A un litre d'eau froide, mêlez un grand verre de café noir, le suc de 2 ou 3 citrons et le sucre nécessaire, tenez au frais mais non sur glace.

On obtient aussi une excellente boisson, très agréable, en procédant ainsi : mettez dans un grand verre une cuillerée de bon cognac et 2 cuillerées de sucre en poudre; remplissez le verre avec du soda-water en remuant; buvez aussitôt.

Autre boisson très agréable en été, et très rafraîchissante : versez dans un grand verre, un tiers d'eau de pommes, froide, sucrez, finissez d'emplir le verre avec de l'eau de seltz.

Voici une autre boisson très estimable en été. Pilez une poignée de cerises avec leurs noyaux, après en avoir retiré la queue; ajoutez une égale quantité de groseilles, autant de framboises; délayez avec un verre d'eau froide, exprimez le liquide à travers un linge; mettez-le dans une carafe, sucrez-le avec du sirop à 28 degrés, faites refroidir sur glace.

Boisson calmante. — Pelez 3 à 4 pommes reinettes: découpez-les en quartiers, émincez-les finement. Mettez-les dans une petite casserole bien propre avec une vingtaine de jujubes et 2 cuillerées de raisins de Smyrne; mouillez avec un litre et demi d'eau; cuisez tout doucement, à couvert, pendant trois quarts d'heure. Passez le liquide à travers un linge, sans pression; mêlez-lui 4 cuillerées de cassonade, faites-le évaporer d'un tiers, au bain-marie.

Cette boisson est excellente contre les toux persistantes; on en prend 2 cuillerées le soir et le matin.

Vin à l'aloès. — Mettez dans une bouteille 50 à 60 grammes d'aloès, 10 grammes de racines de gingembre, autant de poivre en grains; ajoutez un demi-litre de vin de Malaga; bouchez la bouteille, faites macérer 7 à 8 jours, en remuant de temps en temps. — Ce vin est employé contre les indigestions; on en prend une cuillerée toutes les heures, jusqu'à ce qu'on éprouve du soulagement.

Vin de marrube. — Faites infuser pendant 24 heures, 500 grammes de marrube sec, dans un litre de vin blanc.

Passez le liquide à travers un linge, remettez-le en bouteille. — On prend ce vin à jeun, en petite quantité à la fois : un quart de verre ou un demi-verre au plus. Ce vin est apéritif, on l'emploie aussi contre la jaunisse.

Vin cordial. — Pour un litre de vin rouge, pilez 100 grammes de noix muscade; mettez la poudre dans un petit flacon, ajoutez un demi-décilitre d'esprit-de-vin; bouchez, faites infuser 48 heures.

Passez le liquide à travers un linge, mêlez-le au vin rouge. Remuez bien, tenez la bouteille bouchée, exposez-la quelques jours au soleil.

On prend ce vin à jeun ou le soir en se couchant : un demi-verre suffit; pour les enfants un quart de verre. — Ce vin est excellent pour les enfants dont l'estomac est délabré, et pour les femmes affectées de pertes.

Vin de gentiane. — Coupez 30 grammes de racines de gentiane : faites-les macérer 24 heures dans 100 grammes d'eau-de-vie; ajoutez un litre de vin rouge; fermez le vase tenez-le 8 jours au soleil; filtrez. — Ce vin est un excellent tonique; on le donne aux enfants, tracassés par les humeurs

Vin tonique et apéritif. — Infusez 2 jours, dans un litre de vin blanc, 5 grammes de baies de genièvre, 15 grammes de quinquina et 15 grammes de *quassia amara*, l'un et l'autre pulvérisés. Passez ensuite le liquide.

On mêle cette infusion avec une égale quantité de sirop au zeste d'orange; on en prend 2 cuillerées matin et soir.

Vin anti-scorbutique. — Mettez dans un vase 10 grammes de racine de raifort ratissée, 50 grammes de *cochléaria*, autant de cresson, autant de trèfle d'eau, autant de graine de moutarde, 30 grammes de sel ammoniacal et 2 litres de vin blanc léger. Faites macérer 3 semaines. Passez, enfermez en bouteilles.

Vin de feuilles de cassis. — Faites infuser 24 heures 2 poignées de feuilles de cassis, dans une carafe à large col, pleine de vin blanc, bien bouchée. Passez l'infusion, enfermez-la dans une bouteille. — Ce vin est excellent pour donner du ton à l'estomac; on en boit un petit verre à chaque repas.

Pâte de lichen. — Lavez à l'eau tiède 250 grammes de lichen; mettez-le dans un vase avec 2 à 3 litres d'eau; cuisez tout doucement, laissez réduire d'un tiers; passez le liquide à travers un linge. — Lavez 1 kilogramme de gomme arabique, mettez dans une casserole avec le liquide passé; faites-le dissoudre au bain-marie, en remuant.

Cassez un kilogramme de sucre, mettez-le dans une bassine, mêlez-lui la gomme dissoute, cuisez en remuant sans cesse, jusqu'à ce que la pâte soit consistante. Versez-la dans des plaques à rebord, légèrement huilées; laissez-la refroidir. Coupez-la ensuite, tenez à couvert, dans un lieu sec.

Pâte de jujubes. — Prenez 300 grammes de jujubes bien mûres; retirez-en les noyaux; mettez-les dans une terrine, mouillez-les avec 6 décilitres d'eau chaude. Couvrez-les, tenez-les ainsi 10 à 12 heures.

Triez et lavez 1 kilogramme de gomme arabique; mettez-la dans une casserole bien propre, avec l'eau des jujubes, passée, et 800 grammes de sucre coupé. Tenez la casserole au bain-marie (en ébullition) pendant 7 à 8 heures; écumez souvent.

Passez ensuite le liquide à travers un linge fin. Huilez légèrement des plaques minces en fer et à rebords; versez dans ces plaques une couche de liquide d'un demi-doigt d'épaisseur; tenez 24 heures à l'étuve chaude.

Aussitôt que la pâte est consistante, retournez-la, faites-la encore sécher, puis distribuez-la en bandes, coupez celles-ci en losanges.

Boules de gomme. — Dans 4 décilitres d'eau tiède, faites dissoudre 400 grammes de gomme arabique.

Cassez 500 grammes de sucre, mettez-le dans un poêlon, mouillez avec la gomme dissoute, cuisez au *cassé*, en écumant. Retirez le sucre sur le côté, pour 2 minutes, mêlez-lui 3 cuillerées d'eau de fleurs d'oranger, versez-le sur un marbre légèrement huilé. Quand la pâte est à peu près froide, coupez-la vivement en bandes à peu près d'un doigt de large; coupez celle-ci en travers, de façon à former de petits carrés. Roulez-les d'abord dans les mains avec un peu de glace de sucre, afin de briser les angles, puis roulez-les ensemble dans un tamis, pour les arrondir par le frottement; quand elles sont froides, rangez-les sur des feuilles de papier.

Lait de poule aux fleurs d'oranger. — Faites bouillir 3 décilitres de lait. Mettez dans un bol 2 ou 3 jaunes d'œuf, bien frais; ajoutez 4 à 5 cuillerées de sucre en poudre; travaillez avec une cuiller en bois jusqu'à ce que l'appareil soit devenu léger; délayez-le alors peu à peu avec le lait bouillant; ajoutez 2 cuillerées d'eau de fleurs d'oranger, passez à la passoire fine, servez ce breuvage bien chaud.

Petit-lait. — Mêlez le suc d'un citron à 1 litre de lait; chauffez jusqu'à l'ébullition; ajoutez un autre suc de citron et quelques brins de zeste; quand le lait est tout à fait tourné, passez le liquide à travers un linge; filtrez-le, laissez refroidir.

On peut prendre ce petit-lait tel et quel; mais on peut aussi le clarifier par le procédé suivant : Battez un blanc d'œuf, dans un casserole; mêlez lui le petit-lait, fouettez sur feu doux; au premier bouillon, retirez-le sur le côté du feu, sans faire bouillir; 5 minutes après, passez-le à travers un linge.

Petit-lait, deuxième méthode. — Battez un blanc d'œuf avec une cuillerée d'eau froide; ajoutez 1 litre de lait, et 2 cuillerées de vinaigre ou une dissolution d'acide citrique ou d'acide tartrique. Versez le tout dans un vase bien propre; chauffez, en remuant jusqu'au point de l'ébullition; ajoutez alors un demi-verre d'eau froide; filtrez aussitôt le liquide.

Limonade des malades. — Mettez 150 grammes d'orge perlé dans un vase en terre, avec 3 litres d'eau; cuisez une heure et demie sur le côté du feu : le liquide doit alors avoir réduit d'un tiers. Passez-le à travers un linge.

Avec 125 grammes de sucre et 1 décilitre et demi d'eau, faites un petit sirop; ajoutez le zeste d'un citron et les chairs de deux autres, sans pépins; donnez un bouillon, retirez sur le côté; 5 minutes après, passez à travers un linge, dans l'eau d'orge.

Comment on traite les indigestions. — Quand on a trop mangé ou qu'on a mangé des aliments qui répugnent à l'estomac, l'indigestion arrive, et le malaise commence.

L'infusion de thé est le meilleur remède contre les indigestions anodines; mais si elles sont graves et persistantes, il convient de provoquer le vomissement avec de l'eau tiède ou en prenant un vomitif; on observe ensuite une diète rigoureuse pendant un jour ou deux.

Eau sédative. — Les personnes occupées aux travaux de la cuisine, doivent toujours avoir à disposition de l'eau sédative, soit pour compresse, soit pour se frictionner ou pour combattre les piqûres d'insectes, voici comment on la prépare. Mêlez dans un petit flacon 100 grammes d'ammoniaque liquide à 22 degrés, 10 grammes d'alcool camphré, 60 grammes de sel marin et 1 kilogramme d'eau ; agitez 2 minutes.

Brûlures. — Dans le midi de la France où le lis est commun, on en conserve les pétales blanches dans de l'huile fine ou de l'huile d'amandes douces. En cas d'accident, on égoutte ces pétales, et on en applique une compresse sur la partie atteinte. — On applique aussi ces pétales pour la guérison des coupures.

En cuisine, on traite souvent les brûlures en appliquant une compresse de pommes de terre crues, pelées, râpées, qu'on soutient avec un linge.

L'eau de chaux limpide, mêlée avec une égale quantité d'huile d'olive, battue, appliquée en compresse, est un calmant remarquable, en tant qu'il n'y a pas écorchure. Le remède le plus prompt et le plus facile à appliquer en cuisine c'est le *collodion* étalé en couche sur la partie atteinte : les personnes qui travaillent dans les cuisines, devraient toujours en avoir un flacon à leur portée. Aussitôt la partie enduite, on l'enveloppe simplement d'un linge sec.

TABLE DES MATIÈRES

A

Pages.

C

Pages.

Pages.

Pages.

D

E

Pages.

F

Pages.

Pages.

H

K

Pages.

L

M

Pages.

P

S

Pages.

T

Pages.

V.

FIN DE LA TABLE

Corbeil. Imprimerie Crété.